21 世纪化学规划教材·基础课系列

普通化学

高 松 主编

图书在版编目(CIP)数据

普通化学/高松主编.—北京：北京大学出版社，2013.8
(21世纪化学规划教材·基础课系列)
ISBN 978-7-301-22742-8

Ⅰ.①普… Ⅱ.①高… Ⅲ.①普通化学—高等学校—教材 Ⅳ.①O6

中国版本图书馆CIP数据核字(2013)第143156号

书　　　名：普通化学
著作责任者：高　松　主编
责 任 编 辑：郑月娥
标 准 书 号：ISBN 978-7-301-22742-8/O·0937
出 版 发 行：北京大学出版社
地　　　址：北京市海淀区成府路205号　100871
网　　　址：http://www.pup.cn　新浪官方微博：@北京大学出版社
电 子 信 箱：zye@pup.pku.edu.cn
电　　　话：邮购部62752015　发行部62750672　编辑部62767347　出版部62754962
印　刷　者：北京市科星印刷有限责任公司
经　销　者：新华书店
787毫米×1092毫米　16开本　29.5印张　插页1　750千字
2013年8月第1版　2024年1月第6次印刷
定　　　价：68.00元

前　　言

国内外已经出版了大量的《普通化学》教材，其中不乏优秀之作，被反复再版。国内外普化教材各有特点，一般来说，国外的教材，着重在化学概念和原理的阐释，同时包含非常丰富的素材，适合学生循序渐进的阅读理解；而国内的普化教材，一般对于概念和原理的阐述相对简明直接，比较吝惜笔墨，但比较注重运用原理进行计算的训练。

北京大学化学专业“普通化学”课程，多年来一直使用华彤文等编著的《普通化学原理》作为教材，生命科学和医学专业则以孙淑声等编写的《无机化学》为“普通化学”课程的教材。前者在原理的阐述上简明清晰，后者则在元素化学部分的选材编写上具有特色。编写本书的初衷，是为生命科学和医学专业的普通化学教学提供更合适的教材。考虑到多数生命科学专业，特别是医学专业的课程设置中，化学课程只包含“普通化学”和“有机化学”，未开设“无机化学”、“物理化学”和“结构化学”等后续课程，在编写本教材时，在主要参考上述两种教材基础上，特别注意充实了元素化学、化学动力学和结构化学等三方面的内容。但是，本书并不限定用于生物、医学类专业，从内容到结构，本书完全可以作为化学专业和其他需要修读“普通化学”课程学生的教材。

普通化学，是关于化学的导论性课程。本书根据各个章节的内容进行了结构上的调整，共设五个单元。前四个单元，主要介绍化学的基本概念和原理，包括：第一单元，物质状态；第二单元，化学热力学与化学平衡；第三单元，化学动力学；第四单元，物质结构。第五单元，元素化学，概要介绍了部分元素及其化合物的基本性质。全书包括绪论共16章，由长期从事普通化学课程教学的七位老师历经5年完成，以下是各章题目及其作者。

绪论	（高松）
第1章　气体与液体	（李俊然）
第2章　溶液	（张锦）
第3章　化学热力学——反应的方向	（郭海清）
第4章　化学反应的限度	（郭海清）
第5章　酸碱电离平衡	（郭海清）
第6章　沉淀溶解与配位平衡	（郭海清，王炳武）
第7章　氧化还原反应及电化学基础	（施祖进）
第8章　化学反应速率与化学反应机理	（张锦，张俊龙）
第9章　原子结构	（施祖进）
第10章　分子与晶体结构	（施祖进）
第11章　配位化合物	（高松）
第12章　s区与ds区元素	（李俊然）
第13章　p区元素	（李俊然）

第 14 章　过渡元素　(李俊然)
第 15 章　放射化学　(王炳武)

书稿完成后，2012 年秋季学期作为讲义在北京大学生命科学学院和北京大学医学部的普通化学课程中进行了试用，几百名同学纠正了很多错误并提出了不少宝贵的修改意见。在书稿撰写和编辑过程中，北京大学出版社的郑月娥编辑提出了一些建设性的意见和建议并付出了辛勤的劳动。在此，向参与编写和修改本书的所有同仁和同学表示衷心的感谢。尽管已经作了很大努力，书中仍难免有错误或不当之处，请读者继续批评指正。

主编　高松
2013 年 8 月于燕园

目　　录

第一单元　物质状态

第二单元 化学热力学与化学平衡

第四单元　物质结构

第五单元　元素化学

绪　论

为了纪念和庆祝化学科学所取得的成就以及对于人类文明的贡献，联合国把2011年确定为“国际化学年”(International Year of Chemistry)。2011年正值居里夫人获得诺贝尔化学奖100周年，也恰逢国际纯粹与应用化学联合会(IUPAC)的前身国际化学会联盟(IACS)成立100周年。化学年的主题是，“化学——我们的生活，我们的未来(Chemistry—our life, our future)”。化学究竟是什么？它与其他自然科学的基础学科，如物理学和生物学有何不同，又有何联系？化学是如何影响我们人类生活，促进社会发展的？

一、什么是化学——化学概念的历史演变

公元前1000年左右，古代先民们已开始使用各种化学相关的技术，包括：从矿石中提炼金属、制作陶器、酿酒、制作颜料、从植物中提取香料和药物、制备奶酪、染布、制革、将脂肪转化为肥皂、制取玻璃、制作青铜器等合金制品，这些无不与化学相关。我们引以为豪的我国古代四大发明，造纸术、指南针、火药及活字印刷术，都呈现出化学的烙印。

20世纪以前，传统的化学定义为关于物质的性质和转化的科学。古代的炼金术(alchemy)和现代的化学，有一个共同的目标——探求物质的性质和转化。那么，化学家与炼金士本质的区别在哪？化学家用科学的方法来研究物质的性质和转化，科学方法包括：

(1) 进行的实验是其他人可以重复的；

(2) 实验的结果需要公布，并用清晰的语言来表述观察到的现象、认识到的规律，以及未知的事物。

人类对于物质性质的认识，经历了2000多年的漫长过程：从古希腊哲学家德谟克利特(Democritus，约公元前460—370)的古典原子论，到19世纪初英国物理学家、化学家约翰·道尔顿(John Dalton，1766—1844)的原子理论。直至卢瑟福(Rutherford)和玻尔(Bohr)1912年发现原子的结构，玛丽和皮埃尔·居里(M. S. Cure and P. Cure)发现放射性之后，科学家们才改变了对物质性质的观点。化学家研究的物质性质与变化，**主要涉及围绕原子核的电子及其运动**。化学的研究对象，主要是我们周围的物质。这些物质处在与标准温度和压力相差不太远的情况，而且其所受辐射环境接近地球上的自然微波、可见或紫外辐射。这些物质是由分子和原子构成的，而所谓物质发生化学变化或转化，只是原子间的拆分结合或重新组合。因此，现代化学的**定义**，就是**在分子层次上研究物质的组成、结构、性质与转换的一门科学**。在这里，物质的含义，明确的是指原子和分子构成的物质，通常不考虑在原子核内的物质与核反应，或等离子体态的物质。但是，这并不意味着化学从未涉及等离子、核科学，甚至玻色子领域，如量子化学和核化学等也是化学科学研究的重要分支。

化学作为一门科学，通常认为其**研究对象**包括宏观物质、原子或分子尺度的物质、分子以上层次的物质，但不包括物质的特殊状态(例如玻色-爱因斯坦凝聚、希格斯玻色子、暗物质、裸奇点等)。这些物质状态，原子核内的物质及其构成和变化，以及天体宇宙等，是物理学研究的对象。物理学研究物质的性质，更关注物质内在的抽象性质和相关的原理，物理学概念一般可以被完全形式化，无需一个具体的分子或原子的图像作为基础，如量子色动力学、量子电动力学、弦理论、宇宙学的部分、核物理的某些领域。通常把物理学和化学一起，统称为物质科学(Physical Sciences)。

无论如何，化学是在我们人类所处环境上，领域非常广泛的一个学科，可以说：化学是无处不在的。化学也被称为分子科学，其**核心概念与内容**包括，**分子内与分子间相互作用(化学键)，分子合成与反应，分子结构与性质**。化学的任务不但在于识别天然物质，更显著的特征是创造新的物质。无穷变化的物质世界，实际上都是百十种原子的排列组合。曾两次获得诺贝尔奖的著名化学家莱纳斯·卡尔·鲍林(Linus Carl Pauling，1901年2月28日—1994年8月19日)，把化学称为分子建筑术(Architecture of Molecules)。化学就像搭积木，像盖房子，其最小的构造单元就是周期表中的110多种原子。基本观点包括：

(1) 原子或分子要结合在一起，就需要化学键，而要分开，就需要打破化学键；

(2) 原子或分子间结合或分开的过程就是化学反应，化学反应伴随着能量的变化；

(3) 原子或分子间结合的方式和在空间的排布，即分子的结构，常常决定了物质的性质。

因为化学键方面的杰出贡献，鲍林获得了1954年的诺贝尔化学奖。他被认为是20世纪对化学科学影响最大的人之一，所撰写的《化学键的本质》被认为是化学史上最重要的著作之一。

2011年诺贝尔化学奖授予以色列材料科学家丹·舍特曼(Dan Shechtman)，以表彰他“对准晶体(quasicrystals)的发现”。1982年4月，舍特曼在快速冷却的铝锰合金中发现了一种新形态的二十面体相(icosahedral phase)分子结构，开辟了研究准晶体的全新领域。为什么授予他的是化学奖而非物理奖？其实，从上述化学的定义，也容易理解。化学是从分子层次上研究物质的组成、结构、性质与转化的一门科学，原子如何构成物质是核心的化学问题之一，而准晶的发现，揭示了一种新的原子间连接构造新物质的方式，授予化学奖也是合理的。有趣的是，鲍林曾质疑这种缺乏平移周期性的有序结构的存在，因为它违背了经典晶体学原理。

生物学的英文“Biology”源于拉丁文。Bio意为“生命”，-logy意为“学问”，生物学就是“研究生命的学问”，又称生命科学或生物科学。其研究对象是生命系统的各个层次，而构成生命系统的最基本单元是细胞。生物学研究的内容包括生命起源、进化、构造、发育、功能、行为、与环境的关系等。20世纪50年代DNA分子双螺旋结构的发现，催生了分子生物学，给生物学带来了革命性的变化，极大地推动了生物学的发展。对于生命现象和过程，从分子层面研究，探讨其分子机制，也是化学与生物学融合的结果。与物理学一道，化学为生物学提供了很多新的研究方法和工具。

化学又常常被称为“中心科学(Central Science)”，因为它将物理学和其他自然科学如生物学、地质学等基础学科联系起来；它是物质科学(Physical Sciences)的一个分支，但是，如前面所述，它与物理学(Physics)存在明显的不同。**化学家看世界的视角，是从原子和分子层次**。化学研究,就是将物质的性质与其详细组成、所有化学组件的原子排列方式及其电子结构等建立相关性。理解物质的性质和反应性与其分子结构的关系,可以帮助化学家设计具有期望性质的新分子,发明新的转化途径来合成和制造新的物质。化学家寻求发现化学世界的组件,从分子到有组织的化学体系,如活细胞和生物组织,试图理解这些组件之间的作用与变化。合成化学家发展新的转化途径,来创造和表征自然世界未知的新的分子和材料。化学科学家设计、制造并生产出有形的物质,造福社会,比如新的药物和高分子材料。

化学的研究领域非常广泛,包含很多分支学科,按照研究对象来分,包括无机化学(Inorganic Chemistry),有机化学(Organic Chemistry),高分子或大分子化学(Polymer, Macromolecular Chemistry),核与放射化学(Nuclear and Radiochemistry);从原理和方法来分,包括物理化学(Physical Chemistry),理论与计算化学(Theory and Computation Chemistry),分析化学(Analytical Chemistry);从学科交叉融合角度分,包括生物化学和化学生物学(Biological Chemistry, Chemical Biology),材料化学与纳米科学(Materials Chemistry and Nanoscience),环境化学(Environmental Chemistry),地球化学(Geochemistry),等等。

当代化学研究的前沿,往往产生于化学学科内的交叉融合,产生于化学与生命科学、物质科学、材料科学与技术、纳米科学、环境科学、信息科学、地球科学等学科间的交叉融合。2003年,美国国家研究理事会组织专家撰写了《超越分子前沿——化学与化学工程面临的挑战》一书,其主要章节包括,合成与生产:创造和探索新物质及新转换;物质的化学与物理转化;分离、鉴定、成像以及物质和结构的测量;化学理论与计算机建模:从计算化学到过程系统工程;与生物学及医学的交叉;材料设计;大气与环境化学;能源:以供未来之需;国家安全与个人安全。2009年7月起,美国自然科学基金会化学部,将其资助的项目分类,从原来的二级学科重新调整为8个领域,其中4个属于基础化学:化学合成(chemical synthesis),化学结构、动力学与机理(chemical structure, dynamics and mechanism),化学测量与成像(chemical measurement and imaging),理论、模拟与计算方法(theory, models and computational methods);另外4个属于多学科交叉领域:环境化学科学(environmental chemical sciences),生命过程的化学(chemistry of life processes),化学催化(chemical catalysis),大分子、超分子与纳米化学(macromolecular, supramolecular and nanochemistry)。这些新的变化,有别于传统的经典学科分类,反映了当代化学不断与其他学科交叉融合的趋势。

二、化学与自然、社会,及人类自身的关系

化学是如此贴近我们所处的自然环境,如此贴近我们人类社会。化学在应对当今人类面临的全球性挑战中,已经并且必将继续发挥巨大贡献。这些挑战包括:清洁空气,安全饮水,健康食品,可靠医药,先进材料,环保产品,可持续能源等。

100多年来,对于人类生存起了最重要作用的分子和反应,当属人工合成氨分子(NH_3)。从氨分子,可以转化合成尿素、硫酸铵、磷酸铵、硝酸铵等肥料。没有这些肥料,就没有现代农业的发展,就没有足够的粮食供给人类的生存。

现今的工厂大多使用哈伯-博世法(Haber-Bosch process):在200个大气压(atm)和500℃

的条件下，以氧化铁为催化剂，加热氮气和氢气制得氨。这个反应是可逆的。对于合成氨反应的研究，特别是对于反应催化剂和催化机理的研究，获得了3个诺贝尔化学奖：1918年，弗里茨·哈伯(Fritz Haber)，由于用单质合成氨；1931年，卡尔·博施(Carl Bosch)与弗里德里希·贝吉乌斯(Friedrich Karl Rudolf Bergius)，因为发明与发展化学高压技术；2007年，格哈德·埃特尔(Gerhard Ertl)，由于对于表面化学研究的贡献，包括催化合成氨的分子机理研究。

合成氨的原料氮气来自于空气(常以液态空气的分馏取得)，氢气来自于水和化石燃料。由于化石燃料短缺，制氨用的氢理论上可以用水的电解(现今4%的氢由电解制备)或热化裂解(thermal chemical cracking)制得，但现在来说，这些方法都是不经济的。热化裂解所需的热能可以从核能反应中取得，而风力发电、太阳能发电及水力发电产的过剩电能可以用来分解水制氢。

迄今为止，如何在温和条件下化学活化和转化 N_2、CO_2 等分子，仍然是挑战化学家的难题。

另一个可以和合成氨反应相媲美的，甚至更重要的反应，是光合作用。很可惜，温和条件下的人工光合作用仍然是人类的美好理想。光合作用是植物、藻类和许多细菌，从二氧化碳和水，产生有机物和氧气的主要手段。

$$6CO_2 + 6H_2O \xrightarrow[\text{叶绿素}]{\text{光}} C_6H_{12}O_6 + 6O_2$$

叶绿素对于光合作用至关重要，光合作用使植物从光中获得能量。叶绿素是存在于植物、藻类和蓝藻中的光合色素。光合作用的第一步，是光能被叶绿素吸收并将叶绿素离子化。产生的化学能被暂时储存在三磷酸腺苷(ATP)中，并最终将二氧化碳和水转化为氧气和碳水化合物。叶绿素吸收大部分的红光和蓝光，所以叶绿素呈现绿色。

对于光合作用的综合研究，仍面临很多挑战，是一个需要多学科交叉融合协同应对的重大问题。光如何被捕获并转化为电化学能量，该能量又是怎样被如此有效地用于两个方面：从 CO_2 还原产生生命的建筑单元有机化合物，从 H_2O 氧化到 O_2。这个极其复杂的问题，可以肯定，紧密相连于物理(但不能完全还原为物理)和生物学诸多问题；但答案显然在于化学领域。而每个单独的组件，以及自然界业已构筑的整个集成系统，所提出的问题，与科学领域中任何其他重大问题一样，是十分深刻和鼓舞人心的。而且，在实用方面，问题的答案，对于发明和制造同等高效的利用太阳能发电的方法是必需的，而太阳能，这在目前似乎是唯一的资源，足以应付世界的长期能源需求。

对于很多生物现象和过程的解释，常常可以还原为：特定的分子，在特定的细胞和特定的时间，对于特定的行为产生很大的作用。比如，5-羟色胺分子，是血管收缩素，又名血清素，为单胺型神经递质，由色氨酸衍生而来，合成于中枢神经(CNS)元及动物(包含人类)消化道之肠嗜铬细胞内。研究指出，血清素和强迫症以及恋爱有密切关系，被称为爱的分子。又如，研究表明，细胞色素c分子从线粒体释放到细胞浆，可以触发细胞凋亡。

化学，就是在不断地认识和研究自然界已经存在的分子，并且合成和创造新的分子。据统计，1900年，在 Chemical Abstracts Service (CAS)上登记的从天然产物中分离出来的和人工合成的已知化合物只有55万种。经过45年翻了一番，到1945年达到110万种。再经过25年又翻一番，到 1970 年为 236.7 万种。以后新化合物增长的速度大大加快，每隔 10 年翻一番，到 1999 年 12 月 31 日已达 2340 万种。所以，在 20 世纪整个 100 年中，化学合成和分离了 2285 万种新化合物，包括新药物、新材料、新分子，来满足人类生活和高新技术发展的需要。到 2011 年 5 月，在 CAS 上登记的已知的有机和无机化合物已达 6 千万。目前，仍以每天约 12 000 种新化合物的速度在增加。从上面的数据还可以看出，化学的发展速度是惊人的。值得指出的是，数据显示新增化合物的主要地区是亚太地区，特别是中国。

我们所处的自然与社会环境中，包括我们自身，化学无处不在(Chemistry is everywhere)！但是，我们也必须清醒地认识到，化学并非一切(Chemistry is not everything)！化学的发展，需要开放、交叉与融合。但是，在交叉融合中，也需要坚守化学的核心：**分子层次的结构，成键与反应**。

人类社会的美好生活与未来，需要更好地理解和发展化学。

三、如何学好化学？

学好化学，前提是对化学产生兴趣，可是只有学习中发现了化学之美和有趣之处，才会喜欢化学，这看起来像个悖论。从上面的介绍，我们可以看到，新的化合物是无穷多的，化合物的变化和它们之间的转化也无法穷尽，我们无法知晓所有。但是，就像我们学习语言，我们不需要知道所有词汇，只需要学习和掌握其表达和思考的语法和方式。我们学习任何一门学科时，所需要的也是学习和掌握其最核心的概念、定义和原理。对于化学的学习，我们不仅需要了解一些基本的反应，A 变为 B，A＋C ══ B，还需要去问：为什么会发生这样的变化，变化的驱动力是什么？变化的快慢由哪些因素决定和影响，中间会经历什么样的状态？从结构的观点看，变化前后或变化过程中，分子内和分子间发生了怎样的作用？几何结构和电子结构发生了怎样的变化？这种变化对于化学反应和化合物的性质会发生什么样的影响？如何从分子水平，甚至单分子水平去观察和研究分子的反应、变化和性质？如何理性设计并制造出具有我们期望性质的新的化合物，如新的药物？蛋白质、DNA 和 RNA 等生物大分子的某些部位经过细微的化学修饰，会对其生物功能和相关的生命过程产生什么样的影响？等等。

在高度信息化的今天，我们获取化学知识的渠道是多种多样的，课堂和教科书，仅仅是一个来源。但是，如果希望在短时间内高效地学习和掌握化学的核心内容，抓住课堂，专心倾注课堂，并积极主动地参与，常常会有事半功倍之效。课堂讲授和教科书阐述的，并不全是正确的，因此，需要改变思维方式，需要更多的质疑的精神、批判的精神，需要更多的思考和提问。问题的提出，最好能够通过独立的思考，但是问题的解决，则需要提倡与老师和同学的互动、讨论和切磋，需要去查阅相关的书籍和文献，看看老师和这本书上讲的概念和原理在其他书上或者在原始的经典文献上是如何表述和阐述的，有何异同；如果能够通过设计一些实验加以验证，印象就会更加深刻。有比较才有鉴别，我们对于问题的认识，也常常是通过比较分析而不断加深的。学习的另一个重要途径是联想和类比。学习一个以前未接触过的新概念和原理，常常需要和已知的某个事物或知识建立联系，才能成为自己脑海中知识网络的一个部分。而要创造和产生新的知识，常常可以通过类比触类旁通。简言之，听课与阅读、质疑与思考、提问与讨论、探究与实践、比较和联想,这些都对于我们学习化学,乃至任何新的事物有所裨益。这里,推荐一本诺贝尔奖获得者霍夫曼的书给大家,《相同与不同》(*The Same and not the Same*),或许对于进入化学领域和分子世界,有一些新的认识。

本书是关于化学的导论性介绍。前面四个单元,主要介绍化学的基本概念和原理,包括:第一单元,物质状态;第二单元,化学热力学与化学平衡;第三单元,化学动力学;第四单元,物质结构,目的是使同学们对于化学的基本原理和规律有一定的概括的认识和了解。最后,本书的第五单元,元素化学,概要介绍了部分元素及其化合物的基本性质。

第一单元 物质状态

第1章 气体与液体

本章要求

1. 掌握理想气体状态方程及气体分压定律的内容和应用
2. 了解气体的液化、液体的蒸发以及液固平衡的规律
3. 了解相图中的基本要素，会分析水的相变

在通常的温度、压力条件下，人们常见的物质以三种状态存在，即气态、液态和固态[①]。这三种状态之间可以相互转化，如对气体加压并降温会使气体凝聚为液体，将液体冷却会使液体凝固为固体。反之，固体受热会熔化成液体，液体受热会气化为气体。固体熔化、液体气化、气体液化以及液体凝固等物态变化，在化学上统称为相变(phase change)。相变时两相之间的动态平衡称为相平衡(phase equilibrium)。本章主要介绍气体和液体以及气、液、固三态之间的转化与平衡。

1.1 气　　体

在物质的三种常见状态中，气体的结构和性质较简单，因此，人们对气体的研究较早。为了避开实际气体的复杂性，人们对所研究的体系作了一些合理的假设，得到了一个简单、实用的理想气体状态方程。

1.1.1 理想气体定律

在理想气体状态方程的导出中，根据气态物质的性质作了两点假设：

(1) 气态物质的扩散性及气体分子的无规则运动，使得进入容器的气体总是迅速均匀地充满容器的整个空间。在通常的温度和压力下，气体分子之间相距甚远，因此密度很小，1 L 气体中，气体分子所占体积不到 0.5 mL，因而气体分子本身所占体积与它所占容器容积相比可以忽略不计，即假设气体体积为它们所占容器的容积。

(2) 在通常的温度和压力下，气体分子之间的距离较远，因此气体分子之间的相互作用力很小，可以忽略不计，即假设气体分子之间不存在相互作用。

总之，处于通常状态(即温度不太低、压力不太高时的状态)下的气体，可以称为理想气体。

早在 17 世纪中叶，英国科学家波义耳(Robert Boyle)通过用各种气体进行试验，总结实验结果，得出一个结论：**温度恒定时，一定量气体的体积(V)与气体所受压力(p)的乘积为恒量**。此结

① 在特定条件下，物质还可以其他的聚集状态(如等离子体)存在。

论即是 Boyle 气体定律。其数学表达式为

$$pV = 恒量 \quad (T, n\ 恒定)$$

18 世纪末，法国科学家查理(J. Charles)和盖・吕萨克(J. Gay-Lussac)研究了在恒压条件下，一定量气体的体积随温度的变化规律，其后被确认为 Charles-Gay Lussac 气体定律(简称 Charles 定律)，表述为：**压力恒定时，一定量气体的体积与它的热力学温标(T)**[①]**成正比；或恒压时，一定量气体的体积对温度的商值是恒量**。其数学表达式为

$$\frac{V}{T} = 恒量 \quad (p, n\ 恒定)$$

到 19 世纪中叶，法国科学家克拉珀龙(Clapeyron)综合 Boyle 定律和 Charles 定律，把描述气体状态的三个参数(p、V、T)归并于一个方程式，表述为：**一定量气体，体积和压力的乘积与热力学温度成正比**。其数学表达式为

$$\frac{pV}{T} = 恒量 \quad (n\ 恒定)$$

对于 1 mol 气体($n=1$)，恒量等于 R；对于物质的量为 n(mol)的气体，恒量等于 nR。表示式可变为

$$pV = nRT \tag{1-1}$$

R 称为摩尔气体常数，(1-1)式称为理想气体状态方程。

1.1.2 理想气体状态方程的应用

应用理想气体状态方程进行计算时，应特别注意各物理量的单位，R 的数值及单位由 p、V、n、T 的单位确定。方程式中的温度 T 必须用热力学温标，单位为开尔文(K)；气体物质的量 n 的单位是摩尔(mol)；体积 V 的单位常用立方分米(dm^3)或立方厘米(cm^3)，也有用立方米(m^3，$1\ m^3 = 10^3\ dm^3 = 10^6\ cm^3$)、升(L，1 L=1 dm^3)或毫升(mL，1 mL=1 cm^3)表示的；压力 p 的单位是帕斯卡(Pascal，Pa)或千帕斯卡(kPa)，以往常用大气压(atm)为单位，此外，在实验室常用水银压力计测量压力，所以也用水银柱高度(mmHg 或 cmHg)表示压力单位。

如果压力 p 用 kPa，体积 V 用 dm^3 做单位，已知 1 mol 理想气体在标准状况($T=273.15$ K，$p=101.33$ kPa)下的体积 $V=22.414\ dm^3$，则从下式可以得到 R 的取值和单位：

$$R = \frac{pV}{nT} = \frac{101.33\ \text{kPa} \times 22.414\ \text{dm}^3}{1\ \text{mol} \times 273.15\ \text{K}} = 8.3149\ \text{kPa} \cdot \text{dm}^3 \cdot \text{mol}^{-1} \cdot \text{K}^{-1}$$

在 3 位有效数字的计算中，常用 $R=8.315\ \text{kPa} \cdot \text{dm}^3 \cdot \text{mol}^{-1} \cdot \text{K}^{-1}$。当 p、V 的单位变化时 R 的取值和单位也随之变化，可以根据物理单位换算关系[②]进行必要的换算，常见的几种 R 的取值及其单位如下：

$$R = \frac{pV}{nT} = 8.31\ \text{kPa} \cdot \text{dm}^3 \cdot \text{mol}^{-1} \cdot \text{K}^{-1} = 0.0831\ \text{bar} \cdot \text{dm}^3 \cdot \text{mol}^{-1} \cdot \text{K}^{-1}$$

---

① 热力学温标是国际单位制中 7 个基本单位之一，温标符号为 T，单位是 Kelvin，用符号 K 表示，中文单位名称叫“开尔文”，代号为“开”。热力学温标与摄氏温标(t)的换算关系是：$T=t+273.15$。

② 1 atm=760 mmHg=101.325 kPa=1.01325×10^5 Pa≈101 kPa≈0.1 MPa，
1 Pa=1 N・m^{-2}，1 bar=1×10^5 Pa=100 kPa，1 kPa・dm^3=1 J=0.239 cal，1 cal=4.184 J。

$= 0.0821\ \text{atm}\cdot\text{dm}^3\cdot\text{mol}^{-1}\cdot\text{K}^{-1} = 62.4\ \text{mmHg}\cdot\text{dm}^3\cdot\text{mol}^{-1}\cdot\text{K}^{-1}$

$= 8.31\ \text{J}\cdot\text{mol}^{-1}\cdot\text{K}^{-1} = 1.99\ \text{cal}\cdot\text{mol}^{-1}\cdot\text{K}^{-1}$

严格讲，理想气体状态方程只适用于理想气体，然而完全理想的气体是不存在的。但是在压力不很高、温度不很低的情况下，例如在常温常压下，许多实际气体（特别是不易液化的 He、H_2、O_2、N_2 等气体）的性质近似于理想气体，用理想气体状态方程进行运算不会产生大的偏差。此外只需粗略估算时，用此方程也很方便。下面举例说明理想气体状态方程的应用。

【例 1-1】 在一容积为 50.0 dm^3 的钢瓶中装有氮气，测得氮气的温度为 20℃，压力为 100 kPa。计算钢瓶中氮气的质量。

解 已知 $V=50.0\ \text{dm}^3$，$T=293.15\ \text{K}$，$p=100\ \text{kPa}$。根据(1-1)式有

$$n=\frac{pV}{RT}=\frac{100\ \text{kPa}\times 50.0\ \text{dm}^3}{8.31\ \text{kPa}\cdot\text{dm}^3\cdot\text{mol}^{-1}\cdot\text{K}^{-1}\times 293.15\ \text{K}}=2.05\ \text{mol}$$

N_2 的摩尔质量为 28.0 $\text{g}\cdot\text{mol}^{-1}$，则钢瓶中氮气的质量为

$$28.0\ \text{g}\cdot\text{mol}^{-1}\times 2.05\ \text{mol}=57.4\ \text{g}$$

【例 1-2】 用一干净的容器收集某一植物光合作用产生的干燥纯净的气体。已知：容器的体积为 0.500 dm^3，质量为 65.301 g。收集气体后，在 30℃和 106.0 kPa 下，容器及气体的质量为 65.971 g。计算收集气体的摩尔质量，判断并写出气体的名称和分子式。

解 已知 $V=0.500\ \text{dm}^3$，$T=303.15\ \text{K}$，$p=106.0\ \text{kPa}$。

气体的质量　　$m=65.971\ \text{g}-65.301\ \text{g}=0.670\ \text{g}$

根据 $pV=nRT=\frac{m}{M}RT$ 得

$$M=\frac{mRT}{pV}=\frac{0.670\ \text{g}\times 8.31\ \text{kPa}\cdot\text{dm}^3\cdot\text{mol}^{-1}\cdot\text{K}^{-1}\times 303.15\ \text{K}}{106.0\ \text{kPa}\times 0.500\ \text{dm}^3}=31.8\ \text{g}\cdot\text{mol}^{-1}$$

此 M（气体的摩尔质量）值与氧气的摩尔质量非常接近，因此可以判断收集的气体为氧气，分子式为 O_2。

【例 1-3】 已知一氯甲烷（CH_3Cl）在 0℃时的蒸气压为 0.667 atm，求 0℃时一氯甲烷的密度（ρ）。

解 已知 $T=273.15\ \text{K}$，$p=0.667\ \text{atm}$，$M(CH_3Cl)=50.5\ \text{g}\cdot\text{mol}^{-1}$。

根据 $pV=nRT$，$V=\frac{m}{\rho}=\frac{nM}{\rho}$，得 $p\frac{nM}{\rho}=nRT$，故

$$\rho=\frac{pM}{RT}=\frac{0.667\ \text{atm}\times 50.5\ \text{g}\cdot\text{mol}^{-1}}{0.0821\ \text{atm}\cdot\text{dm}^3\cdot\text{mol}^{-1}\cdot\text{K}^{-1}\times 273.15\ \text{K}}=1.50\ \text{g}\cdot\text{dm}^{-3}$$

1.1.3　混合气体分压定律

前面讨论了只有一种纯气体的单组分体系，可以用理想气体状态方程处理。由两种或两种以上气体组成的多组分体系，如用排水集气法收集的含有水汽的氢气，又如由 N_2、O_2、Ar 等气体组成的空气等，是否也可以用理想气体状态方程处理？下面引入分压、分体积概念，讨论理想气体状态方程在多组分气体体系中的应用。

假设一容器中同时存有多种气体，例如有气体 A、气体 B……，其中某一种气体对器壁的压力称为此种气体的分压力，用 p_A、p_B…表示，不同气体的体积称为分体积，用 V_A、V_B…表示。如果组成混合气体的各个组分都是理想气体，而且它们之间不发生化学反应，这样的混合气体称为理想混合气体，分子之间的作用力及分子本身所占的体积可以忽略不计。因此，混合气体中，每一组分气体都可均匀地充满容器的空间，分子运动碰撞器壁所产生的压力（分压力）不会因其他组分气体的存在而改变，由此得到分压力的定义：**恒温条件下，混合气体中每一组分气体单独占有整个混合气体容积时所产生的压力，称为该组分气体的分压力**。

将物质的量为 n_A(mol)的理想气体 A 和物质的量为 n_B(mol)的理想气体 B 分别装入两个容积都为 V 的容器中，它们产生的压力分别为 p_A 和 p_B。如果维持温度不变，将 A、B 两种气体同时装入容积为 V 的一个容器中（即维持气体混合前后其体积不变），它们各自所产生的压力与其单独占有该容器所产生的压力相同，即分别为 p_A 和 p_B，容器中混合气体的总压力（$p_总$）等于 p_A 与 p_B 之和，即

$$p_{总} = p_A + p_B \quad (T, V \text{ 恒定}) \tag{1-2}$$

若体系中有多种气体存在，则总压力为

$$p_{总} = p_A + p_B + p_C + \cdots + p_i$$

其中，p_A 就是混合气体中 A 气体的分压力，p_B 就是混合气体中 B 气体的分压力……。据理想气体状态方程，则

$$p_A = \frac{n_A RT}{V}, \quad p_B = \frac{n_B RT}{V} \tag{1-3}$$

将(1-3)式代入(1-2)式，得

$$p_{总} = p_A + p_B = \frac{(n_A + n_B)RT}{V} \tag{1-4}$$

(1-3)式和(1-4)式相除，得

$$\begin{aligned} \frac{p_A}{p_{总}} &= \frac{n_A}{n_A + n_B} = \frac{n_A}{n_{总}} \quad \text{或} \quad p_A = p_{总} \times \frac{n_A}{n_{总}} \\ \frac{p_B}{p_{总}} &= \frac{n_B}{n_A + n_B} = \frac{n_B}{n_{总}} \quad \text{或} \quad p_B = p_{总} \times \frac{n_B}{n_{总}} \end{aligned} \tag{1-5}$$

(1-2)～(1-5)式都是在温度(T)和体积(V)恒定的条件下适用。若维持气体 A 和 B 混合前后的温度(T)和压力(p)恒定，分析它们的分体积、总体积、分压力、总压力以及物质的量之间的关系。

将物质的量为 n_A(mol)的理想气体 A 装入容积为 V_A 的容器中，假设其压力为 $p_总$，将物质的量为 n_B(mol)的理想气体 B 装入容积为 V_B 的容器中，假设其压力同为 $p_总$。维持温度(T)不变，将气体 A 和 B 混合，且维持混合后的总压力与混合前二者单独存在时的压力($p_总$)相同，则气体 A 和 B 混合后的总体积 $V_总$ 等于 V_A 与 V_B 之和，即

$$V_{总} = V_A + V_B \quad (T, p \text{ 恒定}) \tag{1-6}$$

此时的 V_A 和 V_B 分别是气体 A 和气体 B 在混合气体中的分体积，即它们混合前单独存在时所占有的体积（T、p 恒定）。因此，在一混合气体体系中，某组分气体的分体积等于该气体在总压力条件下所单独占有的体积。据理想气体状态方程，则

$$V_A = \frac{n_A RT}{p_{总}}, \quad V_B = \frac{n_B RT}{p_{总}}$$

在相同的温度与压力下，气体物质的量与它的体积成正比，所以

$$\frac{n_A}{n_总} = \frac{n_A}{n_A + n_B} = \frac{V_A}{V_A + V_B} = \frac{V_A}{V_总} \tag{1-7}$$

将(1-7)式代入(1-5)式得

$$\begin{aligned} p_A &= p_总 \times \frac{V_A}{V_总} \quad 或 \quad V_A = V_总 \times \frac{p_A}{p_总} \\ p_B &= p_总 \times \frac{V_B}{V_总} \quad 或 \quad V_B = V_总 \times \frac{p_B}{p_总} \end{aligned} \tag{1-8}$$

综上所述，气体分压定律可表述为：**在温度与体积恒定时，混合气体的总压力等于各组分气体的分压力之和；气体的分压力等于总压力乘气体的摩尔分数或体积分数**。此定律是 1807 年由英国科学家道尔顿(Dalton)首先提出的，故称为 Dalton 分压定律。

【例 1-4】 在人体的肺泡气中，N_2、O_2、CO_2 的体积分数分别为 80.5%、14.0%和 5.50%。假若在人体正常温度下，肺泡总压力为 100 kPa，其中水的饱和蒸气压为 6.28 kPa。计算肺泡气中各组分气体的压力。

解 $p_总 = p_{肺泡气} + p_{H_2O}$

$p_{肺泡气} = p_总 - p_{H_2O} = 100\ \text{kPa} - 6.28\ \text{kPa} = 93.72\ \text{kPa}$

$p_{N_2} = p_{肺泡气} \times 80.5\% = 93.72\ \text{kPa} \times 80.5\% = 75.4\ \text{kPa}$

$p_{O_2} = 93.72\ \text{kPa} \times 14.0\% = 13.1\ \text{kPa}$

$p_{CO_2} = 93.72\ \text{kPa} \times 5.50\% = 5.15\ \text{kPa}$

已知新鲜空气中 O_2 的分压(大约为 21.3 kPa)大于上例计算得到的肺泡中 O_2 的分压，而 CO_2 的分压(大约为 0.0314 kPa)小于计算得到的肺泡中 CO_2 的分压，正是这种压差的存在，使得人体能够进行正常的生理代谢。

【例 1-5】 在 23℃、100 kPa 压力下，在水面上收集了含有水汽的氧气 0.400 dm^3。计算收集到的干燥氧气的体积。

解 已知 23℃时水的饱和蒸气压为 $p_{H_2O} = 2.81\ \text{kPa}$，又 $p_总 = p_{O_2} + p_{H_2O}$，则

$$p_{O_2} = 100\ \text{kPa} - 2.81\ \text{kPa} = 97.2\ \text{kPa}$$

据(1-8)式有

$$V_{O_2} = V_总 \times \frac{p_{O_2}}{p_总} = \frac{0.400\ \text{dm}^3 \times 97.2\ \text{kPa}}{100\ \text{kPa}} = 0.389\ \text{dm}^3$$

也可以用(1-1)式计算干燥氧气的体积：

$$p_{O_2} V_总 = n_{O_2} RT$$

$$n_{O_2} = \frac{p_{O_2} \times V_总}{RT} = \frac{97.2\ \text{kPa} \times 0.400\ \text{dm}^3}{8.31\ \text{kPa} \cdot \text{dm}^3 \cdot \text{mol}^{-1} \cdot \text{K}^{-1} \times 296\ \text{K}} = 0.0158\ \text{mol}$$

$$p_总 V_{O_2} = n_{O_2} RT$$

$$V_{O_2} = \frac{n_{O_2} RT}{p_总} = \frac{0.0158\ \text{mol} \times 8.31\ \text{kPa} \cdot \text{dm}^3 \cdot \text{mol}^{-1} \cdot \text{K}^{-1} \times 296\ \text{K}}{100\ \text{kPa}} = 0.389\ \text{dm}^3$$

【例 1-6】 将 6.00 dm^3、900 kPa 的 O_2 和 12.0 dm^3、300 kPa 的 N_2 同时装入一体积为 18.0 dm^3 的容器中，求混合后 O_2 和 N_2 的分压及分体积(设混合前后温度不变)。

解　据 Boyle 定律，混合前后 N_2 或 O_2 的 pV=恒量(T,n 恒定)，得

$$p_{O_2}V_{总} = 900 \times 6.00, \quad p_{N_2}V_{总} = 300 \times 12.0$$

$$p_{O_2} = \frac{900\ \mathrm{kPa} \times 6.00\ \mathrm{dm^3}}{18.0\ \mathrm{dm^3}} = 300\ \mathrm{kPa}$$

$$p_{N_2} = \frac{300\ \mathrm{kPa} \times 12.0\ \mathrm{dm^3}}{18.0\ \mathrm{dm^3}} = 200\ \mathrm{kPa}$$

$$p_{总} = p_{O_2} + p_{N_2} = 500\ \mathrm{kPa}$$

据(1-8)式有

$$V_{O_2} = V_{总} \times \frac{p_{O_2}}{p_{总}} = \frac{18.0\ \mathrm{dm^3} \times 300\ \mathrm{kPa}}{500\ \mathrm{kPa}} = 10.8\ \mathrm{dm^3}$$

$$V_{N_2} = V_{总} \times \frac{p_{N_2}}{p_{总}} = \frac{18.0\ \mathrm{dm^3} \times 200\ \mathrm{kPa}}{500\ \mathrm{kPa}} = 7.20\ \mathrm{dm^3}$$

1.1.4　实际气体和 van der Waals 方程

前述各气体定律都适用于理想气体，应用于实际气体时是有偏差的。表 1-1 列出了 1 mol 乙炔气体在 20℃不同压力下的 pV 值。

表 1-1　1 mol 乙炔气体的 pV 值(20℃)

p/kPa	101	3192	8.50×10^3	1.12×10^4	2.36×10^4	3.33×10^4
pV/(kPa · dm³)	2.43×10^3	2.22×10^3	0.970×10^3	1.11×10^3	1.96×10^3	2.59×10^3

表 1-1 中数据表明，pV 值随压力变化，而且变化较大。实际气体都不同程度地偏离理想气体定律，偏离的多少取决于气体本身的性质以及温度、压力条件。一般在低压及高温条件下偏离较少，不过还与气体的沸点有关，沸点低的气体在较高温度与较低压力时偏离少，如 O_2 的沸点是 −183℃，H_2 的沸点是 −253℃，它们在常温常压时，摩尔体积值与理想值(22.414 dm³)之间偏差只有 0.1%左右，而沸点是 −10℃的 SO_2，在常温常压时其摩尔体积值与理想值之间的偏差大得多，约为 2.4%。实际气体的实验值与理想值之间的偏差可以用压缩系数 Z 表示：

$$Z = \frac{pV}{nRT}$$

式中 p、V、T 都是实测值。图 1-1 示出几种气体在不同温度、压力时的压缩系数。若为理想气体，则 $Z=1$，如图 1-1 中虚线所示；对于实际气体，$Z>1$ 或 $Z<1$。由图 1-1 可见，当气体的压力很低(接近零)时，各种气体的性质都接近理想状态。随着压力升高，各种气体均偏离理想状态，但偏离的情况有所不同。CO_2 偏离最多，N_2 和 H_2 次之，He 最少，而且 N_2 在 −100℃时的偏离大于它在 25℃时的偏离。产生偏离的原因在于对理想气体的两点假设。实际上，气体分子间不可能没有吸引力，而且吸引力随压力的增加或温度的

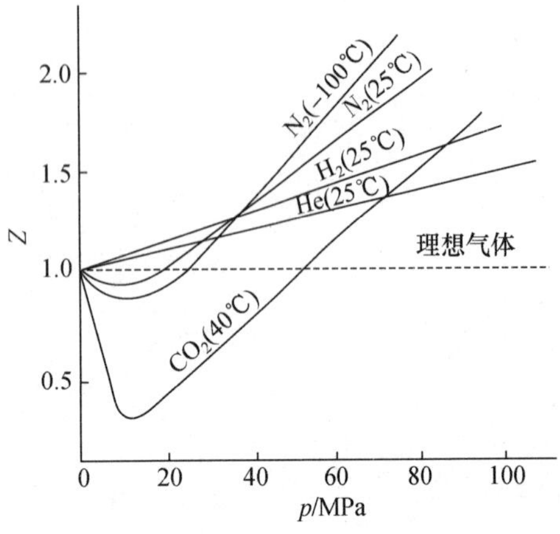

图 1-1　几种气体的压缩系数

降低而增加，这种吸引力是一种内聚力，它使气体分子对器壁碰撞产生的压力减小，使得实测的压力小于理想状态的压力，因此 $Z<1$；另一方面，分子虽小，但不可能不占有一定的空间体积，致使实测体积总是大于理想状态，因此 $Z>1$。实际上以上两个因素同时存在，当分子间的吸引力因素起主要作用时，$Z<1$；当气体分子的体积因素比较突出时，$Z>1$；如果两个因素的影响恰好相互抵消，则 $Z=1$，如 CO_2 在 40℃与 52 MPa 时 $Z\approx1$。

为了消除偏差，得到一个能适用于实际气体的方程，很多人提出在理想气体状态方程中引入校正因子，即对方程(1-1)进行修正。荷兰科学家范德华(van der Waals)在研究了许多实际气体之后，于 1873 年提出了修正的气态方程，称为 van der Waals 方程，其表达式为

$$\left(p+\frac{an^2}{V^2}\right)(V-nb)=nRT \tag{1-9}$$

这是一个半经验性的方程式，式中 a 和 b 都是常数，称为 van der Waals 常数，a 用于校正压力，b 用于校正体积。表 1-2 列出了一些常见气体的 van der Waals 常数。

表 1-2　几种气体的 van der Waals 常数

气　体	$\frac{a}{dm^6\cdot kPa\cdot mol^{-2}}$	$\frac{b}{dm^3\cdot mol^{-1}}$	$\frac{沸点\ t_b}{℃}$	$\frac{液态的摩尔体积}{dm^3\cdot mol^{-1}}$
He	3.46	0.0238	−268.93	0.0320
H_2	24.52	0.0265	−252.87	0.0285
O_2	138.2	0.0319	−182.95	0.0280
N_2	137.0	0.0387	−195.79	0.0347
CO_2	365.8	0.0429	−78.4(升华)	—
C_2H_2	451.8	0.0522	−84.7	—
Cl_2	634.3	0.0542	−34.04	0.0453

由表 1-2 中数据可以看出，常数 a 随沸点 t_b 升高而增加。液体的沸点高，意味着分子间的作用力(吸引力)大。分子间的吸引力可以看做是气体的内聚力，它使气体的实际压力减小，因此需要加一个修正项。如果 $V(dm^3)$气体中有 n(mol)气体，这种内聚力与 n^2/V^2 成正比，可表示为 an^2/V^2，压力项即修正为 $p+(an^2/V^2)$。表 1-2 中的常数 b 约等于气体在液态时的摩尔体积，这表明，气体分子的体积虽小，但不等于零，因而实测的体积大于理想值，对于物质的量为 n(mol)的气体，其体积修正项为 $V-nb$。

van der Waals 方程是最早提出的实际气体的状态方程，在处理实际气体时用此方程计算的结果要比用理想气体状态方程计算的结果准确得多，但是在很高的压力下，误差也是相当大的。此后，又有许多科学家相继提出了上百个状态方程，它们的准确性都优于 van der Waals 方程，但其形式都比较复杂，并且适用范围较小。

1.2　液　　体

对气体加压并降温会使气体凝聚为液体，液体受热会气化而变成气体。本节重点介绍气液之间的转化以及与相平衡有关的问题。

1.2.1 气体的液化

在所有物质的分子之间都存在吸引力，而吸引力的大小与物质存在的状态有关。对于同一种物质，处于气态时的吸引力小于处于液态时的吸引力，处于液态时的吸引力又小于处于固态时的吸引力。另外，分子的热运动有使分子间距离增加、吸引力减小的倾向。因此，气体的液化需要将其降温或降温并加压，使分子的动能降低、分子间的距离缩小，从而增加分子间的吸引力。不同的物质分子间的作用力不同，因此不同气体液化时所需的条件有所不同。如水汽在 101 kPa 下，低于 100℃就可以液化；氯气在室温时必须加压才能液化；而 N_2、H_2、O_2 等气体在室温下加多大压力都不能液化，必须将温度降低到某一温度以下。每种气体都有一个特定温度，叫做临界温度(critical temperature)，记为 T_c。气体的液化必须控制在临界温度以下，在临界温度以上，无论加多大压力都不可能使气体液化。尽管加压可以使分子间距离缩小，吸引力增大，然而分子剧烈的热运动会影响分子间吸引力的增加。当通过加压增加分子间吸引力不能克服分子热运动的扩散膨胀时，只靠加压的办法气体是不能液化的，只有同时降温(减少热运动)和加压(增加吸引力)才能使气体液化。在临界温度使气体液化所需的最低压力叫临界压力(critical pressure)，记为 p_c。在 T_c 和 p_c 条件下，1 mol 气体所占的体积叫临界体积(critical volume)，记为 V_c。表 1-3 列出了几种物质的临界数据和沸点。

表 1-3 几种物质的临界数据和沸点

物质		T_b/K	T_c/K	p_c/100 kPa	V_c/($cm^3 \cdot mol^{-1}$)
永久气体	He	4.22	5.19	2.27	57
	H_2	20.28	32.97	12.93	65
	N_2	77.36	126.21	33.9	90
	O_2	90.20	154.59	50.83	73
	CH_4	111.67	190.56	45.99	98.60
可凝聚气体	CO_2	194.65	304.13	73.75	94
	C_3H_8	231.1	369.83	42.48	200
	Cl_2	239.11	416.9	79.91	123
	NH_3	239.82	405.5	113.5	72
	n-C_4H_{10}	272.7	425.12	37.96	255
液体	n-C_5H_{12}	309.21	469.7	33.70	311
	n-C_6H_{14}	341.88	507.6	30.25	368
	n-C_6H_6	353.24	562.05	48.95	256
	n-C_7H_{16}	371.6	540.2	27.4	428
	H_2O	373.2	647.14	220.6	56

表 1-3 中数据表明，气体的沸点越低，其临界温度越低，则越难液化。凡沸点和临界温度都低于室温的气体，如 N_2、H_2、O_2 等气体；在室温下加压是不可能液化的，这种气体被称为永久气体。凡沸点低于室温而临界温度高于室温的气体，如 Cl_2、C_3H_8、CO_2 等气体，在室温下加压可以液化，再减压时又可气化，这种气体被称为可凝聚气体。凡沸点和临界温度都高于室温的物质，

如 C_6H_6、H_2O 等，在常温常压下为液体。

超临界流体　19 世纪末，科学家们对处于临界点附近物质的性质进行了详细的研究，结果表明，气体在临界温度和临界压力以上时，既能像气体那样自由扩散充满容器，又能像液体那样做很好的溶剂，其溶解能力随温度、压力而变化。这种物质叫做超临界流体(super critical fluid，SCF)。超临界流体的应用已受到了人们的广泛重视。例如，用 CO_2-SCF 取代可致癌的二氯甲烷做溶剂，用溶剂萃取法分离除去咖啡豆中对人体有害的咖啡因是一个最成功的应用实例，用 CO_2-SCF 处理后回复到常温常压，残留的 CO_2 即气化逸出，得到优质的咖啡产品。烟草工业用 CO_2-SCF 技术，可降低有害的尼古丁含量。CO_2-SCF 法可用于食品工业去除食品中的油腥味。用 CO_2-SCF 可以提取中药中的有效成分。电子工业利用 H_2O-SCF 制备 SiO_2 大晶体。利用 H_2O-SCF 技术，在超临界水中可溶入较多的氧，由于具有较高的温度，使 O_2 和有机污染物的均相氧化作用进行得很完全，它可以将 C、H_2、N_2 分别氧化为易分离的气态物质 CO_2、H_2O、NO_x，同时可以将 S、Cl、P 等元素分别氧化为含氧酸，通过加碱成盐的方法即可将其除去。

1.2.2　液体的气化

液体转化为气体的过程称为液体的气化，液体的气化有两种形式：蒸发和沸腾。下面首先讨论蒸发现象。

液体中的分子和气体分子一样，都在不停地运动。分子的运动速率有快有慢，动能有大有小。位于液面和液体内部的分子，其受力情况是不同的，如图 1-2 所示。位于液体内部的分子，如 a 分子，受四周同类分子的吸引力是均匀的，而位于液体表面的分子，如 b 分子，所受四周的吸引力是不均匀的。处在液体表面的具有高能量高速率的分子可以克服分子间引力，逸出液面而气化。这种液体表面的气化现象叫蒸发(evaporation)，在液面以上、由液体的气化形成的气态分子群叫做该液体的蒸气(vapor)。只有那些具有了足够高的动能的分子，才能够克服液体分子间的束缚力而变为气态分子，因此蒸发是吸热过程。在蒸发过程中，液体从周围环境吸收热量保持温度不变，使液态分子吸收能量后继续蒸发。如果液体是装在敞口容器里，随着液体的蒸发，蒸气会不断地扩散到周围空间，直至液体全部蒸发为止。如若液体是装在密闭容器中，情况有所不同，容器中的液体蒸发后，在液面上方的蒸气分子处于无序运动状态，在相互碰撞或撞击到液面时，还会返回到液相，这个蒸发的逆过程叫做冷凝(condensation)。蒸发与冷凝两个过程是同时进行的，但开始时前者占优势，随着气相中分子数目的增多，分子返回液相的速率逐渐增加，在恒温条件下，两个过程进行到一定程度，蒸发与冷凝的速率相等，此时气相和液相达到动态平衡，两种物相处于平衡状态，称为相平衡。处于动态平衡的气相与液相之间，蒸发与冷凝仍在进行，只是进出液相的分子数相等。与液相处于动态平衡的气体称为其液相的饱和蒸气(saturated vapor)，它的压力叫饱和蒸气压，简称蒸气压(vapor pressure)。

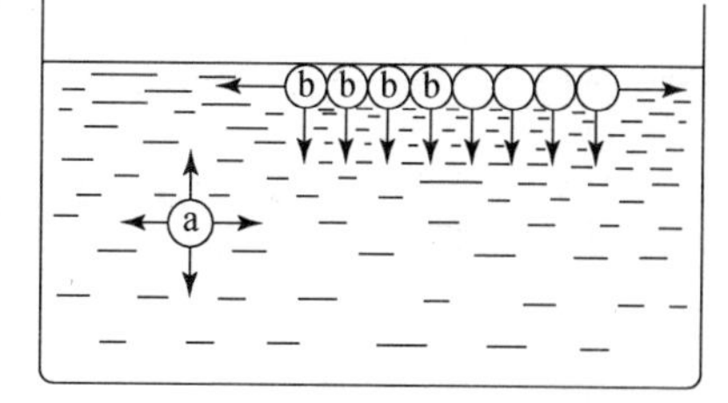

图 1-2　液体内部分子和液体表面分子的受力情况

若液体是装在用活塞做盖子的密闭容器中，气相与液相达平衡后，维持温度不变，用活塞调节气相部分所占体积的大小，可以发现其液体的蒸气压不随气相体积的改变而改变。这是因为液体的蒸气压是液体的一个重要性质，它只与物质的本性及温度有关，而与液体的量及液面上方的空间大小无关。当气相部分的体积增大时，使单位体积中气体分子数减少，即气体的密度减小，原来的平衡被破坏，则有更多的分子从液相逸出，直至达到新的平衡，此时的蒸气压与体积变化前相同。如若气相部分的体积减小，则气体的密度增大，就会有更多的气体分子冷凝，达平衡时，蒸气压仍与原来的相同。因此，液相犹如一个气体分子的储存室，它可以随时调节气相中气体密度的大小，维持蒸气压为恒定值。

液体的蒸气压随温度有明显变化。当温度升高时，随着液体分子动能的增加和运动速率的加快，液面分子逸出液面的机会增多，气体分子返回液面的数目也逐渐增加，不过，蒸发与冷凝的总效果是气体的密度增大，因此，温度升高后，气相与液相达到新的平衡状态时，蒸气压增加了。表 1-4 列出了水在几个温度时的蒸气压数据，图 1-3 示出几种液体的蒸气压与温度的关系（即蒸气压曲线）。

表 1-4 水在不同温度的蒸气压

t/℃	$p(H_2O)$/kPa	T/K	$\frac{1}{T}$/K^{-1}	$\lg\frac{p(H_2O)}{kPa}$
0	0.611	273	0.00366	−0.214
20	2.34	293	0.00341	0.369
40	7.38	313	0.00319	0.868
60	19.9	333	0.00300	1.299
80	47.4	353	0.00283	1.676
100	101.3	373	0.00268	2.006

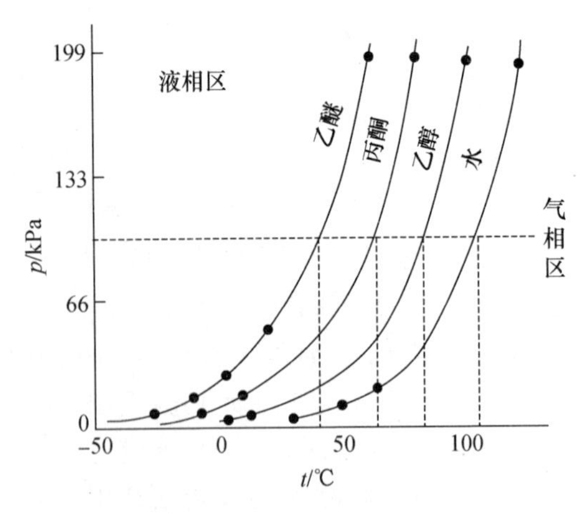

图 1-3 几种液体的蒸气压曲线

由图 1-3 及表 1-4 中数据可见，不同的液体在相同的温度下的蒸气压是不同的，但是它们的蒸气压都随着温度的升高而增大。在图 1-3 中，每一曲线的左侧为相应物质的液相区，在液相区对应的温度、压力条件下，该物质以液态形式存在；曲线的右侧为物质的气相区，在气相区对应的温度、压力条件下，物质以气态形式存在；在曲线上的每一点对应的温度、压力条件下，物质将处于气液平衡状态。虽然蒸气压随温度升高而增大，但这些曲线不会无限延伸，每一曲线的端点所对应的压力和温度，即为相应物质的临界压力和临界温度。如水的蒸气压曲线的端点是

$$T_c = 647.14\ \text{K}, \quad p_c = 2.206 \times 10^4\ \text{kPa}$$

若将蒸气压的对数对热力学温度的倒数作图，可得一条直线，如图 1-4 是水的蒸气压的对数（$\lg p(H_2O)$）对热力学温度的倒数（$1/T$）的直线关系图。

图 1-4 中的直线关系可以用以下代数方程表示：

$$\lg p = \frac{A}{T} + B \tag{1-10}$$

式中，p 代表温度 T 时的蒸气压，A 是直线的斜率，B 是直线的截距。实验证明，常数 A 与液体的摩尔蒸发热(molar heat vaporization)ΔH_{vap}①有关，即

$$A = -\frac{\Delta H_{vap}}{2.303R}$$

将其代入(1-10)式，得

$$\lg p = -\frac{\Delta H_{vap}}{2.303RT} + B \qquad (1\text{-}11)$$

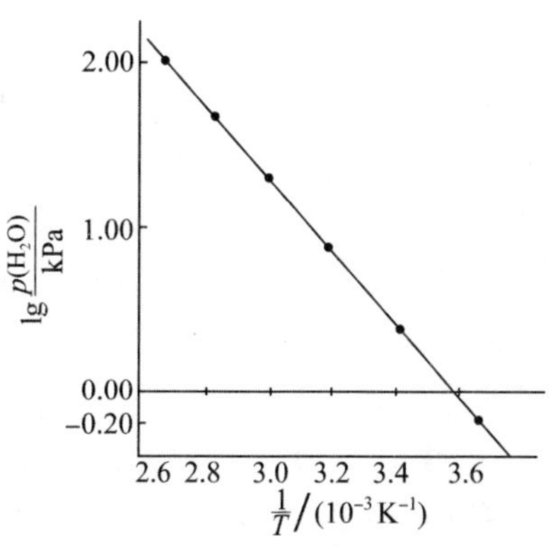

图 1-4　$\lg p(H_2O)$ 对 $\frac{1}{T}$ 的直线关系

许多液体(如乙醇、乙醚、丙酮、苯等)的蒸气压与温度的关系，都符合上述方程式。实验测定液体在不同温度时的蒸气压，然后将 $\lg p$ 对 $1/T$ 作图，由直线的斜率 A 可以求得该液体的摩尔蒸发热 ΔH_{vap}。设在 T_1 时液体的蒸气压为 p_1，在 T_2 时液体的蒸气压为 p_2，据(1-11)式，则有

$$\lg p_1 = -\frac{\Delta H_{vap}}{2.303RT_1} + B$$

$$\lg p_2 = -\frac{\Delta H_{vap}}{2.303RT_2} + B$$

两式相减，得

$$\lg p_2 - \lg p_1 = -\frac{\Delta H_{vap}}{2.303R}\left(\frac{1}{T_2} - \frac{1}{T_1}\right)$$

$$\lg \frac{p_2}{p_1} = \frac{\Delta H_{vap}}{2.303R}\left(\frac{T_2 - T_1}{T_2 \times T_1}\right) \qquad (1\text{-}12)$$

(1-12)式称为克拉珀龙-克劳胥斯(Clapeyron-Clausius)方程。式中 ΔH_{vap}和 R 的单位必须一致。

Clapeyron-Clausius 方程是描述液体的饱和蒸气压与温度关系的重要方程。实验测定了液体在两个不同温度(T_1 和 T_2)时的蒸气压(p_1 和 p_2)，利用(1-12)式即可求出液体的摩尔蒸发热 ΔH_{vap}。如果液体的 ΔH_{vap}是已知的，实验测定了它在某温度(T_1)时的蒸气压(p_1)，用(1-12)式可以计算液体在其他温度(T_2)时的蒸气压(p_2)。

液体的蒸气压随着温度的升高而增大，当温度升高到使蒸气压等于外界压力时，液体就沸腾了，这个温度就是液体的沸点(boiling point, T_b)。液体的沸点与外界压力有关，例如水在 101.33 kPa 时的沸点是 100℃；在珠穆朗玛峰顶，大气压约为 30 kPa，水烧到 70℃左右就沸腾了；在气压高达 1000 kPa 的高压锅炉内，水的沸点大约在 180℃左右。外界压力为 101.33 kPa (1 atm)时液体的沸点称为正常沸点(normal boiling point)。在通常情况下，若不加以特别说明时，所说的“某液体的沸点”都是指正常沸点。

沸腾与蒸发都是液体的气化，不过蒸发是在液体的表面发生，而沸腾是在液体的表面和内部同时发生，所以在液体沸腾时，可以看到液体内部逸出气泡。

在常压下加热纯净水时会发现，温度已经达到沸点但水仍未沸腾，需要加热到温度略高于 100℃才开始沸腾，随后温度又降低到正常沸点，这种现象叫过热(superheating)，这种温度高于

① ΔH_{vap}随温度改变略有变化，只是在温度变化不大时，可视为常数。

沸点的液体称为过热液体。液体沸腾时，液体的内部必须有许多小气泡使液体在其周围气化，即小气泡起着“气化核”的作用，在纯净液体内小气泡不容易形成，因此容易出现过热现象。过热程度越大，沸腾越剧烈，这种剧烈的沸腾称为暴沸。暴沸时液体大量溅出，极易造成事故，尤其在处理易燃液体（如乙醚、丙酮、酒精等）时，暴沸喷溅出的液体遇到加热火焰有引起火灾的危险，因此应特别注意避免过热现象的出现。加热液体时搅拌和加入沸石是减少“过热”的有效方法。沸石是一种多孔的硅酸盐，加热时，存在沸石孔中的空气逸出，起了气化核的作用，使液体内部容易在沸石的边角上产生气泡，从而避免暴沸。搅拌也有利于在液体内部形成气化核。

【例 1-7】 已知异丙醇在 2.4℃时的蒸气压是 1.33 kPa，在 39.5℃时的蒸气压是 13.3 kPa，计算异丙醇的摩尔蒸发热和沸点。

解 据(1-12)式

$$\lg \frac{p_2}{p_1} = \frac{\Delta H_{\text{vap}}}{2.303R}\left(\frac{T_2 - T_1}{T_2 \times T_1}\right)$$

代入有关数据得

$$\lg \frac{13.3}{1.33} = \frac{\Delta H_{\text{vap}}}{2.303 \times 8.31\ \text{J} \cdot \text{mol}^{-1} \cdot \text{K}^{-1}} \times \left(\frac{312.7 - 275.6}{312.7 \times 275.6\ \text{K}}\right)$$

$$\Delta H_{\text{vap}} = 44.4\ \text{kJ} \cdot \text{mol}^{-1}$$

据液体的沸点（未特别说明，即指正常沸点）应该是液体的蒸气压达到与外界压力(101.3 kPa)相等时的温度，设异丙醇的沸点为 T，将有关数据代入(1-12)式得

$$\lg \frac{101.3}{1.33} = \frac{4.44 \times 10^4\ \text{J} \cdot \text{mol}^{-1}}{2.303 \times 8.31\ \text{J} \cdot \text{mol}^{-1} \cdot \text{K}^{-1}} \times \left(\frac{T - 275.6\ \text{K}}{T \times 275.6\ \text{K}}\right)$$

求得丙醇的沸点 T=355 K(≈82℃)。

1.3 液固转化与平衡

如果将液体放在冷阱中冷却，冷却到一定程度时液体会凝结成固体。在常压下，固体与液体处于两相平衡状态时的温度称为液体的凝固点。

图 1-5 示出液体的冷却曲线，其中：A′、C、D 点的温度为液体的凝固点；AA′B 线是液体温度逐渐下降的过程；B 点温度时从液体中析出晶体；BC 线是液体中析出晶体后温度回升到凝固点温度的过程；CD 线代表液体中不断析出晶体，温度保持不变的过程；DE 线是晶体温度逐渐下降的过程。图 1-5 表明，液体的温度降低到凝固点 A′时并无晶体析出，直到温度降低到凝固点以下的 B 点时才有晶体析出（见图中的 A′B 线），低于凝固点尚无晶体析出的液体叫过冷液体，这种现象称为过冷现象（super cooling phenomena）。产生过冷现象与物质中的质点（分子、离子或原子）在固态与液态时的排列情况不同有关，在液态时质点的排列是无序的，而在固体中质点的排列是有

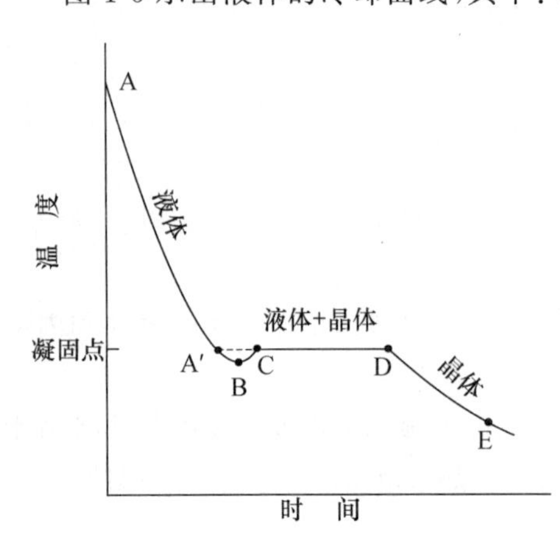

图 1-5 液体的冷却曲线

序的。随着液体温度的降低，质点的平均动能降低，使其有一种从无序到有序排列的倾向。然而，如果液体中没有“结晶中心”，这种从无序到有序排列的转化是缓慢的，即使温度降低到凝固点时仍不能达到有序排列，因此产生了过冷现象。只有当温度降低到一定程度，质点的平均动能足够低时，才可能有“结晶中心”出现，此时的温度即是图1-5中B点的温度。液体越纯，结晶中心越难形成，过冷现象越严重，如高纯水可以冷却到－40℃才开始结冰。

过冷液体是一种处于不稳定状态的体系，具有向稳定的平衡态转化的趋势。液体凝固是放热过程，因此随着结晶的析出，体系温度回升到液相-固相的平衡温度（见图中的BC线），即图1-5中A′、C、D点的温度。

图1-5中的CD线是代表液体和固体共存并处于平衡状态的阶段，在此阶段中，体系的温度不随时间变化，此温度即为液体的凝固点（freezing point 或 solidifying point）。在CD段温度维持不变的原因是：冷阱对液体吸热使固体析出，而液体凝固时又放热。若吸热多于放热，就有固体继续析出；反之，则有固体熔化（是吸热过程）。所以，当体系处于液固共存的平衡态时，温度可以维持不变。

固体里的分子和液体里的分子一样，总是处于不断热运动的状态，其中能量较高的分子有可能逸出固体表面成为气态分子，所以固体表面也有蒸气压，并且随温度升高其蒸气压增大。在液相和固相处于平衡状态的凝固点温度时，两相的蒸气压相等，即 $p_{液}=p_{固}$。过冷液体的蒸气压大于其相同温度下的共存固体的蒸气压，因而过冷液体处于不稳定状态。

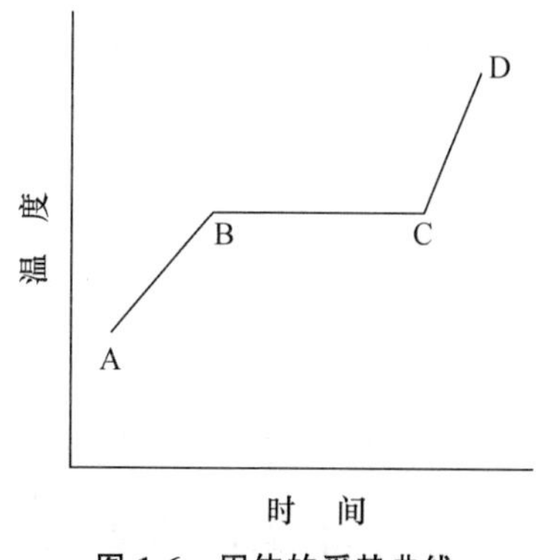

图1-6　固体的受热曲线

图1-6示出固体受热时的加热曲线。图中AB线代表固体受热过程；BC线代表固体开始熔化后固体与液体共存的过程，在这个过程中，由于固体熔化需要吸热，所以对体系的加热，只是使固体不断熔化，固相逐渐减少，液相逐渐增加，体系处于固液平衡态，温度保持不变，该温度就是固体的熔点（melting point）；CD线代表固体全部熔化后的液体受热升温过程。从液相与固相间的转化与平衡关系可以看出，熔点和凝固点是同义词，都是指液相与固相共存时的温度。基于固体变为液体叫熔化，所以叫熔点；液体变为固体叫凝固，所以叫凝固点。

1.4　水的相图

某一物质的气相、液相和固相之间的关系可以用它的相图表示。图1-7为水的相图，图的纵坐标为体系的压力（蒸气压或外压），横坐标为温度（℃）。

图中TA为气液共存的蒸气压曲线，TB为气固共存的固体升华曲线，TC为固液共存的熔化曲线。在相图中还可以看到由TA线、TB线和TC线划分的三个区（TA线与TB线之间的气相区、TA线与TC线之间的液相区、TB线与TC线之间的固相区），以及超临界态区。另外，图中的T为三相点，A为临界点。从水的相图可以了解水在某一条件（温度和压力）下的存在状态。在图中曲线上任意一点对应的条件下，水两相共存；在任一相区中的任意一点对应的条件下，水不可能两相共存。例如，在21.6℃与2.50 kPa时，其对应点处在TA线上，表明在此条件下水为气液共存状态。如果维持压力2.50 kPa，将温度降低到10℃，其对应点处在液相区，表明原两相中的水蒸气将全部冷凝为液体。TA 线是水的气液平衡线，从线上各点对应的温度和压力可知液态水在不同温度下的蒸气压，因此曲线上任意一点的温度可以代表在各种外压下水的沸点。只有当外压 $p=101.33$ kPa 时，其相应温度才是水的正常沸点。图中，水的三相点和冰点是不相同的，三相点是纯 H_2O 的气-液-固三相的平衡点，也就是其平衡水蒸气压下的凝固点，而冰点(0℃)是指在标准压力下被空气饱和的水的凝固点，即空气的饱和水溶液和冰的平衡温度，此时液相是含有少量 N_2、O_2、Ar 等气体的水溶液，固相是纯水。

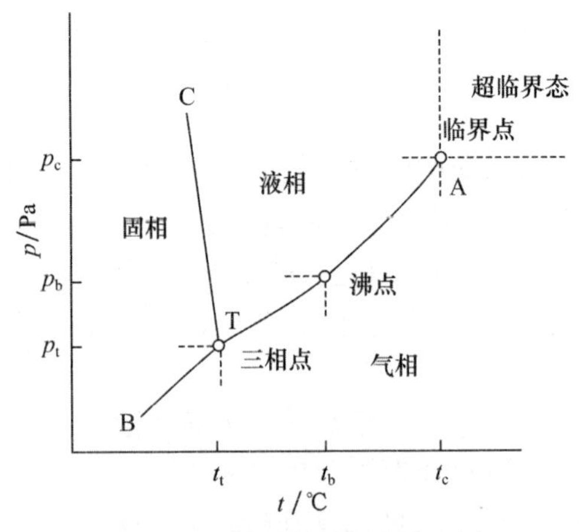

图 1-7 水的相图(坐标未按比例)

三相点 $t_t=0.01$℃，$p_t=6.11\times10^2$ Pa；临界点 $t_c=374$℃，$p_c=2.21\times10^7$ Pa；沸点 $t_b=100$℃，$p_b=1.01\times10^5$ Pa

小 结

本章主要讨论了三个方面的问题：

(1) 理想气体状态方程和分压定律的概念及其应用。

严格讲，理想气体状态方程只适用于气体的理想状态。然而完全的理想状态是不存在的，但近似的理想状态是常见的，所以理想气体状态方程仍有广泛的应用。以下是应熟练掌握的重要公式：

$$pV = nRT$$

$$p = \frac{\rho}{M}RT \quad (\rho \text{ 为密度})$$

$$pV = \frac{m}{M}RT \quad (M \text{ 为摩尔质量}, m \text{ 为质量})$$

$$p_{总} = p_A + p_B + p_C + \cdots + p_i$$

$$p_A = p_{总} \times \frac{n_A}{n_{总}} = p_{总} \times \frac{V_A}{V_{总}}$$

(2) 液体的蒸发与蒸气压。

气态与液态之间的转化与平衡、蒸气压的概念、沸点及临界点的概念及定义、Clapeyron-Clausius 方程的应用是这一部分的重点。

$$\lg \frac{p_2}{p_1} = \frac{\Delta H_{vap}}{2.303R}\left(\frac{T_2 - T_1}{T_2 \times T_1}\right)$$

注意：式中 ΔH_{vap} 和 R 的单位必须一致。

(3) 液态和固态之间的转化与平衡，熔点和凝固点的概念和定义。

思 考 题

1. 维持温度不变，将压力相同、体积不同的气体混合，混合后保持总压力不变，总体积与各组分体积之间是什么关系？

2. 根据什么选择 R 的取值与单位？R 有哪几种单位？

3. 在一个密闭容器中含有 1 mol H_2 和 2 mol O_2，哪种气体的分压力大？

4. “在沸点以上液体不能存在”的说法对吗？

5. 什么是临界温度？它与液体的正常沸点有何区别？

6. 在什么条件下，理想气体状态方程可用于液体蒸气压的计算？

7. 在一定温度下，饱和蒸气压与体积有什么关系？为什么？

8. 外压小于 1×10^2 kPa 时，沸腾现象是否存在？举例说明。

9. “水在 0℃以下和 100℃以上都不能以液态存在”的说法对吗？

10. 冰和水共存的体系，受热时温度是否变化？为什么？

习 题

1.1 某容器中含 14.0 g N_2、16.0 g O_2、4.40 g CO_2，20℃时容器内的压力为 200 kPa，计算：

(1) 各气体的分压；

(2) 该容器的体积。

1.2 实验测得磷的气态单质在 310℃、101 kPa 时的密度是 2.64 g·dm^{-3}。计算磷的分子式。

1.3 在容积为 1.00 dm^3 的烧瓶中装有 2.69 g PCl_5，250℃时 PCl_5 完全气化并部分分解：

$$PCl_5(g) \rightleftharpoons PCl_3(g) + Cl_2(g)$$

测其总压力为 101 kPa。计算各气体的分压。

1.4 在 20℃、99 kPa 条件下用排水集气法收集 $KClO_3$ 热分解(MnO_2 作催化剂)产生的氧气。若要收集 1.5 dm^3 氧气，至少需要用多少克 $KClO_3$？(已知 20℃时水的蒸气压为 2.34 kPa。)

1.5 在 58℃、100 kPa 下用排水集气法收集了 1.00 dm^3 湿空气。已知在 58℃和 10℃时水的蒸气压分别为 18.1 kPa 和 1.23 kPa。计算：

(1) 温度不变，将压力降低为 50.0 kPa 时气体的体积；

(2) 温度不变，将压力增加到 200 kPa 时气体的体积；

(3) 压力不变，将温度升高到 100℃时气体的体积；

(4) 压力不变，将温度降低至 10℃时气体的体积。

1.6 在一个 500 cm^3 的密闭容器中盛有 0.125 g 水，计算 50℃时容器中水蒸气和水各是多少克。(已知 50℃时水的蒸气压为 12.3 kPa。)

1.7 SO_2 的 T_c=157℃，p_c=78 atm(1 atm=101.325 kPa)，液态 SO_2 在 25℃时的蒸气压为 3.8 atm，判断下列说法是否正确：

(1) 在 25℃和 1 atm 下 SO_2 为气体；

(2) 在 150℃和 80 atm 下 SO_2 为液体；

(3) 25℃时，SO_2 钢瓶中 SO_2 的压力为 5 atm；

(4) SO_2 的沸点在 25～157℃之间。

1.8 参考临界点数值,判断 O_2、H_2、Cl_2、NH_3 在高压钢瓶里(温度约为 20℃,压力可达 10 MPa)的存在状态。氧气钢瓶在使用过程中压力逐渐降低,而氯气钢瓶在使用过程中压力几乎不变,为什么?

1.9 已知 80℃时水的蒸气压为 47.34 kPa,计算水的摩尔蒸发热。在珠穆朗玛峰顶,水的沸点为 70℃,估算该地区的大气压。

1.10 已知丙酮的正常沸点是 56.5℃,摩尔蒸发热为 30.3 $kJ \cdot mol^{-1}$。试求 20.0℃时丙酮的蒸气压。

1.11 已知丙烯在 150 K 时的蒸气压为 0.509 kPa,在 250 K 时的蒸气压为 276.5 kPa。计算:

(1) 丙烯的摩尔蒸发热;

(2) 丙烯的正常沸点。

1.12 在 20℃及恒定外压条件下,1.0 dm^3 含饱和水蒸气的空气通过"焦性没食子酸"后,其中 O_2 被全部吸收,求剩余气体的总体积。(干燥空气成分: O_2 为 21%,N_2 为 79%。)

1.13 辛烷(C_8H_{18})是汽油的主要成分。若将 100 g 辛烷在空气中完全燃烧,计算消耗空气(22.5℃,101 kPa)的体积。

1.14 某水蒸气锅炉能耐 1.00 MPa,问此锅炉在大约加热到什么温度时有爆炸危险?(假设水的摩尔蒸发热为 40.6 $kJ \cdot mol^{-1}$。)

1.15 某金属元素 M 与卤素 X 的化合物为 MX_2,此化合物在高温下按下式完全分解:

$$2MX_2(s) \longrightarrow 2MX(s) + X_2(g)$$

已知 1.120 g MX_2 分解可得到 0.720 g MX 及 150 cm^3 的 X_2(427℃,96.9 kPa)。计算 M 和 X 的相对原子质量。

第2章 溶　液

本章要求

1. 了解关于溶液浓度的几种表示方法和溶解度的基本规律
2. 掌握非电解质稀溶液的依数性和相关计算
3. 了解电解质溶液的电离学说和活度的概念
4. 了解胶体溶液的类型，掌握其特性

由两种或两种以上的物质组成的均匀、稳定的分散体系称为**溶液**。溶液的定义是广义的，除一种液体、气体或固体溶解在另一种液体中形成的液态溶液外，还有由多种气体形成的气态溶液（如空气）和两种或两种以上固态物质形成的固态溶液，如汞-锌合金、镍-铜合金等。

在溶液中，一般将能溶解其他物质的物质称为**溶剂**，被溶解的物质称为**溶质**。在由气-液（如 CO_2 溶于水中）和固-液（如 NaCl 溶于水中）形成的溶液中，经常把液态组分看做溶剂，另一组分看做溶质。由两种液体组成的液-液溶液（如水和乙醇）中，经常把量多的组分看做溶剂，量少的组分看做溶质。如 80%的乙醇，则乙醇为溶剂，水为溶质，称为水的乙醇溶液；再如啤酒中乙醇的含量为 4%，所以此时水是溶剂，乙醇是溶质。以水为溶剂的溶液称为水溶液，它是日常生活、科学实验和工农业生产中用得最多的一类溶液。除水可以作溶剂外，像苯、酒精、液氨等液体均可以作为溶剂，由它们形成的溶液称为非水溶液。通常所说的溶液若不加注明，均指水溶液。

溶液的形成过程总伴随着能量变化、体积变化，有时还有颜色的变化。这说明，溶解过程不是简单机械混合的物理过程，而总是伴随一定程度的化学变化。但这种变化又与通常的纯化学过程不同，因为用蒸馏、结晶等物理方法可以使溶质再从溶剂中分离出来。所以说，溶解是一种特殊的物理化学过程。

不论是科学实验还是化工生产，都要经常使用溶液。本章首先介绍溶液的浓度和溶解度，然后介绍非电解质稀溶液的依数性，再介绍电解质溶液的基本性质，最后介绍一些胶体溶液的基本知识。

2.1　溶液的浓度

浓度的表示方法很多，可分为两大类：一类是用溶质与溶剂或溶液的相对量表示，它们的量可以用 g(克)或 mol(摩尔)为单位；另一类是用一定体积溶液中所含溶质的量表示。

2.1.1 质量分数

质量分数为溶质的质量与溶液质量之比，符号为 ω，量纲为 1，可用分数或百分数表示(曾称质量百分浓度)。例如，将 10.0 g NaCl 溶于 100.0 g 水，则其浓度为

$$\omega(\mathrm{NaCl}) = \frac{10.0\ \mathrm{g}}{(100.0+10.0)\ \mathrm{g}} \times 100\% = 0.091\ (9.1\%)$$

若将 0.1 g NaCl 溶于 100 cm^3 水，则 NaCl 的质量分数为 0.1%。因为水的密度近似为 1.0 g · cm^{-3}，很稀的溶液中溶剂质量又近似等于溶液质量，所以

$$\omega(\mathrm{NaCl}) = \frac{0.1\ \mathrm{g}}{(100+0.1)\ \mathrm{g}} \times 100\% = 0.001\ (0.1\%)$$

但如果由此认为 100 cm^3 水中所含溶质克数即为质量分数，则是不妥的。

2.1.2 摩尔分数或物质的量分数

溶液中的一种物质的摩尔数与各组分的总摩尔数之比，即为该组分的摩尔分数，符号为 x，量纲为 1，可用分数或百分数表示。

溶质和溶剂的量都用物质的量表示，如将 10.0 g NaCl 和 90.0 g 水配制成溶液，则

$$n(\mathrm{NaCl}) = \frac{\text{质量}}{\text{摩尔质量}} = \frac{10.0\ \mathrm{g}}{58.4\ \mathrm{g \cdot mol^{-1}}} = 0.171\ \mathrm{mol}$$

$$n(\mathrm{H_2O}) = \frac{90.0\ \mathrm{g}}{18.0\ \mathrm{g \cdot mol^{-1}}} = 5.00\ \mathrm{mol}$$

故 NaCl 和 H_2O 的摩尔分数分别为

$$x(\mathrm{NaCl}) = \frac{0.171\ \mathrm{mol}}{5.00\ \mathrm{mol} + 0.171\ \mathrm{mol}} = 0.033$$

$$x(\mathrm{H_2O}) = \frac{5.00\ \mathrm{mol}}{5.00\ \mathrm{mol} + 0.171\ \mathrm{mol}} = 0.967$$

在化学反应中物质的质量比是复杂的，但其间物质的量之比是简单的，所以用摩尔分数表示浓度可以和化学反应直接联系起来。

无论溶液由多少种物质组成，其摩尔分数之和总是等于 1，即溶质和溶剂摩尔分数之和为 1，或摩尔百分数之和为 100%。

2.1.3 质量摩尔浓度

质量摩尔浓度为溶质的物质的量除以溶剂的质量，符号为 m，单位为 mol · kg^{-1}。

例如，NaCl 的摩尔质量为 58.4 g · mol^{-1}，若将 58.4 g 的 NaCl 溶于 1000 g 水或 5.84 g 的 NaCl 溶于 100 g 水，所得溶液的浓度都是 1.00 mol · kg^{-1}。上例中 10% NaCl 溶液的 m 为多少呢？根据前面的计算得知，90 g 水中含有 0.17 mol 的 NaCl，所以很容易求得 1000 g 水中含有 1.9 mol 的 NaCl，即该溶液的质量摩尔浓度等于 1.9 mol · kg^{-1}。

以上三种浓度的表示方法中，溶剂和溶质都用质量或物质的量表示，其优点是浓度数值不随

温度变化,缺点是用天平或台秤来称量液体很不方便。在实验室里经常用量筒或容量瓶等来量度溶液体积,下面就介绍几种与溶液体积有关的浓度表示方法。

2.1.4 体积分数

相同温度、压力下,溶液中某组分混合前的体积和混合前各组分的体积总和之比,称为某组分的体积分数,符号为φ,量纲为1。例如,在20℃将70 cm^3的乙醇和30 cm^3的水混合,则

$$\varphi(C_2H_5OH)=\frac{70\ cm^3}{100\ cm^3}\times 100\%=0.70\ (70\%)$$

2.1.5 物质的量浓度

物质的量浓度简称浓度(曾称摩尔浓度),是溶质的物质的量除以溶液体积,即溶液的单位体积中所含溶质物质的量,符号为c,单位为$mol\cdot L^{-1}$(或$mol\cdot dm^{-3}$,曾以符号M表示)、$mmol\cdot mL^{-1}$(或$mmol\cdot cm^{-3}$)。例如,若将58.4 g NaCl溶于1.00 dm^3的水中,它的浓度并不是1.00 $mol\cdot dm^{-3}$,因为溶解过程有体积变化,溶液的体积不等于1.00 dm^{-3};要配制1.00 $mol\cdot dm^{-3}$的NaCl溶液,是先将58.4 g NaCl溶于水,然后再在容量瓶里冲稀到1.00 dm^3。再如,上述10%的NaCl溶液换算为物质的量浓度应是多少?前者溶质和溶剂的量都用g表示,后者需用mol表示溶质的量,换算时要知道摩尔质量,并用dm^3表示溶液的量,所以换算时还要知道该溶液的密度。密度可以直接测量,也可以查阅手册。现已知质量分数为10.0%的NaCl溶液在10℃时的密度$\rho=1.07\ g\cdot cm^{-3}$,NaCl的摩尔质量为58.4 $g\cdot mol^{-1}$,那么

$$c(NaCl)=\frac{溶质的量(mol)}{1.00\ dm^3\ 溶液}=\frac{10.0\ g/(58.4\ g\cdot mol^{-1})}{100.0\ g/(1.07\ g\cdot cm^{-3})}\times\frac{1000\ cm^3}{dm^3}=1.83\ mol\cdot dm^{-3}$$

这种浓度表示法是实验室最常用的。只要用滴定管、量筒或移液管量取一定体积的溶液,很容易计算其中所含溶质的量(mol)。如25 cm^3 18 $mol\cdot dm^{-3}$的浓硫酸中所含H_2SO_4的量:

$$n(H_2SO_4)=18\ mol\cdot dm^{-3}\times\frac{25\ cm^3}{1000\ cm^3\cdot dm^{-3}}=0.45\ mol$$

此法的缺点是,溶液密度或体积随温度略有变化。如10%的NaCl溶液在20℃时的$\rho=1.07074\ g\cdot cm^{-3}$,10℃时的$\rho=1.07411\ g\cdot cm^{-3}$。按3位有效数字计算,10℃和20℃的浓度可以说没有差别;若按4位或5位有效数字计算,则10℃和20℃的浓度是略有不同的。所以在讨论有些理论问题时,浓度单位常用$mol\cdot kg^{-1}$,而不用$mol\cdot dm^{-3}$。

以上几种浓度表示方法所表示的浓度值,可相当粗略,也可十分精确。如用台秤、量筒配制的NaCl溶液,其浓度值可以取2位有效数字,如10%,或1.9 $mol\cdot kg^{-1}$,或1.8 $mol\cdot dm^{-3}$等;若用分析天平精确称出0.7212 g NaCl,用容量瓶配制成100.0 cm^3溶液,则其浓度可精确地表示为0.1234 $mol\cdot dm^{-3}$(4位有效数字)。

$$c(NaCl)=\frac{0.7212\ g}{58.44\ g\cdot mol^{-1}}\times\frac{1000\ cm^3\cdot dm^{-3}}{100.0\ cm^3}=0.1234\ mol\cdot dm^{-3}$$

商品硫酸、硝酸、盐酸都是浓溶液,工作中需用各种浓度的试剂,可按比例加水冲稀配制。

【例2-1】 市售浓硫酸密度为1.84 $g\cdot cm^{-3}$,质量分数为98%,现需1.0 dm^3

2.0 mol·dm^{-3}的硫酸，应怎样配制？

解 稀释前后溶质 H_2SO_4 的质量不变，H_2SO_4 的摩尔质量为 98 g·mol^{-1}，设需用浓硫酸 x cm^3，则

$$1.0\ \mathrm{dm^3} \times 2.0\ \mathrm{mol \cdot dm^{-3}} \times 98\ \mathrm{g \cdot mol^{-1}} = x \times 1.84\ \mathrm{g \cdot cm^{-3}} \times 98\%$$

$$x = 1.1 \times 10^2$$

配制方法如下：用量筒取 110 cm^3 浓硫酸，慢慢倒入盛有大半杯水的 1 L 烧杯中，搅拌，待溶液冷却后再转入试剂瓶中，加水冲稀到 1.0 dm^3，并摇匀。

2.1.6 ppm 和 ppb

微量成分的浓度过去常用 ppm(10^{-6}，百万分之一，parts per million)或 ppb(10^{-9}，十亿分之一，parts per billion)来表示，可以指质量，也可以指物质的量，有时也指体积。这是一种浓度的粗略表示法，尽管不规范，但实用而方便，曾被广泛采用。对气态溶液常指物质的量或体积，如空气中 SO_2 的浓度在 0.2 ppm 左右对植物生长会有很大伤害，会使支气管炎患者咳嗽不止。0.2 ppm 就是指 10^6 mol 空气中有 0.2 mol SO_2(或 100 万体积空气分子中有 0.2 体积 SO_2 分子)。对液态溶液来说，则往往指质量。如某化工厂污水中含汞量为 6 ppm，即指 10^6 g 水中含 6 g 汞。环境化学经常研究微量有害元素，就用 ppm 来表示它们的浓度。

按国际纯粹与应用化学联合会(IUPAC)的现行规定，ppm 和 ppb 不应再使用。其理由是，这个概念存在模糊之处：① 指质量比还是体积比，不明确；② ppb 中的 billion 在欧洲表示 10^{12}，而在美国则表示 10^9。

综上所述，浓度的表示方法多种多样，都表明溶剂和溶质的相对含量，可根据不同的需要采用不同的表示方法。它们之间都可相互换算。

2.2 溶解度及其经验规律

2.2.1 饱和溶液和溶解度的定义

在 20℃，将 5.855 g NaCl 溶于 100 g 水中，得到浓度为 5.53%或 1.00 mol·kg^{-1}的溶液。在 20℃，100 g 水中最多能溶解 35.9 g NaCl，再多就溶解不了，固体 NaCl 和溶液共存。表观地看，溶液中 Na^+、Cl^- 的含量和固相 NaCl 的量都不再变化；微观地看则不然，固体 NaCl 仍不断溶解，而溶液中的 Na^+ 和 Cl^- 也不断结晶析出，这就形成了溶解过程的动态平衡。这说明固-液两相界面的离子处于不停运动的状态。这种与溶质固体共存的溶液叫**饱和溶液**。在一定温度与压力下，一定量饱和溶液中溶质的含量叫**溶解度**，或者说溶解度表明了饱和溶液中溶质和溶剂的相对含量。

IUPAC 建议用饱和溶液的浓度 c_b 表示溶解度 s_b，即 $s_b = c_b$，单位为 mol·cm^{-3}或者 mol·dm^{-3}。习惯上则最常用 100 g 溶剂所能溶解溶质的最大克数表示溶解度，如在 20℃，NaCl 在水中的溶解度是 35.9 g/100 g 水。对固体溶质而言，温度对溶解度有明显的影响，而压力的影响极小，所

以在常压下,一般只注明温度而不必注明压力。气体溶质的溶解度必须同时注明温度和压力,同时因为气体不易称量,所以常用气体体积表示溶解度。如在20℃、93.2 kPa时,NH_3 在水中的溶解度为653 cm^3/cm^3 H_2O,即1体积的水中可溶解653体积的 NH_3;有时也用 cm^3/100 g H_2O 表示。

物质的溶解度数据在实际工作中非常有用。不同温度和压力下,同种物质的溶解度可能不同。由表2-1和表2-2列举的一些数据可见:不同溶质在同一溶剂中的溶解度不同;同一溶质在不同溶剂中的溶解度不同;同一溶质在同一溶剂中的溶解度随温度不同而不同;同一溶质(气体)在同一溶剂中的溶解度随压力不同而不同。

表 2-1 几种物质的溶解度

化合物	$\frac{s}{g/100\ g\ H_2O}$ (0℃)	$\frac{s}{g/100\ g\ H_2O}$ (100℃)	其他溶剂
NaOH	42	347	难溶于乙醚
NaCl	35.7	39.2	微溶于酒精
$K_2Cr_2O_7$	4.7	102	难溶于酒精
$BaSO_4$	0.00022	0.00041	难溶于苯

表 2-2 几种气体的溶解度

气体	条件		$\frac{s^*}{cm^3/100\ g\ 溶剂}$		结论
H_2	0℃	101 kPa	2.14	(水中)	相同压力下,温度高,溶解度小
	80℃	101 kPa	0.88	(水中)	
NH_3	20℃	93.2 kPa	65.3×10^3	(水中)	相同温度下,压力大,溶解度大
	20℃	266 kPa	126×10^3	(水中)	
C_2H_2	18℃	101 kPa	100	(水中)	同温同压下,溶剂不同,溶解度不同
	18℃	101 kPa	769	(乙醇中)	

* 体积已换算到0℃、101 kPa时的状况。

2.2.2 溶解度的相似相溶规律

关于溶解度的规律性至今尚无完整的理论。归纳大量实验事实所获得的经验规律是"相似者相溶"原理,即物质结构越相似,越容易相溶。溶解过程是溶剂分子拆散、溶质分子拆散、溶质与溶剂分子相结合(溶剂化)的过程(图2-1)。溶质与溶剂的结构越相似,溶解前后分子周围作用力的变化越小,溶解过程就越容易发生。

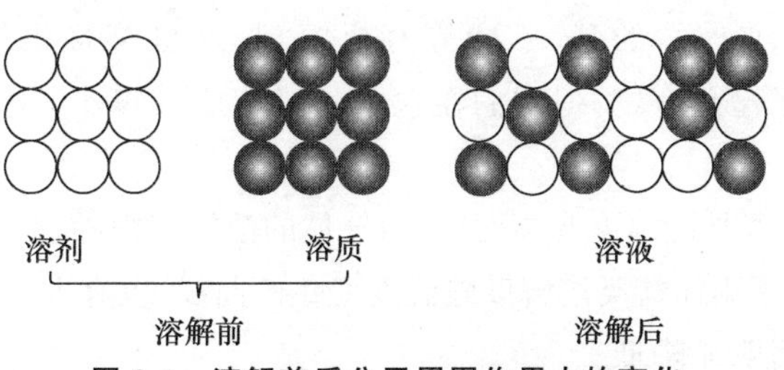

图 2-1 溶解前后分子周围作用力的变化

例如,水(HOH)和乙醇(C_2H_5OH)都是由—OH基和另一个不大的基团连接而成的分子,可以说结构很相似,故它们能无限相溶;而水和戊醇(C_5H_9OH)虽然都含有—OH基,但戊醇的碳氢链相当长,故它们只是有限相溶。煤油的主要成分是C_8~C_{16}的烷烃,它与水的结构毫无相似之处,故它们不互溶;而乙醇含有一个—C_2H_5基,它和煤油的烷烃链略有相似之处,所以它们能部分相溶。

结构相似的一类固体,熔点越低,其分子间作用力越相似于液体,在结构类似的液体中的溶解度也越大。如蒽、菲、萘、联苯的熔点依次降低,它们在苯中的溶解度依次增大(表2-3)。而结构相似的一类气体,沸点越高,分子间作用力越近似于液体,它们在液体中的溶解度也越大。例如,H_2、N_2、O_2、Cl_2都是双原子分子,沸点依次升高,在水中的溶解度也依次增加(表2-4)。

表2-3 固体烃类的熔点与在苯中的溶解度(25℃,溶质摩尔分数)

溶质	熔点/℃	溶解度$x_{溶质}$
蒽$C_{14}H_{10}$	215	0.008
菲$C_{14}H_{10}$	100	0.21
萘$C_{10}H_8$	80	0.26
联苯$C_{12}H_{10}$	71	0.39

表2-4 几种气体的沸点和在水中的溶解度

气体	沸点/K	0℃、101 kPa下在水中溶解度 / cm^3/100 g H_2O
H_2	20	2.1
N_2	77	2.4
O_2	90	4.9
Cl_2	239	461.0

相似相溶原理,在讨论分子型物质时比较成功。对于离子型化合物,如NaCl、K_2SO_4易溶于强极性的水中,但难溶于非极性的苯、乙醚等有机溶剂,这也符合相似相溶原理。而$BaCO_3$、$BaSO_4$、LiF虽然也属离子型化合物,但它们在水中的溶解度都很小,这涉及其他若干问题,比较复杂,此处不便简述。

固体物质的溶解度一般是随温度升高而增大;气体的溶解度则随温度升高而降低,随气体压力增大而增大。图2-2是若干固体盐类溶解度随温度变化的曲线,也有少数物质如$CaSO_4$、$Ce_2(SO_4)_3$的溶解度随温度的升高而明显降低。

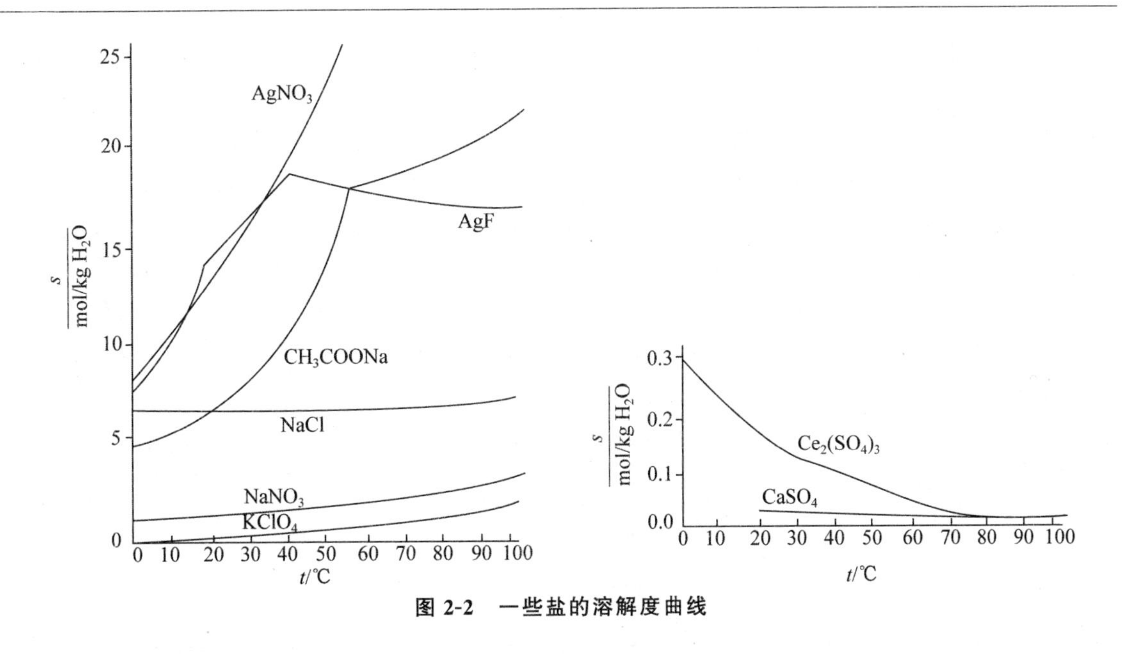

图 2-2 一些盐的溶解度曲线

2.2.3 过饱和现象

以上讨论的溶解度问题都是指正常饱和溶液的平衡状态。实际工作中还会遇到一些“过饱和”的非平衡状态。如醋酸钠(NaAc)在20℃时的溶解度是46 g/100 g H_2O,在50℃时的溶解度是83 g/100 g H_2O。若在50℃时,将NaAc溶于100 g水制得一份饱和溶液,冷却到20℃时,应有37 g NaAc结晶析出;但当我们把这份50℃的饱和溶液趁热小心过滤,并使它一尘不染,静止不动,冷却到20℃以后,并没有晶体析出。这种溶液叫做过饱和溶液,其中溶质的含量超过了平衡状态所能溶解的最高量。这是一种暂时的、不稳定的非平衡状态,只要投入一小粒NaAc结晶(称晶种)或一些尘土,或者用搅棒用力摩擦器壁,则过剩的37 g NaAc便会很快全部析出。

从分子运动的角度看,过饱和现象产生的原因是:液体分子不停地做无规则运动,而固体分子在晶体中的排列则是有规则的。结晶过程是分子或离子从无序运动到有序排列的过程,加入的晶种(或尘埃)或因机械摩擦形成的碎粒,成为结晶中心,都为有规则的排列创造了条件,促使结晶析出。过饱和现象普遍存在,一般说来晶体结构越复杂,过饱和现象越严重。如NaAc比NaCl容易过饱和,糖比盐容易过饱和。化工生产中常为“过饱和”现象烦恼:比如结晶姗姗来迟,或突然析出大量结晶而影响产品纯度。但有时却也能巧妙地利用“过饱和”来处理问题。例如硼砂($Na_2B_4O_7$)过饱和现象很严重,在盐湖工业中利用它的过饱和性,使KCl先析出再加晶种,可获得较纯的硼砂。粗糖溶于水,适当蒸发浓缩,趁其过饱和之际,用过滤法除去不溶性杂质,然后再加入晶种,能得到结晶状的糖(砂糖、冰糖等)。

2.3 非电解质稀溶液的依数性

溶液有电解质溶液和非电解质溶液之分。非电解质溶液的性质比电解质溶液的简单些。溶液有浓有稀,实际工作中浓溶液居多,但稀溶液在化学发展中却占有重要地位,像理想气体一样,这种溶液有共同的规律性。人们最先认识非电解质稀溶液的规律，然后再逐步认识电解质稀溶液及浓溶液的规律。

各种溶液各有特性，但有几种性质是一般稀溶液所共有的，这类性质与浓度有关，而与溶质的性质无关，并且测定了一种性质还能推算其他几种性质。奥斯特瓦尔德(Ostwald)把这类性质命名为**依数性**，这些性质包括蒸气压(p)下降、沸点(t_b)升高、凝固点(t_f)下降和产生渗透压(Π)。由表2-5数据可见，0.5 mol · kg^{-1}糖水和0.5 mol · kg^{-1}尿素水溶液的沸点都比纯水高，并且升高的程度差不多；它们的凝固点都比纯水的低，降低的程度也差不多。而在20℃这两种溶液的密度差别却很大，所以密度不具有依数性。其他，如颜色、黏度、化学性质、气味等均与溶质有关，都不具有依数性。

表 2-5 几种溶液的性质

溶 液	t_b/℃	t_f/℃	ρ/(g · cm^{-3})(20℃)
纯水	100.00	0.00	0.9982
0.5 mol · kg^{-1}糖水	100.27	−0.93	1.0687
0.5 mol · kg^{-1}尿素水溶液	100.24	−0.94	1.0012

2.3.1 蒸气压下降

用图2-3的装置，左管盛丙酮，右管盛苯甲酸的丙酮溶液，两管由U形压力计连接。装置放入56℃的恒温水浴缸里，可定性地观察到压力计的水银面右柱高于左柱，这表明纯丙酮液体的蒸气压大于苯甲酸的丙酮溶液的蒸气压。

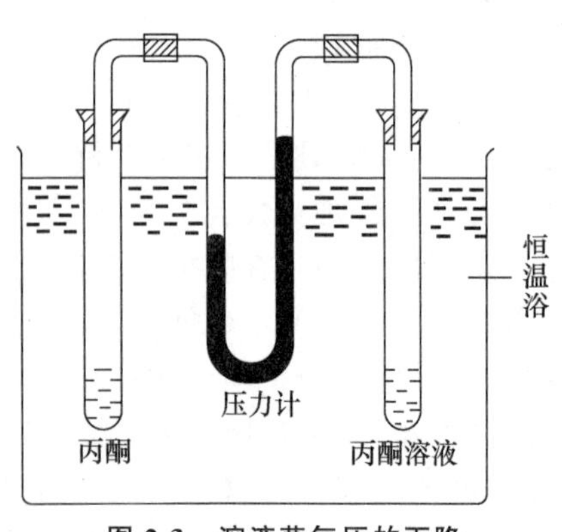

图 2-3 溶液蒸气压的下降

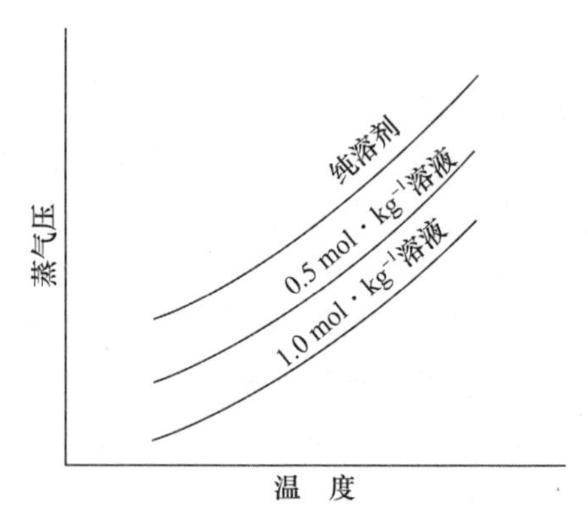

图 2-4 纯溶剂与溶液蒸气压曲线

例如，实验测得在25℃，水的饱和蒸气压 $p(H_2O)$=3.17 kPa，而0.5 mol · kg^{-1}糖水的蒸气压则为3.14 kPa，1.0 mol · kg^{-1}糖水的蒸气压为3.11 kPa。总之，溶液的蒸气压比纯溶剂低，并且溶液浓度越大，蒸气压下降越多。纯溶剂的蒸气压是随温度升高而增加的，溶液的蒸气压也随温度升高而增加，但总是低于纯溶剂。图2-4用蒸气压曲线表示这种关系。

19世纪80年代，拉乌尔(Raoult)研究了几十种溶液蒸气压下降与浓度的关系，表2-6列举了Raoult在研究硝基苯的乙醚溶液时所取得的实验结果。该表中溶液浓度用溶质(硝基苯)的

摩尔分数 x_2 表示，这几种乙醚溶液尽管浓度不同，但 $(p_0-p)/p_0x_2$ 几乎都等于 1，因此可以表达为

$$\frac{p_0-p}{p_0}\approx x_2 \quad \text{或} \quad p_0-p=\Delta p\approx p_0x_2 \tag{2-1}$$

这就是 1887 年 Raoult 最初提出的适用非挥发性、非电解质稀溶液的经验公式，即**溶液蒸气压相对降低值与溶质的浓度成正比**。最初(2-1)式仅是一个经验公式，后来范霍夫(van't Hoff)用热力学方法论证了这个经验公式与其他几个依数性的关系，才把(2-1)式命名为 Raoult 定律。这个定律也可用其他方法表示，如

$$p\approx p_0(1-x_2)=p_0x_1 \tag{2-2}$$

式中，x_1 为溶剂的摩尔分数。若溶质为 n_2(mol)，溶剂为 n_1(mol)，则 $x_2=n_2/(n_1+n_2)$，当溶液很稀时，因 $n_1\gg n_2$，所以 $x_2\approx n_2/n_1$。如取 1000 g 溶剂，并已知溶剂摩尔质量为 M，则 $n_1=1000/M$，按质量摩尔浓度定义，在数值上 $n_2=m$，所以

$$x_2=\frac{n_2}{n_1+n_2}\approx\frac{n_2}{n_1}=m\frac{M}{1000}$$

因此，对很稀的溶液，(2-1)式可以改写为

$$\Delta p=p_0x_2=p_0\frac{M}{1000}m=km \tag{2-3}$$

式中，比例常数 $k=p_0M/1000$。(2-3)式表明：溶液蒸气压的下降与质量摩尔浓度(m)成正比，比例常数 k 取决于纯溶剂的蒸气压 p_0 和摩尔质量 M。(2-1)～(2-3)式都表明溶液蒸气压的下降与溶液浓度有关，而与溶质的种类无关。

表 2-6　硝基苯的乙醚溶液的蒸气压相对降低

硝基苯的摩尔分数 x_2	$\frac{p_0-p}{p_0}$	$\frac{p_0-p}{p_0x_2}$
0.060	0.0554	0.92
0.092	0.086	0.94
0.096	0.091	0.95
0.130	0.132	1.02
0.077	0.081	1.06

由分子运动理论可以对 Raoult 定律作微观的定性解释。当气体和液体处于相平衡时，液态分子气化的数目和气态分子凝聚的数目应相等。若溶质不挥发，则溶液的蒸气压全由溶剂分子挥发所产生，所以由液相逸出的溶剂分子数目自然与溶剂的摩尔分数成正比，气相中溶剂分子的多少决定了蒸气压的大小，

$$\frac{\text{溶液的蒸气压}}{\text{纯溶剂的蒸气压}}=\frac{\text{溶剂的摩尔分数 }x_1}{\text{纯溶剂的摩尔分数(为 1)}}$$

即

$$\frac{p}{p_0}=\frac{x_1}{1}\quad \text{或} \quad p=p_0x_1$$

Raoult 定律适用的范围是：溶质是**非电解质**，并且是**非挥发性的**，溶液必须是稀的。表 2-7

列举了一些糖水溶液的蒸气压降低的计算值，与实验值相当吻合。

表 2-7 在 20℃ 时，糖水溶液的蒸气压降低

$\frac{c}{mol \cdot kg^{-1}}$	Δp(实验值)/Pa	Δp(计算值)/Pa
0.0984	4.1	4.1
0.3945	16.4	16.5
0.5858	24.8	24.8
0.9968	41.3	41.0

【例 2-2】 已知 20℃ 时水的饱和蒸气压为 2.34 kPa，将 17.1 g 蔗糖($C_{12}H_{22}O_{11}$)与 3.00 g 尿素($CO(NH_2)_2$)分别溶于 100 g 水，计算这两种溶液的蒸气压。

解 蔗糖的摩尔质量 $M = 342\ g \cdot mol^{-1}$，则其溶液浓度

$$c = \frac{17.1\ g}{342\ g \cdot mol^{-1}} \times \frac{1000\ g\ H_2O}{100\ g \times 1\ kg\ H_2O} = 0.500\ mol \cdot kg^{-1}$$

H_2O 的摩尔分数

$$x(H_2O) = \frac{\frac{1000\ g}{18.0\ g \cdot mol^{-1}}}{\frac{1000\ g}{18.0\ g \cdot mol^{-1}} + 0.500\ mol} = \frac{55.5\ mol}{(55.5 + 0.5)mol} = 0.991$$

代入(2-2)式，蔗糖溶液的蒸气压

$$p = p_0 x(H_2O) = 2.34\ kPa \times 0.991 = 2.32\ kPa$$

尿素的摩尔质量 $M = 60.0\ g \cdot mol^{-1}$，则其溶液浓度

$$c = \frac{3.00\ g}{60.0\ g \cdot mol^{-1}} \times \frac{1000\ g\ H_2O}{100\ g\ H_2O} = 0.500\ mol \cdot kg^{-1}$$

同理可得，尿素溶液的 $x(H_2O) = 0.991$，蒸气压 $p = 2.32\ kPa$。

这两种溶液质量分数虽然不同，但摩尔分数相同，蒸气压也相等。

蒸气压的降低既然只与摩尔分数有关，而这种浓度表示方法是与溶质及溶剂的摩尔质量有关，所以由实验测得蒸气压下降值 Δp，即可求出溶液浓度，进而计算溶质的摩尔质量。气体或容易挥发的液体，可用理想气体状态方程求摩尔质量；而难挥发的液体或固体，则可从其稀溶液的依数性测定摩尔质量。

【例 2-3】 已知在 20℃，苯的蒸气压为 9.99 kPa。现称取 1.07 g 苯甲酸乙酯溶于 10.0 g 苯中，测得溶液蒸气压为 9.49 kPa。试求苯甲酸乙酯的摩尔质量。

解 设苯甲酸乙酯的摩尔质量为 M，利用(2-1)式，有

$$(9.99 - 9.49)kPa = 9.99\ kPa \times \left[\frac{\frac{1.07\ g}{M}}{\frac{1.07\ g}{M} + \frac{10.0\ g}{78.0\ g \cdot mol^{-1}}}\right]$$

$$M = 158\ g \cdot mol^{-1}$$

苯甲酸乙酯的分子式是 $C_6H_5COOC_2H_5$，按此计算摩尔质量应为 $150\ g \cdot mol^{-1}$，与实验值基本相符。由于蒸气压不容易测准，所以这一方法求得的摩尔质量也不是很准确。

2.3.2 沸点升高

液体的蒸气压随温度升高而增加，当蒸气压等于外界压力时，液体就沸腾，这个温度就是液体的沸点。某纯溶剂的沸点为 T_b^0。因非挥发性溶质溶液的蒸气压低于纯溶剂，所以在 T_b^0 时，溶液的蒸气压就小于外压。当温度继续升高到 T_b 时，溶液的蒸气压等于外压，溶液才沸腾，T_b 和 T_b^0 之差即为溶液沸点升高值 ΔT_b。溶液越浓，其蒸气压下降越多，则沸点升高越多(图 2-5)。溶液沸点的高低视其蒸气压的大小而定，而在 Raoult 定律适用的范围内，溶液蒸气压的降低与质量摩尔浓度成正比($\Delta p = km$)，**溶液沸点的升高 ΔT_b(即 $T_b - T_b^0$)也与质量摩尔浓度成正比**，即

$$\Delta T_b \propto \Delta p$$

$$\Delta T_b = k\Delta p = kp_0 x_2 \approx kp_0 \frac{n_2}{n_1} = kp_0 \frac{m}{1000/M_{剂}} = K_b m$$

即

$$\Delta T_b = K_b m \tag{2-4}$$

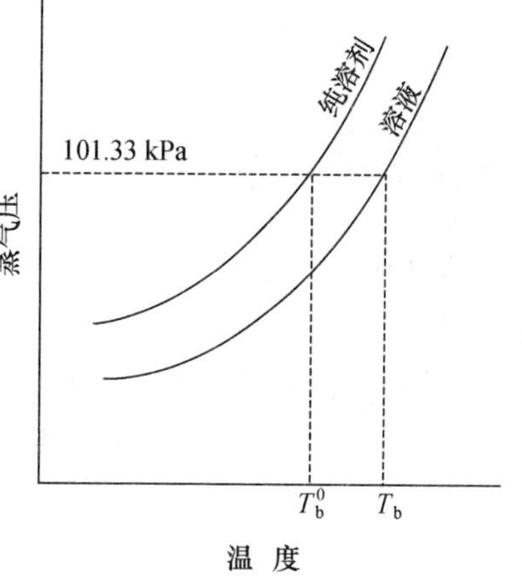

图 2-5 溶液的沸点升高

式中，K_b 是沸点升高常数，与溶剂的摩尔质量、沸点、气化热有关。

K_b 可由理论推算，也可由实验测定。直接测定几种浓度不同的稀溶液的 ΔT_b，然后将 ΔT_b 对 m 作图，由直线的斜率可得 K_b。K_b 的物理意义可以看做是浓度 $m=1\ \mathrm{mol \cdot kg^{-1}}$ 时的溶液沸点升高值，所以 K_b 也叫摩尔沸点升高常数，其单位为 $\mathrm{K \cdot kg \cdot mol^{-1}}$(或 $\mathrm{℃ \cdot kg \cdot mol^{-1}}$)。不过它不是由直接测定 $1\ \mathrm{mol \cdot kg^{-1}}$ 溶液的沸点求得的，而是由测定更稀溶液的沸点，再用外延法求得的。因为 $1\ \mathrm{mol \cdot kg^{-1}}$ 的溶液过浓，线性关系不太好，而且有些物质溶解度很小，也不能用其配制成 $1\ \mathrm{mol \cdot kg^{-1}}$ 的溶液。这和理想气体摩尔体积($22.414\ \mathrm{dm^3 \cdot mol^{-1}}$)的测定相似，都是用外延法求得的。几种常见溶剂的 K_b 列于表 2-8。若已知溶剂的 K_b，就可以从沸点升高求溶质的摩尔质量(见习题 2.10)。

表 2-8 常见溶剂的 K_b 和 K_f *

溶 剂	t_b/℃	K_b/(K·kg·mol^{-1})	t_f/℃	K_f/(K·kg·mol^{-1})
水	100.0	0.513	0.0	1.86
乙醇	78.2	1.23	−114	—
丙酮	56	1.80	−95	—
苯	80	2.64	6	5.07
乙酸	118	3.22	17	3.63
氯仿	61	3.80	−64	—
萘	218.9	—	80.5	7.45
硝基苯	211	5.2	6	6.87
苯酚	181.7	3.54	43	6.84

* 摘自 CRC Handbook of Chemistry and Physics, 82 ed. (2001～2002), 15-14, 15-20, 15-21

【例 2-4】 已知纯苯的沸点是 80.2℃，取 2.67 g 萘($C_{10}H_8$)溶于 100 g 苯中，测得该溶液的沸点升高了 0.531 K，试求苯的沸点升高常数。

解　萘的摩尔质量=128 g·mol^{-1}。

$$\Delta T_b = K_b m$$

$$0.531\ \text{K} = K_b \times \frac{2.67\ \text{g}}{128\ \text{g}\cdot\text{mol}^{-1}} \times \frac{1000}{100}\ \text{kg}^{-1}$$

$$K_b = 2.55\ \text{K}\cdot\text{kg}\cdot\text{mol}^{-1}$$

2.3.3　凝固点降低

在 101.33 kPa 下纯液体和它的固相达成平衡的温度就是该液体的正常凝固点，在此温度下液相的蒸气压与固相的蒸气压相等。纯溶剂的凝固点为 T_f^0，但在 T_f^0 时溶液的蒸气压低于纯溶剂的，所以溶液在 T_f^0 时不凝固。若温度继续下降，纯溶剂固体的蒸气压下降率比溶液大，当冷却到 T_f 时，纯溶剂固体和溶液液体的蒸气压相等，平衡温度(T_f)就是溶液的凝固点，如图 2-6 所示，$T_f^0 - T_f = \Delta T_f$ 就是**溶液凝固点的降低，它和溶液的质量摩尔浓度成正比**，即

$$\Delta T_f = K_f m \tag{2-5}$$

式中，比例常数 K_f 叫做摩尔凝固点降低常数，与溶剂的凝固点、摩尔质量以及熔化热有关。一些常见溶剂的 K_f 数据见表 2-8。应用(2-5)式也可以求得溶质的摩尔质量，并且准确度优于蒸气压法和沸点法。因为 Δp 和 ΔT_b 都不易测准，而且一种溶剂的 K_f 总是大于 K_b(表 2-8)，所以用凝固点下降法测摩尔质量，精确度更高些。此外，对挥发性溶质不能用沸点法或蒸气压法测定摩尔质量，而可用凝固点法。用现代实验技术，ΔT_f 可以测准到 0.0001℃。

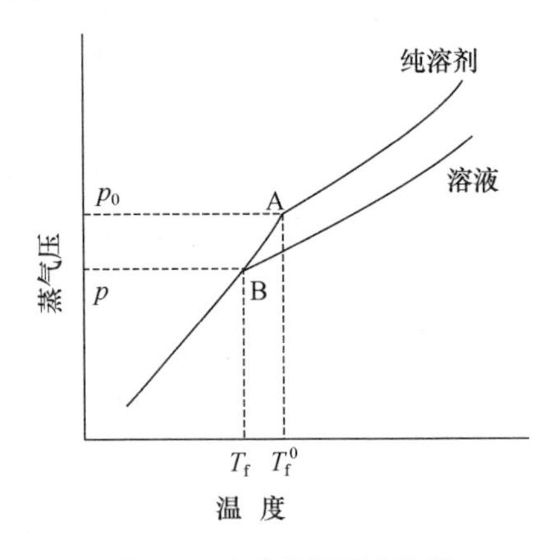

图 2-6　溶液的凝固点降低

【例 2-5】 取 0.749 g 谷氨酸溶于 50.0 g 水，测得凝固点为 −0.188℃，试求谷氨酸的摩尔质量。

解　由表 2-8 可知，水的 K_f=1.86 K·kg·mol^{-1}。利用(2-5)式，有

$$0.188\ \text{K} = 1.86\ \text{K}\cdot\text{kg}\cdot\text{mol}^{-1} \times \frac{0.749\ \text{g}}{M} \times \frac{1000}{50.0}\ \text{kg}^{-1}$$

$$M = 148\ \text{g}\cdot\text{mol}^{-1}$$

按谷氨酸的分子式 $HOOCCHNH_2(CH_2)_2COOH$ 计算，其摩尔质量应为 147 g · mol^{-1}，与实验值相符。

汽车散热器的冷却水在冬季常需加入适量的乙二醇或甲醇以防水的冻结，因为冰盐浴的冷冻温度远比冰浴的低。在白雪皑皑的寒冬，松树叶子却能常青而不冻，这是因为入冬前树叶内已储存了大量的糖分，使叶液冰点大为降低。这些应用都基于凝固点降低原理。此外，有机化学实验中常用测定沸点或熔点的方法来检验化合物的纯度，这是因为含杂质的化合物可看做是一种溶液，化合物本身是溶剂，杂质是溶质，所以含杂质的物质的熔点比纯化合物低，沸点比纯化合物高。

2.3.4　渗透压

用图 2-7 的装置(半透膜球内盛糖水，烧杯里盛纯水)可以观察到管内液面逐渐升高的现象，这是因为水分子可以通过半透膜，而糖分子则不能。动植物的膜组织(如肠衣或萝卜皮)或人造的火棉胶膜都是半透膜，其特性是溶剂分子可以自由通过，而溶质分子则不能，这种现象叫做**渗透**。溶剂分子也是由蒸气压较高的部位(纯水)向较低的部位(糖水)移动，使管内液面逐渐升高。水柱越高，水压越大，当管内液面升到一定高度，渗透过程即告终止。也可以看做，水分子透过半透膜的趋势与水柱压力恰好抵消。刚刚足以阻止发生渗透过程所外加的压力叫做溶液的**渗透压**。

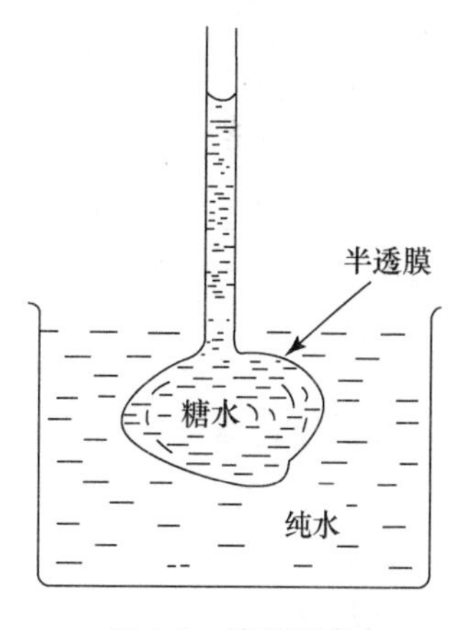

图 2-7　渗透现象

图 2-8 是测定渗透压的装置示意图。该装置的内管是镀有亚铁氰化铜($Cu_2Fe(CN)_6$)的无釉瓷管，它的半透性很好。管的右端与带活塞的漏斗相连，用以加水；左端连接一毛细玻璃管，管上有一水平刻度(l)。外管是一般玻璃制成的，上方带口，可以调节压力。若外管充满糖水溶液，内管由漏斗加水至毛细管液面到达 l 处。因内管蒸气压大于外管，水由内向外渗透，液面 l 就有变化。若在外管上方开口处加适当压力 p，则可阻止水的渗透而维持液面 l 不变，按定义，所加压力 p 就是渗透压。

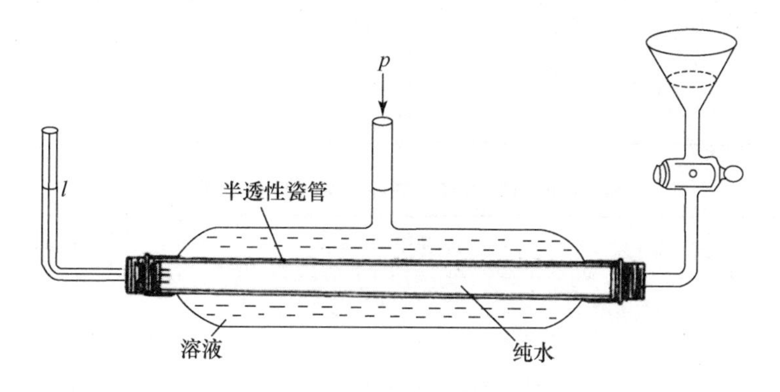

图 2-8　渗透压的测定

把渗透压与溶液的蒸气压联系起来，可以理解渗透现象的本质。若把纯溶剂与溶液分装在不同烧杯中，放在同一密闭容器中，由于纯溶剂蒸气压大于溶液蒸气压，溶剂分子则向溶液转移。当用半透膜把溶剂和溶液隔开，溶剂分子则可通过半透膜向溶液移动（溶质分子不能通过）。当溶液方面液柱提升到一定高度，或向溶液施加一定外压，使两边溶剂分子的转移达到动态平衡，渗透现象即停止。此时水柱的压力或施加的外压就是渗透压。

上述各种薄膜具有半透性的原因不一，薄膜具有多孔结构，小的溶剂分子可以通过，大的溶质分子则不能通过；凡能溶于膜的分子就可以透过，否则不能；还有膜的特性使溶剂能透过，溶质则不能。尽管至今尚未完全了解渗透现象的本质，但早在 100 年前生物学家就对渗透压作了系统的研究，生物细胞膜都具有奇特的半透性，生命现象与渗透平衡密切相关。将红细胞放入纯水中，红细胞渐渐肿胀，直到胀裂，这就是因为水分子透过细胞膜而渗入红细胞所致。若将红细胞放入浓的糖溶液，水分子运动方向相反，红细胞渐渐干瘪。所以，医院给病人做静脉点滴用的各种输液液体浓度必须仔细调节，以使它与血液的渗透压相同（780 kPa），称**等渗溶液**，如 0.9%的生理食盐水、5%的葡萄糖注射液。人体内的肾是一个特殊的渗透器，它让代谢过程产生的废物经渗透随尿排出体外，而将有用的蛋白质保留在肾小球内，所以尿中出现蛋白质是肾功能受损的表征。海鱼和淡水鱼靠鱼鳃渗透功能之不同，维持其体液与水质之间的渗透平衡，所以海鱼不能在淡水中养殖。树根靠渗透作用把水分一直输运到树叶的末端，其渗透压可以高于 1×10^6 Pa。

植物学家普费弗（Pfeffer）在 1877 年总结许多实验结果发现：在一定的温度下，渗透压（Π）与浓度（c）成正比，浓度用 $\mathrm{g\cdot dm^{-3}}$ 表示，浓度 c 的倒数则是含 1 g 溶质的溶液体积 V，因而

$$\frac{\Pi}{c} = \text{常数} \quad \text{或} \quad \Pi V = \text{常数}$$

这一表达式和理想气体的 Boyle 定律的形式很相似。Pfeffer 还研究了不同温度下的渗透压，他发现：一定浓度溶液的渗透压与温度成正比，即

$$\Pi/T = \text{常数}$$

这和理想气体的 Charles 定律的形式相似。

Pfeffer 的实验数据见表 2-9 和表 2-10（其中 1 atm=101.33 kPa）。

表 2-9 0℃蔗糖溶液的渗透压

溶液浓度 $c/(\mathrm{g\cdot dm^{-3}})$	渗透压 Π/atm	$\dfrac{\Pi}{c}\Big/(\mathrm{atm\cdot dm^3\cdot g^{-1}})$
10.03	0.68	0.068
20.14	1.34	0.067
40.60	2.75	0.068
61.38	4.04	0.066

表 2-10 1%蔗糖溶液在不同温度的渗透压

温度 T/K	渗透压 Π/atm	$\dfrac{\Pi}{T}\Big/(10^{-3}\ \mathrm{atm\cdot K^{-1}})$
273	0.684	2.37
287	0.691	2.41
295	0.721	2.44
309	0.746	2.41

后来 van't Hoff 把这些数据进行归纳和比较，他选择蔗糖溶液在 0℃时 Π/c 的平均值为 0.066 atm · dm³ · g⁻¹。若渗透压 Π=1.00 atm，那么浓度 c=1.00/(0.066 dm³ · g⁻¹)，c 的倒数为

$$V=\frac{1}{c}=0.066\ \mathrm{dm^3\cdot g^{-1}}$$

这是渗透压为 1 atm 时含 1 g 蔗糖的溶液体积。那么，含 1 mol 蔗糖的溶液体积 V 应为 $1\ \mathrm{mol}\times 342\ \mathrm{g\cdot mol^{-1}}\times 0.066\ \mathrm{dm^3\cdot g^{-1}}=22.6\ \mathrm{dm^3}$。这是在 0℃、渗透压为 1 atm 时含 1 mol 溶质的溶液体积，这个数值与理想气体的摩尔体积(22.4 dm³)很相近。进一步推算，可知

$$\frac{\Pi V}{Tn}=\frac{1.00\ \mathrm{atm}\times 22.6\ \mathrm{dm^3}}{273\ \mathrm{K}\times 1.00\ \mathrm{mol}}=0.0827\ \mathrm{atm\cdot dm^3\cdot K^{-1}\cdot mol^{-1}}$$
$$=8.35\ \mathrm{kPa\cdot dm^3\cdot K^{-1}\cdot mol^{-1}}$$

这个数值与摩尔气体常数 R 值相似。1885 年 van't Hoff 宣布，稀溶液的渗透压定律与理想气体定律相似，可表述为

$$\Pi V=nRT \quad 或 \quad \Pi=\frac{n}{V}RT \tag{2-6}$$

式中，Π 为渗透压(kPa)，T 为热力学温标(K)，V 为溶液体积(dm³)，n/V 为物质的量浓度(mol · dm⁻³)，R 则为 8.31 kPa · dm³ · mol⁻¹ · K⁻¹。(2-6)式最初是经验公式，后来也由热力学推证了它与 Raoult 定律的联系。这个方程式，不仅被生物学家广为应用，也常被化学家用来测定摩尔质量。尽管有关实验技术比沸点法和凝固点法复杂，然而对摩尔质量很大的化合物，渗透压法有独到的优点。

【例 2-6】 有一种蛋白质，估计它的摩尔质量在 12000 g · mol⁻¹ 左右，试问用哪一种依数性来测定摩尔质量最好？

解 设取 1.00 g 样品溶于 100 g 水，现分别计算该溶液在 20.0℃时的 Δp、ΔT_b、ΔT_f 和 Π。查表可知，20.0℃水的饱和蒸气压为 2.34 kPa。

按(2-1)式，$\Delta p=p_0x_2$，则

$$\Delta p=2.34\ \mathrm{kPa}\times\frac{\dfrac{1.00\ \mathrm{g}}{12000\ \mathrm{g\cdot mol^{-1}}}}{\dfrac{1.00\ \mathrm{g}}{12000\ \mathrm{g\cdot mol^{-1}}}+\dfrac{100\ \mathrm{g}}{18\ \mathrm{g\cdot mol^{-1}}}}$$
$$=2.34\ \mathrm{kPa}\times\frac{8.33\times10^{-5}\ \mathrm{mol}}{(8.33\times10^{-5}\ \mathrm{mol}+5.55\ \mathrm{mol})}=3.51\times10^{-5}\ \mathrm{kPa}$$

按(2-4)式，$\Delta T_b=K_bm$，则

$$\Delta T_b=0.51\ \mathrm{K\cdot kg\cdot mol^{-1}}\times\frac{1.00\ \mathrm{g}}{12000\ \mathrm{g\cdot mol^{-1}}}\times\frac{1000}{100}\ \mathrm{kg^{-1}}=4.3\times10^{-4}\ \mathrm{K}$$

按(2-5)式，$\Delta T_f=K_fm$，则

$$\Delta T_f=1.86\ \mathrm{K\cdot kg\cdot mol^{-1}}\times\frac{1.00\ \mathrm{g}}{12000\ \mathrm{g\cdot mol^{-1}}}\times\frac{1000}{100}\ \mathrm{kg^{-1}}=1.6\times10^{-3}\ \mathrm{K}$$

按(2-6)式，$\Pi=\frac{n}{V}RT$，因为溶液很稀，可设它的密度和水的 1 g · cm⁻³ 相同，故浓度

$$\frac{n}{V}=\frac{1.00\ \mathrm{g}}{12000\ \mathrm{g\cdot mol^{-1}}}\times\frac{1000\ \mathrm{cm^3\cdot dm^{-3}}}{100\ \mathrm{cm^3}}=8.3\times10^{-4}\ \mathrm{mol\cdot dm^{-3}}$$

$$\Pi = 8.3 \times 10^{-4}\ \text{mol} \cdot \text{dm}^{-3} \times 8.31\ \text{kPa} \cdot \text{dm}^3 \cdot \text{mol}^{-1} \cdot \text{K}^{-1} \times 293\ \text{K} = 2.02\ \text{kPa}$$

比较以上计算结果可见：由于蛋白质摩尔质量很大，1%溶液的质量摩尔浓度或溶质摩尔分数都很小，Δp 与 ΔT_b 都很小，不易精确测量；ΔT_f 也相当小，难以测准。所以用渗透压法最好。

以上这4种依数性定律只适用于非电解质稀溶液，在此把溶质与溶剂分子间的作用和溶剂分子间的作用力等同看待，凡符合这些定律的溶液叫做**理想溶液**，否则就是**非理想溶液**。

若把溶液和纯溶剂用半透膜隔开，向溶液一侧施加大于渗透压的压力，溶剂分子则向纯溶剂方向移动，这种现象称为**反渗透**。反渗透的一个重要应用是进行海水淡化。蒸馏法、冻结法都可使海水淡化，但都涉及相变，耗能很大。从节能方面考虑，人们对反渗透进行海水淡化极有兴趣，问题的关键在于研制稳定、长期受压无损、价格便宜的半透膜。

2.4 电解质溶液

本身具有离子导电性或在一定条件下（如高温熔融或溶于溶剂形成溶液）能够呈现离子导电性的物质叫电解质。离子化合物溶解时，离子溶剂化进入溶液；极性化合物在溶解过程中受溶剂分子作用解离成离子，都形成电解质溶液。以电解质溶液在中等浓度时导电能力的大小分为强电解质和弱电解质。如 NaCl、HCl 等是强电解质；$NH_3 \cdot H_2O$、CH_3COOH 等是弱电解质。它们在水溶液中的行为可用阿累尼乌斯(Arrhenius)提出的电离学说来说明。

2.4.1 Arrhenius 电离学说

电解质溶液的行为与理想溶液差别很大，浓度不大时也是非理想溶液。表2-11是一些电解质溶液的凝固点降低值。由表中数据可以看出：这三种电解质溶液的 ΔT_f 实验值都比计算值大。其他依数性也都有类似的结果。

表 2-11 一些电解质水溶液的凝固点降低值

$c_B/(\text{mol} \cdot \text{kg}^{-1})$	ΔT_f(实验值)/K			ΔT_f(计算值)/K
	KNO_3	NaCl	$MgSO_4$	
0.01	0.03587	0.03606	0.0300	0.01858
0.05	0.1718	0.1758	0.1294	0.09290
0.10	0.3331	0.3470	0.2420	0.1858
0.50	1.414	1.692	1.018	0.9290

1887年，Arrhenius 将电解质溶液的异常依数性与其溶液的导电性以及由导电引起的电解质分解联系起来，提出了电离学说来解释电解质在水溶液中的行为。他提出的主要论点是：① **电解质在溶液中由于溶剂的作用，可自动电离成带电的质点(离子)，这种现象叫电离，现在又称为解离。电离所产生的正负离子数目不一定相等，但正、负电荷数目必然相等。** ② **正、负离子不停地运动，相互碰撞时又可结合成分子，所以在溶液中电解质只是部分电离，其离子与未电离的分子之间达平衡时，已电离的溶质分子数与原有溶质分子总数之比叫电离度(解离度)，用 α 表示。**

$$\alpha = \frac{已电离的溶质分子数}{原有溶质的分子总数} \times 100\%$$

溶液越稀，电离度越大。每一个离子是溶液中的一个质点，对溶液的依数性有一份贡献。③ **电解质溶液能导电，是由于溶液中存在离子。** 通过电解质溶液的直流电能使电解质的正、负离子向与其所带电荷相反的电极方向移动，发生电极反应。**溶液单位体积里离子越多，导电的能力就越强。**

Arrhenius 认为：由于稀溶液的依数性与溶质的质点数相关，电解质在溶液中电离使其质点数增加，因而 ΔT_f 等数值增大，利用测得的依数性数据可以计算电解质的电离度。电解质溶液能导电，溶液越稀，电离度越大；相同浓度下，电离度越大，导电能力也越强。利用溶液的导电性测定其电导值，也可计算电离度。表 2-12 是用不同方法测定的电离度，得到了相符的结果，是 Arrhenius 电离学说的可靠实验基础。

表 2-12　不同方法测定的电离度

电解质	$c_B/(mol \cdot kg^{-1})$	$\alpha/(\%)$		
		渗透压法	凝固点法	电导法
KCl	0.14	81	93	86
LiCl	0.13	92	94	84
$SrCl_2$	0.18	85	76	76
$Ca(NO_3)_2$	0.18	74	73	73
$K_4[Fe(CN)_6]$	0.36	52	—	52

但是，Arrhenius 在仔细研究各种电解质溶液的电离度时发现，用依数性法和电导法测得的电离度随溶液浓度增加而增大，尤其是对 $MgSO_4$，不论是浓溶液还是稀溶液差别都很大。这是由于 Arrhenius 电离学说存在着不少缺陷。首先，把所有电解质看成是部分电离不符合事实。X 射线衍射证明：固态离子型化合物中根本没有 NaCl 分子存在，假定它在溶液中与离子呈平衡状态是不合理的。其次，电解质溶液中既有离子与溶剂分子的相互作用，又有离子间的相互作用。正负离子间的相互作用，使离子的行动不能完全自由，这使离子在水溶液中呈不均匀分布，也影响了离子的迁移速率，造成了强电解质溶液依数性的更大异常。

2.4.2　强电解质的活度与活度系数

19 世纪末化学界对电离理论曾有过激烈的争论，拥护这个理论的学派测定了大量实验数据，进一步发展了溶液理论。1907 年路易斯(Lewis)提出**有效浓度**概念。他认为，非理想溶液之所以不符合 Raoult 定律，是因为溶剂和溶质之间有相当复杂的作用，在没弄清楚这些相互作用之前，可根据实验数据对实际浓度(x、m、c 等)加以校正，即为有效浓度。Lewis 命名它为**活度**，常用符号 a 表示；校正因子叫**活度系数**，常用符号 γ 表示，即

$$a = \gamma c$$

活度或活度系数的测定方法很多，如凝固点法、蒸气压法、溶解度法、电动势法等。这些具体方法是化学热力学的专门问题，在此不作详述。由凝固点法测定的活度系数 γ，不仅可用于沸点或渗透压的修正，也适用于那些与依数性无关的溶液电动势、溶液电离平衡常数等问题。由电动势测定所确定的 γ 数据也同样可用于依数性的校正。活度系数虽然只是表观地修正实际浓度与理想状态的差别，却也反映了非理想溶液的内在规律；虽未

从理论上彻底解释内在原因，但实际工作中却有广泛应用。这吸引许多科学家用多种方法精确测定了大量 γ 数据，并促使理论工作者去寻求活度系数的理论依据，其中德拜(Debye)、休克尔(Hückel)和匹泽(Pitzer)等科学家在这一领域内作出了重要贡献。表 2-13 列举了一些实验测定的活度系数。

从表 2-13 数据可见，多数活度系数在 0.5～0.9 之间，有少数浓溶液的活度系数大于 1，如 4.0 mol·kg^{-1}的 HCl 活度系数为 1.76。按离子水合概念来看，溶液中离子周围有相当量的结合水和次级结合水。在高浓度电解质水溶液中，由于水合作用消耗了相当量的水，减少了作为溶剂的自由水分子，实际离子浓度增大，致使活度系数大于 1。向未饱和的溶液中加入适量的强电解质，利用其水合作用使溶液趋于饱和，溶质析出，这种方法叫做盐析。盐析在工业化生产和化学试剂制备工作中经常使用。

表 2-13 实验测定的活度系数(25℃)

$\frac{c}{\text{mol}\cdot\text{kg}^{-1}}$ ＼ 活度系数 γ	HCl	KCl	NaCl	NaOH	H_2SO_4	$CaCl_2$	$CdSO_4$
0.005	0.928	0.927	0.929	—	0.639	0.785	0.50
0.01	0.904	0.901	0.904	0.89	0.544	0.725	0.40
0.05	0.830	0.815	0.823	0.82	0.340	0.57	0.21
0.10	0.796	0.769	0.778	0.766	0.265	0.524	0.17
0.20	0.767	0.718	0.735	0.757	0.209	0.48	0.137
0.50	0.757	0.649	0.681	0.735	0.154	0.52	0.067
1.00	0.809	0.604	0.657	0.757	0.130	0.71	0.041
2.00	1.011	0.576	0.670	0.70	0.124	1.55	0.035
3.00	1.32	0.571	0.710	0.77	0.141	3.38	0.036
4.00	1.76	0.579	0.791	0.89	0.171	—	—

从表 2-13 中也可以看出，有些盐类活度系数特别小，如 1.00 mol·kg^{-1}的 $CdSO_4$ 溶液的活度系数仅为 0.041。现在认为，较浓的高价阴、阳离子在溶液中可能发生缔合作用，如

$$M^{2+} + SO_4^{2-} + nH_2O \rightleftharpoons M^{2+}(H_2O)_nSO_4^{2-}$$

因而实际离子浓度减小，致使活度系数减小。

经大量实验事实的积累，特别是 1912 年 X 射线结构分析确认强电解质 NaCl 晶体由 Na^+ 和 Cl^- 组成，不存在 NaCl 分子，同年 Debye 和 Hückel 提出了强电解质理论。Debye 和 Hückel 认为，电解质在水溶液中虽已完全电离，但因异性离子之间的相互吸引，离子的行动不能完全自由。在正离子周围聚集了较多的负离子，而在负离子周围则聚集了较多的正离子。Debye 和 Hückel 将中心离子周围的异性离子群叫做**离子氛**。

1923 年，他们引用静电学的泊松(Poisson)公式和分子运动论的玻尔兹曼(Boltzmann)公式来处理电解质水溶液问题，以求活度系数，并用 $\gamma_\pm$ 代表正、负离子的平均活度系数。有关的最简化公式是

$$\lg\gamma_\pm = -0.509 z_1 z_2 \sqrt{I/m^\ominus} \quad (25℃) \qquad (2\text{-}7)$$

式中，0.509 是从理论上算出的常数值(25℃)；z_1 和 z_2 是正、负离子电价数的绝对值；I 叫做离子强度，它与离子的浓度和价数有关，且

$$I = \frac{1}{2}\sum c_i z_i^2$$

式中，c_i 是 i 离子的浓度。如 0.01 mol·kg^{-1} KCl 溶液中 K^+ 的浓度为 0.01 mol·kg^{-1}，Cl^- 的浓度也为 0.01 mol·kg^{-1}，则

$$I(\text{KCl}) = \frac{1}{2}(0.01\times1^2 + 0.01\times1^2)\text{mol}\cdot\text{kg}^{-1} = 0.01\ \text{mol}\cdot\text{kg}^{-1}$$

代入(2-7)式，得

$$\lg\gamma_{\pm} = -0.509 z_1 z_2 \sqrt{I/m^{\ominus}} = -0.509 \times 1 \times 1 \times \sqrt{0.01}$$

$$\gamma_{\pm} = 0.89$$

表 2-13 中 0.01 mol・kg^{-1} KCl 溶液活度系数的实验值是 0.901。由于 Debye 和 Hückel 在推导过程中的简化，这个最简化公式只适用于 $I<0.001$ mol・kg^{-1}的极稀溶液。下面的(2-8)式是一个有实用意义的半经验公式，它适用于离子半径约为 3×10^{-8} cm、$I<0.1$ mol・kg^{-1}的水溶液。

$$\lg\gamma_{\pm} = \frac{-0.509 z_1 z_2 \sqrt{I/m^{\ominus}}}{1+\sqrt{I/m^{\ominus}}} \tag{2-8}$$

后来，利用计算机拟合方法得到的一些经验参数，可用于较浓的电解质溶液，如 20 世纪 70 年代 Pitzer 提出的半经验方程式可用于约 6 mol・kg^{-1}的溶液。电解质溶液理论至今还在不断发展，仍尚不完整和成熟。

2.5 胶体溶液

溶液是一种分散体系，溶质为分散相，溶剂是分散介质。如糖水溶液中的糖分子、盐水溶液中的 Na^+ 和 Cl^-，都是分散相，其粒子尺寸都小于 1 nm(10^{-9} m)。分散相的粒子尺寸若大于 1000 nm，则为粗分散体系，称为**悬浊液**(如泥浆)或**乳浊液**(如牛奶、豆浆)，如泥浆中的砂粒用肉眼或放大镜就可看到。分散相粒子介于两者之间(1～1000 nm)的则为**胶体溶液**，如血液、淋巴液、墨水等。本节主要介绍液态的胶体溶液，有溶胶、大分子溶液和缔合胶体三种类型。

2.5.1 溶胶

固态胶体粒子分散于液态介质中形成**溶胶**。制备溶胶的方法不外乎是将大颗粒分散(分散法)，或将小颗粒凝聚(凝聚法)。常用的**分散法**有胶体磨研磨、超声波撕碎、分散剂胶溶等方法。胶体磨的磨盘由特种硬合金制成，能高速运转进行研磨，使大颗粒碎到胶粒尺寸。超声波具有很强的撕碎力，能获得几十至几百纳米大小的胶粒。胶溶法是向沉淀物中加入分散剂，使沉淀颗粒分散为胶粒，如往新制得的 $Fe(OH)_3$ 沉淀中，加入适量的 $FeCl_3$ 溶液作为分散剂，充分搅拌，可制得稳定的 $Fe(OH)_3$ 溶胶。**凝聚法**是将溶液中的分子或离子凝聚成胶体粒子的方法。许多能生成不溶物的化学反应，在适当的温度、浓度和 pH 条件下可生成溶胶。例如，把 $FeCl_3$ 溶液滴入沸水中，Fe^{3+} 水解生成 $Fe(OH)_3$ 溶胶；饱和亚砷酸(H_3AsO_3)溶液和 0.1 mol・dm^{-3}硫化钠(Na_2S)溶液等体积混合，即可生成淡黄色 As_2S_3 溶胶。

溶胶中，分散的粒子有很大的表面积，表面有剩余分子间作用力，相碰撞有自动聚集趋势，所以溶胶是不稳定的(热力学不稳定性)。但也由于胶体粒子具有很大的表面积，容易吸附离子而带电荷；胶体粒子间的电排斥，保持了溶胶的相对稳定性(动力学稳定性)。溶胶的分散粒子具有胶束结构，如由 $FeCl_3$ 水解而制得的 $Fe(OH)_3$ 溶胶的胶束结构，如图 2-9 所示。

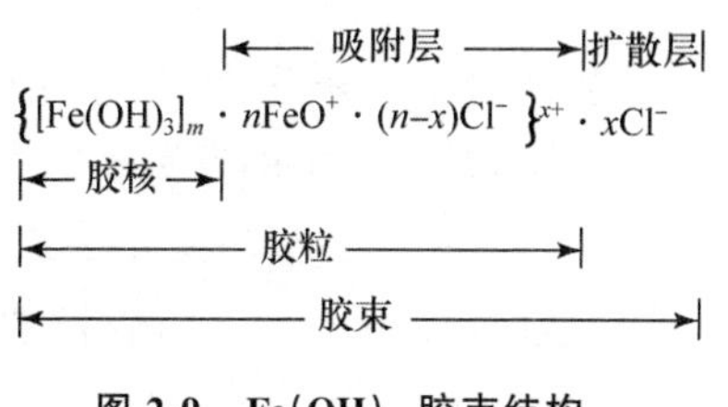

图 2-9　$Fe(OH)_3$ 胶束结构

胶束的核心是 m 个 $Fe(OH)_3$ 粒子，$m\approx10^3$。胶核外依次吸附着水中的 FeO^+，以及带相反电荷的 Cl^-，形成一个随胶核运动的吸附层。胶核和吸附层称为胶粒，胶粒带正电称正电胶体。

胶粒外带有相反电荷的 Cl^- 形成扩散层，胶粒与扩散层形成**胶束**(micelle)，也称**胶团**。胶束保持电中性。As_2S_3 溶胶的胶粒带负电，称负电胶体。$AgNO_3$ 溶液和 KI 溶液在适当条件下可制备 AgI 溶胶，KI 过量时形成负电胶体，$AgNO_3$ 过量时形成正电胶体。

现以 AgI 溶胶为例，说明溶胶的形成过程和结构特点。

(1) 胶核的形成。若将 $AgNO_3$ 稀溶液与 KI 稀溶液混合，发生的化学反应如下：

$$AgNO_3 + KI = AgI + K^+ + NO_3^-$$

多个 AgI 分子聚集成 $(AgI)_m$ 固体粒子，其中 m 约为 10^3 个，直径在 1～100 nm 范围，形成胶核。

(2) 胶核的选择性吸附。体系中存在多种离子，如 Ag^+、I^-、K^+、NO_3^- 等离子时，胶核选择性地吸附与胶粒化学组成相同的离子，即 Ag^+ 或 I^-。在制备 AgI 溶胶时，如果 KI 过量，溶液中 I^- 浓度较大，那么胶核优先吸附 I^-，从而带负电荷；反之，如果 $AgNO_3$ 过量，胶核则会优先吸附 Ag^+ 而带正电荷。

(3) 相反电荷离子的吸附。胶核因吸附一定量的离子而带电荷，之后通过静电引力在其周围进一步吸附少量带相反电荷的离子。如 KI 过量时，胶核吸附 I^- 而带负电荷，就会继续吸附 K^+；当 $AgNO_3$ 过量，胶核吸附 Ag^+ 而带正电荷时，就会继续吸附 NO_3^-。

于是我们看到，一个胶粒的结构包含三个部分：胶核、胶核表面吸附的带电离子以及少量的相反电荷离子。胶核表面吸附的所有离子称为胶粒的吸附层，胶核和吸附层构成胶粒。带电荷的胶粒在溶液中会有相反电荷离子包围，以保持溶液的电中性。这个包围胶粒的带相反电荷的氛围，称为胶粒的扩散层。胶粒和扩散层形成一个电中性的胶团，胶粒和扩散层之间的表面称为滑动面。图 2-10 表示了两种 AgI 溶胶的胶团结构。

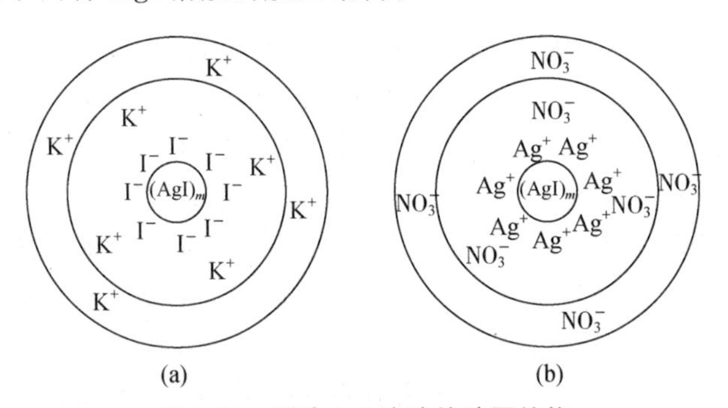

图 2-10　两种 AgI 溶胶的胶团结构

(a) 为 KI 过量时形成的溶胶；(b) 为 $AgNO_3$ 过量时形成的溶胶

从胶团的结构来看，在外电场下作电泳的是胶粒(包括胶核及其吸附层)。若胶粒不能移动，在外电场下，扩散层中的反离子的移动则导致电渗现象的发生。

我们可以用一种简单的化学式表示溶胶胶团的结构，仍以 AgI 溶胶为例。如果 $AgNO_3$ 过量，假定胶核吸附 n 个 Ag^+，胶粒带 x 个正电荷，则 AgI 胶团的结构如下：

$$[(AgI)_m \cdot nAg^+ \cdot (n-x)NO_3^-]^{x+} \cdot xNO_3^-$$

胶核　吸附层　扩散层

胶粒

胶团

若 KI 过量，所形成的 AgI 胶团的结构式为

$$[(AgI)_m \cdot nI^- \cdot (n-x)K^+]^{x-} \cdot xK^+$$

2.5.2 大分子溶液

橡胶、动物胶、植物胶、蛋白质、淀粉溶于水或其他溶剂形成的溶液，叫**大分子溶液**。大分子溶液也是一种胶体溶液。例如，把湿润的淀粉放在研钵中研磨 40 分钟左右，得到的糊状物放在盛水的烧杯里搅拌，用滤纸过滤，滤液就是淀粉的胶体溶液；松香（植物胶）的酒精溶液滴入水中，可形成松香的胶体溶液。当大分子尺寸处于胶体范围时，与溶胶有许多相似的性质，但也存在着不同的地方。一般大分子溶液不带电荷，其稳定性是高度溶剂化造成的，因此也叫**亲液胶体**。实际上它是一个均匀体系，溶解和沉淀是可逆的，也叫**可逆胶体**。一般的溶胶也称**憎液胶体**。向不稳定的溶胶中加入足量的大分子溶液，可以保护溶胶的稳定性。

2.5.3 表面活性剂与缔合胶体

表面活性剂是能够显著降低水的表面张力的一类物质。从结构上看，表面活性剂都是由亲水的极性基和亲油的非极性基（一般是含碳原子数多于 8 的碳氢链）组成的，有负离子型、正离子型、两性和非离子型等类型。如肥皂（如 $C_{15}H_{31}COO^-Na^+$）、洗涤剂（如 $C_{12}H_{25}SO_3^-Na^+$）为负离子型表面活性剂。表面活性剂有改变表面润湿性能，如乳化、破乳化、起泡、消泡、分散和絮凝等多方面作用，在日常生活和工业生产上都已得到广泛应用。

表面活性剂溶于溶剂（如水）中，当浓度在一定范围（约 0.01～0.02 mol·dm^{-3}）内，许多表面活性剂分子结合形成胶体大小的团粒，如图 2-11 所示形成球形、棒状或层状的胶束。在水中形成的胶束中，非极性基团相互吸引，向内包藏在胶束内部；亲水的极性基朝外与水分子接触，形成一个稳定的亲水结构，称**缔合胶体溶液**。

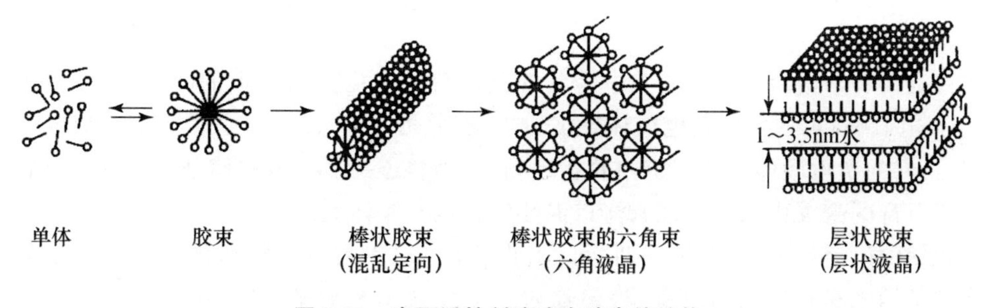

图 2-11 表面活性剂溶液中胶束的结构

非极性的碳氢化合物如苯、乙烷、异辛烷在水中溶解度是很小的，但在较高浓度的表面活性剂作用下，却能使溶解量大增，形成透明、外观与真溶液相近的胶体溶液。如室温下 100 g 水只能溶解 0.07 g 苯，但在 100 g 10%油酸钠（$C_{17}H_{33}COO^-Na^+$）的水溶液中可溶解 7 g 苯，这是由于表面活性物质油酸钠的**增溶**作用。因为苯溶于表面活性剂胶束内碳氢链"液相"中，形成了微乳状液，这也是一种胶体溶液。这种把油溶入水形成的微乳状液称为水包油型（o/w）。当然也可形成油包水型（w/o）微乳状液。增溶作用应用很广，如用肥皂或合成洗涤剂洗净油污就是一例，

再如脂肪类食物靠胆汁的增溶作用才能被人体有效吸收。

2.5.4 胶体溶液的特性及其应用

胶体溶液和溶液用肉眼看来，都是透明均匀的体系，但胶体溶液具有光学、电泳、渗析、聚沉等特性。

(1) 光学特性——Tyndal 效应。当一束强光源通过胶体溶液，在光线行进侧面黑暗背景上，可以看到微弱闪光集合而成的光柱，这种现象就是丁铎尔(Tyndal)效应。胶体溶液中，分散胶粒小于光波波长，光波可以绕过粒子前进，并从粒子向各个方向传播，这就是散射现象。散射的光环组成了光柱。若用超显微镜观察，光线从侧面照射，在黑暗背景上就可以看到一个个颗粒闪光。而分子或离子溶液中粒子很小，散射很弱，则看不到闪光和光柱；粗分散体系中，粒子大于光波的波长，在光照射下产生反射作用，可看到颗粒的形状。

(2) 电泳。电泳是指溶胶在电场作用下，带电胶粒向异性电极的运动。正电胶体(如 $Fe(OH)_3$ 胶体)向负极移动，负电胶体(如 As_2S_3 胶体)向正极移动。大分子溶液如蛋白质溶液中的分子会电离而带电，也有电泳现象。电泳在橡胶制品工业、原油乳液脱水及蛋白质研究中都有应用。

(3) 渗析。半透膜能让分子、离子自由通过，而不让体积较大的胶粒通过，这种过程叫**渗析**；若再外加电场辅助，则叫**电渗析**。用半透膜可使胶粒和溶液中的分子、离子分离，这是纯化胶体溶液的有效办法，已广泛用于生物制品的纯化。

(4) 聚沉。往溶胶中加入适量电解质使带电胶粒吸附相反电荷，破坏了胶粒间的排斥作用，溶胶则有块状或絮状沉淀形成，这种现象叫**聚沉**。对负电胶体，聚沉作用随电解质正电荷的增大而加强，如 $Na^+ < Ca^{2+} < Al^{3+}$；对正电胶体，则随电解质负电荷的增大而加强，如 $Cl^- < SO_4^{2-} < PO_4^{3-}$。不同电性胶粒亦可相互促进聚沉，电解质亦可促使一些大分子胶体和缔合胶体聚沉，不同电性的表面活性剂可以促使缔合胶体聚沉。适当控制条件(如电解质较小)，溶胶可转变成**凝胶**(gel)，这种现象称为**胶凝**，胶凝是聚沉的特殊阶段。凝胶无两相分离，是含有溶剂的冻状物或其干燥状态。

胶体聚沉在日常生活和科学研究中经常遇到。硫酸铝广泛用于水的澄清，硫酸铝水解生成 $Al(OH)_3$ 正电胶体，可使水中负电胶体聚沉。媒染剂，如 Al^{3+}、Sn^{4+}，水解产生相应氢氧化物正电胶体，与染料的负电胶体结合聚沉附着在织物上，染料进一步扩散并使染色牢固。豆腐制备是利用盐卤或石膏的聚沉作用。大江入海口泥沙沉积也与胶体聚沉有关。

胶体化学的研究始于 19 世纪后期，到 20 世纪中期已发展成为物理化学的一个分支。20 世纪后期兴起了纳米材料研究的热潮，许多物质粒子尺寸小至纳米量级时，会产生一些奇特的物理、化学特性并有新的用途。纳米材料颗粒尺寸与胶体粒子尺寸在同一范围，所以对胶体的制备和测试，对胶体的宏观、微观认识都受到纳米科技界的关注和重视。

小　结

溶液在化学中占有重要地位，因为大多数化学反应在溶液中进行。溶液在生命科学中也占有重要地位，因为体液就是溶液。不知道溶液的性质，就不能了解生命现象。研究溶液首先要确切表明溶液的浓度，本章首先介绍了各种常用的浓度表示方法。溶解性是化合物的重要性质，是实际工作中常会遇到的问题。化合物的溶解度数据是制备化学、分析化学必须考虑的首要问题。

本章2.3节和2.4节参照历史发展过程介绍了溶液理论有关的基本概念。人们首先认识非电解质稀溶液的依数性定律，然后用依数性定律去研究电解质溶液，并发展了电解质溶液理论。依数性定律至今在有机化学、高分子化学、生物化学等的研究工作中仍有广泛应用。此外，还初步介绍了有关电解质溶液的活度与活度系数的概念。

本章2.5节扼要介绍了胶体溶液的形成、结构和特性。

思考题

1. 最常用的浓度表示方法有哪几种？各有何特点？

2. 饱和溶液是否一定都是浓溶液？

3. 归纳比较气-液、液-液和固-液的溶解规律。

4. Raoult定律有几种不同的表示式？

5. $0.1\ mol \cdot kg^{-1}$的糖水、盐水以及酒精的沸点是否相同？说明理由。

6. $0.1\ mol \cdot kg^{-1}$萘的苯溶液、$0.1\ mol \cdot kg^{-1}$尿素的水溶液、$0.1\ mol \cdot kg^{-1}$氯化钙的水溶液的凝固点是否相同？说明理由。

7. 纯水可以在0℃完全变成冰，但糖水溶液中水却不可能在0℃完全转变为冰，为什么？

8. 甲醇、乙二醇都是挥发性的液体，加入水中也能使其凝固点降低，为什么？

9. 冬天，撒一些盐，为什么会使覆盖在马路上的积雪较快地融化？此时路温是上升还是降低？

10. 人的体温是37℃，血液的渗透压约为780 kPa，设血液内的溶质全是非电解质，估计血液的总浓度。

11. 施加过量肥料，为什么会使农作物枯萎？

12. ΔT_f、Π等值决定于溶液浓度，而与溶质性质无关。那么，为什么能用这些方法测定溶质的特征性质“摩尔质量”？

习 题

2.1 现需1500 g 86.0%（质量分数）的酒精作溶剂。实验室存有70.0%（质量分数）的回收酒精和95.0%（质量分数）的酒精，应各取多少进行配制？

2.2 腐蚀印刷线路板常用质量分数为35%的$FeCl_3$溶液。问：

(1) 怎样用$FeCl_3 \cdot 6H_2O$配制1.50 kg这种溶液？

(2) 这种溶液的摩尔分数是多少？

2.3 下表所列几种商品溶液都是常用试剂，分别计算它们的物质的量浓度和摩尔分数：

商品溶液	溶质分子式	w(溶质)	$\rho/(g \cdot cm^{-3})$
(1) 浓盐酸	HCl	37%	1.19
(2) 浓硫酸	H_2SO_4	98%	1.84
(3) 浓硝酸	HNO_3	70%	1.42
(4) 浓氨水	NH_3	28%	0.90

2.4 现需 2.2 dm^3、浓度为 2.0 $mol \cdot dm^{-3}$的盐酸。问：

(1) 应该取多少 cm^3 20%、密度为 1.10 $g \cdot cm^{-3}$的浓盐酸来配制？

(2) 若已有 550 cm^3 1.0 $mol \cdot dm^{-3}$的稀盐酸，那么应该加多少 cm^3 的 20%的浓盐酸来配制？

2.5 100 cm^3 30.0%的过氧化氢(H_2O_2)水溶液(密度 1.11 $g \cdot cm^{-3}$)在 MnO_2 催化剂的作用下，完全分解变成 O_2 和 H_2O。问：

(1) 在 18.0℃、102 kPa 下用排水集气法收集氧气(未经干燥时)的体积是多少？

(2) 干燥后，体积又是多少？

2.6 分别比较下列各组中的物质，指出其中最易溶于苯的一种。

(1) He, Ne, Ar; (2) CH_4, C_5H_{12}, $C_{31}H_{64}$; (3) NaCl, C_2H_5Cl, CCl_4。

2.7 气体的溶解度若用 $mol \cdot dm^{-3}$表示，则与分压力成正比；若用单位体积溶剂内所溶解气体的体积表示，则溶解度不随压力变化，而是常数。试说明之。

2.8 生化实验中将小白鼠放在一个密闭的盒子里，以便研究它的生理变化。盒子的体积是 295 dm^3，每分钟都要通过相同体积的净化干燥空气来更换盒中气体，并要求控制进入盒中空气的相对湿度为 40%(22℃)。问每分钟需加入多少克水到干燥空气流中？

2.9 将 101 mg 胰岛素溶于 10.0 cm^3 水中，该溶液在 25.0℃时的渗透压是 4.34 kPa，求：

(1) 胰岛素的摩尔质量；

(2) 溶液蒸气压下降 Δp(已知在 25.0℃水的饱和蒸气压是 3.17 kPa)。

2.10 烟草中有害成分尼古丁的最简化学式是 C_5H_7N。今将 496 mg 尼古丁溶于 10.0 g 水，所得溶液在 101 kPa 下的沸点是 100.17℃。求尼古丁的分子式。

2.11 估算 10 kg 水中需加多少甲醇，才能保证它在－10℃不结冰？

2.12 将磷溶于苯配制成饱和溶液，取此饱和溶液 3.747 g 加入 15.401 g 苯中，混合溶液的凝固点是 5.155℃，而纯苯的凝固点是 5.400℃。已知磷在苯中以 P_4 分子存在，求磷在苯中的溶解度(g/100 g 苯)。

2.13 密闭钟罩内有两杯溶液，甲杯中含 1.68 g 蔗糖($C_{12}H_{22}O_{11}$)和 20.00 g 水，乙杯中含 2.45 g 某非电解质和 20.00 g 水。在恒温下放置足够长的时间达到动态平衡，甲杯中水溶液总质量变为 24.90 g。求该非电解质的摩尔质量。

2.14 若海水的浓度与 0.70 $mol \cdot kg^{-1}$的 NaCl 相近，粗略计算其渗透压。若使海水淡化并得到 50%的收率，要向海水一边施以多大压力？

第二单元 | 化学热力学与化学平衡

第3章　化学热力学——反应的方向

本章要求

1. 了解内能(U)、焓(H)、熵(S)和吉布斯自由能(G)等状态函数的意义
2. 熟练掌握 ΔU、ΔH、ΔS 和 ΔG 的计算方法
3. 掌握在标准状态下化学反应方向的判据

一个化学反应能否自发进行,怎样判断?例如:

$$2Fe(s)+1.5O_2(g) = Fe_2O_3(s) \quad \Delta H^{\ominus}=-822\ kJ\cdot mol^{-1} \quad \text{自发}$$

$$N_2(g)+O_2(g) = 2NO(g) \quad \Delta H^{\ominus}=+180\ kJ\cdot mol^{-1} \quad \text{非自发}$$

从上述两个反应来看,很容易得出放热反应能够自发进行的结论。但是,对于下述反应:

$$KNO_3(s) = K^+(aq)+NO_3^-(aq) \quad \Delta H^{\ominus}=+35\ kJ\cdot mol^{-1} \quad \text{自发}$$

虽然是吸热反应,但是也能够自发进行。显然,除了反应热外,还有其他因素对于化学反应能否进行起重要作用。

仔细分析一个化学反应,可以看出反应前后不但有物种的变化,还往往伴随着能量的变化(比如:吸热或放热);另外,还有物质状态的变化:气体、液体、固体以及溶剂化的离子等状态上的变化。上述固体硝酸钾溶于水后,形成了水合的钾离子和水合的硝酸根离子。从此可以看出,影响反应的另一个因素应与物质的状态变化有关,而这个物质状态与熵(S)有关(参见3.3.2小节"熵变与自发反应")。熵增加($\Delta S>0$)的化学反应,有利于正向自发进行。

对于下面的合成氨反应,能否自发进行?

$$3H_2(g)+N_2(g) = 2NH_3(g) \quad \Delta H^{\ominus}=-92.2\ kJ\cdot mol^{-1}, \Delta S^{\ominus}=-0.199\ kJ\cdot mol^{-1}\cdot K^{-1} \quad \text{自发?}$$

这是一个放热、熵减少的反应,放热有利于反应正向自发进行,但是熵减少不利于反应正向自发进行。怎样判断该反应能否自发进行呢?为此,需要用一个新的综合参数"吉布斯自由能变"(ΔG)来表示:$\Delta G=\Delta H-T\Delta S$。吉布斯自由能的变化小于零($\Delta G<0$)时,反应可以自发进行。

3.1　化学热力学常用术语

由上述讨论可知,化学反应中能量的变化对于化学反应的方向有重要影响。而定量研究这种化学变化与能量变化关系的科学称为**化学热力学**(chemical thermodynamics)。化学热力学着重解决化学反应的方向以及化学反应进行的程度问题。在运用热力学研究化学反应时,需要了解一些热力学的常用术语。

体系与环境:**体系**(system,又称系统)通常是指研究的物质体系,即研究对象。体系以外与体系相联系的部分称为**环境**(surrounding)。例如,一个带盖(密闭)的玻璃热水杯,放置一段时间后,杯中的水温会降低,直至最后与周围空气的温度达成一致。这个密闭的玻璃杯和其中的物质一起可以称为体系,而玻璃杯的周围就称为环境。

根据体系和环境之间能否进行物质和能量交换，可以将体系划分为三种类型：只有能量交换而没有物质交换的体系为**封闭体系**(closed system)，如上述的带盖玻璃杯体系；既没有能量交换也没有物质交换的体系为**孤立体系**(isolated system)，如绝热的保温杯体系；既有能量交换也有物质交换的体系为**敞开体系**或**开放体系**(open system)，如敞口的玻璃杯体系。

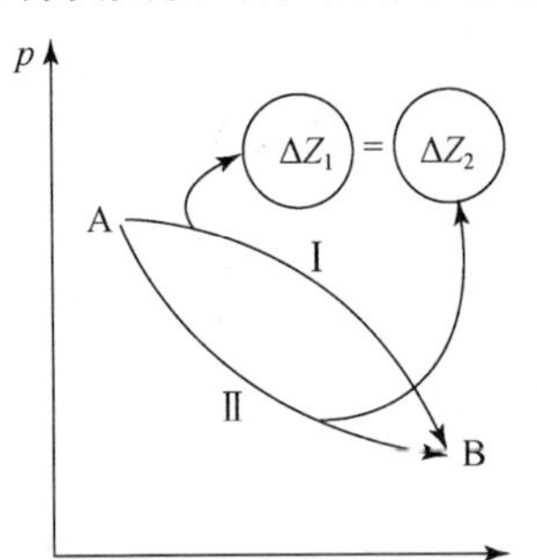

图 3-1 状态函数及其变化途径

状态函数：物质都是在一定条件下以一定状态存在着的，比如气态、液态、固态等状态。这里，一定条件包括温度、压力、物质的量等物理量。这些决定物质状态的物理量称为**状态函数**(state function)。如气体的状态由 p、V、T、n 等来确定。p、V、T、n 等均是状态函数。**状态函数性质**：状态函数及其状态函数的变化(ΔZ)，只取决于体系的状态，而与体系形成的途径或变化的途径无关。比如，一定量的气体在一定温度和压力下(状态 A)，有一个确定的体积 V_A；该气体从状态 A 变到状态 B，体积变化值 $\Delta V(V_B - V_A)$或者压力变化值 $\Delta p(p_B - p_A)$是确定的，而与变化途径(I或者II)无关(图 3-1)。

过程与途径：在环境作用下，系统会发生从一个平衡态到另一个平衡态的转变，这种系统状态随时间而发生的变化称为**过程**。若这种变化是在等温条件下进行，称为**等温过程**；若这种变化是在等压条件下进行，称为**等压过程**；若过程中系统的体积始终保持不变，称为**等容过程**；若过程中系统与环境之间没有热交换，称为**绝热过程**。完成过程的具体步骤称为**途径**(path)，如图 3-1 中所示的状态 A 到状态 B 的变化，可以通过途径 I 或途径 II 来实现。若从状态 A 到状态 B 的变化过程是在等温条件下进行的，则为等温过程。

热和功：体系与环境之间因温度不同而交换或传递的能量称为**热**(heat)，用 Q 来表示。通常规定，$Q>0$，体系从环境吸收热量；$Q<0$，体系释放热量给环境。当两个温度不同的物体相互接触时，热从高温物体流向低温物体，最终达至两个物体的温度相同。除热之外，体系与环境之间以其他形式交换或传递的能量称为**功**(work)，用 W 来表示。现在通行规定，$W>0$，环境对体系做功；$W<0$，体系对环境做功(注意，有些文献或过去的规定与现在的规定相反)。

热和功只存在于体系与环境的变化过程之中，体系自身内不包括热和功。虽然经常使用体系吸热或放热等说法，但热和功都不是状态函数。热和功的大小与实现体系变化时的具体途径有关。比如图 3-1 中所示的状态 A 到状态 B 的变化，可以通过途径 I 或途径 II 来实现。虽然两种途径对于体积变化 ΔV 或者压力变化 Δp 的大小没有影响，但两种途径对于体系或环境所做功的大小具有决定性影响。

内能：在热力学中，将体系内部储存的总能量称为**内能**(internal energy)，用 U 来表示。它包括体系内分子的内能(平动能、振动能、转动能等)，分子间的位能，分子中原子、电子相互作用和运动的能量，以及原子核内的中子与质子的相互作用能量等。内能大小仅取决于体系的状态，因此内能是状态函数。体系内能的绝对值尚无法确定，但内能的改变量(ΔU)可以通过体系与环境之间的能量交换进行测定(参见 3.2.2 小节中的“热力学第一定律”)。

两类热力学状态函数：一类与物质的量有关，如体积 V、内能 U 等，称为**广度量**(extensive properties)，它具有加和性；另一类与物质的量无关，如温度 T、压力 p 等，称为**强度量**(intensive properties)，它不具有加和性。比如，1 g 20℃的水与 1 g 20℃的水混合后，其体积、内能都加倍，但温度仍是 20℃，而不会变为 40℃。一般而言，两个广度量的比值是一强度量，如：密度(ρ)＝质量(m)/体积(V)，其中，质量和体积都是广度量，而密度是强度量。

3.2 热 化 学

热化学(thermochemistry)是研究化学反应中热效应的科学。化学反应的热效应是最基本、最直接的热力学数据之一。

3.2.1 反应热的测量

许多化学反应的热效应是可以直接测量的。测量反应热的仪器统称为**量热计**(calorimeter)。根据量热计是在恒压或恒容条件下测量,可以分别得到恒压热效应或恒容热效应。

1. 恒压热效应 Q_p

如图 3-2 所示,保温杯式量热计由保温和测温两部分组成。保温的目的是保证反应过程中不与外界交换热量。通常用镀银的玻璃瓶胆等绝热材料来作为保温层。为提高测温的准确度,需要用有 0.1℃刻度以上的精确温度计。这种量热计可用于测定中和热、溶解热等溶液反应的热效应(大气压下测定,为恒压热效应)。如取一定量已知浓度的稀 HCl 溶液置于保温瓶中,另取一份已知浓度的稀 NaOH 溶液于烧杯中。待酸、碱两份溶液温度恒定并相等时,将碱溶液迅速倒入保温瓶中,盖紧瓶盖并适度搅拌。记录由酸碱中和热引起的溶液温度的变化情况。由温度升高数据可以计算中和反应过程的热效应。反应所放热量 Q 应该等于量热计和反应后溶液升温所需的热量。即

$$Q_{放} = Q_{吸}, \quad Q_p = Q_{溶液} + Q_{杯}, \quad Q_p = cV\rho\Delta t + C\Delta t$$

式中,c 为溶液的比热,又称比热容或比热容量,单位为 $J \cdot g^{-1} \cdot K^{-1}$ 或 $J \cdot g^{-1} \cdot ℃^{-1}$;$V$ 为反应后溶液的总体积;ρ 为溶液的密度;C 叫做量热计常数,它代表量热计各部件热容量之总和,即量热计每升高 1℃所需的热量。又设溶液温升为 $\Delta t = t_{终} - t_{始}$。确定常数 C 的简便方法是,将一份冷水(t_1, c_1, V_1, ρ_1)置于量热计中,随即再将另一份热水(t_2, c_2, V_2, ρ_2)倒入,搅拌并记录最终温度 t。热水所放热量必定等于冷水所吸热量和量热计所吸热量之和,即

$$(t_2 - t)c_2V_2\rho_2 = (t - t_1)(c_1V_1\rho_1 + C)$$

当所用热水和冷水的体积、密度、比热容已知时,测定它们的起始温度和最终温度,即可计算出量热计常数 C。

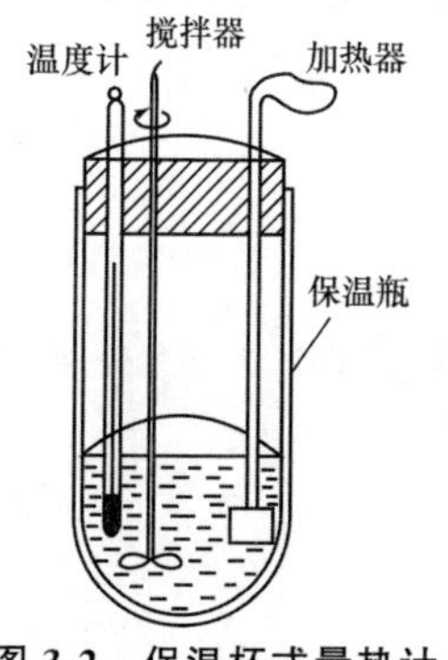

图 3-2　保温杯式量热计

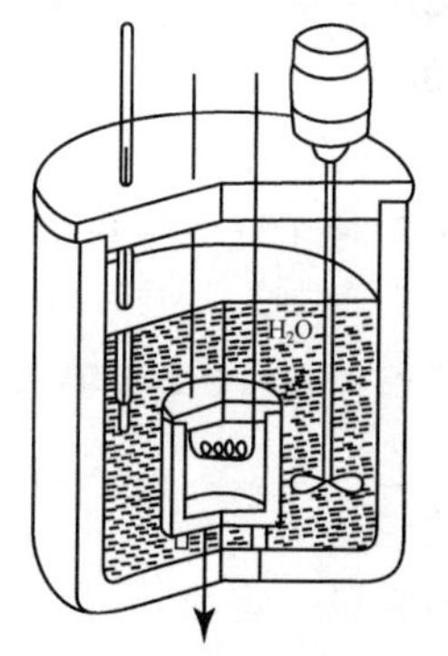

图 3-3　弹式量热计

2. 恒容热效应 Q_V

如图 3-3 所示,弹式量热计可以用来测量恒容热效应。化学反应在一个完全密闭的厚壁钢制容器(钢弹)内进行,这种量热计可以测定燃烧热。在实验进行前必须向钢弹中通入一定量的高压氧气。弹盖由细密螺纹旋紧,整个钢弹位于有绝热外套的水浴中。钢弹内样品池中的试样与引燃丝相接触,样品燃烧时所放热量等于水浴中水所吸收的热量和钢弹、搅拌器、器壁等各部件所吸收热量之总和。钢弹是密闭容器,反应过程中总体积可认为是不变的。

$$Q_{放} = Q_{吸}, \quad Q_V = Q_{水} + Q_{弹}$$

设水浴中水量为 m(g)，水的比热容是 4.18 J·g^{-1}·℃$^{-1}$，温升为 Δt(℃)，则 $Q_{水}=4.18\times m\times\Delta t$ 而 $Q_{弹}=C\times\Delta t$。其中 C 是量热计常数，各个量热计的 C 都是不同的，所以先要用标准物质进行标定。常用的标准物是苯甲酸(C_6H_5COOH)，它的摩尔燃烧热为 3.23×10^3 kJ·mol^{-1}。

3.2.2　焓与焓变

1. 热力学第一定律

热力学第一定律的实质就是能量守恒定律。它不仅说明不同能量形式的内能、热量和功可以相互转化，而且还表述了它们之间转化的定量关系。热力学第一定律可以简述为：(封闭)体系内能的变化(ΔU)等于体系从环境所吸收的热量(Q)加上环境对体系所做的功(W)。热力学第一定律的数学表达式为

$$\Delta U = Q + W \quad (封闭体系) \tag{3-1}$$

式中，ΔU：是指体系最终状态内能(U_2)与起始状态内能(U_1)的差值($\Delta U=U_2-U_1$)。体系内能增加时，$\Delta U>0$；体系内能减少时，$\Delta U<0$。Q：在体系吸收热量时，$Q>0$；在体系放出热量时，$Q<0$。W：环境对体系做功时，$W>0$；体系对环境做功时，$W<0$。W 可以是机械功、电功、体积功等。因此，在应用热力学第一定律时，要特别注意各物理量的正负号；还要注意各种能量单位是否一致，在不一致时要进行单位换算。

【例 3-1】 在 78.3℃及 1.00 atm(1 atm=101 kPa)下，1.00 g 乙醇蒸发变成 626 cm^3 乙醇蒸气时，吸热 204 cal，求内能变化 ΔU。

解　本题所给单位既不规范也不一致，计算时要进行换算。

已知　　1 cal = 4.18 J，　1 dm^3·atm = 101 J

体系吸收热量　　$Q = 204\ \text{cal}\times4.18\ \text{J}\cdot\text{cal}^{-1}=+853\ \text{J}$

体系所做的功是指液态乙醇气化时所做的恒压体积膨胀功(忽略液态乙醇所占体积)，即

$$W = -p\Delta V = -(1.00\times0.626\times101)\text{J} = -63.2\ \text{J}$$

此处为体系对环境做体积膨胀功，W 取负值。则

$$\Delta U = Q + W = 853\ \text{J} + (-63.2\ \text{J}) = +790\ \text{J}$$

以上结果表示，1.00 g 乙醇在 78.3℃气化时，吸收 853 J 热量，做 63.2 J 的功，其内能增加 790 J。

2. 焓与焓变

对于热力学第一定律：

$$\Delta U = Q + W \quad (封闭体系)$$

在恒压条件下，不做其他功，只做体积功时，$W=-p\Delta V$，则有

$$\Delta U = Q_p - p\Delta V \tag{3-2}$$

或

$$\begin{aligned}Q_p &= \Delta U + p\Delta V\\ &= (U_2-U_1)+p(V_2-V_1)\\ &= (U_2+pV_2)-(U_1+pV_1)\end{aligned}$$

定义：$H\equiv U+pV$(焓(enthalpy)的定义，用“≡”符号来表示定义)，得

$$Q_p = H_2 - H_1 = \Delta H \tag{3-3}$$

即
$$\Delta H = Q_p \quad (在数值上) \tag{3-4}$$
(封闭体系、等压过程、只做体积功)

焓是一种特殊形式的能量，为状态函数。在恒压条件下，体系的焓变(ΔH)在数值上等于恒压热效应(Q_p)，这是焓变的物理意义。$\Delta H>0$，表示体系从环境吸热；$\Delta H<0$，表示体系向环境放热。大多数化学反应是在恒压条件下进行的，也不做其他功，所以这些化学反应的热效应可以用 ΔH 来代替 Q_p。

因此，在恒压和不做其他功的条件下，热力学第一定律可以表示为
$$\Delta U = \Delta H - p\Delta V \tag{3-5}$$
或
$$\Delta H = \Delta U + p\Delta V \tag{3-6}$$
(3-6)式说明，在此条件下，反应体系的焓变等于内能的改变量和体系所做体积功之和。即在恒压条件下，体系从环境吸收的热量(ΔH)除用于增加内能(ΔU)外，还有一部分用于对环境做体积功($p\Delta V$)。

反应过程中，若体积变化很小，如反应物和生成物均为液体时，体积的改变量很小，因此 $p\Delta V$ 项可以忽略不计，即 $\Delta V\approx 0$(也不做其他功，即 $W=0$)，此时，热力学第一定律可表示为
$$\Delta U = Q_V = \Delta H \tag{3-7}$$
此时焓变在数值上等于其内能的改变，恒压热效应(ΔH 或 Q_p)基本上等于恒容热效应(Q_V)。对于反应过程中条件变化较大，如反应物或生成物是气态时，体积的变化是不应忽略的。但尽管在这种条件下，$p\Delta V$ 项的数值往往比较小，在要求不十分严格的情况下，仍然可以认为 ΔH 近似等于 ΔU。文献上，化学键的键能与键焓在理论上是不同的概念，但通过上述讨论可知，二者往往比较接近。历史上化学键多用键能来表示，现在多用键焓来表示。

【例 3-2】 已知在 101.3 kPa 和 100℃条件下，反应
$$H_2(g) + \frac{1}{2}O_2(g) \longrightarrow H_2O(g)$$
的 $\Delta H = -241.8\ \text{kJ}\cdot\text{mol}^{-1}$，求内能的改变量 ΔU。

解 根据(3-5)式，$\Delta U=\Delta H-p\Delta V$，在恒温、恒压条件下，由理想气体状态方程知：
$$p\Delta V = \Delta n_g RT$$
Δn_g 为产物和反应物气体的量之差。所以
$$\begin{aligned}\Delta U &= \Delta H - \Delta n_g RT \\ &= -241.8\ \text{kJ}\cdot\text{mol}^{-1} - [(1-1.5)\times 8.31\times 10^{-3}\ \text{kJ}\cdot\text{mol}^{-1}\cdot\text{K}^{-1}\times 373\ \text{K}] \\ &= -241.8\ \text{kJ}\cdot\text{mol}^{-1} - (-1.50\ \text{kJ}\cdot\text{mol}^{-1}) = -240.3\ \text{kJ}\cdot\text{mol}^{-1}\end{aligned}$$
可以看出，$\Delta n_g RT$ 项相对于 ΔH 项数值小得多。一般来说，可以用 ΔH 来近似估算 ΔU ($Q_p\approx Q_V$)。

3.2.3 热化学方程式

在热化学中，将表明反应热效应的方程式称为热化学方程式。例如，25℃(298 K)、标准状态下，石墨氧化反应放热 393.5 kJ·mol^{-1}，相应的热化学方程式为：
$$C(石墨) + O_2(g) \longrightarrow CO_2(g) \quad \Delta_r H_m^{\ominus}(298) = -393.5\ \text{kJ}\cdot\text{mol}^{-1}$$
在 $\Delta_r H_m^{\ominus}(298)$中：r 代表化学反应(reaction)；m 代表摩尔(mol)；“$\ominus$”代表热力学标准状态(简称标态)；括号内数字为热力学温度，单位为 K；ΔH 为焓变，单位为 kJ·mol^{-1}。气态物质的标态用压力

表示，曾用 1 atm 或 760 mmHg 表示，SI 制中用 101.33 kPa；**为使用方便，IUPAC 建议选用** 1 bar (1×10^5 Pa **或** 100 kPa)**作为气态物质的热力学标准状态**，符号为 $p^{\ominus}$。溶液的标态则指溶质浓度(或活度)为 1 mol·kg^{-1}，对稀溶液可用 1 mol·dm^{-3}表示。纯液体和纯固体的标态是指处于标准压力下的纯净物。

书写热化学方程式时应注意以下几点：

(1) 应在 $\Delta_r H_m^{\ominus}$ 的右侧标明温度。严格来说，焓变随温度而变，但在一定温度范围内变化不大。凡未注明温度的均指 298 K。$\Delta_r H_m^{\ominus}$ 也可简写成 $\Delta H^{\ominus}$。$\Delta H^{\ominus}$ 与 ΔH 的区别在于，前者是在标态下 298 K 时的摩尔焓变，后者为任意状态下 298 K 时的摩尔焓变。

(2) 注明反应物和生成物的物态，对于固态物质应注明其结晶状态。例如：

$$H_2(g)+\frac{1}{2}O_2(g) = H_2O(l) \qquad \Delta H^{\ominus}=-285.8\ \text{kJ}\cdot\text{mol}^{-1}$$

$$H_2(g)+\frac{1}{2}O_2(g) = H_2O(g) \qquad \Delta H^{\ominus}=-241.8\ \text{kJ}\cdot\text{mol}^{-1}$$

$$C(\text{石墨}) = C(\text{金刚石}) \qquad \Delta H^{\ominus}=+1.9\ \text{kJ}\cdot\text{mol}^{-1}$$

(3) 热效应的数值与一定形式的化学方程式相对应。例如：

$$H_2(g)+\frac{1}{2}O_2(g) = H_2O(g) \qquad \Delta H^{\ominus}=-241.8\ \text{kJ}\cdot\text{mol}^{-1}$$

$$2H_2(g)+O_2(g) = 2H_2O(g) \qquad \Delta H^{\ominus}=-483.6\ \text{kJ}\cdot\text{mol}^{-1}$$

在此“mol^{-1}”已经不是指 1 mol H_2 或 1 mol O_2，而是指“1 mol 反应”。所谓 1 mol 反应，是指把该化学反应看成一个整体单元，有阿伏加德罗常数 N_A(Avogadro's constant，6.022×10^{23})个单元的反应。

(4) 正、逆反应的热效应数值相等，符号相反。例如：

$$Hg(l)+\frac{1}{2}O_2(g) = HgO(s) \qquad \Delta H^{\ominus}=-90.8\ \text{kJ}\cdot\text{mol}^{-1}$$

$$HgO(s) = Hg(l)+\frac{1}{2}O_2(g) \qquad \Delta H^{\ominus}=90.8\ \text{kJ}\cdot\text{mol}^{-1}$$

3.2.4 热效应的计算

1. 盖斯定律(Hess 定律，也称反应热加和定律)

化学反应多种多样，但有些化学反应的 ΔH 是无法直接测定的，那么怎样求算呢？

在 1840 年前后，俄国科学家盖斯(G. H. Hess，1802—1850)在综合分析了大量实验数据基础上提出了反应热加和定律，也称 Hess 定律，其内容为：**在恒温、恒压条件下，某化学反应无论是一步完成还是分几步完成，总的热效应是相同的**。即一个反应若能分解成两步或几步实现，则总反应的 ΔH 等于各分步反应 ΔH 之和。Hess 定律也体现了能量守恒定律。

例如，碳的燃烧反应比较复杂，下述三个反应都可以发生：

$$(1)\quad C(\text{石墨})+O_2(g) = CO_2(g) \qquad \Delta H_1^{\ominus}=-393.5\ \text{kJ}\cdot\text{mol}^{-1}$$

$$(2)\quad CO(g)+\frac{1}{2}O_2(g) = CO_2(g) \qquad \Delta H_2^{\ominus}=-283.0\ \text{kJ}\cdot\text{mol}^{-1}$$

$$(3)\quad C(\text{石墨})+\frac{1}{2}O_2(g) = CO(g) \qquad \Delta H_3^{\ominus}=?$$

但要想控制条件只发生第三个反应是困难的，即 $\Delta H_3^{\ominus}$值不易直接测定。而反应(1)和反应(2)的反应热效应较容易测定。因此，可以利用 Hess 定律，来计算 $\Delta H_3^{\ominus}$值。

因 反应(3)＝反应(1)－反应(2)

所以 $\Delta H_3^\ominus = \Delta H_1^\ominus - \Delta H_2^\ominus = (-393.5+283.0)\text{kJ}\cdot\text{mol}^{-1} = -110.5\ \text{kJ}\cdot\text{mol}^{-1}$

2. 标准生成焓

一种物质的标准生成焓是："在标准状态和指定温度下，由稳定态单质生成一摩尔该物质时的焓变"。用符号 $\Delta_f H_m^\ominus(T)$ 表示，简称生成焓。在 298 K 时的标准生成焓的符号可以简写为 $\Delta H_f^\ominus$，单位 $\text{kJ}\cdot\text{mol}^{-1}$。例如，在 298 K 时

$$C(石墨)+O_2(g) \xlongequal{} CO_2(g) \qquad \Delta H_f^\ominus = -393.5\ \text{kJ}\cdot\text{mol}^{-1}$$

C(石墨)和 $O_2(g)$ 都是稳定态单质，它们化合生成 1 mol $CO_2(g)$ 时的标准焓变是 $-393.5\ \text{kJ}\cdot\text{mol}^{-1}$，也可以说，化合物 $CO_2(g)$ 的标准生成焓 $\Delta H_f^\ominus = -393.5\ \text{kJ}\cdot\text{mol}^{-1}$。

稳定态单质是指在标态及 298K 条件下能稳定存在的单质。按照定义，稳定态单质本身的生成焓 $\Delta H_f^\ominus$ 等于零。一种元素若有结构性质不同的单质，如石墨和金刚石是碳的两种单质：

$$C(石墨) \xlongequal{} C(石墨) \qquad \Delta H_f^\ominus = 0$$

$$C(石墨) \xlongequal{} C(金刚石) \qquad \Delta H_f^\ominus = +1.9\ \text{kJ}\cdot\text{mol}^{-1}$$

石墨是稳定的单质，而金刚石不是。磷有红磷和白磷，白磷的 $\Delta H_f^\ominus = 0$，而红磷的 $\Delta H_f^\ominus = -17.6\ \text{kJ}\cdot\text{mol}^{-1}$。白磷是稳定的单质，而红磷不是。我们感觉金刚石很稳定，而红磷从热力学数据来看也较白磷更稳定，但它们都不是热力学规定的稳定态单质。那么，究竟怎样定义稳定态单质呢？实际上，稳定态单质是一种人为规定，综合考虑了以下几方面的要求：① 反应活性高，有利于生成一系列化合物；② 应无副反应发生；③ 结构要清楚单一，便于纯化；④ 容易得到，价格比较便宜；等等。比如，石墨较金刚石有较高的反应活性，有利于生成一系列化合物，这样可以直接测定得到这些化合物的生成焓。另外，石墨价格便宜，也比较稳定。又比如，红磷的结构至今仍不是太清楚，其发现也比较晚，而白磷结构清楚，容易得到。

总之，对于判断一个化学反应能否进行，最重要的是反应过程的焓变，而不是反应物和生成物焓值的绝对大小。因此，规定了稳定态单质的生成焓为零后，可以方便地测定化合物的生成焓，从而可根据一个反应中反应物和生成物的生成焓，计算该反应的焓变，以有利于对该反应进行方向的判断。这是物质生成焓的重要应用之一。

表 3-1 中列出了一些物质的标准生成焓，书后附录 A.2 中列出了更多物质的生成焓数据。这些数据可以从一些手册中查找，详见该附录后的文献引用说明。

表 3-1 一些物质的标准生成焓(298 K，100 kPa)

物 质	$\Delta_f H_m^\ominus/(\text{kJ}\cdot\text{mol}^{-1})$	物 质	$\Delta_f H_m^\ominus/(\text{kJ}\cdot\text{mol}^{-1})$
Al(s)	0	$MgCO_3(s)$	−1095.8
Al_2O_3(s，刚玉)	−1675.7	$Na_2CO_3(s)$	−1130.7
C(金刚石)	1.9	$NH_3(g)$	−45.9
C(石墨)	0	$NH_4NO_3(s)$	−365.5
CO(g)	−110.5	NO(g)	91.3
$CO_2(g)$	−393.5	$NO_2(g)$	33.2
$Cu_2O(s)$	−168.6	$O_3(g)$	142.7
CuO(s)	−157.3	$PbO_2(s)$	−277.4
$Fe_2O_3(s)$	−824.2	TiO_2(s，金红石)	−944.0
$H_2O(l)$	−285.8	ZnO(s)	−350.5
$H_2O(g)$	−241.8	$ZnCO_3(s)$	−812.8

注：化学式后括号中"g"为气态，"l"为液态，"s"为固态。

【例 3-3】 计算反应 $CuO(s)+H_2(g) = Cu(s)+H_2O(g)$ 的 $\Delta H^{\ominus}$。

解 $H_2O(g)$和 $CuO(s)$的生成反应分别为

(1) $H_2(g)+\frac{1}{2}O_2(g) = H_2O(g) \quad \Delta H_1^{\ominus}=\Delta H_f^{\ominus}(H_2O(g))=-241.8\ kJ\cdot mol^{-1}$

(2) $Cu(s)+\frac{1}{2}O_2(g) = CuO(s) \quad \Delta H_2^{\ominus}=\Delta H_f^{\ominus}(CuO(s))=-157.3\ kJ\cdot mol^{-1}$

反应(1)减反应(2)得到 $CuO(s)+H_2(g) = Cu(s)+H_2O(g)$,即为所求反应式。

所以,该反应的 $\Delta H^{\ominus}$ 为

$$\Delta H^{\ominus}=\Delta H_1^{\ominus}-\Delta H_2^{\ominus}=\Delta H_f^{\ominus}(H_2O(g))-\Delta H_f^{\ominus}(CuO(s))$$
$$=-241.8-(-157.3)=-84.5(kJ\cdot mol^{-1})$$

由此可见,任何一个反应的焓变等于生成物生成焓之和减去反应物生成焓之和。

$$\Delta H^{\ominus}=\sum\nu_i\Delta H_f^{\ominus}(\text{生成物})-\sum\nu_i\Delta H_f^{\ominus}(\text{反应物}) \tag{3-8}$$

其中,ν_i 表示化学反应中的计量系数。这是一个非常有用的关系式。

【例 3-4】 由标准生成焓计算下述反应的 $\Delta H^{\ominus}$:

$$3Fe_2O_3(s)+CO(g) = 2Fe_3O_4(s)+CO_2(g)$$

解 $\Delta H^{\ominus}=[2\times\Delta H_f^{\ominus}(Fe_3O_4(s))+\Delta H_f^{\ominus}(CO_2(g))]-[3\times\Delta H_f^{\ominus}(Fe_2O_3(s))+\Delta H_f^{\ominus}(CO(g))]$

$=[2\times(-1118)+(-393.5)]-[3\times(-824.2)+(-110.5)]$

$=-46.4(kJ\cdot mol^{-1})$ ($\Delta H_f^{\ominus}$ 值查表)

从计算结果可看出,该反应在标准状态、298 K 下,$\Delta H^{\ominus}=-46.4\ kJ\cdot mol^{-1}$,是放热反应。

3. 键焓

化学反应的实质是原子间化学键的变化,即原子间的重新组合:断开反应物原子间的旧化学键,形成生成物原子间的新化学键。例如 HCl 的生成:

$$H—H(g)+Cl—Cl(g) = 2H—Cl(g) \qquad \Delta H^{\ominus}=-184.6\ kJ\cdot mol^{-1}$$

化学变化的热效应来源于反应物与生成物中原子间化学键强弱的变化。上述反应为放热反应,说明两个 H—Cl(g)化学键强于 H—H(g)与 Cl—Cl(g)化学键之和。化学键的强弱可以用**键焓**(bond enthalpy)来表示。**在标准状态和指定温度下,断开气态物质的** 1 mol **化学键,并使之成为气态原子时的焓变,称为该化学键的键焓**,用符号 BE 表示,单位为 $kJ\cdot mol^{-1}$。键焓有时候用键能(bond energy)来代替。正如在前面讨论过的那样,二者在数值上差别不大,常常可以不加区别。

对于只有单键的双原子分子,键焓与离解能是相等的;但对于含有两个键以上的多原子分子,键焓是各个键离解能的平均值。例如,H_2O 分子中有两个 H—O 键,离解能分别为

$$H_2O(g) = H(g)+H—O(g) \qquad D_1=502\ kJ\cdot mol^{-1}$$
$$H—O(g) = H(g)+O(g) \qquad D_2=424\ kJ\cdot mol^{-1}$$

H—O(g)键的键焓为这两步离解能的平均值 463 $kJ\cdot mol^{-1}$。对于双键和叁键的键焓,是指断开全部键时所需要的能量。总之,用键焓来计算反应热效应时,得到的是近似值。常见化学键键焓见附录 A.1。键焓均为正值,因为断开化学键总是伴随着吸热。键焓愈高,化学键愈稳定。

下面说明怎样用键焓计算反应热。例如,$H_2(g)$和 $O_2(g)$反应生成 $H_2O(g)$时的焓变:

$$H_2(g)+\frac{1}{2}O_2(g) = H_2O(g) \qquad \Delta H^{\ominus}=?$$

这个反应需断开1 mol H—H键和$\frac{1}{2}$ mol O═O键，生成2 mol H—O键，反应的焓变应等于生成化学键时所释放热量和断开化学键所吸收热量的代数和，即

$$\Delta H^{\ominus} = -\sum \nu_i \text{BE}(\text{生成物}) + \sum \nu_i \text{BE}(\text{反应物}) \tag{3-9}$$

或

$$\Delta H^{\ominus} = -\left(\sum \nu_i \text{BE}(\text{生成物}) - \sum \nu_i \text{BE}(\text{反应物})\right)$$

查表，将有关数据代入(3-9)式得

$$\begin{aligned}\Delta H^{\ominus} &= \left(\text{BE}_{\text{H—H}} + \frac{1}{2}\text{BE}_{\text{O═O}}\right) - 2\text{BE}_{\text{H—O}} \\ &= \left(436 + \frac{1}{2} \times 495\right) - 2 \times 463 = -242.5(\text{kJ} \cdot \text{mol}^{-1})\end{aligned}$$

此反应的焓变即为$H_2O(g)$的标准生成焓$\Delta H_f^{\ominus}$值，与附录A.2中的热力学相应数值$-241.8\ \text{kJ} \cdot \text{mol}^{-1}$比较接近。

注意：用键焓计算反应生成焓只限于反应物和生成物均为气态物质的反应：反应含有液态、固态物质时不能用它计算。如以下反应即不可用键焓计算反应生成焓：

$$H_2(g) + \frac{1}{2}O_2(g) \xlongequal{\quad} H_2O(l)$$

3.3 化学反应的方向

一个化学反应，反应前后不但有物种的变化，往往还有物质状态的变化(气态、液态、固态以及溶剂化的离子等状态上的变化)。反映上述变化的一个参数是反应的焓变(ΔH)，与体系的能量变化有关；另一个参数是反应的熵变(ΔS)，与体系的有序度变化有关。那么，在一定条件下，化学反应进行的方向可以由反应的焓变和熵变来判断。

3.3.1 焓变与自发反应

自发反应和自发过程：在给定条件下，不需要任何外力做功就能自动进行的化学反应或物理变化过程，在热力学中称为自发反应(spontaneous reaction)或自发过程(spontaneous process)；反之，称为非自发反应或非自发过程。例如，金属锌在稀硫酸溶液中溶解析出氢气为自发反应，热从高温物体传递给低温物体为自发过程。

需要指出的是，在给定条件下的非自发反应并不是一定不能发生的反应，如果外界条件改变或有外力做功，反应也会发生。如碳酸钙在常温、常压下不会自动分解，但当温度升高到850℃以上时即可分解。又如在常压和零度以上时水不会自动结冰，但若使用冷冻机借助电力做功，可以使水结冰。另一方面，自发反应并不意味着是进行得很快的反应。如氢气与氧气化合生成水的反应在室温下是自发的，但反应很慢，可以长时间共存而不发生明显的变化；但如果将二者的混合气体点燃或有铂催化剂存在时，则立即发生爆炸反应。

综上所述，在给定条件下，任何一个自发反应或自发过程都有一定的进行方向，而它们的逆反应或逆过程则不能自动进行。我们将自发反应或自发过程的这种单向性质或不可自动逆转的性质称为不可逆性。

自发反应(或自发过程)与焓变的关系：一般情况下，自发反应或自发过程应向体系焓减小的方向进行。从体系能量的变化来看，放热反应即 $\Delta H<0$ 的反应，体系能量降低，反应能自发进行。放出的热量越多，体系能量降低得也越多，反应进行得越完全。反之，吸热反应即 $\Delta H>0$ 的反应，一般为非自发。

但是，有很多吸热反应也可以自发进行，如：

(1) $H_2O(s) = H_2O(l)$ $\Delta H^{\ominus}=6.01\ kJ\cdot mol^{-1}$

(2) $KNO_3(s) = K^+(aq)+NO_3^-(aq)$ $\Delta H^{\ominus}=35\ kJ\cdot mol^{-1}$

(3) $N_2O_4(g) = 2NO_2(g)$ $\Delta H^{\ominus}=57.2\ kJ\cdot mol^{-1}$

上述反应均为吸热反应，但都能在室温下自发进行。这说明，以焓变作为反应自发性的判据有其局限性。上述反应(1)中水由固态变成了液态，反应(2)中固体硝酸钾变成了溶液中的水合离子，而反应(3)中虽然反应前后均为气体，但反应后分子数目增多。这种物质状态的变化或者分子数目的变化可以用熵变来描述，熵变也是决定反应方向的一个重要参数。

3.3.2 熵变与自发反应

如图 3-4 所示，用活塞将两个球隔开，其中一个球 A 为真空，而另一个球 B 中充满一个大气压的气体。如果将活塞打开，B 球中的气体将自发地向 A 球中扩散，直到达平衡后两个球中的气体均为 0.5 个大气压。这个从(a)到(b)的过程是气体分子占有空间增加的过程，也是分子运动自由度增加的过程，实质上，也是体系无序度增加的过程。上一小节中所述的水从固体到液体的变化、固体硝酸钾溶于水以及 $N_2O_4(g)$ 分解为 $2NO_2(g)$ 的过程，也都是粒子(分子、原子或离子等质点)数增加的过程，也是体系无序度(混乱度)增加的过程。

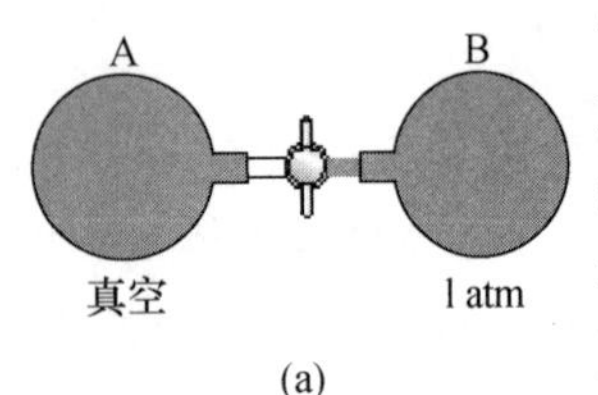

(a)

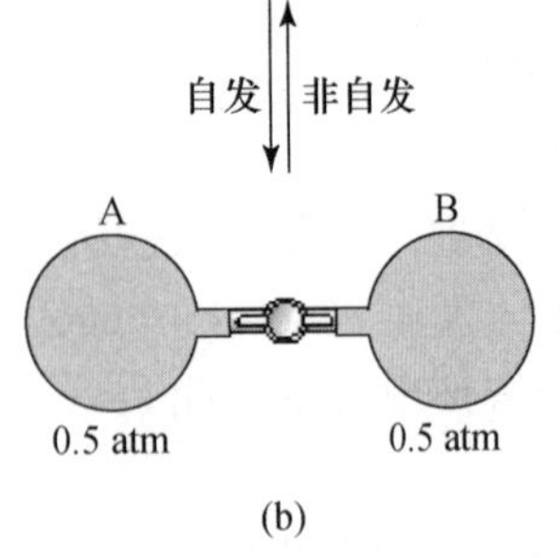

(b)

图 3-4

1. 熵的定义及其意义

熵(entropy)是体系或物质无序度的量度，用符号 S 表示。体系的无序度愈高，其熵值愈高。无序度可以用微观状态数来描述，物质的微观状态数越多，无序度越高。熵与微观状态数的关系可以用 Boltzmann 公式来表达：

$$S = k\ln W \tag{3-10}$$

其中，k 为 Boltzmann 常数($k=1.3807\times10^{-23}$ J/K)，W 为微观状态数。

图 3-4 中气体从(a)到(b)的过程，可以用图 3-5 来说明：(a)中，左侧球为空，右侧球中有一个黑色和白色的小球，且只有这一种微观状态；(b)中，有四种微观状态，可知(b)时体系的熵值较大。

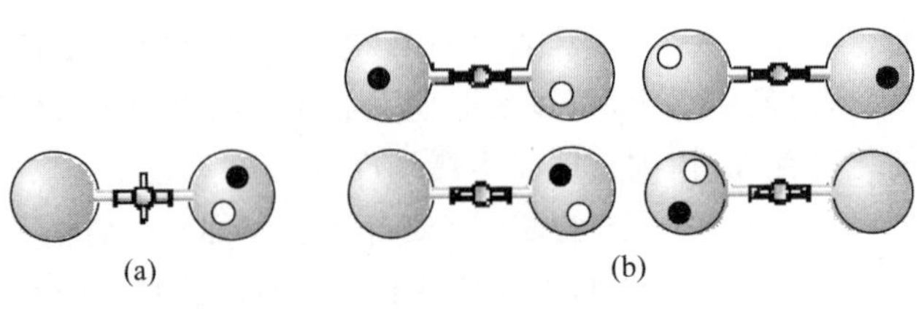

(a) (b)

图 3-5

熵是热力学状态函数，体系所处状态不同，熵值也不同。若以 $S_{始}$ 和 $S_{终}$ 分别表示始态和终态的熵，则体系的熵变为

$$\Delta S = S_{终} - S_{始}$$

$\Delta S>0$，表示体系的熵增加，即体系由混乱度较小的状态转变为混乱度较大的状态；$\Delta S<0$，表示体系的熵减小，混乱度降低，有序度增加了。

2. 标准熵

1 mol **物质在标准状态和指定温度下所具有的熵值叫标准熵，也叫绝对熵**，符号 $S_m^\ominus$，单位 $J \cdot mol^{-1} \cdot K^{-1}$。标准熵是物质的绝对熵值，可从热力学第三定律得到。

热力学第三定律指出，**任何理想晶体在热力学零度时的熵值为零**，即 $S_m^\ominus(0)=0$。所谓理想晶体，是指纯净而完美的晶体。在热力学零度时，理想晶体中的质点完全停止了运动。实际上，理想晶体并不存在，熵值为零的状态也是不存在的。

假如 1 mol 的某一物质在 100 kPa，温度由 0(K)变化到 T(K)，其熵变为

$$\Delta S_m^\ominus = S_m^\ominus(T) - S_m^\ominus(0)$$

由热力学第三定律知 $S_m^\ominus(0)=0$，所以

$$\Delta S^\ominus = S_m^\ominus(T) \tag{3-11}$$

即某物质的绝对熵就等于该物质在标准状态下从 0(K)变化到 T(K)时的熵变，可由有关实验数据用热力学方法计算得到。一些常见物质在 298 K 时的标准摩尔熵见表 3-2 和附录 A.2。

表 3-2　一些物质的标准摩尔熵(298 K)

物　质	$\frac{S_m^\ominus}{J \cdot K^{-1} \cdot mol^{-1}}$	物　质	$\frac{S_m^\ominus}{J \cdot K^{-1} \cdot mol^{-1}}$
气体		液体	
$H_2(g)$	130.7	$H_2O(l)$	70.0
$N_2(g)$	191.6	$CH_3OH(l)$	126.8
$O_2(g)$	205.2	$C_6H_6(l)$	173.4
$H_2O(g)$	188.8	固体	
$NH_3(g)$	192.8	Fe(s)	27.3
$CH_3OH(g)$	237.2	FeS_2(s，黄铁矿)	52.9
$C_6H_6(g)$	269.2	$Fe_2O_3(s)$	87.4

3. 熵值的一些规律

由熵值数据可见：

(1) 同一种物质的 $S_m^\ominus$，气态的大于液态的，液态的又大于固态的。

$$S_m^\ominus(g) > S_m^\ominus(l) > S_m^\ominus(s)$$

另外，规定 $H^+(aq)$的 $S_m^\ominus=0$，有些 $M^{n+}(aq)$的 $S_m^\ominus$ 为负值，这部分内容将在第 7 章电化学中讲述。

(2) 同类物质摩尔质量 M 越大，$S_m^\ominus$ 越大。因为原子数、电子数越多，微观状态数目也就越多。

(3) 气态多原子分子的 $S_m^\ominus$ 值较单原子的大。如 $O_3>O_2>O$。

(4) 摩尔质量相等或相近的物质，结构越复杂，$S_m^{\ominus}$ 值越大。如 $CH_3CH_2OH > CH_3OCH_3$（后者的对称性好）。

(5) 温度增加，熵值升高。因为温度高时，质点的动能增大，其运动的自由度增大，熵值也就增大。

(6) 压力对液态、固态物质的熵值影响较小，而对气态物质的影响较大。压力增加，熵值降低。

4. 熵变及其计算

由各物质的标准熵 $S_m^{\ominus}$（简写成 $S^{\ominus}$），可以计算化学反应的熵变 $\Delta_r S_m^{\ominus}$（简写成 $\Delta S^{\ominus}$）。熵是状态函数，又具有容量性质[①]，故和焓变的计算类似。化学反应熵变的计算式（标态）为

$$\Delta_r S_m^{\ominus} = \sum \nu_i S_m^{\ominus}(\text{生成物}) - \sum \nu_i S_m^{\ominus}(\text{反应物})$$

或简写成

$$\Delta S^{\ominus} = \sum \nu_i S^{\ominus}(\text{生成物}) - \sum \nu_i S^{\ominus}(\text{反应物})$$

任意状态下，熵变的计算式为

$$\Delta S = \sum \nu_i S(\text{生成物}) - \sum \nu_i S(\text{反应物}) \tag{3-12}$$

凡未注明温度的均指 298 K。

【例 3-5】 计算 25℃及标准状态下，下述反应的熵变：

$$CaCO_3(s) \longrightarrow CaO(s) + CO_2(g)$$

解

$$\Delta S_m^{\ominus} = [S_m^{\ominus}(CaO(s)) + S_m^{\ominus}(CO_2(g))] - S_m^{\ominus}(CaCO_3(s))$$
$$= 38.1 + 213.8 - 91.7 = 160.2\ (J \cdot mol^{-1} \cdot K^{-1})$$

有气体生成的反应，一般是熵增加过程。对于反应物与产物都是气体的反应，凡是气体的计量系数增加的反应（$\Delta n_g > 0$），是熵增加过程；凡是气体的计量系数减小的反应（$\Delta n_g < 0$），是熵减少过程；$\Delta n_g = 0$ 的反应，熵变值很小。

5. 熵变与反应的自发性

大量的实验事实表明，在孤立体系中，任何一个自发过程，其结果都导致熵的增加；而熵减小的过程是不自发的，这个原理称**熵增加原理**。它也是热力学第二定律的一种表述。

熵增加原理： 孤立体系有自发倾向于混乱度增加的趋势。

$\Delta S_{孤} > 0$ 自发

$\Delta S_{孤} < 0$ 非自发

$\Delta S_{孤} = 0$ 体系处于平衡状态

但对于封闭体系，上述结论不适用。如 −10℃的液态水会自动结冰，尽管是熵减少的过程。因为结冰过程中，体系放热到环境中（$\Delta H < 0$）。

综上所述，化学反应的 ΔH 和 ΔS 都是与反应的自发性有关的函数，但一般情况下又都不能单独作为反应自发性的判据。因此，只有将二者结合起来进行综合考虑，才能得出正确的结论。

---

① 状态函数可分为两类，一类与物质的量有关，称容量性质，如 V、U、H、S 等；另一类则与物质的量无关，称强度性质，如 p、T 等。

3.3.3 Gibbs自由能变与自发反应

综合化学反应的热效应(ΔH)与体系混乱度(熵)变化(ΔS)的参数是吉布斯(Gibbs)自由能变ΔG。

1. Gibbs自由能的定义

$$G \equiv H - TS \qquad (G\text{是状态函数})$$

等温过程:

$$\Delta G = \Delta H - T\Delta S \quad (\text{封闭体系}) \tag{3-13}$$

上式称为Gibbs-Helmholtz方程,简称G-H方程。G是状态函数,也为广度量,可用热化学定律的方法计算。

2. 标准Gibbs生成自由能

在标准状态和指定温度下,由稳定态单质生成1 mol化合物(或非稳定态单质或其他形式的物种)时的Gibbs自由能变,称为化合物的标准Gibbs生成自由能,符号为$\Delta_f G_m^{\ominus}(T)$,简写为$\Delta G_f^{\ominus}(T)$,单位为$kJ \cdot mol^{-1}$。

一些常见化合物的标准Gibbs生成自由能见附录A.2。稳定态单质的标准Gibbs生成自由能为零。绝大多数物质的$\Delta G_f^{\ominus}(T)$为负值,这一点与标准生成焓相同。

3. ΔG的计算

如同焓变的计算一样,利用各物质的标准Gibbs生成自由能$\Delta_f G_m^{\ominus}$可以计算化学反应在标准状态下的Gibbs自由能变$\Delta_r G_m^{\ominus}$。

$$\Delta_r G_m^{\ominus} = \sum \nu_i \Delta_f G_m^{\ominus}(\text{生成物}) - \sum \nu_i \Delta_f G_m^{\ominus}(\text{反应物})$$

或简写成

$$\Delta G^{\ominus} = \sum \nu_i \Delta G_f^{\ominus}(\text{生成物}) - \sum \nu_i \Delta G_f^{\ominus}(\text{反应物}) \tag{3-14}$$

对于在非标准态下化学反应ΔG的计算,将在第4章中讨论。

【例3-6】 计算下述化学反应的$\Delta_r G_m^{\ominus}$(简写:$\Delta G^{\ominus}$):

$$4NH_3(g) + 5O_2(g) = 4NO(g) + 6H_2O(l)$$

解

$$\begin{aligned}\Delta G^{\ominus} &= [4\times\Delta G_f^{\ominus}(NO(g)) + 6\times\Delta G_f^{\ominus}(H_2O(l))] \\ &\quad -[4\times\Delta G_f^{\ominus}(NH_3(g)) + 5\times\Delta G_f^{\ominus}(O_2(g))] \\ &= [4\times87.6 + 6\times(-237.1)] - [4\times(-16.4) + 0] \\ &= -1006.6\ (kJ \cdot mol^{-1})\end{aligned}$$

即在标准状态和298 K条件下,该反应的Gibbs自由能变为$-1006.6\ kJ \cdot mol^{-1}$。

4. ΔG与反应的自发性

Gibbs自由能变是等温、等压、不做非体积功条件下反应自发性的判据。根据$\Delta G = \Delta H - T\Delta S$,则

$\Delta H < 0$, $\Delta S > 0$ ⇒ $\Delta G < 0$ 正向自发

$\Delta H > 0$, $\Delta S < 0$ ⇒ $\Delta G > 0$ 正向非自发

当$\Delta G = 0$ 体系处于平衡状态

所以,可以根据ΔG是正还是负来判别反应的自发性(更详细的内容见下文"G-H方程的应用")。

需要说明的是，用 Gibbs 自由能变来判断反应的自发性时，要注明条件。比如，用标态下反应的 $\Delta G^{\ominus}$ 来判别反应的自发性时，只能说明在标态下反应的自发性。如果 $\Delta G^{\ominus}<0$，表示在标态下反应正向自发；如果 $\Delta G^{\ominus}>0$，则在标态下反应正向非自发。但并不能说明在非标态下反应的自发性。例如上述例 3-6 中 NH_3 氧化反应在标态下的 $\Delta G^{\ominus}<0$，只说明在标态、298 K 条件下该反应可以正向自发进行。

又如，在标态、298 K 时，

$$CO(g)+NO(g) \longrightarrow CO_2(g)+0.5N_2(g)$$

$$\Delta G^{\ominus}=-344\ kJ \cdot mol^{-1} \quad \Rightarrow \quad \text{该条件下，自发}$$

$$2CO(g) \longrightarrow 2C(s)+O_2(g)$$

$$\Delta G^{\ominus}=+274\ kJ \cdot mol^{-1} \quad \Rightarrow \quad \text{该条件下，非自发}$$

前者的 $\Delta G^{\ominus}<0$，从热力学上说明在标态、298 K 条件下，CO 和 NO 气体能够自发反应生成 CO_2 和 N_2；而后者的 $\Delta G^{\ominus}>0$，说明在标态、298 K 条件下，CO 不能自发分解为 C 和 O_2。

温度对 ΔG 的影响：根据 G-H 方程，Gibbs 自由能变随温度改变而改变，但是反应的焓变和熵变随温度改变却变化不大，在一定的温度范围内可视为常数。因此，在标态下有

$$\Delta G^{\ominus}(T) = \Delta H^{\ominus}_{298} - T\Delta S^{\ominus}_{298} \tag{3-15}$$

上式说明，可以用 298 K 和标准状态下的焓变与熵变来计算任意温度下的标准 Gibbs 自由能变。下面通过 $CaCO_3$(s)的热分解反应进一步说明温度对于 $\Delta G^{\ominus}$ 以及反应方向的影响。

【例 3-7】 实验测得 101 kPa $CaCO_3$(s)在不同温度时热分解的 $\Delta H^{\ominus}$ 和 $\Delta G^{\ominus}$ 列于下表：

T/K	298	473	673	873	1073	1273
$\Delta H^{\ominus}/(kJ \cdot mol^{-1})$	178	179	179	179	179	179
$\Delta G^{\ominus}/(kJ \cdot mol^{-1})$	130	103	71	39	7	−25

(1) 以温度为横坐标，$\Delta H^{\ominus}$ 和 $\Delta G^{\ominus}$ 为纵坐标作图，说明温度对于 $\Delta H^{\ominus}$、$\Delta G^{\ominus}$ 的影响；

(2) 近似计算 298 K 时的 $\Delta G^{\ominus}$。

解 (1) 根据实验数据以 $\Delta H^{\ominus}$ 和 $\Delta G^{\ominus}$ 对温度 T 作图(图 3-6)。由图可见，$\Delta H^{\ominus}$ 对 T 图几乎是一条平行于横坐标的直线，即随温度增加，$\Delta H^{\ominus}$ 变化很小，可以认为在一定温度范围内 $\Delta H^{\ominus}$ 近似是一常数。$\Delta G^{\ominus}$ 对 T 图是一条斜线，在 1121 K 时，$\Delta G^{\ominus}=0$；当温度小于 1121 K 时，$\Delta G^{\ominus}>0$；当温度大于 1121 K 时，$\Delta G^{\ominus}<0$。说明 $CaCO_3$(s)在标准状态和 1121 K 以下不能分解；但当温度超过 1121 K 时，能够分解。由此可以看出，温度不仅影响了 $\Delta G^{\ominus}$ 的数值，还改变了 $\Delta G^{\ominus}$ 的正负号，从而也改变了反应进行的方向。

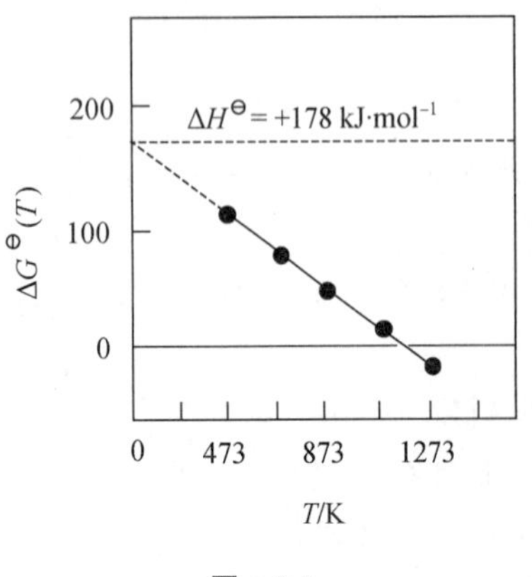

图 3-6

根据 $\Delta G^{\ominus}(T)=\Delta H^{\ominus}-T\Delta S^{\ominus}$，当 $\Delta G^{\ominus}=0$ 时，有 $\Delta H^{\ominus}=T_{转}\Delta S^{\ominus}$，因此，$T_{转}=\Delta H^{\ominus}/\Delta S^{\ominus}$，这里的 $T_{转}$ 是指自发反应与非自发反应之间的转变温度。

(2) 对于反应 $CaCO_3(s) \longrightarrow CaO(s)+CO_2(g)$，

在标态下、298 K 时，

$$\Delta G^{\ominus} = \Delta G_f^{\ominus}(CaO(s)) + \Delta G_f^{\ominus}(CO_2(g)) - \Delta G_f^{\ominus}(CaCO_3(s))$$
$$= -603.3 + (-394.4) - (-1129.1)$$
$$= +131.4(kJ \cdot mol^{-1}) > 0$$

说明在标态下、298 K 时，碳酸钙不能发生分解反应。

5. ΔG 的物理意义

从以上讨论可知，ΔG 可以用来判断反应进行的方向。另外，ΔG 也可以用来判断反应进行的限度（见第 4 章）；在体系做非体积功的情况下，ΔG 还可以用来计算非体积功的大小。

反应的 ΔG 和非体积功的关系可从热力学第一定律和第二定律推导得到。

假如等温、等压条件下体系不仅做体积功，还做非体积功 W'，则

$$\Delta U = Q + W = Q - p\Delta V + W'$$

假如为等温可逆过程①：$Q_r = T\Delta S$（热力学第二定律的熵表述：$\Delta S = Q_r/T$），则

$$\Delta U = T\Delta S - p\Delta V + W'$$

移项得
$$\Delta U + p\Delta V - T\Delta S = W'$$

根据
$$\Delta H = \Delta U + p\Delta V \quad （等压过程）$$

则
$$\Delta H - T\Delta S = W'$$

又根据
$$\Delta G = \Delta H - T\Delta S$$

则
$$\Delta G = W' \quad （等温、等压、可逆过程）$$

热力学已经证明，等温可逆过程所做的功最大，用 W'_{max} 表示。因此，

$$\Delta G = W'_{max}$$

此式表示，可逆过程 Gibbs 自由能的减少等于等温等压下体系所做最大非体积功。若 $W'_{max} < 0$，即体系对环境做功，此时 $\Delta G < 0$，反应能自发进行；反之，$W'_{max} > 0$，环境对体系做功，此时 $\Delta G > 0$，反应不能自发进行。

$\Delta G = W'_{max}$ **关系式的运用：**

对于反应　$CH_4(g) + 2O_2(g) \longrightarrow CO_2(g) + 2H_2O(g)$　$\Delta G^{\ominus} = -818\ kJ \cdot mol^{-1}$

表示在标态、298 K 时，1 mol $CH_4(g)$ 在理想的可逆燃料电池中最多能提供 818 kJ 的电功。

而对于反应　$H_2O(l) \longrightarrow 0.5O_2(g) + H_2(g)$　$\Delta G^{\ominus} = +237.2\ kJ \cdot mol^{-1}$

说明在常温常压下，$H_2O(l)$ 不能自发分解为 $O_2(g)$ 和 $H_2(g)$，需外界对体系做功（电解）。要使 1 mol $H_2O(l)$ 分解，至少要提供 237.2 kJ 的电功。

下面以体积膨胀过程对可逆过程和不可逆过程进行说明。

图 3-7 为膨胀功示意图。将一定量气体置于一活塞圆筒中，假设活塞的质量可以忽略且活塞与圆筒之间无摩擦力，求气体在等温下从体积 V_1 膨胀到 V_2、压力由 p_1 至 p_2 时系统经由不同过程对环境所做的功。

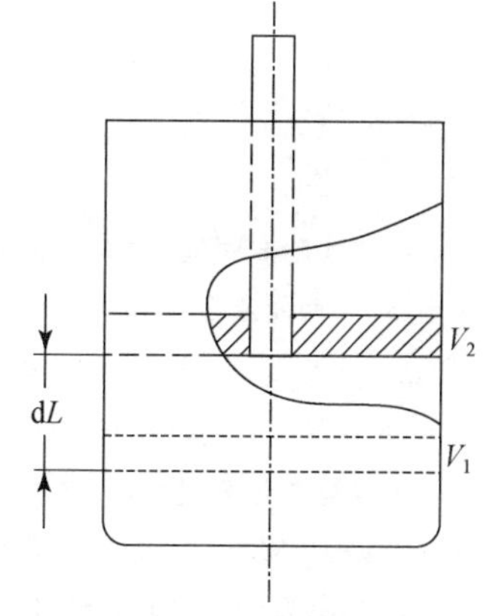

图 3-7　膨胀功示意图

设活塞的横截面积为 A，筒内气体膨胀时抵抗的外力为 $f_{外}$，活塞在抵抗外力方向移动的距离为 dL，系统克服外力所做的功为 W，则

$$W = -f_{外}\,dL = -p_{外}\,A dL = -p_{外}\,dV \quad （系统对环境做功为负值）$$

式中，$p_{外}$ 是外压，dV 是系统的体积变化，$dV = AdL$。

(1) **自由膨胀过程**：$p_{外} = 0$ 的膨胀称为自由膨胀过程，因为系统克服的

① 可逆过程：**热力学上的可逆过程是指能通过原来过程的反方向变化而使系统和环境都同时复原且不留下任何痕迹的过程。**反之，称为不可逆过程。

外压为零，系统对外不做功，即 $W_1=0$。

(2) **一次膨胀过程**(图 3-8(a))：外压恒定在 p_2，则

$$W_2=-p_{外}\,\mathrm{d}V=-p_2(V_2-V_1)$$

该膨胀过程与功的关系可用图 3-9 中的 p-V 关系图来说明。气体从状态 $A(p_1,V_1,T)$ 在等温下瞬间降压至 p_2，然后在恒定外压 p_2 下膨胀到状态 $B(p_2,V_2,T)$，体系所做功的数值在图上可用直线 CDB 下的矩形面积 CBV_2V_1 来表示。

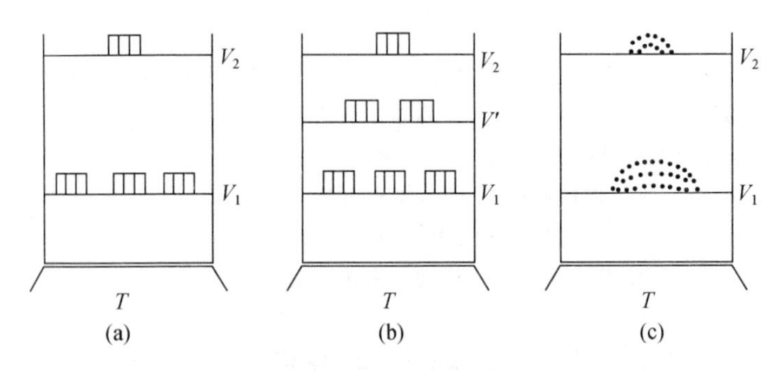

图 3-8　三种膨胀过程

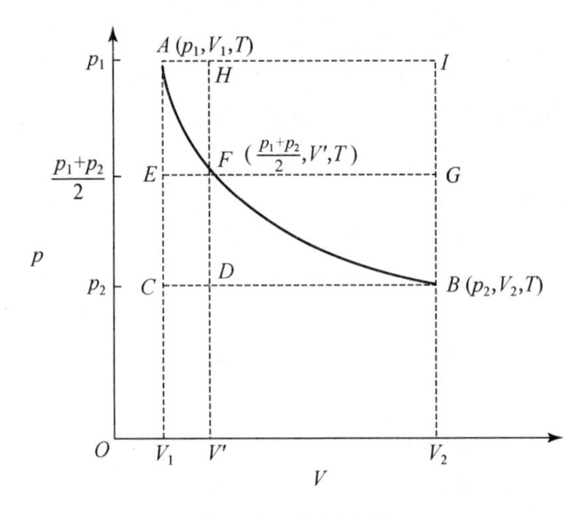

图 3-9　功与过程

(3) **二次膨胀过程**(图 3-8(b))：外压先降为 $(p_1+p_2)/2$，气体体积膨胀到 V'；然后外压降为 p_2，气体体积再膨胀到 V_2。两次膨胀的功为

$$W_3=-[((p_1+p_2)/2)(V'-V_1)+p_2(V_2-V')]$$

在 p-V 图上可用折线 $EFDB$ 下的面积 $EFDBV_2V_1$ 表示。显然两次膨胀所做的功大于一次膨胀所做的功。

(4) **准静态膨胀过程**(图 3-8(c))：设想活塞上有一堆细砂，其重力造成对气体的压力为 p_1，然后每次拿下一粒砂子，使外压降低 $\mathrm{d}p$，相应体积就膨胀 $\mathrm{d}V$，如此缓慢地进行，直到活塞上剩余的细砂对气体造成的压力为 p_2、系统达终态时为止。只要砂粒是无限小，这个过程所需要的时间为无限长，在此过程进行的每一步，系统的压力 $p_{内}$ 总是只比外压大一个无穷小量 $\mathrm{d}p$，系统非常接近于平衡态，整个过程可以看成是由一系列极接近于平衡的状态所构成，这种过程即为准静态过程，可以用积分来求算功的总值。

过程中 $p_{外}=p_{内}-\mathrm{d}p$，则

$$W_4 = -\int_{V_1}^{V_2} p_{外}\,dV = -\int_{V_1}^{V_2} (p_{内} - dp)dV$$
$$= -\left[\int_{V_1}^{V_2} p_{内}\,dV - \int_{V_1}^{V_2} dp dV\right]$$

由于 dp 与 dV 都是无穷小量，因此 $dpdV$ 是二级无穷小量，可以忽略不计。若气体为理想气体且温度恒定，则

$$W_4 = -\int_{V_1}^{V_2} p_{内}\,dV = -\int_{V_1}^{V_2} (nRT/V)dV$$
$$= -nRT\ln(V_2/V_1)$$

在图 3-9 上可用曲线 AFB 下的面积 $AFBV_2V_1$ 来表示。

由以上四个过程所做的功可以看出，从同样的始态到同样的终态，环境所得到的功的数值并不同。等温准静态过程中系统对环境所做的功最大。

如果环境对上述系统做功，使系统从终态恢复到始态，那么，对于一次压缩过程必须做功 W_2'：

$$W_2' = p_1(V_2 - V_1)$$

其值由图 3-9 中面积 AV_1V_2I 表示，$|W_2'| > W_2$。

对于两次压缩过程必须做功 W_3'：

$$W_3' = [((p_1 + p_2)/2)(V' - V_2) + p_1(V_1 - V')]$$

其值由图 3-9 中面积 $V'V_2GF + V_1V'HA$ 表示，$|W_3'| > W_3$。

很显然，一次或两次压缩时环境对系统做的功比一次或两次膨胀时系统对环境做的功大。多做的功变成热传给了环境。

如果在缓慢膨胀之后再将取下的细砂粒重新一粒一粒地加在活塞上，则在此压缩过程中，外压始终比系统的压力大一个无限小值，这时气体的状态就沿曲线 BA 以无限缓慢的速度上升，而被压回到原体积。在此压缩过程中所做之功 W_4' 为

$$W_4' = -\int_{V_2}^{V_1} p_{内}\,dV = -\int_{V_2}^{V_1} (nRT/V)dV$$
$$= -nRT\ln(V_1/V_2) = nRT\ln(V_2/V_1) = -W_4$$

其数值仍是图 3-9 中曲线 AB 下的面积 ABV_2V_1，与无限缓慢膨胀过程所做之功大小相等、符号相反。这就是说，当系统恢复到原来状态时，环境也同时恢复到原状，在环境中没有留下任何痕迹。所以，(4)的准静态膨胀过程是可逆过程；而前述的(1)、(2)、(3)过程为不可逆过程。

从图 3-9 还可以看出，(4)的等温可逆膨胀过程中，系统对环境所做的功最大；而在等温可逆压缩过程中，环境所消耗的功最小。

可逆过程是以无限小的变化进行的，进行时系统的作用力与作用于系统的力几乎相等，在过程进行中系统始终处于非常接近平衡的状态，整个过程是由一系列连续的近似平衡的过程所构成。在反向过程中，用同样的程序循着原过程逆向进行，可以使系统和环境同时完全恢复到原来的状态。

6. G-H 方程的应用

G-H 方程将热力学中的三个重要的状态函数联系在一起。焓变、熵变、温度与 Gibbs 自由能变以及反应自发性之间的关系见表 3-3。这里的 $\Delta G^{\ominus}$ 是指标准状态下反应的 Gibbs 自由能变，因此，表中反应自发性的结论也是指在标准状态下的情况。对于类型一和类型二的情况在前面已经讨论过(见上文“ΔG 与反应的自发性”)。对于类型三即焓降熵降的反应，正向反应在标准状态下低温时自发，而在高温时非自发。反之，对于焓增熵增的反应(类型四)，正向反应在标准状态下低温时非自发，而在高温时自发。

表 3-3 化学反应的 $\Delta G^{\ominus}$ 与自发性

反应类型	$\Delta H^{\ominus}$	$\Delta S^{\ominus}$	$\Delta G^{\ominus}=\Delta H^{\ominus}-T\Delta S^{\ominus}$		正向反应自发性随温度的变化
			低温	高温	
类型一	−	+	−	−	任何温度下，均自发
类型二	+	−	+	+	任何温度下，均非自发
类型三	−	−	−	+	低温时自发，高温时非自发
类型四	+	+	+	−	低温时非自发，高温时自发

注：当 $\Delta G^{\ominus}=0$ 时，$\Delta H^{\ominus}=T_{转}\ \Delta S^{\ominus}$，因此，$T_{转}=\Delta H^{\ominus}/\Delta S^{\ominus}$（$T_{转}$ 为自发反应与非自发反应之间的转变温度）。

【例 3-8】 判断下述反应的类型及其自发性：

(1) $CH_3CH=CHCH_3(g)+0.5O_2(g) \longrightarrow CH_2=CHCH=CH_2(g)+H_2O(g)$

(2) $CO(g) \longrightarrow C(s)+0.5O_2(g)$

(3) $N_2(g)+O_2(g) \longrightarrow 2NO(g)$

(4) $N_2(g)+3H_2(g) \longrightarrow 2NH_3(g)$

解 (1) $CH_3CH=CHCH_3(g)+0.5O_2(g) \longrightarrow CH_2=CHCH=CH_2(g)+H_2O(g)$

$\Delta H^{\ominus}= -77\ kJ \cdot mol^{-1}$

$\Delta S^{\ominus}= +0.072\ kJ \cdot mol^{-1} \cdot K^{-1}$

$\Delta G^{\ominus}(T) = \Delta H^{\ominus}-T\Delta S^{\ominus}= -77-0.072T$

属于类型一：$\Delta H^{\ominus}$ 为"−"，$\Delta S^{\ominus}$ 为"+"

在任意温度下时，$\Delta G^{\ominus}(T)$ 都小于零，从热力学上来说，正向反应在标态下能自发进行。

但热力学只能说明反应的可能性。实际上，丁烯与氧气在常温常压下反应太慢，需使用催化剂。

(2) $CO(g) \longrightarrow C(s)+0.5O_2(g)$

$\Delta H^{\ominus}=+111\ kJ \cdot mol^{-1}$

$\Delta S^{\ominus}=-0.090\ kJ \cdot mol^{-1} \cdot K^{-1}$

$\Delta G^{\ominus}(T)=\Delta H^{\ominus}-T\Delta S^{\ominus}=111+0.090T$

属于类型二：$\Delta H^{\ominus}$ 为"+"，$\Delta S^{\ominus}$ 为"−"

在任意温度下时，$\Delta G^{\ominus}(T)$ 都大于零，即在标态和任意温度下，正向反应都不能自发进行。寻找催化剂的任何努力都将是徒劳的。

(3) $N_2(g)+O_2(g) \longrightarrow 2NO(g)$

$\Delta H^{\ominus}= +182.6\ kJ \cdot mol^{-1}$

$\Delta S^{\ominus}= +0.0248\ kJ \cdot mol^{-1} \cdot K^{-1}$

$\Delta G^{\ominus}(T) = \Delta H^{\ominus}-T\Delta S^{\ominus}= 182.6-0.0248T$

属于类型四：$\Delta H^{\ominus}$ 为"+"，$\Delta S^{\ominus}$ 为"+"

低温时，$\Delta G^{\ominus}(T)$ 为正；高温时，$\Delta G^{\ominus}(T)$ 为负。且有

$$T_{转} = \Delta H^{\ominus}/\Delta S^{\ominus}= 182.6/0.0248 = 7362(K)$$

空气中的氧气在常压常温下，不能与氮气反应。但在雷电时，瞬间局部高温有可能

使该反应发生，生成的 NO 气体被雨水吸收类似氮肥，因此有“雨水肥田”的道理。

(4) $N_2(g)+3H_2(g) \longrightarrow 2NH_3(g)$

$\Delta H^{\ominus} = -92.2\ \mathrm{kJ \cdot mol^{-1}}$

$\Delta S^{\ominus} = -0.199\ \mathrm{kJ \cdot mol^{-1} \cdot K^{-1}}$

$\Delta G^{\ominus}(T) = \Delta H^{\ominus} - T\Delta S^{\ominus} = -92.2+0.199T$

属于类型三：$\Delta H^{\ominus}$ 为“－”，$\Delta S^{\ominus}$ 为“－”

低温时，$\Delta G^{\ominus}(T)$ 为负；高温时，$\Delta G^{\ominus}(T)$ 为正。且有

$$T_{转} = \Delta H^{\ominus}/\Delta S^{\ominus} = 92.2/0.199 = 463(\mathrm{K})\ (即\ 190℃)$$

从热力学数据来看，该反应在标态、190℃以下时，正向反应自发，而在标态、190℃以上时，正向反应非自发。但在低温时，反应速率太慢，不利于实际应用。实际上，在高压(30 MPa)下，反应温度高于 190℃也能自发进行，常用温度为 500℃。这是根据大量实验数据来选定的。因此，热力学数据提供了一般原则，具体反应条件还需要由实验来定。

小　　结

本章的主要目的是了解化学反应进行方向的判据及其影响因素。具体介绍了四种热力学函数：内能 U、焓 H、熵 S 和 Gibbs 自由能 G 以及它们之间的关系：

$$H=U+pV, \quad \Delta H=\Delta U+p\Delta V$$

$$G=H-TS, \quad \Delta G=\Delta H-T\Delta S$$

这四个函数都是状态函数，所以 ΔG、ΔH、ΔS 和 ΔU 都由最终状态和起始状态决定，而与变化途径无关。

这四个函数也均为广度量，可以用热化学定律(Hess 定律)的方法进行计算。

ΔG 是反应能否自发进行的判据，而 $\Delta G^{\ominus}$ 则是在标准状态下反应自发性的判据。$\Delta G=\Delta H-T\Delta S$，即 ΔG 由反应的焓变以及熵变来决定，因此，对于熵变为零或者熵变很小的反应，也可单独由 ΔH 来判断反应的自发性；而对于焓变很小或者孤立(隔离)体系，则可由 ΔS 来判断反应的自发性。

本章重点掌握以下内容：

(1) 基本概念：状态函数、可逆过程、标准状态、封闭体系等。

(2) 焓变(ΔH)：定义，热力学第一定律，测量(等压热效应、等容热效应)，计算(Hess 定律、$\Delta H_f^{\ominus}(T)$、键焓)，应用等。

(3) 熵变(ΔS)：定义，$S_m^{\ominus}$，热力学第三定律，计算，热力学第二定律，应用等。

(4) Gibbs 自由能变(ΔG)：G-H 方程，ΔG 与化学反应的方向，ΔG 与最大非体积功等。

思　考　题

1. 指出下列各式成立的条件：

(1) $\Delta U=Q_V$；　(2) $\Delta H=Q_p$；　(3) $Q_V=Q_p$；　(4) $\Delta G=\Delta H$。

2. 说明用下列函数判断反应自发性的条件：

(1) ΔH； (2) ΔS； (3) ΔG； (4) $\Delta G^{\ominus}$。

3. 判断以下说法是否正确，并说明理由：

(1) 放热反应都能自发进行；

(2) $\Delta G^{\ominus}<0$ 的反应都能自发进行；

(3) (+，+)型反应在高温进行有利；

(4) 物质的温度越高，熵值越大。

4. 估计干冰升华过程 ΔH 和 ΔS 的正负号。

5. 用生成焓、键焓或应用热化学定律(Hess 定律)都能求算反应的标准焓变，试比较这三种方法的异同。

6. 对于反应：$Mg(s)+\frac{1}{2}O_2(g) = MgO(s)$，则有 $\Delta_f G_m^{\ominus}(MgO)=\Delta_f H_m^{\ominus}(MgO)-TS_m^{\ominus}(MgO)$，对吗？为什么？

7. 反应 $H_2(g)+S(g) = H_2S(g)$ 的 $\Delta H^{\ominus}$ 是否等于 H_2S 的 $\Delta H_f^{\ominus}$？为什么？

8. 反应 $H_2(g)+\frac{1}{2}O_2(g) = H_2O(g)$ 的 $\Delta H^{\ominus}$ 是否等于 $-2\times BE(O—H)$？为什么？

9. 能否由键焓直接计算 $HF(g)$、$HCl(g)$、$H_2O(l)$ 和 $CH_4(g)$ 的标准生成焓？

10. 欲除去天然气中的有毒气体 H_2S，试从热力学数据分析下列两个方法中哪个可行：

(1) $H_2S(g)+\frac{1}{2}O_2(g) = H_2O(g)+S$(正交，稳定态单质)

(2) $H_2S(g) = H_2(g)+S$(正交，稳定态单质)

习　题

3.1 在 100 kPa 和 80.1℃下，1 mol 苯全部气化时需吸收 30.5 kJ 的热量，计算 2 mol 苯气化时内能增加多少。

3.2 25.0 g 硝酸甘油($C_3H_5(NO_3)_3$)(l)分解成 $N_2(g)$、$O_2(g)$、$CO_2(g)$、$H_2O(l)$时放热 199 kJ。

(1) 写出该反应的化学方程式；

(2) 计算 1 mol 硝酸甘油分解的 ΔH；

(3) 分解过程中生成 1 mol $CO_2(g)$放出的热量是多少？

3.3 已知下列变化 $H_2O(s,0℃) \xrightarrow{\Delta H_1^{\ominus}} H_2O(l,0℃) \xrightarrow{\Delta H_2^{\ominus}} H_2O(l,100℃) \xrightarrow{\Delta H_3^{\ominus}} H_2O(g,100℃)$，$\Delta H_1^{\ominus}=6.00\ kJ\cdot mol^{-1}$，$\Delta H_3^{\ominus}=40.60\ kJ\cdot mol^{-1}$，在 0～100℃之间水的平均比热为 $4.184\ J\cdot g^{-1}\cdot ℃^{-1}$。计算 1.00 mol 冰在 100 kPa 条件下，全部转变成水蒸气时的 ΔU 和 $\Delta H^{\ominus}$。

3.4 已知 C(石) $\longrightarrow$ C(g)　$\Delta H^{\ominus}=717\ kJ\cdot mol^{-1}$，实验测定 $\Delta H_f^{\ominus}(C_6H_6(g))=82.9\ kJ\cdot mol^{-1}$。假定苯是由三个 C═C 和三个 C—C 键组成，根据附录 A.1 中数据估算 $C_6H_6(g)$的标准生成焓，计算结果说明了什么？

3.5 已知下列反应的焓变：

(1) $C(石)+O_2(g) = CO_2(g)$　　$\Delta H_1^{\ominus}=-393.5\ kJ\cdot mol^{-1}$

(2) $H_2(g)+\frac{1}{2}O_2(g) = H_2O(l)$　　$\Delta H_2^{\ominus}=-285.8\ kJ\cdot mol^{-1}$

(3) $CH_3COOCH_3(l)+\frac{7}{2}O_2(g) = 3CO_2(g)+3H_2O(l)$　　$\Delta H_3^{\ominus}=-1788.2\ kJ\cdot mol^{-1}$

计算 CH_3COOCH_3(乙酸甲酯)的标准生成焓。

3.6 已知下列热化学方程式：

(1) $\frac{1}{2}N_2(g) = N(g)$ $\Delta H_1^{\ominus}=472.3\ kJ \cdot mol^{-1}$

(2) $\frac{1}{2}O_2(g) = O(g)$ $\Delta H_2^{\ominus}=249.2\ kJ \cdot mol^{-1}$

(3) $\frac{1}{2}N_2(g)+\frac{1}{2}O_2(g) = NO(g)$ $\Delta H_3^{\ominus}=90.0\ kJ \cdot mol^{-1}$

计算 $N_2(g)$、$O_2(g)$和 NO(g)的键焓。

3.7 已知 (1) $C(石)+2H_2(g) = CH_4(g)$ $\Delta H_1^{\ominus}=-74.8\ kJ \cdot mol^{-1}$

(2) $2C(石)+2H_2(g) = C_2H_4(g)$ $\Delta H_2^{\ominus}=52.3\ kJ \cdot mol^{-1}$

(3) $H_2(g) \longrightarrow 2H(g)$ $\Delta H_3^{\ominus}=436\ kJ \cdot mol^{-1}$

(4) $C(石) \longrightarrow C(g)$ $\Delta H_4^{\ominus}=717\ kJ \cdot mol^{-1}$

计算 C—H 键的键焓 BE_{C-H}和 C═C 键的键焓 $BE_{C=C}$。

3.8 用题 3.7 中石墨升华热数据和 C—C、C—H、C—O、H—O、C—F、H—H、F—F、O═O 键焓数据，计算 $CH_2FCH_2OH(g)$的 $\Delta H_f^{\ominus}$。

3.9 SO_3 的分解反应为：

$$2SO_3(g) = 2SO_2(g)+O_2(g)$$

(1) 计算 25℃的 $\Delta G^{\ominus}$，说明反应能否自发进行；

(2) 计算 1.00 g SO_3 在此条件下分解时的 $\Delta G^{\ominus}$；

(3) 估计该反应 $\Delta S^{\ominus}$的符号；

(4) 计算标准条件下反应自发进行的温度。

3.10 $AgNO_3$ 的分解反应为：

$$AgNO_3(s) = Ag(s)+NO_2(g)+\frac{1}{2}O_2(g)$$

(1) 计算标准状态下 $AgNO_3(s)$分解的温度；

(2) 防止 $AgNO_3(s)$分解应采取什么措施？

3.11 Fe_2O_3 还原为铁有以下两种途径：

(1) $Fe_2O_3(s)+\frac{3}{2}C(s) = 2Fe(s)+\frac{3}{2}CO_2(g)$

(2) $Fe_2O_3(s)+3H_2(g) = 2Fe(s)+3H_2O(g)$

通过计算说明哪个反应可在较低温度下进行。

3.12 计算说明在标准状态和 25℃时能否用甲烷和苯合成甲苯。温度升至 500℃，反应情况又如何？

$$C_6H_6(g)+CH_4(g) = C_6H_5CH_3(g)+H_2(g)$$

3.13 已知 $S(单)+O_2(g) = SO_2(g)$ $\Delta H_1^{\ominus}=-297.09\ kJ \cdot mol^{-1}$

$S(正)+O_2(g) = SO_2(g)$ $\Delta H_2^{\ominus}=-296.80\ kJ \cdot mol^{-1}$

单斜硫和正交硫的 $S^{\ominus}$分别为 $32.6\ J \cdot mol^{-1} \cdot K^{-1}$和 $32.1\ J \cdot mol^{-1} \cdot K^{-1}$。

(1) 计算说明在标准状态下，当温度为 25℃及 120℃时，哪种晶型更稳定。

(2) 两种晶型的转变温度是多少？

3.14 计算说明在标态下，下述各反应能自发进行的温度：

(1) $N_2(g)+O_2(g) = 2NO(g)$

(2) $NH_4HCO_3(s) = NH_3(g)+CO_2(g)+H_2O(g)$

(3) $2NH_3(g)+3O_2(g) \longrightarrow NO_2(g)+NO(g)+3H_2O(g)$

3.15　下述两反应被建议用于火箭推进：

(1) $H_2(g)+\frac{1}{2}O_2(g) \longrightarrow H_2O(g)$

(2) $H_2(g)+F_2(g) \longrightarrow 2HF(g)$

在25℃及100 kPa，每个反应的每克总反应物能得到多少最大有用功？压力不变温度升至1000℃时，又能得到多少最大有用功？

3.16　糖在新陈代谢中发生如下反应：

$$C_{12}H_{22}O_{11}(s)+12O_2(g) \longrightarrow 12CO_2(g)+11H_2O(l)$$

已知反应的 $\Delta H^\ominus_{298}$ 和 $\Delta G^\ominus_{298}$ 分别为 $-5650\ kJ \cdot mol^{-1}$ 和 $-5790\ kJ \cdot mol^{-1}$。

(1) 假设只有30.0%的Gibbs自由能变转变为非体积功(有用功)，将10.0 g糖在37℃时进行新陈代谢，可以得到多少非体积功？

(2) 体重为60.0 kg的人，吃0.25 kg糖获得的能量能使其登上高度为多少千米的山？

3.17　室温下暴露在空气中的金属铜，表面上逐渐覆盖一层黑色氧化铜；将金属铜加热到一定温度，黑色氧化铜转变为红棕色氧化亚铜；在更高的温度下，氧化物覆盖层逐渐消失。写出上述变化的反应式，并估算标态下后两个反应的温度。

3.18　已知 $C_6H_5NH_2(l)$ 的 $\Delta G_f^\ominus=153.2\ kJ \cdot mol^{-1}$。利用热力学数据判断，在标态下下列用苯制取苯胺的方法中哪个是可行的：

(1) $C_6H_6(l)+HNO_3(l) \longrightarrow C_6H_5NO_2(l)+H_2O(l)$

$C_6H_5NO_2(l)+3H_2(g) \longrightarrow C_6H_5NH_2(l)+2H_2O(l)$

(2) $C_6H_6(l)+Cl_2(g) \longrightarrow C_6H_5Cl(l)+HCl(g)$

$C_6H_5Cl(l)+NH_3(g) \longrightarrow C_6H_5NH_2(l)+HCl(g)$

(3) $C_6H_6(l)+NH_3(g) \longrightarrow C_6H_5NH_2(l)+H_2(g)$

3.19　已知70℃和80℃时，CCl_4 的饱和蒸气压分别是8.25 bar和11.2 bar。又知：

	C—Cl	C=O	Cl—Cl	O=O
键焓/($kJ \cdot mol^{-1}$)	327	799	243	498

计算反应 $CCl_4(l)+O_2(g) \longrightarrow CO_2(g)+2Cl_2(g)$ 的焓变。

第4章　化学反应的限度

本章要求

1. 正确理解平衡常数 K 的物理意义及其表示方法
2. 掌握平衡常数 K 的计算，尤其是用 ΔG 的计算
3. 利用 van't Hoff 等温式判断非标态下化学反应的方向
4. 熟悉温度、浓度及压力对于化学反应平衡移动的影响

上一章介绍了热力学的几个主要函数，着重讨论了化学反应进行方向的判据问题。当 Gibbs 自由能变 $\Delta G<0$ 时，正向反应自发；$\Delta G>0$ 时，正向反应非自发；$\Delta G=0$ 时，反应处于平衡状态。但是，在 $\Delta G<0$，正向反应能够自发进行时，其反应程度如何？本章将讨论化学平衡与化学反应的限度问题，着重介绍用什么样的参数来描述反应程度，反应程度与 ΔG 的关系，以及影响化学平衡的因素。

4.1　化学平衡及其特点

当一个反应的 $\Delta G=0$ 时，反应处于动态平衡状态，即此时正向反应的速率与逆向反应的速率相等，反应物与生成物的浓度不再发生变化。那么，反应从开始到达到平衡，此时反应的程度是多少？生成物的产率是多少？为了回答这个问题，本章讨论需要引入用于描述反应处于平衡状态时的参数——平衡常数(K)，同时要讨论影响 K 的因素以及 K 的计算。例如，工业上用焦炭(C)炼铁时，炼 1 吨(t)Fe 需多少焦炭？

$$C(s)+0.5\ O_2(g) = CO(g)$$

$$Fe_2O_3(s)+3CO(g) = 2Fe(s)+3CO_2(g)$$

是否全部的 C(s)都能转化成 CO(g)，全部的 Fe_2O_3(s)和 CO 也都能转化成 Fe(s)和 CO_2(g)？答案是否定的。因为对于可逆化学反应，在一定温度和压力条件下，化学平衡时反应物与生成物的浓度不再随时间而发生变化。产物的比率可通过平衡常数(K)来计算得到。如：对于反应

$$A \underset{k_r}{\overset{k_f}{\rightleftharpoons}} B$$

反应物 A 的浓度[A]随着反应时间的增加逐渐降低，且达到一定浓度后保持不变；而生成物 B 的浓度[B]则随着反应时间的增加逐渐增加，且达到一定浓度后也保持不变(图 4-1(a))。此时二者处于动态平衡状态，正向反应速率等于逆向反应速率(图 4-1(b))。对于不同的反应，其处于平衡时各反应物和生成物的浓度是不同的，这种定量关系可以用平衡常数来描述。

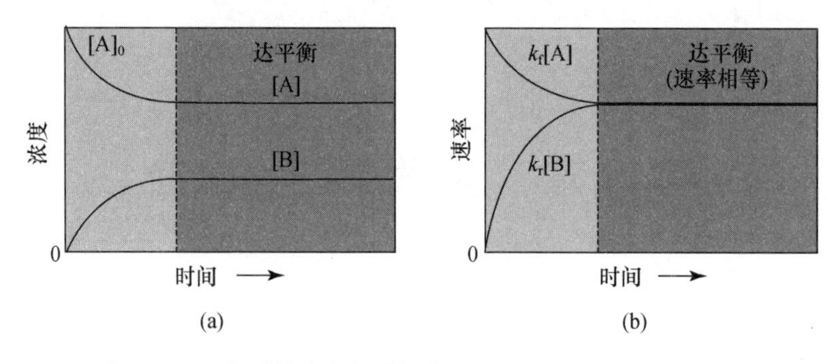

图 4-1　(a) 物质的浓度与时间关系;(b) 反应速率与时间关系

4.2　平衡常数与反应的限度

4.2.1　平衡常数 K

1. 实验平衡常数

平衡常数是表明化学反应限度的特征常数。对于可逆反应:

$$aA + bB \rightleftharpoons cC + dD$$

若反应物和生成物均为气体,且在温度为 T(K)时达到平衡,则

$$\frac{p_C^c \cdot p_D^d}{p_A^a \cdot p_B^b} = K_p \tag{4-1}$$

式中,p 为平衡分压,K_p 为压力平衡常数。

若在溶液中,反应物和生成物在平衡时的浓度分别为[A]、[B]、[C]和[D],则

$$\frac{[C]^c \cdot [D]^d}{[A]^a \cdot [B]^b} = K_c \tag{4-2}$$

式中,K_c 为浓度平衡常数。

K_p、K_c 可由实验测定,称之为实验平衡常数,或称经验平衡常数。

例如,对于反应:$H_2(g) + I_2(g) \rightleftharpoons 2HI(g)$(698.5 K),在不同起始浓度下,各物质的平衡浓度以及平衡常数见表 4-1。

表 4-1　HI(g)生成与分解反应及其平衡(698.5 K)

实验编号	起始浓度/(10^{-3} mol·dm^{-3})			平衡浓度/(10^{-3} mol·dm^{-3})			$K_c=\frac{[HI]^2}{[H_2]\cdot[I_2]}$
	$[H_2]_0$	$[I_2]_0$	$[HI]_0$	$[H_2]$	$[I_2]$	$[HI]$	
1	10.677	11.695	0	1.831	3.129	17.67	54.5
2	11.354	9.044	0	3.560	1.250	15.59	54.6
3	11.357	7.510	0	4.565	0.738	13.54	54.5
4	0	0	4.489	0.479	0.479	3.531	54.4
5	0	0	10.692	1.141	1.141	8.410	54.3

由表 4-1 可以看出，在一定温度下，不管起始浓度是多少，反应达平衡后，其平衡常数 K_c 为定值；通过测定平衡时各组分的浓度(或分压)，代入平衡常数表达式，即可求出实验平衡常数 K。

通常情况下，对于气相反应习惯用压力平衡常数 K_p 来表示。若各种气体都符合理想气体性质，那么 K_p 与 K_c 有如下的关系。

因为 $pV=nRT$，所以

$$p=(n/V)RT=cRT$$

对于反应前后总计量系数相等的反应：

$$K_p = K_c$$

如：

$$H_2(g)+I_2(g) \rightleftharpoons 2HI(g)$$

对于反应前后总计量系数不相等的反应：

$$K_p = K_c(RT)^{\Delta n_g} \tag{4-3}$$

式中，Δn_g 为生成物与反应物气体总计量数之差，R 所用单位由气体分压单位而定。如：

$$N_2(g)+3H_2(g) \rightleftharpoons 2NH_3(g)$$

$$K_p = \frac{p^2(NH_3)}{p^3(H_2)\cdot p(N_2)} = \frac{[NH_3]^2(RT)^2}{[H_2]^3(RT)^3\cdot[N_2]RT} = K_c(RT)^{-2}$$

2. 标准平衡常数

平衡常数除可用实验方法测定外，还可通过热力学方法计算，所得平衡常数称为热力学平衡常数，现称为**标准平衡常数**，简称**平衡常数**，用 $K^\ominus$ 表示。若将已测得的平衡时各组分的浓度或分压，分别除以标准浓度($c^\ominus$)或标准压力($p^\ominus$)，则得到相对浓度或相对压力，再代入平衡常数表达式，即得到标准平衡常数。

【例 4-1】 已知合成氨反应 $N_2(g)+3H_2(g) \rightleftharpoons 2NH_3(g)$ 在 773 K 建立平衡时，各分压依次如下：

平衡压力(10^6 kPa)：4.17　12.52　3.57

计算该反应的实验平衡常数和标准平衡常数。

解　实验平衡常数　$K_p=\dfrac{p^2(NH_3)}{p^3(H_2)\cdot p(N_2)}=1.56\times10^{-15}(\text{kPa})^{-2}$

标准平衡常数　$p^\ominus=100$ kPa

$$K_p^\ominus=\frac{[p(NH_3)/p^\ominus]^2}{[p(H_2)/p^\ominus]^3\cdot[p(N_2)/p^\ominus]}=1.56\times10^{-11}$$

由此可以看出，实验平衡常数有时会出现单位。标准平衡常数量纲为 1，数值上与实验平衡常数往往不同。

下文如果没有特殊说明，平衡常数就是指标准平衡常数，符号一般为 $K^\ominus$，但有时也用 K 来表示。总之，标准平衡常数区别于实验平衡常数的关键是，平衡常数表达式中平衡浓度(或压力)为相对浓度(或相对压力)。另一方面，从热力学数据 $\Delta G_T^\ominus$ 求出的平衡常数均为标准平衡常数(见“4.2.2　平衡常数与 Gibbs 自由能变”)。

3. 书写平衡常数时要注意的事项

(1) 反应方程式的书写不同，平衡常数值不同。

如：273 K 时，反应 $N_2O_4(g) \rightleftharpoons 2NO_2(g)$ 的平衡常数 $K_c^\ominus=0.36$，则

反应　$2NO_2(g) \rightleftharpoons N_2O_4(g)$　　$K_c^\ominus=1/0.36=2.78$

反应 $NO_2(g) \rightleftharpoons 0.5N_2O_4(g)$ $K_c^\ominus=(1/0.36)^{0.5}=1.7$

(2) 纯液体、纯固体参加反应时，其浓度(或分压)可认为是常数，均不写进平衡常数表达式中。

$$Fe_3O_4(s)+4H_2(g) \rightleftharpoons 3Fe(s)+4H_2O(g)$$

$$K_p^\ominus=\frac{[p(H_2O)/p^\ominus]^4}{[p(H_2)/p^\ominus]^4}$$

(3) 平衡常数 K 与温度有关，但与反应物浓度无关。K 还取决于反应物本性。

化学反应的限度与平衡常数 K： K 反映了在给定温度下反应的限度。K 值大，反应容易进行。一般认为，

$K \geqslant 10^{+7}$ 正向自发，反应彻底

$K \leqslant 10^{-7}$ 正向非自发，反应不能进行

$10^{-7} < K < 10^{+7}$ 反应能一定程度进行

对于在通常条件下反应彻底的反应或完全不能进行的反应，一般不需要进一步改变条件来影响反应的进行。而对于 $10^{-7} < K < 10^{+7}$ 的反应，可以通过改变浓度、压力等条件来促进平衡的移动。

提请注意：这里的 $K=10^{+7}$ 或 $K=10^{-7}$ 是针对类似于等号左侧、右侧都是二或三分子物质的反应类型，如 $A+B \rightleftharpoons C+D$，并且假定生成物浓度是反应物浓度的 100 倍(含 100 倍以上)时反应完全为前提的。另外，各种教材上用的数值也有所不同，也有用 $K=10^{+6}$ 或 $K=10^{-6}$ 的。对于其他类型的反应，可以用不同大小的 K 值为判据。对于参与分子较少的反应，如 $A \rightleftharpoons P$，K 值可以更低；而对于参与分子较多的反应，如 $A+B+C \rightleftharpoons E+F+G$，$K$ 值可以更高。很显然，对于不同类型的反应，用 K 值大小进行反应程度的比较也是不确定的。

4.2.2 平衡常数与 Gibbs 自由能变

1. 用热力学数据求算平衡常数 $K^\ominus$

由上一章热力学的内容可知，一个化学反应的 Gibbs 自由能变 $\Delta G<0$ 时，正向反应自发。但随着反应的进行，反应逐渐达到平衡，此时反应的 $\Delta G=0$。反应的平衡常数可由以下关系式求得：

$$\Delta G_T^\ominus = -2.30RT\lg K^\ominus \tag{4-4}$$

式中，$\Delta G_T^\ominus$ 是温度为 T(K)、反应物和生成物的压力均为标准压力(或标准浓度)时的 Gibbs 自由能变。$\Delta G_{298}^\ominus$ 是在标态和 298 K 下反应的 Gibbs 自由能变，可查表由标准 Gibbs 生成自由能 $\Delta G_f^\ominus(298)$ 来计算得到。对于任意温度下的标准 Gibbs 自由能变 $\Delta G_T^\ominus$ 可由公式 $\Delta G_T^\ominus=\Delta H_{298}^\ominus-T\Delta S_{298}^\ominus$ 计算。

【例 4-2】 分别计算在 298 K 和 673 K 时，$N_2(g)+3H_2(g) \rightleftharpoons 2NH_3(g)$ 反应的平衡常数。

解 298 K 时：

$$\begin{aligned}\Delta G_{298}^\ominus &= 2\Delta G_f^\ominus(NH_3(g)) - \Delta G_f^\ominus(N_2(g)) - 3\Delta G_f^\ominus(H_2(g))\\ &= 2\times(-16.4)-0-0=-32.8(\mathrm{kJ\cdot mol^{-1}})\end{aligned}$$

$$\Delta G_{298}^{\ominus} = -2.30RT\lg K_p^{\ominus}$$

$$\lg K_p^{\ominus} = \frac{-\Delta G_{298}^{\ominus}}{2.30RT} = \frac{32.8 \times 10^3}{2.30 \times 8.31 \times 298} = 5.759, \quad K_p^{\ominus} = 5.74 \times 10^5$$

673 K 时：

$$\Delta G_T^{\ominus} = \Delta H_{298}^{\ominus} - T\Delta S_{298}^{\ominus}$$

$$\Delta H_{298}^{\ominus} = 2 \times \Delta H_f^{\ominus}(NH_3) - 0 - 0 = 2 \times (-45.9) = -91.8(\mathrm{kJ \cdot mol^{-1}})$$

$$\Delta S_{298}^{\ominus} = 2 \times S^{\ominus}(NH_3) - S^{\ominus}(N_2) - 3 \times S^{\ominus}(H_2)$$

$$= 2 \times 192.8 - 191.6 - 3 \times 130.7 = -198.1(\mathrm{J \cdot mol^{-1} \cdot K^{-1}})$$

$$\Delta G_{673}^{\ominus} = -91.8 - 673 \times (-198.1) \times 10^{-3} = 41.5(\mathrm{kJ \cdot mol^{-1}})$$

$$\lg K_p^{\ominus} = \frac{-\Delta G_{673}^{\ominus}}{2.30RT} = \frac{-41.5 \times 10^3}{2.30 \times 8.31 \times 673} = -3.228, \quad K_p^{\ominus} = 5.92 \times 10^{-4}$$

2. 起始分压商 Q 的引入

实际情况下，往往反应物与生成物的浓度(或压力)不是标准状态。任意状态下的 Gibbs 自由能变 ΔG_T 可由下式求得：

$$\Delta G_T = \Delta G_T^{\ominus} + 2.30RT\lg Q \tag{4-5}$$

式中，Q 为起始分压商 Q_p，或起始浓度商 Q_c。上式称为 van't Hoff 等温式。如对于反应 $3H_2(g) + N_2(g) \rightleftharpoons 2NH_3(g)$，有

$$Q_p = \frac{[p(NH_3)/p^{\ominus}]^2}{[p(N_2)/p^{\ominus}][p(H_2)/p^{\ominus}]^3}$$

$$K_p^{\ominus} = \frac{[p_{平}(NH_3)/p^{\ominus}]^2}{[p_{平}(N_2)/p^{\ominus}][p_{平}(H_2)/p^{\ominus}]^3}$$

当 $\Delta G_T = 0$ 时，体系处于平衡状态，有

$$\Delta G_T^{\ominus} = -2.30RT\lg K^{\ominus}$$

则

$$\Delta G_T = \Delta G_T^{\ominus} + 2.30RT\lg Q = -2.30RT\lg K^{\ominus} + 2.30RT\lg Q$$

$$\Delta G_T = 2.30RT\lg \frac{Q}{K^{\ominus}} \tag{4-6}$$

3. 化学反应方向的判断

在非标态、指定温度下：

$Q/K^{\ominus} < 1$　$\Delta G_T < 0$，　正向自发

$Q/K^{\ominus} > 1$　$\Delta G_T > 0$，　正向非自发

$Q/K^{\ominus} = 1$　$\Delta G_T = 0$，　处于平衡

合成氨反应中 Q 与 $K^{\ominus}$ 的关系与反应的方向可由图 4-2 示意。

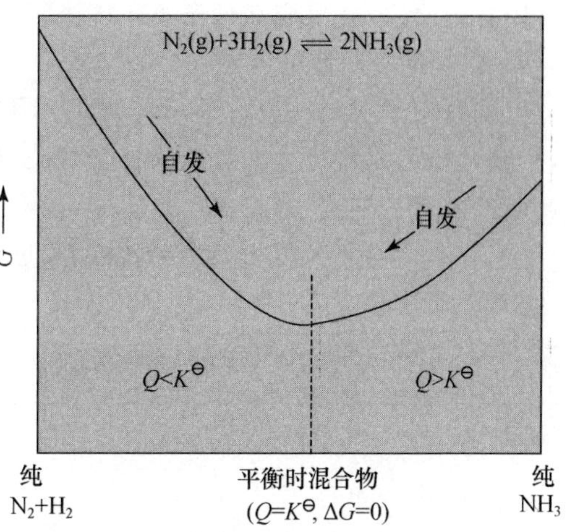

图 4-2　合成氨反应中 Q 与 $K^{\ominus}$ 的关系

【例 4-3】 2000℃时，下列反应的 $K_p^{\ominus} = 9.8 \times 10^{-2}$。

$$N_2(g) + O_2(g) \rightleftharpoons 2NO(g)$$

判断在下列条件下反应进行的方向：

	$p(N_2)$/kPa	$p(O_2)$/kPa	$p(NO)$/kPa
(1)	82.1	82.1	1.00
(2)	5.1	5.1	1.6
(3)	2.0×10^3	5.1×10^3	4.1×10^3

解

(1) $Q_p=\dfrac{[p(NO)/p^\ominus]^2}{[p(N_2)/p^\ominus][p(O_2)/p^\ominus]}=(0.0100)^2/(0.821\times0.821)=1.48\times10^{-4}$

$Q_p/K_p^\ominus=(1.48\times10^{-4})/(9.8\times10^{-2})<1$，　正向自发

(2) $Q_p=9.8\times10^{-2}$，　$Q_p/K_p^\ominus=1$，　反应达平衡

(3) $Q_p=1.6$，　$Q_p/K_p^\ominus=1.6/(9.8\times10^{-2})>1$，　正向非自发

【例 4-4】　由 $MnO_2(s)$和 HCl 制备 $Cl_2(g)$，反应的 $\Delta G_f^\ominus(kJ\cdot mol^{-1})$为

$$\begin{array}{cccccc} MnO_2(s) & +4H^+(aq) & +2Cl^-(aq) \rightleftharpoons & Mn^{2+}(aq) & +Cl_2(g) & +2H_2O(l) \\ -465.1 & 0 & -131.2 & -228.1 & 0 & -237.1 \end{array}$$

问：(1) 标态下、298 K 时，反应能否自发？

(2) 若用 12.0 $mol\cdot dm^{-3}$的 HCl，其他物质仍为标态，298 K 时反应能否自发？

解　(1) $\Delta_r G_m^\ominus=\sum\nu_i\Delta_f G_m^\ominus(\text{生成物})-\sum\nu_i\Delta_f G_m^\ominus(\text{反应物})$

$$\Delta G_{298}^\ominus=[-228.1+2(-237.1)]-[(-465.1)+2(-131.2)]$$

$$=25.2(kJ\cdot mol^{-1})>0,\quad \text{故反应非自发}$$

(2) $Q=\dfrac{([Mn^{2+}]/c^\ominus)\cdot[p(Cl_2)/p^\ominus]}{([H^+]/c^\ominus)^4\cdot([Cl^-]/c^\ominus)^2}=\dfrac{(1.0/1.0)\times(100/100)}{(12.0/1.0)^4\times(12.0/1.0)^2}=3.35\times10^{-7}$

根据 $\Delta G_T=\Delta G_T^\ominus+2.30RT\lg Q$，有

$$\Delta G=25.2+2.30\times8.31\times10^{-3}\times298\times(-6.47)$$

$$=-11.7(kJ\cdot mol^{-1})<0,\quad \text{故反应自发}$$

由此说明，一些反应在标态下不能进行，但在非标态下可以进行。

4. 化学反应限度的判断

上面讨论了对于一般化学反应可以用平衡常数的大小来判断反应进行的程度。一般情况下，平衡常数可以用热力学数据来计算，那么能否直接用标态下的热力学数据来判断非标态下化学反应的限度？根据

$$\Delta G_T=\Delta G_T^\ominus+2.30RT\lg Q$$

在 $\Delta G=0$ 时：　$\Delta G_T^\ominus=-2.30RT\lg K^\ominus$

根据 $K^\ominus$与 $\Delta G_T^\ominus$ 的关系，得到

$\Delta G_T^\ominus\leqslant-40\ kJ\cdot mol^{-1}$，$K^\ominus\geqslant10^{+7}$，	正向反应自发、反应完全
$\Delta G_T^\ominus\geqslant+40\ kJ\cdot mol^{-1}$，$K^\ominus\leqslant10^{-7}$，	正向反应不能进行
$-40\ kJ\cdot mol^{-1}<\Delta G_T^\ominus<+40\ kJ\cdot mol^{-1}$，$10^{-7}<K^\ominus<10^{+7}$，	可通过改变条件来促进反应进行

因此，可以用标态下的 $\Delta G_T^\ominus$ 来大致判断一般化学反应的反应程度。

【例 4-5】 某反应 $A(s) \rightleftharpoons B(g)+C(s)$ 的 $\Delta G_{298}^\ominus=40.0\ kJ\cdot mol^{-1}$。

(1) 计算该反应在 298 K 下的 $K_p^\ominus$；

(2) 当 B 的分压降为 1.00×10^{-3} kPa 时，正向反应能否自发进行？

解　(1)　$\Delta G_T^\ominus=-2.30RT\lg K^\ominus$

$$\lg K_p^\ominus=-\Delta G_{298}^\ominus/2.30RT$$

$$=-40.0/(2.30\times8.31\times10^{-3}\times298)=-7.023$$

$$K_p^\ominus=9.48\times10^{-8}\approx1.00\times10^{-7}$$

$K^\ominus$ 值很小，在标态下该反应正向非自发。

(2)　$Q_p=p_B/p^\ominus=(1.00\times10^{-3})/100=1.00\times10^{-5}$

$$\Delta G_T=2.30RT\lg\frac{Q}{K^\ominus}$$

$$\Delta G_{298}=2.30\times8.31\times10^{-3}\times298\times\lg[1.00\times10^{-5}/(9.48\times10^{-8})]$$

$=11.5\ kJ\cdot mol^{-1}>0$，故反应非自发

Q 改变 5 个数量级，仍不能改变反应的方向。

由此说明，用标准状态下的数据来判断非标态下的反应时，$\Delta G_T=\Delta G_T^\ominus+2.30RT\lg Q$。当 $\Delta G_T^\ominus>40\ kJ\cdot mol^{-1}$ 或 $\Delta G_T^\ominus<-40\ kJ\cdot mol^{-1}$ 时，主要由 $\Delta G_T^\ominus$ 来决定。Q 项的变化相对于 $\Delta G_T^\ominus$ 来说较小，可忽略。

就是说，对于一个化学反应，如果其在标准状态下的 Gibbs 自由能变 $\Delta G_T^\ominus>40\ kJ\cdot mol^{-1}$ 时，一般情况下，改变反应条件（指在工业生产或实验室中实际可以达到的条件）也不能使反应正向自发进行；反之，如果其 $\Delta G_T^\ominus<-40\ kJ\cdot mol^{-1}$ 时，该反应正向自发且反应比较完全。对于 $\Delta G_T^\ominus$ 在 $-40\sim+40\ kJ\cdot mol^{-1}$ 时，则可以通过改变浓度、压力等外部条件，促使反应向希望的方向进行。

4.2.3　多重平衡

在一个平衡体系中，有若干个平衡同时存在时，一种物质可同时参与几个平衡，这种现象称多重平衡。如在 700℃时，

(1)　$SO_2(g)+0.5O_2(g) \rightleftharpoons SO_3(g)$　　$\Delta G_1^\ominus=-RT\ln K_1^\ominus$

(2)　$NO_2(g) \rightleftharpoons NO(g)+0.5O_2(g)$　　$\Delta G_2^\ominus=-RT\ln K_2^\ominus$

(3)　$SO_2(g)+NO_2(g) \rightleftharpoons SO_3(g)+NO(g)$　　$\Delta G_3^\ominus=-RT\ln K_3^\ominus$

因为，反应(3)=反应(1)+反应(2)，且 ΔG 是状态函数，具加和性，则

$$\Delta G_3^\ominus=\Delta G_1^\ominus+\Delta G_2^\ominus$$

$$-RT\ln K_3^\ominus=-RT\ln K_1^\ominus-RT\ln K_2^\ominus$$

$$\ln K_3^\ominus=\ln K_1^\ominus+\ln K_2^\ominus$$

$$K_3^\ominus=K_1^\ominus\cdot K_2^\ominus$$

上式说明，若干反应方程式相加（减）所得到的反应的平衡常数，为这些反应的平衡常数之积（商）。

【例 4-6】 已知(1) $CO_2(g)+H_2(g) \rightleftharpoons CO(g)+H_2O(g)$ $K_{p_1}^{\ominus}=0.14(823\ K)$

(2) $CoO(s)+H_2(g) \rightleftharpoons Co(s)+H_2O(g)$ $K_{p_2}^{\ominus}=67(823\ K)$

试求在 823 K 时，反应(3) $CoO(s)+CO(g) \rightleftharpoons Co(s)+CO_2(g)$的平衡常数 $K_{p_3}^{\ominus}$。

解 反应(3)=反应(2)−反应(1)，故

$$K_{p_3}^{\ominus}=K_{p_2}^{\ominus}/K_{p_1}^{\ominus}=\frac{p(H_2O)/p(H_2)}{p(CO)\cdot p(H_2O)/[p(H_2)\cdot p(CO_2)]}=\frac{p(CO_2)}{p(CO)}$$

$$=67/0.14=4.8\times10^2 \quad (823\ K)$$

因为 $K_{p_3}^{\ominus}>K_{p_2}^{\ominus}$，所以用 CO 作还原剂更易发生 CoO 的还原反应。

4.3 化学平衡的移动

由于外界条件改变，体系从一个平衡状态变化到另一个平衡状态的过程，称为化学平衡的移动。影响化学平衡的外界条件有浓度、压力和温度。

4.3.1 浓度对化学平衡的影响

在一定温度下，任意一个化学反应达平衡时，都有 $\Delta G_T=0$，即

$$\Delta G_T=\Delta G_T^{\ominus}+2.30RT\lg Q=0, \quad 且\ \Delta G_T^{\ominus}=-2.30RT\lg K^{\ominus}$$

若改变反应物或生成物的浓度，即改变 Q 的数值，则破坏了原来的平衡，将引起平衡的移动。

【例 4-7】 对于反应 $H_2(g)+I_2(g) \rightleftharpoons 2HI(g)$，在 713 K 时，$K_p^{\ominus}=K_c^{\ominus}=50.3$。如果改变反应物 $H_2(g)$、$I_2(g)$或生成物 $HI(g)$的浓度，讨论平衡的移动情况以及转化率的变化。

解

$$Q_c=\frac{([HI]/c^{\ominus})^2}{([H_2]/c^{\ominus})\cdot([I_2]/c^{\ominus})}=\frac{[HI]^2}{[H_2][I_2]}$$

$$\Delta G_T=\Delta G_T^{\ominus}+2.30RT\lg Q, \quad \Delta G_T^{\ominus}=-2.30RT\lg K^{\ominus}$$

Q 的变化、Q 与 $K^{\ominus}$的比较以及反应平衡移动情况见表 4-2。

表 4-2 H_2 和 I_2 化合的反应商 Q 和反应的方向

状 态	起始浓度/($mol\cdot dm^{-3}$)			Q	Q 与 $K^{\ominus}$	自发反应方向	转化率/(%)*	
	$[H_2]_0$	$[I_2]_0$	$[HI]_0$				H_2	I_2
(1)	1.00	1.00	1.00	1.00	$Q<K^{\ominus}$	正向	67	67
(2)	1.00	1.00	0.001	1.0×10^{-6}	$Q<K^{\ominus}$	正向	78	78
(3)	0.22	0.22	1.56	50.3	$Q=K^{\ominus}$	平衡	0	0
(4)	0.22	0.22	2.56	135	$Q>K^{\ominus}$	逆向		
(5)	1.22	0.22	1.56	9.07	$Q<K^{\ominus}$	正向	13	73

* 转化率 α=(反应掉的量/起始量)×100%

由表 4-2 中数据可知：

(1) $Q/K^{\ominus}$的比值，决定反应进行的方向：$Q<K^{\ominus}$时，平衡向右移动，反应正向自发；$Q>K^{\ominus}$

时，平衡向左移动，反应逆向自发。

(2) Q 与 $K^{\ominus}$ 的差距，预示了平衡移动的多少，差距越大，平衡移动越大。

(3) 增加一种反应物的浓度，可提高另一种反应物的转化率。

(4) 标态下，$Q=1$，但 $K^{\ominus}$ 不一定等于 1。

4.3.2　压力对化学平衡的影响

压力变化对于固态和液态物质的体积影响较小，因此在没有气态物质参加的反应中，压力对于化学平衡的影响可忽略(表 4-3)。但对有气体参加的反应，压力的影响分为两种情况：一是改变各气体组分的分压时，对化学平衡的影响与改变各组分的浓度对化学平衡的影响是相同的；二是改变体系的总压力时，对不同反应的影响不同。增大体系的总压力，平衡向气体计量系数减小的方向移动；对于反应前后气体计量系数相同的体系，总压力变化对于平衡没有影响(表 4-3)。例如，压力对反应 $H_2(g)+I_2(g) \rightleftharpoons 2HI(g)$ 的平衡无影响。对于反应如 $N_2O_4(g) \rightleftharpoons 2NO_2(g)$，增加压力，平衡向气体计量系数减小的方向即左侧移动。

表 4-3　体系总压力变化对于化学平衡的影响

物质的状态及其反应前后量的变化		压力的影响
固相		可忽略
液相		可忽略
气相	反应前后计量系数相同	无
	反应前后计量系数不相同	有

【例 4-8】　已知在 325 K 与 100 kPa 时，$N_2O_4(g) \rightleftharpoons 2NO_2(g)$ 反应中 N_2O_4 的摩尔分解率为 50.2%。若保持温度不变，压力增加到 1000 kPa 时，N_2O_4 的摩尔分解率为多少？

解　设有 1 mol N_2O_4，它的分解率为 α，则

	$N_2O_4(g)$	$\rightleftharpoons$	$2NO_2(g)$
起始	1.0		0
平衡	$1.0-\alpha$		2α

平衡时 $n_{总}=(1.0-\alpha)+2\alpha=1+\alpha$。设平衡时总压力为 p，那么

$$p(N_2O_4) = p \times \frac{1-\alpha}{1+\alpha}, \quad p(NO_2) = p \times \frac{2\alpha}{1+\alpha}$$

$$K_p^{\ominus} = \frac{p^2(NO_2)/(p^{\ominus})^2}{p(N_2O_4)/p^{\ominus}} = \frac{p^2 \cdot \left(\frac{2\alpha}{1+\alpha}\right)^2 \Big/ p^{\ominus}}{p \cdot \frac{1-\alpha}{1+\alpha}} = \frac{p}{p^{\ominus}} \cdot \frac{4\alpha^2}{(1-\alpha)(1+\alpha)} = \frac{p}{p^{\ominus}} \cdot \frac{4\alpha^2}{1-\alpha^2}$$

当 $p=100$ kPa 时，$p/p^{\ominus}=1.00$，$\alpha=0.502$，　$\Rightarrow$　$K_p^{\ominus}=1.35$

$p=1000$ kPa 时，$p/p^{\ominus}=10.00$，$K_p^{\ominus}=1.35$，　$\Rightarrow$　$\alpha=0.181<0.502$

即增大压力时，平衡向左移动，使分解率降低。

4.3.3 温度对化学平衡的影响

浓度和压力变化时，平衡常数 K 值不变；但温度变化时，K 值会改变。

$$\Delta G_T^{\ominus} = -2.30RT\lg K^{\ominus}$$

$$\lg K_p^{\ominus} = -\frac{\Delta G_T^{\ominus}}{2.30RT}$$

将 $\Delta G_T^{\ominus}=\Delta H^{\ominus}-T\Delta S^{\ominus}$代入得

$$\lg K_p^{\ominus} = -\frac{\Delta H^{\ominus}-T\Delta S^{\ominus}}{2.30RT} = -\frac{\Delta H^{\ominus}}{2.30RT}+\frac{\Delta S^{\ominus}}{2.30R}$$

设 T_1 时的平衡常数为 $K_{p_1}^{\ominus}$，T_2 时的平衡常数为 $K_{p_2}^{\ominus}$，则

$$\lg K_{p_1}^{\ominus} = -\frac{\Delta H^{\ominus}}{2.30RT_1}+\frac{\Delta S^{\ominus}}{2.30R},\quad \lg K_{p_2}^{\ominus} = -\frac{\Delta H^{\ominus}}{2.30RT_2}+\frac{\Delta S^{\ominus}}{2.30R}$$

两式相减，得

$$\lg K_{p_2}^{\ominus}-\lg K_{p_1}^{\ominus} = \frac{\Delta H^{\ominus}}{2.30R}\left(\frac{1}{T_1}-\frac{1}{T_2}\right)$$

或

$$\lg\frac{K_{p_2}^{\ominus}}{K_{p_1}^{\ominus}} = \frac{\Delta H^{\ominus}}{2.30R}\left(\frac{T_2-T_1}{T_1\times T_2}\right) \tag{4-7}$$

上式称为 van't Hoff 方程式。

对 van't Hoff 方程式的讨论：

(1) 当 $\Delta H^{\ominus}<0$(放热反应)时，$T\uparrow(T_2>T_1)$，$K_{p_2}^{\ominus}<K_{p_1}^{\ominus}$；

(2) 当 $\Delta H^{\ominus}>0$(吸热反应)时，$T\uparrow(T_2>T_1)$，$K_{p_2}^{\ominus}>K_{p_1}^{\ominus}$。

即：升高温度，平衡向吸热方向移动；降低温度，平衡向放热方向移动。

van't Hoff 方程式的应用：

(1) 已知 $\Delta H^{\ominus}$时，从 T_1、$K_{p_1}^{\ominus}$ 求 T_2 时的 $K_{p_2}^{\ominus}$；

(2) 当已知不同温度下的 $K_p^{\ominus}$ 值时，求 $\Delta H^{\ominus}$。

4.3.4 van't Hoff-Le Châtelier 原理

由以上讨论的浓度、压力、温度对于化学平衡的影响可知：当增加反应物浓度，平衡向生成物方向移动；增加生成物浓度，平衡向反应物方向移动；增加体系总压力，平衡向气体计量系数减小方向移动；升高温度，平衡向吸热方向移动。用一句话来归纳：**改变平衡体系的外界条件时，平衡向着削弱这一改变的方向移动。**这个规律由 van't Hoff 和勒夏特列(Le Châtelier)总结，因此称为 van't Hoff-Le Châtelier 原理，也称为化学平衡移动原理。

小　结

平衡常数是表征反应进行程度的特征常数。本章首先介绍了实验平衡常数 K，然后重点介绍了标准平衡常数 $K^{\ominus}$。对于纯气相反应体系，有压力平衡常数 K_p 或浓度平衡常数 K_c；而对于含有气体、液体和固相的多相体系，K 为综合平衡常数，其中的纯液体和固体不写入平衡常数表达式中。平衡常数的大小取决于反应的本质和温度，而与物质的起始浓度(压力)无关。重点内

容如下：

1. K 与 Q 表达式的异同

对于可逆反应 $aA+bB \rightleftharpoons cC+dD$，假如反应物和生成物均为气体时，反应的标准压力平衡常数 $K_p^{\ominus}$ 和起始分压商 Q_p 分别为

$$K_p^{\ominus}=\frac{(p_C/p^{\ominus})^c\cdot(p_D/p^{\ominus})^d}{(p_A/p^{\ominus})^a\cdot(p_B/p^{\ominus})^b}$$

$$Q_p=\frac{(p_C/p^{\ominus})_0^c\cdot(p_D/p^{\ominus})_0^d}{(p_A/p^{\ominus})_0^a\cdot(p_B/p^{\ominus})_0^b}$$

其中，$K_p^{\ominus}$ 表达式中是平衡状态时的相对分压；而 Q_p 表达式中是反应起始状态时的相对分压，用右下角标 0 来表示起始状态；$p^{\ominus}$ 为标准压力。

2. K 的计算

(1) 实验法：通过测量处于平衡状态时的各物质的平衡浓度或平衡分压力，可以计算得到实验平衡常数以及标准平衡常数。

(2) 热力学计算：通过以下关系式求得标准平衡常数。

$$\lg K_p^{\ominus}=-\frac{\Delta G_T^{\ominus}}{2.30RT},\quad \lg\frac{K_{p_2}^{\ominus}}{K_{p_1}^{\ominus}}=\frac{\Delta H^{\ominus}}{2.30R}\left(\frac{T_2-T_1}{T_1\times T_2}\right)$$

(3) 多重平衡中 K 的计算：利用热化学定律(Hess 定律)一样的方法，来计算 K。

3. K 的应用

(1) 反应限度的判断(见表 4-4)；

(2) 物质浓度或分压的计算。

综合上一章和本章的内容，对于化学反应进行方向以及反应限度的判据汇总于表 4-4 中。

表 4-4　化学反应进行方向以及限度的判据

<table>
<tr><td>ΔG_T</td><td><0
$=0$
>0</td><td>正向自发
平衡
正向非自发</td></tr>
<tr><td colspan="3">特例：(1) $\Delta G_{298}^{\ominus}$：标态、298 K 时，查表由 $\Delta G_f^{\ominus}(298)$ 计算；
(2) $\Delta G_T^{\ominus}$：标态、任意指定温度下，由公式 $\Delta G_T^{\ominus}=\Delta H_{298}^{\ominus}-T\Delta S_{298}^{\ominus}$ 计算。</td></tr>
<tr><td>$Q/K^{\ominus}$</td><td><1，　$Q<K^{\ominus}$
$=1$，　$Q=K^{\ominus}$
>1，　$Q>K^{\ominus}$</td><td>正向自发
平衡
正向非自发</td></tr>
<tr><td>$\Delta G_T^{\ominus}$</td><td>$\leqslant -40\ kJ\cdot mol^{-1}$
$\geqslant +40\ kJ\cdot mol^{-1}$
二者之间</td><td>正向自发，标态下反应完全
正向非自发
用 ΔG_T 或 $Q/K^{\ominus}$ 判断</td></tr>
<tr><td rowspan="2">$K^{\ominus}$</td><td>>1，　$\Delta G_T^{\ominus}<0$
$=1$，　$\Delta G_T^{\ominus}=0$
<1，　$\Delta G_T^{\ominus}>0$</td><td>标态下正向自发
标态下处于平衡
标态下正向非自发</td></tr>
<tr><td>$\geqslant 10^{+7}$
$\leqslant 10^{-7}$
二者之间</td><td>正向自发，标态下反应完全
正向非自发
用 ΔG_T 或 $Q/K^{\ominus}$ 判断</td></tr>
</table>

思 考 题

1. 平衡浓度是否随时间变化？是否随起始浓度变化？是否随温度变化？

2. 平衡常数是否随起始浓度变化？转化率是否随起始浓度变化？

3. 气固两相平衡体系的平衡常数与固相存在量是否有关？

4. K 变了，平衡位置是否移动？平衡位置移动了，K 是否改变？

5. 反应 $2NO(g)+O_2(g) \rightleftharpoons 2NO_2(g)$在某一温度下达平衡，下列哪一种说法是正确的？

(1) $NO(g)$、$O_2(g)$、$NO_2(g)$浓度相等；

(2) $NO(g)$、$O_2(g)$不再发生反应；

(3) 2 mol $NO(g)$和 1 mol $O_2(g)$发生反应，生成 2 mol $NO_2(g)$；

(4) 正向反应速率等于逆向反应速率。

6. 对反应 $CH_4(g)+2O_2(g) \rightleftharpoons CO_2(g)+2H_2O(l)$，指出下列说法或表示法的错误，并予以改正。

(1) $K_c^\ominus=\dfrac{[CO_2][H_2O]^2}{[CH_4][O_2]^2}$；

(2) $K_c=K_p(RT)^{-2}$；

(3) 若增加 $O_2(g)$浓度，反应的 $K_c^\ominus$ 增大；

(4) 反应达平衡时，反应物的浓度与生成物的浓度相等。

7. 反应 $NO_2(g) \rightleftharpoons NO(g)+\frac{1}{2}O_2(g)$的 $K_p=a$，则反应 $2NO_2(g) \rightleftharpoons 2NO(g)+O_2(g)$的 K'_p应为________。

(a) a　　(b) $1/a$　　(c) a^2　　(d) $a^{\frac{1}{2}}$

8. 反应 $H_2(g)+I_2(g) \rightleftharpoons 2HI(g)$，$\Delta H^\ominus>0$，达平衡后进行下述变化，对指明的物质有何影响？

(1) 加入一定量的 $I_2(g)$，会使 $I_2(g)$的转化率________，$HI(g)$的量________；

(2) 增大反应器体积，$H_2(g)$的量________；

(3) 减小反应器体积，$HI(g)$的量________；

(4) 提高温度，K_p ________，$HI(g)$的分压________。

9. 如果降低反应温度或增加压力，下列化学平衡如何移动？

(1) $2SO_2(g)+O_2(g) \rightleftharpoons 2SO_3(g)$　　$\Delta H^\ominus>0$

(2) $NH_4Cl(s) \rightleftharpoons NH_3(g)+HCl(g)$　　$\Delta H^\ominus>0$

(3) $CuO(s)+H_2(g) \rightleftharpoons Cu(s)+H_2O(g)$　　$\Delta H^\ominus<0$

10. 说明下述各概念之间的关系：

(1) 平衡常数与反应物的起始浓度；

(2) 转化率与反应物的起始浓度；

(3) 正、逆反应平衡常数；

(4) $\Delta G_T^\ominus$ 与 ΔG_T；

(5) 实验平衡常数与标准平衡常数。

习 题

4.1 写出下列反应的 $K_p^\ominus$ 和 K_p 表达式及它们之间的关系：

(1) $N_2O_4(g) \rightleftharpoons 2NO_2(g)$　　(2) $FeO(s)+CO(g) \rightleftharpoons Fe(s)+CO_2(g)$

(3) $Al_2O_3(s)+3H_2(g) \rightleftharpoons 2Al(s)+3H_2O(g)$　　(4) $Ag_2CO_3(s) \rightleftharpoons Ag_2O(s)+CO_2(g)$

4.2　反应 $N_2(g)+3H_2(g) \rightleftharpoons 2NH_3(g)$在 400℃时 $K_c=0.507(mol \cdot dm^{-3})^{-2}$。计算该温度下以下两个反应的 K_p 和 K_c：

(1) $2NH_3(g) \rightleftharpoons N_2(g)+3H_2(g)$　　(2) $\frac{1}{2}N_2(g)+\frac{3}{2}H_2(g) \rightleftharpoons NH_3(g)$

4.3　在 1120℃时，

(1) $CO_2(g)+H_2(g) \rightleftharpoons CO(g)+H_2O(g)$　　$K_p^\ominus=2.0$

(2) $2CO_2(g) \rightleftharpoons 2CO(g)+O_2(g)$　　$K_p^\ominus=1.4\times10^{-12}$

计算在该温度下 $H_2(g)+\frac{1}{2}O_2(g) \rightleftharpoons H_2O(g)$的 $K_p^\ominus$。

4.4　在某温度时，反应：

(1) $SO_2(g)+\frac{1}{2}O_2(g) \rightleftharpoons SO_3(g)$　　$K_p^\ominus=2.0$

(2) $2NO(g)+O_2(g) \rightleftharpoons 2NO_2(g)$　　$K_p^\ominus=6.94\times10^3$

计算该温度下反应 $SO_2(g)+NO_2(g) \rightleftharpoons SO_3(g)+NO(g)$的 $K_p^\ominus$。

4.5　在 250℃下，PCl_5 按下式分解：

$$PCl_5(g) \rightleftharpoons PCl_3(g)+Cl_2(g)$$

将 5.40 g PCl_5 置于 2.00 dm^3 密闭容器中，反应达平衡时，总压力为 101 kPa。

(1) 计算 250℃时的平衡常数 $K_p^\ominus$；　　(2) 计算 PCl_5 的转化率。

4.6　反应 $CO_2(g)+H_2(g) \rightleftharpoons CO(g)+H_2O(g)$在 850℃达平衡时，90%的 H_2 变成水汽，此温度下的 $K_p^\ominus=1.0$。问反应开始时，CO_2 和 H_2 是按什么比例混合的？

4.7　NO 和 O_2 在一密闭容器内反应，700℃达平衡时，12.0%的 NO 转化为 NO_2。已知反应开始时 NO 和 O_2 的分压分别为 101.3 kPa 和 607.8 kPa，计算反应 $NO(g)+\frac{1}{2}O_2(g) \rightleftharpoons NO_2(g)$：

(1) 平衡时各组分气体的分压；　　(2) 700℃时的 $K_p^\ominus$ 和 K_p。

4.8　将 H_2 与 N_2 按 3∶1 的比例混合置于一容器内反应，400℃及 1.00×10^3 kPa 下达平衡，测得混合气体中含 NH_3 为 3.85%(体积分数)。计算：

(1) 反应的 $K_p^\ominus$；

(2) 在此温度下欲得到 10.0%的 NH_3，所需压力；

(3) 当总压力增至 1.00×10^4 kPa 时，混合气体中 NH_3 的体积分数。

4.9　25℃下，$H_2(g)+I_2(g) \rightleftharpoons 2HI(g)$，$K_p^\ominus=8.9\times10^2$。计算：

(1) 反应的 $\Delta G_{298}^\ominus$；

(2) 当 $p(H_2)=p(I_2)=0.10$ kPa，$p(HI)=0.010$ kPa 时的 ΔG_{298}，并判断反应进行的方向。

4.10　$CO_2(g)+C(石) \rightleftharpoons 2CO(g)$在某温度及 4.0×10^3 kPa 达平衡，此时 CO_2 的摩尔分数为 0.15。计算：

(1) 温度不变，总压力为 3.0×10^3 kPa 时达平衡，CO_2 的摩尔分数；

(2) 温度不变，若使 CO_2 的摩尔分数为 0.20 时的总压力。

4.11　$CO_2(g)+H_2(g) \rightleftharpoons CO(g)+H_2O(g)$，$K_p^\ominus=0.380$。$CO_2(g)$和 $H_2(g)$的起始分压分别为 1.01×10^2 kPa 和 4.05×10^2 kPa，计算：

(1) 各组分的平衡分压；　　(2) CO_2 的转化率。

4.12 $NO(g)+\frac{1}{2}O_2(g) \rightleftharpoons NO_2(g)$，$K_c=1.50(mol\cdot dm^{-3})^{-\frac{1}{2}}$。NO的起始浓度为0.50 mol·dm^{-3}，达平衡时有40%的NO转化成NO_2，计算O_2的起始浓度。

4.13 在3.00 dm^{3}容器中，装入等摩尔的PCl_3和Cl_2，在250℃达平衡时，PCl_5的分压为101.3 kPa，$K_p^\ominus=1.78$。计算：

(1) 起始装入容器中的PCl_3和Cl_2的量(摩尔)；　　(2) PCl_3的转化率。

4.14 反应$C(石)+CO_2(g) \rightleftharpoons 2CO(g)$在1227℃的$K_p^\ominus=2.10\times10^3$，1000℃的$K_p^\ominus=1.60\times10^2$，问：

(1) 反应是放热还是吸热？　　(2) 反应的$\Delta H^\ominus$是多少？

(3) 1227℃时$\Delta G^\ominus$是多少？　　(4) 反应的$\Delta S^\ominus$是多少？

4.15 胆矾($CuSO_4\cdot5H_2O$)在空气中的风化反应为：

$$CuSO_4\cdot5H_2O(s) \rightleftharpoons CuSO_4(s)+5H_2O(g)$$

(1) 计算298 K时反应的$\Delta G^\ominus$及$K_p^\ominus$；

(2) 若空气的相对湿度为50%，298 K时胆矾能否风化？欲使胆矾风化，空气的相对湿度应低于多少？

4.16 将等摩尔的PCl_3和$Cl_2(g)$于250℃时在一密闭容器中混合，气体的初始分压均为236 kPa，达平衡后测其总压力为371 kPa。试计算：

(1) 反应达平衡时各物质的分压；

(2) 反应的平衡常数；

(3) $PCl_5(g)$在250℃时分解反应的$\Delta G^\ominus$。

4.17 根据298 K的标准热力学数据，计算下列相变反应：

$$Br_2(l) \rightleftharpoons Br_2(g)$$

(1) 298 K达平衡时$Br_2(g)$的分压；

(2) 相变反应的温度；

(3) 300 K及400 K时，相变反应的方向。

4.18 对相变反应$C_6H_6(l) \rightleftharpoons C_6H_6(g)$，根据标准热力学数据计算：

(1) 298 K时，苯的饱和蒸气压；

(2) 苯的正常沸点；

(3) 400 K时，苯的饱和蒸气压；

(4) 298 K，$p(C_6H_6)=4.55$ kPa时，相变反应能否自发进行。

第 5 章　酸碱电离平衡

本章要求

1. 了解酸碱的不同定义，重点掌握酸碱质子理论
2. 掌握水溶液 pH 的计算
3. 掌握缓冲溶液原理与 pH 的维持
4. 了解通过改变 pH 求 S^{2-} 等离子浓度的方法

生物体内活细胞的生长需要一定的 pH，体内 pH 环境的任何改变都将引起与代谢有关的酸碱电离平衡的移动，从而影响生物活性。因此，酸碱电离平衡机制对生物化学反应是至关重要的。不同植物有其适宜生长的 pH，人体的各种体液也有其适宜的 pH。

表 5-1　植物生长及人体体液的适宜 pH(25℃)

植　物	pH	体　液	pH	体　液	pH
水稻	6～7	血清	7.35～7.45	大肠液	8.3～8.4
小麦	5.5～6.5	成人胃液	1.0～3.0	乳	6.6～7.6
棉花	6～8	唾液	6.5～7.5	泪	～7.4
土豆	5.6～6.0	胰液	7.5～8.0	粪	4.6～8.4
西红柿	4.0～4.4	小肠液	～7.6	尿	4.8～8.4
玉米	6.0～6.5	脑脊液	7.3～7.5	十二指肠	4.8～8.2

本章将从酸碱的概念出发，尤其是用酸碱质子理论，讨论水、酸和碱的电离平衡及其影响因素，以及如何利用酸碱平衡来调节和控制溶液的酸碱度。

什么是酸？什么是碱？下面的酸碱定义，包含了 Arrhenius 电离理论、酸碱质子理论和 Lewis 酸碱电子理论。

	举　例	理由(定义)
酸	HCl、H_2SO_4、HNO_3 等	直接电离出 H^+
	NH_4^+、Fe^{3+} 等	水解出 H^+
	BF_3、$HCCl_3$ 等	化合物中的 B 或 C 原子为电子接受体
碱	$NaOH$、$Ca(OH)_2$ 等	直接电离出 OH^-
	NH_3、Na_2CO_3 等	水解出 OH^-(接受 H^+)
	CH_3COCH_3、$CH_3CH_2OCH_2CH_3$ 等	化合物中的 O 原子为电子给予体

5.1 酸碱质子理论

5.1.1 酸碱的定义

1. Arrhenius 电离理论(水溶液)

Arrhenius 电离理论指出,能电离产生 H^+ 的物质为酸,能电离产生 OH^- 的物质为碱。如:$HCl \rightarrow H^+$,酸中必含 H^+;$NaOH \rightarrow OH^-$,碱中必含 OH^-。

该理论存在两点局限性:① 仅限于水溶液,无法解释非水体系;② 范围窄:不能解释 NH_4^+、$[Al(H_2O)_6]^{3+}$、苯胺、Na_2CO_3、Ac^- 等的酸碱性。

2. 酸碱质子理论(Brønsted-Lowry 质子理论)

酸碱质子理论认为,能给出 H^+ 的物质为酸(质子给予体),能与 H^+ 结合的物质为碱(质子接受体)。根据这个定义,除了 Arrhenius 电离理论认为的酸碱外,还包括 NH_4^+、$[Al(H_2O)_6]^{3+}$、苯胺、Na_2CO_3、Ac^- 等酸碱;且酸与碱之间存在共轭关系。如:

$$NH_4^+ \rightleftharpoons NH_3 + H^+$$

$$[Al(H_2O)_6]^{3+} \rightleftharpoons [Al(H_2O)_5(OH)]^{2+} + H^+$$

$$HCO_3^- \rightleftharpoons CO_3^{2-} + H^+$$

即

$$\text{酸} \rightleftharpoons \text{碱} + H^+$$

3. Lewis 酸碱电子理论

Lewis 酸碱电子理论认为,电子接受体为酸,如 H^+、BF_3、Fe^{3+} 等金属离子,以及 CH_3CN、$HCCl_3$ 等;电子给予体为碱,如 OH^-、NH_3、CO_3^{2-},以及 CH_3COCH_3、$CH_3CH_2OCH_2CH_3$ 等。Lewis 酸碱包括所有上述 Arrhenius 电离理论和酸碱质子理论所定义的酸碱,另外还包括很多新的分子型酸碱,其范围最宽广。这部分内容将在第 11 章“配位化合物”中详细讲解。

5.1.2 酸碱电离平衡和质子理论

酸碱质子理论认为,酸与碱都不能孤立存在,是相互依存的。这种相互依存的关系称为共轭关系。酸失去质子转化为其共轭碱,碱得到质子转化为其共轭酸。HCl-Cl^-、NH_4^+-NH_3、$[Al(H_2O)_6]^{3+}$-$[Al(H_2O)_5(OH)]^{2+}$、$H_2PO_4^-$-HPO_4^{2-} 等为共轭酸碱对。

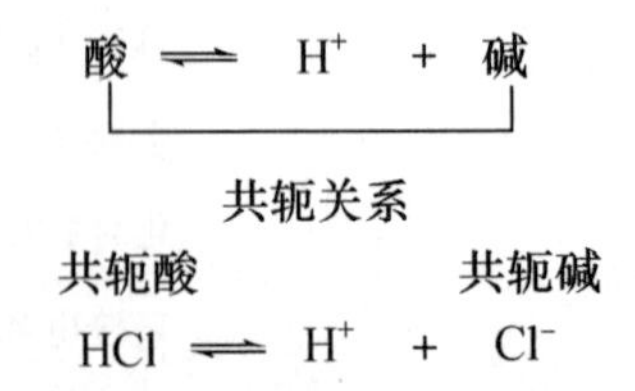

溶液中酸碱反应的实质是共轭酸碱对之间的质子传递过程。若酸给出质子的能力越强,则其共轭碱接受质子的能力就越弱,反之亦然。H_2O 既可以是酸,也可以是碱,是两性物。

酸在水中的电离(酸碱必须同时存在)：

$$\overset{H^+}{\overbrace{HCl + H_2O}} \longrightarrow H_3O^+ + Cl^- \quad \text{(全部电离)}$$

酸 1　碱 2　酸 2　碱 1

$$\overset{H^+}{\overbrace{NH_4^+ + H_2O}} \rightleftharpoons \overset{H^+}{\overbrace{H_3O^+ + NH_3}} \quad \text{(可逆电离)}$$

酸 1　碱 2　酸 2　碱 1

碱在水中的电离(酸碱必须同时存在)：

$$\overset{H^+}{\overbrace{Ac^- + H_2O}} \rightleftharpoons HAc + OH^- \quad \text{(可逆电离)}$$

碱 1　酸 2　酸 1　碱 2

酸碱反应规律及其特点：“有酸才有碱，有碱才有酸，酸中有碱，碱可变酸”(酸碱的相互依存和转化规律)。

5.1.3　酸碱的强弱

酸碱的强弱取决于酸碱本身释放质子和接受质子的能力，以及溶剂接受和释放质子的能力。例如，HAc 在水中为弱酸，但在液氨中为强酸！酸的强弱用 $K_a^\ominus$(电离平衡常数)来表征。$K_a^\ominus$ 可由热力学数据求算。$K_a^\ominus$ 量纲为 1，常简写为 K_a，简称为酸常数。

【例 5-1】　求醋酸在水中的电离平衡常数。

解　$HAc(aq) + H_2O(l) \rightleftharpoons H_3O^+(aq) + Ac^-(aq)$

$\Delta G_f^\ominus(kJ \cdot mol^{-1})$　-396.6　-237.1　-237.1　-369.4

求得　$\Delta G_{298}^\ominus = 27.2\ kJ \cdot mol^{-1}$

$$\lg K_a^\ominus = -\frac{\Delta G_{298}^\ominus}{2.303RT} = -\frac{27.2 \times 10^3}{2.303 \times 8.315 \times 298.15} = -4.765$$

$$K_a^\ominus = \frac{[H_3O^+][Ac^-]}{[HAc]} = 1.72 \times 10^{-5}$$

根据　$H_2O(l) + H_2O(l) \rightleftharpoons H_3O^+(aq) + OH^-(aq) \quad K^\ominus = 1.0 \times 10^{-14}$

可知，水溶液中最强酸为 H_3O^+，最强碱为 OH^-。因为像 HCl、HNO_3 等强酸在水中能全部电离，最终均形成 H_3O^+；而醇钠、H^- 等强碱在水中不能稳定存在，与水反应均形成 OH^-。上述这些现象称为拉平效应。同时，H_2O 是最弱的碱(是最强酸 H_3O^+ 的共轭碱)，也是最弱的酸(是最强碱 OH^- 的共轭酸)。

酸碱反应的方向是由较强的共轭酸和较强的共轭碱转化为较弱的共轭酸和较弱的共轭碱。表 5-2 中左上方的较强酸可与右下方的较强碱发生自发的质子传递反应，而且表中酸、碱的距离越远，反应的自发倾向越大，反应进行得越完全。

表 5-2 水溶液中的共轭酸碱对和 K_a 值

共轭酸(HA)	共轭碱(B)	K_a
$HClO_4$	ClO_4^-	100%电离
HI	I^-	
HBr	Br^-	
HCl	Cl^-	
H_2SO_4	HSO_4^-	
HNO_3	NO_3^-	
最强酸 H_3O^+	H_2O 最弱碱	1
$H_2C_2O_4$	$HC_2O_4^-$	$5.6\times10^{-2}(K_{a_1})$
H_2SO_3	HSO_3^-	$1.4\times10^{-2}(K_{a_1})$
HSO_4^-	SO_4^{2-}	$1.0\times10^{-2}(K_{a_1})$
H_3PO_4	$H_2PO_4^-$	$6.9\times10^{-3}(K_{a_1})$
HF	F^-	6.3×10^{-4}
HNO_2	NO_2^-	5.6×10^{-4}
$HC_2O_4^-$	$C_2O_4^{2-}$	1.5×10^{-4}
HAc	Ac^-	1.75×10^{-5}
H_2CO_3	HCO_3^-	$4.5\times10^{-7}(K_{a_1})$
H_2S	HS^-	$8.9\times10^{-8}(K_{a_1})$
HSO_3^-	SO_3^{2-}	$6.3\times10^{-8}(K_{a_2})$
$H_2PO_4^-$	HPO_4^{2-}	$6.2\times10^{-8}(K_{a_2})$
HClO	ClO^-	4.0×10^{-8}
HCN	CN^-	6.2×10^{-10}
NH_4^+	NH_3	5.6×10^{-10}
HCO_3^-	CO_3^{2-}	$4.7\times10^{-11}(K_{a_2})$
HPO_4^{2-}	PO_4^{3-}	$4.8\times10^{-13}(K_{a_3})$
HS^-	S^{2-}	$1.2\times10^{-13}(K_{a_2})$
最弱酸 H_2O	OH^- 最强碱	1.0×10^{-14}
OH^- H_2 $+OH^- \longleftarrow H_2O+$	O^{2-} H^-	100%质子化

5.2 水的自耦电离平衡

由精密电导仪等方法测得水有微弱的导电性，说明水能电离。水是两性物，既可得到质子，也可释放质子。水的自耦电离平衡如下：

$$H_2O+H_2O \rightleftharpoons H_3O^+ +OH^-$$

在 25℃，

$$[H_3O^+]=[OH^-]=1.0\times10^{-7}\ mol\cdot dm^{-3}$$

根据化学平衡原理

$$K_w = [H_3O^+][OH^-] = 1.0\times10^{-14} \quad (量纲为 1) \tag{5-1}$$

K_w 称为水的离子积常数，简称水的离子积，是水的电离常数。K_w 随温度的增加，略有增加，见

表 5-3。为了方便，一般在室温下可采用 $K_w=1.0\times10^{-14}$。

表 5-3　K_w 与温度的关系

温度/℃	K_w	pK_w	温度/℃	K_w	pK_w
0	1.5×10^{-15}	14.82	22	1.0×10^{-14}	14.00
10	2.6×10^{-15}	14.44	25	1.02×10^{-14}	13.99
18	5.9×10^{-15}	14.23	30	1.89×10^{-14}	13.72
20	6.9×10^{-15}	14.16	50	5.5×10^{-14}	13.26

由热力学数据 $\Delta G_f^\ominus$ 也可以计算水的自耦电离平衡常数 $K^\ominus$：

$$H_2O(l)+H_2O(l)\rightleftharpoons H_3O^+(aq)+OH^-(aq)$$

$\Delta G_f^\ominus(kJ\cdot mol^{-1})$　-237.1　-237.1　-237.1　-157.2

计算知 $\Delta G_{298}^\ominus=79.9\ kJ\cdot mol^{-1}$，则

$$\lg K^\ominus=-\frac{\Delta G_T^\ominus}{2.303RT}=-79.9/(2.303\times8.315\times10^{-3}\times298.15)=-13.996$$

得　$K^\ominus=[H_3O^+][OH^-]=1.01\times10^{-14}\quad(K^\ominus=1.0\times10^{-14})$

由此可见，水的离子积(K_w)实际上是一个标准电离平衡常数。

溶液的酸碱性与 pH：溶液中 $H^+(H_3O^+)$的浓度称为酸度，常用 pH 来表示。

纯水时：

$$[H_3O^+]=[OH^-]=1.0\times10^{-7}\ mol\cdot dm^{-3}$$
$$pH=-\lg[H_3O^+]=7.00=pOH$$

根据

$$pK_w=pH+pOH \tag{5-2}$$

可以计算酸碱水溶液的酸度。如：0.10 $mol\cdot dm^{-3}$强酸中，

$$[OH^-]=K_w/[H_3O^+]$$
$$=1.0\times10^{-14}/(1.0\times10^{-1})=1.0\times10^{-13}(mol\cdot dm^{-3})$$

0.10 $mol\cdot dm^{-3}$强碱中，

$$[H_3O^+]=K_w/[OH^-]$$
$$=1.0\times10^{-14}/(1.0\times10^{-1})=1.0\times10^{-13}(mol\cdot dm^{-3})$$

可见，酸碱水溶液中，H_3O^+ 和 OH^- 同时存在，且 K_w 是个常数。也就是说，酸溶液中也有 OH^-，碱溶液中也有 H_3O^+。

5.3　弱酸、弱碱的电离平衡

5.3.1　一元弱酸、弱碱的电离平衡(含离子型)

醋酸是一元弱酸，在水溶液中存在下列电离平衡：

$$HAc+H_2O\rightleftharpoons H_3O^++Ac^-$$

$$K_a=[H_3O^+][Ac^-]/[HAc]=1.75\times10^{-5}$$

K_a 称为醋酸在水中的电离常数。

氨水是一元弱碱，在水溶液中存在下列电离平衡：

$$NH_3+H_2O \rightleftharpoons NH_4^+ + OH^-$$

$$K_b=[NH_4^+][OH^-]/[NH_3]=1.8\times10^{-5}$$

K_b 称为氨水在水中的电离常数。

【例 5-2】 求 0.10 $mol\cdot dm^{-3}$ HAc 水溶液的酸度及其电离度，已知 $K_a=1.75\times10^{-5}$。

解 设 H_3O^+ 的平衡浓度为 x $mol\cdot dm^{-3}$，则

$$\begin{array}{ccccccc} HAc & + & H_2O & \rightleftharpoons & H_3O^+ & + & Ac^- \\ 0.10-x & & & & x & & x \end{array}$$

$$K_a=[H_3O^+][Ac^-]/[HAc]$$

$$=x^2/(0.10-x)\approx x^2/0.10=1.75\times10^{-5}$$

$$[H_3O^+]=x=\sqrt{0.10\times1.75\times10^{-5}}=1.3\times10^{-3}$$

可得溶液的 $\qquad pH=2.89$

电离度 $\qquad \alpha=x/c_0=1.3\times10^{-3}/0.10=0.013\ (1.3\%)$

说明醋酸在水溶液中 98%以上以分子形式存在。

假定：① 在 0.10 $mol\cdot dm^{-3}$一元弱酸 HA 水溶液中，水本身的电离可忽略，即由 $H_2O\rightarrow H_3O^+$ 产生的$[H_3O^+]<10^{-7}$ $mol\cdot dm^{-3}$；② HA 的电离度 $\alpha\leqslant5\%$，或 $c/K\geqslant400$，其中，c 为 HA 的起始浓度，K 为平衡常数。则一元弱酸溶液的$[H_3O^+]$的简化公式为

$$\frac{[H_3O^+][A^-]}{[HA]}=\frac{c^2\alpha^2}{c(1-\alpha)}=K_a,\quad [H_3O^+]=\sqrt{K_a\cdot c} \tag{5-3}$$

同理，一元弱碱溶液的$[OH^-]$的简化公式为

$$\frac{[OH^-][B^+]}{[BOH]}=\frac{c^2\alpha^2}{c(1-\alpha)}=K_b,\quad [OH^-]=\sqrt{K_b\cdot c} \tag{5-4}$$

如果 $c/K<400$，即电离度 $\alpha>5\%$时，则不能用上述简化式计算，须解一元二次方程。

【例 5-3】 将 2.45 g 固体 NaCN 配制成 500 cm^3 的水溶液，计算此溶液的酸度。已知：HCN 的 K_a 为 6.2×10^{-10}。

解 CN^- 的浓度为 $2.45/(49.0\times0.500)=0.100(mol\cdot dm^{-3})$

$$CN^-+H_2O \rightleftharpoons OH^-+HCN$$

$$K_b=\frac{[OH^-][HCN]}{[CN^-]}=\frac{[OH^-][H_3O^+][HCN]}{[CN^-][H_3O^+]}$$

$$=K_w/K_a=1.0\times10^{-14}/(6.2\times10^{-10})=1.6\times10^{-5}$$

因为 $c/K_b=0.100/(1.6\times10^{-5})=6.2\times10^3>400$，则

$$[OH^-]=\sqrt{K_b\cdot c}=\sqrt{1.6\times10^{-5}\times0.100}=1.3\times10^{-3}(mol\cdot dm^{-3})$$

$$pH=14.00-pOH=14.00-2.90=11.10$$

【例 5-4】 计算 0.010 $mol\cdot dm^{-3}$ $NaHSO_4$ 溶液中氢离子的浓度($K_a(HSO_4^-)=1.0\times10^{-2}$)。

解 根据 $c/K_a=0.010/(1.0\times10^{-2})=1.0<400$，因此不能简化计算。设 HSO_4^-

电离部分的浓度为 x mol·dm^{-3}，则

$$HSO_4^- + H_2O \rightleftharpoons H_3O^+ + SO_4^{2-}$$

起始浓度(mol·dm^{-3})	0.010	0	0
平衡浓度(mol·dm^{-3})	$0.010-x$	x	x

$$K_a(HSO_4^-)=1.0\times10^{-2}=[H_3O^+][SO_4^{2-}]/[HSO_4^-]=x^2/(0.010-x)$$

$$x^2+1.0\times10^{-2}x-1.0\times10^{-4}=0$$

解此一元二次方程，得

$$[H_3O^+]=x=\frac{-b\pm\sqrt{b^2-4ac}}{2a} \tag{5-5}$$

$$=[-1.0\times10^{-2}+\sqrt{(1.0\times10^{-2})^2+4\times1.0\times10^{-4}}]/2$$

$$=6.2\times10^{-3}$$

若按简化式计算，则

$$[H_3O^+]=\sqrt{K_a\cdot c}=\sqrt{1.0\times10^{-2}\times0.010}=1.0\times10^{-2}(\text{mol}\cdot\text{dm}^{-3})=c$$

此结果显然是不合理的。

5.3.2 多元弱酸、弱碱的电离平衡(含离子型)

多元弱酸电离的特征是分步电离，即酸中含有两个或两个以上的质子，在水分子的作用下分步释放出来。例如，H_2S 的分步电离：

$$H_2S+H_2O \rightleftharpoons H_3O^+ + HS^-$$

$$K_{a_1}=[H_3O^+][HS^-]/[H_2S]=8.9\times10^{-8}$$

$$HS^- + H_2O \rightleftharpoons H_3O^+ + S^{2-}$$

$$K_{a_2}=[H_3O^+][S^{2-}]/[HS^-]=1.2\times10^{-13}$$

可以看出，K_{a_1} 较 K_{a_2} 大几个数量级，第二步电离较第一步电离更难，这是无机多元酸电离的普遍规律。因为，首先第一步电离出来的 H_3O^+ 抑制了第二步的电离；其次，由于异性电荷的静电吸引作用，使得从带负电荷的 HS^- 中电离出 H^+ 离子比较困难。

【例 5-5】 计算 0.10 mol·dm^{-3} H_2S 水溶液的$[H_3O^+]$和$[S^{2-}]$，以及 H_2S 的电离度。

解

$$H_2S+H_2O \rightleftharpoons H_3O^+ + HS^-$$

平衡浓度(mol·dm^{-3})　$0.1-x$　　$x+y$　　$x-y$

$$HS^- + H_2O \rightleftharpoons H_3O^+ + S^{2-}$$

$x-y$　　$x+y$　　y

$$K_{a_1}=[H_3O^+][HS^-]/[H_2S]=8.9\times10^{-8}$$

$$K_{a_2}=[H_3O^+][S^{2-}]/[HS^-]=1.2\times10^{-13}$$

因 $K_{a_1}\gg K_{a_2}$，且 $c/K_{a_1}=0.1/(8.9\times10^{-8})\gg400$

故 $[H_3O^+]=x+y\approx x=\sqrt{K_{a_1}\cdot c}$

$$=\sqrt{8.9\times10^{-8}\times0.1}=9.4\times10^{-5}$$

pH=4.03

$$[S^{2-}]=K_{a_2}\times[HS^-]/[H_3O^+]=K_{a_2}\times(x-y)/(x+y)$$

因 $x\gg y$,故$[HS^-]\approx[H_3O^+]$,则

$$[S^{2-}]\approx K_{a_2}=1.2\times10^{-13}(mol\cdot dm^{-3})$$

H_2S 的电离度

$$\alpha=x/c=9.4\times10^{-5}/0.10=9.4\times10^{-4}(\approx0.1\%)$$

可见,溶液中绝大部分是未电离的 H_2S 分子。

【例 5-6】 计算 0.10 $mol\cdot dm^{-3}$ Na_2S 水溶液中的$[S^{2-}]$和$[OH^-]$,以及 S^{2-} 的电离度。

解

$$S^{2-}+H_2O \rightleftharpoons OH^-+HS^- \quad K_{b_1}$$

$$HS^-+H_2O \rightleftharpoons OH^-+H_2S \quad K_{b_2}$$

$$K_{b_1}=\frac{[OH^-][HS^-]}{[S^{2-}]}=\frac{[OH^-][H_3O^+][HS^-]}{[S^{2-}][H_3O^+]}$$

$$=K_w/K_{a_2}=1.0\times10^{-14}/(1.2\times10^{-13})=8.3\times10^{-2}$$

$$K_{b_2}=\frac{[OH^-][H_2S]}{[HS^-]}=\frac{[OH^-][H_3O^+][H_2S]}{[HS^-][H_3O^+]}$$

$$=K_w/K_{a_1}=1.0\times10^{-14}/(8.9\times10^{-8})=1.1\times10^{-7}$$

因 $K_{b_1}\gg K_{b_2}$,计算时不必考虑第二步电离。

$$S^{2-}+H_2O \rightleftharpoons OH^-+HS^-$$

平衡浓度($mol\cdot dm^{-3}$)　$0.10-x$　　x　　x

$$K_{b_1}=\frac{[OH^-][HS^-]}{[S^{2-}]}=\frac{x^2}{0.10-x}=8.3\times10^{-2}$$

因

$$c/K_{b_1}=0.10/(8.3\times10^{-2})=1.2<400$$

故不能简化计算,解一元二次方程得

$$[OH^-]=x=5.9\times10^{-2}$$

$$[S^{2-}]=0.10-x=0.10-0.059=4.1\times10^{-2}(mol\cdot dm^{-3})$$

S^{2-} 的电离度

$$\alpha=x/c=0.059/0.10=0.59\ (59\%)$$

5.3.3 两性离子的电离平衡

根据酸碱质子理论,既可释放质子又可获得质子的物质为两性物,如 $H_2PO_4^-$、HCO_3^-、HPO_4^{2-}、NH_4Ac、NH_4Cl 等。它们在水溶液中存在着酸式电离和碱式电离,其酸碱性取决于作为酸和碱时的相对强度。

【例 5-7】 试定性说明为什么 NaH_2PO_4 溶液显酸性?

解

$$H_2PO_4^-+H_2O \rightleftharpoons H_3O^++HPO_4^{2-} \quad K_{a_2}(H_3PO_4)=6.2\times10^{-8}$$

$$H_2PO_4^-+H_2O \rightleftharpoons OH^-+H_3PO_4 \quad K_{b_3}$$

$$K_{b_3}(PO_4^{3-})=\frac{[OH^-][H_3PO_4]}{[H_2PO_4^-]}=\frac{K_w}{K_{a_1}}=\frac{1.0\times10^{-14}}{6.9\times10^{-3}}=1.4\times10^{-12}$$

因 $K_{a_2}\gg K_{b_3}$,则溶液显酸性。

对于例5-7，可利用多重平衡原理定量推算其pH。该溶液实际上同时存在以下三个平衡：

$$(1)\quad H_2PO_4^- + H_2O \rightleftharpoons H_3O^+ + HPO_4^{2-} \qquad K_1 = K_{a_2}$$

$$(2)\quad H_2PO_4^- + H_2O \rightleftharpoons OH^- + H_3PO_4 \qquad K_2 = K_w/K_{a_1}$$

$$(3)\quad H_3O^+ + OH^- \rightleftharpoons 2H_2O \qquad K_3 = 1/K_w$$

在水溶液中，一种离子可以同时参与多个平衡，浓度皆相同，所以式(1)＋式(2)＋式(3)，得

$$2H_2PO_4^- \rightleftharpoons H_3PO_4 + HPO_4^{2-} \qquad K = K_1K_2K_3 = K_{a_2}/K_{a_1}$$

$H_2PO_4^-$ 分别电离产生的 H_3O^+ 和 OH^- 中和生成水，促进了各自的电离平衡的移动，使它们电离度相差不大。由此产生的 H_3PO_4 和 HPO_4^{2-} 浓度相近，即$[H_3PO_4] \approx [HPO_4^{2-}]$。

$$K = \frac{[HPO_4^{2-}][H_3PO_4]}{[H_2PO_4^-]^2} = \frac{[HPO_4^{2-}][H_3PO_4]}{[H_2PO_4^-]^2} \cdot \frac{[H_3O^+]^2}{[H_3O^+]^2}$$

$$\approx \frac{[H_3PO_4]^2}{[H_2PO_4^-]^2} \cdot \frac{[H_3O^+]^2}{[H_3O^+]^2} = \frac{K_{a_2}}{K_{a_1}}$$

设$[H_3O^+] = x\ mol \cdot dm^{-3}$，则

$$x^2/K_{a_1}^2 = K_{a_2}/K_{a_1}$$

$$x = [H_3O^+] = \sqrt{K_{a_1} \cdot K_{a_2}} \tag{5-6}$$

$$[H_3O^+] = \sqrt{6.9 \times 10^{-3} \times 6.2 \times 10^{-8}} = 2.1 \times 10^{-5}(mol \cdot dm^{-3}), \quad pH = 4.68$$

计算结果与实验测定值接近。其他两性物质也可用这个简化公式计算pH。分析化学课程中，将利用质子平衡方法推导出更精确的公式。但通常**在水的酸性和碱性与两性物质中的弱酸和弱碱比较可以忽略的情况下**，可以使用上述简化式。

【例5-8】 求0.10 mol·dm^{-3} NH_4Ac溶液的pH。

解
$$NH_4^+ + Ac^- \rightleftharpoons NH_3 + HAc$$

虽然体系中也可以发生 NH_4^+ 以及 Ac^- 与水的反应，但正如上面 $H_2PO_4^-$ 水解一样，只要两性物的浓度不是太低且可以忽略水自身的酸碱作用的情况下，就可以直接用两性物之间的反应来计算溶液的pH。

对于弱酸弱碱盐 NH_4Ac 这种两性物质，其$[H_3O^+]$简化计算式为

$$[H_3O^+] = \sqrt{K_a(NH_4^+) \cdot K_a(HAc)}$$

需要注意的是：公式中直接采用弱酸离子(NH_4^+)的 K_a，而须采用弱碱(Ac^-)离子共轭酸(HAc)的 K_a。有时为了方便，也可用下式计算：

$$[H_3O^+] = \sqrt{\frac{K_w \cdot K_a(HAc)}{K_b(NH_3)}} \qquad \left(K_a(NH_4^+) = \frac{K_w}{K_b(NH_3)}\right) \tag{5-7}$$

$$[H_3O^+] = \sqrt{1.0 \times 10^{-14} \times 1.75 \times 10^{-5}/(1.8 \times 10^{-5})} = 1.0 \times 10^{-7}(mol \cdot dm^{-3})$$

$$pH = 7.00$$

由上可知，这种两性物质的酸碱性一般取决于 K_a 与 K_b 的相对大小。由于 $K_a(HAc)$与 $K_b(NH_3)$相近，所以 NH_4Ac 水溶液为中性。如果 $K_a > K_b$，则溶液显酸性；$K_a < K_b$ 时，溶液显碱性。

【例5-9】 计算浓度为0.10 mol·dm^{-3}的 NH_4CN 的pH，并讨论计算结果说明什么问题。已知 $K_a(HCN) = 6.2 \times 10^{-10}$，$K_a(NH_4^+) = 5.6 \times 10^{-10}$。

解 NH_4CN溶液的pH取决于$K_a(HCN)$与$K_b(NH_3)$的相对大小。由于$K_b(NH_3) \gg K_a(HCN)$，所以溶液应显碱性。

$$NH_4^+ + CN^- \rightleftharpoons NH_3 + HCN$$

$$[H_3O^+] = \sqrt{K_a(NH_4^+) \cdot K_a(HCN)}$$

$$= \sqrt{5.6 \times 10^{-10} \times 6.2 \times 10^{-10}} = 5.89 \times 10^{-10}(mol \cdot dm^{-3})$$

$$pH = 9.23$$

用此简化公式计算的结果与精确计算的结果很接近(误差在最后一位不确定位数上)。由此说明：即使对于像NH_4CN这样的K_a与K_b差别很大的弱酸弱碱盐，由于NH_4^+与CN^-同处于溶液中，电离出的质子和OH^-彼此中和生成水，更加促进了各自的电离平衡，最终使得NH_4^+与CN^-的电离度相差不大，由电离而产生的NH_3和HCN的浓度也很相近，因此也可按简化公式进行计算。

多元弱酸弱碱小结：

(1) 多元弱酸溶液中，$[H_3O^+]$主要由第一步电离决定，可按一元酸来计算$[H_3O^+]$。

(2) 二元弱酸H_2A溶液中，$[A^{2-}] \approx K_{a_2}$。

(3) 多元弱碱(如Na_2S、Na_2CO_3、Na_3PO_4等)的情况与多元弱酸的相似，计算时用K_b代替K_a即可。

(4) 两性物(如$H_2PO_4^-$、HCO_3^-、NH_4Ac、NH_4CN等)的酸碱性取决于相应酸常数和碱常数的相对大小，在两性物的浓度不是太低且可以忽略水自身的酸碱作用的情况下，可以用简化式计算。

(5) 两种弱酸(弱碱)混合，当两者的浓度相近且$K_a(K_b)$相差很大时，只考虑$K_a(K_b)$大的来计算$[H_3O^+]$。

5.4 酸碱电离平衡的移动及同离子效应

先看两个实验：

(1) $NH_3 \cdot H_2O$+酚酞(粉红色)：加入$NH_4Cl(s)$后溶液变为无色。

$$NH_3 + H_2O \rightleftharpoons OH^- + NH_4^+$$

平衡左移 ⟵ 加入NH_4^+

使NH_3电离度降低

(2) HAc+甲基橙(橘红色)：加入NaAc(s)后溶液变为黄色。

$$HAc + H_2O \rightleftharpoons H_3O^+ + Ac^-$$

平衡左移 ⟵ 加入Ac^-

使HAc电离度降低

可见，在弱电解质溶液中，加入含有共同离子的强电解质会使电离平衡向左移动，从而降低弱电解质电离度，这一现象称为**同离子效应**。同离子效应可以应用在以下两个方面：① 通过调节pH来控制共轭酸碱对的浓度；② 调节共轭酸碱对的浓度来控制溶液的pH。

1. 通过调节pH，可控制溶液中共轭酸碱对的比例

例如，
$$HAc + H_2O \rightleftharpoons H_3O^+ + Ac^-$$

$$K_a=\frac{[H_3O^+][Ac^-]}{[HAc]},\quad 即\ \frac{[Ac^-]}{[HAc]}=\frac{K_a}{[H_3O^+]}$$

$[H_3O^+]>K_a$ 即 $pH<pK_a$ 时，$[Ac^-]/[HAc]<1$，以 HAc 为主；

$[H_3O^+]=K_a$ 即 $pH=pK_a$ 时，$[Ac^-]/[HAc]=1$，Ac^- 与 HAc 浓度相等；

$[H_3O^+]<K_a$ 即 $pH>pK_a$ 时，$[Ac^-]/[HAc]>1$，以 Ac^- 为主。

又如，酸碱指示剂酚酞(HIn)是有机弱酸：

$$\underset{无色}{HIn}+H_2O \rightleftharpoons H_3O^+ + \underset{紫红色}{In^-}$$

$$K_{HIn}=\frac{[H_3O^+][In^-]}{[HIn]},\quad 即\ \frac{[In^-]}{[HIn]}=\frac{K_{HIn}}{[H_3O^+]}$$

当溶液中$[H_3O^+]$增大，使$[In^-]\ll[HIn]$，溶液呈无色；

当$[H_3O^+]$减小，使$[In^-]\gg[HIn]$，溶液呈紫红色。

K_{HIn}是确定指示剂变色范围的依据，$pK_{HIn}\pm1$ 称为指示剂的变色范围(表 5-4)。

表 5-4　一些酸碱指示剂及其变色范围

指示剂	酸色形	碱色形	pK_{HIn}	变色范围 pH(18℃)
甲基橙(弱碱)	红	黄	3.4	3.1～4.4
百里酚蓝	红(H_2In)	黄(HIn^-)	1.65(pK，H_2In)	1.2～2.8
(二元弱酸)	黄(HIn^-)	蓝(In^{2-})	9.20(pK，HIn^-)	8.0～9.6
酚酞(弱酸)	无色	红	9.1	8.2～10.0

再如，在硫化物的分离过程中，通过调节 H_2S 水溶液的 pH，控制 S^{2-} 的浓度：

① $H_2S+H_2O \rightleftharpoons H_3O^+ + HS^-$　　② $HS^- + H_2O \rightleftharpoons H_3O^+ + S^{2-}$

$$K_{a_1}=\frac{[H_3O^+][HS^-]}{[H_2S]}\qquad K_{a_2}=\frac{[H_3O^+][S^{2-}]}{[HS^-]}$$

$$\frac{[HS^-]}{[H_2S]}=\frac{K_{a_1}}{[H_3O^+]}\qquad \frac{[S^{2-}]}{[HS^-]}=\frac{K_{a_2}}{[H_3O^+]}$$

当$[H_3O^+]>K_{a_1}$，$[HS^-]/[H_2S]<1$，以 H_2S 为主；

当 $K_{a_1}>[H_3O^+]>K_{a_2}$，以 HS^- 为主；

当$[H_3O^+]<K_{a_2}$，$[S^{2-}]/[HS^-]>1$，以 S^{2-} 为主。

合并①和②式得

$$H_2S+2H_2O \rightleftharpoons 2H_3O^+ + S^{2-}$$

$$\frac{[H_3O^+]^2[S^{2-}]}{[H_2S]}=K_{a_1}\cdot K_{a_2}=8.9\times10^{-8}\times1.2\times10^{-13}=1.1\times10^{-20}$$

当 $pH<5$ 时，H_2S 电离部分可忽略，则

$$[H_2S]\approx c(H_2S)=0.10\ mol\cdot dm^{-3}$$

$$[H_3O^+]^2[S^{2-}]=K_{a_1}\times K_{a_2}\times c(H_2S)=1.1\times10^{-21}\quad(饱和溶液)$$

【例 5-10】　在常温常压下，向 $0.30\ mol\cdot dm^{-3}$ HCl 溶液中通入 H_2S 气体直至饱和，实验测得$[H_2S]$近似为 $0.10\ mol\cdot dm^{-3}$，计算溶液中 S^{2-} 的浓度。

解　$[H_3O^+]^2[S^{2-}]=K_{a_1}\times K_{a_2}\times c(H_2S)=1.1\times10^{-21}$　（饱和溶液）

$[S^{2-}]=1.1\times10^{-21}/(0.30)^2=1.2\times10^{-20}(mol\cdot dm^{-3})$

对比：H_2S饱和水溶液（$0.10\ mol\cdot dm^{-3}$）的$[S^{2-}]=K_{a_2}=1.2\times10^{-13}(mol\cdot dm^{-3})$，二者相差$10^7$，说明调节酸度可大幅度改变$S^{2-}$的浓度。

2. 调节共轭酸碱对的浓度，可控制 pH

【例 5-11】 计算含有$0.10\ mol\cdot dm^{-3}$ HAc和$0.10\ mol\cdot dm^{-3}$ NaAc溶液的pH及HAc的电离度。

解

$$HAc+H_2O \rightleftharpoons H_3O^+ + Ac^-$$

	HAc		H_3O^+	Ac^-
起始	0.10			0.10
平衡	$0.10-x$		x	$0.10+x$

$$K_a=\frac{[H_3O^+][Ac^-]}{[HAc]}=\frac{x(0.10+x)}{(0.10-x)}=1.8\times10^{-5}$$

因同离子效应，使HAc电离度减小。

$[HAc]\approx c(HAc)=0.10\ mol\cdot dm^{-3}$，　$[Ac^-]\approx c(Ac^-)=0.10\ mol\cdot dm^{-3}$

$x=[H_3O^+]=K_a\cdot\dfrac{c(HAc)}{c(Ac^-)}=1.8\times10^{-5}$，　pH=4.74　（无NaAc时为2.88）

$\alpha=1.8\times10^{-5}/0.10=1.8\times10^{-4}(0.018\%)$

由此可见，Ac^-的存在抑制了HAc的水解，因此，在计算该体系的pH时，可以用起始浓度$c(HAc)$来代替平衡浓度$[HAc]$，用$c(Ac^-)$来代替$[Ac^-]$。下式是计算缓冲溶液pH的基本公式：

$$[H_3O^+]=K_a\cdot\frac{[HA]}{[A^-]}\approx K_a\cdot\frac{c(HA)}{c(A^-)} \tag{5-8}$$

5.5 缓冲溶液

5.5.1 缓冲溶液的组成及缓冲作用

实验：

(1) 蒸馏水+2滴百里酚蓝（微黄）

加入NaOH(aq)　1～2滴 → 蓝色（碱）

加入HCl(aq)　3～4滴 → 红色（酸）

(2) 缓冲溶液HAc-NaAc溶液+2滴百里酚蓝（微黄）

加入NaOH(aq)　4滴 → 不变色

加入HCl(aq)　4滴 → 不变色

这种含有“共轭酸碱对”的混合溶液能缓解外加少量酸、碱或水的影响，而保持溶液pH不发生显著变化的作用叫做缓冲作用。具有这种缓冲能力的溶液叫缓冲溶液。

5.5.2 缓冲溶液 pH 的计算

缓冲溶液HA-NaA（参见例5-11）：

$$HA + H_2O \rightleftharpoons H_3O^+ + A^-$$

$$[H_3O^+] = K_a \cdot \frac{[HA]}{[A^-]} \approx K_a \cdot \frac{c(HA)}{c(A^-)}$$

$$pH = pK_a + \lg \frac{c(A^-)}{c(HA)} \tag{5-9}$$

缓冲能力取决于共轭酸碱对的比例大小，以及共轭酸碱对的浓度，同时 pH 要尽量接近 pK_a。

1. 共轭酸碱对的浓度比例尽量接近 1∶1

当 $c(HA)$和 $c(A^-)$均为 1.0 mol·dm^{-3}时，

$$pH = pK_a$$

取 1 dm^3 缓冲溶液，加入 0.01 mol 的 H_3O^+ 时，

$$pH = pK_a + \lg[(1.0-0.01)/(1.0+0.01)] \approx pK_a - 0.01, \quad pH\ 改变\ 0.01$$

当 $c(HA)=1.98$ mol·dm^{-3}，$c(A^-)=0.02$ mol·dm^{-3}（二者比为 99∶1）时，

$$pH = pK_a + \lg(0.02/1.98) \approx pK_a - 2.0$$

加入 0.01 mol 的 H_3O^+ 时，

$$pH = pK_a + \lg[(0.02-0.01)/(1.98+0.01)] \approx pK_a - 2.3, \quad pH\ 改变\ 0.3$$

实际工作中，共轭酸碱对的浓度比在 1∶10 到 10∶1 之间为宜，即缓冲溶液的有效缓冲范围（表 5-5）为

$$pH = pK_a \pm 1$$

表 5-5　常用缓冲溶液（计算值）

缓冲溶液	共轭酸碱对	pK_a	缓冲范围
HCO_2H-$NaOH$	HCO_2H-HCO_2^-	3.75	2.75～4.75
CH_3CO_2H-CH_3CO_2Na	HAc-Ac^-	4.75	3.75～5.75
NaH_2PO_4-Na_2HPO_4	$H_2PO_4^-$-HPO_4^{2-}	7.21	6.21～8.21
$NH_3 \cdot H_2O$-NH_4Cl	NH_4^+-NH_3	9.25	8.25～10.25
$NaHCO_3$-Na_2CO_3	HCO_3^--CO_3^{2-}	10.25	9.25～11.25
Na_2HPO_4-$NaOH$	HPO_4^{2-}-PO_4^{3-}	12.66	11.66～13.66

注：更多内容见附录 B.2。

2. 适当增加共轭酸碱对的浓度

当共轭酸碱对的浓度比为 1∶1 时，如 $c(HA)$和 $c(A^-)$均为 0.10 mol·dm^{-3}，取 1 dm^3 缓冲溶液，当加入 0.01 mol 的 H_3O^+ 时，

$$pH = pK_a + \lg[(0.10-0.01)/(0.10+0.01)] \approx pK_a - 0.10, \quad pH\ 改变\ 0.1$$

而上述 $c(HA)$和 $c(A^-)$均为 1.0 mol·dm^{-3}时，加入 0.01 mol 的 H_3O^+，pH 仅改变 0.01。

二者 pH 改变相差 10 倍！一般地，共轭酸碱对的总浓度在 0.1～1.0 mol·dm^{-3}为宜。浓度太高时，有“盐效应”等副作用。

3. 缓冲溶液要点及注意事项

三要素：① pH≈pK_a；② 酸碱对的浓度比在 1∶10～10∶1 之间为宜；③ 缓冲溶液的总浓度在 0.1～1.0 mol·dm^{-3}为宜。可总结为：

pK_a、pH 趋统一，浓度零点一至一，

酸碱比例一对一，上下浮动十比一。

注意事项：用式(5-9)计算缓冲溶液的 pH 时，需酸碱对的浓度不是太低，且弱酸(碱)的平衡常数也不是太大。一般说来，也可以用 $c/K \geqslant 400$ 来判断(计算 pH 时，用共轭酸的浓度及其电离常数 K_a；利用 pOH 公式计算时，用共轭碱的浓度及其电离常数 K_b)；如果 $c/K < 400$，则要解一元二次方程进行精确计算。

5.5.3 缓冲溶液的配制

以下以几个例子来说明缓冲溶液的配制问题。

【例 5-12】 要配制一定体积 pH＝3.20 的缓冲溶液，选用 HCO_2H-HCO_2Na、CH_3CO_2H-CH_3CO_2Na 中的哪一对为好？

解 pH＝3.20，$[H_3O^+]=6.3\times10^{-4}\ mol \cdot dm^{-3}$，应选用 K_a 值接近$[H_3O^+]$的缓冲溶液体系，即[弱酸]/[弱碱]＝$[H_3O^+]/K_a=1$ 为好。

查表： $K_a(HCO_2H)=1.8\times10^{-4}$， $pK_a=3.75$

$K_a(HAc)=1.75\times10^{-5}$， $pK_a=4.756$

若选用 HCO_2H-HCO_2Na 缓冲体系，

$$[HCO_2H]/[HCO_2^-]=6.3\times10^{-4}/(1.8\times10^{-4})=3.5/1$$

比值较接近于 1，溶液缓冲能力大。

若选用 CH_3CO_2H-CH_3CO_2Na 缓冲体系，

$$[HAc]/[Ac^-]=6.3\times10^{-4}/(1.75\times10^{-5})=36/1$$

比值远大于 1，溶液缓冲能力较小。

【例 5-13】 欲配制 pH＝9.20、$c(NH_3 \cdot H_2O)=1.0\ mol \cdot dm^{-3}$ 的缓冲溶液 500 cm^3，问如何用浓 $NH_3 \cdot H_2O$ 溶液和固体 NH_4Cl 配制？

解 pH＝9.20，则 pOH＝4.80，$[OH^-]=1.6\times10^{-5}\ mol \cdot dm^{-3}$，

$$[NH_3 \cdot H_2O]/[NH_4^+]=[OH^-]/K_b=1.6\times10^{-5}/(1.8\times10^{-5})=0.89$$

若$[NH_3 \cdot H_2O]=1.0\ mol \cdot dm^{-3}$，则

$$[NH_4Cl]=1.0/0.89=1.1(mol \cdot dm^{-3})$$

配制 500 cm^3(0.50 dm^3)溶液，应称取固体 NH_4Cl 的质量为

$$0.50\times1.1\times53.5=29(g)$$

浓 $NH_3 \cdot H_2O$ 为 15 $mol \cdot dm^{-3}$，所需体积为

$$V(NH_3 \cdot H_2O)=(1.0\times500)/15=33(cm^3)$$

配制方法：称取 29 g NH_4Cl 固体，溶于少量水中，加入 33 cm^3 浓 $NH_3 \cdot H_2O$ 溶液，然后加水至 500 cm^3。

【例 5-14】 欲配制 pH＝4.70 的缓冲溶液 500 cm^3，问应该用 50 cm^3 1.0 $mol \cdot dm^{-3}$ 的 NaOH 水溶液和多少 cm^3 的 1.0 $mol \cdot dm^{-3}$ 的 HAc 水溶液混合，并需加多少水？

解 $K_a(HAc)=1.75\times10^{-5}$，pH＝4.70，$[H_3O^+]=2.0\times10^{-5} mol \cdot dm^{-3}$，

$$[HAc]/[Ac^-]=[H_3O^+]/K_a=2.0\times10^{-5}/(1.75\times10^{-5})=1.1$$

$$HAc + OH^- \longrightarrow Ac^- + H_2O$$

$[Ac^-]$由 NaOH 与 HAc 中和而来，即

$$[Ac^-] = (1.0 \times 50)/500$$

$[HAc]$由 NaOH 和 HAc 用量的差值而定，

$$[HAc] = [1.0 \times V(HAc) - 1.0 \times 50]/500$$

$$[HAc]/[Ac^-] = 1.1 = [1.0 \times V(HAc) - 1.0 \times 50]/(1.0 \times 50)$$

即

$$V(HAc) = 105\ cm^3$$

混合溶液中需加水：$500 - 105 - 50 = 345(cm^3)$。

5.6 酸碱中和反应

水溶液中酸碱之间质子传递的反应为中和反应，反应进行程度可由其平衡常数判断。

1. 强酸强碱的中和反应

$$H_3O^+ + OH^- \longrightarrow H_2O + H_2O$$

$$K = \frac{1}{[OH^-][H_3O^+]} = \frac{1}{K_w} = \frac{1}{1.0 \times 10^{-14}} = 1.0 \times 10^{14}$$

实际上它是水的自耦电离平衡的逆反应，平衡常数 K 值很大，即反应进行得很完全。当它们恰好完全中和时，溶液为中性。

2. 强酸弱碱的中和反应

如，HCl 与 NaAc 反应：

$$H_3O^+ + Ac^- \rightleftharpoons HAc + H_2O$$

$$K = \frac{[HAc]}{[Ac^-][H_3O^+]} = \frac{1}{K_a(HAc)} = \frac{1}{1.75 \times 10^{-5}} = 5.7 \times 10^4$$

反应的平衡常数也比较大，中和反应也是比较完全的。恰好中和时，溶液呈酸性，pH 由醋酸的浓度决定。

3. 强碱弱酸的中和反应

如，NaOH 与 HAc 反应：

$$HAc + OH^- \rightleftharpoons Ac^- + H_2O$$

$$K = \frac{[Ac^-]}{[OH^-][HAc]} = \frac{1}{K_b(Ac^-)} = \frac{K_a(HAc)}{K_w} = \frac{1.75 \times 10^{-5}}{1.0 \times 10^{-14}} = 1.8 \times 10^9$$

反应的平衡常数大，中和反应完全。恰好中和时，溶液呈碱性，pH 由醋酸根的浓度决定。

4. 弱碱弱酸的中和反应

弱酸与弱碱之间也能发生中和反应，反应进行的程度取决于酸碱的相对强弱，较强酸置换较弱酸。在表 5-2 中，左上方的酸能与右下方的碱进行中和反应，二者位置距离愈远，反应愈彻底。例如，醋酸与硫化钠在水溶液中的反应：

$$HAc + S^{2-} \rightleftharpoons Ac^- + HS^-$$

$$K = \frac{[Ac^-][HS^-][H_3O^+]}{[S^{2-}][HAc][H_3O^+]} = \frac{K_a(HAc)}{K_a(HS^-)} = \frac{1.75 \times 10^{-5}}{1.2 \times 10^{-13}} = 1.5 \times 10^8$$

反应平衡常数很大，中和反应进行得很彻底。恰好中和时，体系的 pH 计算比较复杂些，由中和后生成的 Ac^- 与 HS^- 的浓度共同决定。

小 结

本章着重介绍了酸碱质子理论，运用该理论对于水溶液中的水的自耦电离平衡、弱酸弱碱的电离平衡以及酸碱的中和反应平衡等三种基本类型反应进行了讨论。重点是 pH 的计算、pH 的改变以及 pH 的维持。具体要点如下：

1. pH 的计算

(1) 一元弱酸弱碱：简化式$[H_3O^+]=\sqrt{K_a\cdot c}$ ($\alpha\leqslant 5\%$)；

(2) 多元酸：$K_{a_1}\gg K_{a_2}$，按一元酸计算；

(3) 对于两性物(如 NH_4CN 等弱酸弱碱盐)，在水的酸性和碱性与两性物质中的弱酸和弱碱相比可忽略的情况下，可用下式计算：

$$[H_3O^+]=\sqrt{\frac{K_w\cdot K_a}{K_b}}$$

2. 改变 pH

通过改变 pH，来调节共轭酸碱离子的浓度。如对于 H_2S 水溶液，可以用酸度来控制 S^{2-} 的浓度，使不同 MS 难溶盐分别在不同 pH 下沉淀，以实现 Cu^{2+}、Pb^{2+} 等金属离子的分离。

$$pH=pK_a+\lg\frac{c_{碱}}{c_{酸}}$$

3. 维持 pH

缓冲溶液的选择与配制掌握三个基本点：

(1) $pH\approx pK_a$；

(2) 酸碱对的浓度比：1/10～10/1；

(3) 溶液的总浓度：0.1～1.0 $mol\cdot dm^{-3}$。

思 考 题

1. 1×10^{-8} $mol\cdot dm^{-3}$ 的 HCl 溶液的 pH=8，对吗？

2. 50℃时水的离子积为 5.5×10^{-14}，此温度下水的标准电离平衡常数是多少？

3. 为什么说水溶液中的最强酸是 H_3O^+，最强碱是 OH^-？硫酸、硝酸和盐酸在水溶液中哪个酸性最强？

4. 已知弱酸的电离度 α 与其浓度 c 以及电离平衡常数 K_a 在电离度 $\alpha\ll 1$ 时有关系 $\alpha=\sqrt{K_a/c}$，此式是否说明溶液越稀，电离出的离子浓度越大？

5. 浓度均为 0.1 $mol\cdot dm^{-3}$ 的 HCl 和 HAc，二者的酸度一样吗？为什么？

6. 已知 $H_2PO_4^-$ 的 $K_a=6.2\times10^{-8}$，其共轭碱的 K_b 是多少？

7. 何为两性物？写出其水溶液 pH 计算的简化式，并说明在什么情况下该简化式不适用。

8. 为什么 NaCl 和 NH_4Ac 溶液的 pH 都等于 7？

9. 具备什么条件的溶液才具有缓冲作用？HCl-KCl、NaOH-NaCl 是缓冲溶液吗？

10. 已知 $NH_3 \cdot H_2O$ 的 $K_b = 1.8 \times 10^{-5}$，将相同浓度和相同体积的 $NH_3 \cdot H_2O$ 和 NH_4NO_3 混合，溶液的 pH 为多少？

11. 酸碱中和反应恰好中和时，体系的 pH 等于 7 吗？为什么？

12. 用 0.1 $mol \cdot dm^{-3}$ NaOH 溶液分别中和 10 cm^3 的 0.1 $mol \cdot dm^{-3}$ HCl 和 HAc，所需碱量是否相同？为什么？

13. 用 0.1 $mol \cdot dm^{-3}$ NaOH 溶液分别中和 pH=3 的 HCl 和 HAc 各 10 cm^3，所需碱量是否相同？为什么？

习　题

5.1 指出下列物质中哪些可组成共轭酸碱对？哪些是两性物？举例说明共轭酸碱对中共轭酸的溶液是否一定显酸性？共轭碱的溶液是否一定显碱性？

$Fe(H_2O)_6^{3+}$，$Cr(H_2O)_5(OH)^{2+}$，CO_3^{2-}，HSO_4^-，$H_2PO_4^-$，HPO_4^{2-}，NH_4^+，NH_3，Ac^-，OH^-，H_2O，S^{2-}，H_2S，HS^-，NO_2^-。

5.2 根据酸碱质子理论指出水溶液中最强的酸是什么？最强的碱是什么？在 5.1 题中，共轭酸的水溶液中哪个酸性最强？在共轭碱的水溶液中哪个碱性最强？

5.3 计算下列各反应的平衡常数，指出各反应中的共轭酸碱对及反应进行的方向。

(1) $H_2PO_4^- + H_2O \rightleftharpoons HPO_4^{2-} + H_3O^+$

(2) $HAc + NH_3 \rightleftharpoons NH_4^+ + Ac^-$

(3) $HAc + HS^- \rightleftharpoons H_2S + Ac^-$

(4) $HSO_4^- + Ac^- \rightleftharpoons SO_4^{2-} + HAc$

5.4 计算下列溶液的 pH 和 pOH。

(1) 0.010 $mol \cdot dm^{-3}$ HCl；

(2) 0.020 $mol \cdot dm^{-3}$ $Ba(OH)_2$；

(3) 50℃纯水。

5.5 已知在相同温度下 HAc(A)溶液的电离度为 4.2%，HAc(B)溶液的电离度为 0.95%，计算 A、B 两个 HAc 溶液的起始浓度和 pH。当稀释 HAc 时，电离度及 pH 如何变化？

5.6 在 25℃时，0.500 $mol \cdot dm^{-3}$ HCOOH 的电离度为 1.88%，计算其 K_a。

5.7 计算下列混合溶液的 pH：

(1) 10 cm^3 0.10 $mol \cdot dm^{-3}$ HAc 与 10 cm^3 0.40 $mol \cdot dm^{-3}$ HCl；

(2) 20 cm^3 0.10 $mol \cdot dm^{-3}$ HAc 与 10 cm^3 0.15 $mol \cdot dm^{-3}$ NaOH；

(3) 5 cm^3 0.20 $mol \cdot dm^{-3}$ 氨水与 5 cm^3 0.40 $mol \cdot dm^{-3}$ NH_4Cl。

5.8 在 10 cm^3 0.10 $mol \cdot dm^{-3}$ HAc 溶液中，需加入多少克 $CH_3COONa \cdot 3H_2O$ 可使溶液的 pH=5.50(忽略因加入固体对溶液体积的影响)？

5.9 在 200 cm^3 0.20 $mol \cdot dm^{-3}$ 氨水中，需加入多少克 $(NH_4)_2SO_4$ 才能使溶液的 OH^- 浓度降低 100 倍？

5.10 试计算：

(1) 0.10 $mol \cdot dm^{-3}$ $H_2C_2O_4$ 溶液的 pH 及 $HC_2O_4^-$、$C_2O_4^{2-}$ 的浓度；

(2) 0.10 $mol \cdot dm^{-3}$ H_2S 溶液的 pH 及 HS^-、S^{2-} 的浓度。

5.11 在 H_3PO_4 溶液中加入碱，

(1) 当 pH＝3.00 时，计算溶液中各组分物质浓度的比例；

(2) 当 pH＝10.00 时，各组分物质的比例有何变化？

5.12 计算 0.1 mol·dm^{-3}下列各物质溶液的 pH，并按 pH 由小到大的顺序排列：

NH_4Cl，$NaHCO_3$，NaH_2PO_4，$NaHSO_4$，Na_2CO_3，Na_2S

5.13 已知 0.30 mol·dm^{-3} NaX 溶液的 pH＝9.50，计算弱酸 HX 的电离常数。

5.14 10 mL 0.10 mol·dm^{-3} HAc 与 10 mL 0.10 mol·dm^{-3} Na_3PO_4 混合，计算反应的 $K^{\ominus}$，并定性判断达平衡后溶液的 pH 是大于、等于或小于 7。

5.15 已知 0.10 mol·dm^{-3} Na_2X 溶液的 pH＝11.60，计算弱酸 H_2X 的第二步电离常数。

5.16 某 Na_2CO_3 溶液的 pH＝11.80，100 cm^3 此溶液中含有 $Na_2CO_3 \cdot 10H_2O$ 多少克？

5.17 将 30 g Na_2CO_3 和 $NaHCO_3$ 配成 1.0 dm^3 溶液，测定溶液的 pH＝10.62，计算溶液中含有 Na_2CO_3 及 $NaHCO_3$ 各多少克。

5.18 欲配制 250 cm^3 pH＝5.20 的缓冲溶液，需在 125 cm^3 1.0 mol·dm^{-3} NaAc 溶液中加入 6.0 mol·dm^{-3} HAc 和水各多少毫升？

5.19 在 HA 和 A^- 的缓冲体系中，HA 的浓度是 0.25 mol·dm^{-3}，$K_a = 5.0 \times 10^{-5}$，如果在 100 cm^3 该缓冲溶液中加入 0.20 g NaOH，溶液的 pH＝4.60，求原缓冲溶液的 pH。

5.20 磷酸及其盐的缓冲体系在维持血液 pH＝7.40 的过程中起着重要的作用，计算说明在此 pH 时，缓冲溶液中弱酸及共轭碱的存在形式是什么？二者的浓度比为多少？

5.21 欲配制 250 cm^3 pH＝9.20、NH_4^+ 浓度为 1.0 mol·dm^{-3}的缓冲溶液，需比重 0.904 含 NH_3 26.0%的浓氨水多少 cm^3？需固体 NH_4Cl 多少克？

5.22 在 100 cm^3 0.10 mol·dm^{-3}磷酸盐缓冲溶液(pH＝7.10)中，分别加入以下溶液，计算溶液的 pH。

(1) 1.0 cm^3 1.0 mol·dm^{-3} NaOH；

(2) 7.0 cm^3 1.0 mol·dm^{-3} NaOH；

(3) 6.0 cm^3 1.0 mol·dm^{-3} HCl。

5.23 在 500 cm^3 0.010 mol·dm^{-3}的 NaOH 溶液中，加入 1.26 g $H_2C_2O_4 \cdot 2H_2O$(忽略草酸的加入对溶液体积的影响)，计算溶液的 pH。在上面溶液中加入 0.600 g NaOH，溶液的 pH 有何变化？

第 6 章　沉淀溶解与配位平衡

本章要求

1. 掌握溶度积 K_{sp} 的定义与特点
2. 掌握溶度积 K_{sp} 的计算
3. 运用溶度积 K_{sp} 计算溶解度、沉淀的完全度、分步沉淀和沉淀转化等
4. 掌握配位平衡常数、多重平衡的概念及其计算

每 100 g 水中溶解的物质的量称为**溶解度**，用 s 表示，单位有 g/100 g 水、$mol \cdot dm^{-3}$ 等。物质在水中的溶解度差别很大，例如 25℃，100 g 水中可溶解 432 g $ZnCl_2$、0.99 g $PbCl_2$，而仅能溶解 1.47×10^{-25} g HgS。一般认为，100 g 水中，溶解大于 1 g 的称易溶物；小于 0.01 g 的为难溶物；在 0.01～1 g 之间的为微溶物。

影响物质溶解度的因素是多方面的，至今人们尚不能很好地解释物质溶解度间的巨大差别。物质溶解与否及溶解能力的大小，一方面取决于物质的本性，另一方面也与外界条件如温度、压力、溶剂种类等有关。

从物质本身来说，比如对于**离子型化合物**，首先其溶解性与离子的**电荷密度**（离子所带电荷与其体积之比）有关。电荷密度较低的离子，倾向于形成溶解度较大的化合物。例如，Ca^{2+} 的电荷密度大于 K^+ 的，CaF_2、$CaCO_3$ 都是难溶的，而 KF、K_2CO_3 都是易溶的。带有一个负电荷、体积较大的 NO_3^-，电荷密度较低，所以硝酸盐是易溶的；而同样带有一个负电荷、体积较小的 OH^-，因电荷密度较高，仅与电荷密度较低的 Ⅰ A 族离子、Ⅱ A 族的 Sr^{2+}、Ba^{2+} 离子形成易溶氢氧化物，氢氧化钙为微溶，其他高氧化态金属离子的氢氧化物均难溶。其次，离子型化合物的溶解性还与**离子的极化**有关，易极化的离子其溶解性降低。比如，对于体积较大的 X^-（Cl^-，Br^-，I^-）离子，其大多数化合物是易溶的，只与 Ag^+、Cu^+、Hg_2^{2+} 等形成难溶化合物，$PbCl_2$ 微溶于水。因为后面这些离子间由于极化作用使其含有一些共价键的成分（详见第 10 章的离子极化一节）。再次，**晶体的堆积方式**也是影响物质溶解度的重要因素。比如，硫酸盐多数易溶，难溶的有 $SrSO_4$、$BaSO_4$、$PbSO_4$、$HgSO_4$ 和 Hg_2SO_4（$CaSO_4$ 和 Ag_2SO_4 是微溶的），这其中 $BaSO_4$ 最难溶。这可能是 Ba^{2+} 和 SO_4^{2-} 的半径大小匹配，形成良好的堆积方式，使水分子不易乘隙而入所致。

从外界条件来说，**温度**对溶解度的影响取决于溶解过程是吸热还是放热。如果固体溶解时需要吸收热量，则其溶解度通常随着温度的升高而增加。绝大多数固体的溶解是一吸热过程，故其溶解度随温度的升高而增大。但氢氧化钙等物质的溶解正相反。**压力**对于固体和液体的溶解性影响较小，但压力增大，气体在溶剂中的溶解度增加。对于**溶剂**来说，一般遵从相似相溶规律。

具体地说，就是溶质与溶质、溶剂与溶剂以及溶质与溶剂之间作用力大小的竞争。当溶质与溶剂之间的作用力大于或等于溶质本身以及溶剂本身之间的作用力时，物质就易溶解；反之，则不易溶解。另外，**同离子效应**，**盐效应**，以及**酸**、**氧化剂**和**配体**等的存在都对物质溶解度有影响，这是本章要讲解的内容。

6.1 溶 度 积

6.1.1 溶度积 K_{sp} 的定义

$BaSO_4$ 是离子型的难溶化合物，$BaSO_4$ 在水中由于晶体中离子的不断振动，以及表面的 Ba^{2+} 和 SO_4^{2-} 离子受到水分子(偶极子)的作用，会使 Ba^{2+} 和 SO_4^{2-} 离子脱离晶体表面进入水中形成水合离子，这一过程就是溶解。同时，随着溶液中 Ba^{2+} 和 SO_4^{2-} 离子浓度逐渐增加，在运动中碰到 $BaSO_4$ 晶体时，受到晶体表面离子的吸引，它们又重新返回到晶体表面，这就是离子的沉淀(结晶)过程。当溶解与沉淀的速率相等时就达到动态平衡，这时的溶液是饱和溶液。只要温度不变，此时溶液中的离子浓度不再改变，平衡如下：

$$BaSO_4(s) \rightleftharpoons Ba^{2+}(aq) + SO_4^{2-}(aq)$$

这是 $BaSO_4$ 固相与液相中的 Ba^{2+} 和 SO_4^{2-} 离子间的平衡，为多相平衡。其平衡常数表达式为

$$K_{sp} = [Ba^{2+}][SO_4^{2-}]$$

式中，$[Ba^{2+}]$和$[SO_4^{2-}]$为饱和溶液中离子的浓度。上式说明，在一定温度下，难溶电解质 $BaSO_4$ 的饱和溶液中离子浓度的乘积为一常数。对于 A_mB_n 型的难溶电解质，则溶液中存在的多相平衡为

$$A_mB_n(s) \rightleftharpoons mA^{n+}(aq) + nB^{m-}(aq)$$

$$K^\ominus = [A^{n+}]^m[B^{m-}]^n = K_{sp}^\ominus$$

即在一定温度下，难溶电解质饱和溶液中各离子浓度幂的乘积是一个常数，这个常数称为该难溶电解质的溶度积，用 $K_{sp}^\ominus$ 来表示，也常简写为 K_{sp}。K_{sp} 是个量纲为 1 的量，实际上像其他热力学标准平衡常数一样，是难溶电解质在其饱和溶液中各离子相对浓度幂的乘积，但因为标准浓度 $c^\ominus$ 为 $1\ mol \cdot dm^{-3}$，因此，二者在数值上相等。一般文献上为方便均采用简单的离子浓度幂乘积的形式。K_{sp} 除了根据饱和溶液中离子浓度的测定来求算外，通常是根据 $\Delta G^\ominus$ 与 K_{sp} 的热力学关系式计算得到的。

$$\lg K_{sp}^\ominus = -\frac{\Delta G_T^\ominus}{2.30RT}$$

K_{sp} 也可以用电化学的方法测定(详见第 7 章)。

K_{sp} 仅与温度和难溶电解质的本性有关，而与沉淀的量和溶液中离子浓度的变化无关。溶液中离子浓度的变化只能使平衡移动，但不改变溶度积。一些常见难溶电解质的 K_{sp} 见表 6-1 和附录 C.1。

表 6-1　一些常见难溶电解质的溶度积 K_{sp}(25℃)

难溶电解质	K_{sp}	难溶电解质	K_{sp}
AgCl	1.77×10^{-10}	CuS*	6.3×10^{-36}
AgBr	5.35×10^{-13}	$Fe(OH)_2$	4.87×10^{-17}
AgI	8.52×10^{-17}	$Fe(OH)_3$	2.79×10^{-39}
Ag_2S*	6.3×10^{-50}	Hg_2Cl_2	1.43×10^{-18}
$Al(OH)_3$*	1.3×10^{-33}	HgS(黑)*	1.6×10^{-52}
$BaCO_3$	2.58×10^{-9}	HgS(红)*	4×10^{-53}
$CaCO_3$	3.36×10^{-9}	MnS*	2.5×10^{-13}
$Ca(OH)_2$	5.02×10^{-6}	$PbCl_2$	1.70×10^{-5}
CdS*	8.0×10^{-27}	PbI_2	9.8×10^{-9}
$Cr(OH)_3$*	6.3×10^{-31}	$Sn(OH)_2$	5.45×10^{-27}
$Cu(OH)_2$*	2.2×10^{-20}	ZnS(α)*	1.6×10^{-24}

摘自 CRC Handbook of Chemistry and Physics，90ed.（CD-ROM Version 2010），8-127～8-129.

* 摘自 Lange's Handbook of Chemistry，16 ed.（2005），1.331～1.342.

6.1.2 溶度积和溶解度

溶度积为难溶电解质在其饱和溶液中各离子浓度幂的乘积，溶解度是指饱和溶液中所能溶解物质的量。如果溶解度用 $mol\cdot dm^{-3}$ 来表示，则在溶解度与溶度积之间可建立直接的换算关系。根据难溶盐中正负离子的比例不同，可以将难溶盐分为Ⅰ-Ⅰ(AB)型，如 AgCl、$BaSO_4$ 等；Ⅰ-Ⅱ(AB_2)型，如 Ag_2CrO_4、$Mg(OH)_2$ 等。不同类型的难溶盐其溶解度 s 与 K_{sp} 的关系也不同。

Ⅰ-Ⅰ(AB)型：如

$$AgCl(s) \rightleftharpoons \underset{s}{Ag^+(aq)} + \underset{s}{Cl^-(aq)}$$

$$K_{sp}=[Ag^+][Cl^-]=s^2$$

$$s=\sqrt{K_{sp}} \tag{6-1}$$

Ⅰ-Ⅱ(AB_2)型：如

$$Ag_2CrO_4(s) \rightleftharpoons \underset{2s}{2Ag^+(aq)} + \underset{s}{CrO_4^{2-}(aq)}$$

$$K_{sp}=[Ag^+]^2[CrO_4^{2-}]=(2s)^2(s)$$

$$s=\sqrt[3]{\frac{K_{sp}}{4}} \tag{6-2}$$

上述 K_{sp} 与 s 关系的成立要注意以下条件：

(1) 稀溶液中，离子强度近似等于零。

在强电解质存在下，或溶解度较大，离子活度系数不等于 1 时，

$$K_{sp}=\text{活度积}$$

$$a=\gamma \cdot c \quad (\gamma \leqslant 1)$$

式中 a 为活度，γ 为活度系数。

（2）难溶电解质的离子在溶液中不发生任何化学反应。

如：

$$CaCO_3(s) \rightleftharpoons Ca^{2+}(aq)+CO_3^{2-}(aq) \xrightarrow{H_2O} HCO_3^-(aq)$$

$$K_{sp}=[Ca^{2+}][CO_3^{2-}]\neq s^2$$

对于 $CaCO_3(s)$、PbS 等难溶盐的离子会发生水解，因此，不能用 K_{sp}来简单计算溶解度。

（3）难溶电解质要一步完全电离。

$$Fe(OH)_3(s) \rightleftharpoons Fe(OH)_2^+(aq)+OH^-(aq) \qquad K_1$$

$$Fe(OH)_2^+(aq) \rightleftharpoons Fe(OH)^{2+}(aq)+OH^-(aq) \qquad K_2$$

$$Fe(OH)^{2+}(aq) \rightleftharpoons Fe^{3+}(aq)+OH^-(aq) \qquad K_3$$

总反应

$$Fe(OH)_3(s) \rightleftharpoons Fe^{3+}(aq)+3OH^-(aq)$$

$$K_{sp}=[Fe^{3+}][OH^-]^3=K_1\times K_2\times K_3\neq s(3s)^3$$

对于 $Fe(OH)_3(s)$等需要分步电离的难溶盐，总的平衡常数 K_{sp}是存在的，但其中 Fe^{3+} 和 OH^- 的浓度比大大小于 1∶3。因此，其溶解度与溶度积的换算关系是不适用的。

又如：

$$HgCl_2(s) \rightleftharpoons \underset{\text{(分子形式)}}{HgCl_2(aq)} \rightleftharpoons Hg^{2+}(aq)+2Cl^-(aq)$$

$$s=[HgCl_2]+[Hg^{2+}], \quad K_{sp}\neq 4s^3$$

其中，有分子形式的 $HgCl_2$ 溶于水中，显然对于固体 $HgCl_2(s)$来说，其溶解度要大于一般意义上的仅有离子与其处于平衡时的溶解度。因此，其溶解度与溶度积的换算关系也是不适用的。

另外要注意：对于同种类型化合物而言，K_{sp}数值大，s 也大；但对于不同类型化合物之间，不能根据 K_{sp}来比较 s 的大小。

【例 6-1】 查表知 PbI_2 的 K_{sp}为 9.8×10^{-9}，估计其溶解度 s。

解 $PbI_2(s) \rightleftharpoons Pb^{2+}(aq)+2I^-(aq) \quad K_{sp}=[Pb^{2+}][I^-]^2$

$[Pb^{2+}]=s$

$[I^-]=2s$

$K_{sp}=[Pb^{2+}][I^-]^2=(s)(2s)^2=4s^3$

$s=(K_{sp}/4)^{1/3}=(9.8\times10^{-9}/4)^{1/3}=1.3\times10^{-3}(mol\cdot dm^{-3})$

Pb^{2+} 在浓度低的情况下，不发生水解或者其水解可以忽略，而 I^- 离子是强酸 HI 的反离子，不发生水解。因此，PbI_2 固体难溶盐的溶解度 s 可以按照Ⅰ-Ⅱ型的关系式由溶度积 K_{sp}求得。

6.2 沉淀的生成

6.2.1 溶度积原理

下面按照平衡移动原理以及溶液中离子浓度与溶解度的关系，对于沉淀的生成与溶解等问题进行讨论。例如，对于 $BaSO_4$ 固体在水中，如果达到平衡并处于饱和溶液状态，则用 K_{sp} 来表示其溶度积；如果未达到平衡，定义 Q_i 为任意浓度时的离子积，则

$$BaSO_4(s) \rightleftharpoons Ba^{2+}(aq)+SO_4^{2-}(aq)$$

$$K_{sp}=[Ba^{2+}]_{平}[SO_4^{2-}]_{平}, \quad Q_i=[Ba^{2+}][SO_4^{2-}]$$

对于 A_mB_n 型的难溶电解质，其离子积

$$Q_i=[A^{n+}]^m[B^{m-}]^n$$

根据 Q_i（为简化，一般写为 Q）与 K_{sp} 的关系，存在以下三种情况（图 6-1）：

（1）$Q=K_{sp}$，平衡状态，为饱和溶液。

（2）$Q>K_{sp}$，非平衡状态，从热力学上来说，应该有沉淀析出，直至达到新的平衡。例如在难溶盐饱和溶液温度降低时，或者在将难溶盐的阴、阳离子水溶液进行混合且浓度较大时，都会有沉淀析出。

（3）$Q<K_{sp}$，非平衡状态，将有固体溶解，直至达到新的平衡。

以上结论统称为**溶度积原理**。

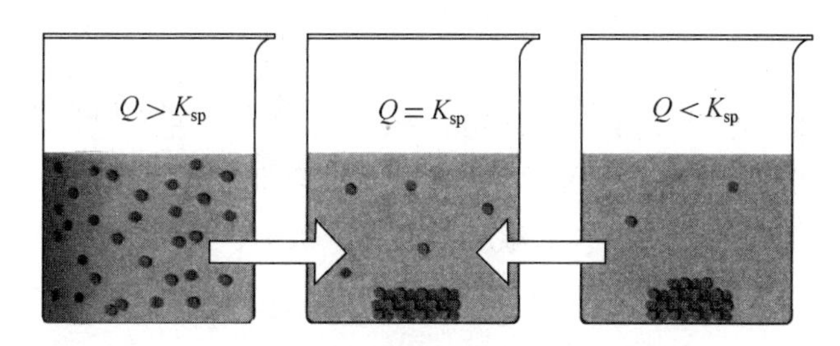

图 6-1　溶度积原理示意图

【例 6-2】　等体积的 0.2 mol·dm^{-3} 的 $Pb(NO_3)_2$ 和 KI 水溶液混合，是否会产生 PbI_2 沉淀？

解

$$Pb^{2+}(aq)+2I^-(aq) \rightleftharpoons PbI_2(s)$$

$$PbI_2(s) \rightleftharpoons Pb^{2+}(aq)+2I^-(aq)$$

$$K_{sp}=[Pb^{2+}][I^-]^2=9.8\times10^{-9}$$

$$Q=[Pb^{2+}][I^-]^2$$

$$=0.1\times(0.1)^2=1\times10^{-3}\gg K_{sp}$$，会产生沉淀

6.2.2　沉淀的完全度

由溶度积定义可知，难溶盐的 K_{sp} 越小，溶液中难溶盐的离子浓度越小。另一方面，对于 AB 型的难溶盐，可以通过加入大量 A 离子，以降低 B 离子在溶液中的浓度，反之亦然。但是，溶液中残留的离子浓度再低，也不会是零。

在**定性分析**中，溶液中残留离子浓度 $\leqslant 10^{-5}$ mol·dm^{-3} 时可认为沉淀完全；而在**定量分析**中，溶液中残留离子浓度 $\leqslant 10^{-6}$ mol·dm^{-3} 时才可认为沉淀完全。这种定义是根据实验条件决定的。定量分析时，分析天平的精度为 0.0001 g，一般分子的分子量在 100 数量级，因此在物质的量小于 $m/M\approx0.0001/100=10^{-6}$(mol) 时，已经检测不到，也就认为沉淀完全了。

6.2.3 同离子效应

同离子效应：在难溶盐的饱和溶液中，加入含有共同离子的易溶强电解质而使沉淀溶解度降低的效应。例如，

$$AgCl(s) \rightleftharpoons Ag^{+}(aq)+Cl^{-}(aq)$$

$$K_{sp}=[Ag^{+}][Cl^{-}]=1.77\times10^{-10},\quad s=1.3\times10^{-5}\ mol\cdot dm^{-3}$$

如果在该溶液中加入 NaCl，由于$[Cl^{-}]$的增加，根据溶度积原理，平衡将向左移动，使得 AgCl 的溶解度比在纯水中降低。

相似地，往饱和的 $Zn(Ac)_2$ 水溶液中加醋酸钠，也会有 $Zn(Ac)_2$ 析出。

【例 6-3】 估算 AgCl 在 0.1 $mol\cdot dm^{-3}$ NaCl(aq)中的溶解度 s。

（纯水中，$s_0=1.3\times10^{-5}\ mol\cdot dm^{-3}$）

解 $$AgCl(s) \rightleftharpoons Ag^{+}(aq)+Cl^{-}(aq)$$

$$K_{sp}=[Ag^{+}][Cl^{-}]=1.77\times10^{-10}$$

$$[Ag^{+}]=K_{sp}/[Cl^{-}]=1.77\times10^{-10}/0.1=1.77\times10^{-9}(mol\cdot dm^{-3})$$

$$s=[Ag^{+}]=1.77\times10^{-9}\ mol\cdot dm^{-3}\ll1.3\times10^{-5}\ mol\cdot dm^{-3}$$

从计算结果可以看出，0.1 $mol\cdot dm^{-3}$ NaCl 的加入使得 AgCl 的溶解度降低了约 4 个数量级。这种同离子效应往往用于 K_{sp}较大的难溶盐的完全沉淀。

6.2.4 盐效应

盐效应：加入强电解质而使沉淀溶解度增大的效应(静电吸引使其不易沉淀)，见图 6-2。

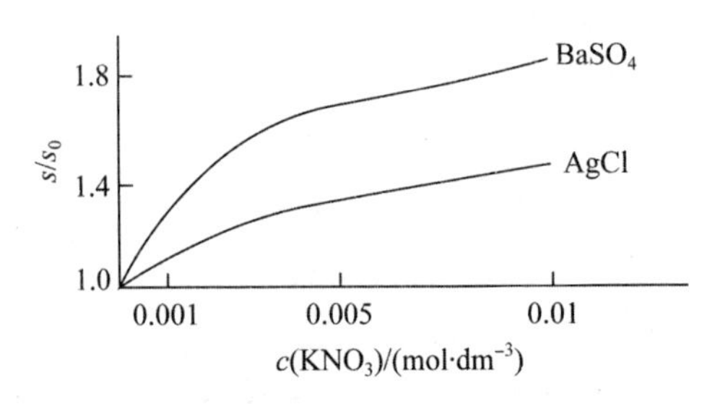

图 6-2 强电解质对于难溶盐溶解度的影响

s_0：纯水中的溶解度；s：在 KNO_3 溶液中的溶解度

从图 6-2 可以看出，难溶盐 AgCl 和 $BaSO_4$ 在水中的溶解度，由于加入了强电解质 KNO_3，它们的溶解度均有提高，且在一定浓度范围内随着 KNO_3 的增加其溶解度也增加。一般认为，溶液中外加强电解质离子的电荷对于难溶盐固体表面相反电荷离子的静电吸引，促进了难溶盐的溶解。

要注意盐效应与同离子效应的区别：盐效应中的强电解质中没有与难溶盐相同的离子，盐效应是促进了难溶盐的溶解；而同离子效应是降低了难溶盐的溶解度，因为加入了与难溶盐有相同离子的强电解质。

6.3　沉淀的溶解

欲使沉淀溶解，可以通过酸碱反应、氧化还原反应、配位反应以及沉淀的转化等方法，减小溶液中的离子浓度，使得沉淀溶解平衡向溶解的方向移动。下面对于前三者分别进行讨论，沉淀的转化见 6.4 节。

6.3.1　发生酸碱反应

通过加入酸，生成弱电解质，可以使得难溶氢氧化物和碳酸盐等难溶盐溶解。例如：

$$Fe(OH)_3(s) \rightleftharpoons Fe^{3+}(aq) + 3OH^-(aq)$$

$$\downarrow H^+$$

$$H_2O(l)$$

再如：

$$ZnCO_3(s) \rightleftharpoons Zn^{2+}(aq) + CO_3^{2-}(aq)$$

$$CO_3^{2-}(aq) + 2HCl(aq) \rightleftharpoons H_2CO_3(aq) + 2Cl^-(aq)$$

$$H_2CO_3(aq) \rightleftharpoons H_2O(l) + CO_2(g)\uparrow$$

以上是难溶氢氧化物和碳酸盐在酸中溶解的情况。更进一步的酸溶情况见下面的例 6-4 和例 6-5。

6.3.2　发生氧化还原反应

例如：

$$CuS(s) \rightleftharpoons Cu^{2+}(aq) + S^{2-}(aq)$$

$$3S^{2-}(aq) + 8HNO_3(aq) \rightleftharpoons 3S(s) + 2NO(g) + 4H_2O(l) + 6NO_3^-(aq)$$

总反应：$3CuS(s) + 8H^+(aq) + 2NO_3^-(aq) \rightleftharpoons 3Cu^{2+}(aq) + 3S(s) + 2NO(g) + 4H_2O(l)$

这是利用氧化性的硝酸溶解难溶盐金属硫化物的典型例子。另一个经典例子是利用“王水”(1∶3 体积比的浓硝酸和浓盐酸)溶解 HgS(s)：

$$3HgS(s) + 2NO_3^-(aq) + 12Cl^-(aq) + 8H^+(aq) \rightleftharpoons 3HgCl_4^{2-} + 3S(s) + 2NO(g) + 4H_2O(l)$$

其中，除了硝酸的氧化性外，还有氯离子的配位作用。

6.3.3　发生配位反应

卤化银 AgX(X=Cl、Br、I)均为强酸盐，欲使其溶解多用配位反应。如：

$$AgCl(s) \rightleftharpoons Ag^+(aq) + Cl^-(aq) \qquad K_{sp} = [Ag^+][Cl^-]$$

$$Ag^+(aq) + 2NH_3 \cdot H_2O(aq) \rightleftharpoons Ag(NH_3)_2^+(aq) + 2H_2O(l) \qquad K_f = \frac{[Ag(NH_3)_2^+]}{[Ag^+][NH_3]^2} = 1.6\times10^7$$

总反应：　$AgCl(s) + 2NH_3 \cdot H_2O(aq) \rightleftharpoons Ag(NH_3)_2^+(aq) + Cl^-(aq) + 2H_2O(l)$

AgCl 固体在水中的溶解度很小，但由于生成的银离子能与 NH_3 形成配离子，促进了平衡向右移动，所以氯化银能溶于氨水中。但对于 AgBr 和 AgI，需要更强的配位剂，详见 6.6 节。

【例 6-4】 为什么 MnS(s)溶于 HCl,而 CuS(s)不溶于 HCl?

解 $MnS(s) \rightleftharpoons Mn^{2+}(aq)+S^{2-}(aq)$ $K_1=K_{sp}=2.5\times10^{-13}$

$S^{2-}+H_3O^+ \rightleftharpoons HS^-+H_2O$ $K_2=1/K_{a_2}(H_2S)=1/(1.2\times10^{-13})$

$HS^-+H_3O^+ \rightleftharpoons H_2S+H_2O$ $K_3=1/K_{a_1}(H_2S)=1/(8.9\times10^{-8})$

总反应: $MnS(s)+2H_3O^+ \rightleftharpoons Mn^{2+}+H_2S+2H_2O$

$$K=K_1\cdot K_2\cdot K_3=K_{sp}/(K_{a_2}\cdot K_{a_1})=2.3\times10^7$$

同理:

$CuS(s) \rightleftharpoons Cu^{2+}(aq)+S^{2-}(aq)$ $K_{sp}=6.3\times10^{-36}$

$CuS(s)+2H_3O^+ \rightleftharpoons Cu^{2+}+H_2S+2H_2O$ $K=K_{sp}/(K_{a_2}\cdot K_{a_1})=5.9\times10^{-16}$

K 为酸溶解平衡常数。对于同类硫化物,K_{sp}大的较易溶解。

【例 6-5】 为什么 $CaCO_3(s)$溶于 HAc,而 $CaC_2O_4(s)$不溶于 HAc?

解 $CaCO_3(s) \rightleftharpoons Ca^{2+}(aq)+CO_3^{2-}(aq)$ $K_{sp}=3.36\times10^{-9}$

$CaCO_3+2HAc \rightleftharpoons Ca^{2+}+H_2CO_3+2Ac^-$

$H_2CO_3 \rightleftharpoons CO_2(g)+H_2O$

$$K=\frac{[Ca^{2+}][Ac^-]^2[H_2CO_3]}{[HAc]^2}$$

$$=\frac{[Ca^{2+}][CO_3^{2-}][H_3O^+]^2[Ac^-]^2[HCO_3^-][H_2CO_3]}{[HAc]^2[CO_3^{2-}][H_3O^+]^2[HCO_3^-]}$$

$$=\frac{K_{sp}\cdot K_{HAc}^2}{K_{a_1}(H_2CO_3)\cdot K_{a_2}(H_2CO_3)}=4.87\times10^{-2}$$

$CaC_2O_4(s) \rightleftharpoons Ca^{2+}(aq)+C_2O_4^{2-}(aq)$ $K_{sp}=2.32\times10^{-9}$

$CaC_2O_4+2HAc \rightleftharpoons Ca^{2+}+H_2C_2O_4+2Ac^-$

$$K=\frac{K_{sp}\cdot K_{HAc}^2}{K_{a_1}(H_2C_2O_4)\cdot K_{a_2}(H_2C_2O_4)}=8.46\times10^{-14}$$

可见,难溶盐的 K_{sp}相近时,K 取决于难溶盐酸根对应的共轭酸的强弱。共轭酸的 K_a 越小,沉淀越易于溶解(强酸置换弱酸规律)。

6.4 沉淀的转化

由一种沉淀转化为另一种沉淀的过程称为沉淀的转化。如铬酸铅固体可以溶于硫化铵水溶液是由于形成了更难溶的硫化铅,反应的常数很大,转化反应很彻底。

$PbCrO_4(s)$(黄色) $\rightleftharpoons Pb^{2+}(aq)+CrO_4^{2-}(aq)$

加入$(NH_4)_2S$溶液: $Pb^{2+}(aq)+S^{2-}(aq) \rightleftharpoons PbS(s)$(黑色)

总反应: $PbCrO_4(s)+S^{2-}(aq) \rightleftharpoons PbS(s)+CrO_4^{2-}(aq)$

$$K=\frac{[CrO_4^{2-}]}{[S^{2-}]}=\frac{[CrO_4^{2-}][Pb^{2+}]}{[S^{2-}][Pb^{2+}]}=\frac{K_{sp}(PbCrO_4)}{K_{sp}(PbS)}=\frac{2.8\times10^{-13}}{8.0\times10^{-28}}=3.5\times10^{14}$$

因此,沉淀的转化是使沉淀溶解的一种手段。又如,硫酸钡的 K_{sp}虽然不算很小,但由于硫酸根对应的共轭酸较强,使得硫酸钡不溶于强酸。但如果将硫酸钡转化为 $BaCO_3$ 等类的弱酸盐,可再用强酸将其溶解。

$$BaSO_4(s)+CO_3^{2-}(aq) \rightleftharpoons BaCO_3(s)+SO_4^{2-}(aq)$$

$$K=\frac{[SO_4^{2-}]}{[CO_3^{2-}]}=\frac{[SO_4^{2-}][Ba^{2+}]}{[CO_3^{2-}][Ba^{2+}]}=\frac{K_{sp}(BaSO_4)}{K_{sp}(BaCO_3)}=\frac{1.08\times10^{-10}}{2.58\times10^{-9}}=\frac{1}{24}$$

$K_{转}$ 较小，但处于 $10^{-7}\sim10^{7}$ 之间，可以通过加大 CO_3^{2-} 浓度（用饱和 Na_2CO_3 溶液）和溶液的量来促进转化。比如，可以采用多次转化的办法，即每次用一定浓度的 Na_2CO_3 溶液处理，直至 $BaSO_4$ 全部转化为 $BaCO_3$，然后用 HCl 溶解 $BaCO_3$ 沉淀。

6.5　分步沉淀

如果溶液中同时含有几种离子，当加入一种沉淀剂时，哪种离子先沉淀？能否通过沉淀的办法将它们分离？如在含有 Cl^- 和 I^- 的混合溶液中，慢慢加入 $AgNO_3$ 溶液，最先生成黄色的 AgI 沉淀，继续加入一定量的 $AgNO_3$ 溶液后，开始生成白色 AgCl 沉淀，这种先后沉淀的现象称为分步沉淀（fractional precipitation）。

【例 6-6】 Mg 的一个主要来源是海水，可用 NaOH 将 Mg^{2+} 沉淀，但海水同时含 Ca^{2+}，在 $Mg(OH)_2$ 沉淀时 $Ca(OH)_2$ 是否也会沉淀？已知海水中含 Mg^{2+} 0.050 $mol\cdot dm^{-3}$，含 Ca^{2+} 0.010 $mol\cdot dm^{-3}$。确定固体 NaOH 加入时，沉淀次序和每种沉淀开始时的 $[OH^-]$。

解　对于 $Ca(OH)_2$，$K_{sp}=[Ca^{2+}][OH^-]^2=5.02\times10^{-6}$

$$[OH^-]=\sqrt{K_{sp}/[Ca^{2+}]}=\sqrt{5.02\times10^{-6}/0.010}=0.022(mol\cdot dm^{-3})$$

对于 $Mg(OH)_2$，$K_{sp}=[Mg^{2+}][OH^-]^2=1.9\times10^{-13}$

$$[OH^-]=\sqrt{K_{sp}/[Mg^{2+}]}=\sqrt{1.9\times10^{-13}/0.050}=1.9\times10^{-6}(mol\cdot dm^{-3})$$

因此，通过控制 OH^- 的浓度，可以先使 $Mg(OH)_2$ 沉淀。

【例 6-7】 在 Cl^- 和 I^- 均为 0.010 $mol\cdot dm^{-3}$ 的溶液中，加入 $AgNO_3$ 溶液，能否分步沉淀？开始沉淀的 $[Ag^+]$ 为多少？

解　对于 AgCl，$K_{sp}=[Ag^+][Cl^-]=1.77\times10^{-10}$

$$[Ag^+]=K_{sp}(AgCl)/[Cl^-]$$
$$=1.77\times10^{-10}/0.010=1.77\times10^{-8}(mol\cdot dm^{-3})$$

对于 AgI，$K_{sp}=[Ag^+][I^-]=8.52\times10^{-17}$

$$[Ag^+]=K_{sp}(AgI)/[I^-]$$
$$=8.52\times10^{-17}/0.010=8.52\times10^{-15}(mol\cdot dm^{-3})$$

I^- 先沉淀，当 Cl^- 开始沉淀时，

$$[I^-]=K_{sp}(AgI)/[Ag^+]$$
$$=8.52\times10^{-17}/(1.77\times10^{-8})=4.81\times10^{-9}(mol\cdot dm^{-3})$$

说明 I^- 已沉淀完全。

但对于 AB 型与 AB_2 型沉淀来说，不能直接用 K_{sp} 大小来判断沉淀的先后次序和分离效果。

【例 6-8】 用 $AgNO_3$ 溶液来沉淀 Cl^- 和 CrO_4^{2-}（浓度均为 0.010 $mol \cdot dm^{-3}$），开始沉淀时所需$[Ag^+]$分别是多少？

解 对于 AgCl，$[Ag^+]=K_{sp}(AgCl)/[Cl^-]$

$$=1.77\times10^{-10}/0.010=1.77\times10^{-8}(mol\cdot dm^{-3})$$

对于 Ag_2CrO_4，$[Ag^+]=\sqrt{K_{sp}(Ag_2CrO_4)/[CrO_4^{2-}]}$

$$=\sqrt{1.12\times10^{-12}/0.010}=1.06\times10^{-5}(mol\cdot dm^{-3})$$

反而是 K_{sp} 大的 AgCl 先沉淀。说明，生成沉淀所需试剂离子浓度越小的越先沉淀。

利用分步沉淀，通过控制 pH，来实现离子的分离：

【例 6-9】 某溶液中 Zn^{2+}、Mn^{2+} 浓度均为 0.10 $mol \cdot dm^{-3}$。问：通入 H_2S 气体，哪种先沉淀？pH 控制在什么范围，可实现完全分离？（$K_{sp}(MnS)=2.5\times10^{-13}$，$K_{sp}(ZnS)=1.6\times10^{-24}$；硫化氢水溶液的饱和浓度为 0.1 $mol \cdot dm^{-3}$）

解 对于 MnS，$[S^{2-}]=K_{sp}(MnS)/[Mn^{2+}]$

$$=2.5\times10^{-13}/0.10=2.5\times10^{-12}(mol\cdot dm^{-3})$$

$$[H_3O^+]=\sqrt{(K_{a_1}\cdot K_{a_2}\cdot[H_2S])/[S^{2-}]}$$

$$=\sqrt{1.1\times10^{-21}/(2.5\times10^{-12})}=2.1\times10^{-5}(mol\cdot dm^{-3})$$

即开始沉淀时的 pH=4.68

ZnS 沉淀完全时，$[S^{2-}]=K_{sp}(ZnS)/[Zn^{2+}]$

$$=1.6\times10^{-24}/(1.0\times10^{-6})=1.6\times10^{-18}(mol\cdot dm^{-3})$$

$$[H_3O^+]=\sqrt{(K_{a_1}\cdot K_{a_2}\cdot[H_2S])/[S^{2-}]}$$

$$=\sqrt{1.1\times10^{-21}/(1.6\times10^{-18})}=0.026(mol\cdot dm^{-3})$$

$$pH=1.59$$

说明 pH 在 1.59～4.68 之间，可使 ZnS 沉淀完全，而 MnS 不沉淀。

6.6 配位平衡

6.6.1 配位平衡和稳定常数

如果在 $CuCl_2$ 溶液中加入 NaOH，会生成 $Cu(OH)_2$ 沉淀，这是在“普通化学实验”课上可以观察到的现象。继续在已经生成蓝色絮状沉淀的 $CuCl_2$ 溶液中加入浓氨水，则蓝色的 $Cu(OH)_2$ 沉淀会随着加入氨水量的增加而消失。在这个过程中，就涉及配位平衡的问题。本节将就配位平衡及其配位常数作简单介绍。

在加入浓氨水的 $CuCl_2$ 中，$Cu(OH)_2$ 沉淀逐渐溶解，也就是有反应促进了 $Cu(OH)_2$ 的电离，由于加入的浓氨水呈碱性，不与 OH^- 发生反应，所以浓氨水可能与 Cu^{2+} 离子发生作用，生成了更稳定但是可以溶解于水的复合离子，这种复合离子被称为配离子，相应的化合物被称为配合物或配位化合物，最早由瑞士化学家维纳（Werner）于 19 世纪末发现。所发生的反应可以用下面的反应方程式描述：

$$Cu(OH)_2 + 4NH_3 \cdot H_2O \rightleftharpoons Cu(NH_3)_4^{2+} + 2OH^- + 4H_2O$$

其中 $Cu(NH_3)_4^{2+}$ 即为配离子，具有很好的稳定性，且可以溶于水。在溶液中，生成 $Cu(NH_3)_4^{2+}$ 配离子的过程和该离子的解离过程同时进行，会逐渐达到平衡，相应过程可以用如下平衡方程式描述：

$$Cu^{2+} + 4NH_3 \rightleftharpoons Cu(NH_3)_4^{2+}$$

该平衡被称为配离子的配位平衡(coordination equilibrium)。根据第 4 章中"化学平衡原理"，其平衡常数表达式为

$$K_{稳} = \frac{[Cu(NH_3)_4^{2+}]}{[Cu^{2+}] \cdot [NH_3]^4}$$

式中，$K_{稳}$ 为配合物的稳定常数(stability constant)。$K_{稳}$ 值越大，配离子越稳定。因此，配离子的稳定常数是配离子的一种特征常数。一些常见配离子的稳定常数见附录 C.2。

上述平衡反应中，如果平衡反应向左进行，即复杂的配离子解离成简单的 Cu^{2+} 和 NH_3 分子，则解离平衡为

$$Cu(NH_3)_4^{2+} \rightleftharpoons Cu^{2+} + 4NH_3$$

此时平衡常数表达式为

$$K_{不稳} = \frac{[Cu^{2+}] \cdot [NH_3]^4}{[Cu(NH_3)_4^{2+}]}$$

式中，$K_{不稳}$ 为配合物的不稳定常数(instability constant)或解离常数。$K_{不稳}$ 值越大，表示配离子在水中的解离程度越大，即越不稳定。从两者的定义式可知，稳定常数和不稳定常数之间呈倒数关系：

$$K_{稳} = \frac{1}{K_{不稳}}$$

对于复合离子或配离子 $Cu(NH_3)_4^{2+}$ 来说，根据前面学到的酸碱理论，Cu^{2+} 是一种 Lewis 酸，NH_3 是 Lewis 碱。类似于 $Al(OH)_3$ 或 H_3PO_4 等的电离，$Cu(NH_3)_4^{2+}$ 的解离也是逐级进行的，也就是有逐级不稳定常数。相应地，有逐级稳定常数，对于 $Cu(NH_3)_4^{2+}$ 配离子而言，有：

第一级逐级稳定常数为

$$Cu^{2+} + NH_3 \rightleftharpoons Cu(NH_3)^{2+}$$

$$K_{稳_1} = \frac{[Cu(NH_3)^{2+}]}{[Cu^{2+}][NH_3]}$$

第二级逐级稳定常数为

$$Cu(NH_3)^{2+} + NH_3 \rightleftharpoons Cu(NH_3)_2^{2+}$$

$$K_{稳_2} = \frac{[Cu(NH_3)_2^{2+}]}{[Cu(NH_3)^{2+}][NH_3]}$$

第三级逐级稳定常数为

$$Cu(NH_3)_2^{2+} + NH_3 \rightleftharpoons Cu(NH_3)_3^{2+}$$

$$K_{稳_3} = \frac{[Cu(NH_3)_3^{2+}]}{[Cu(NH_3)_2^{2+}][NH_3]}$$

第四级逐级稳定常数为

$$Cu(NH_3)_3^{2+} + NH_3 \rightleftharpoons Cu(NH_3)_4^{2+}$$

$$K_{稳_4}=\frac{[Cu(NH_3)_4^{2+}]}{[Cu(NH_3)_3^{2+}][NH_3]}$$

根据化学平衡的基本关系，总反应

$$Cu^{2+}+4NH_3 \rightleftharpoons Cu(NH_3)_4^{2+}$$

的稳定常数是各逐级稳定常数的乘积：

$$K_{稳_1}K_{稳_2}K_{稳_3}K_{稳_4}=\frac{[Cu(NH_3)_4^{2+}]}{[Cu^{2+}][NH_3]^4}=K_{稳}$$

类似于弱酸弱碱的电离平衡和沉淀溶解平衡，利用配合物的稳定常数就可以计算配位平衡中有关离子的浓度。不同的是，多数配合物或者配离子的逐级稳定常数之间差别不大，因此在计算离子浓度时需考虑各级配离子的存在。在实际工作中，通常加入的配合剂是过量的，因此金属离子多处于最高配位数，其他配位数的离子在相关计算中可以忽略。

【例 6-10】 当溶液中 1.0×10^{-3} mol·dm^{-3} 的 $Cu(NH_3)_4^{2+}$ ($K_{稳}=1.3\times10^7$) 和 1.0 mol·dm^{-3} NH_3 处于平衡状态时，求游离的 Cu^{2+} 的浓度。

解 设平衡时解离出的 $[Cu^{2+}]$ 为 x mol·dm^{-3}。

$$Cu(NH_3)_4^{2+} \rightleftharpoons Cu^{2+}+4NH_3$$

	$Cu(NH_3)_4^{2+}$	Cu^{2+}	$4NH_3$
反应前(mol·dm^{-3})	1.0×10^{-3}		1.0
平衡时(mol·dm^{-3})	$1.0\times10^{-3}-x$	x	$1.0+4x$

$K_{稳}=1.3\times10^7$ 较大，可进行近似计算，即

$$K_{稳}=\frac{1.0\times10^{-3}-x}{(1.0+4x)^4\cdot x}=\frac{1.0\times10^{-3}}{1.0^4x}=1.3\times10^7$$

$$x=7.7\times10^{-11},\quad [Cu^{2+}]=7.7\times10^{-11}\ \text{mol}\cdot\text{dm}^{-3}$$

感兴趣的话，可以查出 $Cu(NH_3)_4^{2+}$ 的逐级稳定常数，计算出其他配位数的配离子的浓度，可以看到由于 $K_{稳}$ 很大，现在的简化是合理的。

由于配位平衡常数的差异，类似于多种弱酸、弱碱共存和不同溶度积的沉淀相互转化的情况，随着配体浓度的不同，不同配合物离子的含量或者浓度也会发生改变，或发生相互转化。

【例 6-11】 在含有相同浓度的 NH_3 和 CN^- 的溶液中加入 Ag^+，可能会形成 $Ag(NH_3)_2^+$ 和 $Ag(CN)_2^-$，试问哪种配离子先形成？若在 $Ag(NH_3)_2^+$ 溶液中加入 KCN，能否发生配离子的转化？

解 查附录 C.2 配离子稳定常数表可知：

$$K_{稳}(Ag(NH_3)_2^+)=1.6\times10^7,\quad K_{稳}(Ag(CN)_2^-)=5.6\times10^{18}$$

由于两者是同型配离子，所以稳定常数大的配离子先形成，即 $Ag(CN)_2^-$ 会先于 $Ag(NH_3)_2^+$ 生成。当然，可以设 NH_3 和 CN^- 的浓度均为 1 mol·dm^{-3}，计算出生成配离子时相应的 $[Ag^+]$，也可以得到相同的结论。

当在 $Ag(NH_3)_2^+$ 中加入 KCN 时，会发生以下的平衡反应：

$$Ag(NH_3)_2^+ + 2CN^- \rightleftharpoons Ag(CN)_2^- + 2NH_3$$

该反应的平衡常数：

$$K=\frac{[Ag(CN)_2^-][NH_3]^2}{[Ag(NH_3)_2^+][CN^-]^2}=\frac{[Ag(CN)_2^-][NH_3]^2[Ag^+]}{[Ag(NH_3)_2^+][CN^-]^2[Ag^+]}=\frac{K_{稳}(Ag(CN)_2^-)}{K_{稳}(Ag(NH_3)_2^+)}$$

$$=\frac{5.6\times10^{18}}{1.6\times10^{7}}=3.5\times10^{11}$$

根据热力学中化学反应自发进行的判据(自由能判据)，这两种配合物是可以发生转化的。

配位平衡也是众多化学平衡过程中的一种，和本书中前面讲到的酸碱平衡、沉淀溶解平衡以及下一章的氧化还原平衡一起，通常被称为无机化学中的四大平衡。和其他平衡一样，配位平衡也遵守 Le-Châtelier 原理，会随着外界条件，如浓度、压力、温度等的影响发生平衡的移动。同时，会和酸碱平衡、沉淀溶解平衡等一起共存，产生一些有趣的现象和应用。下面就介绍有关配位平衡移动和多重平衡共存的问题。

6.6.2　配位平衡与多重平衡

通常，对于 ML_n 型配离子，存在下述平衡：

$$M^{n+}+xL^{-}\rightleftharpoons ML_x^{(n-x)}$$

向溶液中加入其他试剂，使金属离子 M^{n+} 生成难溶化合物，或者改变 M^{n+} 的氧化态，都可以因为改变 M^{n+} 的浓度而使平衡向左移动，也就是使配合物解离。同样，改变溶液的酸碱性使配位体 L^- 生成难电离的电解质，也可以使平衡向左移动。相反地，如果在溶液中增加 M^{n+} 或者 L^- 的浓度，则可以使平衡向右移动，生成配离子。如果和酸碱平衡、沉淀溶解平衡共存，则可以发生弱电解质、难溶沉淀和配合物之间的转化。

1. 配位平衡与酸碱平衡

酸度对配位反应的影响是多方面的，因为溶液中$[H^+]$可能会直接影响金属离子 M^{n+} 的水解程度，也就是造成金属离子的浓度变化，同时也会造成通常是弱酸根的配合剂 L 的浓度变化，从而造成平衡的移动，通常是配离子的解离。例如，常见的配合剂 NH_3 和 CN^-、F^- 等都可以认为是碱，可以与 H^+ 结合而生成相应的共轭酸，反应的程度决定于相应共轭酸的解离常数。共轭酸的解离常数越小，相应配体碱性越强，就越容易与 H^+ 结合造成平衡向左移动，降低配离子的稳定性。

例如在酸性介质中，F^- 离子能与 Fe^{3+} 离子生成 FeF_6^{3-} 配离子。但当酸度过大时($[H^+]>0.5\ mol\cdot dm^{-3}$)，由于 H^+ 与 F^- 结合生成了 HF 分子，会降低溶液中 F^- 浓度，使 FeF_6^{3-} 配离子解离成 Fe^{3+}。反应表达式如下：

$$\begin{array}{c} Fe^{3+}+6F^{-}\rightleftharpoons FeF_6^{3-} \\ + \\ 6H^{+}\rightleftharpoons 6HF \end{array}$$

总反应为

$$FeF_6^{3-}+6H^{+}\rightleftharpoons Fe^{3+}+6HF$$

相应的总反应平衡常数为

$$K=\frac{[Fe^{3+}][HF]^6}{[FeF_6^{3-}][H^+]^6}=\frac{[Fe^{3+}][HF]^6}{[FeF_6^{3-}][H^+]^6}\cdot\frac{[F^-]^6}{[F^-]^6}=\frac{1}{K_{稳}\cdot(K_a)^6}$$

因此，pH 对配位反应的影响与配离子的稳定常数及配体生成的共轭弱酸的解离常数相关。相应地，金属离子的水解也会对配位平衡的移动产生影响。例如，同样对上面的反应平衡，当溶液的酸度比较小的时候，Fe^{3+} 离子可以发生如下的水解反应：

$$Fe^{3+} + H_2O \rightleftharpoons Fe(OH)^{2+} + H^+$$

$$Fe(OH)^{2+} + H_2O \rightleftharpoons Fe(OH)_2^+ + H^+$$

$$Fe(OH)_2^+ + H_2O \rightleftharpoons Fe(OH)_3 + H^+$$

与上述配离子平衡的总反应为

$$FeF_6^{3-} + 3H_2O \rightleftharpoons Fe(OH)_3 + 3H^+ + 6F^-$$

相应的总平衡常数为

$$K = \frac{[Fe(OH)_3][H^+]^3[F^-]^6}{[FeF_6^{3-}]} = \frac{[Fe(OH)_3][H^+]^3[F^-]^6}{[FeF_6^{3-}]} \cdot \frac{[OH^-]^3}{[OH^-]^3} \cdot \frac{[Fe^{3+}]}{[Fe^{3+}]}$$

$$= \frac{K_w^3}{K_{稳} \cdot K_b(Fe(OH)_3)}$$

从上式可知,溶液的 pH 越大、酸度越小,Fe^{3+} 的水解越完全,使平衡向右移动,生成 $Fe(OH)_3$ 沉淀,从而 FeF_6^{3-} 配离子发生解离。所以,在酸度小的溶液中配离子也是不稳定的。从防止金属离子水解的角度来看,增加溶液的酸度可抑制水解,防止游离金属离子浓度的降低,从而有利于配合物的形成。

总之,从上述两种效应来看,酸度对配合物稳定性的影响是复杂的,既要考虑配体的酸效应,又要考虑金属离子的水解效应,而且这两种效应作用结果是相反的。因此,一般每种配合物均有其适宜的酸度范围,过大和过小的酸度都会造成配离子的解离,也就是可以通过调节溶液的 pH 调控配合物的形成或解离,这在实际化学工作中是一种有效的方法。

2. 配位平衡与沉淀溶解平衡

当沉淀溶解平衡与配位平衡共存时,沉淀溶解反应会改变配体或者金属离子的浓度,从而造成平衡的移动。这和酸碱平衡与配位平衡的关系本质是相同的,都遵循前面讲的多重平衡的原理,沉淀反应中的阳离子或者阴离子只是改变配离子浓度的手段。例如,当把 NaCl 溶液滴入硝酸银溶液时,会生成白色的 AgCl 沉淀。向溶液中继续滴加氨水,白色 AgCl 沉淀会不断溶解,直至溶解完全生成无色透明溶液。为什么在此过程中,生成 $Ag(NH_3)_2^+$ 配离子的过程占主导地位?这可以从沉淀溶解平衡的 K_{sp} 和配位平衡的 $K_{稳}$ 的相对大小来理解。

在上面的过程中,生成的 AgCl 沉淀首先会发生沉淀溶解反应:

$$AgCl(s) \rightleftharpoons Ag^+ + Cl^-$$

当用浓氨水溶解氯化银时,由于沉淀物中的 Ag^+ 离子与所加的配合剂 NH_3 形成了稳定的配合物,造成平衡不断向右移动,导致沉淀溶解。完整过程为

$$AgCl(s) \rightleftharpoons Ag^+ + Cl^-$$

$$+$$

$$2NH_3 \rightleftharpoons Ag(NH_3)_2^+$$

总反应为

$$AgCl(s) + 2NH_3 \rightleftharpoons Ag(NH_3)_2^+ + Cl^-$$

总反应平衡常数为

$$K = \frac{[Ag(NH_3)_2^+][Cl^-]}{[NH_3]^2} = \frac{[Ag(NH_3)_2^+][Cl^-][Ag^+]}{[NH_3]^2[Ag^+]} = K_{稳} \cdot K_{sp}$$

从上式可以看出,AgCl 沉淀的溶解反应是否可以进行完全,即总平衡常数大小取决于配合物稳定常数和难溶物沉淀解离常数的相对大小。如果 $K_{稳} \cdot K_{sp}$ 较大,则反应可以进行完全,只要不

断加入浓氨水，反应即会一直向着 AgCl 转化成 $Ag(NH_3)_2^+$ 的方向进行，直至沉淀完全溶解。实际上，在该过程中，$K_{稳} \cdot K_{sp} = 2.8 \times 10^{-3}$，相对并不大，所以，需要不断地加入浓氨水，增大 NH_3 的浓度，使反应向沉淀解离方向进行。

同样，在配合物溶液中加入沉淀剂与金属阳离子或者配体发生沉淀反应，也可以使平衡向配离子解离的方向进行而造成配合物离子的破坏。例如，在 AgCl 溶解后的 $Ag(NH_3)_2^+$ 溶液中加入 NaBr，Br^- 离子会沉淀 $Ag(NH_3)_2^+$ 解离出的 Ag^+ 离子，从而使平衡向配离子解离的方向进行，其总平衡方程式为

$$Ag(NH_3)_2^+ + Br^- \rightleftharpoons AgBr(s) + 2NH_3$$

其平衡常数为

$$K = \frac{[NH_3]^2}{[Ag(NH_3)_2^+][Br^-]} = \frac{[NH_3]^2[Ag^+]}{[Ag(NH_3)_2^+][Br^-][Ag^+]}$$
$$= \frac{1}{K_{稳} \cdot K_{sp}} = 3.0 \times 10^5$$

所以，Br^- 的加入会使上面的平衡向配离子解离的方向进行。当然，能否实现解离，还取决于所加的配体或者沉淀剂的用量。

【例 6-12】 计算完全溶解 0.01 mol 的 AgCl 和完全溶解 0.01 mol 的 AgBr，至少需要 1 L 多大浓度的氨水？（已知 AgCl 的 $K_{sp} = 1.77 \times 10^{-10}$，AgBr 的 $K_{sp} = 5.35 \times 10^{-13}$，$Ag(NH_3)_2^+$ 的 $K_{稳} = 1.6 \times 10^7$）。

解　首先，假定 AgCl 全部溶解转化为 $Ag(NH_3)_2^+$，则要求氨水是过量的。因此，可忽略 $Ag(NH_3)_2^+$ 解离产生的 NH_3，所以平衡时 $Ag(NH_3)_2^+$ 的浓度为 0.01 $mol \cdot dm^{-3}$，Cl^- 的浓度为 0.01 $mol \cdot dm^{-3}$，反应为

$$AgCl + 2NH_3 \rightleftharpoons Ag(NH_3)_2^+ + Cl^-$$

$$K = \frac{[Ag(NH_3)_2^+][Cl^-]}{[NH_3]^2} = \frac{[Ag(NH_3)_2^+][Cl^-][Ag^+]}{[NH_3]^2[Ag^+]} = K_{稳} \cdot K_{sp}$$
$$= 1.6 \times 10^7 \times 1.77 \times 10^{-10} = 2.8 \times 10^{-3}$$

$$c(NH_3) = \sqrt{\frac{c(Ag(NH_3)_2^+) \cdot c(Cl^-)}{2.83 \times 10^{-3}}} = \sqrt{\frac{0.01 \times 0.01}{2.83 \times 10^{-3}}} = 0.19(mol \cdot dm^{-3})$$

在溶解的过程中与 AgCl 反应需要消耗氨水的浓度为 $2 \times 0.01 = 0.02$ $mol \cdot dm^{-3}$，所以氨水的最初浓度为：$0.19 + 0.02 = 0.21$ $mol \cdot dm^{-3}$。

同理，完全溶解 0.01 mol 的 AgBr，平衡时

$$AgBr + 2NH_3 \rightleftharpoons Ag(NH_3)_2^+ + Br^-$$

$$K = \frac{[Ag(NH_3)_2^+][Br^-]}{[NH_3]^2} = \frac{[Ag(NH_3)_2^+][Br^-][Ag^+]}{[NH_3]^2[Ag^+]} = K_{稳} \cdot K_{sp}$$
$$= 1.6 \times 10^7 \times 5.35 \times 10^{-13} = 8.56 \times 10^{-6}$$

$$c(NH_3) = \sqrt{\frac{c(Ag(NH_3)_2^+) \cdot c(Br^-)}{8.56 \times 10^{-6}}} = \sqrt{\frac{0.01 \times 0.01}{8.56 \times 10^{-6}}} = 3.4(mol \cdot dm^{-3})$$

所以，溶解 0.01 mol AgBr 需要的氨水的浓度是 $3.4 + 0.02 = 3.4$ $mol \cdot dm^{-3}$。因此，同样是 0.01 mol 的固体，由于两者的 K_{sp} 相差较大，导致溶解需要的氨水的浓度有很大的差别。

小　　结

K_{sp}是在一定温度下，难溶电解质饱和溶液中离子浓度幂的乘积。它是多相电离平衡的平衡常数，除与温度有关外，还与溶液中的离子强度有关。但一般情况下，由于难溶盐的溶解度小，溶液中离子强度接近于零，离子强度的影响可以忽略不计。$K_{稳}$ 和 $K_{不稳}$ 是描述配合物的形成与解离难易程度的平衡常数，配合物的稳定性与体系的酸度以及沉淀的形成有极大关系。本章重点内容：

(1) 溶度积 K_{sp}以及离子积 Q 的定义、特点，溶度积原理。

(2) K_{sp}的求算，从热力学关系求 K_{sp}。

(3) K_{sp}的应用：计算溶解度 s；计算沉淀的完全度；判断酸溶反应的自发性(结合 K_a)；判断沉淀转化反应的自发性；判断分步沉淀的可能性。

(4) $K_{稳}$ 和 $K_{不稳}$。

(5) 配合物溶液中金属离子浓度的计算。

(6) 配合物与沉淀平衡体系 $K_{转}$ 的计算。

思　考　题

1. 什么叫溶度积、离子积？离子积与溶度积有何区别？

2. 已知室温下 PbI_2 的溶解度为 s，则其 K_{sp}为 s^3 还是 $4s^3$？

3. 在下列难溶物中，哪些不能通过 K_{sp}计算得到可靠的溶解度数值？$BaCO_3$，$Fe(OH)_3$，$BaSO_4$，AgCl，$BaCrO_4$。

4. 已知 $Mg(OH)_2$ 的 K_{sp}是 5.61×10^{-12}，若溶液中 Mg^{2+}浓度为 1×10^{-4} mol·dm^{-3}，OH^-浓度为 2×10^{-4} mol·dm^{-3}，下列哪种判断沉淀生成的方式是正确的？

(1) $(1\times10^{-4})(2\times10^{-4})^2=4\times10^{-12}<K_{sp}$，不沉淀；

(2) $(1\times10^{-4})(2\times2\times10^{-4})^2=1.6\times10^{-11}>K_{sp}$，生成沉淀。

5. 判断下列说法是否正确：

(1) 两种难溶物，K_{sp}大者，溶解度也大；

(2) AgCl 的 $K_{sp}=1.77\times10^{-10}$，$Ag_3PO_4$ 的 $K_{sp}=8.89\times10^{-17}$，在 Cl^- 和 PO_4^{3-} 浓度相同的溶液中，滴加 $AgNO_3$ 溶液，先析出 Ag_3PO_4 沉淀；

(3) 在一定温度下，AgCl 饱和溶液中 Ag^+ 和 Cl^- 浓度的乘积是常数。

6. 对于下列事实予以解释：

(1) $CaSO_4$ 在水中比在 1 mol·dm^{-3} H_2SO_4 中溶解得更多；

(2) $CaSO_4$ 在 KNO_3 溶液中比在纯水中溶解得更多；

(3) $CaSO_4$ 在 $Ca(NO_3)_2$ 溶液中比在纯水中溶解得更少。

7. 何为“沉淀完全”？沉淀完全时溶液中被沉淀离子的浓度是否等于零？为什么？

8. 试举例说明要使沉淀溶解，可采用哪些措施。为什么？

9. Ag_2CrO_4 沉淀很容易转化成 AgCl 沉淀，$BaSO_4$ 沉淀转化为 $BaCO_3$ 沉淀比较困难，而 AgI 沉淀一步直接转化成 AgCl 沉淀几乎不可能，这是为什么？

10. 举例说明以下名词的含义：

(1) 配合物； (2) 配离子； (3) 配位数； (4) 配体。

11. 指出下列说法是否正确：

(1) 配离子的电荷数等于中心离子的电荷数；

(2) 配位体的数目就是中心离子的配位数；

(3) 配合物的中心体都是金属离子。

12. 为什么说每种配合物均有其适宜的酸度范围，过大和过小的酸度都会造成配合物的解离？试举例说明。

习 题

6.1 已知 25℃时 PbI_2 的溶解度为 1.29×10^{-3} mol·dm^{-3}，求 PbI_2 的 K_{sp}。

6.2 25℃时 $Mg(OH)_2$ 的 K_{sp}为 5.66×10^{-12}，计算此温度下 $Mg(OH)_2$ 的溶解度，以 g/100 g H_2O 表示(假设溶液的密度为 1 g·cm^{-3})。

6.3 在 2.0 dm^3 SO_4^{2-} 浓度为 1.0×10^{-4} mol·dm^{-3}的溶液中，加入多少摩尔 Pb^{2+} 可使 $PbSO_4$ 沉淀析出后溶液中尚余 1.0×10^{-3} mol·dm^{-3}的 Pb^{2+}？

6.4 30 cm^3 0.20 mol·dm^{-3} $AgNO_3$ 与 50 cm^3 0.20 mol·dm^{-3} NaAc 混合可产生 AgAc 沉淀，平衡后测得溶液中的 Ag^+ 浓度为 0.050 mol·dm^{-3}，求 AgAc 的 K_{sp}。

6.5 将 3.4 g $AgNO_3$ 溶于水并稀释至 100 cm^3，加入 100 cm^3 0.40 mol·dm^{-3}的 HAc，问有无 AgAc 沉淀生成？若在上述混合溶液中加入 1.7 g NaAc，有何现象(忽略 NaAc 加入对溶液体积的影响)？

6.6 比较 Ag_2CrO_4 在纯水、在 0.10 mol·dm^{-3} K_2CrO_4 及 0.10 mol·dm^{-3} $AgNO_3$ 溶液中的溶解度。

6.7 将 10 cm^3 0.20 mol·dm^{-3} $MnSO_4$ 和等体积、等浓度的氨水混合，是否有 $Mn(OH)_2$ 沉淀生成？欲阻止沉淀析出应加入多少克 NH_4Cl？

6.8 写出下列溶解反应的离子方程式：

(1) ZnS(s)＋HCl； (2) $BaCrO_4$(s)＋HCl；

(3) $Mg(OH)_2$(s)＋NH_4NO_3； (4) CuS(s)＋HNO_3；

(5) $BaCO_3$(s)＋HAc； (6) AgCl(s)＋$NH_3\cdot H_2O$。

6.9 现有 100 cm^3 Ca^{2+} 和 Ba^{2+} 的混合溶液，二者浓度均为 0.010 mol·dm^{-3}，问：

(1) 用 Na_2SO_4 作沉淀剂能否将 Ca^{2+}、Ba^{2+} 分离？

(2) 要使 Ba^{2+} 达到定量沉淀的要求，应加入多少克 Na_2SO_4(忽略因加入 Na_2SO_4 对溶液体积的影响)？

6.10 在 0.10 mol·dm^{-3} $FeCl_2$ 溶液中通入 H_2S 气至饱和，欲使 FeS 不沉淀，溶液最低酸度应为多少？

6.11 现有含 Ni^{2+} 和 Fe^{3+} 浓度均为 0.010 mol·dm^{-3}的溶液，欲使 $Ni(OH)_2$ 和 $Fe(OH)_3$ 分步沉淀，应控制在什么酸度范围？

6.12 将过量 AgCl 固体与 0.20 mol·dm^{-3} KI 溶液混合，搅拌使其达平衡，溶液中 I^- 浓度为多少？

6.13 将 5.00 mmol 的 $BaSO_4$ 固体加入到 10.0 cm^3 2.00 mol·dm^{-3}的 Na_2CO_3 溶液中，搅拌使

达平衡，问 $BaSO_4$ 能否全部转化为 $BaCO_3$？

6.14　在 0.10 mol·dm^{-3} $CuSO_4$ 溶液中，通 H_2S 气至饱和，有无 CuS 沉淀生成？溶液中残留的 Cu^{2+} 浓度为多少？

6.15　在含有 0.10 mol·dm^{-3} Cl^- 及 0.0010 mol·dm^{-3} I^- 的溶液中加入 $AgNO_3$，问：

(1) 哪种离子先沉淀？

(2) 欲使两种离子分离，应控制什么条件？

(3) 如将 Cl^- 换成同浓度的 Br^-，结果会怎样？(2)、(3)计算结果说明什么问题？

6.16　(1) 计算 PbS(s)在非氧化性强酸中溶解反应的平衡常数。

(2) PbS(s)能否溶解在 H_2S(aq)浓度为 0.050 mol·dm^{-3}、[H_3O^+]=0.30 mol·dm^{-3} 的溶液中？

(3) 向含 Pb^{2+} 浓度为 0.10 mol·dm^{-3}、[H_3O^+]=0.30 mol·dm^{-3}的溶液中通 H_2S 气至饱和，Pb^{2+} 能否沉淀完全？

6.17　在 50 cm^3 0.10 mol·dm^{-3} $AgNO_3$ 溶液中加入等体积的 6.4 mol·dm^{-3}氨水。

(1) 计算平衡时溶液中 Ag^+、$Ag(NH_3)_2^+$ 以及 NH_3 的浓度；

(2) 在上述溶液中加入 1.0 mmol 固体 KBr(忽略固体加入对体积的影响)，是否有 AgBr 沉淀生成？

(3) 欲阻止 AgBr 沉淀生成，在原来 $AgNO_3$ 和 NH_3 的混合溶液中，NH_3 的最低浓度应为多少？

6.18　现有 100 cm^3 1.0 mol·dm^{-3}的氨水和等体积、同浓度的 $Na_2S_2O_3$ 溶液，计算说明 0.10 g AgBr 能完全溶解在哪个溶液中？

6.19　通过计算转化常数说明下列反应能否发生(标准状态)：

(1) $Co(NCS)_4^{2-} + 6NH_3 = Co(NH_3)_6^{2+} + 4SCN^-$

(2) $FeF_6^{3-} + 3C_2O_4^{2-} = Fe(C_2O_4)_3^{3-} + 6F^-$

(3) $Hg(SCN)_4^{2-} + 4CN^- = Hg(CN)_4^{2-} + 4SCN^-$

(4) $CuCl_4^{2-} + 4NH_3 = Cu(NH_3)_4^{2+} + 4Cl^-$

6.20　根据以下热力学数据，计算 $Cu(NH_3)_2^{2+}$ 和 $Cu(en)^{2+}$ 的 $K_{稳}$(T=298 K)，并比较二者的稳定性。

	$\Delta H^\ominus$/(kJ·mol^{-1})	$T\Delta S^\ominus$/(kJ·mol^{-1})
$Cu(NH_3)_2^{2+}$	−50.0	−5.45
$Cu(en)^{2+}$	−61.2	1.68

第7章　氧化还原反应及电化学基础

本章要求

1. 掌握氧化还原反应实质及氧化还原反应方程式的配平
2. 掌握原电池及电极电势的概念，了解浓度、酸度对电极电势的影响
3. 了解原电池的电动势和 Gibbs 自由能变的关系
4. 掌握电极电势及元素电势图的应用

随着社会的发展，电源的使用无所不在，其中绝大多数为化学电源，即电池。同样，一切生物必须不断地获得能量才能生存，人体生命活动所需要的能量全部来自物质在体内的氧化分解。无论是化学电源，还是物质在生物体内的氧化分解，其在化学上的共同点都是发生氧化还原反应。

人们对氧化还原反应的认识有一个不断深化的过程。18 世纪末，以氧的得失来判断，认为与氧结合的过程为氧化反应，而从氧化物中夺取氧的过程为还原反应；19 世纪中叶，则以化合价的升、降来确定氧化或还原过程，认为化合价升高的过程为氧化，而化合价降低的过程为还原；从 20 世纪初开始，则以电子的得失来判断，即失去电子的过程为氧化，得到电子的过程为还原。现在则以电子转移或偏移，即氧化数的变化来判断。根据化学反应发生前后元素原子的氧化数是否发生变化，可将化学反应分为两大类：一类是氧化数不变的反应，如溶液中的离子互换反应，称非氧化还原反应；另一类是氧化数发生变化的反应，称**氧化还原反应**(oxidation-reduction reaction)。

本章将讨论氧化还原反应的基本原理和热力学，同时介绍几类典型的化学电源。

7.1　氧化数及氧化还原反应方程式的配平

7.1.1　氧化数

氧化还原反应一般有以下两种情况。例如

$$(1)\quad 2Na + Cl_2 \xlongequal{} 2NaCl$$

$$(2)\quad H_2 + Cl_2 \xlongequal{} 2HCl$$

反应(1)中，还原剂 Na 失去电子形成 Na^+，氧化剂 Cl_2 得到电子形成 Cl^-，二者通过离子键形成 NaCl。而在反应(2)中无电子得失，产物 HCl 是共价分子，其共用电子对只是偏向电负性较大的 Cl 原子一方。因此，为了准确描述氧化还原反应，引入了氧化数的概念。

1970年，IUPAC严格阐述了**氧化数**(oxidation number)的概念，即某元素一个原子在形成化合物时所转移或偏移的电子数。氧化数也称氧化值或氧化态，也可看成是元素原子的形式电荷数，或称表观电荷数。

在离子型化合物中，元素原子的氧化数等于该元素离子所带的电荷数，如在 $MgCl_2$ 中，一个 Mg 原子失去两个电子形成 Mg^{2+}，每个 Cl 原子得到一个电子形成 Cl^-，因此，Mg 的氧化数为+2，Cl 的氧化数为-1。在共价型化合物中，元素原子的氧化数则为偏向或偏离的电子数。如在 H_2O 中，O 的氧化数为-2，H 的氧化数为+1；在 H_2 中，共用电子对没有发生偏移，其氧化数为零。因此，同种元素在不同的化合物中，其氧化数可能不同。对结构复杂的化合物，不易写出其电子结构式，难于通过结构式来判断氧化数，但可根据氧化数的定义及经验规则加以判断。

(1) 单质中元素的氧化数为零。

(2) 氧的氧化数一般为-2；在过氧化物如 H_2O_2、Na_2O_2 中，氧的氧化数为-1；在超氧化物如 KO_2 中，氧的氧化数为 $-\frac{1}{2}$。

(3) 氢的氧化数一般为+1，但在金属氢化物如 NaH、CaH_2 中，氢的氧化数为-1。

(4) 化合物中，所有元素氧化数的代数和等于零。

根据以上规则可确定化合物中其他元素的氧化数。

应该指出，对于共价型化合物来说，氧化数和化合价的概念是不同的。氧化数是按上述定义而得到的形式电荷数，而化合价(共价)是指形成共价键时共用的电子对数。例如在 H_2 中，两个 H 原子共用一对电子，所以共价数为 1，而氧化数却为零；在 CO 分子中，C 与 O 共用三对电子，电子结构式为 $C\overset{\leftarrow}{=}O$，共价数为 3，而氧化数 O 为-2、C 为+2；在 NH_3 中，N 的共价数为 3，氧化数为-3，H 的共价数为 1，氧化数为+1。由以上几例可以看出，氧化数有正、负之分，而共价数却没有；同一物质中某元素的氧化数与共价数有时相同，有时不同。

根据氧化数的概念，氧化数升高的过程称氧化，氧化数降低的过程称还原。氧化数升高的物质是还原剂，氧化数降低的物质是氧化剂。任何氧化还原反应都包括两个过程，即氧化过程和还原过程，且两个过程同时发生。

7.1.2　氧化还原反应方程式的配平

1. 氧化数法

用氧化数的升高或降低配平氧化还原反应方程式，可按下述步骤进行：

(1) 根据实验事实写出反应物及生成物，并注明反应条件；

(2) 标出氧化剂和还原剂反应前后氧化数的变化；

(3) 按氧化还原反应同时发生，氧化数升高和降低的总数相等的原则，首先配平氧化剂和还原剂前系数；

(4) 根据反应的实际情况，用 H^+、OH^-、H_2O 配平氧化数未发生变化的元素，使方程式两端各种元素的原子个数均相等。

【例 7-1】 在酸性介质中 $K_2Cr_2O_7$ 氧化 $FeSO_4$ 生成 $Fe_2(SO_4)_3$ 和绿色 $Cr_2(SO_4)_3$，配平此反应的方程式。

解

此反应的离子方程式为

$$\overset{+6}{Cr_2O_7^{2-}} + 14H^+ + 6Fe^{2+} = 2Cr^{3+} + 6Fe^{3+} + 7H_2O$$

（氧化数降低 $(2\times3)\times1$；氧化数升高 $(1)\times6$）

应注意，此反应是在酸性条件下发生的，在配平的方程中不能出现 OH^-。如果将上述反应写成：

$$Cr_2O_7^{2-} + 7H_2O + 6Fe^{2+} = 2Cr^{3+} + 6Fe^{3+} + 14OH^-$$

表面上看，反应也配平了，但这个反应与实验事实不符。碱性介质中 $Cr_2O_7^{2-}$ 不能存在，且 Cr^{3+} 和 Fe^{3+} 均生成氢氧化物沉淀。

【例 7-2】 I_2 在 NaOH 溶液中反应生成 NaI 和 $NaIO_3$，配平此反应方程式。

解

此反应的离子方程式为

$$3\overset{0}{I_2} + 6OH^- \rightleftharpoons 5I^- + \overset{+5}{IO_3^-} + 3H_2O$$

（氧化数降低 $(1)\times5$；氧化数升高 $(5)\times1$）

上述反应的氧化剂和还原剂都是 I_2，而且氧化数的升高和降低只涉及一种元素，这种反应称歧化反应。又例如：

$$4KClO_3 \xlongequal{\triangle} 3KClO_4 + KCl$$

也是歧化反应，$KClO_3$ 既是氧化剂又是还原剂。

$$3K\overset{+5}{Cl}O_3 + K\overset{+5}{Cl}O_3 \xlongequal{\triangle} 3K\overset{+7}{Cl}O_4 + K\overset{-1}{Cl}$$

（氧化数升高 $(2)\times3$；氧化数降低 $(6)\times1$）

【例 7-3】 As_2S_3 和 HNO_3 反应，生成 H_3AsO_4 并析出 S，配平此反应方程式。

解

$$3\overset{+3}{As_2}\overset{-2}{S_3} + 10H\overset{+5}{N}O_3 + 4H_2O = 6H_3\overset{+5}{As}O_4 + 9\overset{0}{S} + 10\overset{+2}{N}O$$

（氧化数升高 $(2\times2)\times3$；氧化数升高 $(2\times3)\times3$；氧化数降低 $(3)\times10$）

在此例中，As_2S_3 中的 As 氧化数由 $+3\rightarrow+5$，S 的氧化数由 $-2\rightarrow0$，氧化数总升高数为 10。NO_3^- 中的 N 氧化数由 $+5\rightarrow+2$，氧化数降低 3。氧化数升高和降低的最小公倍数为 30，于是得到上述配平的氧化还原方程式。

2. 半反应法

氧化还原反应可以分解为两个半反应,即氧化半反应和还原半反应。首先配平两个半反应,然后根据两个半反应得失电子总数相等的原则,将两个半反应各乘以相应的系数再相加,即得到配平的方程式。现以在稀 H_2SO_4 溶液中 $KMnO_4$ 氧化 $H_2C_2O_4$ 为例,说明配平的步骤。

(1) 根据实验现象,写出主要产物,以离子方程式表示:

$$MnO_4^- + H^+ + H_2C_2O_4 \longrightarrow Mn^{2+} + CO_2$$

(2) 将反应式分成两个半反应:

氧化反应: $H_2C_2O_4 \longrightarrow CO_2$

还原反应: $MnO_4^- \longrightarrow Mn^{2+}$

(3) 配平两个半反应的原子数及电荷数:

$$H_2C_2O_4 = 2CO_2 + 2H^+ + 2e$$

$$MnO_4^- + 8H^+ + 5e = Mn^{2+} + 4H_2O$$

(4) 根据两个半反应得失电子数相等的原则,氧化半反应×5、还原半反应×2,然后将两半反应相加,即得到配平的离子方程式:

$$2MnO_4^- + 6H^+ + 5H_2C_2O_4 = 2Mn^{2+} + 10CO_2 + 8H_2O$$

与氧化数法相同,为了配平 H、O 原子数,有时要在方程式中加 H^+、OH^- 或 H_2O,但要与反应所需介质的酸碱性一致。

【例 7-4】 在碱性介质中,H_2O_2 可将 $NaCr(OH)_4$ 氧化为 Na_2CrO_4,用半反应法配平反应式。

解 $H_2O_2 + Cr(OH)_4^- \longrightarrow CrO_4^{2-} + H_2O$

氧化反应: $Cr(OH)_4^- + 4OH^- = CrO_4^{2-} + 4H_2O + 3e$

还原反应: $HO_2^- + H_2O + 2e = 3OH^-$

氧化半反应×2,还原半反应×3,相加得到:

$$2Cr(OH)_4^- + 3HO_2^- = 2CrO_4^{2-} + OH^- + 5H_2O$$

7.2 原 电 池

7.2.1 原电池的定义

众所周知,将 Fe 片插到 $CuSO_4$ 溶液中,不久可观察到溶液的蓝色变浅,同时在 Fe 片上沉积出一层红棕色的铜。Zn 与 $CuSO_4$ 溶液的反应也一样。

$$Zn + CuSO_4 = ZnSO_4 + Cu$$

反应中 Zn 的氧化数由 $0 \rightarrow +2$,Cu 的氧化数由 $+2 \rightarrow 0$。还原剂 Zn 在反应中失去电子,发生氧化反应;氧化剂 Cu^{2+} 在反应中得到电子,发生还原反应。由于两反应物的接触,还原剂直接将电子转移给了氧化剂。

如果避免氧化剂和还原剂直接接触,将 Zn 片和 $ZnSO_4$ 溶液、Cu 片和 $CuSO_4$ 溶液分放在两个容器中,两溶液以盐桥沟通,金属片间以导线接通并串联一个检流计(图7-1)。此时可以看到检流计的指针发生偏转,说明导线上有电流通过。从检流计指针偏转的方向可知,电流是从Cu极流向Zn极,即电子是从Zn极流向Cu极。可见,Zn极是电子输出的地方,叫负极(anode);Cu极是电子输入的地方,叫正极(cathode)。随着反应的进行,Cu片上有Cu沉积,而Zn片慢慢溶解,这说明负极发生了氧化反应,而正极发生了还原反应:

负极 $Zn = Zn^{2+} + 2e$ (氧化反应)

正极 $Cu^{2+} + 2e = Cu$ (还原反应)

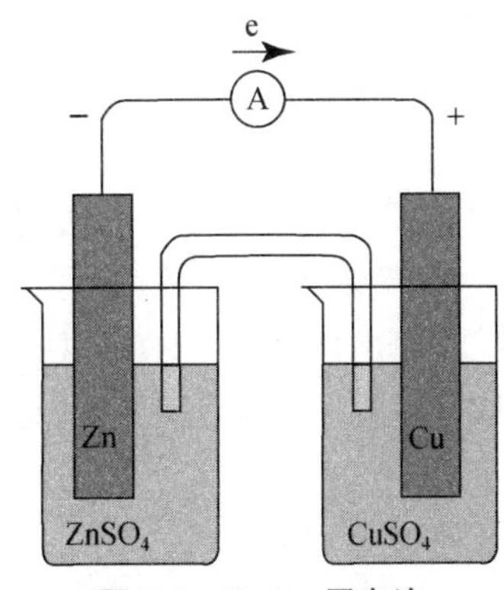

图7-1 Cu-Zn原电池

像图7-1这种能通过自发的氧化还原反应产生电流,实现由化学能转变为电能的装置叫做**原电池**(primary cell)。

7.2.2 原电池的组成

由图7-1可见,原电池是由两个半电池(又称**电极**,electrode)、盐桥和外接电路组成。电极包括传导电子的金属及组成电极的溶液。电极中发生的氧化反应或还原反应,叫电极反应,两个电极反应之和称为电池反应。

每个电极都包含着同一元素不同氧化数(态)的两种物质,如锌电极中的Zn与Zn^{2+},铜电极中的Cu和Cu^{2+}。其中氧化态高的称氧化型,氧化态低的称还原型。氧化型、还原型互为共轭关系:

$$氧化型 + ne \rightleftharpoons 还原型$$

氧化型获得电子变成它的还原型,还原型失去电子变成它的氧化型,二者相互依存又相互转化。某物质氧化型的氧化能力越强,其还原型的还原能力就越弱;反之,若氧化型的氧化能力越弱,则其还原型的还原能力就越强。

同一种元素的氧化型和还原型组成氧化还原电对,简称**电对**(electron pair)。因此,一个电极对应一个电对,电对可用符号表示,氧化型写在前面,还原型写在后面,中间以一斜线隔开。如Zn^{2+}/Zn、Cu^{2+}/Cu表示Cu-Zn原电池中的两个电对。

盐桥(salt bridge)是把琼脂和KCl饱和溶液混合,加热溶解装入U形管中,冷却后,琼脂凝胶将KCl固定在其中。离子可在U形管内自由运动。盐桥沟通了两个电极,起到内电路的作用,保持电路畅通和电荷平衡。

在Cu-Zn原电池中,随着氧化还原反应的进行,在锌电极中,因Zn氧化到Zn^{2+},溶液中的正离子过剩,在铜电极中,因Cu^{2+}还原为Cu,溶液中的负离子过剩,这样就阻碍了氧化还原反应继续进行。用盐桥连接两个电极后,盐桥中的Cl^-移向锌电极,K^+则移向铜电极,使两个电极都保持电中性,从而使电池反应继续进行。

7.2.3 电极类型和电池符号

根据电对的状态,电极可以分为以下几种类型:

1. 金属-金属离子电极

指由金属和金属离子的盐溶液组成的电极,如Zn^{2+}/Zn和Cu^{2+}/Cu电极,电极反应分别为

$$Zn^{2+}+2e \rightleftharpoons Zn \qquad Cu^{2+}+2e \rightleftharpoons Cu$$

电极符号分别为

$$Zn|Zn^{2+}(c) \qquad Cu|Cu^{2+}(c)$$

其中，“|”表示金属与溶液间的界面，即固液两相间的界面；c 表示离子的浓度。

2. 气体-离子电极

如氢电极(H^+/H_2)和氯电极(Cl_2/Cl^-)。这类电极需要一个固体导体，该导体与接触的气体和溶液均不发生反应，这种导体称惰性电极，常用铂和石墨。氢电极和氯电极的电极反应分别为

$$2H^+ +2e \rightleftharpoons H_2 \qquad Cl_2+2e \rightleftharpoons 2Cl^-$$

电极符号分别为

$$Pt,H_2(p)|H^+(c) \qquad Pt,Cl_2(p)|Cl^-(c)$$

其中 p 表示气体的压力。

3. 离子电极

指将惰性电极插入到同一种元素不同氧化态的两种离子的溶液中所组成的电极。如将 Pt 插入到 Fe^{2+}、Fe^{3+} 溶液中，电极反应为

$$Fe^{3+}+e \rightleftharpoons Fe^{2+}$$

电极符号为　$Pt|Fe^{2+}(c_1),Fe^{3+}(c_2)$

4. 金属-金属难溶盐电极

指由金属及其难溶盐浸在含有难溶盐负离子溶液中组成的电极。如 Ag、AgCl 在 HCl 溶液中组成了氯化银电极，Hg、Hg_2Cl_2 在氯化物溶液中组成了甘汞电极。它们的电极反应为

$$AgCl+e \rightleftharpoons Ag+Cl^- \qquad Hg_2Cl_2+2e \rightleftharpoons 2Hg+2Cl^-$$

电极符号分别为

$$Ag,AgCl(s)|Cl^-(c) \qquad Pt,Hg,Hg_2Cl_2(s)|Cl^-(c)$$

另外，还有一种包含金属配合物的电极，如由金属 Cu 与含有 $Cu(NH_3)_4^{2+}$、NH_3 的溶液构成的电池，此电极的电极反应为

$$Cu(NH_3)_4^{2+}+2e \rightleftharpoons Cu+4NH_3$$

电极符号为

$$Cu|Cu(NH_3)_4^{2+}(c_1),NH_3(c_2)$$

将两种不同的电极组合可构成原电池。为方便起见，可用电池符号表示原电池。如 Cu-Zn 原电池可表示为

$$(-)Zn|Zn^{2+}(c_1)\|Cu^{2+}(c_2)|Cu(+)$$

其中，“‖”表示盐桥，c 表示溶液的浓度($mol\cdot dm^{-3}$)。习惯上把负极写在左边，正极写在右边。

【例 7-5】 在稀 H_2SO_4 溶液中，$KMnO_4$ 和 $FeSO_4$ 发生以下反应：

$$MnO_4^- +H^+ +Fe^{2+} \longrightarrow Mn^{2+}+Fe^{3+}$$

如将此反应设计为原电池，写出正负极的反应、电池反应、电池符号。

解　将一金属铂片插入到含有 Fe^{2+}、Fe^{3+} 的溶液中，另一铂片插入到含有 MnO_4^-、Mn^{2+} 及 H^+ 的溶液中，分别组成负极和正极。

负极　　$Fe^{2+} \rightleftharpoons Fe^{3+}+e$

正极　　$MnO_4^- +8H^+ +5e \rightleftharpoons Mn^{2+}+4H_2O$

电池反应　　$MnO_4^- + 8H^+ + 5Fe^{2+} \longrightarrow Mn^{2+} + 5Fe^{3+} + 4H_2O$

电池符号

$(-)Pt|Fe^{2+}(c_1),Fe^{3+}(c_2)\|MnO_4^-(c_3),H^+(c_4),Mn^{2+}(c_5)|Pt(+)$

7.3　电池电动势和电极电势

7.3.1　电池电动势

在Cu-Zn原电池中，当接通连接两电极的导线时，电子便自锌极流向铜极，这说明两电极之间存在电势差，用电位计可测出该电势差，即电池的**电动势**(electromotive force或cell potential)，用符号$E_{池}$表示，单位为伏特，符号为V。

7.3.2　电极电势

1. 电极电势的产生

金属表面的自由电子有脱离金属的趋势，从而形成表面电势。当将金属放在它的盐溶液中，金属表面的原子由于本身的热运动及极性溶剂分子的吸引，有脱离金属表面形成溶剂化离子进入溶液的倾向，同时将电子留在金属表面，这样，带负电的金属表面与其接触的溶液间就产生了电势差，这个电势差叫相间电势。一个电极的电极电势主要由金属的表面电势和金属与溶液界面处产生的相间电势所组成。

电极电势的绝对值无法由实验直接测定，但不同电极的电极电势是不一样的。如Cu-Zn原电池，两极上电荷分布不均匀，两电极的电极电势不同，所以在锌和铜两电极间产生了电势差。由于Zn比Cu活泼，锌极上有过剩的电子，铜极上相对缺少电子，当接通电路时，电子就从锌极流向铜极，从而破坏了双电层的平衡结构(图7-2)，形成稳定而持续的电流，直到Zn片完全溶解或Cu^{2+}完全沉积到Cu片上为止。因为电流总是由高电势处流向低电势处，因此在Cu-Zn原电池中，铜极的电势高于锌极，铜极为正极。

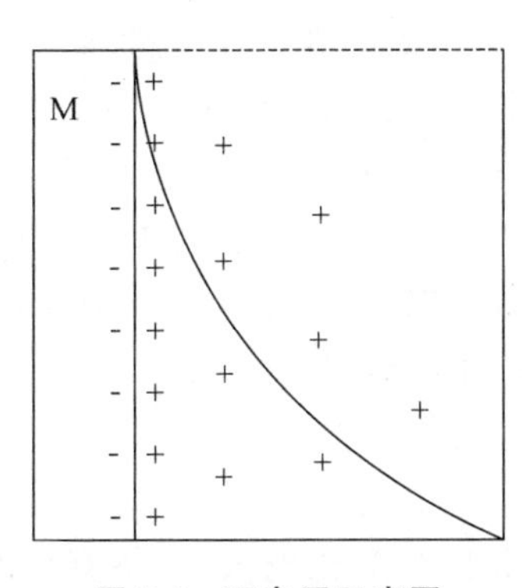

图7-2　双电层示意图

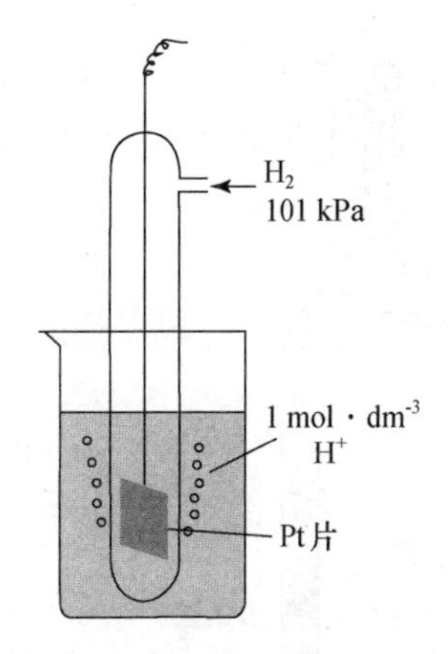

图7-3　标准氢电极构造简图

2. 标准电极电势

如果指定温度为25℃，溶液中所有物种的浓度均为1 mol·dm^{-3}，所有气体的分压都是标准压力，而且反应中的固体或液体都是纯物质，这种状况称**标准状态**，在这种状态下测定的电极电势称**标准电极电势**(standard electrode potentials)，以$E^{\ominus}$表示，单位为伏特(V)。

标准氢电极的装置如图7-3所示。将一铂片表面镀上一层海绵状铂(称铂黑，它具有很强的吸附H_2的能力)，插入H^+浓度为1 mol·dm^{-3}的溶液中，在25℃下，不断地通入标准压力的纯H_2气流，使电极上的铂黑吸附H_2至饱和，吸附在铂黑上的H_2和溶液中的H^+达成平衡：

$$2H^+ + 2e \rightleftharpoons H_2$$

这是标准氢电极的电极反应。铂电极上吸附的H_2与溶液之间产生的电势差，称标准氢电极的电极电势，国际上统一规定$E^{\ominus}(H^+/H_2)=0.0000$ V，其他电极的电极电势均是相对于标准氢电极而得到的。

3. 标准电极电势的测定

要测定某电极的$E^{\ominus}$，可将待测的标准电极与标准氢电极组成原电池，在恒温槽中恒温(25℃)；用检流计确定电池的正、负极，然后用电位计测定电池的电势差。按IUPAC统一规定，电池的电动势等于正极的电极电势与负极的电极电势之差，即

$$\begin{aligned} E_{池} &= E_{(+)} - E_{(-)} \\ E^{\ominus}_{池} &= E^{\ominus}_{(+)} - E^{\ominus}_{(-)} \end{aligned} \tag{7-1}$$

因为标准氢电极的电极电势为零，所以根据$E^{\ominus}_{池}$即可计算出与之相连电极的电极电势$E^{\ominus}$。例如，要测定锌电极的$E^{\ominus}$，可将标准锌电极与标准氢电极相连组成原电池，由检流计指针的偏转可知标准锌电极为负极，标准氢电极为正极。用电位计测定电池的电动势：

$$E^{\ominus}_{池} = 0.7618\ \text{V}$$

根据(7-1)式有

$$E^{\ominus}(Zn^{2+}/Zn) = 0.0000 - 0.7618 = -0.7618(\text{V})$$

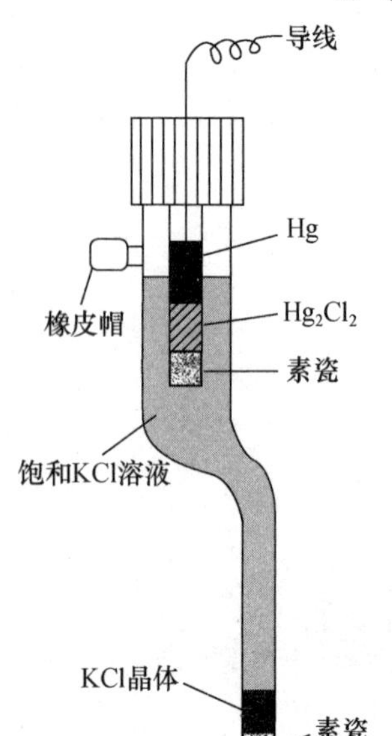

图7-4　饱和甘汞电极构造示意图

如要测定铜电极的$E^{\ominus}$，将标准铜电极和标准氢电极相连组成原电池，由检流计确知此时标准氢电极为负极，标准铜电极为正极，用电位计测得电池电动势$E^{\ominus}_{池}$为0.3419 V，根据(7-1)式有

$$E^{\ominus}_{池} = E^{\ominus}(Cu^{2+}/Cu) - E^{\ominus}(H^+/H_2)$$

$$E^{\ominus}(Cu^{2+}/Cu) = E^{\ominus}_{池} + E^{\ominus}(H^+/H_2) = 0.3419 + 0.0000 = 0.3419(\text{V})$$

实际工作中，由于标准氢电极对外界条件敏感，而且需严格控制高纯H_2气的压力$p^{\ominus}$，使用不方便。因此，往往采用一些比较简单的、稳定的电极来代替氢电极，常用的是甘汞电极，见图7-4。它是由Hg、Hg_2Cl_2及KCl溶液组成，此电极的电势与KCl浓度有关。当KCl浓度为1 mol·dm^{-3}时，电极电势$E^{\ominus}=0.280$ V；如果KCl溶液是饱和的，则称饱和甘汞电极，电极电势$E=0.241$ V。电极反应为

$$Hg_2Cl_2(s) + 2e \rightleftharpoons 2Hg(l) + 2Cl^-(aq)$$

用标准氢电极或甘汞电极作为参比电极，与待测标准电极组成原电池，测定其电动势，就可得到待测标准电极的电极电势。

表 7-1 列出了一些电极的 $E^{\ominus}$，更多的常用电极的 $E^{\ominus}$ 见附录 D.1 和 D.2。

表 7-1 标准电极电势(25℃)

电对(氧化型/还原型)		电极反应(氧化型$+ne \rightleftharpoons$还原型)		$E_A^{\ominus}$/V，酸性溶液
Li^+/Li	氧化型的氧化能力增强↓	$Li^+ + e \rightleftharpoons Li$	↑还原型的还原能力增强	−3.0401
Ca^{2+}/Ca		$Ca^{2+} + 2e \rightleftharpoons Ca$		−2.868
Al^{3+}/Al		$Al^{3+} + 3e \rightleftharpoons Al$		−1.662
Zn^{2+}/Zn		$Zn^{2+} + 2e \rightleftharpoons Zn$		−0.7618
Fe^{2+}/Fe		$Fe^{2+} + 2e \rightleftharpoons Fe$		−0.447
Pb^{2+}/Pb		$Pb^{2+} + 2e \rightleftharpoons Pb$		−0.1262
H^+/H_2		$2H^+ + 2e \rightleftharpoons H_2$		0.00000
Sn^{4+}/Sn^{2+}		$Sn^{4+} + 2e \rightleftharpoons Sn^{2+}$		0.151
Cu^{2+}/Cu		$Cu^{2+} + 2e \rightleftharpoons Cu$		0.3419
I_2/I^-		$I_3^- + 2e \rightleftharpoons 3I^-$		0.536
Fe^{3+}/Fe^{2+}		$Fe^{3+} + e \rightleftharpoons Fe^{2+}$		0.771
Br_2/Br^-		$Br_2(aq) + 2e \rightleftharpoons 2Br^-$		1.0873
O_2/H_2O		$O_2 + 4H^+ + 4e \rightleftharpoons 2H_2O$		1.229
$Cr_2O_7^{2-}/Cr^{3+}$		$Cr_2O_7^{2-} + 14H^+ + 6e \rightleftharpoons 2Cr^{3+} + 7H_2O$		1.232
Cl_2/Cl^-		$Cl_2(g) + 2e \rightleftharpoons 2Cl^-$		1.35827
MnO_4^-/Mn^{2+}		$MnO_4^- + 8H^+ + 5e \rightleftharpoons Mn^{2+} + 4H_2O$		1.507
H_2O_2/H_2O		$H_2O_2 + 2H^+ + 2e \rightleftharpoons 2H_2O$		1.776
F_2/F^-		$F_2 + 2e \rightleftharpoons 2F^-$		2.866
电对(氧化型/还原型)		**电极反应(氧化型$+ne \rightleftharpoons$还原型)**		**$E_B^{\ominus}$/V，碱性溶液**
$Ca(OH)_2/Ca$	氧化型的氧化能力增强↓	$Ca(OH)_2 + 2e \rightleftharpoons Ca + 2OH^-$	↑还原型的还原能力增强	−3.02
$Zn(OH)_4^{2-}/Zn$		$Zn(OH)_4^{2-} + 2e \rightleftharpoons Zn + 4OH^-$		−1.199
H_2O/H_2		$2H_2O + 2e \rightleftharpoons H_2 + 2OH^-$		−0.8277
$Fe(OH)_3/Fe(OH)_2$		$Fe(OH)_3 + e \rightleftharpoons Fe(OH)_2 + OH^-$		−0.56
$CrO_4^{2-}/Cr(OH)_4^-$		$CrO_4^{2-} + 4H_2O + 3e \rightleftharpoons Cr(OH)_4^- + 5OH^-$		−0.13
O_2/OH^-		$O_2 + 2H_2O + 4e \rightleftharpoons 4OH^-$		0.401
MnO_4^-/MnO_4^{2-}		$MnO_4^- + e \rightleftharpoons MnO_4^{2-}$		0.558
HO_2^-/OH^-		$HO_2^- + H_2O + 2e \rightleftharpoons 3OH^-$		0.878

根据各电对 $E^{\ominus}$ 值的大小排列成序，得到标准电极电势表。在使用 $E^{\ominus}$ 表时应注意以下几个问题：

(1) 因为氧化还原反应与介质的酸碱性有关，所以电对的 $E^{\ominus}$ 值也与介质条件有关，$E_A^{\ominus}$ 表示酸性(H^+ 浓度为 1 mol·dm^{-3})介质中的标准电极电势，$E_B^{\ominus}$ 表示碱性(OH^- 浓度为 1 mol·dm^{-3})介质中的标准电极电势。若电极反应中有 H^+ 参加，应查 $E_A^{\ominus}$ 表；有 OH^- 参加的应查 $E_B^{\ominus}$ 表；没有 H^+ 和 OH^- 参加的反应，应从电极反应中物质的存在形态来判断。如 $Fe^{3+} + e \rightleftharpoons Fe^{2+}$，因 Fe^{3+}、Fe^{2+} 只能在酸性介质中存在，故应在 $E_A^{\ominus}$ 表中查其 $E^{\ominus}$ 值。又如 $I_2 + 2e \rightleftharpoons 2I^-$ 也应在 $E_A^{\ominus}$ 表中查找，因碱性介质中 I_2 不能稳定存在，要发生歧化反应。

(2) 表 7-1 是按 $E^{\ominus}$ 值由小到大的顺序排列的，$E^{\ominus}$ 值越小，表示还原型越容易失去电子，还原型的还原能力越强；$E^{\ominus}$ 值越大，表示氧化型越容易获得电子，氧化型的氧化能力越强。因此，在 $E^{\ominus}$ 表中，左边氧化型物质的氧化能力从上到下逐渐增强，右边的还原型物质的还原能力从上到下逐渐减弱。

（3）$E^{\ominus}$值反映物质得失电子的倾向，它是强度量，与电极反应中物质的量无关，因此电极反应乘以任何倍数时，$E^{\ominus}$值不变。例如：

$$Cu^{2+} + 2e \rightleftharpoons Cu \qquad E^{\ominus} = 0.3419\ V$$

$$2Cu^{2+} + 4e \rightleftharpoons 2Cu \qquad E^{\ominus} = 0.3419\ V$$

（4）表中 $E^{\ominus}$为负值，表示该电极与标准氢电极组成原电池时为负极，发生氧化反应；$E^{\ominus}$为正值时，表示该电极与标准氢电极组成原电池时为正极，发生还原反应。

7.4　标准电池电动势与氧化还原平衡

自发氧化还原反应构成的原电池，其电动势大于零。由热力学知，自发反应的 Gibbs 自由能变（ΔG）应小于零，因此，电池的电动势和 Gibbs 自由能变必有一定的联系。

7.4.1　电池电动势和 Gibbs 自由能变的关系

若使原电池在恒温、恒压条件下放电，原电池所做最大有用功（电功）应等于化学反应中 Gibbs 自由能变的降低，即

$$-\Delta G = W_{电}$$

由电学原理知，任意一个原电池所做的最大电功等于电极之间的电势差（即电动势）和通过的电量（Q）的乘积。

$$W_{电} = E^{\ominus}_{池}\ Q$$

一个电子的电量为：$e = 1.602 \times 10^{-19}$库仑（C）。1 mol 电子的电量为 $N_A e$（N_A 为阿伏加德罗常数），令 $N_A e = F$，

$$F = 6.022 \times 10^{23}个/mol \times 1.602 \times 10^{-19}\ C/个$$
$$= 9.647 \times 10^{4}\ C \cdot mol^{-1}$$

式中，F 为 Faraday 常数，它表示每摩尔电子所带的电量。若在电池反应过程中有 n（mol）电子通过外电路，这时所做的最大电功为

$$W_{电} = nFE_{池}$$

将此式代入 $-\Delta G = W_{电}$，得到

$$\Delta G = -nFE_{池} \qquad (7\text{-}2)$$

当电池中各物质均处于标准状态时，(7-2)式可表示为

$$\Delta G^{\ominus} = -nFE^{\ominus}_{池} \qquad (7\text{-}3)$$

(7-2)式和(7-3)式指出了电动势和 Gibbs 自由能变的关系，利用这个关系可从 ΔG 计算 $E_{池}$，也可以通过测定电池的电动势 $E_{池}$ 计算 ΔG。在应用上述两公式时，要注意 F 的单位及通过外电路的电子数 n(mol)，即氧化还原反应中电子转移的总量。

由于

$$伏特(V) \times 库仑(C) = 焦耳(J)$$

所以

$$F = 9.647 \times 10^{4}\ C \cdot mol^{-1} = 9.647 \times 10^{4}\ J \cdot V^{-1} \cdot mol^{-1}$$

$=96.47\ kJ \cdot V^{-1} \cdot mol^{-1}$

【例 7-6】 已知反应 $H_2 + Cl_2 \longequal 2HCl \quad \Delta G^\ominus = -262.4\ kJ \cdot mol^{-1}$，计算电对 Cl_2/Cl^- 的 $E^\ominus$ 值。

解 根据(7-3)式，有

$$E^\ominus_{池} = -\frac{\Delta G^\ominus}{nF} = \frac{262.4}{2\times 96.47} = 1.360(V)$$

$$E^\ominus_{池} = E^\ominus_{正} - E^\ominus_{负} = E^\ominus(Cl_2/Cl^-) - E^\ominus(H^+/H_2)$$

$$E^\ominus(Cl_2/Cl^-) = E^\ominus_{池} + E^\ominus(H^+/H_2) = 1.36 + 0.00 = 1.36(V)$$

【例 7-7】 根据 $E^\ominus(Cr_2O_7^{2-}/Cr^{3+})$、$E^\ominus(Fe^{3+}/Fe^{2+})$，计算下列反应的 $\Delta G^\ominus$。

$$Cr_2O_7^{2-} + 14H^+ + 6Fe^{2+} = 2Cr^{3+} + 6Fe^{3+} + 7H_2O$$

解 由反应式知 $n=6$，电对 $Cr_2O_7^{2-}/Cr^{3+}$ 为正极，Fe^{3+}/Fe^{2+} 为负极，所以

$$E^\ominus_{池} = E^\ominus(Cr_2O_7^{2-}/Cr^{3+}) - E^\ominus(Fe^{3+}/Fe^{2+}) = 1.232 - 0.771 = 0.461(V)$$

$$\Delta G^\ominus = -nFE^\ominus_{池} = -6\times 96.47\times 0.461 = -267(kJ \cdot mol^{-1})$$

例 7-6 和例 7-7 中的 $E^\ominus_{池}$ 都大于零，$\Delta G^\ominus$ 均小于零，这两个反应在标准状态下都是自发的。

根据(7-2)式、(7-3)式知，当 $E_{池}>0$ 或 $E^\ominus_{池}>0$，则 $\Delta G<0$ 或 $\Delta G^\ominus<0$，反应自发或在标准状态下自发；$E_{池}<0$ 或 $E^\ominus_{池}<0$，则 $\Delta G>0$ 或 $\Delta G^\ominus>0$，反应非自发或在标准状态下非自发。可见，$E_{池}$($E^\ominus_{池}$)和 ΔG($\Delta G^\ominus$)都可作为氧化还原反应自发性的判据。

【例 7-8】 H_2O_2 既可作氧化剂又可作还原剂，当 H_2O_2 与 Fe^{2+} 相遇时，可能发生以下两个反应，判断哪个反应在标准状态下可自发进行。

(1) $H_2O_2 + Fe^{2+} = O_2 + Fe + 2H^+$

(2) $H_2O_2 + 2Fe^{2+} + 2H^+ = 2H_2O + 2Fe^{3+}$

解 如按(1)进行，则

负极　$O_2 + 2H^+ + 2e \rightleftharpoons H_2O_2$　　$E^\ominus = 0.695\ V$

正极　$Fe^{2+} + 2e \rightleftharpoons Fe$　　$E^\ominus = -0.447\ V$

$$E^\ominus_{池} = E^\ominus(Fe^{2+}/Fe) - E^\ominus(O_2/H_2O_2) = -0.447 - 0.695 = -1.14(V)$$

因为 $E^\ominus_{池}<0$，在标准状态下为非自发反应。

如按(2)进行：

负极　$Fe^{3+} + e \rightleftharpoons Fe^{2+}$　　$E^\ominus = 0.771\ V$

正极　$H_2O_2 + 2H^+ + 2e \rightleftharpoons 2H_2O$　　$E^\ominus = 1.776\ V$

$$E^\ominus_{池} = E^\ominus(H_2O_2/H_2O) - E^\ominus(Fe^{3+}/Fe^{2+}) = 1.776 - 0.771 = 1.01(V)$$

因为 $E^\ominus_{池}>0$，在标准状态下为自发反应。

如果一个氧化剂(还原剂)同时可氧化(还原)几个物质时，一般来说，两电对电极电势差大的先反应。

【例 7-9】 滴加氯水到含有 Br^-、I^-(浓度均为 $c^\ominus$)的溶液中，判断哪个离子先被氧化。

解　(1) $Cl_2 + 2Br^- = 2Cl^- + Br_2$

$$E^\ominus_{池1} = E^\ominus(Cl_2/Cl^-) - E^\ominus(Br_2/Br^-) = 1.358 - 1.066 = 0.292(V)$$

$$(2)\quad Cl_2 + 2I^- = 2Cl^- + I_2$$

$$E^\ominus_{池2} = E^\ominus(Cl_2/Cl^-) - E^\ominus(I_2/I^-) = 1.358 - 0.536 = 0.822(V)$$

因为 $E^\ominus_{池1} < E^\ominus_{池2}$，故在标准状态下，$Cl_2$ 先氧化 I^-，然后再氧化 Br^-，这与实验结果是一致的。

7.4.2 标准电动势和平衡常数

反应的平衡常数是反应完全程度的标志，氧化还原反应的平衡常数可根据以下关系计算。

因为

$$\Delta G^\ominus = -nFE^\ominus_{池}$$

$$\Delta G^\ominus = -2.303RT\lg K^\ominus$$

所以

$$\lg K^\ominus = \frac{nFE^\ominus_{池}}{2.303RT}$$

其中 $R = 8.315\ J\cdot(mol\cdot K)^{-1}$，$F = 9.647\times10^4\ C\cdot mol^{-1}$，当 $T = 298.2\ K$ 时，

$$\frac{F}{2.303RT} = \frac{9.647\times10^4}{2.303\times8.315\times298.2} = \frac{1}{0.0592}$$

有

$$\lg K^\ominus = \frac{nE^\ominus_{池}}{0.0592} \tag{7-4}$$

由(7-4)式知，在一定温度下，平衡常数 $K^\ominus$ 与物质的浓度无关，其大小取决于电池的标准电动势($E^\ominus_{池}$)和反应中转移的电子数(n)。因 $E^\ominus$ 是强度量，所以 $E^\ominus_{池}$ 也是强度量，与方程式的写法无关，但电子的转移数却与方程式的写法有关系。因此，氧化还原反应的平衡常数和其他平衡常数一样，与方程式的书写方式相对应。例如 $SnCl_2$ 还原 $FeCl_3$ 的反应，当反应式为

$$2Fe^{3+} + Sn^{2+} = 2Fe^{2+} + Sn^{4+}$$

$$\lg K^\ominus = \frac{2\times(0.771-0.151)}{0.0592} = 20.946,\quad K^\ominus = 8.83\times10^{20}$$

当反应式写为

$$Fe^{3+} + \frac{1}{2}Sn^{2+} = Fe^{2+} + \frac{1}{2}Sn^{4+}$$

$$\lg K^\ominus = \frac{0.771-0.151}{0.0592} = 10.473,\quad K^\ominus = 2.97\times10^{10}$$

【例 7-10】 计算下列氧化还原反应的平衡常数：

(1) $H_2O_2 + 2H^+ + 2Fe^{2+} = 2Fe^{3+} + 2H_2O$

(2) $H_3AsO_4 + 2H^+ + 2I^- = HAsO_2 + I_2 + 2H_2O$

(3) $Pb^{2+} + Cu = Pb + Cu^{2+}$

解 (1) $E^\ominus_{池1} = E^\ominus(H_2O_2/H_2O) - E^\ominus(Fe^{3+}/Fe^{2+}) = 1.776 - 0.771 = 1.01(V)$

$$\lg K_1^\ominus = \frac{nE^\ominus_{池}}{0.0592} = \frac{2\times1.01}{0.0592} = 34.122,\quad K_1^\ominus = 1.32\times10^{34}$$

(2) $E^\ominus_{池2} = E^\ominus(H_3AsO_4/HAsO_2) - E^\ominus(I_2/I^-) = 0.560 - 0.536 = 0.024(V)$

$$\lg K_2^\ominus = \frac{2\times0.024}{0.0592} = 0.811,\quad K_2^\ominus = 6.47$$

(3) $E_{池3}^\ominus = E^\ominus(Pb^{2+}/Pb) - E^\ominus(Cu^{2+}/Cu) = -0.126 - 0.342 = -0.468(V)$

$$\lg K_3^\ominus = \frac{2\times(-0.468)}{0.0592} = -15.811,\quad K_3^\ominus = 1.55\times10^{-16}$$

以上三个反应中,电子转移数相同,都是 2 mol,$K^\ominus$值的大小取决于 $E_{池}^\ominus$值。反应(1)的 $K^\ominus$值很大,说明反应进行得很完全;反应(2)的 $K^\ominus$值不够大,反应进行得不够完全,当改变氧化剂(还原剂)浓度及溶液酸度时,可以改变反应的方向;反应(3)的 $K^\ominus$很小,正向反应非自发。可见,反应的 $E_{池}^\ominus$值越大,$K^\ominus$值越大,反应进行得越完全。

一般来说,若 $K^\ominus \geqslant 10^6$,可认为反应进行得很彻底;若 $K^\ominus \leqslant 10^{-6}$,可认为反应基本上不进行,即正向反应非自发。由此,根据(7-4)式,得到 $E_{池}^\ominus \geqslant \frac{0.36}{n}$ V 和 $E_{池}^\ominus \leqslant \frac{-0.36}{n}$ V,可作为反应自发性的判据。在以上两种情况下,企图通过改变反应条件来改变反应的方向是困难的;只有当 $\frac{-0.36}{n}$ V$<E_{池}^\ominus<\frac{0.36}{n}$ V 时,通过改变反应条件才有可能改变反应的方向。

以上所讨论的氧化还原反应进行的方向与程度,均指热力学上的可能性。对于一个具备了热力学条件的反应,实际上能否发生,还要考虑动力学的因素。例如反应:

$$5S_2O_8^{2-} + 2Mn^{2+} + 8H_2O = 2MnO_4^- + 10SO_4^{2-} + 16H^+$$

$$E_{池}^\ominus = E^\ominus(S_2O_8^{2-}/SO_4^{2-}) - E^\ominus(MnO_4^-/Mn^{2+}) = 2.010 - 1.507 = 0.503(V)$$

$$\lg K^\ominus = \frac{10\times0.503}{0.0592} = 84.966,\quad K^\ominus = 9.25\times10^{84}$$

从 $E_{池}^\ominus$和 $K^\ominus$值来看,此反应进行得很完全,但因反应速率很慢,在无催化剂时,观察不到反应的进行。欲使上述反应进行,应加入 $AgNO_3$ 催化剂并加热,以加快其反应速率。

7.5 标准电极电势的计算

电对的电极电势除可用与标准电极组成电池,通过测电动势的方法得到外,还可根据已知电对的 $E^\ominus$及标准 Gibbs 自由能变计算获得。

7.5.1 由标准 Gibbs 自由能变计算

根据(7-3)式,可从电极反应的 $\Delta G^\ominus$计算 $E^\ominus$。

【例 7-11】 由 $\Delta G_f^\ominus$ 值计算 $ClO_3^-(aq) + 6H^+ + 6e \rightleftharpoons Cl^-(aq) + 3H_2O(l)$的 $E^\ominus$。

解

$$ClO_3^-(aq) + 6H^+ + 6e \rightleftharpoons Cl^-(aq) + 3H_2O(l)$$

	$ClO_3^-(aq)$	H^+	$Cl^-(aq)$	$H_2O(l)$
$\Delta G_f^\ominus(kJ\cdot mol^{-1})$	−8.0	0	−131.2	−237.1

$$\Delta G^\ominus = 3\times(-237.1) + (-131.2) - (-8.0) = -8.4\times10^2(kJ\cdot mol^{-1})$$

$$E^\ominus = \frac{-\Delta G^\ominus}{nF} = \frac{8.4\times10^2}{6\times96.5} = 1.45(V)$$

此计算结果与标准电极电势表中数据一致。

7.5.2 由已知电对的 $E^{\ominus}$ 计算

【例 7-12】 已知 $E^{\ominus}(BrO_3^-/BrO^-)=0.54\ V$，$E^{\ominus}(BrO_3^-/Br_2)=0.52\ V$，计算 $E^{\ominus}(BrO^-/Br_2)$。

解 三个电对所对应的电极反应为

(1) $BrO_3^- + 2H_2O + 4e \rightleftharpoons BrO^- + 4OH^-$ $E_1^{\ominus}=0.54\ V$

(2) $BrO_3^- + 3H_2O + 5e \rightleftharpoons \frac{1}{2}Br_2 + 6OH^-$ $E_2^{\ominus}=0.52\ V$

(3) $BrO^- + H_2O + e \rightleftharpoons \frac{1}{2}Br_2 + 2OH^-$ $E_3^{\ominus}$

电极反应(2)－电极反应(1)＝电极反应(3)，所以

$$\Delta G_3^{\ominus} = \Delta G_2^{\ominus} - \Delta G_1^{\ominus}$$

根据(7-3)式

$$-n_3FE_3^{\ominus} = -n_2FE_2^{\ominus} - (-n_1FE_1^{\ominus})$$

$$E_3^{\ominus} = \frac{n_2E_2^{\ominus} - n_1E_1^{\ominus}}{n_3} = \frac{5\times0.52-4\times0.54}{1} = 0.44(V)$$

注意，$E_3^{\ominus} \neq E_2^{\ominus} - E_1^{\ominus}$。因为电极电势是强度量，不具加和性。那么，为什么 $E_{池}^{\ominus} = E_{正}^{\ominus} - E_{负}^{\ominus}$ 呢？这是因为：

$$-nFE_{池}^{\ominus} = -n_{正}FE_{正}^{\ominus} + n_{负}FE_{负}^{\ominus}，\quad 式中\ n = n_{正} = n_{负}$$

上例中的三个电对，是由同一元素的三个不同氧化态组成的，它们之间的关系可用下面的元素电势图表示：

$$E_B^{\ominus}(V)\quad BrO_3^- \xrightarrow{0.54} BrO^- \xrightarrow{0.44} Br_2 \quad (BrO_3^- \text{ 至 } Br_2:\ 0.52)$$

所谓元素电势图，是将同一元素的不同物种，按氧化态从高到低的顺序排列，两物种间用横线相连，将其对应电对的 $E^{\ominus}$ 标注在横线上面。又如，元素氯在酸性介质中的元素电势图为

$$E_A^{\ominus}(V)\quad ClO_4^- \xrightarrow{1.189} ClO_3^- \xrightarrow{1.214} HClO_2 \xrightarrow{1.645} HClO \xrightarrow{1.611} Cl_2 \xrightarrow{1.358} Cl^-$$

元素电势图中的任一电对所对应的电极反应，都可以由其他电对所对应的电极反应，通过多重平衡关系得到。因此，可以利用元素电势图，由已知电对的 $E^{\ominus}$ 计算未知电对的 $E^{\ominus}$。

【例 7-13】 已知 $E_A^{\ominus}(V)\quad HClO_2 \xrightarrow{1.645} HClO \xrightarrow{1.611} Cl_2 \xrightarrow{1.358} Cl^-$（$HClO_2$ 至 Cl^-：$E_4^{\ominus}$），计算 $E_4^{\ominus}$。

解 电极反应为

(1) $HClO_2 + 2H^+ + 2e \rightleftharpoons HClO + H_2O$ $E_1^{\ominus}=1.645\ V$

(2) $HClO + H^+ + e \rightleftharpoons \frac{1}{2}Cl_2 + H_2O$ $E_2^{\ominus}=1.611\ V$

(3) $\frac{1}{2}Cl_2 + e \rightleftharpoons Cl^-$ $E_3^{\ominus}=1.358\ V$

(4) $HClO_2 + 3H^+ + 4e \rightleftharpoons Cl^- + 2H_2O$ $E_4^{\ominus}=?$

反应(4)＝(1)＋(2)＋(3)，根据例 7-11 的推导方法，$E_4^{\ominus}$ 应按下式计算：

$$E_4^{\ominus} = \frac{n_1E_1^{\ominus} + n_2E_2^{\ominus} + n_3E_3^{\ominus}}{n_4} = \frac{2\times1.645+1\times1.611+1\times1.358}{4} = 1.565(V)$$

熟练掌握此方法后，可由元素电势图直接写出计算未知电对 $E^{\ominus}$ 的计算式。

【例 7-14】 已知 $E_A^\ominus$(V)　$H_5IO_6 \xrightarrow{1.70} HIO_3 \xrightarrow[E_1^\ominus]{1.14} HIO \xrightarrow[E_2^\ominus]{} I_2 \xrightarrow[E_3^\ominus]{0.54} I^-$，计算 $E^\ominus(HIO/I_2)$。（$HIO_3 \to I^-$：$E_4^\ominus = 1.09$）

解　由电势图知：

$$E_4^\ominus = \frac{n_1 E_1^\ominus + n_2 E_2^\ominus + n_3 E_3^\ominus}{n_4}$$

$$1.09 = \frac{4\times 1.14 + 1\times E_2^\ominus + 1\times 0.54}{6}, \quad 得\ E_2^\ominus = 1.44\ \text{V}$$

7.6　影响电极电势的因素

电对的电极电势不仅取决于电对的本性，还取决于溶液中各物质的浓度、酸度及反应时的温度。凡是影响化学平衡移动的因素对电极电势都有影响。

7.6.1　Nernst 方程

德国科学家能斯特(H. W. Nernst)从理论上推导出电极电势与温度、溶液中物质的浓度、酸度的定量关系，称 Nernst 方程式。

任一氧化还原反应都可表示为

$$mO_1 + nR_2 = pR_1 + qO_2$$

此反应由两个电对 O_1/R_1 和 O_2/R_2 组成，O_1、O_2 代表氧化型物质，R_1、R_2 代表还原型物质，m、n、p、q 分别为 O_1、R_2、R_1、O_2 的计量系数。在恒温、恒压下，反应的 Gibbs 自由能变为

$$\Delta G = \Delta G^\ominus + 2.303RT\lg\frac{[R_1]^p\cdot[O_2]^q}{[O_1]^m\cdot[R_2]^n}$$

将(7-2)式及(7-3)式代入此式，得到

$$-nFE_{池} = -nFE_{池}^\ominus + 2.303RT\lg\frac{[R_1]^p\cdot[O_2]^q}{[O_1]^m\cdot[R_2]^n}$$

$$E_{池} = E_{池}^\ominus - \frac{2.303RT}{nF}\lg\frac{[R_1]^p\cdot[O_2]^q}{[O_1]^m\cdot[R_2]^n} \tag{7-5}$$

(7-5)式称电池反应的 Nernst 方程式。由(7-5)式可以看出，在非标准状态下，电池的电动势 $E_{池}$ 由两部分组成：一部分是标准电动势 $E_{池}^\ominus$，它取决于组成电池的两个电对的本性；另一部分是反应的温度、溶液中物质的浓度或气体的分压。当反应温度为 25.0℃时，(7-5)式中的

$$\frac{2.303RT}{F} = \frac{2.303\times 8.315\times 298.2}{9.647\times 10^4} = 0.05919$$

因此，25.0℃时(7-5)式可写成

$$E_{池} = E_{池}^\ominus - \frac{0.0592}{n}\lg\frac{[R_1]^p\cdot[O_2]^q}{[O_1]^m\cdot[R_2]^n} \tag{7-6}$$

根据(7-1)式，有

$$E_{池} = E_{O_1/R_1} - E_{O_2/R_2}$$
$$E_{池}^\ominus = E_{O_1/R_1}^\ominus - E_{O_2/R_2}^\ominus$$

将上式代入(7-6)式得到

$$E_{O_1/R_1} - E_{O_2/R_2} = E^{\ominus}_{O_1/R_1} - E^{\ominus}_{O_2/R_2} - \frac{0.0592}{n}\lg\frac{[R_1]^p \cdot [O_2]^q}{[O_1]^m \cdot [R_2]^n}$$

$$= \left(E^{\ominus}_{O_1/R_1} + \frac{0.0592}{n}\lg\frac{[O_1]^m}{[R_1]^p}\right) - \left(E^{\ominus}_{O_2/R_2} + \frac{0.0592}{n}\lg\frac{[O_2]^q}{[R_2]^n}\right)$$

因此,可以得到

$$E_{O_1/R_1} = E^{\ominus}_{O_1/R_1} + \frac{0.0592}{n}\lg\frac{[O_1]^m}{[R_1]^p}$$

$$E_{O_2/R_2} = E^{\ominus}_{O_2/R_2} + \frac{0.0592}{n}\lg\frac{[O_2]^q}{[R_2]^n}$$

一般形式可表示为

$$E(\text{氧化型 / 还原型}) = E^{\ominus}(\text{氧化型 / 还原型}) + \frac{0.0592}{n}\lg\frac{[\text{氧化型}]}{[\text{还原型}]}$$

简化表示为

$$E = E^{\ominus} + \frac{0.0592}{n}\lg\frac{[\text{氧化型}]}{[\text{还原型}]} \tag{7-7}$$

(7-7)式是电极反应的 Nernst 方程式。当反应式中各物质均为标准状态时,$E=E^{\ominus}$,$E_{池}=E^{\ominus}_{池}$。

在 Nernst 方程式中,物质的浓度用 $mol \cdot dm^{-3}$、气体的分压用 kPa 表示,纯固体、纯液体以及溶剂水不写在浓度项中。n 为配平的电极反应或电池反应中得失电子的总量(mol)。(7-6)式与(7-7)式表示电池电动势($E_{池}$)和电极电势(E)与反应体系中各物质的浓度或分压的关系。

【例 7-15】 写出以下电池反应的 Nernst 方程式:

(1) $Cl_2(g) + 2I^- = 2Cl^- + I_2(s)$

(2) $Cr_2O_7^{2-} + 14H^+ + 6Fe^{2+} = 2Cr^{3+} + 6Fe^{3+} + 7H_2O$

解 (1) $E^{\ominus}_{池1} = E^{\ominus}(Cl_2/Cl^-) - E^{\ominus}(I_2/I^-) = 1.36 - 0.536 = 0.82(V)$

$$E_{池1} = 0.82 - \frac{0.0592}{2}\lg\frac{[Cl^-]^2}{(p_{Cl_2}/p^{\ominus}) \cdot [I^-]^2}$$

(2) $E^{\ominus}_{池2} = E^{\ominus}(Cr_2O_7^{2-}/Cr^{3+}) - E^{\ominus}(Fe^{3+}/Fe^{2+}) = 1.36 - 0.77 = 0.59(V)$

$$E_{池2} = 0.59 - \frac{0.0592}{6}\lg\frac{[Cr^{3+}]^2 \cdot [Fe^{3+}]^6}{[Cr_2O_7^{2-}] \cdot [H^+]^{14} \cdot [Fe^{2+}]^6}$$

【例 7-16】 写出以下电极反应的 Nernst 方程式:

(1) $Br_2(l) + 2e \rightleftharpoons 2Br^-$ $E^{\ominus} = 1.066\ V$

(2) $MnO_2(s) + 4H^+ + 2e \rightleftharpoons Mn^{2+} + 2H_2O$ $E^{\ominus} = 1.224\ V$

(3) $O_2 + 4H^+ + 4e \rightleftharpoons 2H_2O$ $E^{\ominus} = 1.229\ V$

解 $E_1 = 1.066 + \frac{0.0592}{2}\lg\frac{1}{[Br^-]^2}$

$$E_2 = 1.224 + \frac{0.0592}{2}\lg\frac{[H^+]^4}{[Mn^{2+}]}$$

$$E_3 = 1.229 + \frac{0.0592}{4}\lg(p_{O_2}/p^{\ominus} \cdot [H^+]^4)$$

7.6.2 浓度对电极电势的影响

由(7-6)式及(7-7)式可以看出,浓度变化可改变电池反应的电动势和电极反应的电极电势。例如,电对 Fe^{3+}/Fe^{2+} 的 $E^{\ominus}=0.771$ V,若改变 Fe^{3+} 或 Fe^{2+} 的浓度,则电极电势随之改变,根据

$$E = 0.771+0.0592\lg\frac{[Fe^{3+}]}{[Fe^{2+}]}$$

在标准状态下,$[Fe^{3+}]=[Fe^{2+}]=1.0\ mol\cdot dm^{-3}$,$E=E^{\ominus}=0.771$ V。随着电对中氧化型浓度增加,电极电势随之增大,即氧化型的氧化能力增强,当 Fe^{3+} 与 Fe^{2+} 浓度比为 10∶1,E 增加 0.0592 V;还原型的浓度增大,E 减小,还原型的还原能力增强,当 Fe^{3+} 与 Fe^{2+} 的浓度比为 1∶10,E 减小 0.0592 V。在标准状态下,Fe^{3+} 可将 I^- 氧化为 I_2($E^{\ominus}_{池}=0.771-0.536=0.235(V)>0$),如将 Fe^{3+} 浓度降至 $5.0\times10^{-5}\ mol\cdot dm^{-3}$,其他离子浓度仍为 $1\ mol\cdot dm^{-3}$,则

$$E = 0.771+0.0592\lg(5.0\times10^{-5}) = 0.52(V)$$

由于 $E(Fe^{3+}/Fe^{2+})<E^{\ominus}(I_2/I^-)$,所以 Fe^{3+} 不能氧化 I^-,而是 I_2 氧化 Fe^{2+}。

改变氧化型与还原型的浓度比,可改变电对的电极电势。利用氧化型(或还原型)生成沉淀、弱电解质等方式,可有效地改变电对的电极电势。

1. 生成沉淀对电极电势的影响

电对中氧化型或还原型物质生成沉淀时,显著地改变氧化型或还原型的浓度,使电极电势发生变化。

【例 7-17】 已知 $E^{\ominus}(Cu^{2+}/Cu^+)=0.153$ V,若在 Cu^{2+}、Cu^+ 溶液中加入 I^-,则有 CuI 沉淀生成。假设达到平衡后溶液中 Cu^{2+} 及 I^- 的浓度为 $1.00\ mol\cdot dm^{-3}$,计算 $E(Cu^{2+}/Cu^+)$。

解 $$E(Cu^{2+}/Cu^+) = E^{\ominus}(Cu^{2+}/Cu^+)+0.0592\lg\frac{[Cu^{2+}]}{[Cu^+]}$$

$$Cu^+ + I^- \longrightarrow CuI(s) \qquad [Cu^+][I^-] = K_{sp} = 1.27\times10^{-12}$$

$$[Cu^+] = \frac{K_{sp}}{[I^-]} = 1.27\times10^{-12}(mol\cdot dm^{-3})$$

$$E(Cu^{2+}/Cu^+) = 0.153+0.0592\lg\frac{1}{1.27\times10^{-12}} = 0.857(V)$$

实际上,在 Cu^{2+}、Cu^+ 溶液中加入 I^-,Cu^{2+}/Cu^+ 中的 Cu^+ 已转化为 CuI 沉淀,在此条件下组成了一个新电对 Cu^{2+}/CuI,电极反应为

$$Cu^{2+} + I^- + e \rightleftharpoons CuI(s)$$

由于平衡溶液中 Cu^{2+} 及 I^- 的浓度均为 $1.00\ mol\cdot dm^{-3}$。所以,此时

$$E(Cu^{2+}/Cu^+) = E^{\ominus}(Cu^{2+}/CuI) = 0.857(V)$$

可见,电对 Cu^{2+}/CuI 的 $E^{\ominus}$ 值取决于 $E^{\ominus}(Cu^{2+}/Cu^+)$ 及 CuI 的 K_{sp},它们之间的关系为

$$E^{\ominus}(Cu^{2+}/CuI) = E^{\ominus}(Cu^{2+}/Cu^+)+0.0592\lg\frac{1}{K_{sp}(CuI)} \tag{7-8}$$

【例 7-18】 已知 $E^{\ominus}(Ag^+/Ag)=0.800$ V,若在电极溶液中加入 Cl^-,则有 AgCl 沉淀生成。假设达到平衡后,溶液中 Cl^- 的浓度为 $1.00\ mol\cdot dm^{-3}$,计算 $E(Ag^+/Ag)$。

解 $[Ag^+]=\frac{K_{sp}}{[Cl^-]}=\frac{1.77\times10^{-10}}{1.00}=1.77\times10^{-10}(mol\cdot dm^{-3})$

$$E(Ag^+/Ag)=E^\ominus(Ag^+/Ag)+0.0592\lg[Ag^+]$$
$$=0.800+0.0592\lg(1.77\times10^{-10})=0.223(V)$$

在 Ag、Ag^+ 电极中加入 Cl^-，构成了新的电极，即 Ag、AgCl 电极，电极反应为

$$AgCl(s)+e \rightleftharpoons Ag+Cl^-$$

由于平衡时，溶液中 Cl^- 浓度为 1.00 $mol\cdot dm^{-3}$，所以，此时

$$E(Ag^+/Ag)=E^\ominus(AgCl/Ag)=0.223(V)$$

由此得到

$$E^\ominus(AgCl/Ag)=E^\ominus(Ag^+/Ag)+0.0592\lg K_{sp}(AgCl) \tag{7-9}$$

由例 7-17 和例 7-18 知，当电对中还原型生成沉淀，电对的电极电势增大，电对中氧化型的氧化能力增强，还原型的还原能力减弱；当电对中氧化型生成沉淀，电对的电极电势降低，氧化型的氧化能力减弱，还原型的还原能力增强。

根据(7-8)式、(7-9)式可由难溶盐的 K_{sp} 计算难溶盐电极的标准电极电势；反之，也可由标准电极电势计算难溶盐的 K_{sp}。

2. 生成弱电解质对电极电势的影响

若电对中氧化型或还原型生成弱电解质，电极电势也发生变化。

【例 7-19】 根据 $E^\ominus(H^+/H_2)=0.000$ V，$E^\ominus(Pb^{2+}/Pb)=-0.126$ V 知，H^+ 可氧化 Pb 发生以下反应：

$$2H^+ + Pb = H_2 + Pb^{2+}$$

若在氢电极溶液中加入 NaAc，并使平衡后溶液中 HAc 及 Ac^- 浓度为 1.00 $mol\cdot dm^{-3}$，p_{H_2} 为 100 kPa，上述反应能自发进行吗？

解 加入 NaAc 后，在氢电极的溶液中存在以下平衡：

$$HAc \rightleftharpoons H^+ + Ac^- \qquad K_a(HAc)=1.75\times10^{-5}$$

当 HAc、Ac^- 浓度为 1.00 $mol\cdot dm^{-3}$ 时，$[H^+]=K_a(HAc)$，根据(7-7)式

$$E(H^+/H_2)=E^\ominus(H^+/H_2)+\frac{0.0592}{2}\lg\frac{[H^+]^2}{p_{H_2}/p^\ominus}$$
$$=E^\ominus(H^+/H_2)+0.0592\lg K_a(HAc)$$
$$=0.000+0.0592\lg(1.75\times10^{-5})=-0.281(V)$$

由于 $E(H^+/H_2)<E^\ominus(Pb^{2+}/Pb)$，此时上述反应不能自发进行，其逆向自发。

$$Pb^{2+}+H_2 = Pb+2H^+ \qquad E^\ominus_{池}=0.156\ V$$

在电对 H^+/H_2 中加入 NaAc，构成了新的电对 HAc/H_2，电极反应为

$$2HAc+2e \rightleftharpoons H_2+2Ac^- \qquad E^\ominus=-0.281\ V$$

因 HAc、Ac^- 浓度为 1.00 $mol\cdot dm^{-3}$，$p_{H_2}=100$ kPa，所以，此时

$$E(H^+/H_2)=E^\ominus(HAc/H_2)=-0.281\ V$$

即

$$E^\ominus(HAc/H_2)=E^\ominus(H^+/H_2)+0.0592\lg K_a(HAc)$$

对于生成一般的弱酸 HA，$E^\ominus(HA/H_2)$ 与 K_a 的关系为

$$E^\ominus(HA/H_2)=E^\ominus(H^+/H_2)+0.0592\lg K_a(HA) \tag{7-10}$$

若测得弱酸电对的 $E^\ominus$，可以计算弱酸的 K_a；反之，知 K_a，则可计算 $E^\ominus(HA/H_2)$。

3. 形成配合物对电极电势的影响

电对中的氧化型或还原型生成配合物时，与生成沉淀一样，会显著地降低有关离子的浓度，从而改变电极电势。例如

$$Cu^{2+} + 2e \rightleftharpoons Cu \qquad E^\ominus = 0.342\ V$$

加入氨水，形成 $Cu(NH_3)_4^{2+}$ 配离子使 Cu^{2+} 浓度减小，电极电势随之降低。此时形成了 $Cu(NH_3)_4^{2+}/Cu$ 电对，电极反应及电极电势为

$$Cu(NH_3)_4^{2+} + 2e \rightleftharpoons Cu + 4NH_3 \qquad E^\ominus = -0.032\ V$$

由于电极电势减小，使氧化型的氧化能力减弱、还原型的还原能力增强。

【例 7-20】 在 Fe^{3+}、Fe^{2+} 都为 $1.0\ mol \cdot dm^{-3}$ 的溶液中加入 NaF，使反应后溶液中 F^- 的平衡浓度为 $1.0\ mol \cdot dm^{-3}$。计算电对 Fe^{3+}/Fe^{2+} 的电极电势。此时 Fe^{3+} 能否氧化 I^-？

解　如果 Fe^{3+} 与 F^- 形成了 FeF_3 配合物（Fe^{3+} 的配位数一般为 6，FeF_3 是配合物 $Fe(H_2O)_3F_3$ 的简写），则

$$Fe^{3+} + 3F^- \rightleftharpoons FeF_3$$

因为 FeF_3 的 $K_稳$ 较大，而且溶液中 F^- 是过量的，所以可以认为 Fe^{3+} 已全部转化为 FeF_3。平衡时各组分的浓度为

$$[FeF_3] = 1.0\ mol \cdot dm^{-3}, \quad [F^-] = 1.0\ mol \cdot dm^{-3}, \quad [Fe^{3+}] = x\ mol \cdot dm^{-3}$$

$$\frac{[FeF_3]}{[Fe^{3+}][F^-]^3} = \frac{1.0}{x(1.0)^3} = 1.13 \times 10^{12}$$

解得

$$[Fe^{3+}] = x = 8.8 \times 10^{-13}$$

根据 Nernst 方程：

$$E(Fe^{3+}/Fe^{2+}) = E^\ominus(Fe^{3+}/Fe^{2+}) + 0.0592 \lg \frac{[Fe^{3+}]}{[Fe^{2+}]}$$

$$= 0.771 + 0.0592 \lg(8.8 \times 10^{-13}) = 0.057(V)$$

可见在 NaF 存在下，Fe^{3+}/Fe^{2+} 电对的电极电势下降了。此时 Fe^{3+} 的氧化能力小于 I_2，所以能发生 I_2 氧化 Fe^{2+} 的反应。

$$2Fe^{2+} + I_2 = 2Fe^{3+} + 2I^-$$

7.6.3 酸度对电极电势的影响

酸度对电极电势的影响实际上也是浓度对电极电势的影响。所不同的是，酸度对电极电势的影响幅度较大，甚至可以改变反应的方向。例如，$K_2Cr_2O_7$ 是一种常用的氧化剂，其电极反应为

$$Cr_2O_7^{2-} + 14H^+ + 6e \rightleftharpoons 2Cr^{3+} + 7H_2O \quad E^\ominus = 1.36\ V$$

$$E = E^\ominus(Cr_2O_7^{2-}/Cr^{3+}) + \frac{0.0592}{6} \lg \frac{[Cr_2O_7^{2-}] \cdot [H^+]^{14}}{[Cr^{3+}]^2}$$

由上式可见，H^+ 浓度以 14 次方的倍数影响 E。如果保持 $Cr_2O_7^{2-}$ 和 Cr^{3+} 浓度为 $1.00\ mol \cdot dm^{-3}$，溶液中 H^+ 浓度不同时，E 值不同。

当$[H^+]=0.0010\ mol\cdot dm^{-3}$时，

$$E=1.36+\frac{0.0592}{6}\lg(0.0010)^{14}=0.95(V)$$

当$[H^+]=1.0\times10^{-7}\ mol\cdot dm^{-3}$时，

$$E=1.36+\frac{0.0592}{6}\lg(1.0\times10^{-7})^{14}=0.39(V)$$

在上述电极反应中，由于氢离子浓度的指数较大，因此对E值的影响也较大，这说明$K_2Cr_2O_7$的氧化能力受溶液酸度的影响强烈。在酸性溶液中，$K_2Cr_2O_7$是较强的氧化剂；在中性溶液中，$K_2Cr_2O_7$的氧化能力减弱很多；在碱性介质中，以CrO_4^{2-}形式存在的Cr(Ⅵ)已不具有氧化性。

$$CrO_4^{2-}+4H_2O+3e \rightleftharpoons Cr(OH)_3+5OH^- \quad E^{\ominus}=-0.13\ V$$

【例 7-21】 已知$E^{\ominus}(H_3AsO_4/HAsO_2)=0.560\ V$，$E^{\ominus}(I_2/I^-)=0.536\ V$，在标准状态下，$H_3AsO_4$可氧化$I^-$，发生以下反应：

$$H_3AsO_4+2H^++2I^- = HAsO_2+I_2+2H_2O$$

若使$[H^+]=1.0\times10^{-7}\ mol\cdot dm^{-3}$，其他各物质的浓度均为$1.0\ mol\cdot dm^{-3}$，$H_3AsO_4$还能氧化$I^-$吗？

解　$$E(H_3AsO_4/HAsO_2)=E^{\ominus}(H_3AsO_4/HAsO_2)+\frac{0.0592}{2}\lg[H^+]^2$$

$$=0.560+0.0592\lg(1.0\times10^{-7})=0.146(V)$$

酸度对$E^{\ominus}(I_2/I^-)$无影响。因为$E(H_3AsO_4/HAsO_2)<E^{\ominus}(I_2/I^-)$，所以$H_3AsO_4$不能氧化$I^-$，而是$I_2$氧化$HAsO_2$。酸度变化改变了反应的方向：

$$H_3AsO_4+2H^++2I^- \underset{中性或碱性}{\overset{酸性}{\rightleftharpoons}} HAsO_2+I_2+2H_2O$$

如果在溶液中加入$NaHCO_3$使成弱碱性，反应可定量地进行，利用此反应可测定砷含量。

酸度不仅可以改变反应的方向，有时还影响氧化还原反应的产物。例如，用$KMnO_4$氧化Na_2SO_3，在较强的酸性介质中，$KMnO_4$被还原为Mn^{2+}；在近中性、弱酸性或弱碱性介质中，$KMnO_4$被还原为MnO_2；在较强的碱性介质中，$KMnO_4$被还原为MnO_4^{2-}。

$$2MnO_4^-+6H^++5SO_3^{2-} = 2Mn^{2+}+5SO_4^{2-}+3H_2O$$

$$2MnO_4^-+H_2O+3SO_3^{2-} = 2MnO_2+3SO_4^{2-}+2OH^-$$

$$2MnO_4^-+2OH^-+SO_3^{2-} = 2MnO_4^{2-}+SO_4^{2-}+H_2O$$

许多在水溶液中进行的氧化还原反应，都与溶液的酸度有关。如将电对的E与pH的关系作图，称E-pH图。根据实际需要，可以绘制各种元素的E-pH图，应用这些图可以说明元素的各种氧化态稳定存在的区域。以下介绍与水有关的两个电对的E-pH图。

水参与氧化还原反应时，既可作氧化剂，又可作还原剂。当水作氧化剂时析出H_2，在酸性介质中：

$$2H^++2e \rightleftharpoons H_2 \quad E^{\ominus}(H^+/H_2)=0.000\ V$$

$$E(H^+/H_2)=E^{\ominus}(H^+/H_2)+\frac{0.0592}{2}\lg\frac{[H^+]^2}{p_{H_2}/p^{\ominus}}$$

当$p_{H_2}=p^{\ominus}$时，

$$E(H^+/H_2)=0+0.0592\lg[H^+]=-0.0592pH$$

在碱性介质中：

$$2H_2O+2e \rightleftharpoons H_2+2OH^- \quad E^\ominus=-0.8277\ V$$

$$E(H_2O/H_2)=E^\ominus(H_2O/H_2)+\frac{0.0592}{2}\lg\frac{1}{p_{H_2}/p^\ominus\cdot[OH^-]^2}$$

当 $p_{H_2}=p^\ominus$ 时，

$$\begin{aligned}E(H_2O/H_2)&=-0.8277+0.0592pOH\\&=-0.8277+0.0592(14-pH)\approx-0.0592pH\end{aligned}$$

计算说明，水作氧化剂时，在酸性及碱性溶液中，E 与 pH 的变化关系相同。

以 pH 为横坐标，电极电势 E 为纵坐标作图，得到一条截距为零、斜率为 -0.0592 的直线（图 7-5 中的 b 线），此线是电对 $H^+(H_2O)/H_2$ 的 E-pH 线，称氢线，以"H_2"表示。

当水作还原剂时析出 O_2，在酸性介质中：

$$O_2+4H^++4e \rightleftharpoons 2H_2O \quad E^\ominus=1.23\ V$$

$$E(O_2/H_2O)=E^\ominus(O_2/H_2O)+\frac{0.0592}{4}\lg([H^+]^4p_{O_2}/p^\ominus)$$

当 $p_{O_2}=p^\ominus$ 时，

$$E(O_2/H_2O)=1.23+\frac{0.0592}{4}\lg[H^+]^4=1.23-0.0592pH$$

在碱性介质中：

$$O_2+2H_2O+4e \rightleftharpoons 4OH^- \quad E^\ominus=0.401\ V$$

$$E(O_2/OH^-)=E^\ominus(O_2/OH^-)+\frac{0.0592}{4}\lg\frac{p_{O_2}/p^\ominus}{[OH^-]^4}$$

当 $p_{O_2}=p^\ominus$ 时，

$$\begin{aligned}E(O_2/OH^-)&=0.401+\frac{0.0592}{4}\lg\frac{1}{[OH^-]^4}=0.401+0.0592pOH\\&=0.401+0.0592(14-pH)=1.23-0.0592pH\end{aligned}$$

结果表明，水作还原剂时，在酸性和碱性介质中 E 与 pH 的关系也相同。

同样，以 pH 为横坐标，E 为纵坐标作图，得到一条截距为 1.23、斜率为 -0.0592 的直线（图 7-5 中的 a 线），此线是电对 $O_2/H_2O(OH^-)$ 的 E-pH 线，称氧线，以"O_2"表示。

图中的"H_2"线 b 与"O_2"线 a 是根据 Nernst 方程计算结果作出的，而实验测定得到的 H_2 及 O_2 析出的电极电势比计算值约差 0.5 V，这可能是由于释放 H_2、O_2 的速率缓慢造成的。所以考虑动力学原因，氢线和氧线都各自向外平移 0.5 V，得到两条虚线，即图 7-5 中的(b)及(a)线。

(a)、(b)两条线将水的 E-pH 图分成了三个区域，Ⅰ、Ⅲ两个区是水的不稳定区，Ⅱ是水的稳定区。由此，可判断电对在水中的稳定性。如果某电对的电极电势高于电对 $O_2/H_2O(OH^-)$ 的电极电势，则该电对的氧化型可将水氧化放出 O_2，例如 F_2/F^- 电对的电极反应为

$$F_2+2e \rightleftharpoons 2F^- \quad E^\ominus=2.87\ V$$

因电极反应与 H^+ 或 OH^- 无关，所以在 E-pH 图上是一条平行于横轴的直线，落在水的不稳定区Ⅰ区内（图 7-6）。说明 F_2 在水中不能稳定存在，F_2 与 H_2O 强烈作用放出 O_2：

$$F_2+2H_2O = 2HF+O_2$$

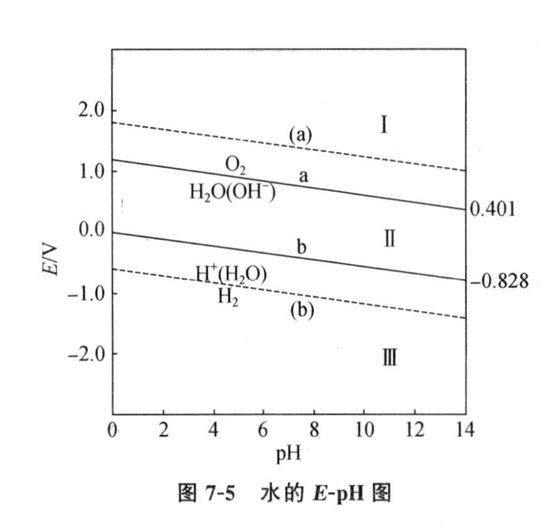

图 7-5 水的 E-pH 图

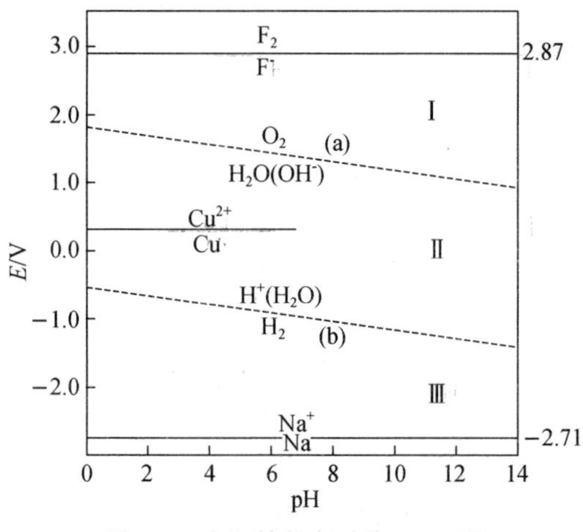

图 7-6 水和某些电对的 E-pH 图

如果某电对的电极电势低于电对 $H^+(H_2O)/H_2$ 的电极电势，则该电对的还原型可将水还原放出 H_2，例如电对 Na^+/Na 的电极反应为

$$Na^+ + e \rightleftharpoons Na \quad E^\ominus = -2.71\ V$$

在 E-pH 图上落在水的不稳定区Ⅲ区内。说明 Na 遇水强烈反应，放出 H_2：

$$2Na + 2H_2O = 2NaOH + H_2$$

如果电对的电极电势处于(a)和(b)间的Ⅱ区内，则电对与水不发生反应，电对的氧化型和还原型在水中都能稳定存在。例如，Cu^{2+}/Cu、Fe^{3+}/Fe^{2+} 电对中的 Cu^{2+}、Fe^{3+}、Fe^{2+} 在酸性水溶液中都可以稳定存在。

应该指出，用 E-pH 图来判断物质在水中是否稳定存在，是从热力学角度考虑的。因此，这种判断只说明可能性，而不表示必然性。

7.7 电极电势及电池电动势的应用

7.7.1 电极电势的应用

1. 比较氧化剂、还原剂的强弱

已知：

$$E^\ominus(MnO_4^-/Mn^{2+}) = 1.507\ V \qquad E^\ominus(Br_2/Br^-) = 1.066\ V$$

$$E^\ominus(Cl_2/Cl^-) = 1.358\ V \qquad E^\ominus(I_2/I^-) = 0.536\ V$$

$$E^\ominus(Fe^{3+}/Fe^{2+}) = 0.771\ V \qquad E^\ominus(O_2/H_2O) = 1.229\ V$$

由 $E^\ominus$ 值可知，在标准状态下，以上氧化型物质的氧化能力强弱为

$$MnO_4^- > Cl_2 > O_2 > Br_2 > Fe^{3+} > I_2$$

还原型物质的还原能力强弱为

$$I^- > Fe^{2+} > Br^- > H_2O > Cl^- > Mn^{2+}$$

2. 选择合适的氧化剂、还原剂

如在一溶液中含有 Br^- 和 I^-，如只氧化 I^- 而不氧化 Br^-，在 $FeCl_3$ 和 $KMnO_4$ 两种氧化剂中，只能选择 $FeCl_3$ 作氧化剂。由有关电对的 $E^\ominus$ 值可知，在标准状态下，$KMnO_4$ 不但能氧化 I^- 也可氧化 Br^-，而 Fe^{3+} 只可氧化 I^- 而不氧化 Br^-，所以应选择 $FeCl_3$ 作氧化剂。

3. 判断氧化还原反应的方向

应用两个电对之间 $E^\ominus$ 或 E 的差值，可以判断在标准状态或非标准状态下氧化还原反应自发进行的方向（见7.4节）。

如已知 $E^\ominus(ClO_3^-/Cl_2)=1.47\ V$，$E^\ominus(Fe^{3+}/Fe^{2+})=0.771\ V$，可知在标准状态下，能正向自发进行的氧化还原反应为

$$ClO_3^- + 5Fe^{2+} + 6H^+ = \frac{1}{2}Cl_2 + 5Fe^{3+} + 3H_2O$$

即由强氧化剂（E 高的氧化型）和强还原剂（E 低的还原型）反应生成弱还原剂和弱氧化剂。

处于中间氧化态的物质在一定条件下能发生歧化反应。如

$$E_A^\ominus(V)\quad MnO_4^- \xrightarrow{0.558} MnO_4^{2-} \xrightarrow{2.24} MnO_2 \xrightarrow{0.91} Mn^{3+} \xrightarrow{1.54} Mn^{2+} \xrightarrow{-1.185} Mn$$

因为 $E^\ominus(MnO_4^{2-}/MnO_2) \gg E^\ominus(MnO_4^-/MnO_4^{2-})$，还原性 $MnO_4^{2-} > MnO_4^-$，氧化性 $MnO_4^{2-} > MnO_2$，根据氧化还原反应进行的方向，可以发生下面的反应：

$$3MnO_4^{2-} + 4H^+ = 2MnO_4^- + MnO_2 + 2H_2O$$

$$E_{池}^\ominus = E^\ominus(MnO_4^{2-}/MnO_2) - E^\ominus(MnO_4^-/MnO_4^{2-}) = 2.24 - 0.558 = 1.68(V)$$

在此反应中，MnO_4^{2-} 既是氧化剂又是还原剂，而且只有 Mn 的氧化数发生变化，所以 MnO_4^{2-} 在酸性溶液中能发生歧化反应。同理，Mn^{3+} 在酸性介质中也能发生如下歧化反应：

$$2Mn^{3+} + 2H_2O = MnO_2 + Mn^{2+} + 4H^+$$

$$E_{池}^\ominus = E^\ominus(Mn^{3+}/Mn^{2+}) - E^\ominus(MnO_2/Mn^{3+}) = 1.54 - 0.91 = 0.63(V)$$

4. 计算未知电对的电极电势（详见7.5节）

7.7.2　电池电动势的应用

难溶化合物的 K_{sp} 一般很小，不能用直接测定溶液中离子浓度的方法来计算，但可以用设计电池、测定电动势的方法计算。除此之外，弱酸的 K_a、配位化合物的稳定常数等也常用测定电动势的方法得到。

【例7-22】 电池

$$(-)Ag,\ AgBr(s)|Br^-(1.0\ mol\cdot dm^{-3})\|Ag^+(1.0\ mol\cdot dm^{-3})|Ag(+)$$

298 K 时测得电动势为 0.728 V。已知 $E^\ominus(Ag^+/Ag)=0.800\ V$，计算 AgBr 的 K_{sp}。

解1　由题知 $E_{池}^\ominus=0.728\ V$，$E_{池}^\ominus=E^\ominus(Ag^+/Ag)-E^\ominus(AgBr/Ag)$，则

$$E^\ominus(AgBr/Ag)=E^\ominus(Ag^+/Ag)-E_{池}^\ominus=0.800-0.728=0.072(V)$$

根据(7-9)式，

$$E^\ominus(AgBr/Ag)=E^\ominus(Ag^+/Ag)+0.0592\lg K_{sp}(AgBr)$$

$$\lg K_{sp}(AgBr)=\frac{0.072-0.800}{0.0592}=-12.30,\quad K_{sp}(AgBr)=5.0\times10^{-13}$$

解 2

正极 $Ag^{+}+e \rightleftharpoons Ag$

负极 $Ag+Br^{-} \rightleftharpoons AgBr+e$

电池反应 $Ag^{+}+Br^{-} \rightleftharpoons AgBr(s) \quad K=\dfrac{1}{K_{sp}}$

根据(7-4)式有

$$\lg K=\lg\frac{1}{K_{sp}}=\frac{nE^{\ominus}}{0.0592}=\frac{0.728}{0.0592}=12.30, \quad K_{sp}=5.0\times10^{-13}$$

【例 7-23】 电池

$$(-)Cu, CuI(s)\,|\,I^{-}(0.010\ mol\cdot dm^{-3})\,\|\,Cu^{2+}(0.10\ mol\cdot dm^{-3})\,|\,Cu(+)$$

298 K 时测得电池电动势为 0.38 V，计算 CuI 的 K_{sp}。

解 由题知 $E_{池}=0.38$ V，已知 $E^{\ominus}(Cu^{2+}/Cu)=0.342$ V，$E^{\ominus}(Cu^{+}/Cu)=0.521$ V，则

$$E(Cu^{2+}/Cu)=E^{\ominus}(Cu^{2+}/Cu)+\frac{0.0592}{2}\lg[Cu^{2+}]=0.342+\frac{0.0592}{2}\lg 0.10=0.31(V)$$

$$E(Cu^{+}/Cu)=E^{\ominus}(Cu^{+}/Cu)+0.0592\lg[Cu^{+}]=0.521+0.0592\lg\frac{K_{sp}(CuI)}{[I^{-}]}$$

$$E(Cu^{+}/Cu)=E(Cu^{2+}/Cu)-E_{池}=0.31-0.38=-0.070(V)$$

$$0.521+0.0592\lg\frac{K_{sp}(CuI)}{0.010}=-0.070$$

$$\lg\frac{K_{sp}(CuI)}{0.010}=-9.98, \quad K_{sp}(CuI)=1.0\times10^{-12}$$

【例 7-24】 电池

$$(-)Pt, H_2(p^{\ominus})\left|\begin{matrix}HA(1.0\ mol\cdot dm^{-3})\\A^{-}(1.0\ mol\cdot dm^{-3})\end{matrix}\right\|H^{+}(1.0\ mol\cdot dm^{-3})\,\Big|\,H_2(p^{\ominus}), Pt(+)$$

298 K 时测得电池电动势为 0.551 V，计算弱酸 HA 的 K_a。

解 $E^{\ominus}_{池}=E^{\ominus}(H^{+}/H_2)-E^{\ominus}(HA/H_2)$，则

$$E^{\ominus}(HA/H_2)=0.000-0.551=-0.551(V)$$

根据(7-10)式

$$-0.551=0.000+0.0592\lg K_a(HA)$$

$$\lg K_a(HA)=-\frac{0.551}{0.0592}=-9.307, \quad K_a(HA)=4.93\times10^{-10}$$

【例 7-25】 电池

$$(-)Pt, H_2(p^{\ominus})\left|\begin{matrix}HA(0.10\ mol\cdot dm^{-3})\\A^{-}(0.20\ mol\cdot dm^{-3})\end{matrix}\right\|KCl(饱和)\,\Big|\,Hg_2Cl_2(s), Hg, Pt(+)$$

298 K 时测得电池电动势为 0.540 V，计算弱酸 HA 的 K_a 及溶液的 pH。

解 饱和甘汞电极的 $E^{\ominus}_{正}=0.241$ V

$$E_{负}=E^{\ominus}(H^{+}/H_2)+\frac{0.0592}{2}\lg\frac{[H^{+}]^2}{(p_{H_2}/p^{\ominus})}=0.0592\lg[H^{+}]=-0.0592pH$$

$$E_{池}=E_{正}-E_{负}=0.241-E_{负}, \quad 所以\ E_{负}=0.241-0.540=-0.299(V)$$

$$-0.299=-0.0592pH, \quad pH=5.05; \quad [H^{+}]=8.9\times10^{-6}\ mol\cdot dm^{-3}$$

又
$$HA + H_2O \rightleftharpoons H_3O^+ + A^-$$

$$K_a(HA) = \frac{[H_3O^+][A^-]}{[HA]} = \frac{8.9\times10^{-6}\times0.20}{0.10} = 1.8\times10^{-5}$$

或
$$E_{负} = 0.0592\lg[H^+], \quad -0.299 = 0.0592\lg\frac{0.10K_a(HA)}{0.20}$$

$$\lg\frac{0.10K_a(HA)}{0.20} = -5.05, \quad 则\ K_a(HA) = 1.8\times10^{-5}$$

$$K_a(HA) = \frac{[H^+][A^-]}{[HA]}, \quad 1.8\times10^{-5} = \frac{[H^+]\times0.20}{0.10}$$

$$[H^+] = 8.9\times10^{-6}\ mol\cdot dm^{-3}, \quad pH = 5.05$$

【例 7-26】 有下列电池：

$$(-)Cu\left|\begin{matrix}Cu(NH_3)_4^{2+}(1.0\ mol\cdot dm^{-3})\\ NH_3(1.0\ mol\cdot dm^{-3})\end{matrix}\right|\left|H^+(1.0\ mol\cdot dm^{-3})\right|H_2(p^\ominus),Pt(+)$$

在 298 K 测得其电池电动势为 0.035 V，计算 $Cu(NH_3)_4^{2+}$ 的 $K_{稳}$。

解　题中所给为标准电池，$E^\ominus_{池} = 0.035$ V。

$$E^\ominus = E^\ominus(H^+/H_2) - E^\ominus(Cu(NH_3)_4^{2+}/Cu) = 0.035\ V$$

则
$$E^\ominus(Cu(NH_3)_4^{2+}/Cu) = -0.035\ V$$

$$E^\ominus(Cu(NH_3)_4^{2+}/Cu) = E^\ominus(Cu^{2+}/Cu) + \frac{0.0592}{2}\lg[Cu^{2+}]$$

$$-0.035 = 0.34 + \frac{0.0592}{2}\lg\frac{1}{K_{稳}}, \quad K_{稳} = 4.7\times10^{12}$$

7.8　化学电源简介

从原理上说，任意两个能自发发生氧化还原反应的电极，都可以组成一个化学电源。但实际应用上，除了能自发进行的氧化还原反应外，还要考虑电源的效率、循环性、安全性、环保性等因素，因此真正能达到实用的电源并不多。化学电源可以按正负极材料和电解质进行分类，称电池系列分类法，如锌锰电池、锌氧化银电池、铅酸蓄电池、镍氢电池、锂离子电池、氢氧燃料电池等；也可以按电池的工作性质和使用特征进行分类，如原电池（又称干电池或一次电池）、蓄电池（二次电池）、燃料电池和储备电池等。下面就几种典型的化学电源的电化学原理作一简单介绍。

7.8.1　原电池

1. 锰锌干电池

锰锌干电池是人们日常生活中使用最广泛的一次性电池。其结构为圆柱形，中央的炭棒是正极板，周围有 MnO_2，锌皮是负极。两极间有呈糊状的 MnO_2、NH_4Cl、$ZnCl_2$ 和炭黑为电解质，其最大电压为 1.55 V。其负极反应为

$$Zn(s) \rightleftharpoons Zn^{2+}(aq) + 2e$$

正极反应比较复杂，首先，

$$2MnO_2(s) + H_2O(l) + 2e \rightleftharpoons Mn_2O_3(s) + 2OH^-(aq)$$

生成的 OH^- 被 NH_4^+ 中和：

$$NH_4^+(aq)+OH^-(aq) \longrightarrow NH_3(g)+H_2O(l)$$

产生的氨气与 Zn^{2+} 形成配合物：

$$Zn^{2+}(aq)+2NH_3(g)+2Cl^-(aq) \longrightarrow [Zn(NH_3)_2]Cl_2(s)$$

这种电池使用过程中，由于 NH_3 在电极上的富集会引起电压的下降，同时因为是酸性介质，金属 Zn 也会缓慢溶解，而减短其寿命。目前，常使用 NaOH 或 KOH 代替 NH_4Cl 电解质，称碱性电池。其正极反应同上，而负极反应为

$$Zn(s)+2OH^-(aq) \rightleftharpoons Zn(OH)_2(s)+2e$$

碱性电池在结构上采用与普通电池相反的电极结构，增大了正负极间的相对面积，而且用高导电性的氢氧化钾溶液替代了氯化铵、氯化锌溶液，负极锌也由片状改变成粒状，增大了负极的反应面积，加之采用了高性能的电解锰粉，所以电性能得到很大提高。一般，同等型号的碱性电池是普通电池的容量和放电时间的 3～7 倍，低温性能两者差距更大。碱性电池更适用于大电流连续放电和要求高的工作电压的用电场合，特别适用于照相机、闪光灯、剃须刀、电动玩具、CD 机、大功率遥控器等。

2. 锂一次电池

锂一次电池的种类很多，除均采用金属锂作负极外，其他电极材料及电解质等都不相同。典型的锂一次电池有锂碘电池和锂二氧化锰电池。

锂碘电池具有电池电势高(约 3 V)、电容量较大和使用时间长等特点，常用于心脏起搏器。其正极材料为聚 2-乙烯吡啶(P_2VP)和 I_2 的复合物，电解质是固态薄膜状的碘化锂。电极反应为：

正极： $P_2VP \cdot nI_2(s)+2Li^+(aq)+2e \rightleftharpoons P_2VP \cdot (n-1)I_2(s)+2LiI(s)$

负极： $2Li(s) \rightleftharpoons 2Li^+(aq)+2e$

锂二氧化锰电池简称为锂锰电池，具有电池电势高(约 3 V)、比能量大、放电电压稳定等特点，是目前产量最高、用途最广的锂一次电池，已广泛应用于助听器、计算器、电子表、照相机等电子产品中。锂锰电池使用二氧化锰为正极，以碳酸丙烯酯(PC)和乙二醇二甲醚(DME)为电解质，其电池符号和电极反应为

$$(-)Li|LiClO_4,PC\text{-}DME|MnO_2(+)$$

正极： $MnO_2(s)+Li^+(aq)+e \rightleftharpoons LiMnO_2(s)$

负极： $Li(s) \rightleftharpoons Li^+(aq)+e$

3. 银锌电池

银锌电池可以说是电池的鼻祖。1800 年意大利科学家伏特(Volta)发明的著名的“伏特电池”，就是以金属银和锌为电极的电池。目前商品化的银锌电池正极为氧化银，负极为锌，电解液为氢氧化钾溶液。电极反应和电池反应为：

正极： $Ag_2O(s)+H_2O(l)+2e \rightleftharpoons 2Ag(s)+2OH^-(aq)$

负极： $Zn(s)+2OH^-(aq) \rightleftharpoons ZnO(s)+H_2O(l)+2e$

总反应： $Zn(s)+Ag_2O(s) \longrightarrow ZnO(s)+2Ag(s)$

银锌电池的电池电势为 1.8 V。由于电池内的电解质量很少，电极间的距离可以靠得很近，通常做成体积很小的纽扣状电池。因此，电池的比能量大，能大电流放电，同时耐震，可用做宇宙航行、人造卫星、火箭等的电源，也通常用于手表、助听器、计算器等。其缺点是价格昂贵，使用寿命较短。

7.8.2 蓄电池

1. 铅蓄电池

铅蓄电池由正极板群、负极板群、电解液和容器等组成。正极板是棕褐色的二氧化铅(PbO_2)，负极板是灰色的绒状铅(Pb)，以浓度约 35％的硫酸(重量)水溶液为电解质。在此强酸介质中，HSO_4^- 为其主要存在型态。

正极： $PbO_2(s)+3H^+(aq)+HSO_4^-(aq)+2e \rightleftharpoons PbSO_4(s)+2H_2O(l)$

负极： $Pb(s)+HSO_4^-(aq) \rightleftharpoons PbSO_4(s)+H^+(aq)+2e$

总反应： $PbO_2(s)+Pb(s)+2H^+(aq)+2HSO_4^-(aq) = 2PbSO_4(s)+2H_2O(l)$

$$E_{池}=E(PbO_2/PbSO_4)-E(PbSO_4/Pb)=1.74-(-0.28)=2.02(V)$$

随着蓄电池的放电，正负极板都沉积出 $PbSO_4$，同时电解液中的硫酸逐渐减少，浓度变稀，因此需要外接电源进行充电。铅蓄电池充电是放电的逆过程。

$$2PbSO_4(s)+2H_2O(l)=PbO_2(s)+Pb(s)+2H^+(aq)+2HSO_4^-(aq) \quad E_{池}=-2.02\ V$$

在电池组中，为了阻止电极间的短路，电极间需要加绝缘的隔膜，分别将正极板和负极板连接，组成一个电池。比如，一个12 V的电池由6个正极板和6个负极板组成，单一极板电压为2 V。

铅蓄电池的优点是放电时电动势较稳定，缺点是比能量(单位重量所蓄电能)小，对环境腐蚀性强。铅蓄电池的工作电压平稳，使用温度及使用电流范围宽，能充放电数百个循环，储存性能好(尤其适用于干式荷电储存)，造价较低，因而广泛应用于汽车、摩托车发动之上。

2. 镍镉电池

镍镉电池最早应用于手机、笔记本电脑等设备，它具有良好的大电流放电特性，耐过度充放电能力强，维护简单。其电池符号和放电的电极反应为

$$(-)Cd|Cd(OH)_2|KOH|Ni(OH)_2|NiO(OH)(+)$$

正极： $2NiO(OH)(s)+2H_2O(l)+2e \rightleftharpoons 2Ni(OH)_2(s)+2OH^-(aq)$

负极： $Cd(s)+2OH^-(aq) \rightleftharpoons Cd(OH)_2(s)+2e$

其电池电势为1.4 V。镍镉电池最致命的缺点是，在充放电过程中如果处理不当，会出现严重的"记忆效应"，使得服务寿命大大缩短。此外，镉是有毒的，因而镍镉电池不利于生态环境的保护。众多的缺点使得镍镉电池已基本被淘汰出数码设备电池的应用范围。

3. 镍氢电池

在上述镍镉电池的负极中以吸氢材料(如 $LaNi_5$ 合金等)代替金属镉，即为镍氢电池。其放电的电极反应为：

正极： $NiO(OH)(s)+H_2O(l)+e \rightleftharpoons Ni(OH)_2(s)+OH^-(aq)$

负极： $MH(s)+OH^-(aq) \rightleftharpoons M(s)+H_2O+e$

式中，M为储氢合金，MH为吸附了氢原子的储氢合金。其电池电势为1.4 V。

随着消费者和产业的环保意识增强，镍氢电池已成为碱性电池的良好替代品。电动汽车、电动自行车、摩托车和玩具是对镍氢电池需求最强劲的应用领域。便携电子以及数码相机等耗电量较高的产品，也推动了对镍氢电池及电池组件的需求。镍氢电池与镍镉电池一样，都有记忆效应。

4. 锂二次离子电池

锂二次离子电池1990年由日本索尼公司研制成功并首先实现商品化，随后得到迅猛发展，已在二次电池领域占据领先地位。

已商品化的锂二次离子电池正极是 $LiCoO_2$，负极是层状石墨，电解质是无机盐 $LiClO_4$(或 $LiPF_6$)和有机溶剂的混合物，如EC(碳酸乙烯酯)和DMC(碳酸二甲酯)的混合物。其电池符号和电池反应为

$$(-)Li_xC_6|LiClO_4(1.0\ mol\cdot dm^{-3}),\ EC+DMC|LiCoO_2(+)$$

$$Li_xC_6+Li_{1-x}CoO_2 \underset{充电}{\overset{放电}{\rightleftharpoons}} 6C+LiCoO_2$$

锂二次离子电池的优势十分明显：工作电压高、体积小、质量轻、能量高、无记忆效应、无污染、自放电小、循环寿命长，是最适用于电动汽车的电池之一。

7.8.3 燃料电池

燃料电池(fuel cell)是一种把燃料和电池两种概念结合在一起的装置，是一种将燃料的化学能直接转化为电

能的发电装置。从外表上看，燃料电池有正负极和电解质等，像一个蓄电池，但实质上它不能“储电”，而是一个“发电厂”。

第一个燃料电池是基于碱性介质下的氢氧燃料电池，理论能量转化率达83%。其电极反应为：

正极： $O_2(g)+2H_2O(l)+4e \rightleftharpoons 4OH^-(aq)$

负极： $H_2(g)+2OH^-(aq) \rightleftharpoons 2H_2O(l)+2e$

总反应： $2H_2(g)+O_2(g) = 2H_2O(l)$

$$E^\ominus_{池}=E^\ominus(O_2/OH^-)-E^\ominus(H_2O/H_2)=0.401-(-0.828)=1.229(V)$$

燃料电池十分复杂，涉及化学热力学、电化学、电催化、材料科学、电力系统及自动控制等学科的有关理论，具有发电效率高、环境污染少等优点。

经过多年的探索，最有望用于汽车的是质子交换膜燃料电池。它的工作原理是：将氢气送到负极，经过催化剂(铂)的作用，氢原子中两个电子被分离出来。这两个电子在正极的吸引下，经外部电路产生电流，失去电子的氢离子(质子)可穿过质子交换膜(即固体电解质)，在正极与氧原子和电子重新结合为水。由于氧可以从空气中获得，只要不断给负极供应氢，并及时把水(蒸汽)带走，燃料电池就可以不断地提供电能。

小　结

氧化还原反应的本质是电子的得失与转移。在氧化还原反应中，还原剂的氧化数升高，氧化剂的氧化数降低，氧化和还原两个过程总是同时发生。根据氧化数的升高和降低值相等的原则配平氧化还原反应方程式。

电极电势和电池电动势是本章的重点。将任一标准电极与标准氢电极组成原电池，测其电动势($E^\ominus_{池}$)，就可得到该电极的$E^\ominus$。$E^\ominus$值越大，表示氧化型的氧化能力越强；$E^\ominus$值越小，表示还原型的还原能力越强。利用Nernst方程可以得到非标准状态下的电极电势和电池电动势，进而判断化学反应自发进行的方向以及计算热力学平衡常数。

思　考　题

1. 分别确定下列化合物(1)中硫、(2)中铬、(3)中氧、(4)中氢的氧化数。

(1) K_2S、$Na_2S_2O_3$、$Na_2S_4O_6$、Na_2SO_3、$Na_2S_2O_7$、$Na_2S_2O_8$

(2) $CrCl_2$、Cr_2O_3、$NaCrO_2$、$K_2Cr_2O_7$、CrO_5

(3) O_2、Na_2O、KO_2、KO_3、Na_2O_2

(4) H_2、H_2O、CaH_2、NaH

2. 改正以下方程式写法上的错误：

(1) $2Cr^{3+}+2Cl_2+8OH^- = 2CrO_4^{2-}+6Cl^-+8H^+$

(2) $Cr_2O_7^{2-}+7H_2O+6Fe^{2+} = 2Cr^{3+}+6Fe^{3+}+14OH^-$

(3) $Pb(Ac)_2+ClO^-+H_2O = 2H^++2Ac^-+PbO_2+Cl^-$

3. 举例说明原电池的组成，及盐桥在原电池中的作用。不用盐桥能否组成原电池？

4. 若将铁片和锌片分别插入稀酸中，它们都与酸反应放出H_2。若将它们同时放入一个盛稀H_2SO_4的容器中，并用导线相连，有何现象？

5. 何谓电极电势？能否测定电极电势的绝对值？何谓标准电极电势？$E^\ominus$表中列出的各电对的$E^\ominus$值表示什么含义？

6. 何谓参比电极？用标准氢电极和甘汞电极作参比电极，分别测定同一电对的标准电极电势，$E^{\ominus}$值是否一样？

7. 已知反应

$$I_2 + 2Fe^{2+} \rightleftharpoons 2I^- + 2Fe^{3+} \quad \Delta G^{\ominus} = 45.3\ kJ \cdot mol^{-1}$$

根据此反应设计一个能自发进行的原电池，写出电极反应和电池反应，并指出电子流和电流的方向。

8. 已知 $Fe^{3+} + e \rightleftharpoons Fe^{2+}$　$E^{\ominus} = 0.771\ V$，则 $2Fe^{3+} + 2e \rightleftharpoons 2Fe^{2+}$　$E^{\ominus} = 1.542\ V$，对不对？

9. 以下两个电池反应的电动势($E^{\ominus}$)、平衡常数($K^{\ominus}$)是否相等？

(1) $Sn^{2+} + 2Fe^{3+} \rightleftharpoons Sn^{4+} + 2Fe^{2+}$

(2) $\frac{1}{2}Sn^{2+} + Fe^{3+} \rightleftharpoons \frac{1}{2}Sn^{4+} + Fe^{2+}$

10. 比较下列电对 $E^{\ominus}$值的大小：

(1) Ag^+/Ag、$AgCl/Ag$、$AgBr/Ag$、AgI/Ag

(2) H^+/H_2、HF/H_2、HAc/H_2、HCN/H_2

11. 指出下列电池中哪几个可发生自发的氧化还原反应？如电池反应为非自发，如何使其转变为自发？

(1) $(-)Cu|Cu^{2+}(1.0\ mol \cdot dm^{-3})\|H^+(1.0\ mol \cdot dm^{-3})|H_2(100\ kPa), Pt(+)$

(2) $(-)Pt|Fe^{2+}(1.0\ mol \cdot dm^{-3}), Fe^{3+}(1.0\ mol \cdot dm^{-3})\|Br^-(1.0\ mol \cdot dm^{-3})|Br_2(l), Pt(+)$

(3) $(-)Pt, H_2(100\ kPa)|HAc(1.0\ mol \cdot dm^{-3})\|H^+(1.0\ mol \cdot dm^{-3})|H_2(100\ kPa), Pt(+)$

12. 现有 A、B 两个氧化还原反应，通过以下哪个条件能判断反应 A 比反应 B 进行得完全？

(1) $E^{\ominus}_{池A} > E^{\ominus}_{池B}$；　(2) $E_{池A} > E_{池B}$；　(3) $K^{\ominus}_A > K^{\ominus}_B$；　(4) $n_A E^{\ominus}_{池A} > n_B E^{\ominus}_{池B}$

13. 已知溴的电势图：

$$E^{\ominus}_A(V)\quad BrO_3^- \xrightarrow{1.46} HBrO \xrightarrow{1.57} Br_2 \xrightarrow{1.07} Br^-$$

(1) 写出电对 $BrO_3^-/HBrO$、$HBrO/Br_2$、Br_2/Br^- 的电极反应；

(2) 哪两个电对间可发生歧化反应？写出反应式。

14. 判断下列说法是否正确：

(1) 电对中的氧化型和还原型为共轭关系；

(2) $\Delta G^{\ominus} > 0$ 的氧化还原反应不能组成自发电池；

(3) 温度越高，电极电势越大；

(4) pH 增大，电极电势增大。

习　题

7.1　用氧化数法配平下列方程式：

(1) $KMnO_4 + H_2C_2O_4 + H_2SO_4 \longrightarrow MnSO_4 + CO_2$

(2) $CuS + HNO_3 \longrightarrow Cu(NO_3)_2 + NO + S$

(3) $Cr(OH)_4^- + HO_2^- \longrightarrow CrO_4^{2-} + H_2O$

(4) $K_2MnO_4 + H_2O \longrightarrow MnO_2 + KMnO_4 + KOH$

(5) $S_2O_8^{2-} + Mn^{2+} + H_2O \longrightarrow MnO_4^- + SO_4^{2-} + H^+$

7.2　用半反应法配平下列方程式：

(1) $I_2 + OH^- \longrightarrow I^- + IO_3^-$

(2) $H_2O_2 + Fe^{2+} + H^+ \longrightarrow Fe^{3+} + H_2O$

(3) $MnO_4^- + SO_3^{2-} + OH^- \longrightarrow MnO_4^{2-} + SO_4^{2-}$

(4) $Cr_2O_7^{2-} + H^+ + H_2S \longrightarrow Cr^{3+} + S$

(5) $S_2O_3^{2-} + I_2 \longrightarrow S_4O_6^{2-} + I^-$

7.3 写出下列原电池的电极反应和电池反应：

(1) $(-)Fe|Fe^{2+}(1.0\ mol\cdot dm^{-3})\|H^+(1.0\ mol\cdot dm^{-3})|H_2(100\ kPa),Pt(+)$

(2) $(-)Pt,H_2(100\ kPa)|H^+(1.0\ mol\cdot dm^{-3})\|Cr_2O_7^{2-}(1.0\ mol\cdot dm^{-3}),H^+(1.0\ mol\cdot dm^{-3}),Cr^{3+}(1.0\ mol\cdot dm^{-3})|Pt(+)$

7.4 根据下列氧化还原反应设计原电池，写出电池符号（离子浓度为 $1.0\ mol\cdot dm^{-3}$）：

(1) $2Ag^+ + Zn = 2Ag + Zn^{2+}$；　　(2) $2Fe^{3+} + Sn^{2+} = 2Fe^{2+} + Sn^{4+}$

7.5 在标准状态下，若将下列各组电对组成原电池，根据 $E^\ominus$ 判断，哪个电对为正极？哪个电对为负极？写出电池反应及电极反应。

(1) O_2/H_2O、H^+/H_2；　　(2) $K_3AsO_4/KAsO_2$、I_2/I^-（酸性介质）。

7.6 根据表 7-1 中 $E^\ominus$ 值的大小，将下列物质按氧化性由强到弱的次序排列，将括号中的物质按还原性由强到弱的次序排列：

$K_2Cr_2O_7(Cr^{3+})$　　$FeCl_3(Fe^{2+})$　　$Cl_2(Cl^-)$

$KMnO_4(Mn^{2+})$　　$SnCl_4(Sn^{2+})$　　$I_2(I^-)$

$CuSO_4(Cu)$　　$H^+(H_2)$　　$Br_2(Br^-)$

$F_2(F^-)$　　$Al^{3+}(Al)$　　$Mg^{2+}(Mg)$

7.7 在含有 Cu^{2+}、Zn^{2+}、Sn^{2+} 的溶液中：

(1) 只还原 Sn^{2+}、Cu^{2+} 而不还原 Zn^{2+}；

(2) 只还原 Cu^{2+} 而不还原 Sn^{2+}、Zn^{2+}。

应分别选择 Cu、Pb、Cd、Sn、KI 中哪个作还原剂？

7.8 根据 $E^\ominus$ 表判断下列各组物质间能否发生反应，写出配平的反应方程式。

(1) 溴加到 $FeSO_4$ 溶液中；　　(2) 铜丝插到 $1\ mol\cdot dm^{-3}$ HCl 中；

(3) H_2O_2 加到酸性 $KMnO_4$ 溶液中；　　(4) Cl_2 气通到 NaOH 溶液中。

7.9 根据有关电对的 $E^\ominus$ 值，计算以下反应的 $\Delta G^\ominus$：

(1) $Cr_2O_7^{2-} + 6Fe^{2+} + 14H^+ = 2Cr^{3+} + 6Fe^{3+} + 7H_2O$

(2) $MnO_2 + 4H^+ + 2Br^- = Mn^{2+} + Br_2 + 2H_2O$

7.10 已知：

(1) $H_2(g) + \frac{1}{2}O_2(g) = H_2O(l)$　　$\Delta G^\ominus_{298} = -237.2\ kJ\cdot mol^{-1}$

(2) $H_2S(aq) + \frac{1}{2}O_2(g) = S(s) + H_2O(l)$　　$\Delta G^\ominus_{298} = -209.3\ kJ\cdot mol^{-1}$

将以上两反应设计为原电池，计算两电池的 $E^\ominus_{池}$ 及 $E^\ominus_{S/H_2S}$。

7.11 在含有相同浓度的 Fe^{2+} 及 I^- 的溶液中逐滴加入 $K_2Cr_2O_7$ 溶液，哪种离子先被氧化，为什么？

7.12 将 Fe 片放入 $CuSO_4$ 溶液中，Fe 被氧化成 Fe^{2+} 还是 Fe^{3+}？

7.13 计算下列反应的平衡常数，哪个反应进行得最完全？哪个反应进行得最不完全？

（1）$Fe^{3+} + Ag \longrightarrow Fe^{2+} + Ag^+$

（2）$Ni + Sn^{2+} \longrightarrow Ni^{2+} + Sn$

（3）$Cr_2O_7^{2-} + 6Fe^{2+} + 14H^+ \longrightarrow 2Cr^{3+} + 6Fe^{3+} + 7H_2O$

7.14　通过计算解释以下问题，并写出反应式：

（1）H_2S 水溶液为什么不能长期存放？

（2）配制 $SnCl_2$ 溶液时，除需加 HCl 外，为何还要加入 Sn 粒？

（3）为何可用 $FeCl_3$ 溶液来腐蚀印刷电路铜板？

（4）为何 HNO_3 与 Fe 反应得到的是 Fe^{3+} 而不是 Fe^{2+}？

（5）Ag 不能从 HCl 中置换出 H_2，但它可以从 HI 酸中置换出 H_2。

7.15　写出下列电池反应或电极反应的 Nernst 方程式，计算电池的电动势（$E_{池}$）或电极电势（E）。

（1）$ClO_3^-(1.00\ mol \cdot dm^{-3}) + 6H^+(0.100\ mol \cdot dm^{-3}) + 6e \rightleftharpoons Cl^-(1.00\ mol \cdot dm^{-3}) + 3H_2O$

（2）$PbO_2(s) + SO_4^{2-}(0.100\ mol \cdot dm^{-3}) + 4H^+(1.00\ mol \cdot dm^{-3}) + 2e \rightleftharpoons PbSO_4(s) + 2H_2O$

（3）$MnO_2(s) + 2Br^-(0.100\ mol \cdot dm^{-3}) + 4H^+(5.00\ mol \cdot dm^{-3}) \longrightarrow Br_2(l) + Mn^{2+}(0.100\ mol \cdot dm^{-3}) + 2H_2O$

（4）$MnO_2(s) + H_2O_2(1.00\ mol \cdot dm^{-3}) + 2H^+(1.00\ mol \cdot dm^{-3}) \longrightarrow Mn^{2+}(0.200\ mol \cdot dm^{-3}) + O_2(100\ kPa) + 2H_2O$

7.16　实验测得下列电池的 $E_{池}$，分别计算两电池中 Cu^{2+} 的浓度。

（1）$(-)Zn|Zn^{2+}(0.5\ mol \cdot dm^{-3})\|Cu^{2+}(?)|Cu(+)$　　$E_{池} = 0.96\ V$

（2）$(-)Cu|Cu^{2+}(?)\|Ag^+(0.5\ mol \cdot dm^{-3})|Ag(+)$　　$E_{池} = 0.48\ V$

7.17　已知 $E^\ominus(PbSO_4/Pb) = -0.359\ V$，$E^\ominus(Pb^{2+}/Pb) = -0.126\ V$，计算 $PbSO_4$ 的 K_{sp}。

7.18　已知 HCN 的 $K_a = 4.93 \times 10^{-10}$，计算以下电极的 $E^\ominus$：

$$2HCN + 2e \rightleftharpoons H_2 + 2CN^-$$

7.19　已知 Ag_2CrO_4 的 $K_{sp} = 1.11 \times 10^{-12}$，计算 $E^\ominus(Ag_2CrO_4/Ag)$。

7.20　应用以下元素电势图，判断在标准状态下 Hg_2^{2+}、I_2 能否发生歧化反应。写出自发反应方程式，并计算其平衡常数。

（1）$E_A^\ominus(V)$　$Hg^{2+} \xrightarrow{0.920} Hg_2^{2+} \xrightarrow{0.797} Hg$

（2）$E_B^\ominus(V)$　$IO^- \xrightarrow{0.435} I_2 \xrightarrow{0.536} I^-$

7.21　根据下列元素电势图，计算指定电对的 $E^\ominus(V)$。

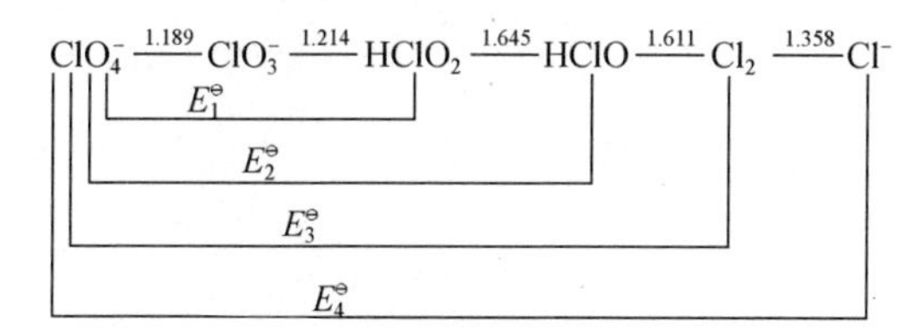

7.22　已知 $SO_4^{2-} + 4H^+ + 2e \rightleftharpoons H_2SO_3 + H_2O$　$E_A^\ominus = 0.172\ V$，计算 $SO_4^{2-} + H_2O + 2e \rightleftharpoons SO_3^{2-} + 2OH^-$ 的 $E_B^\ominus$。

7.23　已知 $E^\ominus(MnO_4^-/Mn^{2+}) = 1.51\ V$，$E^\ominus(MnO_2/Mn^{2+}) = 1.23\ V$，计算 $MnO_4^- + 2H_2O + 3e \rightleftharpoons MnO_2(s) + 4OH^-$ 的 $E_B^\ominus$。

7.24　已知电池 $(-)Ag|Ag^+(0.01\ mol \cdot dm^{-3})\|Ag^+(0.10\ mol \cdot dm^{-3})|Ag(+)$，向负极加入

K_2CrO_4 溶液，使 Ag^+ 完全生成 Ag_2CrO_4 沉淀，并使$[CrO_4^{2-}]=0.10\ mol \cdot dm^{-3}$，298 K 时测电池电动势为 0.26 V，计算 $K_{sp}(Ag_2CrO_4)$。

7.25 已知电池(－)Pt，$H_2(p^\ominus)|H^+(x\ mol \cdot dm^{-3})\|Cu^{2+}(0.10\ mol \cdot dm^{-3})|Cu(+)$，298 K 时测电池电动势为 0.49 V，计算溶液的 pH。

7.26 有下列电池：

$$(-)Pt\left|\begin{matrix}Fe^{3+}(1.0\ mol \cdot dm^{-3})\\Fe^{2+}(1.0\ mol \cdot dm^{-3})\end{matrix}\right\|Ag^+(0.10\ mol \cdot dm^{-3})\Big|Ag(+)$$

向负极加入足够量的 F^-，使 Fe^{3+} 与 F^- 完全反应，生成 FeF_6^{3-}（Fe^{2+} 不与 F^- 配位），并使 F^- 的平衡浓度为 $0.10\ mol \cdot dm^{-3}$，298 K 时测电池电动势为 0.57 V。查找有关热力学数据，计算：

(1) FeF_6^{3-} 的 $K_{稳}$；

(2) 电池反应的 $\Delta G^\ominus$ 和 ΔG；

(3) 电池反应的平衡常数。

7.27 电池$(-)Cu|Cu^{2+}(0.01\ mol \cdot dm^{-3})\|Ag^+(0.10\ mol \cdot dm^{-3})|Ag(+)$，向正极加入 Cl^-，使 Ag^+ 全部生成 AgCl 沉淀，并使 Cl^- 的平衡浓度为 $1.0\ mol \cdot dm^{-3}$；向负极加入 $NH_3 \cdot H_2O$（忽略体积变化），使 Cu^{2+} 全部生成 $Cu(NH_3)_4^{2+}$，并使 NH_3 的平衡浓度为 $1.0\ mol \cdot dm^{-3}$，298 K 时测定电池电动势为 0.326 V。查找有关数据，计算：

(1) $Cu(NH_3)_4^{2+}$ 的 $K_{稳}$；

(2) 电池反应（加入 Cl^-、NH_3 后）的 $\Delta G^\ominus$ 及 ΔG；

(3) 电池反应的平衡常数。

第三单元 化学动力学

第8章 化学反应速率与化学反应机理

本章要求

1. 了解化学反应速率的定义与测定方法
2. 掌握化学反应速率方程与反应级数
3. 了解活化能、化学反应速率与温度的关系
4. 了解化学反应的机理与催化
5. 了解光化学反应的原理及特性

人们把牛奶储存在冰箱里，是为了降低牛奶变质的速率；让火箭气体燃料的能量快速释放，目的是让火箭获得最大程度的推动力。这些都说明了化学反应速率的重要性。其实，不同化学反应的速率是千差万别的：如烟花和爆竹的燃放瞬间就可以完成；水溶液中简单离子间的反应可在分秒之内完成；工业反应釜中乙烯的聚合过程按小时计算；塑料和橡胶在室温下的老化速率按年计算；而自然界中岩石的风化速率则按百年乃至千年计算。化学反应的速率是由哪些因素决定的呢？

从前面的学习中我们知道，许多在热力学上自发趋势很大的反应，实际却进行得很慢，甚至难以进行。比如组成人们身体的有机分子（蛋白质、糖类、脂肪、核酸等）有被氧气氧化的趋势，如果这些分子的氧化过程很容易进行的话，那么在地球上就很难有生命存在；所幸的是，这些分子的氧化过程都是非常缓慢的，在空气中可以稳定存在。

再比如合成氨反应 $N_2(g)+3H_2(g) \longrightarrow 2NH_3(g)$，从热力学的角度看，在常温常压下该反应发生的可能性很大（$\Delta_r G_m^\ominus(298\ K)=-32.8\ kJ \cdot mol^{-1}$）；从化学平衡的角度看，在常温常压下这个反应的转化率也是很高的（$K^\ominus(298\ K)=5.8\times10^5$）。但是它的反应速率极慢，以至于在工业上很难应用。其实，至今也没有找到一种合适的催化剂，使得合成氨反应在常温常压下能顺利进行。

再比如，汽车是现代社会必不可少的交通工具，但尾气中的一氧化碳和一氧化氮严重污染了环境。这两种物质可以发生反应，生成二氧化碳和氮气$\left(CO(g)+NO(g) \longrightarrow CO_2(g)+\frac{1}{2}N_2(g)\right)$，从热力学的角度来看，其反应自由能变很大（$\Delta_r G_m^\ominus(298\ K)=-344.8\ kJ \cdot mol^{-1}$），转化率也很高（$K^\ominus(298\ K)=2.5\times10^{60}$），这种转化可以很大程度地改善汽车尾气对环境的污染。同样，因为它们的反应速率极慢，无法付诸实际应用。因此为了保护环境，研制这个反应高效、经济的催化剂仍然是科学家感兴趣的课题。

总之，对于一个化学反应，化学平衡和反应速率是研究工作中十分重要的两个方面。仅从热力学的趋势弄清楚是远远不够的，更重要的是控制其反应的速率，来满足生产和科技的需要。研究化学反应速率控制机制的学科就是**化学动力学**（chemical kinetics），它的基本任务是**研究浓度、温度、介质和催化剂等反应条件对化学反应速率的影响，同时阐明化学反应的机制，以及物质**

结构与它们反应性能之间的关系。

本章的开始，首先介绍化学反应速率的相关定义与测定方法；之后，讨论化学反应速率与各反应物浓度之间的关系，即化学反应速率方程；接着，介绍化学反应速率与温度的关系；然后，介绍化学反应机理与化学反应的催化；最后，介绍光化学反应的基本原理。

8.1 化学反应速率

化学反应速率通常用单位时间内反应物浓度的减少或生成物浓度的增加来表示。它是描述反应物或生成物各自浓度随时间的变化关系。比如在溶液中，将 Fe^{3+} 和 Sn^{2+} 混合后会立即发生下面的反应：

$$2Fe^{3+}(aq)+Sn^{2+}(aq) \longrightarrow 2Fe^{2+}(aq)+Sn^{4+}(aq) \tag{8-1}$$

当反应进行到 20 秒时，测得 Fe^{2+} 的浓度 $[Fe^{2+}]$ 为 $0.0010\ mol \cdot dm^{-3}$。即在这段反应时间内，$Fe^{2+}$ 浓度的变化量为 $\Delta[Fe^{2+}]=0.0010-0=0.0010(mol \cdot dm^{-3})$。$Fe^{2+}$ 生成的平均速率就可以表示为 $[Fe^{2+}]$ 的变化量 $\Delta[Fe^{2+}]$ 与反应时间的比值，即

$$Fe^{2+}\text{的生成速率}=\frac{\Delta[Fe^{2+}]}{\Delta t}=\frac{0.0010\ mol \cdot dm^{-3}}{20\ s}=5.0\times10^{-5}\ mol \cdot dm^{-3} \cdot s^{-1}$$

在这段时间内，反应的另一生成物 Sn^{4+} 的浓度发生了什么样的变化呢？由于生成两份 Fe^{2+} 才能生成一份 Sn^{4+}，即 Sn^{4+} 浓度变化量 $\Delta[Sn^{4+}]$ 是 Fe^{2+} 浓度变化量 $\Delta[Fe^{2+}]$ 的一半。所以，Sn^{4+} 的生成速率是 $2.5\times10^{-5}\ mol \cdot dm^{-3} \cdot s^{-1}$。

同样，Fe^{3+}、Sn^{2+} 的消耗量分别与 Fe^{2+}、Sn^{4+} 的生成量是一致的，即 Fe^{3+} 浓度的变化量 $\Delta[Fe^{3+}]=-0.0010\ mol \cdot dm^{-3}$，$Sn^{2+}$ 浓度的变化量 $\Delta[Sn^{2+}]=-0.0005\ mol \cdot dm^{-3}$。所以，在同样反应时间内 Fe^{3+} 和 Sn^{2+} 的平均消耗速率分别为

$$Fe^{3+}\text{的消耗速率}=\frac{\Delta[Fe^{3+}]}{\Delta t}=\frac{-0.0010\ mol \cdot dm^{-3}}{20\ s}=-5.0\times10^{-5}\ mol \cdot dm^{-3} \cdot s^{-1}$$

$$Sn^{2+}\text{的消耗速率}=\frac{\Delta[Sn^{2+}]}{\Delta t}=\frac{-0.0005\ mol \cdot dm^{-3}}{20\ s}=-2.5\times10^{-5}\ mol \cdot dm^{-3} \cdot s^{-1}$$

从上面的描述可以看出，用不同反应物或生成物的浓度变化表示化学反应速率时，其数值和正负号均不同。为了让一个反应的速率为同一数值，IUPAC 建议采用如下方式表示一个化学反应的速率：

$$aA+bB \longrightarrow gG+hH$$

$$\text{化学反应的速率}=-\frac{1}{a}\frac{\Delta[A]}{\Delta t}=-\frac{1}{b}\frac{\Delta[B]}{\Delta t}=\frac{1}{g}\frac{\Delta[G]}{\Delta t}=\frac{1}{h}\frac{\Delta[H]}{\Delta t} \tag{8-2}$$

即定义反应物浓度的变化量为负值，生成物浓度的变化量为正值，同时用各反应物或生成物的浓度变化量除以其相应的化学计量系数。这样，计算得到的化学反应速率就是一致的，而且结果为正值，单位为浓度×时间$^{-1}$，比如 $mol \cdot dm^{-3} \cdot s^{-1}$ 或 $mol \cdot dm^{-3} \cdot min^{-1}$。因此，对于反应式(8-1)，其反应速率就可表示为

$$\text{化学反应速率}=-\frac{1}{2}\frac{\Delta[Fe^{3+}]}{\Delta t}=-\frac{\Delta[Sn^{2+}]}{\Delta t}=\frac{1}{2}\frac{\Delta[Fe^{2+}]}{\Delta t}=\frac{\Delta[Sn^{4+}]}{\Delta t}=2.5\times10^{-5}\ mol \cdot dm^{-3} \cdot s^{-1}$$

【例 8-1】 有如下反应：

$$A+3B \longrightarrow 2C+2D$$

反应物 B 的初始浓度为 0.50 $mol \cdot dm^{-3}$，经过 5.0 min 后 B 的浓度变为 0.20 $mol \cdot dm^{-3}$。试计算该反应在这段时间内的平均速率，以 $mol \cdot dm^{-3} \cdot s^{-1}$ 为单位。

解　反应物 B 的消耗速率可以表示为浓度变化量 $\Delta[B]$ 与时间 Δt 的比值。

其中 $\Delta[B]=(0.20-0.50) mol \cdot dm^{-3}=-0.30\ mol \cdot dm^{-3}$，$\Delta t=5.0\ min$，则

$$化学反应速率=-\frac{1}{3}\frac{\Delta[B]}{\Delta t}=-\frac{1}{3}\times\frac{-0.30\ mol \cdot dm^{-3}}{5.0\ min}=2.0\times10^{-2}\ mol \cdot dm^{-3} \cdot min^{-1}$$

要求以 $mol \cdot dm^{-3} \cdot s^{-1}$ 为单位表示化学反应速率，即

$$化学反应速率=2.0\times10^{-2}\ mol \cdot dm^{-3} \cdot min^{-1}\times\frac{1\ min}{60\ s}=3.3\times10^{-4}\ mol \cdot dm^{-3} \cdot s^{-1}$$

上面介绍的化学反应速率是指一定时间内化学反应的平均速率，即反应物和生成物浓度的变化值与变化时间的比值。其实，化学反应速率会随时间而改变，随着化学反应的进行，各个时刻的反应速率是不一样的。比如，在过氧化氢(H_2O_2)的水溶液中加入少量的 I^-，它很快就会分解而放出氧气：

$$H_2O_2(aq) \xrightarrow{I^-} H_2O(l)+\frac{1}{2}O_2(g)$$

在不同时段测定放出氧气的体积(测量装置见图 8-1)，就可以计算出 H_2O_2 浓度的变化。若有一份初始浓度为 2.32 $mol \cdot dm^{-3}$ 的 H_2O_2 溶液(含少量 I^-)，它在分解过程中的浓度变化如表 8-1 所示。用 H_2O_2 的浓度对时间作图，得到图 8-2。从表 8-1 可以看出，在 H_2O_2 分解的第一个 200 秒，其浓度减少了 0.31 $mol \cdot dm^{-3}$，第二个 200 秒减少了 0.29 $mol \cdot dm^{-3}$，第三个 200 秒减少了 0.23 $mol \cdot dm^{-3}$，以此类推，在 200 秒内的前 100 秒和后 100 秒的速率也是不同的。所以，表 8-1 中列出的均是不同时段的**平均速率**，即

$$\bar{v}=-\frac{\Delta[H_2O_2]}{\Delta t}$$

若将测量的时间间隔无限缩小，平均速率的极限值就是该化学反应在 t 时刻的**瞬时速率**，即

$$\lim_{\Delta t\to 0}\frac{-\Delta[H_2O_2]}{\Delta t}=-\frac{d[H_2O_2]}{dt}$$

如图 8-2，曲线 a 上各点的反应速率可由该点切线的斜率求得，如切线 b 斜率为 $-1.70\ mol \cdot dm^{-3}/2800\ s=-6.1\times10^{-4}\ mol \cdot dm^{-3} \cdot s^{-1}$。**平均速率**和**瞬时速率**是不同的速率表示法，可视工作需要适当选用。

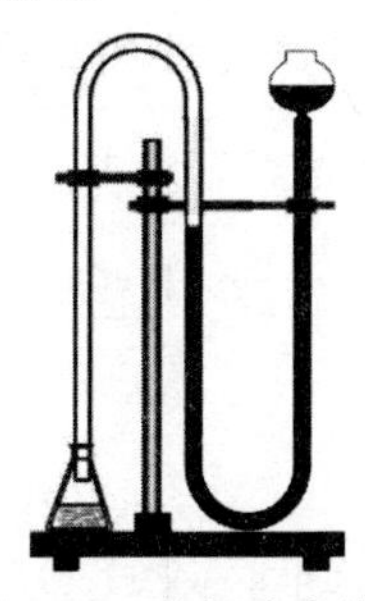

图 8-1　测定 H_2O_2 分解速率的实验装置图

表 8-1　H_2O_2 水溶液在室温的分解

时间/s	$[H_2O_2]/(mol \cdot dm^{-3})$	反应速率/$(mol \cdot dm^{-3} \cdot s^{-1})$
0	2.32	
200	2.01	1.55×10^{-3}
400	1.72	1.45×10^{-3}
600	1.49	1.15×10^{-3}
1200	0.98	8.5×10^{-4}
1800	0.62	6.0×10^{-4}
3000	0.25	3.1×10^{-4}

另外，化学反应具有可逆性，当正反应开始进行时，逆反应也随之发生。所以，在实验中测定的反应速率实际上是正向速率和逆向速率之差，即**净反应速率**。但是有些化学反应的逆速率非常小，可看做单向反应，这时人们把反应开始一瞬间的瞬时速率称为**初始速率**。

为了测定反应的速率，需要知道反应物或生成物的浓度随时间的变化量。时间容易获得，但如何测量化学反应中物质浓度的变化呢？当可逆反应达到平衡状态时，正反方向的反应速率相等，即净反应速率为零，平衡浓度不再随时间而变化，其浓度就容易获得。但是在反应达到平衡之前，反应体系中各物质的浓度时刻都在发生变化，这就给速率（浓度）的测量带来很大的困难。若用一般的化学分析法测量，取样时必须设法使化学反应立即停止，这种方法误差很大。所以，常用的方法是利用与浓度相关的各种物理性质进行快速测量或连续测量。

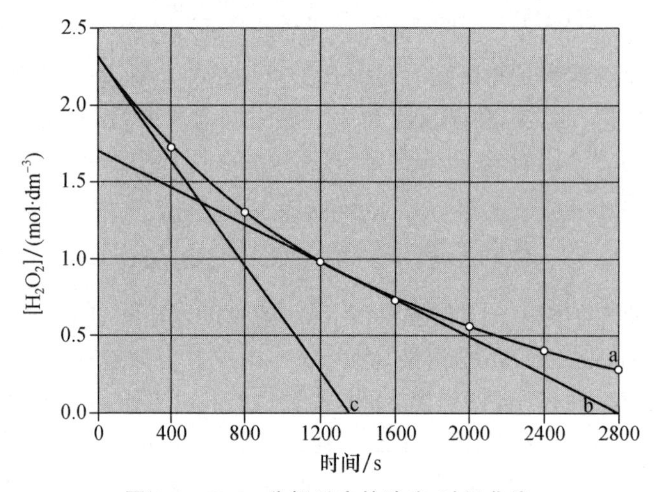

图 8-2 H_2O_2 分解反应的浓度-时间曲线

【例 8-2】 化学反应初始速率的求算：对于 H_2O_2 的分解反应，表 8-1 和图 8-2 给出了相应的实验数据，(1) 计算此反应的初始速率；(2) 计算 $t=100$ s 时 H_2O_2 的浓度。

解 (1) 根据前面的讨论，反应浓度随时间变化的曲线上某点切线的斜率就是化学反应在这一时刻的瞬时速率。图 8-2 中直线 c 就是反应起始点 $t=0$ 时刻曲线的切线，其斜率值就等于该反应的初始速率。图中切线 c 与坐标轴的交点为：$t=0$ s，$[H_2O_2]=2.32\ \text{mol}\cdot\text{dm}^{-3}$；$t=1360$ s，$[H_2O_2]=0$，即

$$\text{初始速率}=-\text{切线的斜率}=-\frac{(0-2.32)\text{mol}\cdot\text{dm}^{-3}}{(1360-0)\text{s}}=1.71\times10^{-3}\ \text{mol}\cdot\text{dm}^{-3}\cdot\text{s}^{-1}$$

(2) 某时刻的瞬时速率可以用该点切线的斜率来计算，也可以假定该反应速率在一段时间内不变，利用化学反应速率$=\frac{-\Delta[H_2O_2]}{\Delta t}$的公式直接计算。在这里，假定在(1)中求得的速率在 100 s 的时间内为定值不变。又因为反应速率$=\frac{-\Delta[H_2O_2]}{\Delta t}$，所以

$$1.71\times10^{-3}\ \text{mol}\cdot\text{dm}^{-3}\cdot\text{s}^{-1}=-\frac{\Delta[H_2O_2]}{100\ \text{s}}$$

$$-(1.71\times10^{-3}\ \text{mol}\cdot\text{dm}^{-3}\cdot\text{s}^{-1}\times100\ \text{s})=\Delta[H_2O_2]=[H_2O_2]_t-[H_2O_2]_0$$

$$-1.71\times10^{-1}\ \text{mol}\cdot\text{dm}^{-3}=[H_2O_2]_t-2.32\ \text{mol}\cdot\text{dm}^{-3}$$

$$[H_2O_2]_t = 2.32\ mol \cdot dm^{-3} - 0.17\ mol \cdot dm^{-3} = 2.15\ mol \cdot dm^{-3}$$

即 $t=100$ s 时，H_2O_2 的浓度为 2.15 mol·dm^{-3}。

8.2　化学反应速率与浓度的关系

化学动力学的目的之一，就是推导适当的方程来推测反应速率和反应物浓度之间的关系。从表 8-1 中的数据看出，随着反应的进行，H_2O_2 的浓度逐渐减小，反应速率也逐渐变小。当 H_2O_2 的浓度减少一半时，反应速率也降低一半，这说明反应速率和反应物的浓度成正比，即

$$\text{反应速率}\ v = -\frac{d[H_2O_2]}{dt} = k[H_2O_2] \tag{8-3}$$

其中 k 为反应**速率常数**，即反应物浓度为单位值时的反应速率。

对于 NO_2 和 CO 反应生成 NO 和 CO_2，其反应速率表达式与上述表达式有所不同。选取一系列不同起始浓度的 NO_2-CO 体系进行实验，测定反应初速率，将数据列入表 8-2 中。

表 8-2　$CO(g)+NO_2(g) \longrightarrow CO_2(g)+NO(g)$ 反应物的浓度与初速率(673 K)

甲组			乙组			丙组		
$\frac{[CO]_0}{mol \cdot dm^{-3}}$	$\frac{[NO_2]_0}{mol \cdot dm^{-3}}$	$\frac{v_0}{mol \cdot dm^{-3} \cdot s^{-1}}$	$\frac{[CO]_0}{mol \cdot dm^{-3}}$	$\frac{[NO_2]_0}{mol \cdot dm^{-3}}$	$\frac{v_0}{mol \cdot dm^{-3} \cdot s^{-1}}$	$\frac{[CO]_0}{mol \cdot dm^{-3}}$	$\frac{[NO_2]_0}{mol \cdot dm^{-3}}$	$\frac{v_0}{mol \cdot dm^{-3} \cdot s^{-1}}$
0.10	0.10	0.005	0.10	0.20	0.010	0.10	0.30	0.015
0.20	0.10	0.010	0.20	0.20	0.020	0.20	0.30	0.030
0.30	0.10	0.015	0.30	0.20	0.030	0.30	0.30	0.045
0.40	0.10	0.020	0.40	0.20	0.040	0.40	0.30	0.060

分别比较三组实验结果，当各组 NO_2 的浓度相同时，CO 的浓度加倍，反应速率也加倍，也就是说，反应速率与 CO 的浓度成正比；当 CO 的浓度不变时，NO_2 的浓度加倍，反应速率也加倍，即反应速率与 NO_2 的浓度也成正比。因此可以认为，该反应的反应速率与 CO 和 NO_2 浓度的乘积成正比，即

$$v = -\frac{d[NO_2]}{dt} = -\frac{d[CO]}{dt} = k[NO_2][CO] \tag{8-4}$$

以上方程式(8-3)和(8-4)表示反应速率与反应物浓度的关系，称之为**微分速率方程**。早在 19 世纪，挪威化学家古德堡(C. M. Guldberg)和瓦格(P. Waage)就发现了反应速率和反应物浓度之间具有一定的关系。据此，他们提出了反应速率的唯象规律——**质量作用定律**，即在一定的温度下，化学反应的反应速率与各反应物浓度幂的乘积成正比。对于任意反应：

$$aA + bB + \cdots \longrightarrow gG + hH + \cdots \tag{8-5}$$

其中，a，b，…代表方程式配平后的化学计量系数。该反应的反应速率可表示为

$$v = k[A]^m[B]^n\cdots \tag{8-6}$$

其中，k 是化学反应在一定温度下的特征常数，即 k 由反应的性质和温度决定，与浓度无关；[A]，[B]，…分别代表反应物的浓度；指数项 m，n，…通常是正整数，但在某些反应中也可能为零、分数或负数。多数情况下，该指数项与反应计量系数 a，b，…无关。

化学反应速率与反应路径有关。有些化学反应的历程很简单，反应物分子相互碰撞，经一步反应就变为生成物；但多数化学反应的历程比较复杂，反应物分子要经过几步，才能转化为生成

物。前者叫**基元反应**，后者叫**非基元反应**。基元反应的速率方程比较简单，各浓度的幂与反应物的计量系数一样，即 $m=a, n=b, \cdots$。这样，若反应(8-5)是基元反应，则它的速率方程为

$$v=-\frac{1}{a}\frac{\mathrm{d}[\mathrm{A}]}{\mathrm{d}t}=-\frac{1}{b}\frac{\mathrm{d}[\mathrm{B}]}{\mathrm{d}t}=\cdots=\frac{1}{g}\frac{\mathrm{d}[\mathrm{G}]}{\mathrm{d}t}=\frac{1}{h}\frac{\mathrm{d}[\mathrm{H}]}{\mathrm{d}t}=\cdots=k[\mathrm{A}]^a[\mathrm{B}]^b\cdots \quad (8\text{-}7)$$

若反应(8-5)是非基元反应，其反应速率方程就比较复杂，浓度的幂和反应物的计量系数不一定相等。比如，过二硫酸铵 $(NH_4)_2S_2O_8$ 和碘化钾 KI 在水溶液中可以发生如下氧化还原反应：

$$S_2O_8^{2-}+3I^- \longrightarrow 2SO_4^{2-}+I_3^-$$

根据表 8-3 中的数据可以看出，反应速率既与 $S_2O_8^{2-}$ 的浓度成正比，也与 I^- 的浓度成正比，即

$$-\frac{\mathrm{d}[S_2O_8^{2-}]}{\mathrm{d}t}=k[S_2O_8^{2-}][I^-]$$

而不是

$$-\frac{\mathrm{d}[S_2O_8^{2-}]}{\mathrm{d}t}=k[S_2O_8^{2-}][I^-]^3$$

表 8-3 $S_2O_8^{2-}+3I^- \longrightarrow 2SO_4^{2-}+I_3^-$ 的反应速率(室温)

$\frac{[S_2O_8^{2-}]_0}{\mathrm{mol\cdot dm^{-3}}}$	$\frac{[I^-]_0}{\mathrm{mol\cdot dm^{-3}}}$	$\frac{-\mathrm{d}[S_2O_8^{2-}]/\mathrm{d}t}{\mathrm{mol\cdot dm^{-3}\cdot s^{-1}}}$
0.038	0.060	1.4×10^{-5}
0.076	0.060	2.8×10^{-5}
0.076	0.030	1.4×10^{-5}

为了更好地描述反应速率，我们还需要引入**反应级数**的概念。若 $m=1, n=2$，则对反应物 A 来说是一级的，对反应物 B 来说是二级的，反应的总级数等于 $m+n=3$；若 $m+n=2$，则该反应为二级反应。

要正确写出反应速率与反应物浓度的速率方程，必须要知道速率常数和反应级数。反应级数一般由实验测定，根据反应级数的大小，可以把化学反应分成不同的类型：① 具有简单级数的反应，即 m 和 n 是 0 或正整数，$m+n$ 也就是正整数，如果 $m+n=0$，则为零级反应；$m+n=1$，为一级反应；$m+n=2$，为二级反应，以此类推。② 具有分数级数的反应，即 m 和 n 中有分数，则 $m+n$ 也是分数。③ 无法用反应级数归类的反应。速率常数 k 是由反应物本性决定的特征常数，不同的反应，速率常数不同。对于给定的反应，k 值会随反应温度、催化剂、反应介质等反应条件的不同而不同。与反应物浓度因素相比，k 值的大小是决定反应速率更关键的因素。相同条件下，k 值越大，反应进行得越快。

【例 8-3】 某温度下，测得反应 $A+B \longrightarrow D$ 的有关实验数据如下：

实验序号	初始浓度 /(mol·dm^{-3})		初始速率/(mol·dm^{-3}·s^{-1})
	A	B	
1	1.00×10^{-3}	1.00×10^{-3}	5.60×10^{-6}
2	1.00×10^{-3}	2.00×10^{-3}	1.13×10^{-5}
3	1.00×10^{-3}	6.00×10^{-3}	3.37×10^{-5}
4	2.50×10^{-3}	6.00×10^{-3}	2.25×10^{-4}
5	4.00×10^{-3}	6.00×10^{-3}	5.05×10^{-4}

(1) 写出该反应的速率方程,确定反应的级数;

(2) 计算速率常数;

(3) 求该温度下 $c_A=6.00\times10^{-3}$ mol·dm^{-3},$c_B=3.00\times10^{-3}$ mol·dm^{-3}时的反应速率。

解 (1) 设该反应的速率方程为

$$v = kc_A^m c_B^n$$

$$\ln v = \ln k + m\ln c_A + n\ln c_B$$

当 c_A 固定时,则以 $\ln v$-$\ln c_B$ 作图,其直线斜率为 n:

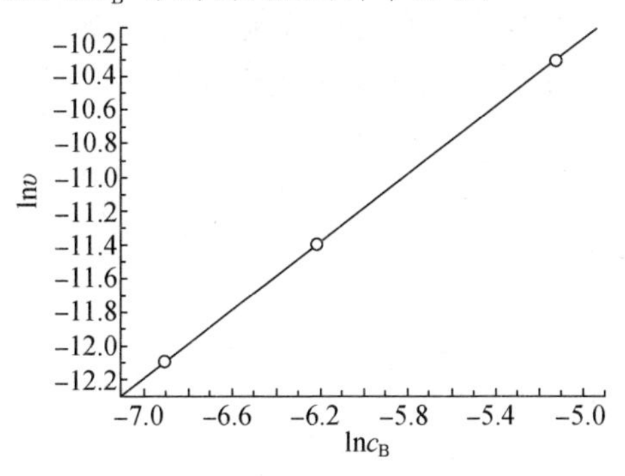

于是得到　　　　$n=1.00\pm0.01$,　即　$n=1$

当 c_B 固定时,则以 $\ln v$-$\ln c_A$ 作图,其直线斜率为 m:

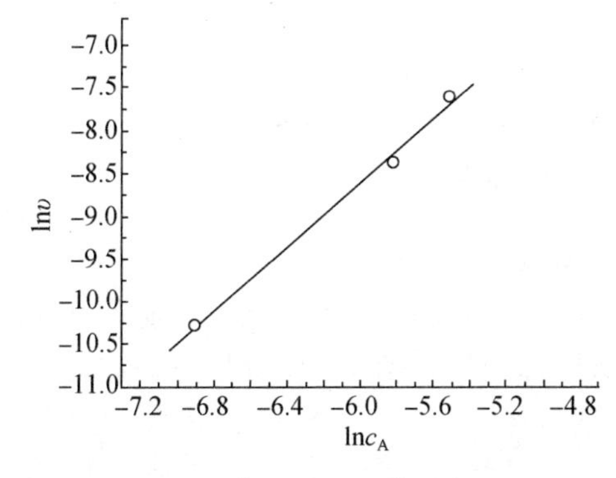

于是得到　　　　$m=1.97\pm0.08$,　即　$m=2$

因此,该反应的速率方程为 $v=k[A]^2[B]$,反应级数 $m+n=3$。

(2) 以 $\ln v$-$(m\ln c_A+n\ln c_B)$作图,其直线的截距为 $\ln k$:

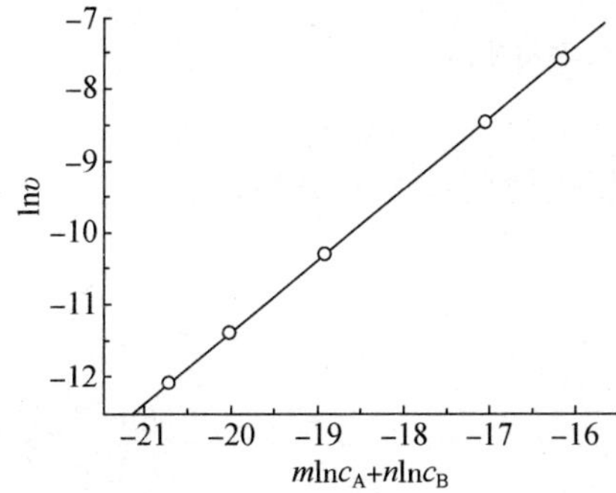

于是得到　　$\ln k=8.6\pm0.2$，　即　$k=5.43\times10^3\ \mathrm{dm^6\cdot mol^{-2}\cdot s^{-1}}$

故其速率方程为　　$v=5.43\times10^3[\mathrm{A}]^2[\mathrm{B}]$

(3) 当 $c_\mathrm{A}=6.00\times10^{-3}\ \mathrm{mol\cdot dm^{-3}}$，$c_\mathrm{B}=3.00\times10^{-3}\ \mathrm{mol\cdot dm^{-3}}$ 时，

$$v=[5.43\times10^3\times(6.00\times10^{-3})^2\times3.00\times10^{-3}]\ \mathrm{mol\cdot dm^{-3}\cdot s^{-1}}$$
$$=5.86\times10^{-4}\ \mathrm{mol\cdot dm^{-3}\cdot s^{-1}}$$

8.3　反应级数

具有简单级数的化学反应，按反应级数可以分为一级、二级、三级和零级反应等。各级反应都有特定的“浓度-时间”依赖关系，下面讨论各级反应的特点。

8.3.1　一级反应

假定反应方程式为

$$\mathrm{A}\longrightarrow 产物$$

反应的速率方程为

$$v=-\frac{\mathrm{d}[\mathrm{A}]}{\mathrm{d}t}=k[\mathrm{A}]^1$$

进行数学变换

$$\frac{\mathrm{d}[\mathrm{A}]}{[\mathrm{A}]}=-k\mathrm{d}t$$

设起始态 $t=0$ 时，A 的浓度为$[\mathrm{A}]_0$，终态时间为 t 时，A 的浓度为$[\mathrm{A}]$，对上式积分

$$\int_{[\mathrm{A}]_0}^{[\mathrm{A}]}\frac{\mathrm{d}[\mathrm{A}]}{[\mathrm{A}]}=-\int_0^t k\mathrm{d}t$$

$$\ln[\mathrm{A}]-\ln[\mathrm{A}]_0=-kt\quad 或\quad \ln[\mathrm{A}]=-kt+\ln[\mathrm{A}]_0\tag{8-8}$$

可见，在一级反应中，$\ln[\mathrm{A}]$和 t 呈线性关系，其斜率为$-k$，截距为 $\ln[\mathrm{A}]_0$。另外，因为对数运算是没有单位的，$-k$ 和 t 的乘积也一定没有单位，所以一级反应 k 的单位为时间$^{-1}$，比如 $\mathrm{s^{-1}}$ 或 $\mathrm{min^{-1}}$。

如下反应均为一级反应：

$$C_{12}H_{22}O_{11}(aq)+H_2O\xrightarrow{15℃}C_6H_{12}O_6(aq,葡萄糖)+C_6H_{12}O_6(aq,果糖)$$

$$(CH_2)_2O(g)\xrightarrow{415℃}CH_4(g)+CO(g)$$

$$2N_2O_5\xrightarrow{四氯甲烷,45℃}2N_2O_4+O_2(g)$$

$$C_2H_3O_2H(aq)\longrightarrow H^+(aq)+C_2H_3O_2^-(aq)$$

将反应物消耗掉一半所需要的时间称为**半衰期**，用 $t_{1/2}$ 表示。根据(8-8)式可计算出一级反应的半衰期为

$$\ln\frac{[\mathrm{A}]}{[\mathrm{A}]_0}=\ln\frac{[\mathrm{A}]_0/2}{[\mathrm{A}]_0}=-kt_{1/2}$$

$$t_{1/2}=-\frac{\ln(1/2)}{k}=\frac{0.693}{k}\tag{8-9}$$

由此可见，一级反应的半衰期是由速率常数决定的，而与反应物的浓度无关。放射性核衰变反应可以看成是一级反应，习惯用半衰期表示核衰变速率的快慢。例如：

$^{238}_{92}U$ 的放射性衰变　　$t_{1/2} = 4.51 \times 10^9$ 年

$^{14}_{6}C$ 的放射性衰变　　$t_{1/2} = 5.73 \times 10^3$ 年

$^{32}_{15}P$ 的放射性衰变　　$t_{1/2} = 14.3$ 天

【例 8-4】 在 300 K 时，氯乙烷的一级分解反应速率常数是 $2.50 \times 10^{-3}\ \text{min}^{-1}$。如果起始浓度为 $0.40\ \text{mol} \cdot \text{dm}^{-3}$，问：

(1) 反应进行 8 h 之后，氯乙烷浓度为多少？

(2) 氯乙烷浓度由 $0.40\ \text{mol} \cdot \text{dm}^{-3}$ 降为 $0.010\ \text{mol} \cdot \text{dm}^{-3}$ 需要多少时间？

(3) 氯乙烷分解一半需多少时间？

解　(1) 这是一级反应，用(8-8)式进行计算

$$\ln[C_2H_5Cl] = \ln[C_2H_5Cl]_0 - kt$$

$$= \ln 0.40 - 2.50 \times 10^{-3}\ \text{min}^{-1} \times 8 \times 60\ \text{min} = -2.12$$

则 $[C_2H_5Cl] = 0.12\ \text{mol} \cdot \text{dm}^{-3}$，即 8 h 后剩余 C_2H_5Cl 浓度为 $0.12\ \text{mol} \cdot \text{dm}^{-3}$。

(2) $\ln \dfrac{0.010}{0.40} = -2.50 \times 10^{-3} t$，　$t = 1476\ \text{min} = 1.5 \times 10^3\ \text{min} = 25\ \text{h}$

(3) 半衰期 $t_{1/2}$ 为分解一半所需的时间，即

$$t_{1/2} = \frac{0.693}{k} = \frac{0.693}{2.50 \times 10^{-3}\ \text{min}^{-1}} = 277\ \text{min} = 4.62\ \text{h}$$

8.3.2　二级反应

假定反应方程式为

$$A \longrightarrow \text{产物}$$

反应的速率方程为

$$v = -\frac{d[A]}{dt} = k[A]^2$$

进行数学变换：

$$\frac{d[A]}{[A]^2} = -k\,dt$$

设起始态 $t=0$ 时，A 的浓度为 $[A]_0$，终态时间为 t 时，A 的浓度为 $[A]$，对上式积分

$$\int_{[A]_0}^{[A]} \frac{d[A]}{[A]^2} = -\int_0^t k\,dt$$

$$\frac{1}{[A]} - \frac{1}{[A]_0} = kt \tag{8-10}$$

可见，在二级反应中，$1/[A]$ 和 t 呈线性关系，斜率为速率常数 k，截距为 $1/[A]_0$。k 的单位为(浓度$^{-1}$×时间$^{-1}$)，比如 $\text{dm}^3 \cdot \text{mol}^{-1} \cdot \text{s}^{-1}$。

对于二级反应，其半衰期为

$$\frac{1}{[A]_0/2} - \frac{1}{[A]_0} = kt_{1/2}$$

$$t_{1/2} = \frac{1}{k[\mathrm{A}]_0}$$

可见，二级反应没有确定的半衰期，其长短与反应物的起始浓度相关。

在上面的讨论中假设只有一个反应物 A，其实更常见的二级反应是有两个反应物，即

$$\mathrm{A} + \mathrm{B} \longrightarrow \text{产物}$$

反应速率方程为

$$v = -\frac{\mathrm{d}[\mathrm{A}]}{\mathrm{d}t} = -\frac{\mathrm{d}[\mathrm{B}]}{\mathrm{d}t} = k[\mathrm{A}][\mathrm{B}]$$

这种形式在数学上变换比较复杂，通常按下面两种方式简化处理：一种方法是使一种反应物的浓度远大于另一种反应物，若$[\mathrm{B}] \gg [\mathrm{A}]$，则可以认为在整个反应过程中 B 的浓度是不变的，这样此反应就可以按照一级反应来处理，即

$$v = -\frac{\mathrm{d}[\mathrm{A}]}{\mathrm{d}t} = k[\mathrm{A}][\mathrm{B}] = k'[\mathrm{A}]$$

这个公式的处理就可以套用一级反应的数学关系，因此，此类反应也称为准一级反应。在实际应用中，很多反应都可以作类似的处理，从而变成比较容易的准一级反应。另一种方法是对等摩尔反应，使两个反应物的浓度相等，这样就可以套用只有一种反应物的二级反应的数学关系。

在溶液中进行的有机化学反应大多属于二级反应，如一些加成反应、取代反应和分解反应等。

【例 8-5】 乙酸乙酯在 25℃时的皂化反应为二级反应：

$$CH_3COOC_2H_5 + NaOH \longrightarrow CH_3COONa + C_2H_5OH$$

如果：(1) 乙酸乙酯与氢氧化钠的起始浓度均为 0.0200 $mol \cdot dm^{-3}$，反应 25 min 后，碱的浓度变化了 0.0153 $mol \cdot dm^{-3}$。试求该反应的速率常数和半衰期。

(2) 如果乙酸乙酯与氢氧化钠的起始浓度分别为 0.0200 $mol \cdot dm^{-3}$和 0.50 $mol \cdot dm^{-3}$，计算需要几分钟可以使乙酸乙酯水解完成(99.9%水解)。

解 (1) 两个反应物的浓度相同，而且是等摩尔反应，因此，可以套用只有一个反应物的二级反应数学公式。反应 25 min 后，乙酸乙酯与氢氧化钠的浓度为

$$c = (0.0200 - 0.0153)\,\mathrm{mol \cdot dm^{-3}} = 0.0047\ \mathrm{mol \cdot dm^{-3}}$$

代入二级反应数学公式：

$$1/c - 1/c_0 = kt$$

$$1/0.0047 - 1/0.0200 = 25k$$

$$k = 6.51\ \mathrm{dm^3 \cdot mol^{-1} \cdot min^{-1}}$$

则

$$t_{1/2} = 1/(kc_0) = \frac{1}{6.51 \times 0.0200}\ \mathrm{min} = 7.68\ \mathrm{min}$$

(2) 由于氢氧化钠的初始浓度远远高于乙酸乙酯的浓度，所以此时反应为准一级反应，即

$$v = -\frac{\mathrm{d}c_{\text{酯}}}{\mathrm{d}t} = kc(\mathrm{NaOH})c_{\text{酯}} = k'c_{\text{酯}}$$

$$k' = kc(\mathrm{NaOH}) = (6.51 \times 0.50)\,\mathrm{min^{-1}} = 3.25\ \mathrm{min^{-1}}$$

由(8-8)式可知，$\ln[\mathrm{A}] - \ln[\mathrm{A}]_0 = -k't$，可得

$$3.25t = \ln[A]_0/[A] = \ln(1/0.1\%) = 6.91, \quad 即\ t = 2.1\ \text{min}$$

8.3.3　三级反应

假定反应方程式为

$$A \longrightarrow 产物$$

反应的速率方程为

$$v = -\frac{d[A]}{dt} = k[A]^3$$

进行数学变换

$$\frac{d[A]}{[A]^3} = -k\,dt$$

设起始态 $t=0$ 时，A 的浓度为$[A]_0$，终态时间为 t 时，A 的浓度为$[A]$，对上式积分

$$\int_{[A]_0}^{[A]} \frac{d[A]}{[A]^3} = -\int_0^t k\,dt$$

$$\frac{1}{[A]^2} - \frac{1}{[A]_0^2} = 2kt \tag{8-11}$$

可见，在三级反应中，$1/[A]^2$ 和 t 呈线性关系，斜率为速率常数的两倍($2k$)，截距为 $1/[A]_0^2$。k 的单位为(浓度$^{-2}$×时间$^{-1}$)，比如 $dm^6 \cdot mol^{-2} \cdot s^{-1}$。

对于三级反应，其半衰期为

$$\frac{1}{\left(\frac{[A]_0}{2}\right)^2} - \frac{1}{([A]_0)^2} = 2kt_{1/2}$$

$$t_{1/2} = \frac{3}{2k[A]_0^2}$$

三级反应较少。气相中仅有 5 个，皆与 NO 有关。在乙酸或硝基苯溶液中含有不饱和碳碳双键化合物的加成反应通常也是三级反应。

8.3.4　零级反应

假定反应方程式为

$$A \longrightarrow 产物$$

反应的速率方程为

$$v = -\frac{d[A]}{dt} = k[A]^0 = k$$

设起始态 $t=0$ 时，A 的浓度为$[A]_0$，终态时间为 t 时，A 的浓度为$[A]$，则

$$[A]_0 - [A] = kt \tag{8-12}$$

可见，在零级反应中其反应速率与反应物浓度无关。$[A]$和 t 呈线性关系，斜率为速率常数的负数$-k$，截距为$[A]_0$。k 的单位是(浓度×时间$^{-1}$)，比如 $mol \cdot dm^{-3} \cdot s^{-1}$。

对于零级反应，其半衰期为

$$[A]_0 - [A]_0/2 = kt_{1/2}$$

$$t_{1/2} = \frac{[A]_0}{2k}$$

零级反应的半衰期与反应物起始浓度成正比，初始浓度越大，半衰期越长。

某些光化学反应、表面催化反应、电解反应等为零级反应，其反应速率分别与光强、表面状态和通过的电量有关，但与浓度无关。

综上所述，化学反应的级数不同，反应速率变化规律也不同（表 8-4）。

表 8-4 不同级数化学反应的速率方程

一级反应	$-\frac{d[A]}{dt}=k[A]^1$	ln[A]对 t 作图，呈直线
	$\ln[A]=\ln[A]_0-kt$	斜率$=-k$
二级反应	$-\frac{d[A]}{dt}=k[A]^2$	$\frac{1}{[A]}$对 t 作图，呈直线
	$\frac{1}{[A]}=\frac{1}{[A]_0}+kt$	斜率$=k$
三级反应	$-\frac{d[A]}{dt}=k[A]^3$	$\frac{1}{[A]^2}$对 t 作图，呈直线
	$\frac{1}{[A]^2}=\frac{1}{[A]_0^2}+2kt$	斜率$=2k$
零级反应	$-\frac{d[A]}{dt}=k[A]^0=k$	[A]对 t 作图，呈直线
	$[A]-[A]_0=-kt$	斜率$=-k$

8.4 化学反应速率与温度的关系

从实际生活中我们知道，温度越高，化学反应进行得越快。大米泡在 25℃的水中做不成米饭，只有加热至沸腾，生米做成熟饭的过程才能很快进行；而用高压锅烧饭的速率更快，因为这时的水温可达 110℃。降温可以降低一些反应的速率，比如牛奶放在冰箱里就可以减缓其变质的速度。

8.4.1 Arrhenius 公式

化学反应速度的快慢可以用速率常数 k 来表示，大多数化学反应的速率常数 k 随温度的升高而增大。一般而言，反应温度升高 10℃，反应速率增加 2～4 倍。1889 年，Arrhenius 在大量实验结果的基础上，提出了温度与速率常数的定量关系式：

$$\ln k = -\frac{E_a}{RT} + B \tag{8-13}$$

其指数形式为

$$k = A\mathrm{e}^{-\frac{E_a}{RT}} \tag{8-14}$$

式中，k 是速率常数，R 为摩尔气体常数，E_a 为活化能，A 和 B 均为常数。这就是 Arrhenius 公式的不同表达式。大量实验事实表明，Arrhenius 公式的适用面相当广泛，对气相反应、液相反应、复相反应以及在一定温度范围内的酶反应皆适用。

8.4.2 活化能的概念及计算

Arrhenius 为了解释其经验公式，提出活化能(E_a)的概念。他认为，反应物分子 R 必须经过一个中间态 R′才能转化为产物 P，即

$$\mathrm{R} \longrightarrow \mathrm{R'} \longrightarrow \mathrm{P}$$

R 和 R′处于动态平衡，从 R 到 R′需要吸收的能量为活化能。换句话说，他认为，反应分子相互作用的首要条件是必须相互碰撞，但不是每次碰撞都能发生反应，必须是活化分子(R′)之间的碰撞才可能引起反应。所谓活化分子，是指那些比一般分子(R)高出一定能量足以参加反应的分子。活化分子比一般分子的平均能量所高出的能量称为反应的**活化能**。从(8-13)式可以看出，用 $\ln k$ 对 $1/T$ 作图，可获得一条直线，其斜率为 $-E_a/R$，截距为 B。这样，我们就可以用图解法来确定反应的活化能，如图 8-3 所示。当然，也可以从图 8-3 中取不同温度的两点和其对应的速率常数，代入到式(8-13)中，两式相减，可得

$$\ln\frac{k_2}{k_1} = \frac{E_a}{R}\left(\frac{1}{T_1} - \frac{1}{T_2}\right) \tag{8-15}$$

这一等式也称为 Arrhenius 公式。式中，T_2、T_1 是热力学温度(K)，k_2、k_1 对应两个温度下的反应速率常数，E_a 是反应的活化能($\mathrm{J \cdot mol^{-1}}$)，$R$ 是摩尔气体常数($8.3145\ \mathrm{J \cdot mol^{-1} \cdot K^{-1}}$)。

图 8-3 是 N_2O_5 在四氯化碳中的分解反应$\left(N_2O_5 \xrightarrow{CCl_4} N_2O_4 + \frac{1}{2}O_2(g)\right)$的速率常数 k 与温度的关系。若 $t=25℃=298\ \mathrm{K}$ 时，即 $1/T=1/298=0.00336=3.36\times10^{-3}(\mathrm{K^{-1}})$，可从直线上读出 $\ln k=-10.272$，则 $k=3.46\times10^{-5}\ \mathrm{s^{-1}}$。

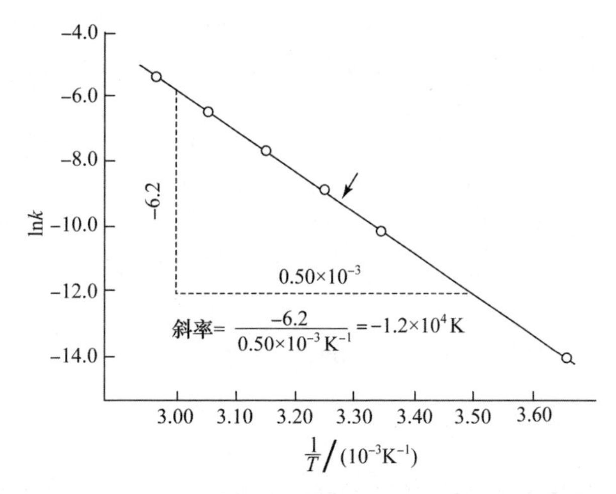

图 8-3　$N_2O_5(CCl_4) \longrightarrow N_2O_4(CCl_4)+\frac{1}{2}O_2(g)$的反应速率常数 k 与温度的关系

同时，用直线的斜率可计算活化能，直线的斜率为 $-E_a/R=-1.2\times10^4$ K，则

$$E_a=8.31\ \mathrm{J\cdot mol^{-1}\cdot K^{-1}}\times1.2\times10^4\ \mathrm{K}$$
$$=1.0\times10^5\ \mathrm{J\cdot mol^{-1}}=1.0\times10^2\ \mathrm{kJ\cdot mol^{-1}}$$

(8-15)式还可以写成其他各种形式：

$$\ln\frac{k_2}{k_1}=-\frac{E_a}{R}\left(\frac{1}{T_2}-\frac{1}{T_1}\right)=-\frac{E_a}{R}\left(\frac{T_1-T_2}{T_1T_2}\right)=\frac{E_a}{R}\left(\frac{T_2-T_1}{T_1T_2}\right)$$

其中，第一种形式是 T_2、T_1 的倒数相减的形式，第二种形式是分数的形式。同时，等式还可以写成指数的形式：

$$\frac{k_2}{k_1}=\exp\left[-\frac{E_a}{R}\left(\frac{1}{T_2}-\frac{1}{T_1}\right)\right]$$

实际应用中，可以根据计算的便利来决定使用哪一种形式。

【例 8-6】 请利用图 8-3 的数据计算：若 N_2O_5 在 CCl_4 溶剂中的分解反应为一级反应，当该反应的半衰期为 2.00 h 时，则其反应的温度为多少？

解 首先，要计算反应的速率常数，对于一级反应：

$$k=\frac{\ln2}{t_{1/2}}=\frac{0.693}{2\ \mathrm{h}}=\frac{0.693}{7200\ \mathrm{s}}=9.63\times10^{-5}\ \mathrm{s^{-1}}$$

下面可以采用两种方法求反应温度：

(1) 图解法

要想获得 $k=9.63\times10^{-5}\ \mathrm{s^{-1}}$ 对应的反应温度，即 $\ln k=\ln(9.63\times10^{-5})=-9.248$ 时的反应温度，从图 8-3 中箭头标出的点就可以对应出此时的反应温度 $1/T=3.28\times10^{-3}\ \mathrm{K^{-1}}$，则

$$T=1/(3.28\times10^{-3}\ \mathrm{K^{-1}})=305\ \mathrm{K}\ (32^\circ\mathrm{C})$$

(2) 利用(8-15)式

设 T_2 是 $k=k_2=9.63\times10^{-5}\ \mathrm{s^{-1}}$ 时的温度，T_1 是另一个已知 k_1 对应的温度。当 $T_1=298$ K 时，此时 $k_1=3.46\times10^{-5}\ \mathrm{s^{-1}}$，活化能 $E_a=106\ \mathrm{kJ\cdot mol^{-1}}=1.06\times10^5\ \mathrm{J\cdot mol^{-1}}$。

下面利用(8-15)式来求解 T_2(为了简便，此处忽略单位，获得的温度单位是 K)：

$$\ln\frac{k_2}{k_1}=\frac{E_a}{R}\left(\frac{1}{T_1}-\frac{1}{T_2}\right)$$

$$\ln\frac{9.63\times10^{-5}}{3.46\times10^{-5}}=\frac{1.06\times10^5}{8.3145}\left(\frac{1}{298}-\frac{1}{T_2}\right)$$

$$1.024=1.27\times10^4\left(0.00336-\frac{1}{T_2}\right)=42.7-\frac{1.27\times10^4}{T_2}$$

$$\frac{1.27\times10^4}{T_2}=42.7-1.024=41.7$$

$$T_2=\frac{1.27\times10^4}{41.7}=305(\mathrm{K})$$

由于活化能是个宏观量，活化分子的概念也比较含糊，因此，寻求对活化能进行微观解释的理论就具有重要的意义。现在流行的基元反应速率理论是碰撞理论和过渡态理论。

8.4.3　碰撞理论

碰撞理论是一种最早的反应速率理论，创立于 20 世纪初，主要适用于气体双分子反应。对于典型的气相反应，碰撞频率为每秒 10^{30} 次量级，如果每次碰撞都能生成产物分子，那么反应速率将达到 $10^{6}\ mol \cdot dm^{-3} \cdot s^{-1}$ 量级。在如此快的反应速度下，一个典型的气相反应可以在 1 秒内完成。然而，气相反应过程通常是很慢的，反应速率在 $10^{-4}\ mol \cdot dm^{-3} \cdot s^{-1}$ 量级。这表明，通常情况下，只有一小部分气体分子间的碰撞可以导致化学反应的发生。

当两个分子碰撞后，能量会发生重新分布，从而给特定的化学键提供足够的能量使其断裂。两个运动得很慢的分子在碰撞过程中很难提供足够的动能来使化学键断裂，而只有两个快速运动或一个快速运动和一个慢速运动的分子发生碰撞后，才有可能提供足够的动能使化学键断裂。化学反应的活化能就是能发生化学反应的分子的平均能量与反应物分子的平均能量之差。

图 8-4 中，在 T_1、T_2 两个温度下，动能超过黑色箭头指示值的分子比例是很小的。然而在更高温度 T_2 下，这个比例要比较低温度 T_1 下的更大(注意图中右侧曲线下所包含的阴影面积)。

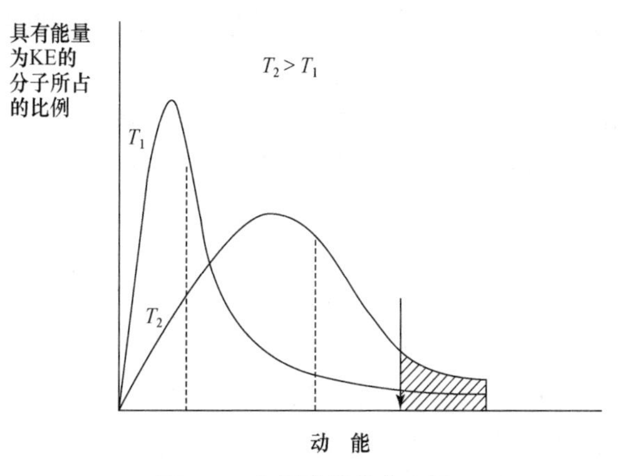

图 8-4　分子动能的分布图

利用分子动力学理论，可以确定所有分子中具有特定动能的分子所占的比例。计算结果如图 8-4 所示，图中标出了假定能量的位置，并可通过这一位置右侧曲线下的阴影面积判断具有超过这个能量值的分子所占的比例。我们假设这些分子的碰撞可能导致化学反应的发生，那么，反应速率决定于碰撞频率和这些活性分子所占比例的乘积。换句话说，是决定于具有足够动能发生反应的分子相互碰撞的概率。由于高能量分子所占的比例通常是很小的，反应速率通常要比碰撞频率小得多。并且，反应的活化能越高，发生有效碰撞的比例越小，反应速率也越慢。

另一个对反应速率具有很大影响的因素是发生碰撞时分子的取向。在两个氢原子结合形成氢分子的反应中，没有化学键的断裂，但是有 H—H 键的形成。

$$H\cdot + H\cdot \longrightarrow H_2$$

氢原子是球形对称的，任何氢原子向另一个氢原子逼近并发生碰撞的过程都是等同的，因此，氢原子的取向对反应速率没有影响，发生反应的速率与原子碰撞的速率一样快。然而，在 N_2O 和 NO 的反应中，碰撞分子的取向起着至关重要的作用。下面是标明了化学键的反应方程式：

$$N \equiv N{-}O + N{=}O \longrightarrow N \equiv N + O{-}N{=}O \tag{8-16}$$

在一次成功的碰撞中，本质的变化是 N_2O 中 N—O 键的断裂和 NO_2 分子中 O—N 键的形成，碰撞的结果是导致了 N_2 和 NO_2 的形成。图 8-5 表明，一次有效的碰撞需要 NO 分子中的 N 原子去碰撞 N_2O 分子中的 O 原子；而其他取向的碰撞，比如 NO 分子中的 N 原子与 N_2O 分子中的 N 原子发生碰撞是不会使反应发生的。在一个混合反应体系中，无效碰撞的次数通常远大于有效碰撞的次数。

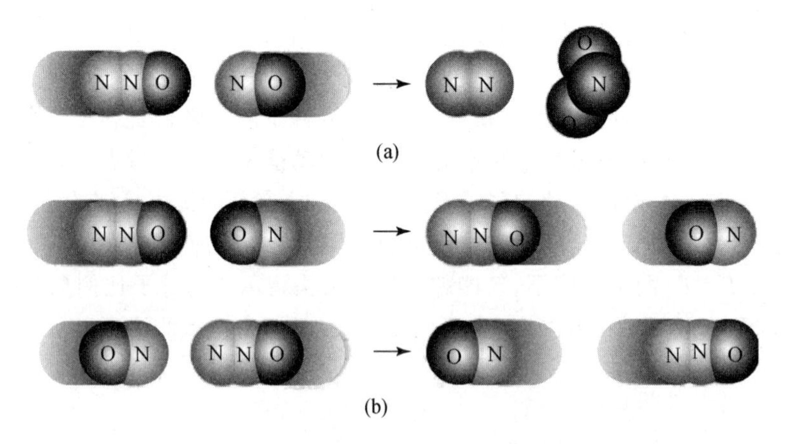

图 8-5 分子碰撞与化学反应示意图

(a) N_2O 分子与 NO 分子间的有效碰撞导致 N_2 和 NO_2 产生的过程；

(b) N_2O 分子与 NO 分子间两种无效碰撞过程，这一过程不会导致反应的发生

8.4.4 过渡态理论

这一理论是由亨利(Henry Eyring，1901—1981)等人提出来的，他们认为在反应物和产物之间存在一个假定的中间态，称为**过渡态**，这种过渡态是一种活化络合物。活化络合物是在碰撞过程中产生的，它可以重新分解成原始的反应物，也可以形成产物分子。下面是反应(8-16)的过渡态反应过程：

$$\underset{\substack{\text{反应物}\\(\text{始态})}}{N\equiv N-O+N=O} \longrightarrow \underset{\substack{\text{活化络合物}\\(\text{过渡态})}}{N\equiv N\cdots O\cdots N=O} \longrightarrow \underset{\substack{\text{产物}\\(\text{终态})}}{N\equiv N+O-N=O}$$

在反应物中，N_2O 中的 O 原子和 NO 中的 N 原子之间没有化学键；而在活化络合物中，N_2O 分子中的 O 原子部分偏离 N_2O 并向 NO 分子靠近，如…所示的部分成键。活化络合物的形成是一个可逆过程，形成以后，一些活化络合物分子可能重新分解成反应物，也有另一些会分解成产物分子。形成产物分子的过程中，N_2O 分子中 O 原子的部分成键被完全切断，而 NO 分子中的 O 原子的部分成键完全形成。

图 8-6 为一种观察活化能图示的方法，称为反应剖面图。图中，纵坐标表示能量，横坐标表示反应进程。如果把反应进程看做反应进行的程度，反应从反应物开始(如左边所示)，经历一个过渡态，最后形成产物(如右边所示)。这个简单的反应剖面图描述了反应(8-16)过程中的能量变化，其中反应物、产物以及活性物种分子都用分子模型的方法描述出来了。

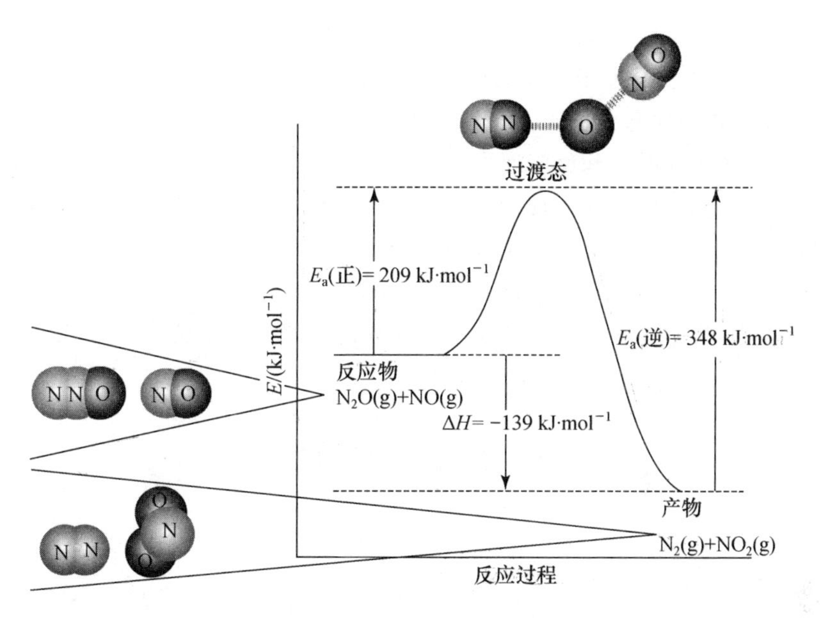

图 8-6　$N_2O(g)+NO(g) \longrightarrow N_2(g)+NO_2(g)$ 的反应剖面图

对于一个反应，反应物和生成物之间的能量差是 ΔH。反应(8-16)是一个放热反应，$\Delta H = -139$ kJ·mol^{-1}。活化络合物和反应物之间的能量差为 209 kJ·mol^{-1}，这一能量就是反应的活化能。由此可见，反应物和产物之间隔着一个很大的能量势垒，只有高能量的分子才能通过这个势垒。图 8-7 是活化能和反应剖面图的一个比喻。

图 8-7　反应剖面图和反应活化能的比喻

山左边的山谷(反应物)与山右边的山谷(产物)跨过山脊通过一条山路相连(加粗黑线)。山脊对应着反应的过渡态，山脊的高度决定了有多少人想要走这条山路，哪怕山脊的另一边都是小山

图 8-6 同时描述了正向反应过程和逆向反应过程(N_2 与 NO_2 反应形成 N_2O 和 NO)。逆向反应的活化能是 348 kJ·mol^{-1}，是一个高度吸热的反应。图 8-6 还表明了两个非常有用的观点：① 反应的焓变等于正向反应和逆向反应的活化能之差；② 对一个吸热反应，反应的活化能大于或等于反应的焓变(通常情况下是大于)。

完全从理论上预测反应的速率常数目前还不是很成功，反应速率的理论值能够帮助我们理解实验上获得的反应速率数据。例如，在下一节中，讨论温度对反应速率的影响时，我们将会看到活化能的概念在其中如何起作用。

综上所述，人们在研究温度和反应速率的关系时，提出了“活化能”的概念，并由实验测定了一些反应的活化能。随后，反应速率理论的研究对活化能作了微观的阐述。碰撞理论着眼于相撞“分子对”的相向平动能，而过渡态理论着眼于分子相互作用的位能。它们都能说明一些实验现象，但理论计算与实验结果相符的还只限于很少数的简单反应。最近30年，随着分子束以及激光等新技术的应用，化学反应速率的实验工作和理论研究都有迅速的发展，是当今很活跃的研究领域。

8.5 化学反应的机理

8.5.1 反应历程(反应机理)

化学动力学除了研究反应速率，测定反应级数、速率常数和活化能之外，还在此基础上研究反应机理。所谓**反应机理**，就是对反应历程的描述。实验研究发现，虽然化学反应的方程式可以写得很简单，但化学反应的实际过程可能是很复杂的。比如 N_2O_5 的分解反应：

$$2N_2O_5 \longrightarrow 4NO_2 + O_2$$

研究表明，上述反应经过了下面一系列的过程：

第一步：$N_2O_5 \longrightarrow NO_2 + NO_3$ （慢反应过程）

第二步：$NO_3 \longrightarrow NO + O_2$ （快反应过程）

第三步：$NO_3 + NO \longrightarrow 2NO_2$ （快反应过程）

这种一个反应中包含多步反应的过程，称为反应历程或反应机理。

像 N_2O_5 的分解这样，一个需要经历多个步骤或过程的化学反应，称为**复杂反应**(complex reaction)，其中的每一步反应称为**基元反应**(elementary reaction)。在一个基元反应中，反应物分子都是一步直接转化为生成物。多数的化学反应都是复杂反应，由两个或两个以上的基元反应构成。仅有少数反应是简单反应，即由一步基元反应构成（或者说其本身就是一个基元反应）。

接下来，继续讨论 N_2O_5 分解的反应机理。在分解过程的三个步骤中，第一步基元反应的速率很慢，而后面两步基元反应的速率相对较快。因此，整个反应的速率取决于第一步的慢反应过程，这一步反应称为总反应的**速率控制步骤**(rate controlling step)，简称“**决速步**”。决速步的反应速率近似等于总反应的速率。根据质量作用定律，可以写出 N_2O_5 分解反应的速率方程：

$$v_{总} = -\frac{d[N_2O_5]}{dt} \approx v_{决速步} = k[N_2O_5]$$

这和实验测定得到的速率方程完全一致。

再如，氢气和碘蒸气化合生成碘化氢的反应：

$$H_2(g) + I_2(g) \longrightarrow 2HI(g)$$

研究证明，这一步反应的反应机理为

第一步：　$I_2 \longrightarrow 2I$　　　　（快反应）

第二步：　$H_2 + 2I \longrightarrow 2HI$　　　　（慢反应，决速步反应）

由于第二步是决速步，总反应的速率近似等于此步反应的速率，即

$$v \approx k[I]^2[H_2]$$

上面的速率方程中有碘原子的浓度，需要用反应物的浓度来进一步替代。考虑到第一步是快反应，I_2 分子很快解离为活泼碘原子并达到平衡，于是有

$$\frac{[I]^2}{[I_2]_t} = K$$

因此

$$[I]^2 = K[I_2]_t$$

由于第一步快反应会产生足够多的 I 原子供第二步慢反应所需，且 I_2 分子的解离度很小，所以 I_2 的平衡浓度$[I_2]_t$ 就相当于反应物 I_2 的起始浓度$[I_2]$，即有

$$[I]^2 = K[I_2]$$

代入，得到总反应速率方程为

$$v = k[I]^2[H_2] = kK[I_2][H_2] = k'[I_2][H_2]$$

这和实验测定得到的总反应速率方程完全一致。

8.5.2　动力学稳态

复杂反应可以经历几个基元反应的步骤。现在我们分析下列反应中间产物浓度的变化过程。假定反应物 A 经中间产物 B 最后生成 C，即

$$A \xrightarrow{k_1} B \xrightarrow{k_2} C$$

可以推导出各物种的浓度随时间的变化为

$$[A]_t = [A]_0 e^{-k_1 t}$$

$$[B]_t = [A]_0 \frac{k_1}{k_2 - k_1}(e^{-k_1 t} - e^{-k_2 t})$$

$$[C]_t = [A]_0 \left[1 + \frac{1}{k_2 - k_1}(k_2 e^{-k_1 t} - k_1 e^{-k_2 t})\right]$$

作浓度-时间曲线图（图 8-8），可见中间产物 B 在反应过程中产生，其浓度在反应过程中比较靠前的一段时间内变化很小。而且，这一段 B 浓度基本保持不变的时间和两个速率常数有关，k_2 比 k_1 大得越多，浓度保持不变出现的时间越早，持续的时间越长。

这一段时间内 B 保持稳定的原因并不是反应达到了热力学平衡，而是此时，生成 B 的速率和 B 转化成 C 的速率相同。即生成 B 的速率 $v_1 = k_1[A]$，B 转化消失的速率 $v_2 = k_2[B]$，由于此时 $v_1 = v_2$，所以

$$\frac{d[B]}{dt} = k_1[A] - k_2[B] \approx 0$$

因为 B 的浓度变化接近于 0，所以 B 能够保持浓度稳定：$c_B \approx$ 常数。

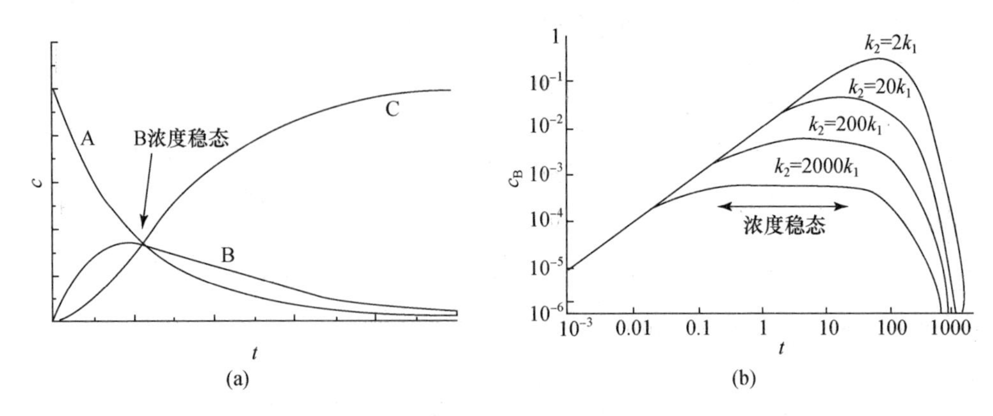

图 8-8　反应物 A 经中间产物 B 最终生成 C 的过程中，各物种(a)及中间产物(b)的浓度变化曲线

像中间产物 B 的这种浓度暂时保持稳定的现象，称为**动力学稳态**(steady state)。在生命过程中，动力学稳态是一个普遍存在的现象，特别存在于由酶催化的反应中。在某种意义上，生命过程也是一种动力学稳态。

8.5.3　稳态近似

目前为止，我们所考虑的反应机理都有一个实实在在的决速步，只要能确定中间体的浓度，就可以通过决速步的速率方程获得整个反应的速率。但是，在一些多步的复杂反应机理中，可能存在不止一步反应决定着反应的速率。

为了更详细地说明这个问题，我们再来考虑 NO 与 O_2 的反应，但是这次我们对机理中各步的相对反应速率不作任何假设。下面是提出的反应机理，为了更为清楚地表达，我们将第一步可逆反应的正向和逆向反应都写出来了：

$$NO + NO \xrightarrow{k_1} N_2O_2 \tag{8-17}$$

$$N_2O_2 \xrightarrow{k_2} NO + NO \tag{8-18}$$

$$N_2O_2 + O_2 \xrightarrow{k_3} 2NO_2 \tag{8-19}$$

我们选择机理中可以方便表达反应速率的一步来书写反应速率方程，如第三步，它是一个 O_2 消耗的过程。因此，这个机理下的反应的速率可以写成：

$$\text{反应速率} = k_3[N_2O_2][O_2] \tag{8-20}$$

与以前的做法类似，我们必须确定这个方程中中间体 N_2O_2 的浓度。我们假定$[N_2O_2]$达到一个稳态条件，在这个条件下 N_2O_2 产生和消耗的速率相等，也就是说，在整个反应过程中$[N_2O_2]$保持不变。在稳态假设下，我们可以用[NO]来表达$[N_2O_2]$。

$$\frac{\Delta[N_2O_2]}{\Delta t} = N_2O_2\text{ 形成的速率} + N_2O_2\text{ 消耗的速率} = 0$$

$$N_2O_2\text{ 形成的速率} = -N_2O_2\text{ 消耗的速率}$$

N_2O_2 消耗的速率由两部分组成，方程式(8-18)的逆反应步和(8-19)的正反应步，因此，

$$N_2O_2\text{ 消耗的速率} = -(k_3[N_2O_2][O_2] + k_2[N_2O_2])$$

这里，出现了与 N_2O_2 浓度相关的两步反应的反应速率，负号表示浓度的减小。现在，如稳态假设中定义的，N_2O_2 消耗速率的负数与 N_2O_2 生成速率相等，并等于 $k_1[NO]^2$，则

$$k_1[NO]^2 = k_3[N_2O_2][O_2] + k_2[N_2O_2] = [N_2O_2](k_2 + k_3[O_2])$$

重排上式求解$[N_2O_2]$，我们可以得到

$$[N_2O_2] = \frac{k_1[NO]^2}{k_2 + k_3[O_2]}$$

将上式代入(8-20)式中，可得

$$\text{反应速率} = k_3[N_2O_2][O_2] = k_3[O_2]\frac{k_1[NO]^2}{k_2 + k_3[O_2]}$$

或

$$\text{反应速率} = \frac{k_1k_3[O_2][NO]^2}{k_2 + k_3[O_2]}$$

因此，我们获得了基于稳态分析所提出机理的反应速率方程。这个速率方程比我们实验中观察到的要更为复杂，这是为什么呢？在执行稳态计算时，对于机理中三步反应的相对速率大小我们没有作任何假设。如果我们现在假设机理中第二步 N_2O_2 消耗的速率比第三步中 N_2O_2 消耗的速率大得多，即

$$k_2[N_2O_2] \gg k_3[N_2O_2][O_2]$$

可得

$$k_2 \gg k_3[O_2]$$

$$k_2 + k_3[O_2] \approx k_2$$

因此

$$[N_2O_2] = \frac{k_1[NO]^2}{k_2}$$

如果我们将这个$[N_2O_2]$代入速率方程式(8-20)，并用 k 代替 k_1k_3/k_2，得到总反应的速率方程为

$$\text{反应速率} = \frac{k_1k_3[O_2][NO]^2}{k_2} = k[O_2][NO]^2$$

对任何反应机理，不考虑决速步存在的稳态分析方法所获得的反应速率方程通常是很复杂的。这种类型的速率方程的应用在 8.6.4 小节中给出了示例。

8.6　化学反应的催化

一个化学反应通常能通过升高温度而加速。另一个加速化学反应的方法是使用催化剂。催化剂参与化学反应，但是在反应前后自身没有发生变化，所以在反应方程式的左边和右边不含有催化剂的分子式。一般将催化剂写到反应式箭头的上方。

一个化学反应成功的关键是寻找合适的催化剂。比如工业上硝酸的制备，在通常情况下，NH_3 在 O_2 存在下很稳定，但是当有 Pt-Rh 催化剂存在时，只需要小于 1 毫秒的时间，NH_3 就被氧化成 NO，生成的 NO 很容易通过氧化制备 HNO_3。

本节先介绍两种不同类型的催化，均相催化和多相催化，然后介绍 H_2O_2 的催化分解以及酶催化。

8.6.1　均相催化

图 8-9 给出了甲酸(HCOOH)分解的反应过程。在没有催化剂存在下，H 原子要从 C 原子

转移到一个 O 原子上，形成反应过渡态，然后[OC—OH_2]断裂形成 CO 和 H_2O。在这个过程中，形成中间体的能量高，即反应活化能大，因此反应速率慢。

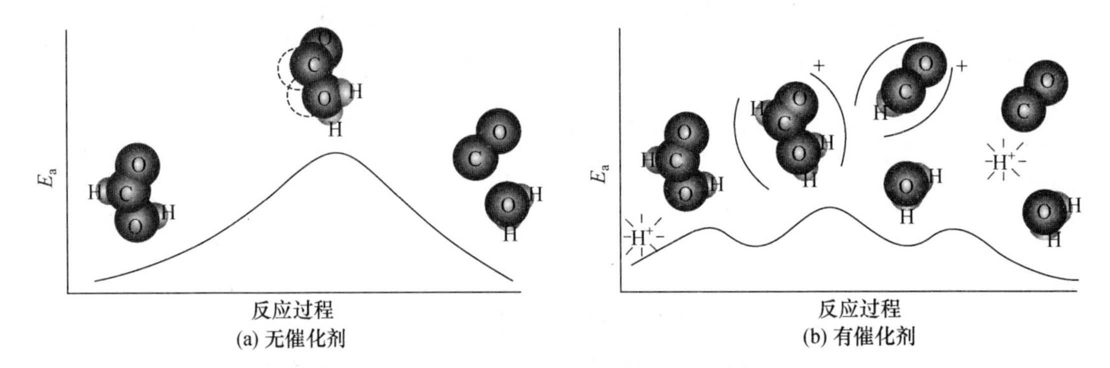

图 8-9 甲酸(HCOOH)分解均相催化示意图

$$\mathrm{H{-}C({=}O){-}OH} \longrightarrow \left[\mathrm{C({=}O){-}OH_2}\right] \longrightarrow \mathrm{CO + H_2O}$$

在酸催化甲酸分解过程中，溶液中的 H^+ 向 HCOOH 中 OH 上的氧原子进攻，形成第一个中间产物 $HCOOH_2^+$，然后 C—O 键断裂，形成第二个中间产物 HCO^+ 和 H_2O，随后 HCO^+ 释放 H^+ 形成 CO。

$$\mathrm{H{-}C({=}O){-}OH} + \mathrm{H^+} \longrightarrow \mathrm{H{-}C({=}O){-}\overset{+}{O}H_2} \longrightarrow \mathrm{HCO^+} + \mathrm{H_2O}$$

$$\mathrm{HCO^+} \longrightarrow \mathrm{H^+} + \mathrm{CO}$$

在酸催化反应中，H 原子不用从 C 原子转移到 O 原子上，反应活化能小，因此反应速率快。对于这个催化反应，反应物和产物都在溶液相中，或者说都在一个均匀的混合物中。因此，将这种类型的催化反应称为**均相催化**。

8.6.2 多相催化

很多催化反应是在合适的固体表面进行的，反应中间体在固体表面形成。因为这类反应中催化剂(固体)和反应物不在一个物质相中，所以称这类催化反应为**多相催化**。很多过渡金属都是很好的催化剂，它们的催化机理还不是很清楚，但是一般认为表面原子的 d 轨道电子是催化作用的关键。

多相催化的一个重要特征是气相或者液相中的反应物分子吸附或者结合到催化剂表面进行反应。催化剂表面的原子并不是都具有催化活性，而只是一部分表面原子具有催化活性，这些具有催化活性的表面位点称为**活性位点**。

多相催化一般包括以下几个过程：① 反应物分子的吸附，② 反应物分子在催化剂表面的扩散，③ 反应物分子在活性位点上发生反应，形成吸附态的产物分子，④ 产物分子的脱附。图 8-10 给出了 Rh 表面上 CO 和 NO 反应生成 CO_2 和 N_2 的过程示意图。图 8-11 给出了表面催化反应的反应进程图。

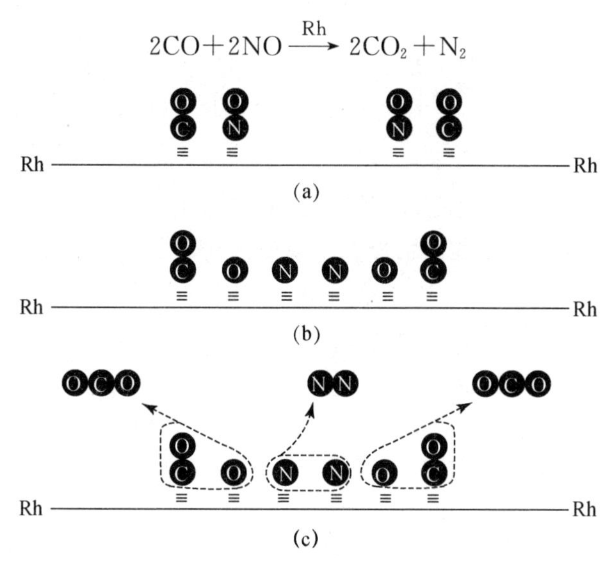

图 8-10　Rh 表面上 CO 和 NO 反应生成 CO_2 和 N_2 的过程示意图

(a) CO 和 NO 分子吸附在 Rh 表面；(b) 吸附态的 NO 分子分解为 N 原子和 O 原子；
(c) 吸附态的 CO 分子与 O 原子结合形成 CO_2 分子并脱附，两个 N 原子结合形成 N_2 分子并脱附

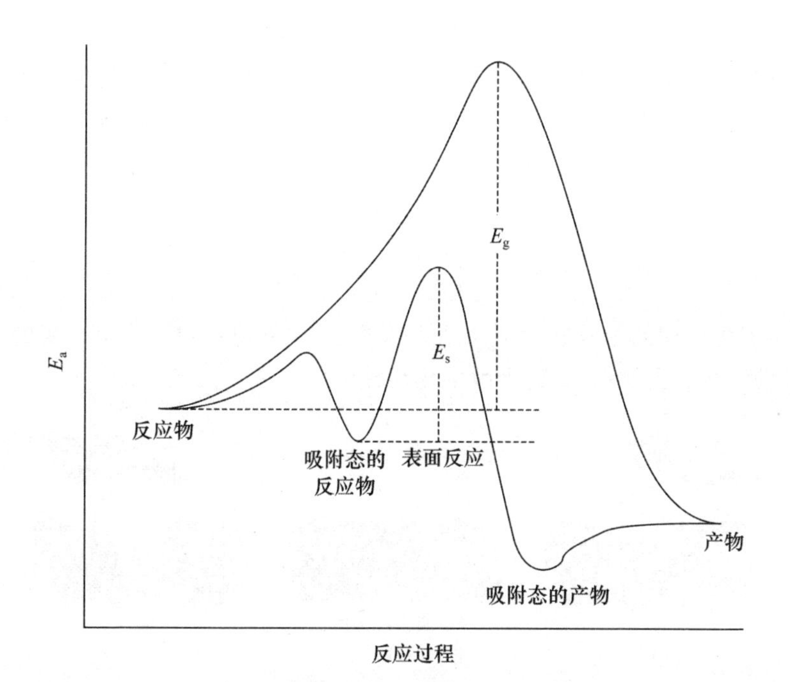

图 8-11　表面催化反应的反应进程图

当催化剂存在时反应的活化能(E_s)小于没有催化剂存在时反应的活化能(E_g)

8.6.3 H_2O_2 的催化分解

H_2O_2 的分解是一个很慢的过程。I^- 是催化 H_2O_2 分解的一个很好的催化剂，其催化机理包括两个反应：

$$H_2O_2 + I^- \longrightarrow OI^- + H_2O$$
$$H_2O_2 + OI^- \longrightarrow H_2O + I^- + O_2(g)$$

总反应为

$$2H_2O_2 \xrightarrow{I^-} 2H_2O + O_2(g)$$

从上述反应式可以看出，在总反应式两边没有出现催化剂 I^-。

H_2O_2 的 I^- 催化分解反应速率取决于第一步，所以

$$\text{反应速率}\ v = k[H_2O_2][I^-]$$

因为 I^- 的浓度在反应过程中保持定值，所以反应速率可以写成

$$v = k'[H_2O_2],\quad \text{其中}\ k' = k[I^-]$$

催化剂 I^- 的浓度越大，k' 越大，即反应速率越快。

8.6.4 酶催化

金属 Pt 能催化很多化学反应，但是具有催化功能的大分子量蛋白质，即酶，只能催化某些特定的化学反应。例如牛奶的消化，即乳糖分解成简单的葡萄糖和半乳糖。这个过程需要乳糖酶的参与。

$$\text{乳糖}(C_{12}H_{22}O_{11}) + H_2O \xrightarrow{\text{乳糖酶}} \text{葡萄糖}(C_6H_{12}O_6) + \text{半乳糖}(C_6H_{12}O_6)$$

生物化学家用“锁-钥”模型来描述酶催化过程(图 8-12)：反应底物(S)结合到酶(E)的特定位点上形成复合物(ES)，然后复合物分解形成产物(P)并释放酶。

$$E + S \underset{k_{-1}}{\overset{k_1}{\rightleftharpoons}} ES$$

$$ES \xrightarrow{k_2} E + P$$

人体中大部分酶催化反应的最佳温度是 37℃(体温)。如果温度高于 37℃，酶的结构会发生变化，其活性位点的结构也会变形，因此导致催化活性降低。

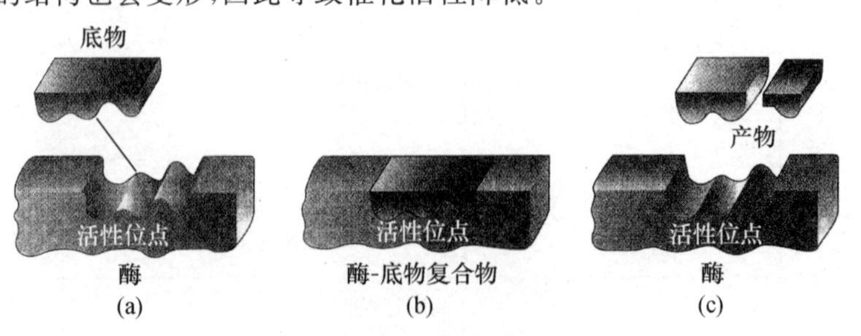

图 8-12 酶催化过程的“锁-钥”模型

(a) 底物吸附到酶的活性位点上；(b) 发生反应；(c) 产物从活性位点分离，被释放的酶又可与新的底物结合

测量酶催化反应的速率常数对于酶的研究非常重要。图 8-13 给出了通常观察到的酶催化反应速率和底物浓度的关系图。在较低底物浓度下，反应速率与底物浓度近似成正比，即表现为一级反应；在较高底物浓度下，反应速率与底物浓度无关，表现为零级反应。

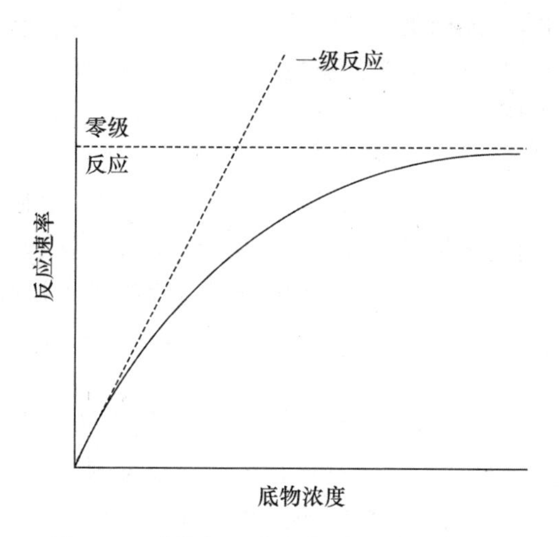

图 8-13　酶催化反应速率-底物浓度关系图

这种依赖底物浓度的反应动力学行为，可以用上面的反应机理来解释。根据上述机理，可以得到：反应速率$=k_2$[ES]。而 ES 的浓度可以用稳态近似法获得，即

$$k_1[\mathrm{E}][\mathrm{S}]=k_{-1}[\mathrm{ES}]+k_2[\mathrm{ES}]$$

得到

$$[\mathrm{ES}]=\frac{k_1[\mathrm{E}][\mathrm{S}]}{k_{-1}+k_2}$$

然后结合$[\mathrm{ES}]+[\mathrm{E}]=[\mathrm{E}]_0$，得到 ES 的浓度表达式为

$$[\mathrm{ES}]=\frac{k_1[\mathrm{E}]_0[\mathrm{S}]}{k_{-1}+k_2+k_1[\mathrm{S}]}$$

最终，得到反应速率的表达式：

$$\text{反应速率}=\frac{k_1k_2[\mathrm{E}]_0[\mathrm{S}]}{k_{-1}+k_2+k_1[\mathrm{S}]}$$

令 $k_\mathrm{M}=\frac{k_{-1}+k_2}{k_1}$，反应速率的表达式可以进一步简化为

$$\text{反应速率}=\frac{k_2[\mathrm{E}]_0[\mathrm{S}]}{k_\mathrm{M}+[\mathrm{S}]}$$

这个反应速率方程能解释实验观察到的化学动力学数据。当底物浓度非常低时，有 $k_\mathrm{M}\gg[\mathrm{S}]$，反应速率$=\frac{k_2[\mathrm{E}]_0[\mathrm{S}]}{k_\mathrm{M}}$，即表现为一级反应。当底物浓度非常大时，$k_\mathrm{M}\ll[\mathrm{S}]$，反应速率$=k_2[\mathrm{E}]_0$，即表现为零级反应。

在化学动力学研究中，先提出反应机理，然后用实验数据验证其机理是一种典型的科学研究方法。

8.7 光化学反应基础

光是自然界的基本能源，是地球生命来源的重要因素之一，在自然界生物体系发展和进化过程中发挥着重要作用。因此，光对自然界的影响很早就为人们所了解。例如光对于植物生长的影响——光合作用，将二氧化碳和水转化为有机物，并释放出氧气。光是信息的理想载体或传播媒介，是人类认识世界的工具。"Seeing is believing (眼见为实)"，通过光信号的传播，使我们对微观世界甚至是单个分子的观察与认识成为现实。这一领域可以看做深入研究生命科学的重要工具，也可看做人类模拟和利用自然界复杂生物结构和功能的切入点。例如，荧光蛋白(flourescent protein)的发现，为人类进一步探索细胞中的分子过程提供了强有力的工具。因此，对光的认识和理解不仅对揭示自然界的奥秘起到重要作用，而且为开发新能源以至于解决日益迫切的能源危机提供了新的解决途径。

其中，"光如何与物质作用?"是研究光的核心问题之一。光化学是研究光与物质相互作用所引起的化学效应的化学分支学科。光化学过程是地球上最普遍、最重要的过程之一。绿色植物的光合作用、动物的视觉、涂料与高分子材料的光致变性，以及照相、光刻、有机化学反应的光催化等，无不与光化学过程有关。最早进行光化学研究的学者是意大利化学家 G. L. Ciamician，从 1886 年开始，他与另一意大利化学家 Paolo Silber 共同完成了"苯醌向对苯二酚的转化"以及"硝基苯在醇溶液中的光化学作用"等研究。同时，他也被认为是太阳能电池板之父。在 1912 年的第 8 届国际应用化学大会上，他以《光化学的未来》为题发表了一篇演讲，展望了光化学在未来可能起到的重要作用。

"On the arid lands there will spring up industrial colonies without smoke and without smokestacks; forests of glass tubes will extend over the plains and glass buildings will rise everywhere; inside of these will take place the photochemical processes that hitherto have been the guarded secret of the plants, but that will have been mastered by human industry which will know how to make them bear even more abundant fruit than nature, for nature is not in a hurry and mankind is. And if in a distant future the supply of coal becomes completely exhausted, civilization will not be checked by that, for life and civilization will continue as long as the sun shines!"

G. L. Ciamician (1857—1922)

8.7.1 光化学的基本原理

光属于电磁辐射，可以根据波长(或频率、波数等)的不同加以区分，如紫外光、可见光、红外光等。对于可见光的范围没有一个明确的界限，一般人的眼睛所能接受的光的波长在 380～760 nm 之间。"光到底是什么?"是一个困扰人们多年的问题，至今仍然还有争议，需要深入研究。目前普遍认为，光的本质是电磁波，同时具有粒子性(光的吸收、发射以及光电效应等)与波动性(衍射、干涉等)，称为波粒二象性。

从量子模型出发，一束光或辐射可看做一束光子流。光子无静质量(惯性质量)，但具有特征能量 E，可以将能量与辐射频率相联系：

$$E = h\nu = hc/\lambda$$

其中，h 为普朗克(Planck)常数(6.63×10^{-34} J・s)，ν 为入射光频率，c 为光速(3×10^{8} m・s^{-1})，λ 为入射光波长。

由此可以计算入射光波长为 200 nm 和 1000 nm 的光子能量分别为 9.9×10^{-19} J 和 1.99×10^{-19} J。而已知 Br_2 的 Br—Br 键能为 190 kJ・mol^{-1}，每个分子 Br—Br 键能为 190 /N_A kJ(N_A 为阿伏加德罗常数，6.02×10^{23} mol^{-1})，即 3.15×10^{-19} J。那么，1 个 1000 nm 的光子能量不足以使 Br—Br 键断裂，而 200 nm 的光子能量大于 Br—Br 键能，可能断裂 Br—Br 键。

当然，光子的能量可以用摩尔单位表示，即定义在 1 mol 的一定波长(频率或波数)光子为 1 爱因斯坦(Einstein)光子。入射光波长为 200 nm 和 1000 nm 的 1 Einstein 光子能量分别为 $9.9\times10^{-19}\times N_A$(599 kJ)和 $1.99\times10^{-19}\times N_A$(120 kJ)。比较 Br_2 的 Br—Br 键能，同样的，1000 nm 的 1 Einstein 光子能量小于 Br—Br 键能。对于比较惰性的 C—H 键，如 CH_4(甲烷分子，C—H 键能 416 kJ・mol^{-1})，200 nm 的 1 Einstein 光子能量(599 kJ)仍然大于 C—H 键能，表明通过光化学的方法可能活化惰性甲烷分子。通过计算可以看到，光的波长处于 200～1000 nm 范围内所具有的能量与切断一个化学键所需的能量在数量级上大致相当。因此，在光化学反应中，我们所关注的光波长范围在 200～1000 nm。

8.7.2　光化学反应基本概念

1. 基态、激发态和 Jablonski 图

一个分子吸收光子而得到的能量是否能让化学键断裂、发生反应，还要考虑与光作用后分子激发态的相关过程。正常状态下，原子处于最低能级，这时电子在离核最近的轨道上运动，这种状态叫基态。因此，处于基态的分子在一般条件下遵从构造原理，处于能量较低的稳定状态。如果分子能够吸收光子能量，提升到能量较高的状态，称为激发态。激发态的形成，可以通过多种不同的途径来实现，如电激发(电化学，通过电子的得失)、化学激发(通常指化学反应过程中“活化”的状态)等。在光化学中，物质的基态分子吸收了具有一定波长的光后，其电子会被激发，跃迁到更高的能级，形成处于激发态的分子；如果分子吸收不同波长的电磁辐射，可以达到不同的激发态。按其能量的高低，从基态往上依次称为第一激发态、第二激发态，等等；而把高于第一激发态的所有激发态统称为高激发态。

雅布伦斯基图(Jablonski diagram，图 8-14)用简化了的分子能级图(而不是分子轨道)，将分子吸收光子后能级变化以及耗散能量回到基态时的单分子物理过程的特征和相互间的关系，归纳为简单清晰的图解。图中垂直向上表示能量逐步增加，S_0 表示电子基态。较长的水平线段表示电子能级，较短的水平线段表示振动能级。另外，由图可见，T 态的能量总比相应的 S 态为低。这是因为在三重态中，两个处于不同轨道的电子的自旋平行，其轨道在空间的重叠较少，电子的平均间距变长，相互排斥作用减弱，因此 T 态电子的能量总比相应的 S 态为低。

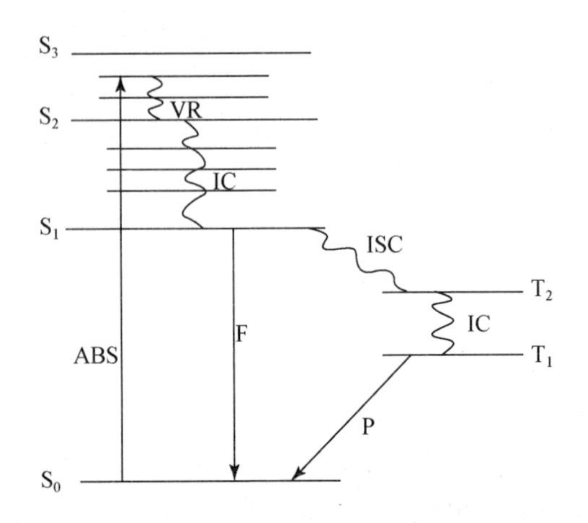

图 8-14 Jablonski 图

图的纵向代表能量的高低，横向无意义。ABS 表示吸收光子的过程。S_0 为分子基态，S_1，S_2，S_3…为分子的第一、第二、第三……激发态(单重态)，T_1，T_2，…为分子的第一、第二……激发态(三重态)。IC(internal conversion)表示内部转换，即多重度不变，不同能级间的跃迁，如($S_2 \rightarrow S_1$，$T_2 \rightarrow T_1$ 等)。ISC(intersystem crossing)表示系间窜越，即多重度改变的跃迁(如 $S_1 \rightarrow T_2$ 等)。VR 表示振动弛豫，指能量在分子各个能级振动自由度的耗散转变成热能的过程。F 指由激发态回到基态时，辐射跃迁产生的荧光(多重度不变，如 $S_1 \rightarrow S_0$)。P 指由激发态回到基态时辐射跃迁产生的磷光(多重度改变，如 $T_1 \rightarrow S_0$)。单重态、三重态、多重度的概念将在第四单元"物质结构"详细介绍

从图中可以看到能量变化情况，分子吸收光子，电子跃迁至高能态，产生电子激发态分子；激发态可以通过各种方式失去多余的能量回到基态。激发时分子所吸收的电磁辐射有两条主要的耗散途径：一是通过光物理过程转变成其他形式的能量；二是光化学反应的热效应。接下来，我们就这两种途径进行讨论。

2. 光物理过程

处于电子激发态的分子具有很高的能量，对于化学反应十分有利，但是这些高能分子的寿命很短(飞秒到纳秒数量级)，往往在化学反应发生之前就失活而回到基态。因此，光化学反应能否发生，取决于激发态分子发生化学过程与能量衰减过程之间的竞争。如果激发态失去多余的能量回到基态构型，那么就是一个物理失活过程。电子激发态的能量衰减有三种方式：辐射跃迁、非辐射跃迁和分子间传能。

(1) 分子内过程

辐射跃迁：在分子从激发态变为基态的过程中发射电磁辐射的跃迁，即发光过程，包括荧光(F)和磷光(P)。

非辐射跃迁：在失活过程中不发射电磁辐射的跃迁，包括内转换和系间窜越，以热或其他形式耗散。

(2) 分子间传能

这是激发态分子通过与其他分子之间的碰撞，放出能量而退活化的过程。这种过程也称为猝灭，可表示为

$$A^* + P \longrightarrow A + P + 热$$

其中 P 可以是体系中存在的任何分子。若 P 为溶剂，称为溶剂猝灭；若为杂质，为杂质猝灭；也可以是基态分子 A ，这时称为自身猝灭。

振动弛豫：当分子具有多余的振动能时，将会快速地相互碰撞或与溶剂分子碰撞，从而生成某一电子能级的最低振动能级的分子，这一过程称为振动弛豫。

能量转移：此过程中，一个电子激发态分子（给体）将能量传递给另外一个分子（受体），自身变成更低电子能级的状态，相应地，受体分子变成更高的电子能态。受体又称猝灭剂，给体又称敏化剂。

电子转移：此过程中一个光激发的给体分子与基态的受体分子相互作用，从而形成一个离子对。

8.7.3　光化学反应基本定律

光物理过程中，分子本身并未发生变化。如果受激分子处于很高的振动能级，它就可能发生离解、异构化或与其他分子发生反应，这就是光化学过程。光化学这一过程遵从光化学第一定律。普通光引起的吸收过程还要遵循光化学第二定律，但激光引发的吸收过程有可能引发双光子效应，此时光化学第二定律不再严格适用。

光化学第一定律(first law of photochemistry)：1818 年由 Grotthuss 和 Draper 提出。只有当激发态分子的能量足够使分子内的化学键断裂时，亦即光子的能量大于化学键能时，才能引起光解反应。如前面所述的例子，入射波长为 200 nm 和 1000 nm 的光能量分别为 599 kJ 和 120 kJ。比较 Br_2 的 Br—Br 键能，1000 nm 光子能量小于 Br—Br 键能，所以在这种情况下，断裂 Br—Br 键的光解反应不能发生。这类似于热力学中的 ΔG(自由能变)。

其次，为使分子产生有效的光化学反应，光还必须被所作用的分子吸收，即分子对某特定波长的光要有特征吸收光谱，才能产生光化学反应。这取决于物质对该波长的光的吸收能力，可以用摩尔消光系数表征，也与化合物电子发生跃迁的概率有关。

光化学第二定律：由 Esinstein 和 Stark 在 1908—1912 年提出。在初级光化学反应过程中，被活化的分子数（或原子数）等于吸收光的量子数，或者说分子对光的吸收是单光子过程（电子激发态分子寿命很短，吸收第二个光子的概率很小），即光化学反应的初级过程是由分子吸收光子开始的，此定律又称为 Einstein 光化当量定律。该定律仅对普通光产生的单光子过程有效。

8.7.4　量子产率

从上面的讨论中可以看到，光子被吸收，形成的激发态可以经过不同的途径失活，所以，并非每个激发态分子都会产生初级产物。因此，为衡量该激发分子的能量利用效率，采用了量子产率这一概念。

当分子被激发生成了激发单重态 $^1M^*$ 后，可分别从其单重激发态或经系间窜越从其三重态发生衰变，即通过它们的辐射衰变发出荧光或磷光或通过无辐射衰变的光物理过程，通过释放热量等回到基态，或经过化学反应生成新的反应产物。对于前者为发光（荧光或磷光）量子产率，而后者则为反应量子产率。

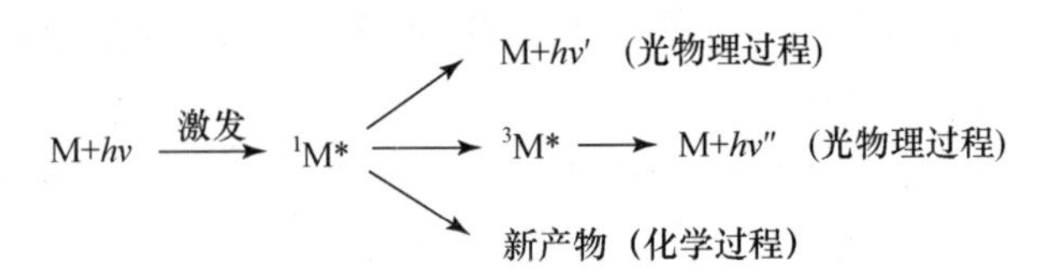

定量光化学反应中，量子产率 Φ 指的是每吸收单位量的光子参与反应的反应物分子 R 的数目。

$$\Phi=\frac{\text{消耗的 R 分子的数目}}{\text{R 分子吸收的光子数}}$$

8.7.5 光反应过程

光化学反应与一般热化学反应相比有许多不同之处，主要表现在：加热使分子活化时，体系中分子能量的分布服从 Boltzman 分布；而分子受到光激活时，原则上可以做到选择性激发，体系中分子能量的分布属于非平衡分布。所以，光化学反应的途径与产物往往和基态热化学反应不同，只要光的波长适当，能为物质所吸收，即使在很低的温度下，光化学反应仍然可以进行(图 8-15 为 ACE Glass 光化学反应釜)。

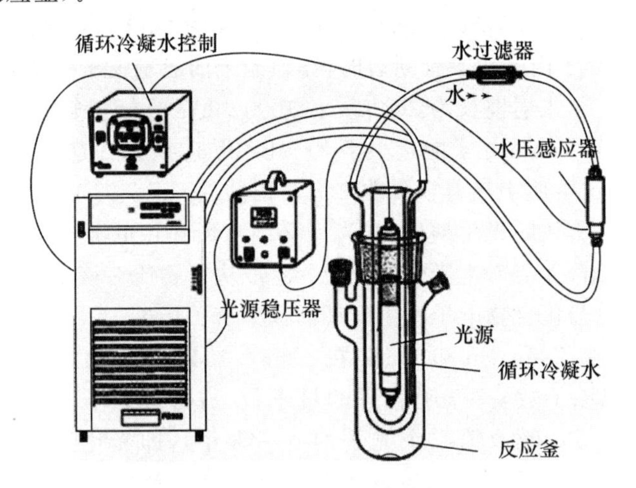

图 8-15 ACE Glass 光化学反应釜

光化学的初级过程是分子吸收光子使电子激发，分子由基态提升到激发态，光化学第二定律(Stark-Einstein 定律)适用于该过程，可表示为

$$A+h\nu \longrightarrow A^{*}$$

式中，A^{*} 表示激活的 A 分子，称为活化分子。对于初级过程，$\Phi=1$。

光化学的初级过程包括：

(1) 光离解。当激发分子具有足够的振动能时可导致自身分解：$A^{*} \longrightarrow R+S$。R 和 S 可以是稳定的产物，也可能是自由基等活性物质。若为后者，则可导致次级化学过程，如：

$$NO_2+h\nu \longrightarrow NO+O^{*}$$

(2) 异构化和双分子反应。处于高振动激发态的分子可以发生异构化：$A^{*} \longrightarrow Y$。A^{*} 分子也可以与其他分子碰撞，把自身的能量变为某些通常情况下不能发生的热反应的活化能，如：

$$Hg^* + O_2 \longrightarrow HgO + O^*$$

(3) 光敏作用。激发态分子在碰撞中可以把它的能量传递给其他分子，使后者变为激发态而可能发生光化学反应：

$$A^* + C \longrightarrow A + C^*$$
$$C^* + D \longrightarrow P$$
$$A^* + C \longrightarrow A + P + R$$

这种过程称为光敏作用，物质 A 如同热反应的催化剂，称为光敏剂。C 作为受激分子 A^* 的电子能的接受体，若它的存在可使所有的 A^* 分子的激发能衰减，从而使荧光特别是磷光猝灭，此时的 C 则为猝灭剂。

以两个例子进行说明：254 nm 的紫外线，尽管它的辐射能（471.5 $kJ \cdot mol^{-1}$）高于 H_2 的离解能（435.2 $kJ \cdot mol^{-1}$），并不能使 H_2 分解。若加入微量的汞蒸气，H_2 即刻分解。这是因为汞能吸收该波长的辐射产生自由原子 Hg^*，接着与 H_2 分子碰撞把能量传递给它并使之分解：

$$Hg + h\nu \longrightarrow Hg^*$$
$$Hg^* + H_2 \longrightarrow Hg + H^* + H^*$$
$$Hg^* + H_2 \longrightarrow HgH + H^*$$

这是其他分子的光敏反应的起始步骤，例如由 CO 和 H_2 气合成甲醛：

$$H^* + CO \longrightarrow HCO$$
$$HCO + H_2 \longrightarrow HCHO + H^*$$
$$HCO + HCO \longrightarrow HCHO + CO$$

化学反应除了激活的初级反应外，还有后续的反应步骤，称为次级过程。由于各反应次级过程不同，被激活的分子可能发生一次反应，也可能退活，也可能引发更多步的反应，因而一个激活分子可能生成产物分子的数目是不一样的。初级过程的产物还可以进行一系列的次级过程，如发生光猝灭、放出荧光或磷光等，再跃迁回到基态使次级反应停止。次级反应是由被激发的高能态反应分子引发的反应，是一般的热反应。

8.7.6　光化学反应动力学

光化学反应有一个初级过程，它与入射光的频率和强度有关，因此其动力学方程必定与光的吸收有关。假定有分解反应：$A_2 \longrightarrow 2A$，设其历程为

$$(1)\quad A_2 \xrightarrow{h\nu} A_2^* \qquad I_a, \quad v_1 = I_a$$

反应(1)中速率只与 I_a 有关，与反应物浓度无关，对反应物为零级反应。

$$(2)\quad A_2^* \longrightarrow 2A \qquad k_2, \quad v_2 = k_2[A_2^*]$$
$$(3)\quad A_2^* + A_2 \longrightarrow 2A_2 \qquad k_3, \quad v_3 = k_3[A_2^*][A_2]$$

产物 A 的生成速率为　$d[A]/dt = 2k_2[A_2^*]$

对次级反应可用热反应的同样方式处理。

根据光化学第二定律，光激发的初级过程其速率就等于吸收光子的速率 I_a。若入射光 I_0 有一部分被透射或反射，吸收光占入射光的分数为 a，则 $a = I_a/I_0$，即 $I_a = a\,I_0$。

8.7.7 光化学反应热力学

将一个处于热力学平衡的化学反应系统置于波长 λ、强度不变的光束中(这种波长 λ 的光可被一种反应物或产物所吸收),这时正、逆向反应中有一个会因吸收光而增加速率,使系统偏离平衡态。最后会再次达到正、逆反应速率相等的状态。这时反应系统在不同于原平衡态组成的状态下保持稳定,这种状态称为光稳定态。只要光的照射强度不变,这种稳定态也能维持不变。一旦光照停止,系统就会自动趋于该条件下的热力学平衡状态,所以光稳定态不是一种热力学上的平衡态。例如:

$$2SO_3 \underset{h\nu}{\overset{h\nu}{\rightleftharpoons}} 2SO_2 + O_2$$

SO_3分解反应正逆向均对光敏感,在一定条件下,其光化学平衡条件与热力学平衡条件是不同的。如在 900 K、1 atm 下,热平衡时有 30% SO_3分解。在光化反应条件下,有 35% SO_3分解。且当光强一定时,在 323～1073 K 范围内其平衡常数不变。

8.7.8 光化学反应与热化学反应的区别

(1) 光作用下的反应是激发态分子的反应,而热化学反应通常是基态分子的反应。

(2) 光化学反应靠吸收外来光能的激发而克服能垒,而热化学反应靠分子互相碰撞而获得活化能。

(3) 光化学反应可以进行$(\Delta_r G)_{T,p} \leqslant 0$ 的反应,也可以进行$(\Delta_r G)_{T,p} \geqslant 0$ 的反应。

(4) 热反应的反应速率受温度的影响比较明显;光化学反应速率常数的温度系数较小,有时为负值。

(5) 在对峙反应中,在正、逆方向中只要有一个是光化学反应,则当正逆反应的速率相等时就建立了"光化学平衡"态;同一对峙反应,若既可按热反应方式又可按光化学反应进行,则两者的平衡常数及平衡组成不同。

小 结

化学反应速率可以用单位时间内反应物或生成物浓度改变量的正值表示。对于如下化学反应

$$aA + bB + \cdots \longrightarrow gG + hH + \cdots$$

其反应速率 v 可表述为

$$\text{化学反应速率 } v = -\frac{1}{a}\frac{\Delta[A]}{\Delta t} = -\frac{1}{b}\frac{\Delta[B]}{\Delta t} = \cdots = \frac{1}{g}\frac{\Delta[G]}{\Delta t} = \frac{1}{h}\frac{\Delta[H]}{\Delta t} = \cdots$$

反应速率方程表示浓度与反应速率的关系。

上述反应的速率方程是

$$v = k[A]^m[B]^n\cdots$$

速率常数 k 和反应级数 m 及 n 皆可由实验直接测定。对上式进行积分,可得浓度与时间的关系

式。反应级数不同，速率变化的规律也不同。

Arrhenius 速率公式 $k=Ae^{-\frac{E_a}{RT}}$ 表示反应速率与温度的关系。它虽然是经验公式，但提出了一个非常重要的概念“活化能”。近代反应速率理论正在对活化能以及经验公式本身作出解释。还有许多反应的速率不符合 Arrhenius 公式，其规律性尚待深入研究。

反应机理是以实验为基础的理论研究，也是化学家们感兴趣的难题。对反应机理的研究有助于对化学反应过程实质的深入理解，这是化学动力学研究的一个重要方面。

催化作用是与生产环保非常密切的领域，国内外都有许多化学工作者从事催化剂的研究与制造，而且已积累了相当丰富的经验，但有待于提高到理论上进行认识。

光化学反应是研究光与物质相互作用所引起的化学效应的化学分支学科，光化学过程是地球上最普遍、最重要的过程之一，对光化学的研究有助于对绿色植物的光合作用、动物的视觉、涂料与高分子材料的光致变性，以及照相、光刻、有机化学反应的光催化等的理解。

总之，反应动力学是一个年轻的正在迅速发展的新领域。本章重点要求结合实验掌握反应速率方程、速率常数、反应级数及实验活化能等基本概念。

思　考　题

1. 用自己的语言来定义或者解释下面的名词和符号：

(1) $[A]_0$；　(2) k；　(3) $t_{1/2}$；　(4) 零级反应；　(5) 催化剂。

2. 简单描述下面的名词、现象或者方法：

(1) 活性复合物；　(2) 反应机理；　(3) 多相催化；　(4) 决速步。

3. 解释下面两个名词之间的主要差别：

(1) 一级反应和二级反应；

(2) 速率方程和积分速率方程；

(3) 活化能和反应的焓变；

(4) 基元反应和总反应；

(5) 酶和底物。

4. 反应 A ⟶ P，A 的初始浓度是 0.2643 mol·dm^{-3}，35 分钟后 A 的浓度是 0.1832 mol·dm^{-3}。反应的初始反应速率是多少？分别以 mol·dm^{-3}·min^{-1}和 mol·dm^{-3}·s^{-1}表示。

5. 反应 2A+B ⟶ C+3D，反应物 A 的消耗速率是 6.2×10^{-4} mol·dm^{-3}·s^{-1}。计算：

(1) 在此时刻反应的反应速率；

(2) B 消耗的速率；

(3) D 生成的速率。

6. 一级反应 A ⟶ P，其半衰期为 75 s。对于该反应，判断下面结论的对错：

(1) 反应在 150 s 时完成；

(2) 150 s 时 A 的剩余量是 75 s 时 A 剩余量的一半；

(3) 任何 75 s 时间范围内，A 被消耗的绝对量是相同的；

(4) 37.5 s 时，A 被消耗了 1/4。

7. 一个反应在 30 分钟内有 50%完成。如果这个反应是(1)一级反应或(2)二级反应，分别需要多长时间使该反应刚好完成 75%？

8. 反应 A ⟶ P 有如下数据：

t/s	[A]/(mol·dm^{-3})
0	2.00
500	1.00
1500	0.50
3500	0.25

不通过具体计算，请确定反应的级数。

9. 不同温度下 $H_2(g)+I_2(g) \longrightarrow 2HI(g)$ 的反应速率常数如下：$T=599$ K，$k=5.4\times10^{-4}$ dm^3·mol^{-1}·s^{-1}；$T=683$ K，$k=2.8\times10^{-2}$ dm^3·mol^{-1}·s^{-1}。请计算：

(1) 反应的活化能；

(2) 什么温度下 $k=5.0\times10^{-3}$ dm^3·mol^{-1}·s^{-1}。

10. 酶催化反应在有抑制剂(I) 存在下被减速，因为抑制剂能很快和酶结合到达平衡：$E+I \longrightarrow EI$。请分析当同时有底物和抑制剂存在时，酶催化反应速率和抑制剂总浓度$[I]_0$的关系。

11. 在 CF_2Cl_2 分子中，典型 C—F 键的键解离能(BDE)为 440 kJ·mol^{-1}。试计算光裂解 CF_2Cl_2 分子的 C—F 键所需的光的最大波长。

12. 根据以下键能表，排列出断裂该键所需光的最大波长的顺序。

化学键	键能/(kJ·mol^{-1})	化学键	键能/(kJ·mol^{-1})
B—F	644	N—H	389
B—O	515	N—N	159
C—B	393	N≡N	946

习 题

8.1 反应 A ⟶ P 有如下数据：$t=0$，[A]=0.1565 mol·dm^{-3}；$t=1$ min，[A]=0.1498 mol·dm^{-3}；$t=2$ min，[A]=0.1433 mol·dm^{-3}。

(1) 计算 $t=0\sim1$ min 和 $t=1\sim2$ min 时间范围内的平均反应速率；

(2) 为什么上面两个反应速率不一样？

8.2 反应 A+2B ⟶ 2C，在[A]=0.3580 mol·dm^{-3}时反应速率为 1.76×10^{-5} mol·dm^{-3}·s^{-1}。求：

(1) C 生成的速率；

(2) 1 min 后 A 的浓度。

8.3 对于反应 $2NO(g)+Cl_2(g) \longrightarrow 2NOCl(g)$，获得了如下的实验数据：

实验次数	NO 初始浓度 (mol·dm^{-3})	Cl_2 初始浓度 (mol·dm^{-3})	初始反应速率 (mol·dm^{-3}·s^{-1})
1	0.0125	0.0255	2.27×10^{-5}
2	0.0125	0.0510	4.55×10^{-5}
3	0.0250	0.0255	9.08×10^{-5}

请确定该反应的速率方程。

8.4　一级反应 A $\longrightarrow$ P，A 反应 99％时耗时 137 min，求该反应的半衰期。

8.5　45℃时，对于 CCl_4 中的一级反应 $N_2O_5 \longrightarrow N_2O_4 + \frac{1}{2}O_2(g)$，$k=6.2\times10^{-4}\ s^{-1}$。对于 80 g N_2O_5 在 CCl_4 中于 45℃下分解，请计算：

(1) N_2O_5 还剩 2.5 g 时耗时多少；

(2) 在上述时刻时，一共获得了多少氧气($p=745$ mmHg，$T=45$℃)。

8.6　对于反应 $HI(g) \longrightarrow \frac{1}{2}H_2(g)+\frac{1}{2}I_2(g)$，在 400 s 时间范围内监测 HI(g)在 700 K 的分解，获得如下数据：

t/s	[HI]/(mol·dm^{-3})
0	1.00
100	0.90
200	0.81
300	0.74
400	0.68

请计算：

(1) 反应级数；

(2) 反应的速率常数；

(3) 700 K 时，上述反应的速率方程。

8.7　1100℃下，NH_3 在热钨丝上的分解有如下数据：$[NH_3]_0=0.0031\ mol\cdot dm^{-3}$，$t_{1/2}=7.6$ min；$[NH_3]_0=0.0015\ mol\cdot dm^{-3}$，$t_{1/2}=3.7$ min；$[NH_3]_0=0.00068\ mol\cdot dm^{-3}$，$t_{1/2}=1.7$ min。请确定该分解反应的反应级数和反应速率常数。

8.8　当在 H_2 和 O_2 的混合物中引入一个小火花时，会产生高度放热的爆炸反应。在没有火花存在的情况下，H_2 和 O_2 的混合物非常稳定。

(1) 请解释上面的不同行为；

(2) 解释上面爆炸反应不和火花大小相关的原因。

8.9　反应 A $\longrightarrow$ D 有如下图所示的反应进程：

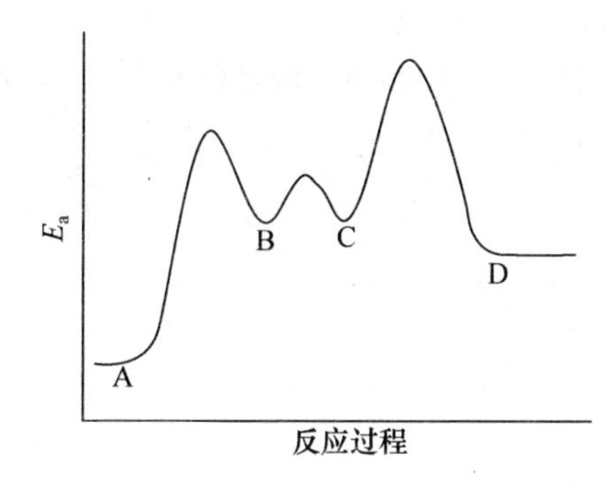

回答下面的问题：

(1) 反应一共有多少个中间态？

(2) 一共有多少个过渡态？

(3) 最快的反应步骤是哪一步？

(4) 决速步是哪一步?

(5) 第一步是吸热还是放热反应?

(6) 整个反应是吸热还是放热的?

8.10 在乙醇溶液中研究 $C_2H_5I+OH^- \longrightarrow C_2H_5OH+I^-$ 的化学动力学发现:

T/℃	k/($dm^3 \cdot mol^{-1} \cdot s^{-1}$)
15.83	5.03×10^{-5}
32.02	3.68×10^{-4}
59.75	6.71×10^{-3}
90.61	0.119

(1) 用作图法计算反应活化能;

(2) 用方程法计算反应活化能;

(3) 计算 100℃时的 k。

8.11 一级反应 $N_2O_5(g) \longrightarrow 2NO_2+\frac{1}{2}O_2(g)$,在 20℃时半衰期为 22.5 h,在 40℃时半衰期为 1.5 h。

(1) 计算反应活化能;

(2) 如果 Arrhenius 指前因子 $A=2.05\times10^{13}\ s^{-1}$,计算 30℃时的反应速率常数。

8.12 在某个酶催化反应中获得了如下的底物浓度和时间的关系:

t/min	[S]/($mol \cdot dm^{-3}$)
0	1.00
20	0.90
60	0.70
100	0.50
160	0.20

请计算在这个底物浓度范围的酶催化反应级数。

8.13 下图给出了温度对酶催化活性的影响。请解释为什么会出现这样的曲线。对于人体中的酶,曲线的最高点对应的温度值是多少?

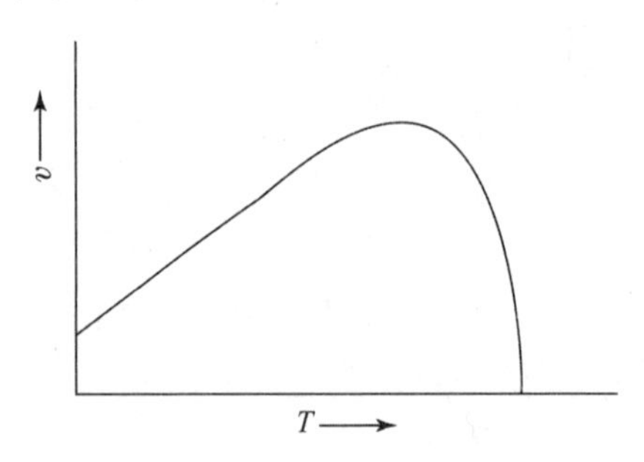

8.14 在室温(20℃)下,牛奶变酸需要 60 h;在冰箱(3℃)中,牛奶能储藏 3 倍长的时间。请计算:

(1) 牛奶变酸的反应活化能；

(2) 在40℃时，牛奶变酸需要多长时间。

8.15　硝基胺的分解是一级反应，$NH_2NO_2(aq) \longrightarrow N_2O(g) + H_2O(l)$，15℃时其分解半衰期为123 min。现在有165 mL硝基胺水溶液(0.105 mol·dm^{-3})分解，多长时间能在水面上收集50.0 mL N_2O(15℃，756 mmHg，水的蒸气压为12.8 mmHg)？

8.16　通过将CO加入到固定体积的反应器中测量总压力，来研究反应 $2CO(g) \longrightarrow CO_2(g) + C(s)$ 的反应动力学，获得了如下数据：

$p_{总}$/torr	t/s
250	0
238	398
224	1002
210	1801

请确定反应速率常数。

8.17　氯化重氮苯在水中分解生成氮气是一级反应，$C_6H_5N_2Cl \longrightarrow C_6H_5Cl + N_2(g)$。氯化重氮苯的0.071 mol·dm^{-3}水溶液在50℃下分解，在不同时间收集到N_2的数据如下：($t=\infty$时反应完全完成)

t/min	$V(N_2(g))$/mL	t/min	$V(N_2(g))$/mL
0	0	18	41.3
3	10.8	21	44.3
6	19.3	24	46.5
9	26.3	27	48.4
12	32.4	30	50.4
15	37.3	∞	58.3

(1) 将上述表格转换成不同时间氯化重氮苯的浓度；

(2) 分别按以下关系作图：N_2量-时间，氯化重氮苯的浓度-时间；

(3) 在图中确定21 min时的反应速率，并与报道值1.1×10^{-3} mol·dm^{-3}·min^{-1}比较；

(4) 从图上确定初始反应速率；

(5) 写出氯化重氮苯分解反应(一级反应)的速率方程，并根据(3)和(4)的结果计算速率常数k；

(6) 从图上获得半衰期；

(7) 计算获得半衰期；

(8) 什么时刻反应完成75%？

(9) 以$\ln[C_6H_5N_2Cl]$-t作图，确定分解过程的确是一级反应；

(10) 从(9)所作的图中获得速率常数k。

8.18　蔗糖能在水溶液中转化成葡萄糖和果糖：蔗糖$+H_2O \longrightarrow$葡萄糖+果糖，该反应为一级反应，在30℃时的半衰期为2.8×10^5 s。在强酸水溶液中，反应可以被H^+催化。25℃时，在浓度不同的HCl溶液中速率常数为：

$c(\text{HCl})/(\text{mol}\cdot\text{dm}^{-3})$	k/min^{-1}
0.50	4.76×10^{-3}
1.00	1.20×10^{-2}
1.50	2.26×10^{-2}
2.00	3.79×10^{-2}

(1) 计算 1.00 mol·dm^{-3} HCl 溶液中，蔗糖转化反应的半衰期，并与 30℃的半衰期作比较。

(2) 比较在 HCl 存在下，对于催化速率的增加和 H^+ 离子浓度增加，哪个增加快？

(3) 令酸函数 $H_0=-\lg a(\text{H}^+)$，其中 $a(\text{H}^+)$是 H^+ 离子的活度。对于上述 HCl 溶液，测得酸函数如下：

$c(\text{HCl})/(\text{mol}\cdot\text{dm}^{-3})$	H_0
0.50	0.20
1.00	−0.20
1.50	−0.47
2.00	−0.6

计算说明 HCl 存在的蔗糖转化中 k 是否与 $a(\text{H}^+)$成正比。

(4) 在低浓度 HCl 溶液(<0.1 mol·dm^{-3})中，H^+ 的活度等于 H^+ 的浓度，计算 0.010 mol·dm^{-3} 的 HCl 溶液中，蔗糖转化的速率常数 k。

8.19 血液中血红蛋白分子和氧分子结合并把氧分子带给细胞。氧分子和血红蛋白结合的反应为

$$\text{血红蛋白(aq)}+\text{O}_2\text{(aq)}\longrightarrow\text{血红蛋白-O}_2\text{(aq)}$$

它对于血红蛋白是一级反应，对氧也是一级反应。反应的速率常数为 4×10^7 dm^3·mol^{-1}·s^{-1}。若血红蛋白的浓度为 2×10^{-9} mol·dm^{-3}，氧的浓度为 5×10^{-5} mol·dm^{-3}，计算氧和血红蛋白结合的初始速率。

8.20 在一些细菌进行光合作用过程中，通常会将产生的能量以化学能的方式储存起来。例如，结合磷酸氢根，在酸性环境中将二磷酸腺苷(ADP)转化为高能量的三磷酸腺苷(ATP)。化学方程式如下：

$$\text{ADP}^{3-}+\text{HPO}_4^{2-}+\text{H}_3\text{O}^+\longrightarrow\text{ATP}^{4-}+2\text{H}_2\text{O}\quad\Delta G=+34.5\text{ kJ (pH}=7)$$

假设叶绿素分子吸收 1 Einstein 的 430 nm 蓝光，在 pH=7 时将能量从 ADP 完全转化到 ATP。请问：

(1) 1 Einstein 的 430 nm 蓝光最多能产生多少分子的 ATP (理论计算)？

(2) 如果吸收 700 nm 的红光呢？

第四单元 物质结构

第 9 章　原子结构

本章要求

1. 了解微观粒子运动的特点，学习运用统计规律理解微观粒子的波粒二象性

2. 理解波函数、电子云的含义，掌握四个量子数的物理意义及其对电子运动状态的描述

3. 掌握多电子原子近似能级图，根据核外电子排布原则熟练书写原子核外电子排布和价电子构型

4. 明确原子的电子构型和元素周期律的关系

原子的概念来自于约公元前 400 年前后的古希腊哲学家德谟克里特斯(Democritus)，他认为世界是由不可再分的原子(atom)组成的。1794 年，普鲁斯特(Proust)在研究碳酸铜、氧化锡和硫化亚铁时发现，其中的三种元素铜、碳和氧有着相同的比例，从而提出了定组成定律，即对于一种特定的化合物，其中各元素的质量比例是一定的。英国科学家道尔顿(Dalton)于 19 世纪初提出了原子学说，认为：化学元素均由不可再分的原子组成，原子在一切化学变化中均保持其不可再分性；同一元素的所有原子在质量和性质上都相同，不同元素的原子在质量和性质上都不相同；不同的元素化合时，这些元素的原子按简单整数比结合成化合物。Dalton 原子学说的建立对于物理、化学学科的发展产生了深远的影响。

19 世纪末物理学的三大发现(X 射线、电子和原子的放射性)，否定了原子不可再分的观点，使人们对原子的内部结构有了全新的认识。物理学家在真空的两金属电极间加上高电压时，发现在阴极可以发出**阴极射线**，克鲁克斯(Crookes)等人则证明了阴极射线带有负电荷，并认为是由一种带负电且具有质量的微粒组成，即电子流。汤姆逊(Thomson)于 1897 年利用带电粒子在电场及磁场中的运动测定了电子的电荷 e 与质量 m 的比值，得到电子的荷质比 $e/m=1.76\times 10^{11}\,\mathrm{C\cdot kg^{-1}}$，证明其为常数，并提出“葡萄干布丁(plum pudding)”原子模型，认为电子散布在带有正电荷组成的均匀介质中。1909 年，密立根(Millikan)设计了精巧的**油滴实验**(比较带电油滴在加电场前后的运动速度)，测定出电子的电量 $e=1.6\times 10^{-19}$ C，因此电子的质量 $m=9.11\times 10^{-31}$ kg。1911 年，英国物理学家卢瑟福(Rutherford)通过 α 粒子散射实验证实了原子核的存在，提出了核型原子模型，即：原子中心有一个原子核，它集中了原子全部的正电荷和几乎全部质量，带负电的电子在核外空间绕核高速运动。1912 年，莫斯里(Moseley)通过测定用高速电子轰击金属靶时产生 X 射线的波长，总结出了核电荷数和元素在周期表中的原子序数。后来，人们又发现了原子核还可以再分成带正电的质子和不带电的中子。至此，经典的核型原子模型才真正建立起来。

经过长期的科学实践证明，世界乃至整个宇宙都是由元素组成的，而原子是体现元素化学性质的最小单元。原子由原子核和核外电子组成，原子核和核外电子带有数量相同、电性相反的电荷，原子核是由质量相近的带正电荷的质子和不带电荷的中子组成。化学反应的实质是原子核

外电子的偏移或转移，其难易程度取决于核外电子的排布和能量，因此，理解原子核外电子的运动规律对我们了解元素的化学性质极其重要。20 世纪 20 年代量子力学的建立和发展，成功地解释了氢原子线状光谱等实验事实，使人们正确地认识原子核外电子的运动状态成为可能。本章将在氢原子光谱和量子力学的基础上，讨论单电子、多电子的原子核外电子排布与周期性，以及元素的某些基本性质的周期性变化。

9.1 氢原子的 Bohr 模型

9.1.1 氢原子光谱

经典氢原子结构是建立在光谱实验基础上的。光谱是指复色光经过色散系统(如棱镜、光栅)分光后，按波长(或频率)的大小依次排列的图案，见图 9-1。太阳光、白炽灯灯光和加热固体时发出的光为复色光，所得到的光谱为一条连续的色带，称为连续光谱或带状光谱。

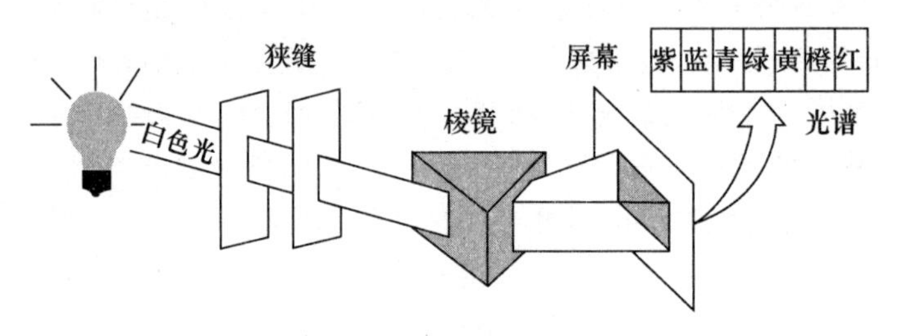

图 9-1 光谱实验示意图

氢原子的原子核中有一个质子，核外有一个电子。充满氢气的真空管通过高压放电可以发出光，通过棱镜可将这些光分成一系列按不同波长排列的不连续的线状光谱(图 9-2)(原子或离子在受到激发时所发射出的不连续光谱称为原子发射光谱)，分处在紫外、可见和红外光区。氢原子光谱在可见光区有四条特征的谱线，其波长或频率都是确定的(表 9-1)，肉眼观察为玫瑰红色。

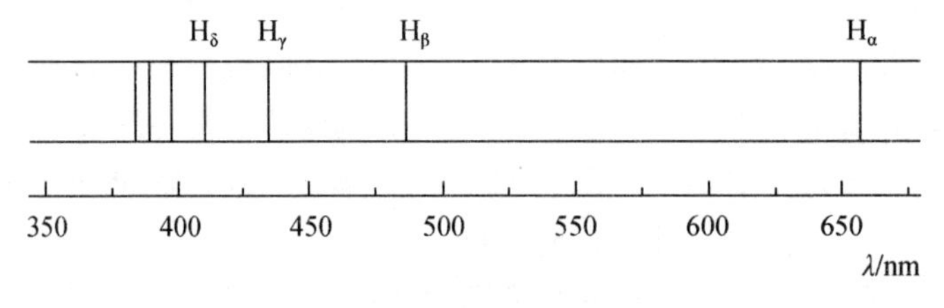

图 9-2 氢原子光谱

表 9-1 可见光区氢原子光谱的主要谱线

谱线符号	波长/nm	频率/cm^{-1}	颜 色
H_α	656.272	15237.6	红
H_β	486.133	20570.5	深绿
H_γ	434.047	23039.0	青
H_δ	410.174	24379.9	紫

1885年，瑞士中学教师巴尔末(Balmer)分析氢原子光谱在可见区的几条谱线后发现，谱线的波长可用简单的关系式表示：

$$\lambda = B\frac{n^2}{n^2-4} \tag{9-1}$$

式中，B为常数，等于364.56 nm。当$n=3$、4、5、6时，由上式得到的λ值即为氢原子光谱在可见光区的四条谱线H_α、H_β、H_γ、H_δ的波长。由Balmer公式计算的λ值和实验测定值相当吻合，因此把氢原子光谱中的这一组谱线称Balmer线系。

1890年，瑞典物理学家里德伯(Rydberg)提出用波长的倒数$\bar{\nu}$(波数)来表征光谱线，这样就使得Balmer公式变得更为简单。

$$\bar{\nu} = \frac{1}{\lambda} = R_H\left(\frac{1}{2^2}-\frac{1}{n^2}\right) \tag{9-2}$$

式中，$R_H=\frac{4}{B}$，称氢原子的Rydberg常数，其实验值为$1.0967758\times10^7\ m^{-1}$；$n$为大于2的正整数。

此后，又在氢原子光谱的紫外区、红外区相继发现几组线系(表9-2)，其波数可用下式表示：

$$\bar{\nu} = \frac{1}{\lambda} = R_H\left(\frac{1}{n_1^2}-\frac{1}{n_2^2}\right) \tag{9-3}$$

式中n_1、n_2都是正整数，且$n_2>n_1$。

表9-2　氢原子光谱的各组线系

线系名称	n_1	n_2	波　段
Lyman	1	2，3，4，…	紫外区
Balmer	2	3，4，5，…	除H_α、H_β、H_γ、H_δ为可见区，其余为近紫外区
Paschen	3	4，5，6，…	近红外区
Brackett	4	5，6，7，…	远红外区
Pfund	5	6，7，8，…	远红外区

按照经典电磁学理论，电子绕核做圆周运动，会不断地辐射能量，不断发射连续的电磁波，原子光谱应是连续的。另外，由于电子发射电磁波，其能量逐渐降低，最后会坠入核上，故原子不能稳定存在。这两点都与实验事实不符。1913年，丹麦年轻的物理学家玻尔(Bohr)在Rutherford核原子模型的基础上，根据当时刚刚萌芽的量子论和光子学说提出了自己的氢原子结构模型，解释了氢原子光谱的特征。

1900年，德国科学家普朗克(Planck)在解释黑体辐射实验现象时，大胆地提出了能量量子化的假设。黑体是指将外来电磁波全部吸收的物体，例如带有微孔的空心金属球就与黑体类似。在高温下，黑体辐射出各种波长的电磁波，其能量密度是按频率(或波长)分布的。黑体是理想的吸收体，也是理想的发射体(与其他物体相比，同一温度下黑体释放的能量最多)。用棱镜把黑体发射的各种频率的辐射分开，就能在一定的频率范围内测定黑体辐射的能量。图9-3为不同温度下实验观测到的黑体辐射的能量分布曲线，横坐标为频率，纵坐标为黑体辐射的能量。

由图 9-3 可见，不同温度下，黑体辐射的能量都有一个极大值，并且随着温度升高，能量极大值向高频移动。在实验中，将金属加热时，开始发红光，然后依次是橙色、黄色，最后变为白色而不是紫光。根据经典热力学和统计热力学理论得到的辐射强度公式，有的在长波长处接近实验曲线，而在短波长处与实验不符；有的则恰恰相反，在短波长处相符而在长波长处不符。Planck 在深入分析实验数据和用经典力学计算的基础上，提出：能量像物质微粒一样是不连续的，能量包含着大量微小分离的能量单位，称为量子(quantum)。无论物质吸收或发射能量，其电磁能的数值只能是频率 ν 的量子整数倍。每一个量子的能量与电磁波频率成正比，即

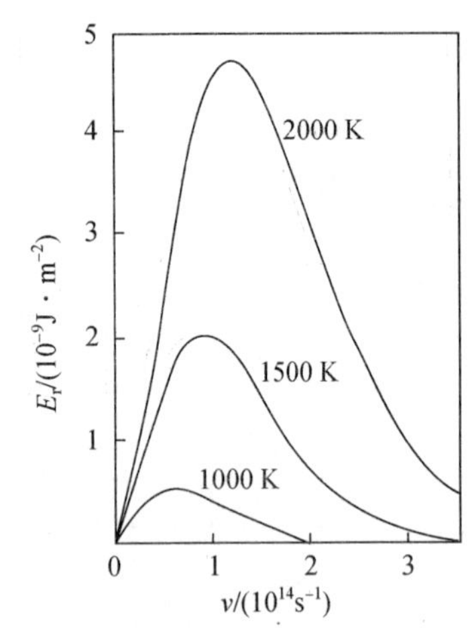

图 9-3　黑体在不同温度下辐射的能量分布曲线

$$E = nh\nu \tag{9-4}$$

式中，比例常数 h 为 Planck 常数，其值为 6.626×10^{-34} J・s；n 为正整数(1, 2, 3, …)。与黑体辐射频率 ν 相对应的电磁波是黑体中一个原子群以相同频率振动而发出的，原子群中的原子振动频率相同，振动能量只能是辐射量子能量的整数倍，即能量是量子化而不是连续的。具有 $nh\nu$ 能量的振动原子的相对概率为 $e^{-nh\nu/KT}$，它随着 ν 增加呈指数下降，因为高频的振动原子和高频的辐射总是很少，所以在高温时黑体辐射的光不只是高频的蓝色光和紫色光，而是由各不同原子群各自发射的不同频率光的组合(从红到紫)而形成的白光。

Planck 在研究黑体辐射这个特殊场合中引进了能量量子化概念，这是物理学上的一次革命，它摆脱了经典物理学的束缚，标志着量子论的诞生。此后越来越多的实验证明，微观体系中能量(甚至其他物理量，如角动量)的变化总是不连续的，人们承认了 Planck 提出的量子论并将其推广到所有微观体系。

1905 年，爱因斯坦(Einstein)用能量量子化的概念成功地解释了光电效应。光电效应是指当光照到金属表面时，可使电子从金属表面逸出，逸出的电子称光电子(photoelectron)。实验表明，只有照射光的频率超过某个最小频率(ν_0)时，电子才能逸出，不同金属的 ν_0 值不同。增加光的强度，只能使逸出的电子数增多，但电子动能不变；只有增加光的频率，电子动能才增加。这与经典物理学中的观点(波的能量与它的强度成正比而与频率无关。只要有足够的强度，任何频率的光都可以产生光电效应。电子的动能随光强度增加而增加，与光的频率无关)相矛盾。Einstein 在解释光电效应时指出，光是一束光子流，每一种频率的光的能量都有一个最小单位，称光子(photon)，光子的能量与光子的频率成正比。即

$$E_{光子} = h\nu \tag{9-5}$$

式中，h 为 Planck 常数，ν 为光的频率。光子不仅有能量还有质量(m)，按相对论的质能联系定律 $E_{光子}=mc^2$(c 为光速)，光子的质量为

$$m = \frac{h\nu}{c^2} \tag{9-6}$$

光子还具有一定的动量(P)：

$$P = mc = \frac{h\nu}{c} = \frac{h}{\lambda} \tag{9-7}$$

光的强度由单位体积内光子数目(光子密度)决定。当频率为 ν 的光照射到金属表面时，光子与电子碰撞传递能量，每一次碰撞光子均将能量 $h\nu$ 传递给电子。电子吸收能量，一部分用于克服金属对它的束缚力，其余部分转化为光电子的动能：

$$h\nu = W + E_K = h\nu_0 + \frac{1}{2}mv^2 \tag{9-8}$$

式中，W 是电子逸出金属所需的最小能量，称脱出功，它等于 $h\nu_0$；E_K 是光电子动能，它等于 $\frac{1}{2}mv^2$。当 $h\nu<W$ 时，光子没有足够的能量使电子逸出，即便增加光的强度(即增加光子数目)，也不发生光电效应；当 $h\nu=W$ 时，这时

的频率是产生光电效应的最小频率(ν_0)；当 $h\nu>W$ 时，从金属中能逸出光电子且具有一定的动能，它随光的 ν 的增加而增加，而与光的强度无关。因此，只有把光看成是由光子组成，光的能量是量子化的才能解释光电效应，而只有把光看成是波才能解释光的衍射和干涉现象。所以认为，光具有波粒二象性，(9-7)式即为光的波粒二象性的联系式，P 代表粒性的物理量，λ 代表波性的物理量，二者通过 Planck 常数 h 联系在一起。

9.1.2 氢原子 Bohr 模型的提出

Bohr 在 Planck 量子论和 Einstein 光子学说的基础上，对原子核外电子的运动提出两点假设，建立了氢原子的 Bohr 模型。

1. 定态假设

电子只能在一系列具有一定半径(r)或一定能量的轨道上绕核运动。在这些轨道上运动着的电子既不辐射能量也不吸收能量，这些稳定状态称定态。能量最低的定态称**基态**(ground state)，其余的则称**激发态**(excited state)。

原子中电子可能存在的各种定态是不连续的，定态中轨道角动量(L)必须是 $h/2\pi$ 的整数倍，即

$$L = n\frac{h}{2\pi} \quad (n = 1, 2, 3, \cdots) \tag{9-9}$$

式中，n 是**量子数**(quantum number)，h 为 Planck 常数。角动量 L 是电子运动的动量 P($P=m\cdot v$)和轨道半径 r 的乘积，即

$$L = P\cdot r = m\cdot v\cdot r$$

m 为电子的质量，v 为电子运动的速度。角动量是描述电子圆周轨道运动状态的重要物理量，(9-9)式表示电子运动状态是量子化的。

根据经典力学理论计算，Bohr 推导出氢原子各个定态的轨道半径(r_n)和能量(E_n)公式。

$$r_n = \frac{\varepsilon_0 n^2 h^2}{\pi m e^2} \tag{9-10}$$

式中，m 为电子质量，e 为电子电量，h 为 Planck 常数，ε_0 为真空电容率。当 $n=1$ 时，基态氢原子最小的轨道半径为

$$r = \frac{(8.854\times 10^{-12}\ \mathrm{C^2\cdot J^{-1}\cdot m^{-1}})(6.626\times 10^{-34}\ \mathrm{J\cdot s})^2(1)^2}{3.1416(9.110\times 10^{-31}\ \mathrm{kg})(1.602\times 10^{-19}\ \mathrm{C})^2}$$

$$= 52.93\ \mathrm{pm} \approx 53\ \mathrm{pm} = a_0$$

a_0 称 Bohr 半径。由(9-10)式知，随 n 的增大，r 逐渐增大，因此有

$$r_n = a_0 n^2$$

$n=1$	$r_1=53$ pm	离核最近的轨道
$n=2$	$r_2=212$ pm	离核较远的轨道
$n=3$	$r_3=477$ pm	离核更远的轨道

$$E_n = -B\frac{1}{n^2} \tag{9-11}$$

其中　$B=\frac{me^4}{8\varepsilon_0^2h^2}=2.179\times10^{-18}$ J·电子$^{-1}$=1312 kJ·mol^{-1}=13.6 eV·电子$^{-1}$①

$n=1$　　$E_1=-B=-13.6$ eV　　氢原子基态能量

$n=2$　　$E_2=-\frac{B}{4}=-\frac{13.6}{4}$ eV　　氢原子激发态能量

$n=3$　　$E_3=-\frac{B}{9}=-\frac{13.6}{9}$ eV　　氢原子处于更高激发态能量

E_n 随 n 增加而增大，当 n 趋近于无穷大时，电子的能量趋于零。

2. 频率公式的假设

原子核外的电子由一个定态跃迁到另一定态时，一定会放出或吸收辐射能，其频率和两定态能量之差的关系为

$$\nu=\frac{|E_2-E_1|}{h}=\frac{|\Delta E|}{h} \tag{9-12}$$

式中，E_1、E_2 分别代表电子的始态和终态的能量。若 $\Delta E<0$，表示跃迁时放出能量；若 $\Delta E>0$，表示跃迁时吸收能量。

根据 Bohr 模型可以推导出 Rydberg 公式。设电子从高能级(E_2)轨道返回到较低能级(E_1)轨道，辐射放出的能量为

$$E_2-E_1=\left(-\frac{B}{n_2^2}\right)-\left(-\frac{B}{n_1^2}\right)$$

$$\Delta E=B\left(\frac{1}{n_1^2}-\frac{1}{n_2^2}\right)$$

因此

$$\Delta E=h\nu=\frac{hc}{\lambda}$$

则

$$\frac{hc}{\lambda}=B\left(\frac{1}{n_1^2}-\frac{1}{n_2^2}\right)$$

即 $\frac{1}{\lambda}=\frac{B}{hc}\left(\frac{1}{n_1^2}-\frac{1}{n_2^2}\right)$，又因为 $\bar{\nu}=\frac{1}{\lambda}$，由此得到

$$\bar{\nu}=\frac{B}{hc}\left(\frac{1}{n_1^2}-\frac{1}{n_2^2}\right)$$

计算得 $\frac{B}{hc}=1.0973731\times10^7\ \text{m}^{-1}$，此值与实验测得的 Rydberg 常数 R_H 非常接近。

Bohr 模型能较好地解释氢原子光谱。当氢原子从外界获得能量时，原子中的电子从基态跃迁到激发态（较高能级），处于激发态的电子不稳定，会迅速回到较低能级，同时以光能的形式释放出多余的能量。由于各能级的能量是确定的，两能级间的能量差亦即确定，因此发射出来的光的波长和频率也是确定的，并且可由(9-12)式计算。前面介绍的 Balmar 线系就是电子从 $n=3$，4，5，6 等能级回到 $n=2$ 能级时发射出的光谱线，见图 9-4。图中示出氢原子光谱在各个光区的光谱线。Bohr 模型对于像 He^+、Li^{2+}、Be^{3+} 等类氢离子光谱的解释也是成功的。

---

① eV 为电子伏特，1 eV=1.602×10^{-19} J。

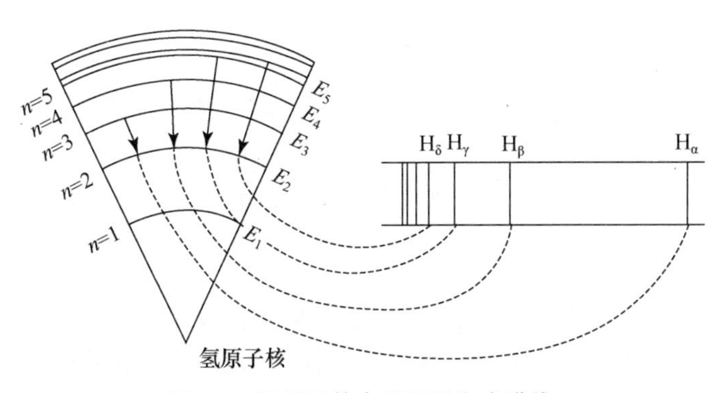

图 9-4 氢原子的电子跃迁和光谱线

根据 Bohr 模型还可以计算氢原子的电离能(I)。电离能是指气态氢原子中的电子从基态跃迁到零能态($n=\infty$)时所吸收的能量,即

$$I = E_\infty - E_1 = \left(-\frac{B}{\infty^2}\right) - \left(-\frac{B}{1^2}\right) = B = 2.179 \times 10^{-18}(\text{J} \cdot \text{电子}^{-1})$$

1 mol 氢原子的电离能为

$$I = 2.179 \times 10^{-18} \times 6.023 \times 10^{23} = 1312(\text{kJ} \cdot \text{mol}^{-1})$$

计算值与实验值($1318\ \text{kJ} \cdot \text{mol}^{-1}$)很接近。若用类氢离子的能量公式 $E_n = -B\dfrac{Z^2}{n^2}$(Z 为核电荷数),同样可计算出相应类氢离子的电离能。

Bohr 模型引进了量子化的概念,成功地解释了氢原子光谱。但它也有局限性:不能说明多电子原子的光谱,即使是只有两个电子的氦原子,计算结果也与光谱实验结果相差甚远;也不能解释氢原子光谱的精细结构,更不能说明电子在一定轨道上稳定存在的原因。

9.2 微观粒子的运动规律

Bohr 模型所存在的局限性,其根本原因在于它仍旧沿用了经典牛顿力学的概念,继承了经典原子模型中电子绕核运动如同行星绕太阳的轨道运动的观点。随着人们对微观粒子特殊性认识的深入,于 20 世纪 30 年代建立了描述微观粒子运动规律的量子力学(quantum mechanics),认识到电子、中子、质子等微观粒子相对于子弹、飞机、火车等宏观物体具有特殊的性质和完全不同的运动规律。因此,不能用描述宏观物体运动状态的经典力学来描述微观粒子的运动状态。

9.2.1 微观粒子的波粒二象性和测不准原理

微观粒子的波粒二象性是指微观粒子既具有微粒性(简称粒性)同时又具有波动性(简称波性)。波粒二象性是微观粒子的基本特性。1924 年法国年轻物理学家德布罗意(de Broglie)在光具有波粒二象性的启发下,大胆地预言电子、中子等实物微粒也具有波性,并指出光的波粒二象性的两个重要公式也适合于电子等实物粒子,即

$$E = h\nu \tag{9-13}$$

$$P = \frac{h}{\lambda} \tag{9-14}$$

以上两式左边的能量 E、动量 P 是表示电子等实物微粒具有粒性的物理量；公式右边的频率 ν 和波长 λ 是表示电子等实物微粒具有波性的物理量，实物微粒的波粒二象性通过 Planck 常数联系起来。

对于一个质量为 m、运动速度为 v 的实物微粒，其动量 $P=mv$，代入(9-14)式得

$$\lambda = \frac{h}{mv} \tag{9-15}$$

此式称 de Broglie 关系式。它预示着实物微粒波(简称实物波)的波长可以用微粒的质量和运动速度来描述。如果实物微粒的 $mv \gg h$ 时(如宏观物体)，则实物波的波长很短，通常可以忽略；如果实物微粒的 $mv \leqslant h$，其波长不能忽略。

【例 9-1】 分别计算 $m=2.5\times10^{-2}$ kg、$v=300$ m·s^{-1} 的子弹和 $m_e=9.1\times10^{-31}$ kg、$v=5.9\times10^5$ m·s^{-1} 的电子的波长，并加以比较。

解 按(9-15)式，子弹的波长为

$$\lambda = \frac{6.6\times10^{-34}}{300\times2.5\times10^{-2}} = 8.8\times10^{-35}\,(\text{m})$$

电子的波长为

$$\lambda = \frac{6.6\times10^{-34}}{9.1\times10^{-31}\times5.9\times10^5} = 12\times10^{-10}\,(\text{m}) = 1200\ \text{pm}$$

计算结果表明，子弹的波长很短，可忽略不计，主要表现为粒性，服从经典力学的运动规律；但是电子的波长已接近 X 射线的波长，是不能忽略的，因此，微观粒子不但具有粒性同时又具有波性。

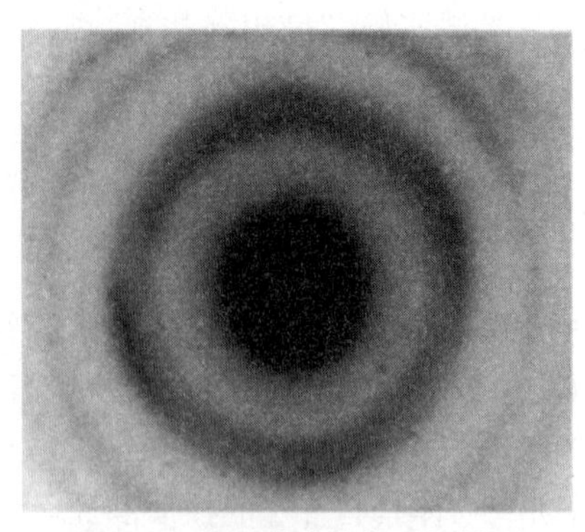

图 9-5 金属薄膜的电子衍射图

在 de Broglie 提出假设后的第三年，美国科学家戴维逊(Davisson)和杰默(Germer)通过电子衍射实验证实了实物波的存在。将一束高压加速的电子流照射到金属薄膜(由许多金属的微晶组成，每颗晶体相当于一个光栅)上时，在金属薄膜后面的感光底片上得到了明暗交替的环纹图像，说明电子流穿过晶体时发生了衍射，见图 9-5。电子的衍射现象证明了作为实物粒子的电子也具有波动性。

在经典物理学中，物体有确定的位置和动量，物体按照确定的轨迹运动。但是对微观粒子来说，上述规律不再适用。也就是说，人们不可能同时确切知道微观粒子的位置和动量，这就是海森堡(Heisenberg)不确定性关系，又称测不准原理。其数学式如下：

$$\Delta x \cdot \Delta P \geqslant \frac{h}{4\pi} \tag{9-16}$$

即，位置的不确定性 Δx 与动量的不确定性 ΔP 成反比。当位置精度较高时，动量的不确定性就较大；反之，动量的不确定性小，位置的误差就大。例如，若要清晰地看到电子的轮廓，其位置误差应小于 1×10^{-12} m，已知电子的静止质量为 9.1×10^{-31} kg，则电子动量的不确定程度

$$\Delta P = \Delta(mv) = m\Delta v = \frac{h}{4\pi\Delta x}$$

可得 $$\Delta v = \frac{h}{m \times 4\pi\Delta x} = \frac{6.626 \times 10^{-34}\ \mathrm{J \cdot s}}{9.1 \times 10^{-31}\ \mathrm{kg} \times 4 \times 3.14 \times 1 \times 10^{-12}\ \mathrm{m}} \approx 10^{8}\ \mathrm{m \cdot s^{-1}}$$

电子速度不确定程度如此之大，意味着电子运动的轨道已不复存在。对于宏观物体而言，测不准关系完全可以忽略。例如，对于一个位置测量精度高达 $\Delta x \approx 10^{-8}$ m 的物体，即使其质量只有 10^{-10} kg，代入测不准关系式计算得 $\Delta v \approx 10^{-16}\ \mathrm{m \cdot s^{-1}}$，其不确定程度也完全可以忽略不计。因此，宏观物质的运动服从经典力学定律，可以同时确定位置和动量(或速度)。

电子衍射实验表明，电子的运动在空间中只是一个概率分布。由电子衍射图看出，就大量电子的行为而言，衍射强度大的地方，电子出现的数目多；衍射强度小的地方，电子出现的数目少。假如在电子衍射实验中使用极微弱的电子流，电子速度很慢，几乎是一个一个地射出，开始在底片上只出现一个一个无规律的衍射斑点(图 9-6(a))，这些衍射斑点在底片上的位置是无法预测的。但是随着实验的进行，底片上不仅斑点数目增多，而且在分布上也逐渐显示出明显的规律性，最后得到的图像与用强电子束得到的衍射图像完全一样。因此，就一个电子的行为而言，衍射强度大的地方，电子到达的机会多；衍射强度小的地方，电子到达的机会小。图 9-6(b)说明，电子的波性是许多彼此独立而又处在相同条件下电子运动的统计结果，或者是一个电子在若干次相同实验中的统计结果。也就是说，具有波动性的电子在空间的概率分布规律是与电子运动的统计性联系在一起的。由于电子波的强度和电子的概率分布有关，因此把电子波这一实物微粒波称"概率波"。

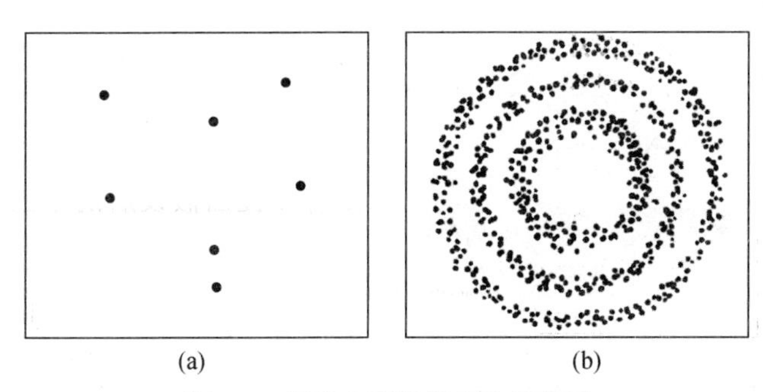

图 9-6　慢速电子衍射实验示意图

(a) 开始；(b) 经足够长时间

由电子衍射实验所得电子波的波长和由 de Broglie 关系式计算的结果完全符合，进一步说明 de Broglie 的预言是正确的。后来相继用中子、质子、α 粒子、原子、分子等粒子流进行实验，也同样观察到衍射现象，这就充分说明了微观粒子都具有波动性的特征。

9.2.2　波函数和电子云

在 de Broglie 的假设还未被实验证实之前，1926 年奥地利物理学家薛定谔(Schrödinger)在实物波的启发下，将光的波动方程延伸到原子中电子的运动规律，提出了描述原子核外电子运动状态的波动方程，又称 Schrödinger 方程。单电子体系的 Schrödinger 方程形式为

$$\frac{\partial^2 \varphi}{\partial x^2} + \frac{\partial^2 \varphi}{\partial y^2} + \frac{\partial^2 \varphi}{\partial z^2} + \frac{8\pi^2 m}{h^2}(E - V)\varphi = 0 \tag{9-17}$$

此方程全面反映了微观粒子的波粒二象性。其中，描述粒性的物理量有位置坐标(x,y,z)、微粒

的质量 m、总能量 E 和势能 V，表征粒子波动性的是波函数 φ，h 为 Planck 常数。需要指出，在此提出 Schrödinger 方程的目的是为了加深对微观粒子具有波粒二象性的理解，以及了解其运动规律的复杂性。波动方程的导出和求解均涉及较深的数学知识，将在结构化学和量子力学课程中学习，本章只介绍用量子力学处理原子结构问题的思路和一些重要结论。

为求解方便，将方程(9-17)中的直角坐标(x, y, z)换成球坐标(r, θ, ϕ)，坐标定义及换算式见图 9-7。其中 r 表示电子离核的距离，θ、ϕ 表示电子在核周围分布的方向。由波动方程可以解出一系列的波函数 $\varphi_{n,l,m}(r, \theta, \phi)$，它是由三个量子数 n、l、m 所规定的三维(r, θ, ϕ)空间坐标函数。它的每一个合理解都代表电子的一种运动状态，每种运动状态都有一定的能量 E。E 的大小由量子数 n、l 所决定，因此能量也是量子化的。三个量子数分别称为主量子数(n)、角量子数(l)和磁量子数(m)，统称轨道量子数。$\varphi_{n,l,m}(r, \theta, \phi)$代表电子的一种运动状态，习惯称"原子轨道"(或原子轨函)，$l=0, 1, 2, 3, \cdots$的轨道通常称 s、p、d 和 f…轨道。

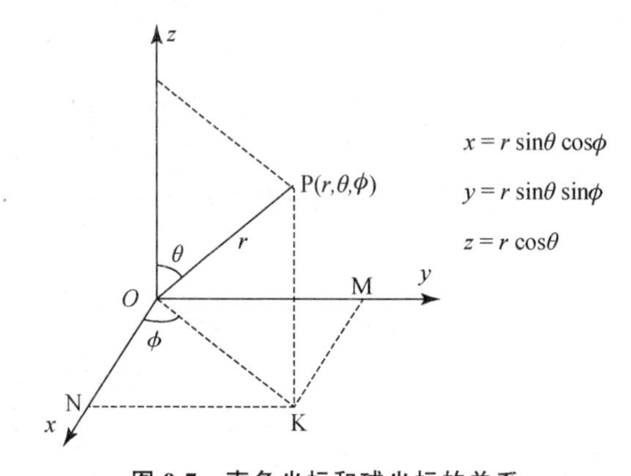

图 9-7 直角坐标和球坐标的关系

其中 r 和 z 轴夹角 $\theta=0°\sim180°$，r 在 xy 面上投影与 x 轴夹角 $\phi=0°\sim360°$

对于实物微粒波的波函数 φ，不像声波或电磁波那样具有明确的物理意义。1926 年德国物理学家博恩(Born)类比光的强度，将单个电子在原子空间某点单位体积内出现的概率(即概率密度)与其波函数振幅的平方 $|\varphi_{n,l,m}|^2$ 联系起来，这样就赋予了 $|\varphi|^2$ 明确的物理意义——$|\varphi|^2$ 为波函数的"强度"，即表示电子在空间某点(r, θ, ϕ)的概率密度。

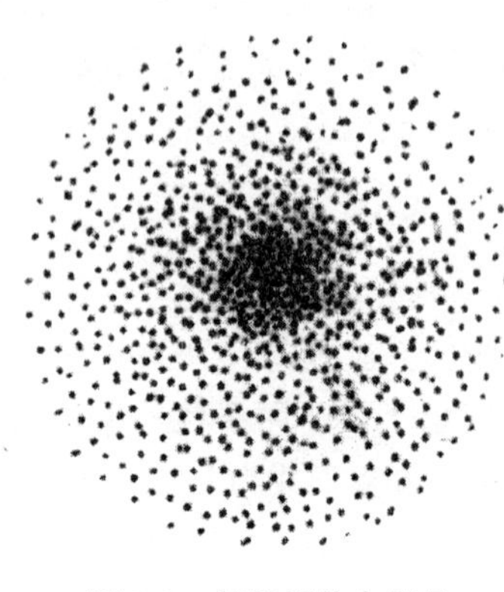

图 9-8 氢原子的电子云

根据 $|\varphi|^2$ 物理意义，$|\varphi|^2$ 值大，表明在单位体积内电子出现的概率大，即在单位体积内电荷密度大；$|\varphi|^2$ 值小，表明在单位体积内电子出现的概率小，即电荷密度小。由于高速运动的电子可在原子内空间各点出现，仿佛电子呈云雾状分散在原子核周围，所以常常形象地将电子在空间的概率分布，即 $|\varphi|^2$ 在空间的分布称为"电子云"。图 9-8 是基态氢原子的电子云图。若用小黑点的疏密形象地表示概率密度的大小，则黑点密的地方，表示 $|\varphi|^2$ 数值大，黑点稀的地方，表示 $|\varphi|^2$ 数值小。这样就得到了电子云在空间的示意图像，又称小黑点图。

9.2.3　四个量子数

波函数的具体形式取决于主量子数、角量子数和磁量子数及描述电子自旋运动特征的自旋磁量子数 m_s，这四个量子数构成一组参数，用来具体描述核外电子的运动状态。现对各量子数的取值范围、物理意义及相互间的关系介绍如下。

1. 主量子数 n

主量子数(principal quantum number)又叫能量量子数，它只能取正整数，即 $n=1, 2, 3, \cdots$。

(1) 主量子数 n 描述电子的能量。氢原子和类氢离子的能量公式为

$$E_n=-\frac{me^4}{8\varepsilon_0^2h^2}\cdot\frac{Z^2}{n^2}=-13.6\frac{Z^2}{n^2}\quad(\text{eV})\tag{9-18}$$

氢原子 $Z=1$，当 $n=1$ 时，$E_1=-13.6$ eV(基态)；$n=2$ 时，$E_2=-\frac{1}{4}\times13.6$ eV(激发态)。可见，n 越大，电子的能量越高。

(2) 主量子数表示电子出现概率最大的区域离核的距离。核外电子出现概率最大区域离核的距离可以近似地看成电子离核的距离，它随 n 值增大而增加。$n=1$ 时，电子离原子核最近；$n=\infty$时，电子离核无限远，此时电子已脱离原子核的引力场，变成了自由电子。

(3) 主量子数代表电子层或能层。根据光谱实验结果可以推算出原子核外电子是按层分布的。主量子数相同的电子，近乎在离核相同距离的空间范围内运动，因此可将主量子数相同的电子归并在一起，称一个电子层或能层(又称壳层)，常用 K，L，M，N，O，P 等符号表示 $n=1, 2, 3, 4, 5, 6$ 等电子层。

2. 角量子数 l

电子绕核运动时，不仅具有一定的能量，而且也具有一定的角动量。角动量由量子数 l 决定，故称 l 为**角量子数**(orbital angular momentum quantum number)，其值只能取小于 n 的非负整数，即 $l=0, 1, 2, 3, \cdots, (n-1)$。在光谱学上分别用符号 s，p，d，f，g 等来表示。

(1) 角量子数描述原子轨道在空间角度分布的情况。$l=0$ 时，相应电子状态称 s 态，其原子轨道的形状为球面形；$l=1$ 时，相应电子状态称 p 态，其原子轨道形状为双球面形；$l=2$，相应电子状态称 d 态，其原子轨道形状为花瓣形；$l=3$，相应电子状态称 f 态，其原子轨道形状较复杂，本书不予介绍。

(2) l 表示电子的亚层或能级。由角量子数的取值可见，对应于一个 n 值，可有 n 个 l 值。这表示同一电子层中包含有几个不同的亚层，不同亚层能量有所差异，故亚层又称能级。表 9-3 列出了不同 n 值所对应的能级数。

表 9-3　电子层和能级

n	1	2		3			4			
电子层符号	K	L		M			N			
l	0	0	1	0	1	2	0	1	2	3
能级符号	1s	2s	2p	3s	3p	3d	4s	4p	4d	4f
电子层中能级数目	1	2		3			4			

(3) 多电子体系中 l 与电子能量有关。在多电子原子中，电子的能量不仅取决于主量子数 n，还与角量子数 l 有关。当 n 相同时，一般情况是 l 值越大能量越高，因此在描述多电子原子体系电子的能量状态时，需用 n 和 l 两个量子数。

3. 磁量子数 m

在磁场存在的情况下，线状光谱发生分裂，谱线分裂的数目取决于量子数 m。量子力学证明，原子中电子绕核运动的轨道角动量在外磁场方向上的分量是量子化的，并由量子数 m 决定，因此称 m 为**磁量子数**(magnetic quantum number)。磁量子数的取值为 0，±1，±2，…，$\pm l$。

(1) 磁量子数决定原子轨道在空间的伸展方向。即原子轨道在空间的取向。例如 $l=0$ 时，m 只能取 0，即 s 轨道在空间只有一种取向，呈球形对称。当 $l=1$ 时，m 可取 0，±1，因此 p 轨道在空间有三种取向，沿 x 轴方向伸展的称 p_x 轨道，沿 y 轴方向伸展的称 p_y 轨道，沿 z 轴方向伸展的称 p_z 轨道。当 $l=2$ 时，m 可取 0，±1，±2，所以 d 轨道在空间有五种取向，沿 z 轴方向对称伸展的轨道称 d_{z^2} 轨道；沿 x、z 轴夹角 45°方向对称伸展的称 d_{xz} 轨道；沿 y、z 轴夹角 45°方向对称伸展的称 d_{yz} 轨道；沿 x、y 轴夹角 45°方向对称伸展的称 d_{xy} 轨道；沿 x、y 轴对称方向伸展的为 $d_{x^2-y^2}$ 轨道(参见图 9-11)。当 $l=3$ 时，m 可取 0，±1，±2，±3，即 f 轨道在空间有七种取向，由于图形较复杂，本书从略。

(2) 磁量子数与电子能量无关。l 相同、m 不同的原子轨道，即形状相同、空间取向不同的原子轨道，其能量是相同的。不同原子轨道具有相同能量的现象称为能量简并，能量相同的各原子轨道称为简并轨道或等价轨道，简并轨道的数目称简并度。例如，$l=1$ 的 p 态能级有三个简并轨道 p_x、p_y、p_z，简并度为 3。这些简并轨道在外磁场作用下，由于取向不同，引起能量上的差异，这就是线状光谱在磁场作用下发生分裂的原因。

由上文可知，n、l、m 三个量子数确定了波函数的具体形式，并用符号 $\varphi_{n,l,m}$ 表示一个原子轨道。根据量子数的取值要求，每个 n 值可取 n 个不同的 l 值，每个 l 值又可有 $2l+1$ 个不同的 m 值，通过下式加和，可得每个 n 共有 n^2 个不同的波函数 $\varphi_{n,l,m}$：

$$\sum_{l=0}^{n-1}(2l+1)=n^2$$

也就是说，对应于每个 n 值，有 n^2 个原子轨道。例如，$n=1$、$l=0$、$m=0$ 时，只有 φ_{100} 一个运动状态，即一个原子轨道；$n=2$，$l=0$、1，$m=0$、±1 时，则有 φ_{200}、φ_{210}、φ_{211}、φ_{21-1} 四个独立运动状态，即四个原子轨道；$n=3$，$l=0$、1、2，$m=0$、±1、±2 时，则有 φ_{300}、φ_{310}、φ_{311}、φ_{31-1}、φ_{320}、φ_{321}、φ_{32-1}、φ_{322}、φ_{32-2} 九个独立运动状态，共九个原子轨道。

4. 自旋磁量子数 m_s

以上三个量子数是在解波动方程时得到的。但是，当用高分辨率的光谱仪研究氢原子光谱时发现，氢原子在无外场条件下，由 1s→2p 的跃迁得到不止一条谱线，而是两条靠得很近的谱线。这一现象用前面三个量子数无法解释。1925 年 Uhlenbeck 和 Goudsmis 提出电子除绕核做高速运动外，还有自旋运动的假设，并运用量子力学处理电子的自旋运动，得到了决定电子自旋运动的**自旋磁量子数** m_s(spin magnetic quantum number)。m_s 只有两个取值 $\pm\frac{1}{2}$，常用正、反箭头(↑、↓)表示。

自旋磁量子数 m_s 表示电子两种不同的运动状态，有不同的自旋角动量。电子处于 $+\frac{1}{2}$ 或 $-\frac{1}{2}$ 状态所具有的能量基本相同，一般情况下其差别可忽略。应指出的是，正如波函数所描述的电子轨道运动并不像经典力学式的轨道一样，电子的“自旋”运动也不像地球自转运动，它只表示电子的两种运动状态。

综上所述，原子核外电子的运动状态由 n、l、m 三个量子数描述，电子的自旋运动由自旋磁量子数 m_s 描述。因此，确定一个电子的运动状态需要 n、l、m、m_s 四个量子数。n、l、m 三个量子数可确定电子的原子轨道，n、l 两个量子数可确定电子的能级，主量子数 n 只能确定电子所处电子层。n 相同的电子称同一电子层的电子，n、l 相同的电子称同一能级的电子，n、l、m 相同的电子称为同一原子轨道的电子，n、l、m、m_s 均相同的电子称同一运动状态的电子。现将四个量子数及其之间的关系列于表 9-4。

1925 年瑞士物理学家泡利(Pauli)根据光谱分析结果，提出了一个假定：在同一原子中，四个量子数完全相同的电子是互不相容的，这一假定称 Pauli 不相容原理。该原理也可以表述为：在同一原子中不可能有运动状态完全相同的电子，即在同一原子中不可能有四个量子数完全相同的电子。根据自旋磁量子数取值只有 $\pm\frac{1}{2}$ 的规定，可从 Pauli 不相容原理引出一个重要推论：每一个原子轨道最多只能容纳两个自旋相反的电子。

前已指出，每个电子层中原子轨道数为 n^2 个。根据 Pauli 不相容原理，可以推得各电子层最多可容纳电子数为 $2n^2$ 个，每一亚层的原子轨道数为 $2l+1$，因此各亚层最多可容纳电子数为 $2(2l+1)$个。

表 9-4 四个量子数和电子运动状态

主量子数 n		角量子数 l		磁量子数 m			自旋磁量子数 m_s		电子运动状态数
取值	电子层符号	取值	能级符号	取值	原子轨道 符号	原子轨道 总数	取值	符号	
1	K	0	1s	0	1s	1	$\pm\frac{1}{2}$	↑↓	2
2	L	0	2s	0	2s	4	$\pm\frac{1}{2}$	↑↓	8
		1	2p	0	$2p_z$		$\pm\frac{1}{2}$	↑↓	
				±1	$2p_x$		$\pm\frac{1}{2}$	↑↓	
					$2p_y$		$\pm\frac{1}{2}$	↑↓	
3	M	0	3s	0	3s	9	$\pm\frac{1}{2}$	↑↓	18
		1	3p	0	$3p_z$		$\pm\frac{1}{2}$	↑↓	
				±1	$3p_x$		$\pm\frac{1}{2}$	↑↓	
					$3p_y$		$\pm\frac{1}{2}$	↑↓	
		2	3d	0	$3d_{z^2}$		$\pm\frac{1}{2}$	↑↓	
				±1	$3d_{xz}$		$\pm\frac{1}{2}$	↑↓	
					$3d_{yz}$		$\pm\frac{1}{2}$	↑↓	
				±2	$3d_{xy}$		$\pm\frac{1}{2}$	↑↓	
					$3d_{x^2-y^2}$		$\pm\frac{1}{2}$	↑↓	

9.3 波函数和电子云的空间图像

波函数(φ,原子轨道)和电子云($|\varphi|^2$,电子在空间的分布,或概率密度)是三维空间坐标(r, θ, ϕ)的函数,可以将它们用图形来表示,使抽象的数学表达式变得直观、形象,更有利于了解原子结构和性质、了解原子结合成分子的过程等。波函数和电子云可用多种函数的图形表示,便于从不同角度了解它们的性质,下面讨论两种图形。

波函数 $\varphi_{n,l,m}(r, \theta, \phi)$可表示为两个函数的乘积,即

$$\varphi_{n,l,m}(r, \theta, \phi) = R_{n,l}(r) \cdot Y_{l,m}(\theta, \phi) \tag{9-19}$$

式中,$R_{n,l}(r)$为波函数的径向部分,即径向分布函数,由 n、l 两个量子数决定,是描述波函数随离核远近(r)的变化情况;$Y_{l,m}(\theta, \phi)$为波函数的角度部分,即角度分布函数,由 l、m 两个量子数决定,是描述波函数随原子核外空间不同方向(θ, ϕ)的变化情况。现将单电子原子 Schrödinger 方程的解列于表 9-5 中。

表 9-5 单电子原子 Schrödinger 方程的解

量子数 n l m	波函数	$\varphi_{n,l,m}(r, \theta, \phi)$值	$R_{n,l}(r)$	$Y_{l,m}(\theta, \phi)$
1 0 0	φ_{100} 或 φ_{1s}	$\sqrt{\frac{1}{\pi a_0^3}} e^{-Zr/a_0}$	$2\sqrt{\frac{1}{a_0^3}} e^{-Zr/a_0}$	$\sqrt{\frac{1}{4\pi}}$
2 0 0	φ_{200} 或 φ_{2s}	$\frac{1}{4}\sqrt{\frac{1}{2\pi a_0^3}}\left(2-\frac{Zr}{a_0}\right) e^{-Zr/a_0}$	$\sqrt{\frac{1}{8a_0^3}}\left(2-\frac{Zr}{a_0}\right) e^{-Zr/a_0}$	$\sqrt{\frac{1}{4\pi}}$
2 1 0	φ_{210} 或 φ_{2p_z}	$\frac{1}{4}\sqrt{\frac{1}{2\pi a_0^3}}\left(\frac{Zr}{a_0}\right) e^{-Zr/2a_0} \cdot \cos\theta$	$\sqrt{\frac{1}{24a_0^3}}\left(\frac{Zr}{a_0}\right) e^{-Zr/2a_0}$	$\sqrt{\frac{3}{4\pi}}\cos\theta$
2 1 1	φ_{211} 或 φ_{2p_x}	$\frac{1}{4}\sqrt{\frac{1}{2\pi a_0^3}}\left(\frac{Zr}{a_0}\right) e^{-Zr/2a_0} \cdot \sin\theta\cos\phi$		$\sqrt{\frac{3}{4\pi}}\sin\theta\cos\phi$
2 1 −1	φ_{21-1} 或 φ_{2p_y}	$\frac{1}{4}\sqrt{\frac{1}{2\pi a_0^3}}\left(\frac{Zr}{a_0}\right) e^{-Zr/2a_0} \cdot \sin\theta\sin\phi$		$\sqrt{\frac{3}{4\pi}}\sin\theta\sin\phi$

表中 a_0 为 Bohr 半径。

9.3.1 波函数角度分布图

以 $Y(\theta, \phi)$函数值随角度 θ、ϕ 的变化作图,即得电子运动状态随角度分布的情况。选原子核为原点,在不同的角度(θ, ϕ)方向引出直线,使其等于 $Y(\theta, \phi)$值,这些直线的端点在空间构成一个立体曲面,即为波函数的角度分布图。如 s 轨道的角度分布函数 Y_{00} 或 Y_s 是与角度无关的常数($\sqrt{1/4\pi}$),那么,先在 xz 平面(即 $\phi=0°$)作图,不论 θ 取何值(0°～180°),均等于$\sqrt{1/4\pi}$。由坐标原点引出线段长表示 Y_s 值,则可得到一半圆周(图 9-9(a)),又因 ϕ 取任何值 Y_s 值均不变,因此将上图绕 z 轴旋转一周得到一个半径为 Y_s 的球面,图 9-9(b)即为 s 轨道的角度分布图;又如 $2p_z$ 轨道的角度分布函数 Y_{10} 或 Y_{2p_z} 值为$\sqrt{3/4\pi}\cos\theta$,则可得到不同 θ 角所对应的 Y_{2p_z} 值,将其列于下表:

θ	0°	30°	45°	60°	90°	120°	135°	150°	180°
$\cos\theta$	1	$\frac{\sqrt{3}}{2}$	$\frac{\sqrt{2}}{2}$	$\frac{1}{2}$	0	$-\frac{1}{2}$	$-\frac{\sqrt{2}}{2}$	$-\frac{\sqrt{3}}{2}$	-1
Y_{2p_z}	0.489	0.423	0.346	0.244	0	−0.244	−0.346	−0.423	−0.489

先在 xz 平面上作图，由坐标原点开始，在不同 θ 角方向上引线段，使其等于 Y_{2p_z} 值，其图形为两个外接等径半圆周(图 9-10(a))，由于 Y_{2p_z} 与 ϕ 角无关，将此图形绕 z 轴旋转一周，就得到 Y_{2p_z} 的角度分布图(图 9-10(b))。Y_{2p_z} 的数值有正、负之分，在相应的曲线或曲面内分别以"＋"或"－"表示，用类似的方法可以画出 Y_{2p_x} 和 Y_{2p_y} 的角度分布图，它们与 Y_{2p_z} 的区别在于极大值分别沿 x 轴和 y 轴伸展。同理，由五个 d 轨道的角度分布函数可作出 d 轨道的角度分布图。现将 s、p、d 轨道角度分布图(剖面图)绘于图 9-11。

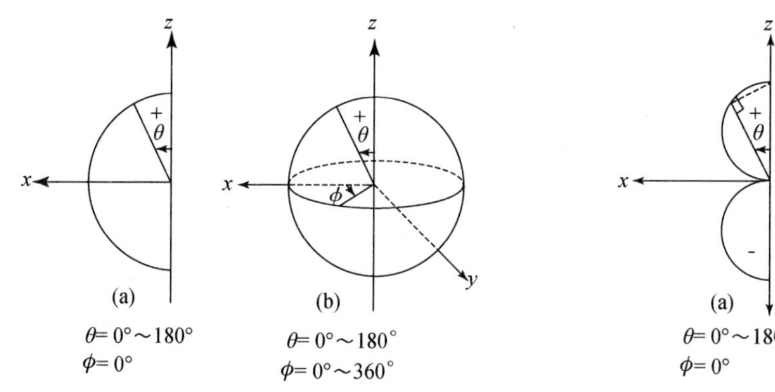

图 9-9　s 轨道角度分布图

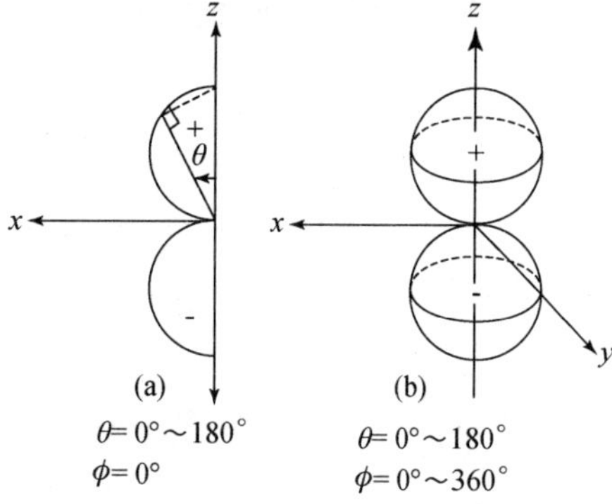

图 9-10　$2p_z$ 轨道角度分布图

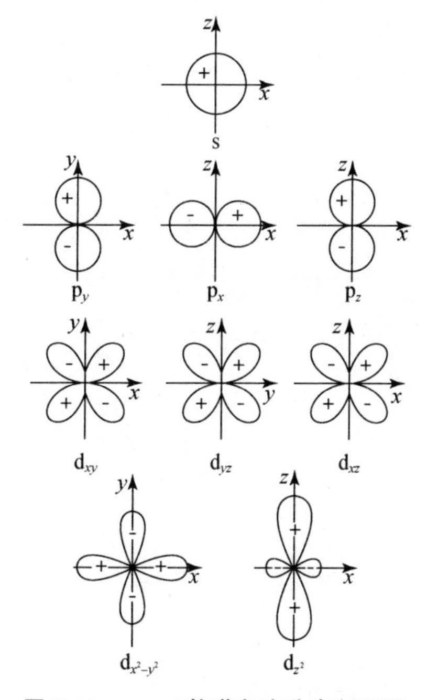

图 9-11　s、p、d 轨道角度分布剖面图

波函数角度分布函数主要由 l、m 量子数决定，而与主量子数 n 无关，故无论 n 为何值，s 轨道的角度分布图都是球面形的，p 轨道都是双球面形的，d 轨道中有四个是四瓣梅花形曲面，其中 d_{xy}、d_{yz}、d_{xz} 曲面分别位于对应的两轴之间，$d_{x^2-y^2}$ 曲面落在 x、y 轴上，d_{z^2} 轨道两个叶瓣在 z 轴上，另有一个小环在 xy 平面上，图中标出的"＋"、"－"代表角度分布函数 Y 在不同区域内数值的正、负号。因此，波函数角度分布图突出表示原子轨道的极大值方向以及正、负号，此种图形对了解化学键的形成有重要作用。

由前面讨论可知，原子中的电子在核外空间总是按一定概率分布的。从衍射实验亦可看到，波的强度与电子在空间某点(r, θ, ϕ)单位体积内出现的概率成正比，类比光的强度可用波函数绝对值的平方$|\varphi(r,\theta,\phi)|^2$ 代表电子在空间某点的波强度或概率密度，人们形象地将概率密度图称电子云。概率密度图与轨道角度分布图的形状类似，但前者没有正、负之分。

9.3.2 电子云径向分布图

若将(9-19)式平方，得到

$$|\varphi|^2_{n,l,m}(r, \theta, \phi) = R^2_{n,l}(r) \cdot Y^2_{l,m}(\theta, \phi)$$

$R^2_{n,l}(r)$和 $Y^2_{l,m}(\theta, \phi)$分别称电子云的径向部分和角度部分。

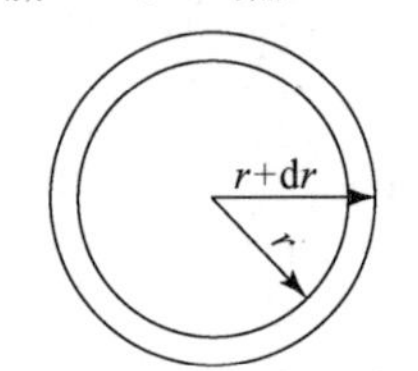

图 9-12 薄球壳示意图

$|\varphi|^2$ 是电子在空间某处的概率密度，显然在离核距离为 r、厚度为 dr 的薄球壳内(图 9-12)发现电子的概率 $d\rho$ 应为$|\varphi|^2$ 和薄球壳体积 $d\tau$ 的乘积：

$$d\rho = |\varphi|^2 d\tau$$

将薄球壳体积 $d\tau = 4\pi r^2 dr$ 代入上式，得到

$$d\rho = 4\pi r^2 |\varphi|^2 dr \quad (9\text{-}20)$$

因只考虑径向部分，所以可用 $4\pi r^2 R^2 dr$ 表示电子在薄球壳体积内概率的径向部分，并令 $D(r) = 4\pi r^2 R^2$ 为径向分布函数，它表示单位厚度薄球壳内电子的概率分布。以 $D(r)$对 r 作图，即得电子云径向分布图，图 9-13 和图 9-14 为氢原子各种运动状态的径向分布图。

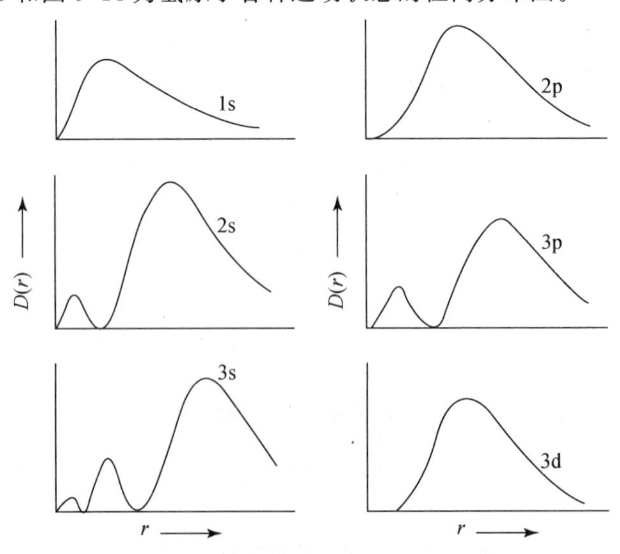

图 9-13 氢原子电子云 s、p、d 的径向分布图

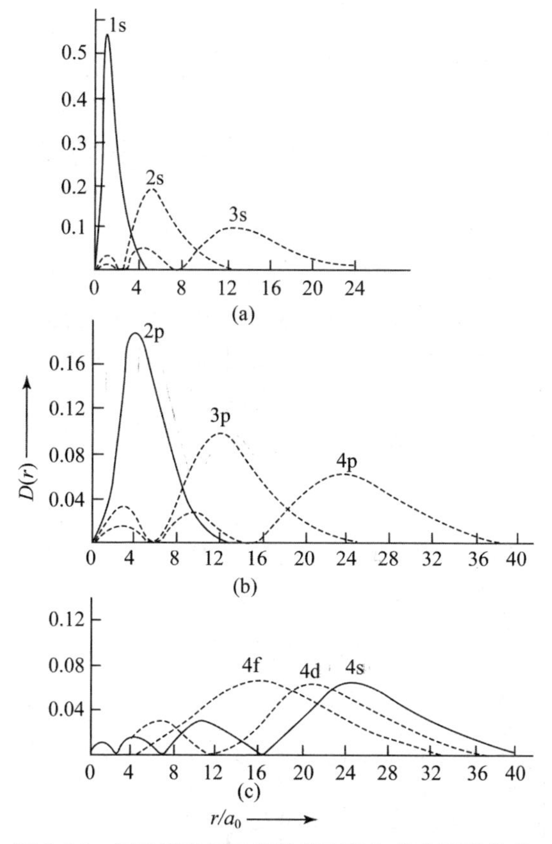

图 9-14 氢原子电子云各种状态径向分布图的比较

电子云径向分布图有如下特点：

(1) 在 $r=0$ 处，$D(r)=0$，表明在原子核处发现电子的概率为零。这可由 $D(r)=4\pi r^2R^2$ 定义式得到解释。

(2) 图中出现极大值。例如氢原子 1s 电子的径向分布图中，在相当于 Bohr 半径处，即 $r=a_0$ 处，曲线有一峰值，即为 $D(r)$ 的极大值，这表明在 $r=a_0$、厚度为 $\mathrm{d}r$ 的薄球壳内电子出现的概率最大。在靠近核时 r 很小，R^2 最大，但球壳体积 $4\pi r^2\mathrm{d}r$ 却很小；随着 r 增大，虽然 $4\pi r^2\mathrm{d}r$ 增大，但 R^2 却减小，这两个相反趋势的变化必然会出现极大值。

(3) 径向分布图中除有极大值外，有的还有极小值（指 $D(r)=0$ 的点，但不包括原点）。极大值和极小值的数目及其分布有以下规律：

① 主量子数为 n、角量子数 l 状态的径向分布图中有 $(n-l)$ 个极大值、有 $(n-l-1)$ 个极小值。如 3s 态的径向分布图中极大值数为 $3-0=3$，极小值数为 $3-0-1=2$；3p 态中极大值数为 $3-1=2$，极小值数为 $3-1-1=1$。可见当 n 相同时，l 越大，峰数越少。

② 角量子数相同、主量子数不同的状态，径向分布图的主峰（指最高峰）随主量子数增大而远离原子核。如 1s 态主峰为 $r=a_0$，2s 态主峰为 $r=5a_0$，3s 态主峰为 $r=14a_0$。

③ 存在渗透现象。如 4p 的主峰虽然在 2p 和 3p 主峰的外面，但 4p 还有两个小峰伸入到 2p 和 3p 各峰之内，甚至渗透到原子核附近的空间，这意味着 4p 态电子除主要出现在离核较远的外层外，还可以渗透到离核较近的内层。这种渗透现象是电子具有波性的反映，从而也可以看出，代表电子

运动状态的原子轨道与具有确定轨迹的经典原子轨道具有本质的区别。一般地讲，主量子数相同、角量子数越小的原子轨道，渗透现象越显著，这就是引起能级分裂和能级交错的主要原因。

9.4 多电子原子结构与元素周期律

以上讨论的氢原子、类氢离子核外只有一个电子，该电子只受原子核的吸引作用，由波动方程可解得核外电子的概率分布和轨道能量。在多电子原子中，电子间存在着复杂的瞬时相互作用，即对某一电子而言，除受原子核的吸引外还受到其他电子的排斥作用，所以多电子原子的 Schrödinger 方程精确求解比较困难，一般采用近似求解得到波函数和能级公式。

9.4.1 多电子原子轨道的能级次序

对氢原子而言，原子轨道能量只与主量子数 n 有关(图 9-15)，而在多电子原子中，轨道能量与主量子数 n 和角量子数 l 有关。美国著名化学家鲍林(Pauling)根据光谱实验数据及理论计算得到各能级能量，按能级能量由低到高顺序排列，绘制成近似能级图，也称核外电子填充顺序图(图 9-16)。图中共有七组，每组中的轨道能量相近，称为一个能级组。

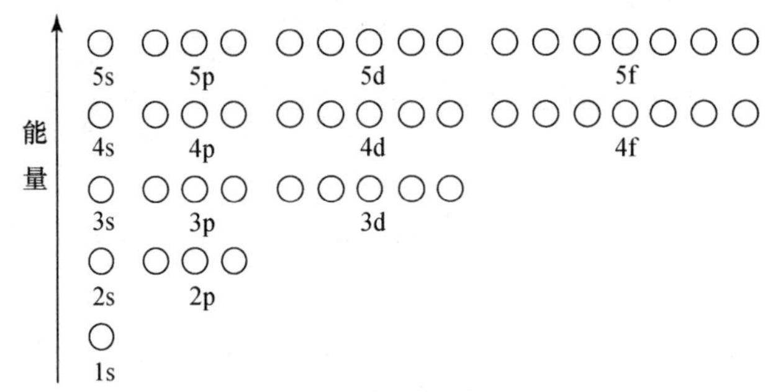

图 9-15 氢原子轨道能级图

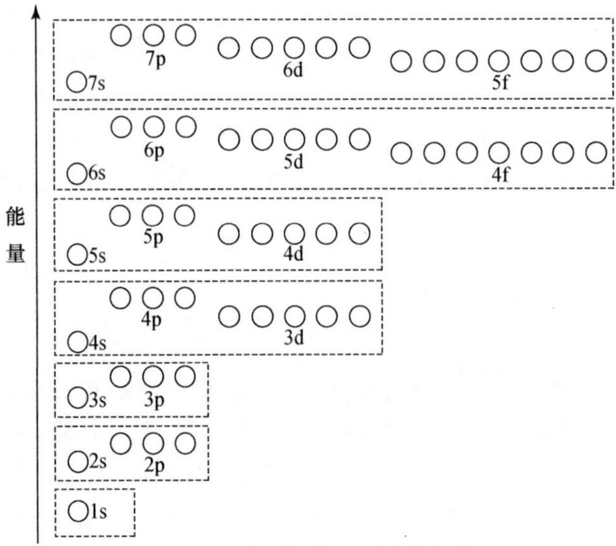

图 9-16 多电子原子近似能级图

由图 9-16 可知：① 当主量子数 n 相同时，能级的能量随角量子数 l 的增加而升高，例如，$E_{3s}<E_{3p}<E_{3d}\cdots$，此现象称能级分裂；② 当角量子数相同时，能级能量随主量子数的增加而升高，例如 $E_{1s}<E_{2s}<E_{3s}<E_{4s}\cdots$，$E_{2p}<E_{3p}<E_{4p}\cdots$；③ 当主量子数 n 和角量子数 l 均不同时，出现了 $E_{4s}<E_{3d}$，$E_{5s}<E_{4d}$，$E_{6s}<E_{4f}<E_{5d}$等能级交错现象。多电子原子中出现的能级分裂和能级交错现象通常可用屏蔽效应和钻穿效应解释。

9.4.2 屏蔽效应和钻穿效应

1. 屏蔽效应

在多电子原子中，核外电子不仅受到原子核的吸引，而且还受到其他电子的相互排斥。如在氦原子中，两个电子处于 1s 态：对于任何一个电子而言，它都处于原子核的吸引和另一个电子的排斥作用之中；另一个电子的排斥力削弱了原子核对该电子的吸引作用，如同电子处于有效核电荷 Z^* 的作用下。有效核电荷 Z^* 和核电荷 Z 有如下关系：

$$Z^* = Z-\sigma$$

式中，σ 称**屏蔽常数**(screening constant)，表示因电子间相互排斥而被抵消掉的那部分核电荷。这种对核电荷的抵消作用称**屏蔽效应**(screening effect)。由于屏蔽效应的存在，多电子原子中第 i 个电子能量公式应修正为

$$E_i=-B\frac{(Z^*)^2}{n^2}=-B\frac{(Z-\sigma)^2}{n^2} \tag{9-21}$$

(9-21)式又称多电子原子的近似能级公式。式中，$B=2.179\times10^{-18}$ J 或 13.6 eV；屏蔽常数 σ 受到多种因素的影响，其中包括角量子数的影响，这表明多电子原子的能级除取决于主量子数 n 外，还与角量子数 l 等因素有关。σ 可通过斯莱特(Slater)规则近似计算。

Slater 规则是根据光谱实验数据总结出来的近似规则，其要点如下：

(1) 将电子按所处电子层、亚层分成若干组，其顺序是(1s)，(2s, 2p)，(3s, 3p)，(3d)，(4s, 4p)，(4d)，(4f)，(5s, 5p)，…；

(2) 外层各组电子对内层各组电子的 $\sigma=0$，例如(2s, 2p)对(1s)的 $\sigma=0$；

(3) 同一组电子间的 $\sigma=0.35$(只有 1s 组电子间的 $\sigma=0.30$)，例如(3s, 3p)组中，3s 和 3p 电子间的 $\sigma=0.35$；

(4) $(n-1)$层对(ns, np)层电子的 $\sigma=0.85$，对(nd)、(nf)层电子的 $\sigma=1.00$，例如(2s, 2p)电子对(3s, 3p)电子的 $\sigma=0.85$，对 3d 电子的 $\sigma=1.00$；

(5) 小于$(n-1)$层各组电子对外层任一组电子的 $\sigma=1.00$，例如(1s)对(3s, 3p)或(3d)、(4f)各组电子的 $\sigma=1.00$；

(6) 被屏蔽的电子如在(nd)、(nf)组中，在其左边各组对它的 $\sigma=1.00$。

【例 9-2】 计算硅原子 3p 电子的 σ 值和 E 值。

解 硅原子的电子排布为

$$1s^2 2s^2 2p^6 3s^2 3p^2$$

根据 Slater 近似规则，3p 轨道上一个电子的屏蔽常数 σ 为

$$\sigma = 2\times1.00+(2+6)\times0.85+3\times0.35=9.85$$

根据(9-21)式

$$E=-2.179\times10^{-18}\ \frac{(14-9.85)^2}{3^2}=-4.17\times10^{-18}(\mathrm{J})$$

2. 钻穿效应

所谓**钻穿效应**(penetrating effect),是指 n 相同、l 不同的各态电子钻到核附近,以回避其他电子的屏蔽而使轨道能量降低的一种现象。n 相同、l 值越小的电子,钻到核附近的概率越大,这些电子可避免其他电子的屏蔽而受到核强烈的吸引,故能量降低。图 9-17 是主量子数为 3、角量子数分别为 0、1、2 的 3s、3p、3d 的径向分布图。l 值最小的 3s 电子,径向分布图中峰的数目最多,小峰靠核最近,因此 3s 电子可有效地避开内层电子对它的屏蔽,所以能量最低,而 3p、3d 电子钻到内层的程度相对较小,内层电子对它们的屏蔽依次增大,有效核电荷依次减小,故能量依次增高,导致了能级分裂,$E_{3s}<E_{3p}<E_{3d}$。

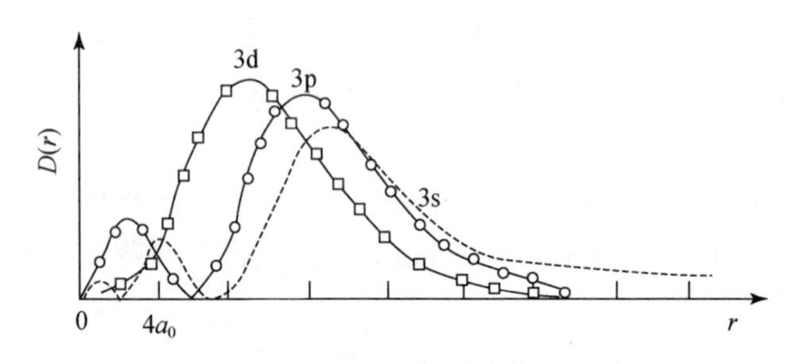

图 9-17 3s、3p、3d 的径向分布图

钻穿效应的存在不仅引起能级的分裂,而且导致能级的交错。例如 3d 和 4s 轨道,若只考虑主量子数的影响,应该是 $E_{3d}<E_{4s}$,如图 9-18 中所见。虽然 4s 的主峰比 3d 的主峰离核更远,但 4s 的角量子数比 3d 小,有三个小峰,且靠近原子核,表明 4s 电子比 3d 电子具有更强的钻穿能力,其结果降低了 4s 轨道的能量,而且这种能量降低超过了主量子数增大引起的能量升高,最终导致了 $E_{4s}<E_{3d}$,轨道能级发生交错。除 3d、4s 发生能级交错外,4d 和 5s、4f 和 6s、5f 和 7s 等也发生能级交错,即 $E_{5s}<E_{4d}$, $E_{6s}<E_{4f}$, $E_{7s}<E_{5f}$。

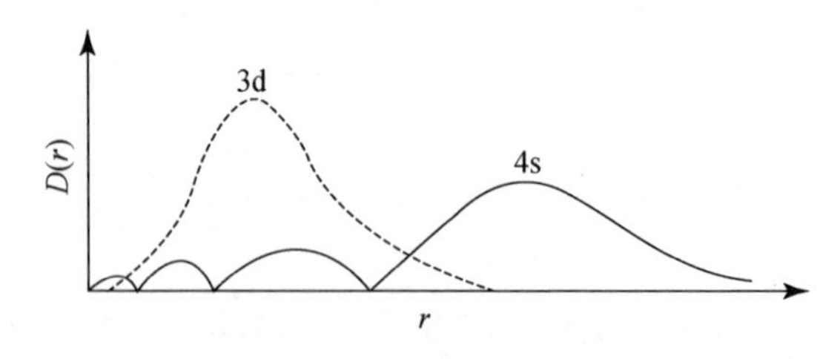

图 9-18 3d、4s 轨道径向分布图

钻穿效应是把电子看成主体,由它自身的分布特征所决定,而屏蔽效应则是把电子看成客体,看其受其他电子屏蔽的影响。在多电子原子中,随着原子序数即核电荷数的增加,核外电子数也不断增加,内层电子的屏蔽效应及外层电子的钻穿效应也越显著,发生能级分裂的程度越来越大,以致在原子序数大于 15 以后各元素的原子轨道相继发生能级交错,例如 19、20 号元素的 $E_{4s}<E_{3d}$, 37、38 号元素的 $E_{5s}<E_{4d}$, 55、56 号元素的 $E_{6s}<E_{4f}<E_{5d}$等。但是这种能级交错现象

随原子序数增加并非持续不变，例如 21 号元素 Sc，光谱实验结果是 $E_{4s}>E_{3d}$，这主要是 4s 电子径向分布的主峰比 3d 离核远得多，当 4s 轨道填满两个电子的同时，核电荷也增加了两个单位，作用于 3d 轨道的有效核电荷增加了，3d 对 4s 又具有一定的屏蔽作用，此时 4s 轨道的钻穿效应已不起主要作用，从而使 4s 轨道能量高于 3d，同样在 39 号及 57 号元素以后能级交错现象也消失了。由此可见，多电子原子的能级次序受到诸多因素的制约，其中包括核电荷数、主量子数、角量子数、屏蔽效应、钻穿效应和电子自旋等，所以判断轨道能量高低应综合上述各因素的影响，由总结果而定，Pauling 近似能级图正是在此基础上总结出来的。

9.4.3 核外电子排布的原则和元素周期律

在大量实验事实的基础上，人们总结出基态原子核外电子排布的三个基本原则。

(1) Pauli 不相容原理：每个原子轨道上最多只能容纳两个自旋相反的电子。

(2) 能量最低原理：在不违背 Pauli 不相容原理的前提下，核外电子的排布总是尽可能使体系的能量处于最低状态。

(3) 洪特(Hund)规则：Hund 根据原子光谱数据总结出，电子分布在角量子数 l 相同的简并轨道上时，总是尽可能分占不同的轨道，并且自旋平行。经量子力学计算证明，按照 Hund 规则排布电子，可使整个原子体系能量处于最低状态，符合能量最低原理。根据 Hund 规则推断，当简并原子轨道处于全充满、半充满和全空时为稳定状态。

根据上述电子排布的基本原则，可以将周期表中每个元素基态原子的核外电子按图 9-16 核外电子填充顺序排布出来，所得电子排布方式称该元素基态原子的电子层结构（电子构型）。例如，碳(C)的电子构型为 $1s^22s^22p^2$，见图 9-19。图中每个圆圈表示一个原子轨道，↑↓、↑ 分别表示一对自旋相反的电子和一个单电子，当电子填入多个等价轨道时，按 Hund 规则尽可能分占轨道且自旋平行。表 9-6 列出了周期表中前 110 号元素基态原子的电子构型。

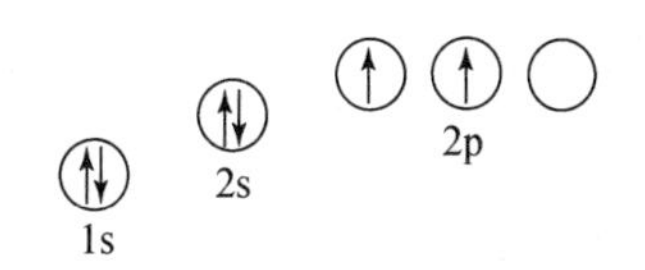

图 9-19　碳原子的核外电子排布

表 9-6　原子基态电子构型

周期	原子序数	元素名称	元素符号	电子结构																	
				K	L		M			N				O				P			Q
				1s	2s	2p	3s	3p	3d	4s	4p	4d	4f	5s	5p	5d	5f	6s	6p	6d	7s
1	1	氢	H	1																	
	2	氦	He	2																	
2	3	锂	Li	2	1																
	4	铍	Be	2	2																
	5	硼	B	2	2	1															
	6	碳	C	2	2	2															
	7	氮	N	2	2	3															
	8	氧	O	2	2	4															
	9	氟	F	2	2	5															
	10	氖	Ne	2	2	6															

续表

周期	原子序数	元素名称	元素符号	电子结构																	
				K	L		M			N				O				P			Q
				1s	2s	2p	3s	3p	3d	4s	4p	4d	4f	5s	5p	5d	5f	6s	6p	6d	7s
3	11	钠	Na	2	2	6	1														
	12	镁	Mg	2	2	6	2														
	13	铝	Al	2	2	6	2	1													
	14	硅	Si	2	2	6	2	2													
	15	磷	P	2	2	6	2	3													
	16	硫	S	2	2	6	2	4													
	17	氯	Cl	2	2	6	2	5													
	18	氩	Ar	2	2	6	2	6													
4	19	钾	K	2	2	6	2	6		1											
	20	钙	Ca	2	2	6	2	6		2											
	21	钪	Sc	2	2	6	2	6	1	2											
	22	钛	Ti	2	2	6	2	6	2	2											
	23	钒	V	2	2	6	2	6	3	2											
	24	铬	Cr	2	2	6	2	6	5	1											
	25	锰	Mn	2	2	6	2	6	5	2											
	26	铁	Fe	2	2	6	2	6	6	2											
	27	钴	Co	2	2	6	2	6	7	2											
	28	镍	Ni	2	2	6	2	6	8	2											
	29	铜	Cu	2	2	6	2	6	10	1											
	30	锌	Zn	2	2	6	2	6	10	2											
	31	镓	Ga	2	2	6	2	6	10	2	1										
	32	锗	Ge	2	2	6	2	6	10	2	2										
	33	砷	As	2	2	6	2	6	10	2	3										
	34	硒	Se	2	2	6	2	6	10	2	4										
	35	溴	Br	2	2	6	2	6	10	2	5										
	36	氪	Kr	2	2	6	2	6	10	2	6										
5	37	铷	Rb	2	2	6	2	6	10	2	6			1							
	38	锶	Sr	2	2	6	2	6	10	2	6			2							
	39	钇	Y	2	2	6	2	6	10	2	6	1		2							
	40	锆	Zr	2	2	6	2	6	10	2	6	2		2							
	41	铌	Nb	2	2	6	2	6	10	2	6	4		1							
	42	钼	Mo	2	2	6	2	6	10	2	6	5		1							
	43	锝	Tc	2	2	6	2	6	10	2	6	5		2							
	44	钌	Ru	2	2	6	2	6	10	2	6	7		1							
	45	铑	Rh	2	2	6	2	6	10	2	6	8		1							
	46	钯	Pd	2	2	6	2	6	10	2	6	10									
	47	银	Ag	2	2	6	2	6	10	2	6	10		1							
	48	镉	Cd	2	2	6	2	6	10	2	6	10		2							
	49	铟	In	2	2	6	2	6	10	2	6	10		2	1						

续表

周期	原子序数	元素名称	元素符号	电子结构																	
				K	L		M			N				O				P			Q
				1s	2s	2p	3s	3p	3d	4s	4p	4d	4f	5s	5p	5d	5f	6s	6p	6d	7s
	50	锡	Sn	2	2	6	2	6	10	2	6	10		2	2						
	51	锑	Sb	2	2	6	2	6	10	2	6	10		2	3						
5	52	碲	Te	2	2	6	2	6	10	2	6	10		2	4						
	53	碘	I	2	2	6	2	6	10	2	6	10		2	5						
	54	氙	Xe	2	2	6	2	6	10	2	6	10		2	6						
	55	铯	Cs	2	2	6	2	6	10	2	6	10		2	6			1			
	56	钡	Ba	2	2	6	2	6	10	2	6	10		2	6			2			
	57	镧	La	2	2	6	2	6	10	2	6	10		2	6	1		2			
	58	铈	Ce	2	2	6	2	6	10	2	6	10	1	2	6	1		2			
	59	镨	Pr	2	2	6	2	6	10	2	6	10	3	2	6			2			
	60	钕	Nd	2	2	6	2	6	10	2	6	10	4	2	6			2			
	61	钷	Pm	2	2	6	2	6	10	2	6	10	5	2	6			2			
	62	钐	Sm	2	2	6	2	6	10	2	6	10	6	2	6			2			
	63	铕	Eu	2	2	6	2	6	10	2	6	10	7	2	6			2			
	64	钆	Gd	2	2	6	2	6	10	2	6	10	7	2	6	1		2			
	65	铽	Tb	2	2	6	2	6	10	2	6	10	9	2	6			2			
	66	镝	Dy	2	2	6	2	6	10	2	6	10	10	2	6			2			
	67	钬	Ho	2	2	6	2	6	10	2	6	10	11	2	6			2			
	68	铒	Er	2	2	6	2	6	10	2	6	10	12	2	6			2			
	69	铥	Tm	2	2	6	2	6	10	2	6	10	13	2	6			2			
6	70	镱	Yb	2	2	6	2	6	10	2	6	10	14	2	6			2			
	71	镥	Lu	2	2	6	2	6	10	2	6	10	14	2	6	1		2			
	72	铪	Hf	2	2	6	2	6	10	2	6	10	14	2	6	2		2			
	73	钽	Ta	2	2	6	2	6	10	2	6	10	14	2	6	3		2			
	74	钨	W	2	2	6	2	6	10	2	6	10	14	2	6	4		2			
	75	铼	Re	2	2	6	2	6	10	2	6	10	14	2	6	5		2			
	76	锇	Os	2	2	6	2	6	10	2	6	10	14	2	6	6		2			
	77	铱	Ir	2	2	6	2	6	10	2	6	10	14	2	6	7		2			
	78	铂	Pt	2	2	6	2	6	10	2	6	10	14	2	6	9		1			
	79	金	Au	2	2	6	2	6	10	2	6	10	14	2	6	10		1			
	80	汞	Hg	2	2	6	2	6	10	2	6	10	14	2	6	10		2			
	81	铊	Tl	2	2	6	2	6	10	2	6	10	14	2	6	10		2	1		
	82	铅	Pb	2	2	6	2	6	10	2	6	10	14	2	6	10		2	2		
	83	铋	Bi	2	2	6	2	6	10	2	6	10	14	2	6	10		2	3		
	84	钋	Po	2	2	6	2	6	10	2	6	10	14	2	6	10		2	4		
	85	砹	At	2	2	6	2	6	10	2	6	10	14	2	6	10		2	5		
	86	氡	Rn	2	2	6	2	6	10	2	6	10	14	2	6	10		2	6		

续表

周期	原子序数	元素名称	元素符号	电子结构																	
				K	L		M			N				O				P			Q
				1s	2s	2p	3s	3p	3d	4s	4p	4d	4f	5s	5p	5d	5f	6s	6p	6d	7s
7	87	钫	Fr	2	2	6	2	6	10	2	6	10	14	2	6	10		2	6		1
	88	镭	Ra	2	2	6	2	6	10	2	6	10	14	2	6	10		2	6		2
	89	锕	Ac	2	2	6	2	6	10	2	6	10	14	2	6	10		2	6	1	2
	90	钍	Th	2	2	6	2	6	10	2	6	10	14	2	6	10		2	6	2	2
	91	镤	Pa	2	2	6	2	6	10	2	6	10	14	2	6	10	2	2	6	1	2
	92	铀	U	2	2	6	2	6	10	2	6	10	14	2	6	10	3	2	6	1	2
	93	镎	Np	2	2	6	2	6	10	2	6	10	14	2	6	10	4	2	6	1	2
	94	钚	Pu	2	2	6	2	6	10	2	6	10	14	2	6	10	6	2	6		2
	95	镅	Am	2	2	6	2	6	10	2	6	10	14	2	6	10	7	2	6		2
	96	锔	Cm	2	2	6	2	6	10	2	6	10	14	2	6	10	7	2	6	1	2
	97	锫	Bk	2	2	6	2	6	10	2	6	10	14	2	6	10	9	2	6		2
	98	锎	Cf	2	2	6	2	6	10	2	6	10	14	2	6	10	10	2	6		2
	99	锿	Es	2	2	6	2	6	10	2	6	10	14	2	6	10	11	2	6		2
	100	镄	Fm	2	2	6	2	6	10	2	6	10	14	2	6	10	12	2	6		2
	101	钔	Md	2	2	6	2	6	10	2	6	10	14	2	6	10	13	2	6		2
	102	锘	No	2	2	6	2	6	10	2	6	10	14	2	6	10	14	2	6		2
	103	铹	Lr	2	2	6	2	6	10	2	6	10	14	2	6	10	14	2	6	1	2
	104	鑪	Rf	2	2	6	2	6	10	2	6	10	14	2	6	10	14	2	6	2	2
	105	𨧀	Db	2	2	6	2	6	10	2	6	10	14	2	6	10	14	2	6	3	2
	106	𨭎	Sg	2	2	6	2	6	10	2	6	10	14	2	6	10	14	2	6	4	2
	107	𨨏	Bh	2	2	6	2	6	10	2	6	10	14	2	6	10	14	2	6	5	2
	108	𨭆	Hs	2	2	6	2	6	10	2	6	10	14	2	6	10	14	2	6	6	2
	109	鿏	Mt	2	2	6	2	6	10	2	6	10	14	2	6	10	14	2	6	7	2
	110	鐽	Ds	2	2	6	2	6	10	2	6	10	14	2	6	10	14	2	6	9	1

由表 9-6 知，绝大多数元素的核外电子排布符合电子排布原则和 Pauling 电子填充顺序，但有些元素如 Nb、Pd、Pt 等出现例外，这些问题在理论上尚无满意的解释。

一般在写电子构型时，先按电子从低能级到高能级的次序填写，但为了清楚地看出每层电子填充情况，可将已填满的属于同主量子数的能级归在一起，这样便于看出价层电子结构。例如 Pb(82)：$1s^2 2s^2 2p^6 3s^2 3p^6 4s^2 3d^{10} 4p^6 5s^2 4d^{10} 5p^6 6s^2 4f^{14} 5d^{10} 6p^2$，如将同一主量子数的各能级归在一起，则得到：

Pb(82)：$\underline{1s^2}$，$\underline{2s^2 2p^6}$，$\underline{3s^2 3p^6 3d^{10}}$，$\underline{4s^2 4p^6 4d^{10} 4f^{14}}$，$\underline{5s^2 5p^6 5d^{10}}$，$\underline{6s^2 6p^2}$

有时为书写方便，常将内层用相应的稀有气体的电子构型代替，这样 Pb(82) 可表示为：[Xe]$4f^{14} 5d^{10} 6s^2 6p^2$。[Xe]部分称原子实，其余部分称 Pb 的外层电子构型，$6s^2 6p^2$ 称价电子构型。

由表 9-6 可看到，原子的外层电子构型随原子序数的增加呈现周期性变化，原子外层电子构型的周期性变化又引起元素性质的周期性变化。元素性质周期性变化的规律称元素周期律，反映元素周期律的元素排布称元素周期表。

在近似能级图中，每个能级组对应于周期表中一个周期（表 9-7），由于每个能级组包含能级的数目不同，因此可以填充的电子数目也不同，所以在元素周期表中（见书后附表）有特短周期（第一周期）、短周期（第二、第三周期）、长周期（第四、第五周期）、特长周期（第六、第七周期，其中第七周期有两种元素待命名），每个周期所含元素的数目相当于对应能级组中所能容纳的电子数。

表 9-7　各周期的元素数目

周　期	元素数目	能级组	能级组所含能级	最大电子容量
1	2	1	1s	2
2	8	2	2s　2p	8
3	8	3	3s　3p	8
4	18	4	4s　3d　4p	18
5	18	5	5s　4d　5p	18
6	32	6	6s　4f　5d　6p	32
7	32	7	7s　5f　6d　7p	32

周期表中共有 7 个横行，每一行称为一个**周期**（period）。每一周期的元素，电子构型由 ns^1 开始，到 np^6 结束（第一周期由 $1s^1 \rightarrow 1s^2$），即由碱金属开始到稀有气体结束。第一周期只有两种元素填满 1s 轨道；第二、第三周期各有 8 种元素，电子分别填满 2s、2p 和 3s、3p 轨道；第四、第五周期出现 $(n-1)$d 轨道，可容纳 10 个电子，所以形成了可容纳 18 种元素的长周期；到第六、第七周期对应的能级组中出现了 f 能级，f 能级有 7 个轨道，可容纳 14 个电子，所以第六、第七周期各有 32 种元素，称特长周期。电子最后填充到 4f 能级上的元素称镧系元素；电子最后填入到 5f 能级上的元素称锕系元素。

周期表中每个周期都重复着相似的电子结构，随着原子序数的增加，电子构型呈现规律性变化，这是元素性质呈现周期性变化的内在依据。

周期表中的元素分为 8 个主族和 8 个副族，用ⅠA～ⅧA（ⅧA 即零族）和ⅠB～ⅦB、Ⅷ表示。按电子填充顺序，电子最后填入到最外层的 ns、np 轨道的称主族元素，电子最后填入到 $(n-1)$d 次外层或 $(n-2)$f 倒数第三层的称副族元素。Ⅷ族元素的外层电子构型是 $(n-1)d^{6\sim10}ns^{0\sim2}$，包括三个直列。

外层电子是决定元素化学性质的主要因素，通常称这些电子为价电子。主族元素的价电子是 ns 或 ns、np 能级中的电子；副族元素的价电子，除了外层的 ns 电子外，还包括可部分或全部参与化学反应的 $(n-1)$d 或 $(n-2)$f 电子。为了区别于主族的价电子构型，常称副族元素的价电子构型为外围电子构型。

主族元素最外层（ns，np）电子数等于所在族数，如果在化学反应中它们全部参与成键，则可呈现与族数相同的最高氧化态。副族元素（镧系、锕系、Ⅷ族有例外）$(n-1)$d、ns 的电子数也与所在族数相同，这些元素也能呈现出与族数相当的最高氧化态。

副族元素在参与化学反应时，先失去 $(n-1)$d 能级上的电子还是先失去 ns 能级上的电子？一般地说，处于高能级上的电子更活泼，是化学反应中的积极因素，应先发生反应；从另一角度看，处于最外能级中的电子也易于参与成键，这二者应该是一致的。实验事实说明，副族元素几乎都有稳定的+2 氧化态，这给 ns 电子首先参与成键提供了证据。另外，原子中的能级次序并不是一成不变的，能级次序随原子序数的变化而改变。如第四周期，从 Sc 开始，由于 3d 能级中填入电子，增加了对 4s 的屏蔽，使 4s 能级的能量高于 3d，因此在化学反应中，首先失去的是能量较高的 4s 电子，然后再逐步失去 3d 能级中的电子。第五、六周期副族元素失去电子的情况与此相似。

【例 9-3】 已知某元素的价电子构型为 $3d^6 4s^2$，写出其+2、+3 氧化态离子的电子构型，并用黑线标出这两种离子的价电子构型，此元素在第几周期、第几族？元素名称是什么？

解 M^{2+} 的电子构型：$1s^2 2s^2 2p^6 3s^2 3p^6 \underline{3d^6}$

M^{3+} 的电子构型：$1s^2 2s^2 2p^6 3s^2 3p^6 \underline{3d^5}$

此元素属第四周期、Ⅷ族，元素名称为铁，元素符号为 Fe。

根据各元素电子最后填入能级的不同，可将周期表中元素按价电子构型分为五个区，见表 9-8。s 区元素价电子构型为 $ns^{1\sim2}$，包括ⅠA、ⅡA 族元素；p 区元素价电子构型为 $ns^2np^{1\sim6}$（He 为 ns^2），包括ⅢA～ⅧA 族元素；d 区的价电子构型为 $(n-1)d^{1\sim10}ns^{0\sim2}$，包括ⅢB～ⅦB 和Ⅷ族元素；ds 区的价电子构型为 $(n-1)d^{10}ns^{1\sim2}$，包括ⅠB 和ⅡB 族元素；f 区元素的价电子构型为 $(n-2)f^{0\sim14}(n-1)d^{0\sim2}ns^2$，镧系和锕系元素属于这一区。

表 9-8 周期表中元素的分区

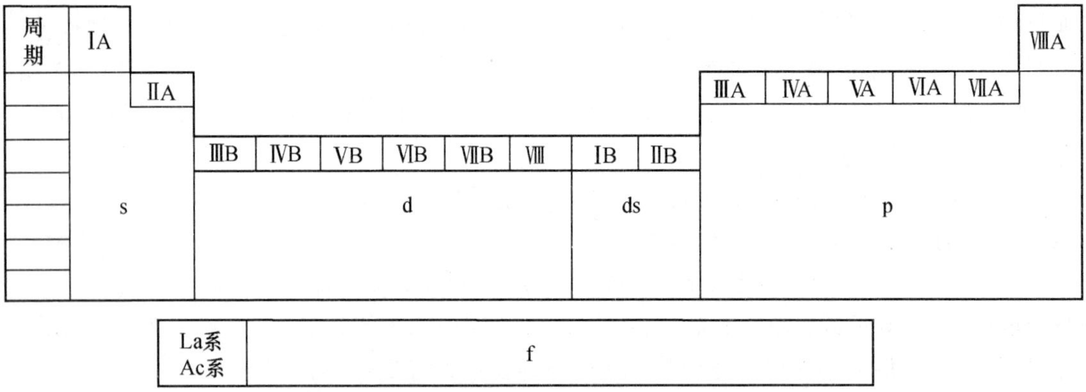

周期	ⅠA	ⅡA	ⅢB	ⅣB	ⅤB	ⅥB	ⅦB	Ⅷ	ⅠB	ⅡB	ⅢA	ⅣA	ⅤA	ⅥA	ⅦA	ⅧA
	s		d						ds		p					

La系 Ac系	f

【例 9-4】 写出 $Z=34$ 元素的电子构型，并用黑线标出价电子构型，指出该元素所处周期、族、区、最高氧化态、元素名称和符号。

解 电子构型：$1s^2 2s^2 2p^6 3s^2 3p^6 3d^{10} \underline{4s^2 4p^4}$

该元素是第四周期、ⅥA 族元素，属 p 区，最高氧化态为+6；元素名称为硒，元素符号为 Se。

【例 9-5】 已知某元素的电子构型为[Ar]$3d^{10}4s^2$，指出该元素所处周期、族、区、元素名称及符号、原子序数及+2 氧化态离子的电子构型。

解 元素属第四周期、ⅡB 族，ds 区；元素名称为锌，元素符号为 Zn；原子序数为 30，Zn^{2+} 的电子构型为

$$1s^2 2s^2 2p^6 3s^2 3p^6 3d^{10}$$

9.5 元素某些基本性质的周期性变化规律

化学元素周期表是1869年俄国科学家门捷列夫(Dmitri Mendeleev)首创的。他将当时已知的63种元素依原子量大小并以表的形式排列,把有相似化学性质的元素放在同一行,就是元素周期表的雏形。迄今周期表中已有118种元素,自然界存在94种,其中有12种为放射性元素,其余为稳定元素;另有24种人工制造的放射性元素,其中113号以后的元素待命名。周期表中的数据还在不断地完善中,北京大学张青莲教授于1991年开始,历时12年完成了In、Ir、Sb、Eu、Ce、Er、Ge、Dy、Zn和Sm原子量新值的测定工作,这10项原子量新值全部被国际原子量与同位素丰度委员会(CAWIA)确认为原子量的国际新标准,占到同期所有被采用的原子量新标准的一半以上。

周期表中原子的电子结构呈现周期性变化,因此元素的性质也呈现周期性变化。

9.5.1 原子半径

电子在原子中的运动呈概率分布,电子的运动无明确的边界,因此,所谓的原子半径是指形成共价键或金属键时原子间接触所显示的半径。如同种元素的两个原子以共价键结合时,它们核间距的一半称为**共价半径**(covalent radii)。例如Cl_2分子中,两个Cl原子间的核间距为198 pm,则Cl原子的共价半径为99 pm;金属晶格中,相邻金属原子核间距的一半称**金属半径**(metal radii)[①],金属半径一般比共价半径大10%~15%;如分子间以van der Waals引力结合,则相互接近的两个分子的原子核间距的一半称van der Waals半径。例如,稀有气体是以分子间作用力相互靠近,固态Xe原子间的距离是432 pm,因此Xe的van der Waals半径为216 pm。

同一主族自上而下原子半径依次增大。因为随着核电荷的增加,核外电子数增多,虽然由于内层电子对外层电子的屏蔽效应,使有效核电荷增加缓慢,但自上而下电子层数增加,故半径增大。副族元素从第四周期到第五周期原子半径增大,但由于镧系收缩的影响,使第五、第六周期同族元素的原子半径接近。

同一周期从左到右原子半径逐渐减小,但对不同周期,原子半径减小的幅度不同。只含主族元素的第二、第三短周期,自左到右原子半径减小的幅度较大,这时因为随着原子序数增加,电子填充在最外层,因同层电子屏蔽效应小,核外增加一个电子,相当于核内增加了0.65个有效核电荷,故引起原子半径有较大的收缩。如从Li到F,原子半径由152 pm缩小到64 pm,原子序数每增加1,原子半径平均缩小约14.7 pm(稀有气体例外,因为它们的van der Waals半径要比共价半径大得多)。

第四、第五长周期,自左至右原子半径也呈减小的趋势,但减小得比较缓慢,因为过渡元素随着核电荷增加,电子填充在$(n-1)$d轨道上,内层电子对外层电子的屏蔽较大,使有效核电荷增加得不如短周期显著,故半径缩小的幅度也小于短周期元素。如从Sc到Ni,原子半径从162 pm缩小到124 pm,核内每增加一个正电荷,半径平均缩小约5.4 pm。铜、锌族元素,d轨道已填满

① 金属半径与金属原子的堆积方式有关,比较金属半径的大小时,应换算成配位数相同即相同堆积方式的金属半径。

电子，全充满的 d 轨道呈球形对称，有较大的屏蔽作用，使有效核电荷增加缓慢，而电子的互斥作用也在起作用，故由 Ni 到 Zn 原子半径呈增加趋势。

镧系元素随原子序数增加，电子填充在$(n-2)$f 轨道上，$(n-2)$f 轨道对外层电子的屏蔽效应大于$(n-1)$d，因而使有效核电荷增加得更缓慢，故从 La 到 Lu 半径缩小的幅度更小，原子半径从 183 pm 减小到 173.8 pm，每增加一个核电荷，半径平均减小约 0.7 pm。

镧系元素半径收缩的效应称镧系收缩，镧系 15 种元素随着原子序数的增加，原子半径共收缩了 9.2 pm，这样就使得镧系之后的第三过渡系和第二过渡系同族元素的原子半径相近、性质相似。镧系收缩使第六周期过渡金属的活泼性降低，因此副族元素自上而下金属的活泼性呈降低趋势。

9.5.2 电离能

元素的气态原子失去一个电子，变成气态正离子所需的能量称该元素的第一**电离能**(ionization energy)，用符号 I 表示。+1 价气态离子再失去一个电子，形成+2 价气态离子所需的能量，称第二电离能，其余类推。因为失去电子要克服核对电子的吸引力，故电离能皆为正值。元素的第一电离能及 1～18 号元素的Ⅰ～Ⅵ电离能的数据分别见附录 E.2 及表 9-9。由数据可以看出，Na 的 I_{I} 为 5.139 eV，而 I_{II} 突升至 47.286 eV，表明 Na 易失去一个电子成+1 价阳离子；Mg 的Ⅰ、Ⅱ电离能分别为 7.646 eV 和 15.035 eV，而 I_{III} 突升至 80.144 eV，表明 Mg 易失去两个电子成+2 价阳离子；Al 的Ⅰ、Ⅱ、Ⅲ电离能相差较小，而 I_{IV} 突跃升高，表明 Al 易成+3 价阳离子。可见，电离能不仅能用来衡量元素的气态原子失去电子的能力，还能说明元素通常呈现的价态。

表 9-9 1～18 号元素的电离能(eV/原子)

元素	价电子构型	Ⅰ	Ⅱ	Ⅲ	Ⅳ	Ⅴ	Ⅵ
H	$1s^1$	13.598					
He	$1s^2$	24.587	54.418				
Li	$2s^1$	5.392	75.640	122.454			
Be	$2s^2$	9.323	18.211	153.897	217.719		
B	$2s^2 2p^1$	8.298	25.155	37.931	259.375	340.226	
C	$2s^2 2p^2$	11.260	24.383	47.888	64.494	392.087	489.993
N	$2s^2 2p^3$	14.534	29.601	47.449	77.474	97.890	552.072
O	$2s^2 2p^4$	13.618	35.117	54.936	77.414	113.899	138.120
F	$2s^2 2p^5$	17.423	34.971	62.708	87.140	114.243	157.165
Ne	$2s^2 2p^6$	21.565	40.963	63.45	97.12	126.21	157.93
Na	$3s^1$	5.139	47.286	71.62	98.91	138.4	172.18
Mg	$3s^2$	7.646	15.035	80.144	109.266	141.27	186.76
Al	$3s^2 3p^1$	5.986	18.829	28.448	119.992	153.825	190.49
Si	$3s^2 3p^2$	8.152	16.346	33.493	45.142	166.767	205.27
P	$3s^2 3p^3$	10.487	19.769	30.203	51.444	65.025	220.421
S	$3s^2 3p^4$	10.360	23.338	34.79	47.222	72.595	88.053
Cl	$3s^2 3p^5$	12.968	23.814	39.61	53.465	67.8	97.03
Ar	$3s^2 3p^6$	15.760	27.630	40.74	59.81	75.02	91.009

数据录自：CRC Handbook of Chemistry and Physics，90 ed. (2010)，10-206～10-211。

从图 9-20 可以清楚地看出，元素的第一电离能呈现周期性的变化规律，每一周期中原子半径最大的碱金属具有最小的电离能，而具有稳定电子构型的稀有气体具有最大的电离能。从碱金属到稀有气体，电离能呈增加趋势，短周期电离能变化规律强，但在周期内电离能的变化也有小的起伏。如在第二周期，Be、N 的第一电离能分别高于 B 和 O，这是因为 Be 的 2s 轨道全充满，N 的 2p 轨道半充满，均属稳定电子构型，因此电离能较高。又如在第三周期，因为同样的原因，使 Mg、P 的第一电离能分别高于 Al 和 S。

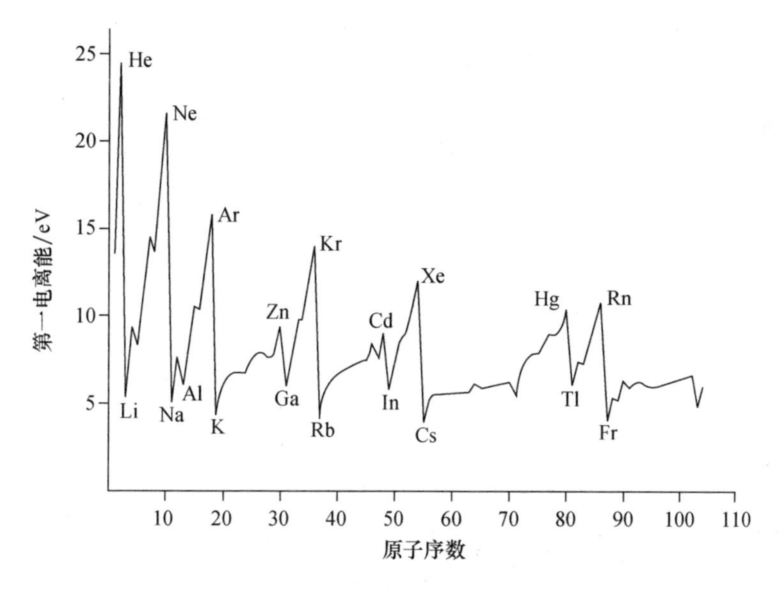

图 9-20　元素第一电离能的周期性变化

在 d 区和 f 区元素中，由于电子最后填充到$(n-1)$d 和$(n-2)$f 轨道上，内层电子具有较大的屏蔽效应，使有效核电荷增加缓慢，故同一周期中随着原子序数增加半径缓慢缩小，电离能呈缓慢增加的趋势。

主族元素同族自上而下随着原子半径的增大，电离能依次减小；副族元素电离能变化不规则，由于镧系收缩的影响，第三过渡系元素电离能往往高于第二过渡系。

9.5.3　电子亲和能

气态原子获得一个电子所释放的能量，称**电子亲和能**(electron affinity)，用符号 E 表示。电子亲和能实为电子亲和反应焓变的负值，例如：

$$F(g) + e \rightleftharpoons F^-(g) \qquad \Delta H^\ominus = -328\ \text{kJ} \cdot \text{mol}^{-1}$$

其电子亲和能 $E = -\Delta H^\ominus = 328\ \text{kJ} \cdot \text{mol}^{-1}$。又如：

$$O(g) + e \rightleftharpoons O^-(g) \qquad \Delta H_1^\ominus = -141\ \text{kJ} \cdot \text{mol}^{-1}$$

其电子亲和能 $E_1 = -\Delta H_1^\ominus = 141\ \text{kJ} \cdot \text{mol}^{-1}$。再如：

$$O^-(g) + e \rightleftharpoons O^{2-}(g) \qquad \Delta H_2^\ominus = +780\ \text{kJ} \cdot \text{mol}^{-1}$$

其第二电子亲和能 $E_2 = -\Delta H_2^\ominus = -780\ \text{kJ} \cdot \text{mol}^{-1}$。

通常情况下，元素第一电子亲和反应的焓变为负值，第二电子亲和反应的焓变为正值，这是因为负离子排斥外来的电子，当结合第二个电子时必须吸收能量克服电子间的斥力。由此可知，诸如 O^{2-}、S^{2-} 等离子在气态时极不稳定，只能存在于晶体或溶液中。

由附录 E.3 电子亲和能数据可见，ⅥA 族、ⅦA 族中，电子亲和能数值较大的是硫和氯，而不是氧和氟（因为它们的半径小，亲和电子时斥力较大）。但众所周知，当单质参与化学反应时，氧比硫活泼，氟比氯活泼，因此不能单从电子亲和能来判断非金属元素的活泼性，还应考虑分子的解离能、升华热、晶格能、水合能等因素的影响。电子亲和能的周期性变化规律与电离能的变化规律相似，一般是具有较高电离能的元素也具有较高的电子亲和能。

9.5.4 电负性

在形成化学键时，元素的原子吸引电子的能力称元素的**电负性**(electronegativity)。电负性是相对值，比较电负性的大小，应综合考虑原子吸引电子的能力和抵抗电子丢失的能力。前者和电子亲和能(E)成正比，后者和电离能(I)成正比，因此，可用 E 和 I 来衡量电负性(χ)。

$$\chi = K(I + E)$$

式中 K 为任意常数，若 I 和 E 以 eV 为单位，并选定 Li 的电负性为 1，则 $K=0.18$，因此

$$\chi = 0.18(I + E)$$

Pauling 将元素的电负性和键能联系起来考虑，并规定 F 的电负性为 3.98，通过热化学数据计算得到的一套电负性数据最为常用（见附录 E.4）。

元素的电负性也呈现周期性的变化，在同一周期中，从左至右电负性逐渐增加，中间过渡元素的电负性变化不大；主族元素从上至下电负性递减，副族元素从上至下电负性递增，ⅧB、ⅠB、ⅡB 族尤为突出。

电负性可用来衡量金属性或非金属性的强弱。元素中 F 的电负性最大，非金属性最强；Cs 的电负性最小，是自然界中存在的金属性最强的金属。

小 结

建立在氢原子光谱实验基础上的 Bohr 理论，第一次引入原子轨道能量量子化的概念，但它未从本质上揭示微观粒子运动的规律性，因而存在很大的局限性。只有建立在微观粒子波粒二象性上的近代量子力学理论，才能正确地反映微观粒子的运动规律。

微观粒子的运动可用波函数 $\varphi_{n,l,m}(r, \theta, \phi)$ 描述，不同的电子运动状态可以用 4 个量子数(n, l, m, m_s)来区别。这些量子数具体规定了各电子在原子核外空间的概率分布、运动能量、“轨道”形状、空间取向和电子的自旋状态等。

在多电子原子中，由于存在电子间的屏蔽效应和钻穿效应，“原子轨道”的能级发生交错现象。核外电子的排布遵守 Pauli 不相容原理、能量最低原理和 Hund 规则，具有周期性的规律。原子核外电子排布的周期性决定了元素某些性质（如原子半径、电离能、电子亲和能、电负性等）的周期性变化，元素周期表是元素周期律的具体体现。

思考题

1. 如何用氢原子 Bohr 模型解释氢原子的线状光谱？Bohr 模型对原子结构理论的发展有何贡献？理论本身有什么局限性？

2. 何谓波粒二象性？证明光及微观粒子具有波粒二象性的实验基础是什么？波粒二象性的联系式是什么？

3. 量子力学如何描述原子中电子的运动状态？

4. 一个“原子轨道”需用几个量子数来描述，各量子数的取值及物理意义是什么？

5. 下列各组量子数组合合理的是哪些？

(1) 3，3，0，$\frac{1}{2}$；　(2) 2，3，1，$\frac{1}{2}$；　(3) 3，1，1，$-\frac{1}{2}$；　(4) 2，0，1，$-\frac{1}{2}$。

6. 填空：

(1) $n=3$，电子层内可能有的原子轨道数是______；

(2) $n=4$，电子层内可能有的运动状态数是______；

(3) $n=6$，电子层内可能有的能级数是______；

(4) $l=3$，能级的简并度是______。

7. 试说明下列现象发生的原因：

(1) 能级分裂；　(2) 能级交错；　(3) 屏蔽效应；　(4) 钻穿效应。

8. 指出下列各类元素原子电子构型的特点：

(1) 同一周期元素；　(2) 同一主族元素；　(3) 同一副族元素；　(4) ds 区元素。

9. 填空：

(1) 24 号元素的电子构型是____________，价电子构型是______，位于第______周期、______族，元素符号是______。

(2) M^+ 离子的电子构型为[Kr]$4d^{10}$，其价电子构型为____________，位于第______周期、______族、______区，原子序数为______。

10. 何谓屏蔽效应和钻穿效应？当 $n=3$ 时，最多可容纳 $2n^2$ 个电子，那么第三周期为何只有 8 种元素而不是 18 种？

11. 周期表中区、族是如何划分的？各区、族外层电子构型有什么特征？

12. 解释下列名词：

(1) 电离能；　(2) 电子亲和能；　(3) 电负性；　(4) 共价半径；

(5) van der Waals 半径；　(6) 镧系收缩。

13. 为何电离能均为正值，而电子亲和能却有正负之分？

14. 用电子亲和能还是用电负性来衡量原子吸引成键电子的能力？用什么来判断元素金属性、非金属性的强弱？

15. 指出下列叙述是否正确：

(1) 价电子排布为 ns^1 的元素是碱金属元素；

(2) Ⅷ族元素的电子排布为 $(n-1)d^6ns^2$；

(3) 氟是最活泼的非金属元素，故其电子亲和能最大；

(4) K 和 Fe 的 $E_{3d}>E_{4s}$。

习 题

9.1 计算类氢离子(Li^{2+})基态的能量和由 $Li^{2+} \rightarrow Li^{3+}$ 的电离能。

9.2 根据量子数的取值规定,完成和更正下表中的数值:

编 号	n	l	m	m_s
1	2		0, ±1	$\pm\frac{1}{2}$
2		0, 1, 2	0, ±1, ±2	$\pm\frac{1}{2}$
3	3	0, 1, 2, 3	0, ±1, ±2	$\pm\frac{1}{2}$
4	4	0, 1, 2	±1	$\pm\frac{1}{2}$

9.3 写出氮原子中 7 个电子的全套量子数。

9.4 硫原子中的一个 p 电子可用下面任意一套量子数描述:

(1) 3, 1, 0, $+\frac{1}{2}$; (2) 3, 1, 0, $-\frac{1}{2}$; (3) 3, 1, 1, $+\frac{1}{2}$; (4) 3, 1, 1, $-\frac{1}{2}$;

(5) 3, 1, −1, $+\frac{1}{2}$; (6) 3, 1, −1, $-\frac{1}{2}$。

若要同时描述硫原子的 4 个 3p 电子,可采用哪 4 套量子数?

9.5 各举一个原子或离子与下列离子具有相同的电子构型:

(1) Fe^{3+}; (2) Cr^{2+}; (3) Br^-; (4) Cu^+。

9.6 已知某原子的电子可用下列各套量子数描述,试按能量高低的次序加以排列,能量相同的用等号表示。

(1) 4, 1, 0, $-\frac{1}{2}$; (2) 3, 1, 0, $+\frac{1}{2}$; (3) 4, 2, 1, $-\frac{1}{2}$; (4) 2, 1, −1, $+\frac{1}{2}$;

(5) 2, 1, 0, $-\frac{1}{2}$; (6) 3, 2, −1, $+\frac{1}{2}$; (7) 3, 2, 0, $-\frac{1}{2}$; (8) 4, 2, −1, $+\frac{1}{2}$。

9.7 根据下列条件确定元素在周期表中的位置,并指出元素的名称及符号。

(1) 基态原子中有 $3d^7$ 电子; (2) 基态原子的电子构型为[Ar]$3d^{10}4s^1$;

(3) M^{2+} 型阳离子的 3d 为半充满; (4) M^{3+} 型阳离子和 F^- 离子的电子构型相同。

9.8 写出下列各原子序数的电子构型,并指出元素所在的周期、族、区、元素名称及元素符号。

(1) $Z=18$; (2) $Z=24$; (3) $Z=29$; (4) $Z=80$。

9.9 根据下列元素基态原子的电子构型,指出元素的原子序数、元素名称和元素符号。

(1) [Ar]$3d^64s^2$; (2) [Kr]$4d^{10}5s^25p^5$; (3) [Xe]$4f^{14}5d^{10}6s^1$; (4) [Ne]$3s^23p^2$。

9.10 A、B、C、D 皆为第四周期元素,原子序数依次增大,价电子数依次为 1、2、2、7。A 和 B 元素次外层电子数均为 8,C 和 D 元素次外层电子数均为 18。指出 A、B、C、D 4 种元素的元素名称、元素符号及原子序数。

9.11 判断下列各对原子(离子)半径的大小:

(1) Ba, Sr; (2) Cu, Zn; (3) Nb, Mo; (4) Nb, Ta;

(5) Zr, Hf; (6) Al^{3+}, Na; (7) S, S^{2-}; (8) Sn^{2+}, Pb^{2+};

(9) Fe^{2+}, Fe^{3+}; (10) Na^+, Mg^{2+}; (11) O^{2-}, F^-; (12) Mg^{2+}, Al^{3+}。

9.12　完成下表：

元素符号	原子序数	价电子构型	周　期	族
	40			
			四	ⅣB
		$5s^2 5p^4$		
			五	ⅦB
		$4d^5 5s^1$		
		$5d^6 6s^2$		

9.13　解释下列现象：

(1) 钾的第一电离能小于钙的第一电离能，而钾的第二电离能却大于钙的第二电离能；

(2) K^+ 和 Ar 是等电子体(电子数目相同)，但 Ar 的第一电离能却小于 K^+ 的第一电离能。

9.14　具有下列电子构型的元素中，第一电离能最大的是哪一个？第一电离能最小的又是哪一个？

(1) $2s^2$，　$2s^2 2p^1$，　$2s^2 2p^4$，　$2s^2 2p^3$；

(2) $3d^2 4s^2$，　$3d^5 4s^2$，　$4s^2 4p^3$，　$4s^2 4p^6$。

9.15　根据电子亲和能数据计算下列两个反应的 $\Delta H^\ominus$：

(1) $F^-(g) + Cl(g) \rightleftharpoons F(g) + Cl^-(g)$

(2) $N^-(g) + O(g) \rightleftharpoons N(g) + O^-(g)$

第10章 分子与晶体结构

本章要求

1. 掌握离子键与共价键的特征和区别
2. 掌握σ键、π键、离域π键的形成及特点
3. 学会用价电子对互斥理论、杂化轨道理论判断及解释分子的空间构型
4. 了解分子轨道理论的原理及第一、第二周期同核双原子分子的电子结构
5. 掌握四种基本的晶体类型的特征及物质性质的关系
6. 了解离子极化作用对键型及物质性质的影响

19世纪初，瑞典化学家贝采利乌斯(J.J. Berzelius)提出了一种建立在正负电相互吸引的观念基础上的电化二元说，可以较好地解释无机化合物的形成。阐明分子中原子相互作用的经典价键理论是在原子概念基础上形成的。1852年，英国化学家弗兰克兰(E. Frankland)提出了原子价概念。1857年德国化学家凯库勒(F.A. Kekule)提出碳四价和碳链的概念，1865年他又揭示出苯的环状结构；1874年，荷兰化学家范霍夫(J.H. van't Hoff)等提出了碳原子的四个价键向正四面体顶点取向的假说。这是有机化合物的结构理论。

20世纪20年代，在Bohr原子结构理论的基础上，对价键的实质有了新的认识，形成了化学键的电子理论。该理论包括离子键理论和共价键理论。离子键理论是1916年由德国化学家科塞尔(W. Kossel)提出的，美国化学家路易斯(G.N. Lewis)于同年提出共价键理论。1927年，海特勒(W. Heitler)和伦敦(F. London)用量子力学处理氢分子获得成功，经过一个多世纪的努力，终于逐渐形成现代的化学键理论。目前流行的化学键理论有电子配对理论(或称价键理论)、分子轨道理论以及配位场理论。

原子间的化学键和分子的空间构型是分子结构讨论的主要内容。本章在原子结构的基础上，重点讨论离子键和共价键的形成及一些有关的基本理论。在此基础上，还要讨论分子间作用力、氢键、晶体的基本类型及离子极化作用与物质性质的关系。

10.1 离子键

10.1.1 离子键及其特点

1916年慕尼黑大学物理学家W. Kossel根据大多数无机化合物中的离子具有惰性气体稳定电子结构的事实，首次提出离子键的概念。他认为，易失电子的金属原子将电子传给易得电子的非金属原子，形成具有八电子结构的正离子和负离子，二者通过静电吸引结合成离子型分子，

并把正、负离子间的静电作用称为**离子键**(ionic bond)。

离子键的特点是没有方向性和饱和性。任何一个离子，核外电子都对称地分布在原子核周围，离子可被看成是具有一定电荷和半径的圆球。只要空间许可，每个离子总是尽可能多地吸引带异号电荷的离子，使体系能量处于尽量低的状态，因此，离子键无饱和性。如在 NaCl 晶体中，每个 Na^+ 周围等距离地排列着 6 个 Cl^-，每个 Cl^- 周围也等距离地排列着 6 个 Na^+；在 CsCl 晶体中，每个 Cs^+ 周围排布着 8 个 Cl^-，同样每个 Cl^- 周围也排布着 8 个 Cs^+，因此，NaCl 和 CsCl 晶体中离子的配位数分别为 6 和 8。正(负)离子在空间各个方向上吸引带异号电荷离子的能力是等同的，所以离子键无方向性。

10.1.2　离子的特征

离子的电荷、半径及电子结构是单原子离子的三个重要参数，是影响离子键强度的重要因素。

1. 离子的电荷

离子的电荷是指原子在形成离子化合物过程中失去或获得的电子数。例如在 NaCl、MgO 中，Na、Mg 原子分别失去 1 个和 2 个电子，形成 Na^+、Mg^{2+} 离子；Cl、O 原子分别得到 1 个和 2 个电子，形成 Cl^-、O^{2-} 离子。离子电荷与元素原子的电子构型有关，金属在形成离子化合物时总是失去电子带正电荷，而非金属则总是获得电子而带负电荷。

2. 离子半径

离子半径是指离子晶体中正、负离子的接触半径。晶体中正、负离子间的平衡距离(r_0)可用 X 射线衍射法测定，假如 $r_0=r_+ + r_-$，若知道负离子半径，就可以推算出正离子半径。

1920 年兰德(Lande)指出，负离子的半径大于正离子的半径，若找到一个正、负离子间接触，负、负离子间也接触的晶体(图 10-1，此种晶体负离子半径比正离子半径大得多，正离子位于负离子堆积的空隙中)，于是便有 $a_0=2r_0$，$a_0^2=(2r_-)^2+(2r_-)^2=8r_-^2$，

$$a_0 = 2\sqrt{2}r_- = 2r_0,\quad r_- = \frac{r_0}{\sqrt{2}}$$

r_0 可由实验测定，根据上式即可计算 r_-，再根据 $r_0=r_+ + r_-$，计算出正离子半径 r_+。例如 MgS 的 $r_0=260$ pm，

$$r_- = \frac{260}{\sqrt{2}} = 184(\text{pm})\qquad (S^{2-}\text{ 半径})$$

$$r_+ = 260 - 184 = 76(\text{pm})\quad (Mg^{2+}\text{ 半径})$$

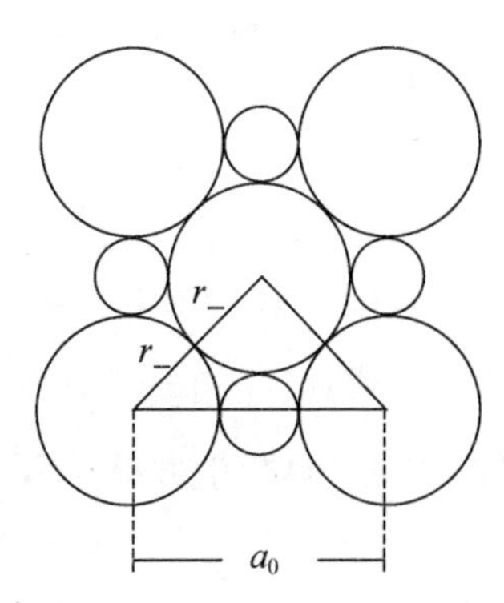

图 10-1　晶体中的离子

晶体中凡能与 S^{2-} 接触的正离子半径均可由此法计算。Lande 用此法首先得到了 $r_{S^{2-}}$ 为 184 pm 和 $r_{Se^{2-}}$ 为 193 pm；1927 年戈尔德施密特(Goldschmidt)利用正、负离子对光的折射能力不同推导出 $r_{F^-}=133$ pm，$r_{O^{2-}}=132$ pm，以此为基础计算出近百种离子的半径；1960 年 Pauling 根据离子半径与离子有效核电荷成反比的规则，推算出 $r_{O^{2-}}=140$ pm，以此为基础得到其他离子的半径。附录 F 为较新的离子半径数据表，表中的“配位数”是指晶体中最靠近某个离子的带相异电荷的离子数目。如表所示，离子半径的大小主要取决于核电荷对核外电子的引力，负离子一

般都大于正离子;对同一元素不同氧化态的离子,高氧化态离子的半径小于低氧化态的;同族元素离子,半径自上而下逐渐增大;同一周期元素的离子,半径自左至右逐渐减小。特别是阳离子的半径还与配位数有关,配位数越大,半径越大。

3. 离子的电子构型

单原子负离子通常具有稳定的 8 电子构型,单原子正离子可有以下几种电子构型:

(1) 2 电子构型($1s^2$):如 Li^+、Be^{2+} 等具有惰性气体 He 的电子构型。

(2) 8 电子构型(ns^2np^6):如 Na^+、Mg^{2+}、Al^{3+} 主族元素和 Sc^{3+}、Ti^{4+} 等副族元素所形成的正离子。

(3) 9~17 电子构型($ns^2np^6nd^{1\sim9}$):如 Mn^{2+}、Fe^{2+}、Fe^{3+}、Co^{2+}、Ni^{2+} 等 d 区元素的离子,最外层有 9~17 个电子,又称不饱和电子构型。

(4) 18 电子构型($ns^2np^6nd^{10}$):如 Cu^+、Ag^+、Zn^{2+}、Cd^{2+}、Hg^{2+} 等 ds 区元素的离子及 Sn^{4+}、Pb^{4+} 等 p 区高氧化态金属阳离子。

(5) 18+2 电子构型[$(n-1)s^2(n-1)p^6(n-1)d^{10}ns^2$]:如 Sn^{2+}、Pb^{2+}、Sb^{3+}、Bi^{3+} 等 p 区低氧化态金属阳离子,它们的次外层有 18 个电子,最外层有 2 个电子。

离子的电子构型对化合物中化学键类型及化合物性质有重要影响。

10.1.3 离子键强度与晶格能

离子键的强度用**晶格能**(lattice energy)来衡量,用符号 U 表示,单位 $kJ \cdot mol^{-1}$。晶格能定义为相互远离的气态正离子和负离子结合成 1 mol 离子晶体时所释放的能量,或将 1 mol 离子晶体解离成自由气态正离子、负离子时所吸收的能量。释放的能量和吸收的能量数值相等,符号相反,取其绝对值称为晶格能。例如

$$Na^+(g) + Cl^-(g) \xlongequal{} NaCl(s) \qquad -\Delta H = U$$

晶格能越大,离子键越强,晶体也越稳定。

晶格能至今仍不能直接测定,Born-Haber 设计了一个热化学循环,用间接方法计算晶格能。现以 NaCl 晶体的形成为例介绍此循环过程。图 10-2 中 $\Delta H_f^\ominus$ 为 NaCl(s)的标准生成焓,$\Delta H_1^\ominus$~$\Delta H_5^\ominus$ 分别为 Na(s)的升华热、$\frac{1}{2}Cl_2(g)$的解离能、Na(g)的电离能、Cl(g)的电子亲和能及 NaCl(s)的晶格能。热化学方程式为

$$
\begin{array}{lll}
 & Na(s) \xlongequal{} Na(g) & \Delta H_1^\ominus = 108.5\ kJ \cdot mol^{-1} \\
 & \frac{1}{2}Cl_2(g) \xlongequal{} Cl(g) & \Delta H_2^\ominus = 121.5\ kJ \cdot mol^{-1} \\
 & Na(g) \xlongequal{} Na^+(g) + e & \Delta H_3^\ominus = 495.8\ kJ \cdot mol^{-1} \\
 & Cl(g) + e \xlongequal{} Cl^-(g) & \Delta H_4^\ominus = -349.0\ kJ \cdot mol^{-1} \\
+) & Na^+(g) + Cl^-(g) \xlongequal{} NaCl(s) & \Delta H_5^\ominus = -U \\
\hline
 & Na(s) + \frac{1}{2}Cl_2(g) \xlongequal{} NaCl(s) & \Delta H_f^\ominus = -411.2\ kJ \cdot mol^{-1}
\end{array}
$$

$$\Delta H_f^\ominus = \Delta H_1^\ominus + \Delta H_2^\ominus + \Delta H_3^\ominus + \Delta H_4^\ominus + \Delta H_5^\ominus$$

$$-411.2 = 108.5 + 121.5 + 495.8 - 349.0 - U$$

$$U = 788.0(kJ \cdot mol^{-1})$$

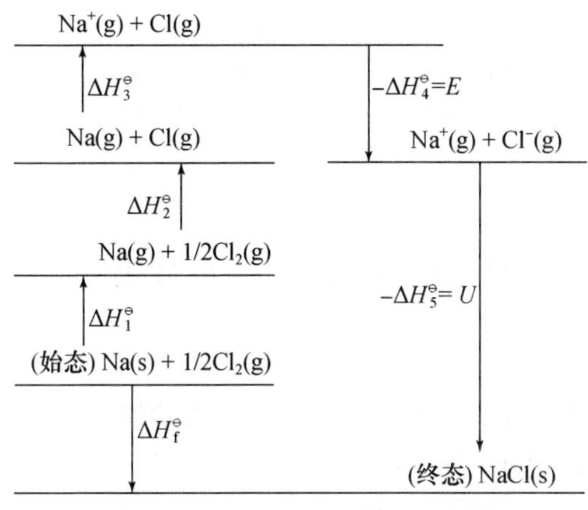

图 10-2　Born-Haber 循环示意图

Born-Lande 从理论上推导出计算晶格能的公式。根据库仑定律，正、负电荷分别为 Z_1、Z_2 的正、负离子间吸引力和电子间排斥力达平衡时，正、负离子间的位能为 V_e，则

$$U = -V_e = \frac{138490 Z_1 Z_2 A}{r}\left(1-\frac{1}{n}\right) \quad (\mathrm{kJ \cdot mol^{-1}}) \qquad (10\text{-}1)$$

式中 r 为正、负离子半径之和(pm)；A 为马德隆(Madelung)常数，它与晶格类型有关，CsCl、NaCl、ZnS(立方)晶格的 A 依次为 1.763、1.748 及 1.638；n 是与离子的电子构型有关的常数，称 Born 指数。n 与电子构型的关系为

电子构型	He	Ne	Ar，Cu^+	Kr，Ag^+	Xe，Au^+
n	5	7	9	10	12

由(10-1)式可见，影响晶格能的主要因素为离子的电荷和离子核间距。同类型的离子晶体，离子的电荷越多，离子间的静电作用越强，晶格能也越大。例如，NaCl 和 BaO 同属 NaCl 型晶体，正、负离子的核间距相近，但在 BaO 晶体中正、负离子的电荷数为 2，所以 BaO 有较大的晶格能。对于离子电荷相同的同类型晶体，核间距越小，离子间静电作用越强，晶格能越大。例如，MgO 和 BaO 同属 NaCl 型晶体，离子所带的电荷相同，但 MgO 的核间距较小，所以具有较大的晶格能。

此外，离子晶体的类型及离子的电子构型也影响晶格能的大小，这反映在(10-1)式中的 A 和 n 值上。表 10-1 列举了一些常见的 NaCl 型晶体结构的离子化合物的晶格能和熔点、硬度间的关系。

表 10-1　若干离子晶体的晶格能和熔点、硬度的关系

离子晶体	离子电荷	核间距 r_0/pm	$U/(\mathrm{kJ \cdot mol^{-1}})$	mp/℃	莫氏(Mohs)硬度
NaF	1	235	930	996	3.2
NaCl	1	283	790	800	2.5
NaBr	1	298	754	747	<2.5
NaI	1	322	705	661	<2.5
MgO	2	212	3791	2825	6.5
CaO	2	240	3401	2898	4.5
SrO	2	258	3223	2531	3.5
BaO	2	275	3054	1973	3.3

离子键理论说明了离子型化合物的形成和性质，但不能说明为何相同的原子可以形成单质分子，以及电负性相近元素的原子可以形成化合物，而它们的性质又与离子型化合物不同。为了解释这类分子的本质和特性，提出了共价键理论，它涉及经典 Lewis 学说、近代价键理论及分子轨道理论等，将在后面各节中分别介绍。

10.2　经典 Lewis 学说

1916 年美国物理化学家 G. N. Lewis 等认为，同种原子以及电负性相近的原子间可以通过共用电子对形成分子，通过共用电子对形成的化学键称**共价键**(covalent bond)，形成的分子称共价分子。Lewis 用小黑点代表电子，并结合惰性气体 8 电子稳定结构(He 为 2 电子)的事实，确定了一些分子(或离子)的电子结构式，如：

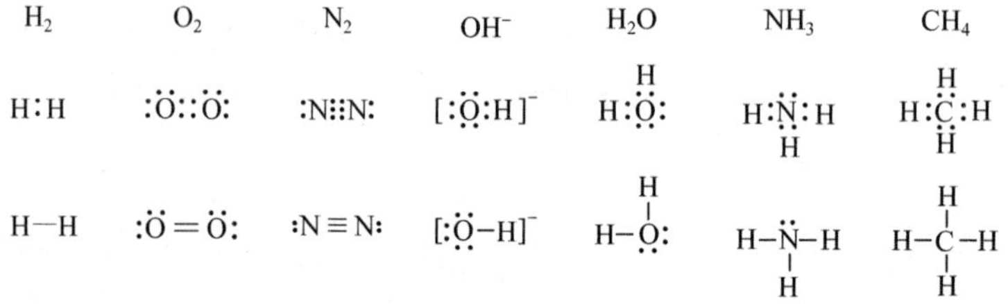

H_2	O_2	N_2	OH^-	H_2O	NH_3	CH_4
H:H	:Ö::Ö:	:N⋮⋮N:	[:Ö:H]⁻	H:Ö: (上方 H)	H:N̈:H (下方 H)	H:C:H (上、下方各 H)
H—H	:Ö=Ö:	:N≡N:	[:Ö—H]⁻	H—Ö: (上方 H)	H—N̈—H (下方 H)	H—C—H (上、下方各 H)

为了表示方便，共用一对电子常用短线—代表，即表示形成一个单键；如共用两对电子，则用两道短线“═”表示，形成一个双键；若共用三对电子，则形成一个叁键，用三道短线“≡”表示。

由以上分子的电子结构式可见，每个元素原子周围都满足 8 电子构型(H 满足 He 的电子结构)，Lewis 结构式的这种写法称八隅体规则(octet rule)。如共用一对电子达不到 8 电子结构，则采用共用两对电子(如 O_2、CO_2 等)，或共用三对电子(如 N_2、HCN)，总之要遵循 8 电子结构的原则。

以甲醛(CH_2O)分子为例，首先根据各原子的价电子数计算出 CH_2O 的总价电子数为 $4+(1\times2)+6=12$，再写出其骨架结构式 H—C—O (C 上方连 H)。构成骨架用去 6 个电子，还剩下 6 个电子，可按以下三种方式排布：

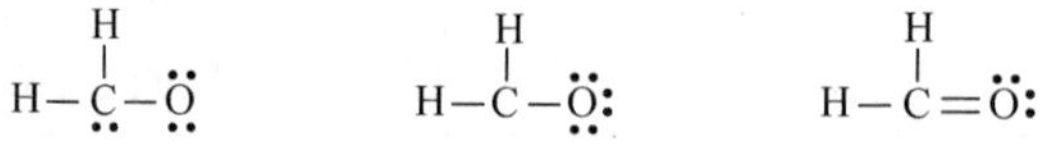

(a) H—C̤—Ö̤ (C 上方连 H；C 下方一对电子，O 上、下各一对电子)　(b) H—C—Ö̤: (C 上方连 H)　(c) H—C=Ö: (C 上方连 H)

(a) 式 O 未成八隅体；(b) 式 C 未成八隅体；(c) 式在 C 与 O 之间形成一个双键，使 C 和 O 都具有八隅体结构，而且 C 与 O 原子可能提供的价电子数和成键电子数一致。所以，(c)为甲醛的 Lewis 结构式。

Lewis 的共价键概念初步解释了一些简单非金属原子间共价分子(或离子)的形成及其与离子键的区别，但 Lewis 结构不能阐明共价键的本质和特征。另外，八隅体规则的例外很多，如在 BeF_2、BF_3 分子中，Be、B 的价电子数分别为 4 和 6，在 PCl_5、SF_6 中，P 和 S 周围的价电子数分别为 10 和 12。即使形成 8 电子结构，有些分子表现出的性质也与 Lewis 电子结构式不符，如 O_2 为顺磁性分子，分子中应存在未成对电子，但在 O_2 的 Lewis 结构式中，电子都已成对。尽管如此,Lewis 的电子对成键概念却为共价键理论奠定了基础。

10.3　价电子对互斥理论和分子构型

分子都是有一定的形状的,即任何分子具有特定的几何构型。上面所讨论的 Lewis 结构给人的印象似乎分子都是平面的,因此经典的 Lewis 学说除有上述许多例外,它也不能解释和准确地预测分子的几何构型。英国化学家西奇威客(N. V. Sidgwick)于 1940 年提出了**价电子对互斥理论**(valence shell electron pair repulsion theory,简称 VSEPR 理论或模型)。该理论是根据分子或离子中的中心原子的价电子对数及电子对之间的排斥作用,来判断和预测一些分子或离子的几何构型及杂化轨道类型,其结果与实验测定和量子力学计算的结果一致。

10.3.1　价电子对互斥理论的要点

利用 VSEPR 理论来判断和预测分子或离子的几何构型须按以下原则和步骤进行。

1. 价电子对

中心原子(A)和配位原子(X)形成分子时,分子的构型取决于中心原子周围的价电子对的数目。价电子对包括价层轨道中的**成键电子对**(简称键对,bond pair,以 bp 表示)和**孤电子对**(简称孤对,lone pair,以 lp 表示)。因此,对于一个分子 AX_mE_n,其中 m 为键对数目,n 为孤对数目,其中心原子 A 周围的总价电子对为 $m+n$。

中心原子周围的价电子数包括中心原子本身的价电子数以及配位原子提供的电子数。共价分子多形成于 p 区元素之间,p 区元素作为中心原子,其价电子数等于所在族数。作为配位原子的通常是 H、O 及卤素原子等。H 和卤素原子为配原子时,每个原子各提供一个价电子,如 $BeCl_2$ 中,Be 周围的价电子数为:$2+2=4$;考虑到双键因素,O 原子作配原子时可认为不提供价电子,如 SO_2 中,S 周围的价电子数为:$6+0\times2=6$;而对于 N 为配原子时,要考虑其叁键因素,每配位一个 N 原子,价电子数相应减 1,如 N_2O 中,中心 N 原子周围价电子数为:$5+0-1=4$。如果是离子,在计算价电子数时,应减去或加上所带的正、负电荷数,如 NH_4^+ 中,N 周围的价电子数为:$5+1\times4-1=8$;PO_4^{3-} 中,P 周围的价电子数为 $5+0\times4+3=8$。

价电子对数为价电子数的一半,即

$$价电子对数 = \frac{1}{2}(中心原子价电子数 + 配原子提供的电子数)$$

如果价电子数除 2 尚余一个电子,则把单电子作为电子对处理,如 NO_2 分子中,N 周围的价电子数为 5,电子对数为 3。

2. 价电子对的空间排布

由于价电子对间的相互排斥作用,电子对间将尽量地相互远离。根据立体几何定理可知,球面上相距最远的两点是直径的两个端点;相距最远的三点是通过球心的内接三角形的三个顶点;最远的四点是内接正四面体的四个顶点;最远的五点是内接三角双锥的五个顶点;最远的六点是内接正八面体的六个顶点(图 10-3)。因此,价电子对数为 2、3、4、5 和 6 时,其在空间中的排布分别为:直线、平面正三角形、正四面体、三角双锥和正八面体,也即分别对应于杂化轨道中的 sp、sp^2、sp^3、sp^3d 和 sp^3d^2 杂化。

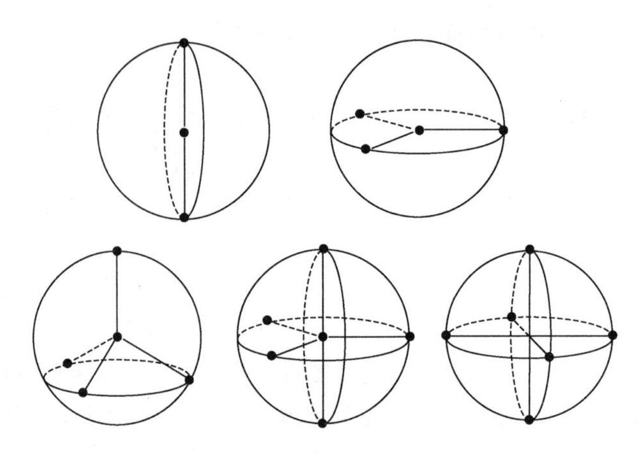

图 10-3 斥力最小的电子对排布

3. 分子或离子的几何构型

价电子对之间具有相互的排斥作用,但键对和孤对的排斥作用大小是不同的。键对因受两个原子核的吸引,电子云比较集中在键轴的位置,而孤对主要受中心原子核的吸引,结果显得比较肥大,而对相邻电对的排斥作用较大。不同价电子对间排斥作用的顺序为

$$\text{lp—lp} > \text{lp—bp} > \text{bp—bp}$$

另外,电子对间的斥力还与其夹角有关系,斥力大小的顺序依次为 90°大于 120°,120°大于 180°。

如果中心原子周围只有成键电子对,则每一个电子对连接一个配位原子,电子对在空间斥力最小的排布方式即为分子稳定的几何构型。如 CH_4 分子,C 原子的四对价电子全是键对,价电子对的排布方式和分子的几何构型一致,因此 CH_4 为正四面体形,实验测得 CH_4 中∠HCH 键角为 109°28′。

如果价电子对中含有孤对电子,则分子的几何构型不同于价电子对的排布方式,除去孤对电子占据的位置,为分子的几何构型。如 NH_3 分子,N 周围的价电子对中,有三个键对和一个孤对,电子对的排布方式是正四面体,除去一对孤对占据的位置,得到 NH_3 分子的几何构型为角锥形。H_2O 分子中,O 周围的价电子对也是正四面体排布,除去两对孤对占据的位置,H_2O 分子的几何构型为弯曲形。由于孤对电子对周围的成键电子有较强的排斥作用,NH_3 分子中的∠HNH 和 H_2O 分子中的∠HOH 分别为 107°20′和 104°45′,均比正四面体时的键角小,且孤对越多,键角越小。

如果孤对电子所处位置不同会影响分子的几何构型时,应按电子对在空间斥力最小的方式排布。

4. 键对只包括形成 σ 键而不包括形成 π 键的电子对

即分子中的多重键均按单键处理,但因重键中电子较多,占据的空间大,排斥力也较大,所以 π 键电子对虽不改变分子的基本形状,但对键角有一定的影响。一般,单-单键间键角较小,而单-双键间及双-双键间键角较大,如下图中 C_2H_4 分子中的键角:

H H
C═C 117.4°
H 121.3° H

10.3.2　分子的几何构型

上文已对 CH_4、H_2O 和 NH_3 分子的几何构型进行了分析，下面将对其他一些分子进行举例说明。

SF_4　中心原子 S 周围的价电子对数为(6+4)/2=5，其中四对键对，一对孤对。孤对电子的排布方式有两种(图 10-4)，两种排布方式哪种更稳定，可根据三角双锥中孤对(lp)和键对(bp)之间 90°角的排斥作用数来判断。由图可见，在(a)、(b)两种排布中，lp—bp(90°)的排斥作用数目分别为 2 和 3，因此 SF_4 采用(a)种排布，一个孤对位于三角形平面上。由于孤对电子有较大的排斥作用，挤压三角平面的键角使之小于 120°，同时挤压轴线方向的键角内弯，使之大于 180°。实验结果表明，前者为 101.5°，后者为 187°。SF_4 分子的构型为变形四面体(图 10-5)。

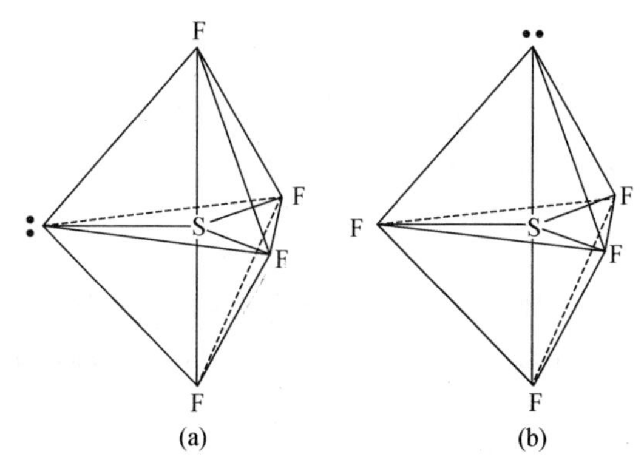

图 10-4　SF_4 分子中孤对电子的排布

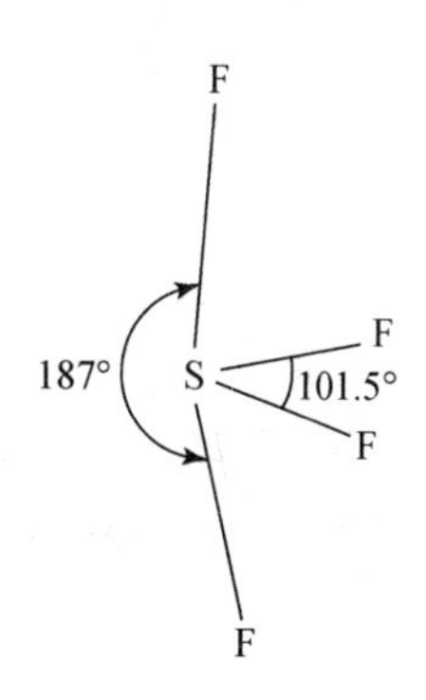

图 10-5　SF_4 分子构型

ClF_3　中心原子 Cl 周围的价电子对数为(7+3)/2=5，其中三对键对，两对孤对。电子对的空间排布为三角双锥形，其中两对孤对有三种可能的排布方式(图 10-6)。在三种排布中只有(b)种排布存在 lp—lp(90°)的排斥作用，所以分子不采取(b)种排布方式。在(a)和(c)中，lp—lp(90°)的排斥作用数都为 0，但 lp—bp(90°)的排斥数分别为 4 和 6，显然(a)为稳定结构，分子的几何构型为 T 字形，分子中键角(∠FClF)将小于 90°，实测为 87.5°。

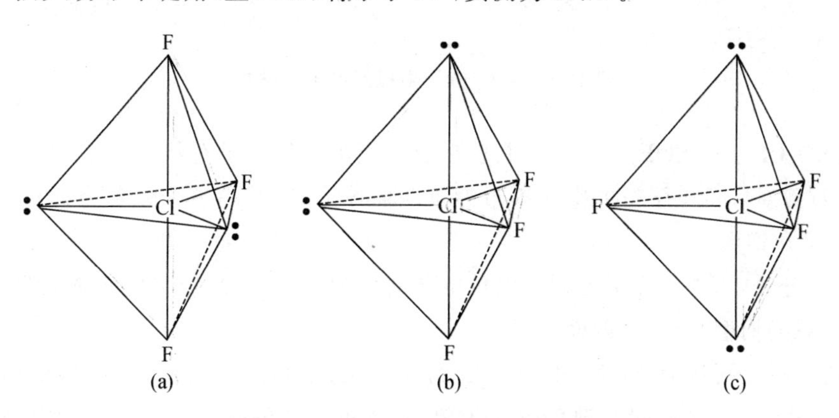

图 10-6　ClF_3 分子的三种可能结构

XeF_2 中心原子 Xe 周围的价电子对数为 $(8+2)/2=5$，其中两对键对，三对孤对。价电子对的空间排布为三角双锥形，三对孤对有三种排列方式（图 10-7）。其中只有(a)种排布不存在 lp—lp(90°)的排斥作用，因此，XeF_2 分子中的三对孤对电子均应排在平面上，XeF_2 为直线形分子，与实验结果一致。

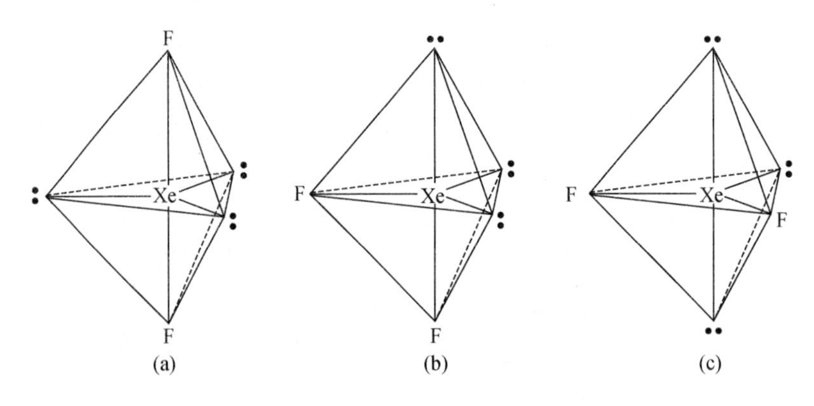

图 10-7 XeF_2 分子中孤对电子的排布

XeF_4 中心原子 Xe 周围的价电子对数为 $(8+4)/2=6$，其中四对键对，两对孤对。价电子对的空间排布为正八面体形，两对孤对在正八面体中有两种排列方式（图 10-8），按照以上分析方法，得到(a)是稳定结构，故 XeF_4 的几何构型为平面正方形。

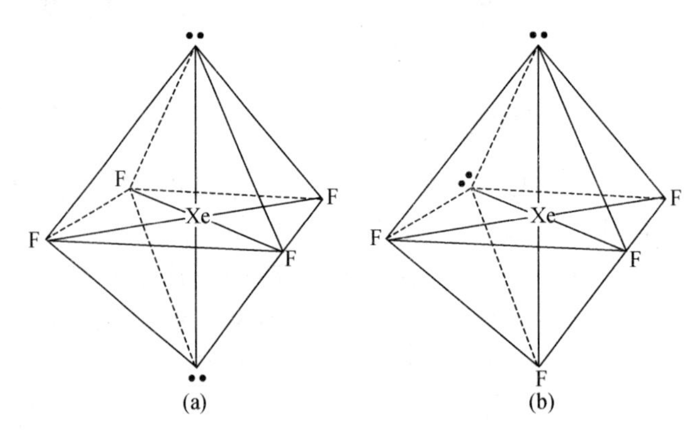

图 10-8 XeF_4 分子中孤对电子的排布

SOF_2 及 SO_2Cl_2 在 SOF_2 分子中，中心原子 S 周围的价电子对数为 $(6+1\times2)/2=4$，其中三对键对，一对孤对。价电子对的空间排布为正四面体形，因其中一个位置为孤对电子占据，所以 SOF_2 分子呈角锥形。

在 SO_2Cl_2 分子中，中心原子 S 周围的价电子对数为 $(6+1\times2)/2=4$，全部是键对，分子的几何构型与电子对的构型一致，为四面体形。

根据键长数据分析认为，SOF_2 和 SO_2Cl_2 分子中的硫氧键为双键（S═O），根据“要点 4”分析，在 SOF_2 分子中，双-单键间的键角应大于单-单键间的键角；在 SO_2Cl_2 分子中，双-双键间的键角也应大于单-单键间的键角。实验测定的结构式与推测的结果是一致的，见下图：

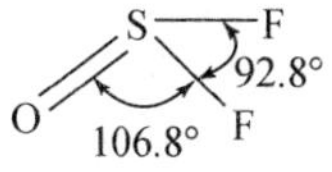

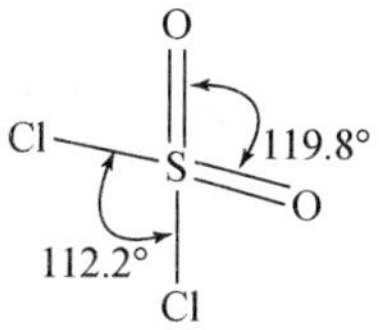

VSEPR 模型不但可以预测分子的形状，还可估计键角的变化趋势。若与相同中心原子结合的配位原子的电负性越大，则吸引电子对的能力也越强，电子对靠近配位原子，使中心原子周围键对之间的斥力减小，预计键角将减小。如 OF_2(103.2°)的键角小于 H_2O(104°30′)的键角；NF_3(102°)的键角小于 NH_3(107°20′)的键角；在 P、As 的卤化物中也有类似情况。

PF_3	PCl_3	PBr_3	PI_3
97.8°	100.3°	101.5°	102°
AsF_3	$AsCl_3$	$AsBr_3$	AsI_3
96°	98.7°	99.7°	100.2°

若与相同配位原子结合的中心原子的电负性增加，可预料键角将增大，例如：

H_2O	H_2S	H_2Se	H_2Te
104.5°	92.2°	91.0°	89.5°
NH_3	PH_3	AsH_3	SbH_3
107.3°	93.3°	91.8°	91.3°

表 10-2 列出了一些分子及复杂离子的价电子对排布方式及分子的几何构型。

表 10-2　AX_mE_n 分子的中心原子的价电子对排布方式及分子的几何构型

A 的价电子数	键对数 m	孤对数 n	分子类型 AX_mE_n	A 的价电子对排布方式	分子的几何构型	实　例
2	2	0	AX_2	X—A—X	直线形 (linear)	$BeCl_2$、$HgCl_2$、CO_2
3	3	0	AX_3	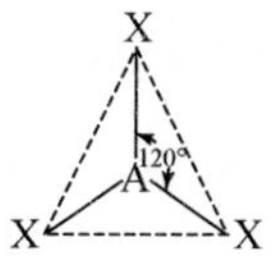	平面三角形 (planar triangle)	BF_3、BCl_3、SO_3、CO_3^{2-}、NO_3^-
	2	1	AX_2E	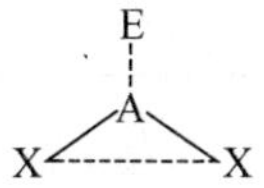	弯曲形(bent)	$SnCl_2$、$PbCl_2$、SO_2、O_3、NO_2、NO_2^-

续表

A的价电子数	键对数 m	孤对数 n	分子类型 AX_mE_n	A的价电子对排布方式	分子的几何构型	实例
4	4	0	AX_4	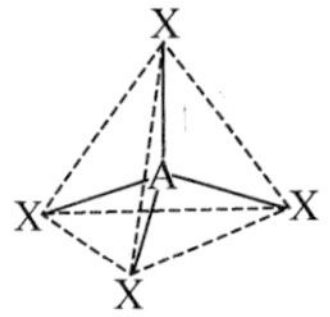	正四面体 (tetrahedral)	CH_4、CCl_4、NH_4^+、SO_4^{2-}、PO_4^{3-}、SiO_4^{4-}、ClO_4^-
	3	1	AX_3E	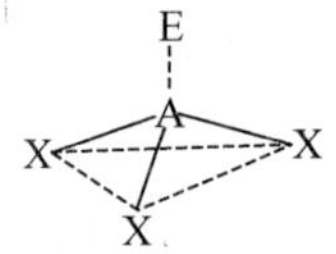	角锥形 (pyramidal)	NH_3、PF_3、$AsCl_3$、H_3O^+、SO_3^{2-}、ClO_3^-
	2	2	AX_2E_2	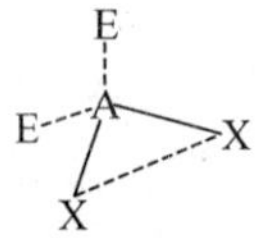	弯曲形 (bent)	H_2O、H_2S、SF_2、SCl_2
5	5	0	AX_5	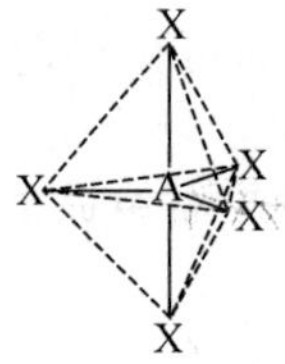	三角双锥形 (triangular bipyramidal)	PF_5、PCl_5、AsF_5、SOF_4
	4	1	AX_4E	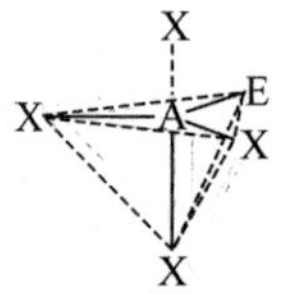	变形四面体 (distorted tetrahedral)	SF_4、$TeCl_4$
	3	2	AX_3E_2	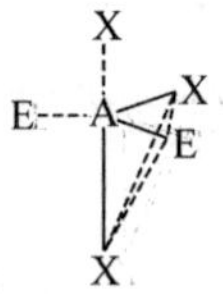	T形 (T-shaped)	ClF_3、BrF_3
	2	3	AX_2E_3	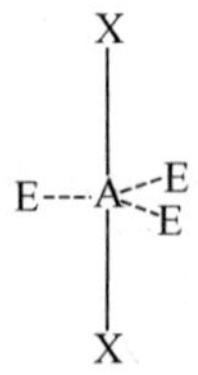	直线形 (linear)	XeF_2、I_3^-、IF_2^-

续表

A的价电子数	键对数 m	孤对数 n	分子类型 AX_mE_n	A的价电子对排布方式	分子的几何构型	实　例
6	6	0	AX_6		正八面体形 (octahedral)	SF_6、SiF_6^{2-}、AlF_6^{3-}
	5	1	AX_5E		四角锥形 (square pyramidal)	ClF_5、BrF_5、IF_5
	4	2	AX_4E_2		平面正方形 (square planar)	XeF_4、ICl_4^-

综上所述,用VSEPR模型可以预测分子的构型以及估计键角的变化趋势,特别是判断第一、二、三周期元素所形成的分子(或离子)的构型,简单而方便。但此模型用来预测过渡元素及长周期主族元素形成的分子与实验结果常有出入,也不能说明分子中键的成因和键的稳定性。尽管如此,它已广泛应用于判断主族元素化合物分子的构型,成为无机立体化学的一个重要组成部分。

10.3.3 键参数

在分析表征共价键或描述共价分子结构时,都要用到键级、键长、键角、键能等物理参量,它们统称为分子结构参数或**键参数**(bond parameter)。

1. 键级和键长

键级(bond order)表示成键原子间形成共价键的数目,如:单键、双键、叁键的键级分别为1、2和3。键级越高,说明成键原子间共用电子对越多,共价键越牢固。

键长(bond length)是指两个成键原子中心之间的距离。用量子力学方法可近似计算简单分子的键长,对复杂分子可通过光谱或衍射等实验方法测定键长。实验结果表明,不同分子中同一种键的键长虽因其他原子的影响有所变化,但变化不大。不同键级的共价键具有不同的键长(表10-3),叁键的键长比双键的短,双键的键长又比单键的短。键长越短,键能越大,键越牢固。

通常规定非极性共价单键键长的一半为原子的共价半径,碳原子的共价半径为77 pm。共价键的键长约为成键原子双方共价半径之和。

2. 键能

键能是用来描述共价键强弱的物理量。对于双原子分子而言,**键能**(bond energy)是在101.3 kPa和25℃下,将1 mol气态分子的化学键拆开成为气态原子时所需要的能量,单位是

表 10-3 一些共价键的平均键长

键	键长/pm	键	键长/pm	键	键长/pm
H—H	74.14	C—C	154	N—N	145
H—C	110	C═C	134	N═N	123
H—N	100	C≡C	120	N≡N	109.8
H—O	97	C—N	147	N—O	136
H—S	132	C═N	128	N═O	120
H—F	91.7	C≡N	116	O—O	145
H—Cl	127.4	C—O	143	O═O	121
H—Br	141.4	C═O	120	F—F	143
H—I	160.9	C—Cl	178	Cl—Cl	199
				Br—Br	228
				I—I	266

$kJ \cdot mol^{-1}$。双原子分子的解离能(D)就是键能。例如,H_2 分子的解离能和键能都是 436 $kJ \cdot mol^{-1}$。对多原子分子解离能和键能是有区别的,如 NH_3 分子中有三个等价的 N—H 键,根据光谱实验数据计算得到每个键的解离能(D)是不同的。

$$NH_3(g) \longrightarrow NH_2(g) + H(g) \qquad D_1 = 435\ kJ \cdot mol^{-1}$$
$$NH_2(g) \longrightarrow NH(g) + H(g) \qquad D_2 = 397\ kJ \cdot mol^{-1}$$
$$NH(g) \longrightarrow N(g) + H(g) \qquad D_3 = 339\ kJ \cdot mol^{-1}$$

NH_3 分子中 N—H 键能是三个解离能的平均值:

$$E_{N-H} = \frac{D_1 + D_2 + D_3}{3} \approx 391\ kJ \cdot mol^{-1}$$

实验表明,在不同的多原子分子中,同一种键的解离能是有差别的,但差别并不大。所以,键能是多种分子中同一种键解离能的平均值,即平均键能。部分平均键能的数据参看表 10-4。

表 10-4 一些共价键的平均键能

键	键能/($kJ \cdot mol^{-1}$)	键	键能/($kJ \cdot mol^{-1}$)	键	键能/($kJ \cdot mol^{-1}$)
H—H	436	C—C	347	N—N	163
H—C	414	C═C	611	N═N	418
H—N	389	C≡C	837	N≡N	946
H—O	464	C—N	305	N—O	222
H—S	368	C═N	615	N═O	590
H—F	565	C≡N	891	O—O	142
H—Cl	431	C—O	360	O═O	498
H—Br	364	C═O	736*	F—F	159
H—I	297	C—Cl	339	Cl—Cl	243
				Br—Br	193
				I—I	151

* CO_2 中 C═O 的键能为 799 $kJ \cdot mol^{-1}$。

双原子分子，键能越大，说明分子中共价键越强，分子也越稳定。如卤化氢分子的键能随卤素原子半径增大而减小，相应分子的稳定性逐渐降低。因叁键键能大于双键键能，双键键能又大于单键键能，所以按 F_2、O_2、N_2 顺序，分子中的键能增大，分子的稳定性增加。

多原子分子，键能的大小标志着共价键的强弱，但整个分子的稳定性还与分子的立体构型以及构成分子的各个原子的性质等因素有关。

3. 键角

分子中键与键的夹角称为**键角**(bond angle)。键角是决定分子空间结构的重要参数，如水分子中两个 H—O 键夹角为 104°30′，决定了水分子为弯曲形结构。键角可通过光谱、衍射等实验测定，也可用量子力学方法计算得到。一些分子的键角列于表 10-5 中。

表 10-5　一些分子的键角

分　子	键　角		分子形状	分　子	键　角		分子形状
	实验值	计算值			实验值	计算值	
O_2	180°	180°	直线形	CH_4	109°28′	109°28′	正四面体
CO_2	180°	180°	直线形	NH_3	107°20′	106°	三角锥形
BF_3	120°	120°	平面三角形	H_2O	104°30′	104°	折线形

10.4　价键理论

1927 年，德国化学家海特勒(W. Heitler)和伦敦(F. London)用量子力学处理 H_2 分子结构获得成功，揭示了共价键的本质，并在此基础上发展为**价键理论**(valance bond theory)。1931 年，化学家 L. C. Pauling 和 J. C. Slater 为了解释 CH_4 等分子的结构又提出了杂化轨道理论，补充和发展了价键理论，形成了现代共价键理论。

10.4.1　H_2 分子共价键的形成

1927 年，W. Heitler 和 F. London 在用量子力学处理 H_2 分子成键时提出：当两个氢原子相距很远时，彼此间的作用力可忽略不计，以此为体系能量的相对零点，当两个氢原子相互靠近时，体系的能量将发生变化。图 10-9 为用量子力学计算的两个氢原子间距离和体系能量的关系与实验值的比较(图中实线为理论计算值，虚线是实验值)，二者比较一致。

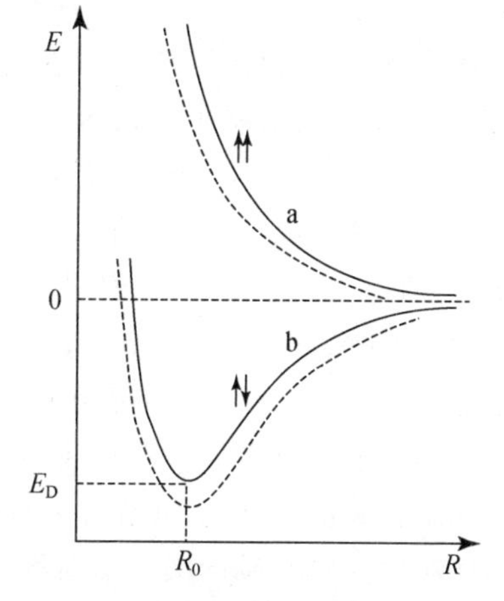

图 10-9　H_2 分子的能量曲线(R 为核间距)

氢原子核外只有一个电子，基态时处于 1s 轨道，当两个基态氢原子靠近时，这两个氢原子的电子自旋方向可能相同，或者相反。由量子力学和光谱实验知，当两个氢原子的电子自旋平行时，随着两原子的靠近，原子之间则发生排斥作用，两核间电子云密度稀疏，体系的能量高于两个分立的氢原子的能量之和，即体系的能量升高，如图中曲线 a 所示，这种状态称氢分子的**排斥态**(repulsion state)，此时不能形成 H_2 分子。当两个氢原子的电子自旋相反时，原子间则产生引力，原子核间电子云密度浓集，体系的能量低于两个分立的氢原子能量之和，这种状态称氢原子的**吸引态**(attraction state)，如图中曲线 b 所示。当两个原子的电子以自旋相反的方向靠近时，体系能量沿着曲线 b 降低，直至达到最低点(E_D，如两原子进一步靠近，由于核之间、电子云之间的斥力迅速增大，体系的能量又会上升)，此时体系的吸引与排斥达到平衡，两核之间的距离为 R_0，即 H_2 分子中共价键的键长，实验测定值为 74 pm(理论计算值为 87 pm)。E_D 值约为 458 kJ · mol^{-1}，接近于 H_2 分子的键能。

从以上讨论可见，两个氢原子形成 H_2 分子的实质是：当两个氢原子的电子以自旋相反的方式运动在两核周围时，两核间浓密的电子云将两个原子核强烈地吸引在一起；同时，由于在两核间高电子云密度区域的存在，对两个核产生屏蔽作用，减小了核之间的斥力，从而形成了稳定的 H_2 分子。

10.4.2 共价键的本质和特征

1. 共价键的本质——原子轨道重叠成键

已知氢原子的 Bohr 半径为 53 pm，而实验测得 H_2 分子的核间距为 74 pm，这个数值小于两个氢原子的半径之和，表明由氢原子形成 H_2 分子时，两个氢原子的 1s 轨道发生了重叠。由于原子轨道重叠，核间电子云密度增大，降低了体系的能量。原子轨道重叠得越多，两核间电子云密度越大，形成的共价键就越稳定。由此看出，价键理论认为，共价键的本质是原子相互靠近时原子轨道发生重叠(即波函数叠加)，原子间通过共用自旋相反的电子对成键。

2. 共价键的特征

共价键的特征是具有饱和性和方向性。

(1) 饱和性：由于每个原子提供的成键(原子)轨道数和形成分子时可提供的未成对电子数是一定的，因此原子轨道重叠和电子耦合成对的数目也是一定的，这就决定了共价键的饱和性。如上所述，当硫原子和两个氢原子的 1s 轨道重叠成键后，轨道中的电子均耦合成对，硫原子的配位数为 2。

(2) 方向性：p、d、f 等轨道在空间均具有一定的取向，形成共价键时原子轨道重叠必须满足最大重叠原理，即原子轨道要沿着电子出现概率最大的方向重叠成键，以降低体系的能量。因此，中心原子与周围原子形成的共价键就有一定的角度(方向)。例如，H_2S 分子的形成，硫原子的外层电子结构为 $3s^2 3p^4$，三个 p 轨道中有四个电子，可分别表示为 $3p_x^1$、$3p_y^1$、$3p_z^2$，3s 和 $3p_z$ 轨道中的电子都已成对，只有 $3p_x$、$3p_y$ 轨道各有一个未成对电子，当硫原子和两个氢原子形成 H_2S 分子时，两个氢原子的 1s 轨道只有沿着 x 轴和 y 轴的方向与硫的 $3p_x$、$3p_y$ 轨道重叠才能达到最大限度的重叠。由于 $3p_x$、$3p_y$ 轨道相互垂直，决定了 H_2S 分子的构型不是直线形，其键角接近 90°。实验测得 H_2S 分子的键角为 92°16′。

根据原子轨道重叠的方向性，共价键分为 σ 键和 π 键。

如果将 s 轨道或 p_x 轨道沿 x 轴旋转任何角度，轨道的形状和符号都不会改变，s、p_x 轨道的这种性质称为对 x 轴的圆柱形对称。当 s 和 p_x 轨道重叠时，为了满足最大重叠，最好沿 x 轴采用“头碰头”的重叠方式，重叠部分仍保持对 x 轴的圆柱形对称。其对称轴(也称键轴)是两个原子核间的连线，此种共价键称 σ 键。如 s-s 轨道重叠(H_2 分子)、s-p_x 轨道重叠(HCl 分子)、p_x-p_x 轨道重叠(Cl_2 分子)都形成 σ 键(图 10-10)。

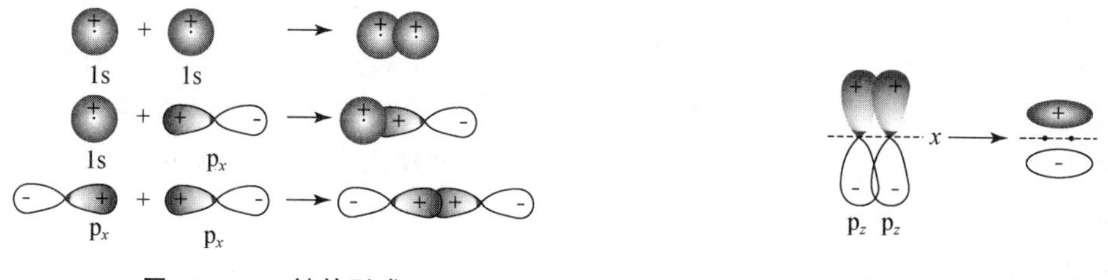

图 10-10　σ 键的形成　　**图 10-11　π 键的形成**

如果两原子轨道以“肩并肩”的方式重叠，如 p_y-p_y、p_z-p_z 的重叠，轨道重叠部分对键轴平面呈镜面反对称，即以键轴为镜面，镜面上、下原子轨道形状相同，但符号相反，这种对键轴平面呈镜面反对称的键称为 π 键(图 10-11)。

除了 p-p 轨道重叠可形成 π 键外，p-d、d-d 轨道重叠也可形成 π 键。

如果两个原子可形成多重键，其中必有一个 σ 键，其余为 π 键；如果只形成一个键，那就是 σ 键，共价分子的立体构型是由 σ 键决定的。

N_2(N≡N)分子中有三个键，一个是 σ 键，另外两个是 π 键。N 原子的外层电子结构为 $2s^2 2p^3$，根据 Hund 规则，三个电子分占三个互相垂直的 p 轨道。当两个 N 原子用各自的一个 p 轨道按“头碰头”方式重叠成 σ 键时，其余的两个 p 轨道只能是按“肩并肩”的方式重叠成两个互相垂直的 π 键。p 轨道的方向决定了 N_2 分子中的三个键彼此垂直(图 10-12)。应该指出，与其他分子中的 π 键不同，N_2 分子中的 π 键不活泼，比 σ 键还稳定，因此，打开 N_2 分子中的叁键需要很高的键能(946 kJ · mol^{-1})。关于这个问题，可用分子轨道理论来解释。

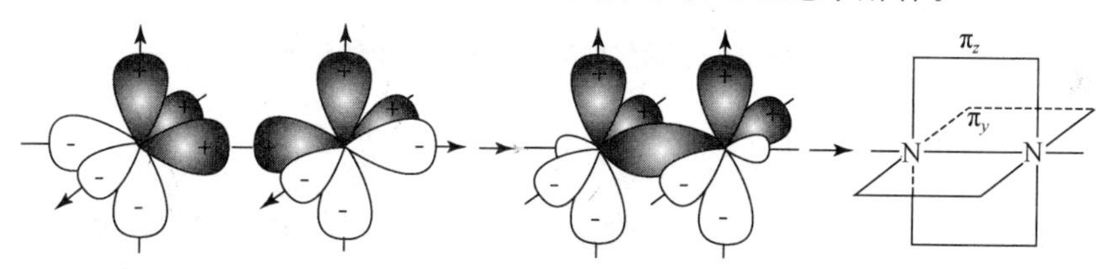

图 10-12　N_2 分子中的 σ、π 键

10.4.3　杂化轨道与分子构型

现代价键理论成功地解释了共价键的成键本质以及共价键的方向性和饱和性等问题，但在说明一些分子(特别是多原子分子)的构型时，理论推测与实验测得分子中的键角、键长、键能的数据往往不符。例如，实验测定 CH_4 分子中有四个等同的 C—H 键，其键长为 109 pm，键能为 414 kJ · mol^{-1}，C—H 键之间夹角为 109°28′，因此 CH_4 的立体构型为正四面体(tetrahedral)，碳原子位于四面体中心，四个氢原子占据四个顶点。价键理论认为，基态碳原子中的一个 2s 电子可以被激发，其激发态的电子结构为 $2s^1 2p_x^1 2p_y^1 2p_z^1$，当用这四个轨道与氢原子 1s 轨道重叠，形成四个 σ 键时，其中一个是由碳的 2s 轨道和氢的 1s 轨道重叠形成的，另外三个键是由碳的 2p 轨道和氢的 1s 轨道重叠形成的，这三个键是等同的，键角为 90°。理论计算出 2s-1s 形成的 C—H 键与

2p-1s 形成的 C—H 键的夹角应为 125°14′。可见，价键理论推测的 CH_4 分子的构型与实际构型不符。为了解释许多分子的构型，L. C. Pauling 和 J. C. Slater 在 1931 年提出了杂化轨道理论，补充和发展了价键理论。

杂化轨道理论指出，在原子形成分子的过程中，为了使原子轨道有效地重叠，增加其成键能力，倾向于将能量相近的、不同类型的原子轨道混杂起来组合成新的轨道，这种混杂的原子轨道称为**杂化轨道**(hybrid orbital)，由原子轨道形成杂化轨道的过程称为**杂化**(hybridization)。原子轨道在杂化前后轨道数目不变，即有几个能量相近的原子轨道杂化，就能形成几个杂化轨道。

根据杂化时所用原子轨道种类的不同，杂化轨道有多种类型。如 ns、np 原子轨道可组合成 sp、sp^2、sp^3 杂化轨道；由 $(n-1)$d、ns、np 原子轨道可组合成 dsp^2、dsp^3、d^2sp^3 等杂化轨道；由 ns、np、nd 原子轨道可组合成 sp^3d、sp^3d^2 等杂化轨道。

1. sp 杂化轨道

实验测定，气态 $BeCl_2$ 分子的键角为 180°，分子呈直线形。杂化轨道理论认为，当 Be 原子和 Cl 原子形成 $BeCl_2$ 分子时，基态 Be 原子 $2s^2$ 中的一个电子激发到 2p 轨道上，一个 s 轨道和一个 p 轨道杂化形成两个 sp 杂化轨道，两个杂化轨道分别和 Cl 原子的 p 轨道重叠形成 σ 键，构成了 $BeCl_2$ 分子直线形的骨架结构(图 10-13)。

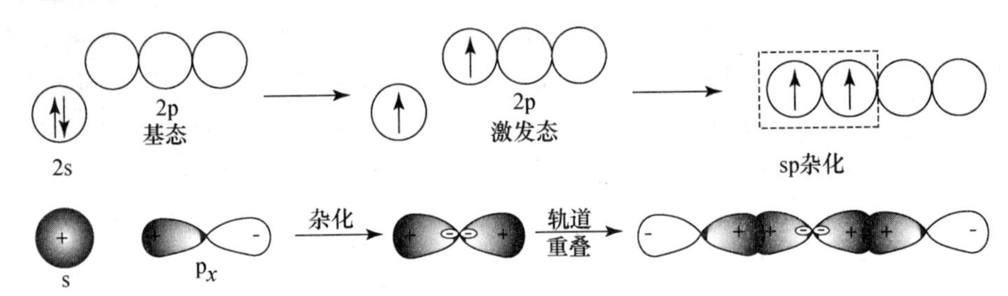

图 10-13 sp 杂化轨道和 $BeCl_2$ 分子的形成

因此，一个 s 轨道和一个 p 轨道杂化可以形成两个 sp 杂化轨道，每个 sp 杂化轨道均含 $\frac{1}{2}$s 轨道成分和 $\frac{1}{2}$p 轨道成分，两个轨道在空间的伸展方向呈直线形，其夹角为 180°。

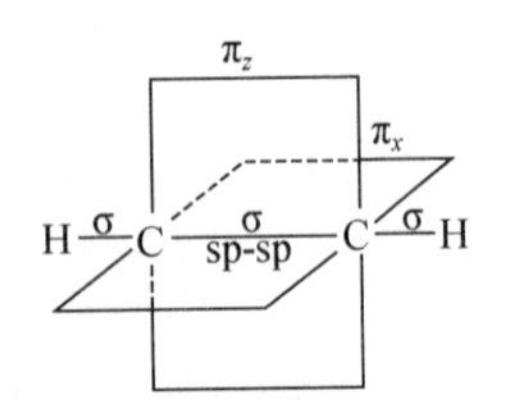

图 10-14 C_2H_2 中的 σ、π 键

Zn、Cd、Hg 价电子构型均为 $(n-1)d^{10}ns^2$，成键时 ns 轨道中一个电子激发到 np 轨道，用 sp 杂化轨道成键，故 $ZnCl_2$、$CdCl_2$、$HgCl_2$、$Hg(CH_3)_2$ 等都为直线形分子。

乙炔(C_2H_2)分子中的 C 原子也是采用 sp 杂化轨道成键的，两个 C 原子以 sp 杂化轨道重叠形成一个 C—C 间的 σ 键，另一个 sp 杂化轨道与氢原子的 1s 轨道重叠形成 C—H 间的 σ 键，每个 C 原子上剩余的两个 p 轨道分别“肩并肩”重叠形成两个相互垂直的 π 键(图 10-14)。

2. sp^2 杂化轨道

实验测得 BF_3 分子呈平面三角形结构，键角为 120°，三个 B—F 键是等同的。杂化轨道理论认为，当 B 原子和 F 原子形成 BF_3 分子时，基态 B 原子 $2s^2$ 中的一个电子激发到 2p 轨道，一个 s 轨道和两个 p 轨道形成三个 sp^2 杂化轨道，再分别与 F 原子的 p 轨道重叠形成三个 σ 键，构成了 BF_3 分子平面三角形的骨架结构(图 10-15)。

一个 s 轨道和两个 p 轨道杂化，可形成三个 sp^2 杂化轨道，轨道间夹角为 120°，每个杂化轨道含 $\frac{1}{3}$ s 轨道成分和 $\frac{2}{3}$ p 轨道成分。

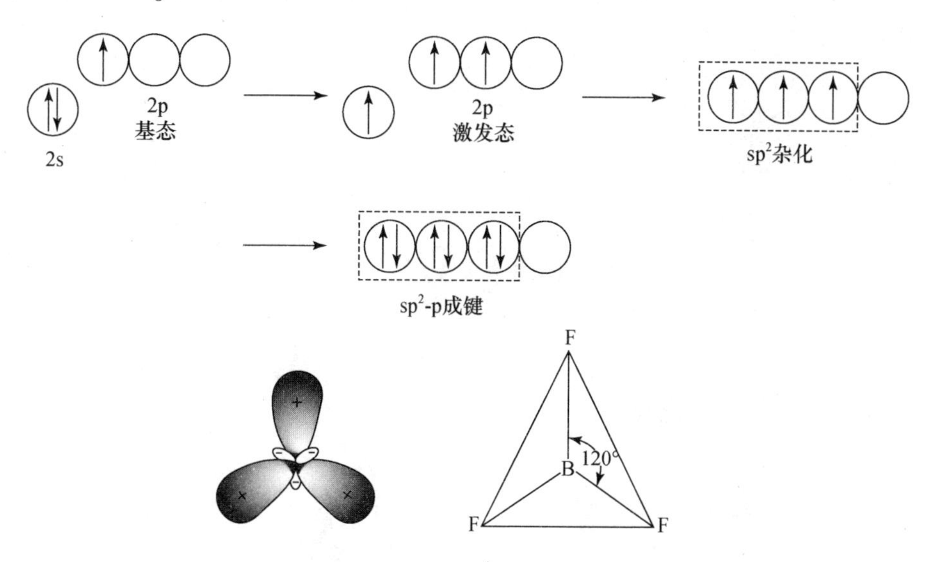

图 10-15　sp^2 杂化及 BF_3 分子构型

乙烯(C_2H_4)分子中的 C 原子也是采用 sp^2 杂化轨道成键的，每个 C 原子各用一个 sp^2 杂化轨道彼此重叠形成 C—C 间的 σ 键，剩余的两个 sp^2 杂化轨道分别与两个 H 原子的 1s 轨道重叠形成 C—H 间 σ 键，构成了 C_2H_4 分子的平面形骨架结构。另外，每个 C 原子上还有一个未参与杂化的 p 轨道，含一个电子，彼此以"肩并肩"的方式重叠形成一个 C—C 间 π 键，垂直于乙烯分子的平面(图 10-16)。C_2H_4 分子中的 C═C 双键，一个是 sp^2-sp^2 杂化轨道形成的 σ 键，另一个是 p-p 轨道形成的 π 键。

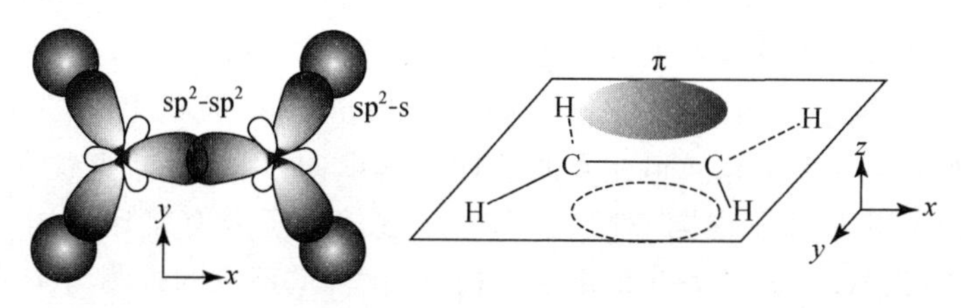

图 10-16　C_2H_4 中的 σ、π 键

BCl_3、BBr_3、SO_3 分子及 CO_3^{2-}、NO_3^- 离子的中心原子均采用 sp^2 杂化，杂化轨道与配位原子的 p 轨道重叠形成 σ 键，因此，它们都具有平面三角形的骨架结构。

3. sp^3 杂化轨道

实验测定 CH_4 分子呈四面体构型，四个 C—H 键等同，键角均为 109°28′。杂化轨道理论认为，当形成 CH_4 分子时，C 原子 $2s^2$ 轨道的一个电子激发到 2p 轨道，一个 s 轨道和三个 p 轨道形成四个 sp^3 杂化轨道，每个杂化轨道和 H 原子的 1s 轨道重叠形成四个 C—H 间的 σ 键，构成 CH_4 分子正四面体的骨架结构(图 10-17)。

一个 s 轨道和三个 p 轨道杂化可形成四个 sp^3 杂化轨道，杂化轨道在空间呈四面体取向，轨道间夹角为 109°28′，每个 sp^3 杂化轨道均含 $\frac{1}{4}$s 轨道成分和 $\frac{3}{4}$p 轨道成分。

CCl_4、$SiCl_4$ 分子及 SO_4^{2-}、ClO_4^- 离子的骨架均由 sp^3 杂化轨道形成的 σ 键构成，它们都为正四面体构型。

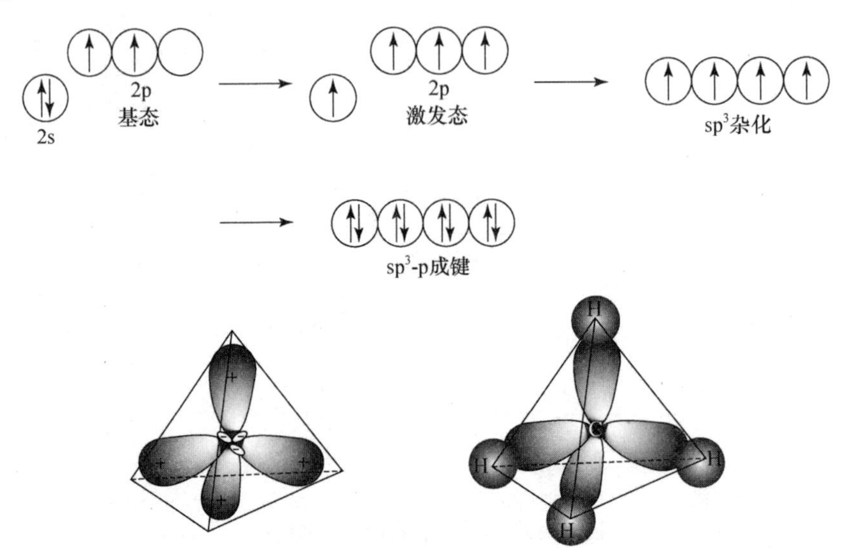

图 10-17 sp^3 杂化及 CH_4 分子的构型

4. sp^3 不等性杂化

NH_3 分子中 N 原子的价电子结构为 $2s^2 2p_x^1 2p_y^1 2p_z^1$，按价键理论，N 原子的三个 p 轨道可与三个 H 原子的 1s 轨道重叠形成三个 σ 键，N—H 键间夹角应为 90°，但实验测定 NH_3 分子中 N—H 键间夹角为 107°20′，可见，价键理论的推论与事实不符。杂化轨道理论认为，NH_3 分子中的 N 原子采用 sp^3 不等性杂化轨道成键(图 10-18)。在四个 sp^3 杂化轨道中有一个轨道被孤对电子占据，其形状和能量更接近于能量较低的 s 轨道，含有较多的 s 轨道成分；其他三个被成键电子占据的杂化轨道含有较多的 p 轨道成分，它们分别与 H 原子的 1s 轨道重叠，形成三个 σ 键。NH_3 分子中，N 原子的四个不等性杂化轨道在空间呈四面体取向，因一个轨道被孤对电子占据，不参与成键，电子云则密集于 N 原子周围，对三个 N—H 键的电子云有排斥作用，使键角由 109°28′ 被压缩到 107°20′，因此 NH_3 分子为三角锥形结构，杂化轨道理论的推测与实验结果一致。

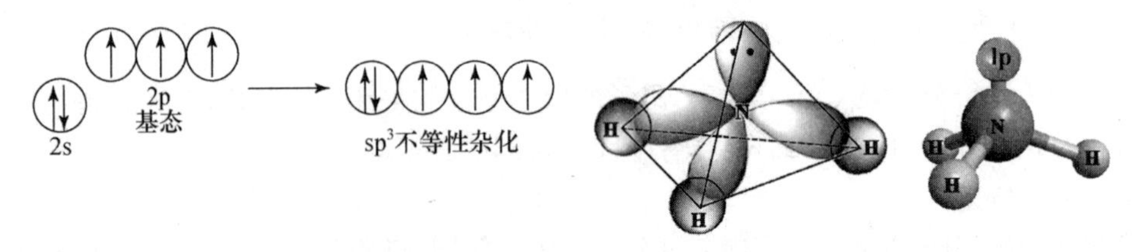

图 10-18 sp^3 不等性杂化及 NH_3 分子的构型(右图为球棍模型)

H_2O 分子 O 原子的价电子结构为 $2s^2 2p^4$，根据价键理论，O 原子用两个 p 轨道分别和 H 原子 1s 轨道形成两个 σ 键，键角应接近 90°，但是实验测得 H_2O 分子中 O—H 键间夹角为 104°45′。杂化轨道理论认为，水分子中的 O 原子采用不等性 sp^3 杂化(图 10-19)，在四个杂化轨道中，有两个被孤对电子占据，另外两个各有一个电子的杂化轨道分别与 H 原子的 1s 轨道重叠形成 σ 键。因两个轨道被孤对电子占据，孤对电子间排斥作用大于成键电子对间的排斥作用，所以 H_2O 分子的键角比 NH_3 分子中的键角更小，为 104°45′，呈折线形结构。

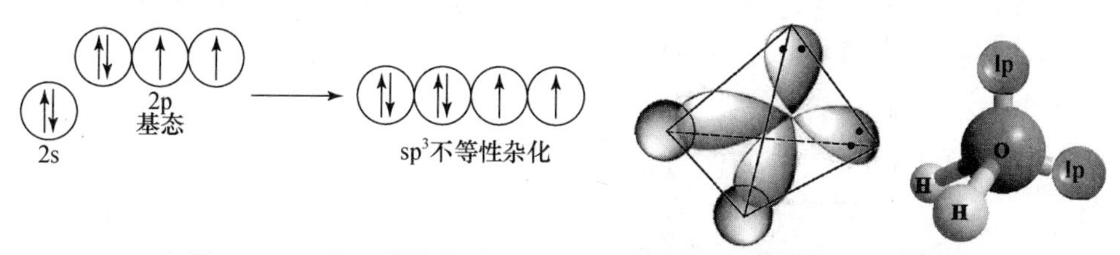

图 10-19　sp^3 不等性杂化及 H_2O 分子的构型(右图为球棍模型)

从以上讨论可以看出，若中心原子采用等性 s-p 杂化轨道成键，在成键过程中总伴随着电子的激发。虽然激发电子需要吸收能量，但 s 轨道中的一个电子激发到空的 p 轨道后，可多形成两个共价键，成键时所释放的能量可以补偿电子激发所需的能量，因此用杂化轨道成键可使体系的能量降低，有利于形成稳定的分子。

NH_3、H_2O 分子中的 N、O 原子不存在空的 p 轨道，所以成键时采用不等性杂化轨道。由于有孤对电子占据杂化轨道，使得四个杂化轨道的形状和能量不尽相同。被孤对电子占据的杂化轨道形状肥大、能量较低，其余杂化轨道能量稍高些，形状接近于 p 轨道。

5. sp^3d 杂化轨道

第三周期元素的原子有空的 d 轨道，可以参与成键，因此也可以参与杂化。由一个 s 轨道、三个 p 轨道和一个 d 轨道参与杂化，可形成五个 sp^3d 杂化轨道，杂化轨道呈三角双锥取向。

实验测定 PCl_5 分子呈三角双锥构型，平面中的三个 P—Cl 键键角为 120°，垂直于平面的两个顶点各有一个 Cl 原子，与平面的夹角为 90°。杂化轨道理论认为，形成 PCl_5 时，P 原子 3s 轨道的一个电子激发到空的 3d 轨道，形成 sp^3d 杂化轨道，每个杂化轨道与 Cl 原子的 p_x 轨道重叠形成五个 P—Cl σ 键，因此 PCl_5 分子的空间构型为三角双锥(图 10-20)。

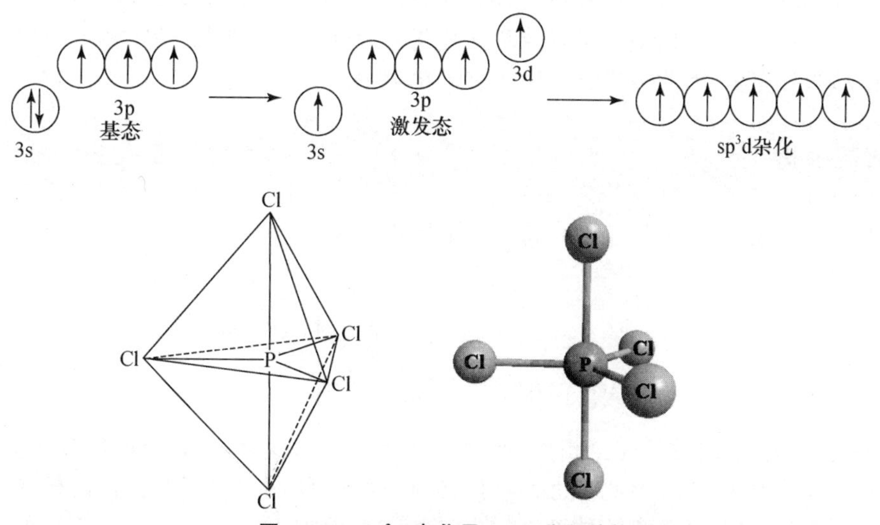

图 10-20　sp^3d 杂化及 PCl_5 分子的构型

6. sp^3d^2 杂化轨道

SF_6 分子为正八面体构型，六个 F 位于正八面体的六个顶点，键角为 90°。杂化轨道理论认为，在形成 SF_6 时，S 原子的 3s 及 3p 轨道中，各有一个电子被激发到 3d 轨道，形成六个 sp^3d^2 杂化轨道，然后与 F 的 p_x 轨道重叠，电子配对形成六个 σ 键，六个杂化轨道在空间的取向为正八面体形，所以 SF_6 为正八面体构型(图 10-21)。

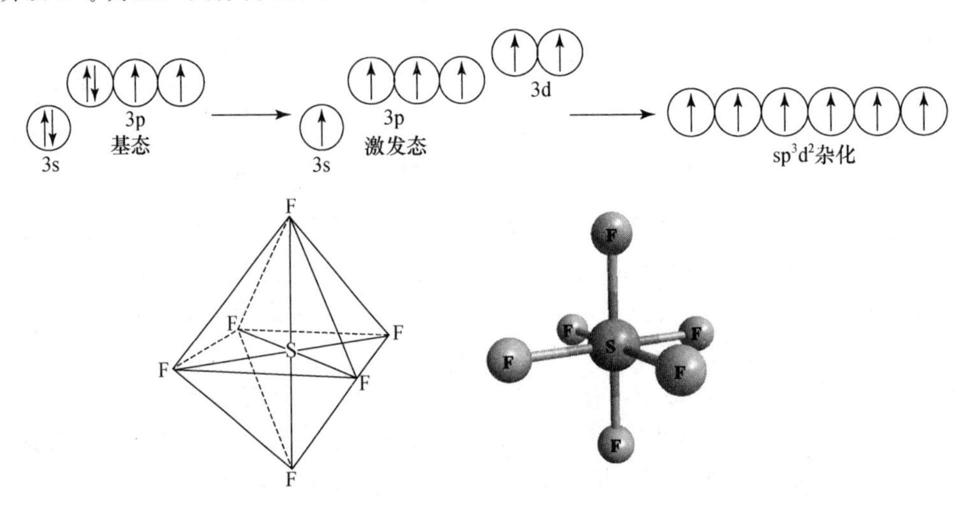

图 10-21 sp^3d^2 杂化及 SF_6 分子的构型

以上介绍了 sp、sp^2、sp^3、sp^3d 及 sp^3d^2 杂化轨道的形成及相关分子的几何构型。杂化轨道都有确定的方向，而且杂化轨道形成的全部是 σ 键。轨道杂化后，电子云密集于一端，另一端分布稀少，用电子云密集的一端与其他原子轨道重叠成键，形成稳定的分子。

杂化轨道理论对分子空间构型的解释与 VSEPR 理论的预测一致，同时，它还解释了分子的成键过程。应该指出，杂化轨道理论虽然可以对实验观察到的一种分子形状的事实进行合理的解释，但杂化轨道不是实际的物理现象，我们也不能观察到原子轨道杂化过程的电子电荷分布的变化。此外，单一的杂化轨道也不能很好地解释某些共价键。尽管如此，杂化轨道理论对含碳分子构型的解释却非常完美，因此被广泛应用于有机化学中。

10.4.4 离域 π 键

按经典 Lewis 学说，SO_2 分子、NO_3^- 离子的结构式应为

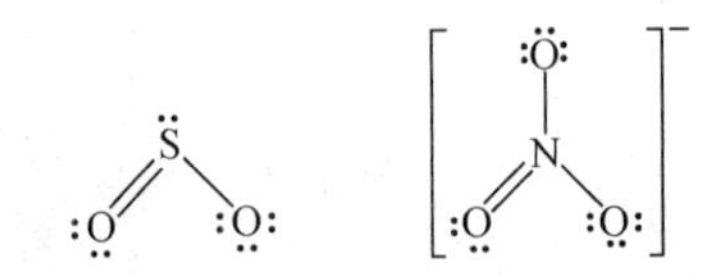

但实验测定 SO_2、NO_3^- 中的键长完全相等，而且是介于单键和双键之间，类似的分子、离子还有 NO_2、O_3、SO_3、CO_3^{2-}、BO_3^{3-} 等，为此 Pauling 于 1931—1933 年间提出了共振体的概念。所谓共振体，是指分子或离子的结构为两个或两个以上结构式的叠加(平均状态)。如 SO_2 的结构为以下两种结构式的叠加：

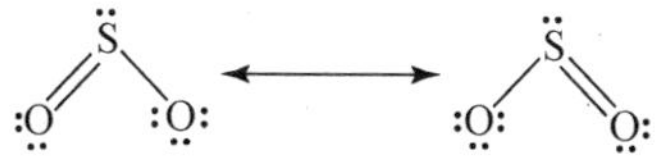

NO_3^- 为下面三个结构式的叠加(有几种合理的 Lewis 结构,就有几种共振体):

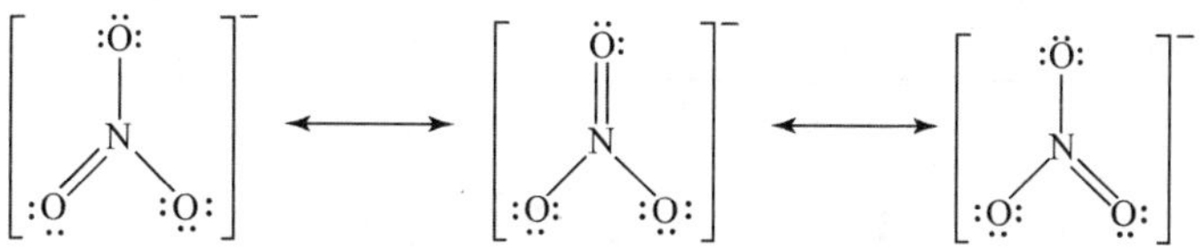

共振概念认为,成键电子对不仅限域在成键的两个原子间运动(定域性),而且可以在多个原子间运动(离域性)。实际上,在上述分子和离子中,除有起骨架作用的 σ 键外,均存在离域 π 键,才使得分子或离子中各键键长均匀化,介于单、双键之间。

一般 π 键是由两个原子的 p 轨道按“肩并肩”方式重叠而成,电子的活动范围限于两个原子之间。由两个以上的 p 轨道按“肩并肩”方式重叠形成的 π 键,称大 π 键或离域 π 键,此时电子运动在形成 π 键的多个原子之间。例如,在 SO_2 分子中,S 原子以 sp^2 杂化轨道与两个 O 原子形成 σ 键,S 未参与杂化的 p 轨道(含两个电子)与每个 O 原子的 p 轨道(含一个电子)“肩并肩”重叠,形成具有三原子、四电子的离域 π 键,表示为 π_3^4;在 NO_3^- 离子中,N 原子以 sp^2 杂化轨道与 O 形成三个 σ 键,另一个 p 轨道(含两个电子)与三个 O 原子的 p 轨道(含一个电子)及 NO_3^- 所带负电荷的电子,形成 π_4^6 离域 π 键。又如苯分子中,六个碳原子的成键情况(键长、键角、键能)是等同的,杂化轨道理论认为,苯分子中的碳原子采用 sp^2 杂化形成三个杂化轨道,其中一个杂化轨道和氢原子的 1s 轨道形成 σ 键,另外两个杂化轨道和相邻碳原子形成两个 σ 键,组成平面正六角形的骨架结构,此外每个碳原子还剩一个垂直于该平面的 p 轨道,而且相互平行(图 10-22),每个 p 轨道上有一个电子,这六个相互平行的 p 轨道以“肩并肩”的方式重叠形成 π_6^6 大 π 键,六个 p 电子运动在六个碳原子之间。

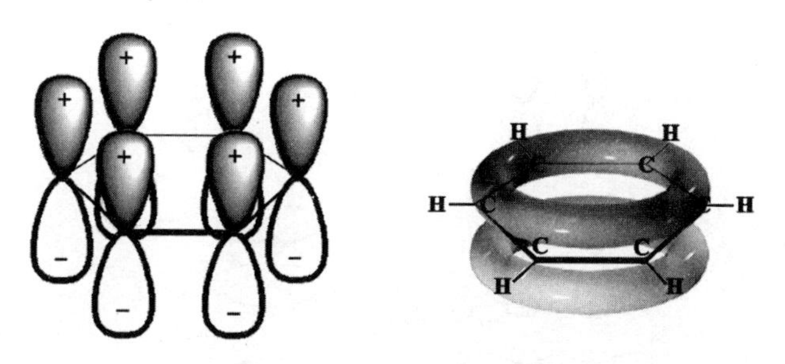

图 10-22 苯分子结构和离域 π 键

苯分子中离域 π 键的形成圆满地解释了六个碳原子成键的等同性,苯中 C—C 键长为139 pm,介于 C═C 键长(133 pm)和 C—C 键长(154 pm)之间。通常将苯分子的结构写成⌬。

由以上可见,要形成 p-p 离域 π 键需具备几个条件:① 参与形成大 π 键的原子必须共面;② 每个原子必须提供一个相互平行的 p 轨道,并垂直于原子所在的平面;③ 形成大 π 键的原子所提供的 p 电子数目必须小于 p 轨道数目的两倍。因此,只有在 sp 或 sp^2 杂化时,才有可能形成 p-p 离域 π 键。现将常见分子、离子中存在的离域 π 键列于表 10-6。p-d 轨道间也可形成离域 π 键,在此不作叙述。

表 10-6 常见分子、离子中的离域 π 键

分子或离子	NO_2	N_2O、CO_2、$BeCl_2$	SO_2、O_3	SO_3、BF_3、NO_3^-、CO_3^{2-}、BO_3^{3-}	C_6H_6
杂化轨道	sp^2	sp	sp^2	sp^2	sp^2
几何构型	折线形	直线形	折线形	平面三角形	六边形
离域 π 键	π_3^3 或 π_3^4	π_3^4（两个）	π_3^4	π_4^6	π_6^6

10.5 分子轨道理论

10.5.1 分子轨道理论概述

价键理论很好地解释了共价键的本质和分子（或离子）的几何构型，但是却不能回答 O_2 分子的顺磁性和 H_2^+ 离子为什么稳定等问题。为此，在量子力学的基础上分子轨道理论应运而生。分子轨道理论由美国化学家马利肯（R. S. Mulliken）和德国物理学家 F. H. Hund 等人于 1932 年前后提出，其要旨是将分子作为一个整体，电子在整个分子势场范围内运动，其运动轨迹可近似地由原子轨道波函数线性组合形成的分子轨道波函数（简称分子轨道）来描述。

原子轨道线性组合时，当两个原子轨道波函数相加，即 $\Psi=\varphi_1+\varphi_2$，原子间的电子云密度增加，其能量较原来的原子轨道能量降低，所形成的分子轨道为**成键轨道**（bonding orbital），用 σ（头碰头）或 π（肩并肩）表示；当两个原子轨道波函数相减，即 $\Psi=\varphi_1-\varphi_2$，原子间的电子云密度减小，其能量较原来的原子轨道能量升高，所形成的分子轨道为**反键轨道**（antibonding orbital），用 σ^* 或 π^* 表示（图 10-23）。因此，分子轨道的数目为组成分子的各原子的原子轨道数目之和。

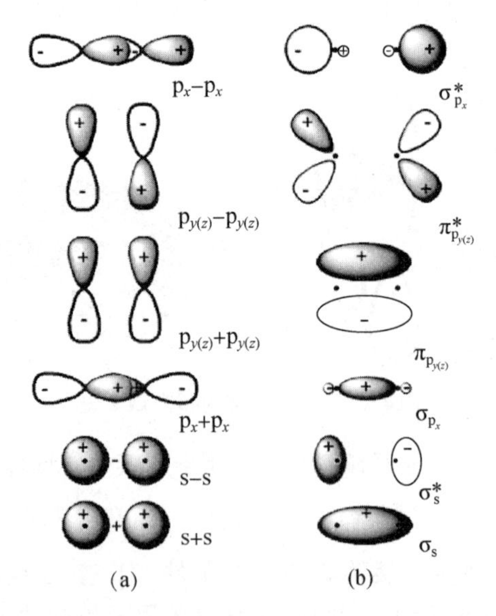

图 10-23 原子轨道的线性组合(a)和分子轨道图(b)

原子轨道波函数进行有效线性组合形成分子轨道必须满足三条原则，即对称性匹配原则、能量近似原则和最大重叠原则。

（1）**对称性匹配原则**：原子轨道波函数相互叠加组成分子轨道时，要像波叠加一样需要考虑位相的正负号，如图 10-23(a)所示，σ 和 π 成键分子轨道都是由两个原子轨道波函数同号区域（正值与正值部分，负值与负值部分）相重叠而成；而 σ^* 和 π^* 反键分子轨道则是由波函数异号区域（正与负，负与正）相叠加而成。

（2）**能量近似原则**：是指只有能量相近的原子轨道才能组合成有效的分子轨道。如图 10-23 所示，同核双原子分子中，两个原子能量等同的 1s（或 2s、2p）轨道组合成分子轨道；而内层的 1s 轨道不可能和能量相差很大的 2s、2p 轨道组合成分子轨道；至于 2s 和 2p 轨道之间能否进行组合，取决于 2s 和 2p 原子轨道间能量差是多少。这个能量差则随原子不同而异。

（3）**最大重叠原则**：是指两个原子轨道要有效组成分子轨道，必须尽可能多地重叠，以使成键分子轨道的能量尽可能降低。

分子轨道的能量与组成它的原子轨道能量相关，能量由低到高组成分子轨道能级图（图 10-23(b)）。

电子在分子轨道上的排布也遵从原子轨道电子排布的同样原则，即每个分子轨道最多能容纳两个自旋相反的电子（Pauli 原理）；电子总是尽量占据能量最低的轨道，只有当能量较低的轨道填满以后，才开始填入能量较高的轨道（能量最低原理）；当电子填入两个或多个等能量的轨道（又称简并分子轨道）时，电子总是先以自旋相同的方式占据这些轨道直到半充满（Hund 规则）。

在价键理论中，以键的数目来表示键级；在分子轨道理论中，则以成键电子数与反键电子数之差（即净成键电子数）的一半来表示键级，即

$$键级=\frac{成键电子数-反键电子数}{2}$$

10.5.2　同核双原子分子的电子结构

两个 H 原子形成 H_2 时，两个电子以自旋相反的方式优先填入能量最低的 σ_{1s} 成键分子轨道，而 σ_{1s}^* 反键轨道是空着的（图 10-24(a)），可用轨道式 $(\sigma_{1s})^2$ 来表示，其键级为 1。

从 H_2 分子中电离出一个电子，得到 H_2^+ 离子（图 10-24(b)），其中只有一个未成对电子填在成键轨道上，称为单电子键。H_2^+ 离子的存在是 Lewis 电子配对和价键理论成键概念所不能解释的，但用分子轨道理论很容易理解。

两个 He 原子组成分子时，两对电子分别占据成键轨道和反键轨道（图 10-24(c)），电子排布为 $(\sigma_{1s})^2(\sigma_{1s}^*)^2$，键级为 0，意味着处于成键轨道和反键轨道中电子的能量相互抵消，不能成键。因此，"He_2 分子"实际上是不存在的。

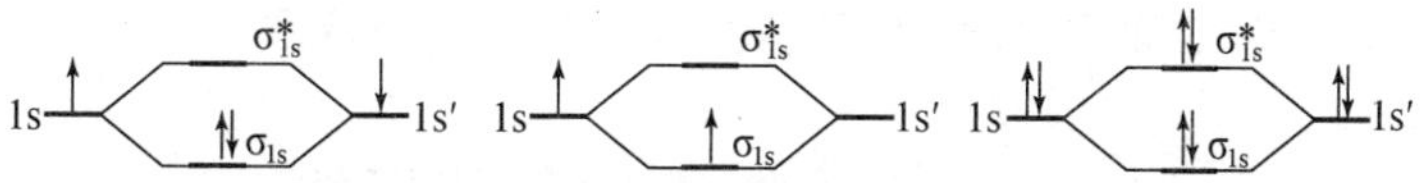

(a) H_2分子基态　(b) H_2^+离子　(c) "He_2分子"

图 10-24　H_2 分子、H_2^+ 离子、"He_2 分子"的电子排布

分子轨道的能级高低和能级顺序不是一成不变的。第二周期从左到右随着各元素原子核电荷的递增，内层原子轨道离核越近，2s-2p 轨道的能量差逐渐增大。因此，对于 Li、B、C、N 原子，2s-2p 能量差较小，当形成分子时，一个原子的 2s 电子与另一原子的 2p 电子间的作用不能忽略，

致使 σ_{2p_x} 能量升高而位于 π_{2p_y} 和 π_{2p_z} 之上。对于 O_2 和 F_2 分子，由于 2s-2p 能量差较大，原子间 2s 和 2p 电子的相互作用完全可以不予考虑。图 10-25 是上述两种情况下的分子轨道能级示意图。分子轨道能级高低可以通过分子光谱实验确定，实验结果与理论计算值大致相符。

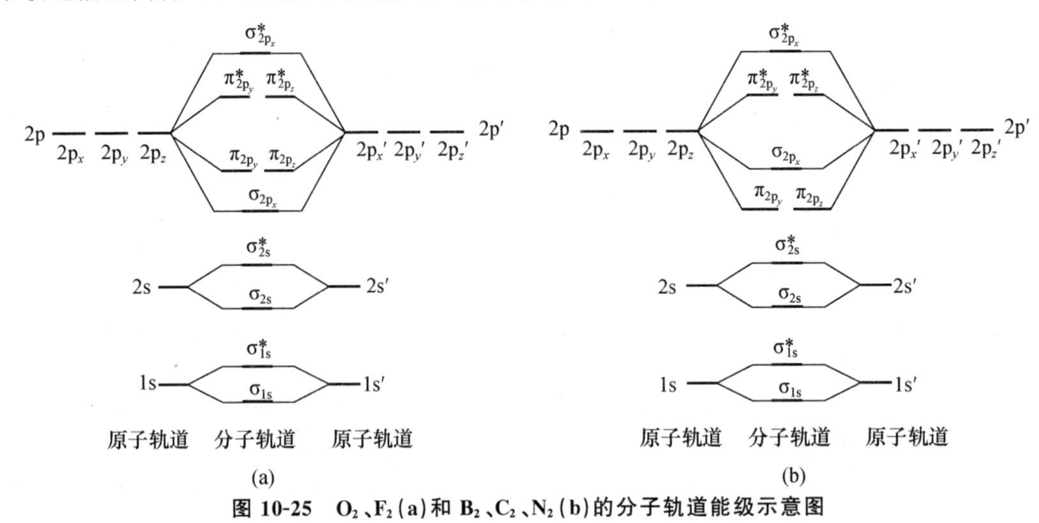

图 10-25　O_2、F_2(a)和 B_2、C_2、N_2(b)的分子轨道能级示意图

如上所述，O_2 的分子轨道能级如图 10-25(a)，两个氧原子的 16 个电子的 14 个电子按能量最低原理依次填入 σ_{1s}、σ^*_{1s}、σ_{2s}、σ^*_{2s}、σ_{2p} 和两个简并的 π_{2p} 轨道中，剩余的两个电子根据 Hund 规则以自旋相同方式分别填入两个简并的 π^*_{2p} 轨道中，因此其电子排布为：$(\sigma_{1s})^2(\sigma^*_{1s})^2(\sigma_{2s})^2(\sigma^*_{2s})^2(\sigma_{2p_x})^2(\pi_{2p_y})^2(\pi_{2p_z})^2(\pi^*_{2p_y})^1(\pi^*_{2p_z})^1$，也可简化为：$KK(\sigma_{2s})^2(\sigma^*_{2s})^2(\sigma_{2p_x})^2(\pi_{2p_y})^2(\pi_{2p_z})^2(\pi^*_{2p_y})^1(\pi^*_{2p_z})^1$。因此，$O_2$ 的键级为 2，O_2 分子中含有两个未成对电子，O_2 分子具有磁性。

N_2 的分子轨道能级如图 10-25(b)，其电子排布为：$KK(\sigma_{2s})^2(\sigma^*_{2s})^2(\pi_{2p_z})^2(\pi_{2p_y})^2(\sigma_{2p_x})^2$。$N_2$ 的键级为 3，其中包括 1 个 σ 键和两个 π 键，这和价键理论的结果一致。N_2 分子中没有未成对电子，所以其抗磁性也得到了满意的解释。

根据历史发展的过程，共价键理论经历了 Lewis 学说、价键理论和分子轨道理论等阶段，但并不能说现代的分子轨道理论已经可以完全代替价键理论。实际上，这两种理论各有优缺点：价键理论将共价键看作两个原子之间的定域键，反映了原子间的直接相互作用，虽不全面，但却形象直观而易于与分子的几何构型相联系，因此受到化学家的广泛欢迎；分子轨道理论则着眼于分子的整体性，数学形式更完整，可以合理解释某些价键理论不能说明的问题。例如，它成功地解释了三电子键和单电子键的存在、O_2 分子的磁性等，并且通过电子离域概念令人满意地处理了大量多原子 π 键体系。但是分子轨道理论的缺点是不够直观，不易与实际情况相联系。随着计算机技术的发展和普及，目前分子轨道理论的发展较快、应用较广。

10.6　分子的极性和偶极矩

10.6.1　分子的极性

从上述讨论可知，原子间通过共用电子对形成共价键。当两个相同元素的原子共用电子对时，电子对不偏向于任何一方，所形成的共价键称为非极性共价键(nonpolar covalent bonds)；当两个不同元素的原子共用电子对时，电子对将偏向于电负性大(即吸引电子能力强)的原子，以至于电负性大的原子带有部分的负电荷，电负性小的原子带有部分的正电荷，这种共用电子对发生偏移的共价键称为极性共价键(polar covalent bonds)。

在由非极性共价键形成的双原子分子中，由于两原子的电负性相同，正、负电荷重心重合，这类分子为非极性分子(nonpolar molecules)，例如 H_2、O_2、N_2 等为非极性分子；在由极性共价键形成的双原子分子中，因两原子的电负性不同，所形成分子的正、负电荷重心不重合，表现出一定的极性，这类分子为极性分子(polar molecules)，如 HX 分子。一般说来，两原子的电负性差越大，键的极性越强，所以对异核双原子分子而言，共价键的极性和分子的极性是一致的。

在多原子分子中，分子的极性除与键的极性有关外，还与分子构型是否对称有关。如在 CH_4 分子中，四个 C—H 键均为极性共价键，但因 CH_4 呈四面体对称结构，正、负电荷的重心均在正四面体的中心，故为非极性分子。又如 CO_2、CS_2，也因分子呈直线形对称而无极性，而 NH_3、H_2O 分子因结构的不对称，使得正、负电荷重心不重合，所以它们为极性分子。

表 10-7 列出了一些分子的几何构型和极性的关系。由表可知，根据分子的几何构型可以判断分子的极性，反之也可根据分子的极性来判断分子中原子的排布是否对称，从而获得有关分子几何构型的启示。

表 10-7 分子的极性和几何构型

分子类型		几何构型		极性	实例
双原子分子	A_2	A—A	直线形	非极性	H_2、O_2、Cl_2
	AB	A—B	直线形	极性	CO、HF、HCl
三原子分子	AB_2	B—A—B	直线形	非极性	CO_2、CS_2、$BeCl_2$
	AB_2	B／A＼B	弯曲形	极性	H_2O、SO_2、NO_2
	ABC	B—A—C	直线形	极性	HCN
四原子分子	AB_3	A 连 B（上）、B、B	平面三角形	非极性	BF_3、BCl_3、SO_3
	AB_3	A 连 B、B、B	三角锥形或 T 字形	极性	NH_3、$AsCl_3$、ClF_3
五原子分子	AB_4	A 连 B（上）、B、B、B	正四面体	非极性	CH_4、CCl_4、$SiCl_4$
	AB_3C	A 连 B（上）、B、C、B	四面体	极性	CH_3Cl、$CHCl_3$

同种原子形成的多原子分子如P_4、S_8等为非极性分子；O_3因是弯曲形结构使得电子云分布不均匀而引起正、负电荷重心的分离，因此具有极性。

10.6.2 偶极矩

分子极性的大小可用偶极矩(dipole moment)来度量，用符号μ表示。偶极矩是一个矢量，其方向为从正到负。其数值等于极性分子(偶极子)正、负电荷重心间距离(偶极长)d与偶极电量q的乘积，即

$$\mu = d \cdot q \tag{10-2}$$

分子中原子间距离的数量级为10^{-8} cm，电子电量的数量级为10^{-10} esu(静电单位)，因此曾将10^{-18} cm・esu作为偶极矩μ的单位，称"德拜"(Debye)，用D表示。在国际单位制中，电子电量等于1.6×10^{-19}库仑(C)，分子中，原子间距离的数量级为10^{-10} m，所以偶极矩的数量级为10^{-30} C・m，1 cm・esu$=3.336\times10^{-12}$ C・m，所以1D$=3.336\times10^{-30}$ C・m。

偶极矩可用实验方法测定，它是分子中所有化学键键矩的矢量和。表10-8为一些分子的偶极矩。在双原子分子中，两原子间的偶极矩亦称键矩，原子间电负性差值越大，键矩越大，分子的极性越强，例如从HF到HI，电负性差值逐渐减小，相应的偶极矩逐渐减小。但对多原子分子而言，分子的极性由测定的偶极矩确定，键的极性可由偶极矩计算得到。同时，偶极矩也是推测和验证分子构型的一个重要参数，如实验测定H_2O、NH_3分子的偶极矩不等于零，推测H_2O分子不是直线形，NH_3分子不是平面三角形构型。多数分子都可以根据测定的偶极矩来判断是否为对称结构，$\mu=0$的分子是结构对称的非极性分子，$\mu\neq0$的分子则为结构不对称的极性分子，而且分子的极性随μ的增大而增强。

表10-8 一些分子的偶极矩(单位：10^{-30} C・m)

分子	偶极矩	分子	偶极矩	分子	偶极矩
H_2	0	H_2O	6.18	$CHCl_3$	3.64
N_2	0	H_2S	3.64	C_2H_5OH	5.61
CO_2	0	H_2O_2	7.05	CH_3COOH	5.71
CS_2	0	HCN	7.0	HF	6.34
BF_3	0	SO_2	5.28	HCl	3.57
CH_4	0	CO	0.40	HBr	2.64
CCl_4	0	NH_3	4.91	HI	1.27

10.7 分子间作用力和氢键

10.7.1 分子间作用力

原子间靠化学键结合成分子，化学键的键能一般在100～600 kJ・mol^{-1}，分子与分子之间也存在着作用力，但比化学键弱得多，只有几到几十kJ・mol^{-1}，比化学键小1～2个数量级，所以

通常不影响物质的化学性质，但它是决定物质的熔沸点、气化热、溶解度等物理性质的重要因素。

稀有气体及 H_2、O_2、N_2、Cl_2、Br_2、NH_3、H_2O 等分子能够液化或凝固，说明分子间作用力存在。分子间作用力(intermolecular force)也称 van der Waals 引力，作用力的范围为 300～500 pm。分子间作用力包括取向力、诱导力、色散力，现分述如下：

1. 取向力

极性分子是偶极子，它的偶极称为固有偶极，因此具有正、负两极。当极性分子相互靠近时，同极相互排斥，异极相互吸引，使分子按一定的取向排列(图 10-26)。1912 年 Keeson 首先提出极性分子固有偶极间存在着作用力，后将固有偶极之间的作用力称为取向力。取向力存在于极性分子之间，分子的极性越强，取向力也越强；分子间距离增大，取向力急剧减小；温度升高，分子热运动加剧，分子取向混乱，取向力减小。

图 10-26　取向力的产生

2. 诱导力

1921 年荷兰科学家 P. J. W. Debye 提出极性分子和非极性分子之间存在作用力。当极性分子和非极性分子靠近时(图 10-27(a))，极性分子固有偶极产生的电场使非极性分子发生变形，使原来正、负电荷重心重合的非极性分子产生了诱导偶极(图 10-27(b))。固有偶极与诱导偶极之间的作用力称诱导力。极性分子的极性越强，非极性分子的变形越大，诱导力越强。极性分子间相互作用时，每个极性分子也会因变形产生诱导偶极，所以在极性分子间也存在诱导力。

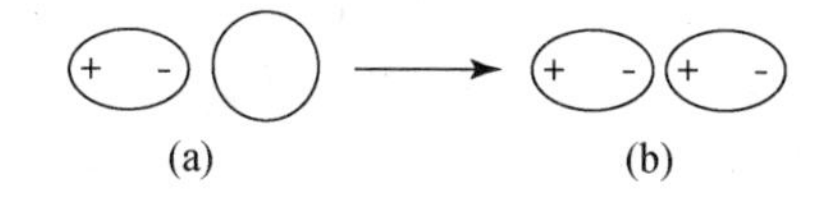

图 10-27　诱导力的产生

3. 色散力

1930 年 London 用量子力学方法计算证明，非极性分子之间也存在作用力。非极性分子正、负电荷重心相重合，电子云均匀、对称地分布在原子核周围(图 10-28(a))，这是从电子云在空间出现概率的统计规律而言的。实际上，分子中的电子在不断地运动，原子核也在不停地振动，因此经常发生电子和原子核之间的瞬时相对位移，产生瞬时偶极(图 10-28(b))。此瞬时偶极可使与它相邻的另一非极性分子产生瞬时诱导偶极，于是两个瞬时偶极就趋于异极相邻的状态(图 10-28(c))，从而产生分子间作用力。由于电子的运动和核的振动是持续不断的，这种异极相邻状态也在不断地重复着，所以，虽然瞬时偶极存在时间不长，但是分子间作用力却始终存在着，瞬时偶极子间的作用力称色散力。一般情况下，分子的变形性越大，色散力越大。

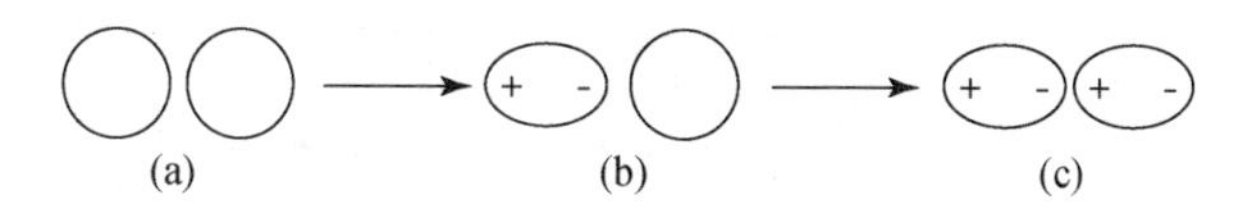

图 10-28　非极性分子间色散力的产生

综上所述,分子间的三种作用力,非极性分子间只存在色散力;极性和非极性分子间存在诱导力和色散力;极性分子间存在取向力、诱导力和色散力。因此,色散力存在于一切分子之间。表 10-9 列出了一些分子三种作用力的分配情况。

表 10-9 分子间作用力($kJ \cdot mol^{-1}$)的分配

分 子	$\mu/(10^{-30}\ C \cdot m)$	取向力	诱导力	色散力	总作用力
Ar	0	0	0	8.50	8.50
Xe	0	0	0	17.41	17.41
CO	0.39	0.003	0.008	8.75	8.75
HI	1.40	0.025	0.113	25.87	26.00
HBr	2.67	0.69	0.502	21.94	23.11
HCl	3.60	3.31	1.00	16.83	21.14
NH_3	4.90	13.31	1.55	14.95	29.60
H_2O	6.17	36.39	1.93	9.00	47.31

分子间作用力的本质是静电作用力,只有分子间相距较近时才起作用,分子远离,作用力迅速减小。根据理论推导,分子间作用力与分子间距离的六次方成反比,因而又将此种作用力称为短程力。

分子间作用力对物质的物理性质起着重要作用。关于物质的溶解性有一经验规律,即相似相溶。相似是指溶质和溶剂的结构相似或极性相似,可以说相似的本质来自溶质和溶剂分子间的作用力(包括氢键)相似。例如,NH_3 极易溶于水,因为二者都是强极性分子,相互间存在着强烈的分子间作用力(及氢键),故易相溶。而一些有机物,如苯,不易溶于水,而易溶于非极性溶剂中,这是因为它们之间存在着较强的色散力所致。又如,水(HOH)和甲醇(CH_3OH)、乙醇(C_2H_5OH)的结构相似,可以无限混溶;戊醇($CH_3—(CH_2)_4—OH$)中虽有—OH,但因碳氢链尾巴太长,和水的相似程度降低了,只能有限混溶。

用这条经验规律也可解释一些无机物在水中的溶解情况。如稀有气体从 He 到 Xe 在水中的溶解度逐渐增大,这与随着分子体积增大,色散力增大是一致的,但因诱导力很弱,所以它们在水中的溶解度都是很小的。

分子间作用力的大小对物质的聚集状态、熔点、沸点起着决定性的作用。如在通式为 C_nH_{2n+2} 的烷烃中,随着 n 的增大,由气态过渡到液态、固态(n 在 17 以上的烷烃都为固态),熔、沸点逐次升高。卤素分子由 F_2 到 I_2 分子间的色散力增大,所以在常温下 F_2、Cl_2 为气态,Br_2 为液态,I_2 为固态。

表 10-10 一些分子的熔、沸点

分 子	C_4H_{10}	$(CH_3)_2CO$	Br_2	ICl	$C_2H_2Cl_2$(反式)	$C_2H_2Cl_2$(顺式)
分子量	58	58	160	163	97	97
极性	非极性	极性	非极性	极性	非极性	极性
熔点/℃	−138.3	−94.7	−7.2	27.38	−49.8	−80.0
沸点/℃	−0.5	56.05	58.8	94.4	48.7	60.1

10.7.2　氢键

氢键比化学键弱，但比分子间作用力强，氢键不仅存在于分子之间，而且也存在于分子内部。由分子间作用力分析，卤素、氧族、氮族元素氢化物的熔(沸)点按族由上而下应逐渐增大，可是实验结果表明，HF、H_2O 和 NH_3 的熔、沸点较特殊，均高于本族其他氢化物(图 10-29)，说明这些分子间还存在着另一种作用力，此种作用力为氢键(hydrogen bond)。

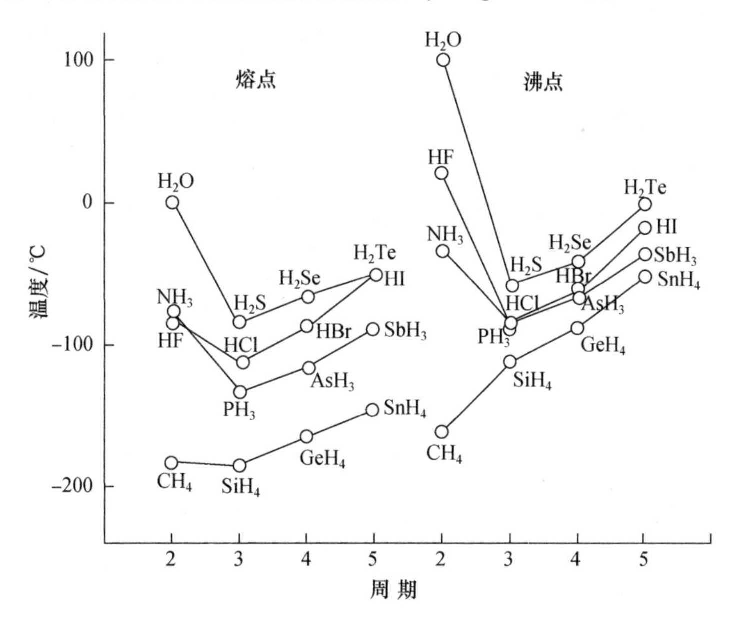

图 10-29　ⅣA～ⅦA 族氢化物的熔、沸点

1. 氢键的形成

在 HF 分子中，H 和 F 原子以共价键相结合，但电子对强烈偏向 F 原子一方，结果使 H 原子一端显电正性，F 原子一端显电负性。由于 H 原子半径很小，又只有一个电子，当电子强烈地偏向 F 原子后，本身几乎成为一个裸露的质子，正电荷密度很高，可以和相邻的 HF 分子中的 F 原子产生静电吸引作用，形成氢键，气、液、固态 HF 中都存在着氢键。$(HF)_n$ 中的氢键表示为 F—H…F(图 10-30(a))。

不仅同种分子间可形成氢键，不同种分子间也可形成氢键，例如 NH_3 和 H_2O 分子间的氢键可表示如图 10-30(b)。

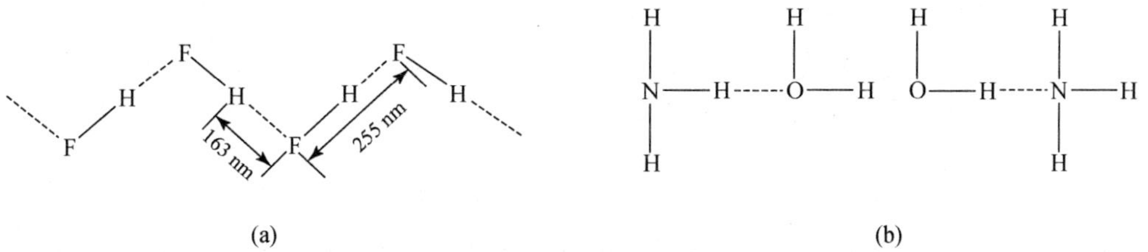

(a)　(b)

图 10-30　固体 HF 中(a)和 NH_3、H_2O 间(b)的氢键

氢键的通式可表示为X—H…Y,其中X、Y均是电负性较大、半径较小的非金属原子,如F、O、N等,X、Y可是同种原子,也可是不同种原子。

2. 氢键的本质与特点

氢键与分子间作用力有以下两点不同:

饱和性:因H原子体积小,而X、Y原子体积比较大,当H与X、Y形成氢键后,如果再有第三个电负性较大的原子靠近H原子时,则要受到X、Y的强烈排斥,所以氢原子只能邻接两个电负性较大的原子,这就是氢键的饱和性。

方向性:当X、Y与H原子处于一条直线(X—H…Y)上时,X、Y间的距离最远,斥力最小,同时X—H的偶极矩与Y原子的作用最强烈,所以氢键的键角一般接近180°。

由于氢键具有以上特点,所以常把氢键称为有方向性和饱和性的分子间作用力。

3. 氢键的键长和键能

氢键的键能较小,键长较长,通常原子的电负性越大、半径越小,所形成的氢键越强,键能越大。如F—H…F为最强的氢键,O—H…O、O—H…N、N—H…N的强度依次减弱,Cl的电负性虽与N相同,但半径比N大,只能形成很弱的氢键O—H…Cl, Br、I、S、C原子一般不形成氢键。表10-11列出了一些常见氢键的键能和键长。表中键能指X—H…Y ⟶X—H+Y所需的能量,键长指X—H…Y中X原子中心到Y原子中心的距离。

表10-11 氢键的键能和键长

氢键类型	键能/($kJ \cdot mol^{-1}$)	键长/pm	化合物
F—H…F	28.1	255	$(HF)_n$
O—H…O	18.8	276	冰
	29.3	267	$(HCOOH)_2$
N—H…F	20.9	268	NH_4F
N—H…O	20.9	286	CH_3CONH_2
N—H…N	5.4	338	$(NH_3)_n$

4. 氢键的种类

氢键有分子间氢键和分子内氢键。由两个或两个以上分子形成的氢键为分子间氢键;同一个分子内形成的氢键为分子内氢键。HF、NH_3、H_2O分子均形成分子间氢键,图10-31示出二聚甲酸分子和H_3BO_3晶体中的氢键。

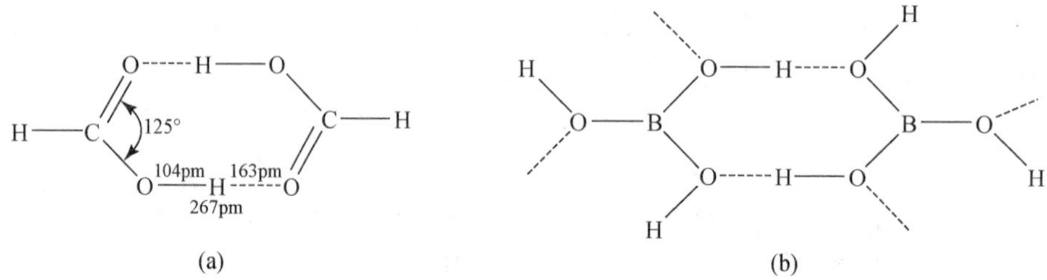

图10-31 甲酸二聚分子(a)和H_3BO_3晶体(b)中的氢键

分子内氢键常见于邻位有合适取代基的芳香族化合物,如邻硝基苯酚、邻苯二酚等(图10-32)。由于受环状结构中其他原子间键角的限制,分子内氢键的键角不是180°,往往在150°左右。

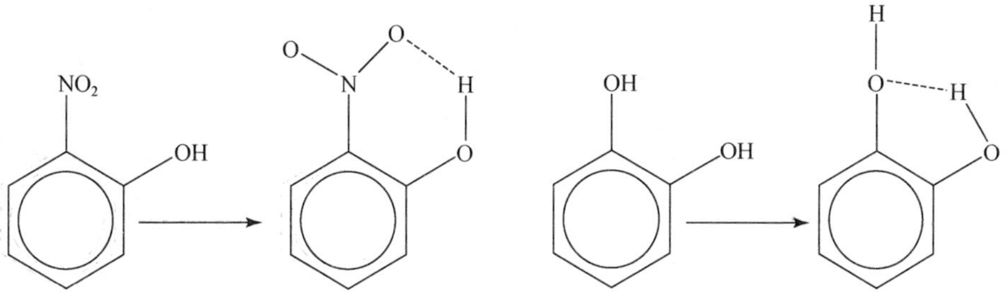

(a)　　(b)

图 10-32　邻硝基苯酚(a)和邻苯二酚(b)中的分子内氢键

类似以上芳香族化合物，如取代基处于间位或对位，不易形成分子内氢键，而形成分子间氢键。

5．氢键对物质性质的影响

氢键存在于许多化合物中，如在水、醇、酚、酸、羧酸、氨、胺、氨基酸、蛋白质等中都存在氢键。氢键对物质性质的影响是多方面的，以下简述几点：

(1) 对物质熔、沸点的影响。分子间的氢键使物质的熔、沸点升高，因固体熔化和液体气化都需要能量破坏分子间氢键，例如ⅤA、ⅥA、ⅦA 族氢化物中的 NH_3、H_2O、HF，由于氢键的存在，它们的熔、沸点都高于同族氢化物。除 NH_3、H_2O、HF 外，其他氢化物的熔、沸点随分子量增大，分子间作用力增强而逐渐升高。ⅣA 族所有氢化物的熔、沸点都随分子量的增大而升高(参见图 10-29)。

凡是与熔、沸点有关的性质如熔化热、气化热、蒸气压等的变化，都与上面讨论的情况相似。

分子内的氢键，常使其熔、沸点低于同类化合物，如邻硝基苯酚的熔点是 45℃，而间硝基苯酚、对硝基苯酚的熔点分别为 97℃和 114℃。因为邻硝基苯酚存在分子内氢键，不再形成分子间氢键，而物质熔化或沸腾时并不破坏分子内氢键；间硝基苯酚或对硝基苯酚由于形成分子间氢键，故熔、沸点较高。

(2) 对水及冰密度的影响。一个水分子可以与周围的四个水分子通过氢键形成正四面体构型(图 10-33(a))。在冰中，所有的水分子通过四个氢键组成刚性的空间结构，由此留有大量的空腔(图 10-33(b))，致使冰的密度小于水。冰的熔化热为 6.01 $kJ \cdot mol^{-1}$，只有氢键键能

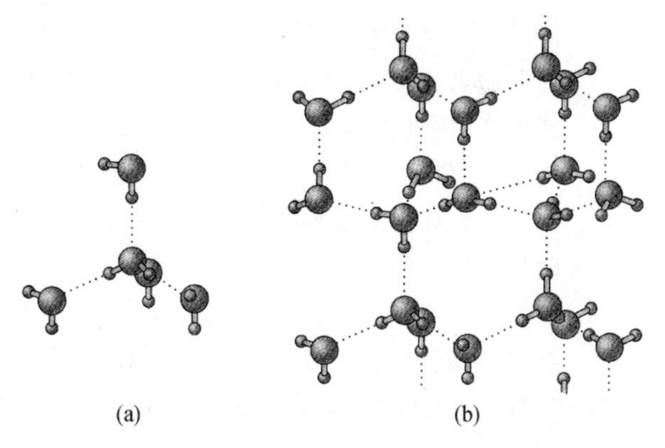

(a)　　(b)

图 10-33　水分子间的氢键(a)和冰的结构(b)

(18.8 kJ·mol^{-1})的30%，因此，当冰在冰点融化时，虽然冰的总体骨架崩溃，但只有部分氢键被破坏。在冰点以上的水，随着温度的升高，氢键逐渐断开，使得水的体积逐渐减小，密度逐渐增大，结果在3.98℃时密度达到最大值。在此温度以上，水的行为就像“正常液体”一样，随着温度的升高，其密度逐渐减小。即使温度到达沸点，水分子之间还有氢键存在，使其沸点远高于同族元素的氢化物。

(3) 对物质溶解度的影响。在极性溶剂中，如果溶质分子与溶剂分子之间形成氢键，则使溶质的溶解度增大。水是极性分子，它既能为形成氢键提供H，又可通过氧原子接受H，所以凡是能通过接受H或提供H与水分子形成氢键的物质皆易溶于水。例如，分子中含有—OH、—NH_2、—COOH、—SO_3H等基团，易和水形成氢键而溶解，因此这些基团称为亲水基团。分子中亲水基团增加，在水中的溶解度增大，如C_3H_7OH和C_3H_7Cl的偶极矩相近，后者难溶于水，前者因能与水形成氢键而无限混溶。

如果溶质分子形成分子内氢键，则在极性溶剂中的溶解度减小，而在非极性溶剂中的溶解度增大。如20℃时，邻硝基苯酚与对硝基苯酚在水中的溶解度比为0.39∶1，而在苯中溶解度之比则为1.93∶1。

(4) 对蛋白质构型的影响。蛋白质分子是通过一个氨基酸的氨基(—NH_2)与另一个氨基酸的羧基(—COOH)脱水形成的肽键(—CO—NH—)结合而成的，如甘氨酸和丙氨酸的脱水反应：

$$\underset{\text{甘氨酸}}{H_2N-\overset{\overset{H}{|}}{\underset{\underset{H}{|}}{C}}-CO\boxed{OH+H}-}\underset{\text{丙氨酸}}{\overset{\overset{H}{|}}{N}-\overset{\overset{H}{|}}{\underset{\underset{CH_3}{|}}{C}}-COOH} \longrightarrow H_2N-\overset{\overset{H}{|}}{\underset{\underset{H}{|}}{C}}-\underset{\text{肽键}}{\boxed{CO-NH}}-\overset{\overset{H}{|}}{\underset{\underset{CH_3}{|}}{C}}-COOH+H_2O$$

由两个氨基酸借肽键形成的分子称二肽，二肽还可再与氨基酸连接成三肽、四肽……多肽等。由若干个氨基酸通过肽键形成的多肽称为多肽链。氨基酸在多肽链中按一定顺序排列(包括氨基酸的种类和数量)，构成蛋白质的肽链骨架，称为蛋白质的一级结构。在多肽链中，由于$-\overset{\overset{O}{\|}}{C}-$和$-\overset{\overset{H}{|}}{N}-$可形成大量的氢键(N—H…O)，使蛋白质分子按螺旋方式卷曲成立体构型，称为蛋白质的二级结构(图10-34)。可见，氢键对蛋白质维持一定空间构型起着重要作用。但因氢键的能量很小，只需较小能量就可将其破坏，因此温度对蛋白质结构和性能的影响很大，如鸡蛋白受热迅速凝固，主要是因为氢键的断裂所引起的。

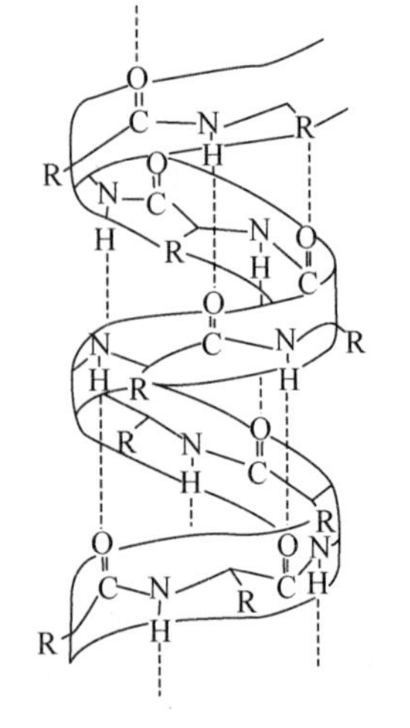

图10-34 蛋白质的α螺旋结构

(5) 对物质酸性的影响。分子内形成氢键，往往使酸性增强。例如，苯甲酸的电离常数$K_a=6.2\times10^{-5}$，若在邻位上有羟基，得到的邻羟基苯甲酸的$K_a=1.0\times10^{-3}$；如在羧基左、右两边都取代上羟基，得到的2, 6-二羟基苯甲酸的$K_a=5.0\times10^{-2}$。这是由于羟基(—OH)上的氢和羧基(—COOH)上的氧形成了分子内氢键，从而促进了氢的解离(图10-35)。

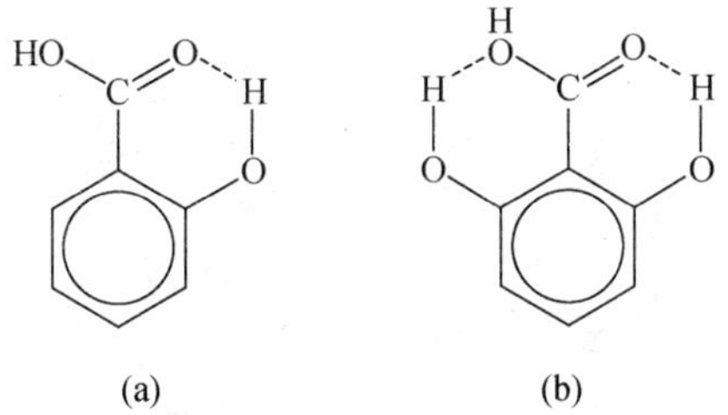

图 10-35　邻羟基苯甲酸(a)和 2,6-二羟基苯甲酸(b)的分子内氢键

10.8　晶体的结构

固态物质可分为**晶体**(crystal)和**非晶体**(non-crystal)。自然界绝大多数固体物质都是晶体,如食盐、石英、萤石(CaF_2)、方解石($CaCO_3$)等。而玻璃、松香、橡胶、石蜡、沥青等是非晶体。

10.8.1　晶体的特征

1. 整齐的外形

食盐呈立方体外形,石英为六角柱形,明矾为八面体形,方解石为棱面体形等。虽然有时因结晶条件限制使晶体产生一些缺陷,外形并不很整齐,但将其敲碎,取出一块完整的小晶体放在显微镜下观察,仍可看到整齐的外形。而对于非晶体来说,没有固定的多面体外形和特征的形状,所以又称为无定形体(amorphous solids)。

2. 固定的熔点

晶体有固定熔点,达到熔点温度,晶体完全转化为液态。非晶体则无一定熔点,如将玻璃加热,先变软而后变为黏稠液体,再变为易流动的液体。

3. 各向异性

晶体的某些性质,如光的传播速度、热和电的传导等,在不同方向有不同的性质,即各向异性。如石墨晶体在层方向的导电率比其垂直方向大 1 万倍。又如云母可撕成片,石棉可拉成条。非晶体则表现出各向同性。

10.8.2　晶格和晶胞

晶体之所以具有以上特征,是其内部结构的反映。X 射线结构分析表明,晶体是由原子、离子或分子在空间按一定规律、周期重复地排列所构成的长程有序结构。例如,石英晶体是由 Si、O 原子在三维空间有规则地排列而成,而石英玻璃同样是由 Si、O 原子组成,但它们在空间的排列是没有规律的(图 10-36)。

将晶体内部原子、离子或分子周期性地排列的每个重复单位抽象成一个点,称为点阵点,这些点阵点按一定周期性规律排列在空间,构成一个点阵(lattice)。点阵是一组无限的点,连接其中任意两点可得一矢量。将此矢量平移,当矢量的一端落在任意一个点阵点时,矢量的另一端必定也落在另一个点阵点上。点阵中的每个点都具有相同的周围环境。

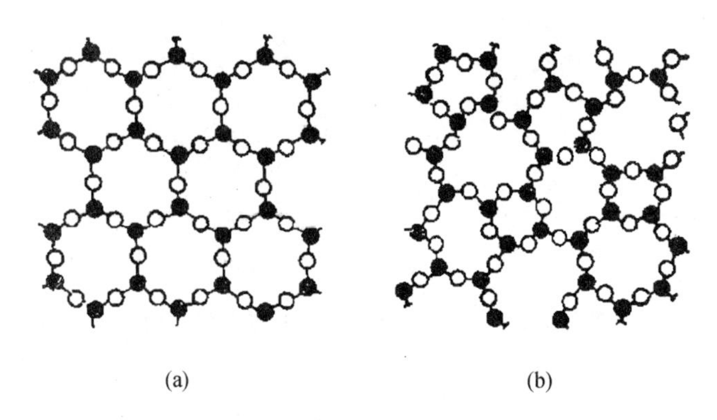

图 10-36 石英晶体(a)和石英玻璃(b)的内部结构平面示意图

在晶体的点阵结构中每个点阵点所代表的具体内容,包括原子、离子或分子的种类和数量及其在空间的排列方式,称为晶体的**结构基元**(structural motif)。如果在晶体点阵中各点阵点位置上,按同一方式安置结构基元,就得到整个晶体的结构。所以,可简单地将晶体结构表示为:晶体结构=点阵+结构基元。

空间点阵必可选择三个不相平行的连接相邻两个点阵点的单位矢量 $\boldsymbol{a}$、$\boldsymbol{b}$、$\boldsymbol{c}$,将空间点阵划分成多个并置的平行六面体单位,称为**空间格子**或**晶格**(lattice,图 10-37(a))。相应地,按照周期性划分所得的平行六面体单位称为**晶胞**(unit cell,图 10-37(a)中的阴影部分)。矢量 $\boldsymbol{a}$、$\boldsymbol{b}$、$\boldsymbol{c}$ 的长度 a、b、c(即晶胞的三个边长)及其相互间的夹角 $\alpha(\boldsymbol{b}\wedge\boldsymbol{c})$、$\beta(\boldsymbol{a}\wedge\boldsymbol{c})$、$\gamma(\boldsymbol{a}\wedge\boldsymbol{b})$ 称为**点阵参数**或**晶胞参数**(cell parameter)。晶胞包括两个要素:一是晶胞的大小和形状,由晶胞参数 a、b、c 和 α、β、γ 表达(图 10-37(b));二是晶胞的内容,由晶胞中原子的种类、数目和它在晶胞中的相对位置表达。

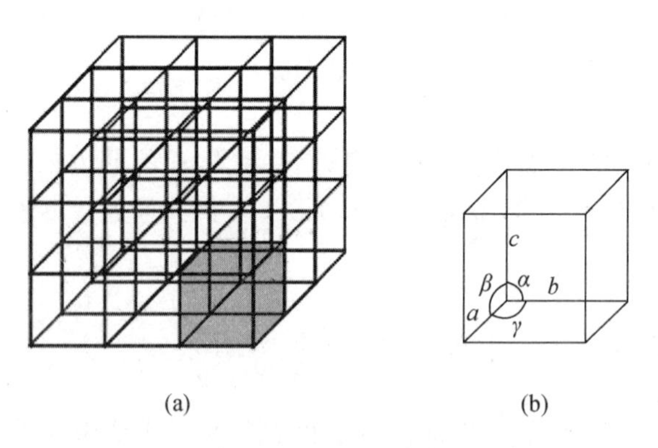

图 10-37 晶格、晶胞(a)和晶胞参数(b)示意图

晶胞三个边的长度不一定相等,也不一定互相垂直,据此可将晶体划分成七种晶胞类型。若 $a=b=c$,$\alpha=\beta=\gamma=90°$,属于立方晶胞;若 $a=b\neq c$,$\alpha=\beta=90°$,$\gamma=120°$,属六方晶胞;若 $a=b\neq c$,$\alpha=\beta=\gamma=90°$,属四方晶胞;此外,还有三方、正交、单斜、三斜,共 7 种类型,分别对应于 7 个晶系。自然界的晶体千千万,其结构各异,但晶胞类型不外乎这 7 种,空间点阵型式(晶格)只有 14 种。以下仅讨论立方晶胞中**简单立方**(simple cubic,SC)、**体心立方**(body-centered cubic,BCC)和**面心立方**(face-centered cubic,FCC)三种点阵型式(图 10-38)。

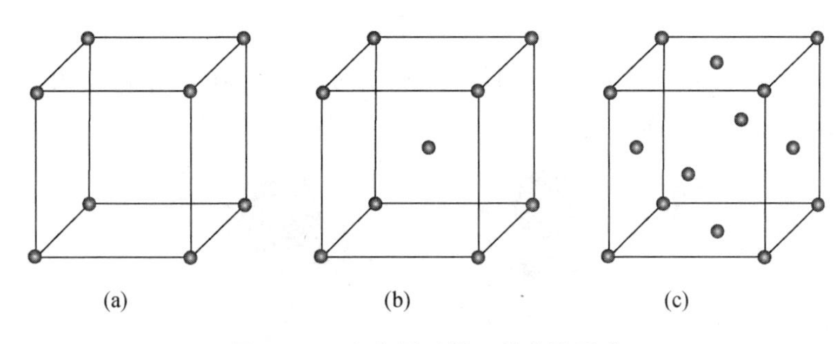

图 10-38　立方晶系的三种点阵型式

(a) 简单立方;(b) 体心立方;(c) 面心立方

三种立方晶胞的外形一致,但晶胞中所包含的内容不同,即不同的空间点阵型式具有不同的结构基元(点阵点)数。在简单立方中,立方体的 8 个顶点均有一个点阵点,而每个点阵点与周围的 8 个晶胞共用,因此,简单立方晶胞中的点阵点数为 $8\times\frac{1}{8}=1$;在体心立方中,除立方体顶点的一个点阵点外,体心位置的点阵点为晶胞独有,每个晶胞中的点阵点数为 $1+1=2$;在面心立方中,除立方体顶点的一个点阵点外,六个面的面心位置各有一个点阵点,它们为相邻的两个晶胞所共用,每个晶胞中的点阵点数为 $1+6\times\frac{1}{2}=4$。

10.8.3　等径圆球的密堆积

将相同直径的圆球在一个平面上排列时,常见的有两种方式,如图 10-39 所示。图(a)为紧密排列,称为密置层,密置层中每个圆球与周围六个圆球接触,每三个圆球组成一个小空隙。而图(b)为一种常见的非密置排列,其圆球之间的空隙明显比密置排列大。

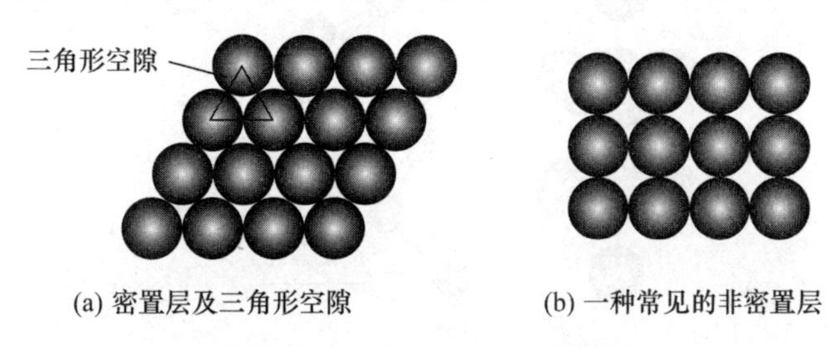

(a) 密置层及三角形空隙　(b) 一种常见的非密置层

图 10-39　等径圆球的二维排列

非密置层堆积成结构时可以有两种方式。如果非密置层之间以球顶球方式堆积起来,得到**简单立方堆积**,所得到的晶胞为简单立方;如果每一非密置层的球正好落在下层非密置层的正方形空隙处,就形成了**体心立方堆积**,相应的晶胞为体心立方。在简单立方堆积中,每个球与同一非密置层的 4 个球和上、下两层各一个球相接触,故其配位数为 6;在体心立方堆积中,每个球与其上、下层中的各 4 个球接触,所以它的配位数为 8。这两种堆积方式都留下了较大的空间,其空间利用率分别为 52%和 68%。

密置层之间的堆积可以形成最密堆积。当在一个密置层(A)上堆积第二个密置层(B)时,两层中的球可以相互错开,第二层的球恰好落在第一层的三角形空隙处,第二密置层上的球占据了

(只能占据)第一层三角形空隙的一半,形成置密双层。如图 10-40 所示,在置密双层中,占据三角形空隙的球与其接触的第一层中的 3 个球形成一个四面体空隙;在未占据的三角形空隙处,上下两层各 3 个球,形成一个八面体空隙。

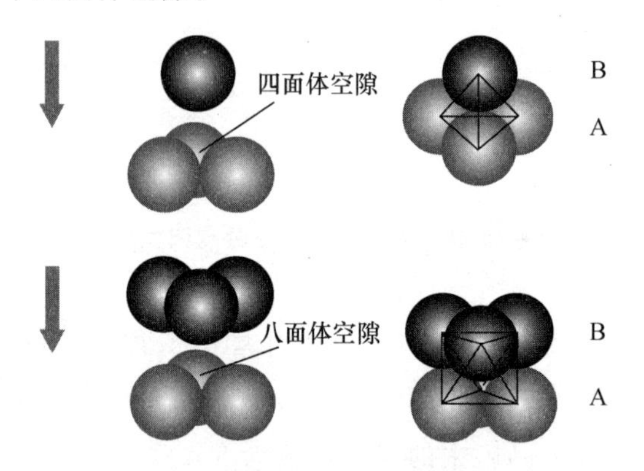

图 10-40 密置双层堆积中的空隙

在密置双层基础上堆积第三密置层(C)时,可以有以下两种方式:① 如图 10-41(a)所示,当第三密置层(C)堆积在正对着 A、B 层形成的八面体空隙,而与 A、B 层的球都错开,如此往复,所有密置层按 ABCABC…方式排列下去,即得**面心立方密堆积**(cubic closing packing,CCP),所对应的晶胞为面心立方结构,其堆积的方向为立方体的对角线。② 当第三密置层与 A 层的排列一致时,其密置层的堆积方式为 ABAB…,即得**六方密堆积**(hexagonal closing packing,IICP),所对应的晶胞为六方结构,见图 10-41(b)。这两种最密堆积中,每个球均与同层周围的 6 个球和上、下层的各 3 个球接触,所以在最密堆积中的配位数为 12,其空间利用率达 74%。

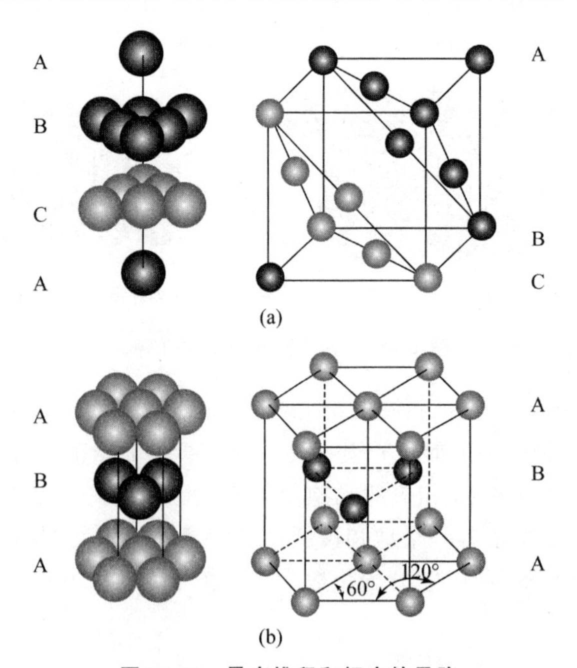

图 10-41 最密堆积和相应的晶胞

(a) 立方密堆积和面心立方晶胞;(b) 六方密堆积和六方晶胞

10.8.4　晶体的基本类型

根据晶体中质点间的作用力，可将晶体分为金属晶体、离子晶体、原子晶体和分子晶体四种基本类型。

1. 金属键和金属晶体

周期表中金属元素约占 4/5。室温下汞为液体，其余均为固体。金属晶体具有金属光泽，能导电、导热，富有延展性及容易形成合金，这些特征是由其内部结构决定的。

(1) 金属键

金属原子价电子数较少，但可形成高配位(8～12)的金属晶体。如金属钠只有一个价电子，在晶格中配位数为 8，这种现象用离子键、共价键难以解释。为了说明金属键，目前有两种主要理论，一是能带理论，另一是电子海模型。电子海模型认为，在金属晶体中，空间点阵的结构基元是带正电荷的金属离子，晶格空间充填着自由电子，金属离子如同浸没在自由电子的海洋中，这些自由电子为所有的金属离子共有，自由电子和金属离子之间的作用力将金属原子“黏合”在一起，这种作用力称**金属键**(metallic bond)。金属键的强弱可用原子化热(即升华热)来衡量。原子化热是指 1 mol 金属变成气态金属原子时所吸收的能量($kJ \cdot mol^{-1}$)，它的大小与金属原子的价电子数、原子的核间距以及金属晶体的结构有关。价电子数多、核间距较小的金属一般具有较大的原子化热，如 Na、K 的原子化热分别为 107.5 $kJ \cdot mol^{-1}$ 和 89.0 $kJ \cdot mol^{-1}$，Mo、W 的原子化热则分别为 664 $kJ \cdot mol^{-1}$ 和 851 $kJ \cdot mol^{-1}$。

金属键的电子海模型只是一个定性的解释，并非金属晶体中的金属均以离子的方式存在。因此，金属晶体的结构可以用等径球的堆积来描述，即把每一个金属原子看作一个圆球，按一定的方式堆积在一起而形成金属晶体。金属键没有方向性，金属原子之间通过金属键形成晶体，每个金属原子周围总是尽可能多地邻接其他原子，倾向于较高的配位数，以使体系能量最低。表 10-12 列举了几种金属原子的堆积情况。

表 10-12　几种金属原子的堆积

金属原子堆积方式	晶格类型	配位数	原子空间利用率/(%)
简单立方堆积	简单立方	6	52
体心立方堆积	体心立方	8	68
面心立方堆积	面心立方	12	74
六方密堆积	六方	12	74

从周期表中的分布看，碱金属 Li、Na、K、Rb、Cs 和一些过渡金属 V、Nb、Ta、Cr、Mn、Fe 等多种金属采取体心立方堆积；Ca、Sr、Pt、Pd、Cu、Ag 等采取面心立方堆积；Be、Mg、Sc、Ti、Zn、Cd 等金属采取六方密堆积。以配位数小、空间利用率低的简单立方堆积的金属极少见，目前所知只有第 84 号元素 α-Po 采取这种结构。

(2) 金属晶体的性质

用电子海模型可以说明金属的性质。金属中的自由电子在晶格中自由活动，可以吸收并反射各种波长的光，因此金属一般具有银白色的光泽；在外加电场存在下，自由电子定向流动形成电流，故金属可以导电，金属晶格内离子不断地振动，这种振动对电子的流动起着阻碍作用，加上正离子对电子的吸引，构成了金属特有的电阻，加热时离子振动加剧，自由电子受到的阻力更大，因此金属的电阻一般随温度升高而增大；不断运动着的自由电子与金属离子碰撞而交换能量，因此当金属的某一部分受热，就能通过自由电子的运动将热能传递给邻近的离子，使热运动扩展开来，很快使金属的整体温度均一化，所以金属具有很好的导热性。

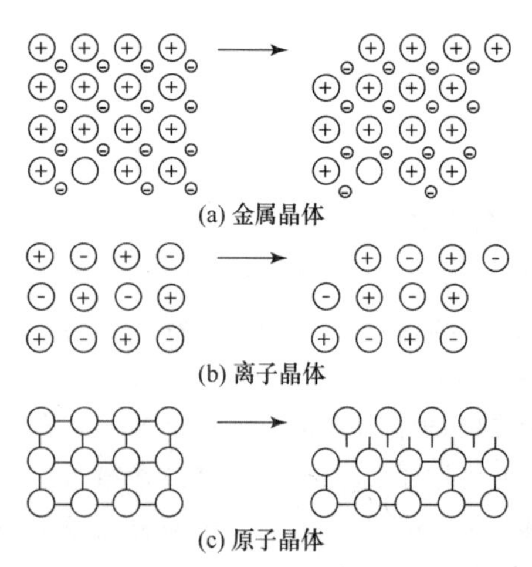

图 10-42　不同类型晶体受外力发生位移的情况

金属具有延展性是因为，当金属受外力作用时，由于金属离子对自由电子的吸引，自由电子的位置也随之发生变化（图 10-42(a)），使金属结构保持不变，这是金属晶体区别于其他晶体的一个重要特征。如果离子晶体受到外力作用发生位移，则形成的正离子与正离子及负离子与负离子的相邻状态（图 10-42(b)）强烈地排斥，破坏了离子晶体的结构，所以离子晶体性脆。原子晶体中的共价键具有方向性，原子间的位移会引起共价键的断裂（图 10-42(c)），因此原子晶体性脆，不易进行机械加工。

金属晶体熔、沸点的高低取决于金属键的强弱，第五、第六周期过渡元素可形成较强的金属键，具有较大的原子化热，因此熔、沸点都较高。如 W 的熔点为 3422℃，是所有金属中最高的。

2. 离子晶体

(1) 立方晶胞中的空隙

在按立方密堆积所形成的面心立方晶胞中同时存在四面体空隙和八面体空隙（图 10-43），其中有四面体空隙 8 个，晶胞中间有 1 个八面体空隙，同时每条棱中点有一个由四个共棱晶胞共同构成一个八面体空隙。这些四面体和八面体空隙的大小与圆球的直径有关，设圆球的半径为 R，则空隙的最大半径 r 可以通过勾股定理计算得到。图 10-44 为八面体空隙的截面图，其空隙的半径为

$$(2R)^2+(2R)^2=(2R+2r)^2,\quad 解得\ r=0.414R$$

同理，可以计算得到四面体空隙中空隙的半径 $r=0.225R$。在立方晶系中，简单立方晶胞由非密堆积而来，其中包含了一个立方体空隙，空隙的半径为 $r=0.732R$。因此，在立方晶胞中，立

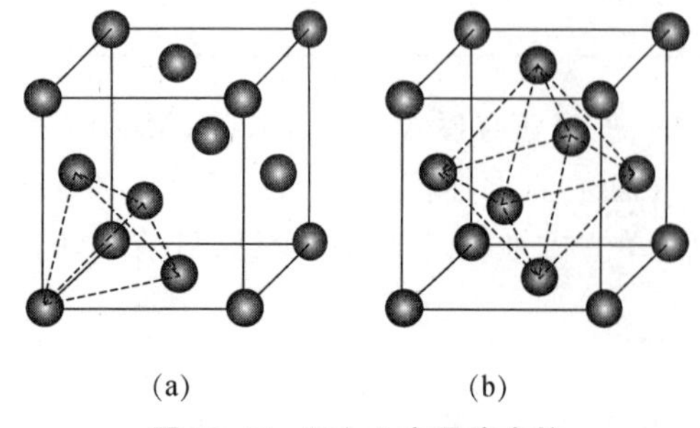

图 10-43　面心立方晶胞中的四面体空隙(a)和八面体空隙(b)

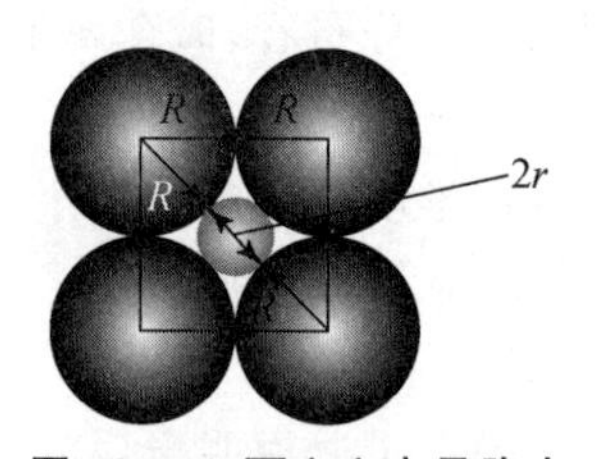

图 10-44　面心立方晶胞中八面体空隙的截面

方体空隙具有最大的空间，八面体空隙次之，四面体空隙最小。

离子晶体由正、负离子通过离子键而形成，其结构基元由正、负离子共同组成。单个离子可以认为是一个圆球，但正、负离子的电性不同，大小也不同，只有当正、负离子处于最密堆积时，体系的能量才最低。因此在可能的条件下，为了充分利用空间，小的离子(一般为正离子)总是尽可能地填到大的离子(一般为负离子)的空隙中，以形成稳定的晶体。

正离子占据哪种空隙与正、负离子的直径比直接相关。当正离子填充于比它直径稍大的空隙时，不能保证正离子与周围的负离子都接触，负离子相互接触而存在巨大的排斥力，体系的能量较高，晶体不稳定。与此相反，当正离子的直径稍微大于空隙时，正、负离子紧密接触，负离子之间离开一定的距离，这样就使正、负离子之间的吸引力达到最大，并有效地减小了负离子之间的排斥力，从而使体系的能量达到最低。例如，如果一个正离子要占据四面体空隙，它的直径应该大于四面体空隙而小于八面体空隙，即

$$0.225R<r<0.414R \quad 或 \quad 0.225<r/R<0.414$$

同理，当正离子的直径处于八面体空隙和立方体空隙之间时，它将填充于八面体空隙中；而当正离子大于立方体空隙时，它只能占据立方体空隙。

因此，正离子与负离子的半径比决定了正离子在晶胞中所占据的位置，由此也可以知道正离子的配位数。即

当 $0.225<r/R<0.414$ 时，正离子占据四面体空隙，其配位数为 4；

当 $0.414<r/R<0.732$ 时，正离子占据八面体空隙，其配位数为 6；

当 $0.732<r/R$ 时，正离子占据立方体空隙，其配位数为 8。

(2) 几种典型离子晶体的结构

CsCl 型晶体　由于 $r_{Cs^+}/R_{Cl^-}=174\ pm/181\ pm=0.96>0.732$，$Cs^+$ 因此只能占据立方体空隙，而 CsCl 型晶体的晶胞只能为简单立方结构，晶胞中只有一个结构基元，即晶胞中只有一个点阵点，也即只有一个化学式量的 CsCl。图 10-45(a)是 CsCl 型晶胞示意图，Cs^+ 离子位于立方体的体心，Cl^- 离子位于立方体的八个顶点，由此重复排列成 CsCl 晶体。位于体心的 Cs^+ 与周围的 8 个 Cl^- 接触，其配位数为 8，同样每个 Cl^- 与周围 8 个晶胞中的 Cs^+ 接触，所以其配位数也为 8，整个晶体是由正、负两种离子穿插排列而成。CsBr、CsI、TlCl 等属于 CsCl 型晶体。

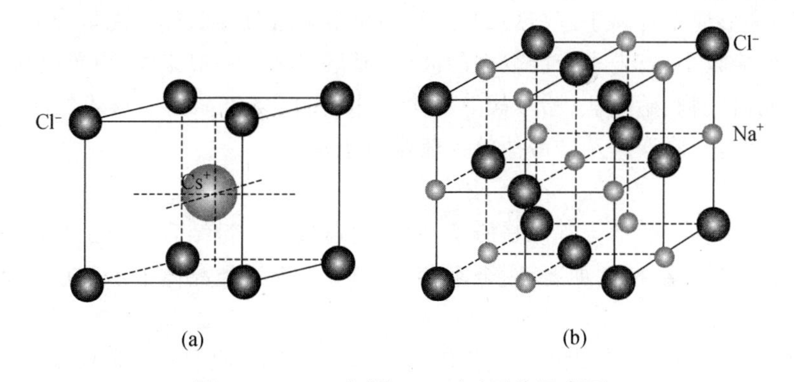

图 10-45　CsCl(a)和 NaCl(b)晶胞示意图

NaCl 型晶体　$r_{Na^+}/R_{Cl^-}=102\ pm/181\ pm=0.56$，$Cl^-$ 按立方密堆积排列，其晶胞为面心立方结构，Na^+ 占据八面体空隙，晶胞中有 4 个结构基元，即有 4 个化学式量的 NaCl。图 10-45(b)

是 NaCl 型晶胞示意图，Na^+ 与周围的 6 个 Cl^- 接触，Cl^- 同样与周围的 6 个 Na^+ 离子接触，正、负离子配位数均为 6。LiF、NaBr、MgO 等都属于 NaCl 型晶体。

立方 ZnS 型晶体　$r_{Zn^{2+}}/R_{S^{2-}}=60\ pm/184\ pm=0.33$，$S^{2-}$ 按立方密堆积排列，其晶胞为面心立方结构，Zn^{2+} 占据四面体空隙，晶胞中有 4 个结构基元，由于面心立方晶胞中有 8 个四面体空隙，Zn^{2+} 只占据其中的 4 个（图 10-46(a)），正、负离子配位数均为 4。BeS、BeSe 等属于此类晶体。

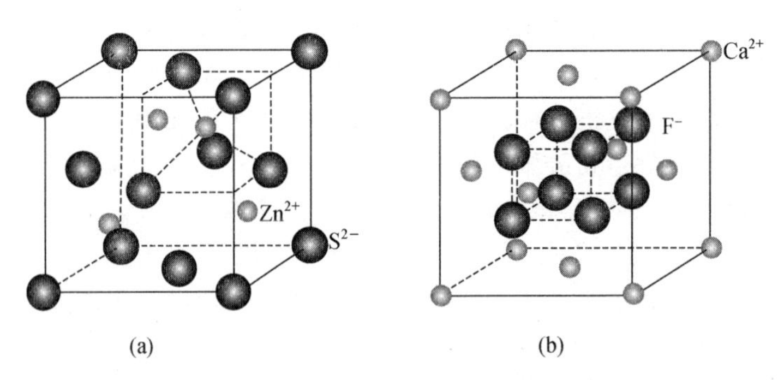

图 10-46　ZnS(a)和 CaF_2(b)晶胞示意图

CaF_2 晶体　CaF_2 是 1∶2 型化合物，Ca^{2+} 的配位数是 8，F^- 的配位数是 4，可以认为 Ca^{2+} 按面心立方堆积，形成面心立方晶胞，F^- 占据了所有的 8 个四面体空隙（图 10-46(b)）。由于 CaF_2 的面心立方结构，其晶胞中含有 4 个化学式量的 CaF_2。

上面用堆积模型讨论离子晶体的结构时，只考虑了离子间的库仑作用力，如果加上其他因素，结果可能会引起偏差。同时，离子晶体的空间构型除了和离子半径有关外，还与离子的电子构型及晶体形成的条件等因素有关，如 CsCl 晶体在高温下可转变为 NaCl 型晶体等。

(3) 离子晶体的性质

离子晶体具有较高的熔点和较大的硬度，这与其有较大的晶格能相一致。同种类型晶体，晶格能越大，熔点越高、硬度越大（参见表 10-1）。

离子晶体在水中的溶解度与晶格能、离子的水合能等有关。离子晶体的溶解是拆散有序的晶体结构（吸热）和形成水合离子（放热）的过程，如果溶解过程伴随体系能量降低，则有利于溶解进行。显然，晶格能较小、离子水合能较大的晶体，易溶于水。一般来说，由单电荷离子形成的离子晶体，如碱金属卤化物、硝酸盐、醋酸盐等易溶于水；而由多电荷离子形成的离子晶体，如碱土金属的碳酸盐、草酸盐、磷酸盐及硅酸盐等一般难溶于水。

3. 原子晶体

原子晶体点阵结构中的结构基元是原子，原子间通过共价键结合。原子晶体可以是单质，如金刚石、硼等；也可以是化合物，如石英、金刚砂(SiC)等。在这类晶体中不存在单个分子，整个晶体是一个大分子。

金刚石晶体中，每个 C 原子以 sp^3 杂化轨道与其他 4 个 C 原子相连形成 4 个共价键，呈四面体分布，无数个四面体中的 C 原子以共价键结合成坚固的骨架结构（图 10-47(a)）。金刚石为面心立方结构，晶胞的基本结构基元 C—C，晶胞中有 4 个结构基元，其中 4 个 C 原子处于顶点和面心位置，4 个 C 原子占据一半的四面体空隙位置。

金刚砂的结构同于金刚石，只是其中的一半 C 原子被 Si 原子代替，晶体中 C 和 Si 交替排列。方石英具有和金刚石相似的结构，晶体中的 Si 原子处于正四面体的中心，O 原子位于四面体的 4 个顶点，每个 O 原子为 2 个 Si 原子所共有，Si 和 O 的配位数分别是 4 和 2。图 10-47(b) 为方石英的晶胞示意图，其结构基元由 2 个 SiO_2 组成，晶胞中包含 8 个化学式量的 SiO_2。

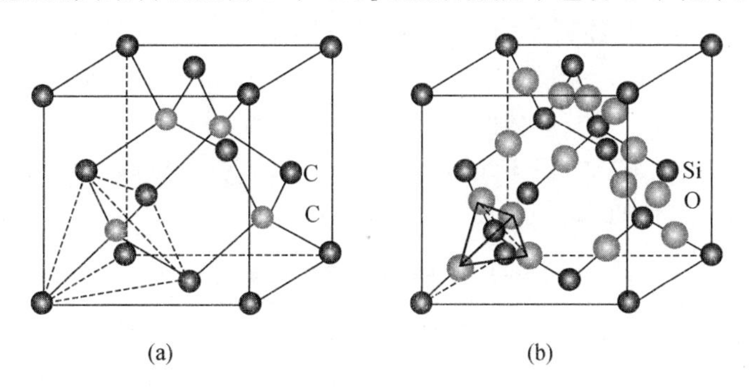

图 10-47　金刚石(a)和方石英(b)的晶胞示意图

由于原子晶体中的结合力是共价键，所以此类晶体具有高熔点、高硬度等特点(表 10-13)。

表 10-13　一些原子晶体的性质

原子晶体	键能/($kJ \cdot mol^{-1}$)	熔点/℃	硬　度
金刚石(C)	C—C　618.3	4440(12.4GPa)	10
金刚砂(SiC)	Si—C　447	2830	9.3
石英(SiO_2)	Si—O　799.6	1713	7

4. 分子晶体

分子晶体空间点阵的结构基元由分子组成，分子间以分子间作用力或氢键相互吸引，因此，分子晶体具有熔点低、硬度小和易挥发的特点，如干冰在−78.5℃升华为气体。图 10-48 是 CO_2 和 C_{60} 的晶体结构。

干冰是由 CO_2 经降温得到的晶体，分子间通过 van der Waals 力聚集而成，见图 10-48(a)。在立方晶胞的顶点和面心位置均有一个 CO_2 分子，但只有 8 个顶点处的分子具有相同取向，而其他分子的取向不同，因此，它属于简单立方结构，晶胞中的基本结构单元由 4 个 CO_2 分子组成。

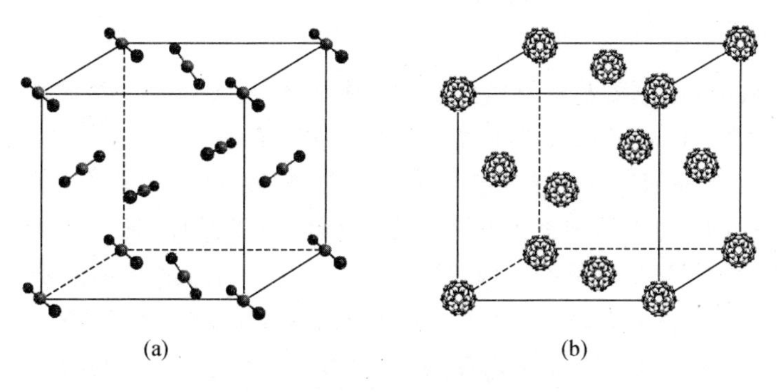

图 10-48　分子晶体：CO_2(a)和 C_{60}(b)

另一个典型的例子是C_{60}晶体。1985年发现的C_{60}分子是一个全对称球形分子，60个碳原子通过20个六元环和12个五元环形成了一个完全封闭的球。理论计算表明，C_{60}中的C原子接近于sp^2杂化，每个C原子与周围的3个C原子形成σ键，剩余的p轨道形成一个所有原子参与的球面大π键。分子内的C原子间以共价键结合，分子间通过van der Waals力作用形成分子晶体。晶体结构测定表明，C_{60}晶体属于面心立方结构(图10-48(b))，其结构基元为一个C_{60}分子，晶胞中有4个结构基元。由于C_{60}的完全球形结构，室温下C_{60}分子在晶体中是不停地转动的，分子的取向也在不断地变化，所以其晶体结构只是一个统计的结果。

以上讨论了四种类型的晶体，由于结构基元不同，晶体中质点间的作用力不同，因此不同类型的晶体具有不同的物理性质(表10-14)。

表10-14 四种类型晶体性质对比

晶体类型	离子型	原子型	分子型	金属型
结构基元	离子	原子	分子	原子、正离子、自由电子
质点间作用力	离子键	共价键	分子间作用力和氢键	金属键
熔沸点及挥发性	熔沸点较高、低挥发性	熔沸点高、无挥发性	熔沸点低、高挥发性	熔沸点一般较高，但部分较低，如Hg、Ga、Cs
导电、导热性	熔融或溶解导电，不导热	非导电(热)体	非导电(热)体	导电(热)体
溶解性	易溶于极性溶剂	不溶于一般溶剂	遵守相似相溶规律	不溶于一般溶剂

实际上只有极少数化合物包含典型的离子键和共价键，多数晶体中原子之间的化学键偏离以上键型，存在着一系列过渡型键型，因而产生一系列过渡型晶体。表10-15为第三周期氯化物的键型和晶型。

表10-15 第三周期元素氯化物的键型和晶型

氯化物	$NaCl$	$MgCl_2$	$AlCl_3$	$SiCl_4$	PCl_5
熔点/℃	800.7	714	192.6	−68.74	167
键型	离子键	离子键	过渡型	共价键	共价键
晶型	离子晶体	离子晶体	过渡型晶体	分子晶体	离子晶体*

* PCl_5固体为离子晶体：$[PCl_4]^+[PCl_6]^-$。

周期表中，左边的金属单质基本上属典型的金属晶体；右上角的非金属单质则是典型的分子晶体，其中包括F_2、Cl_2、Br_2、I_2、N_2、O_2和稀有气体的单原子分子。除上述两部分外，像B、C、Si、Ge、Sn、P、As、Sb、Bi、S、Se、Te等单质的晶型都比较复杂，除金刚石是典型的原子晶体，C_{60}是典型的分子晶体外，其余单质的晶型都不是单一的。例如石墨晶体(图10-49)，每个C原子采用sp^2杂化轨道与相邻的三个C原子结合成σ键，形成具有六角形的平面层状结构，C—C键长为142 pm，每个C原子还有一个p轨道(含有一个电子)，形成π_n^m大π键，垂直于sp^2杂化轨道的平面。由于形成了大π键，这些π电子可以在层内自由活动，像金属中的自由电子，层与层的距离是335 pm，是以分子间作用力结合的，因此，在石墨晶体中既有共价键(sp^2杂化轨道成键)，又有类似于金属键的作用力（π 键中的自由电子），层与层之间是分子间作用力，所以它是典型的混合键型的晶体。石墨有金属光泽，在层平面方向有很好的导电性，可以做电极；层间分子间作用力较弱，层间可以滑动，又可用做润滑剂、铅笔芯等。

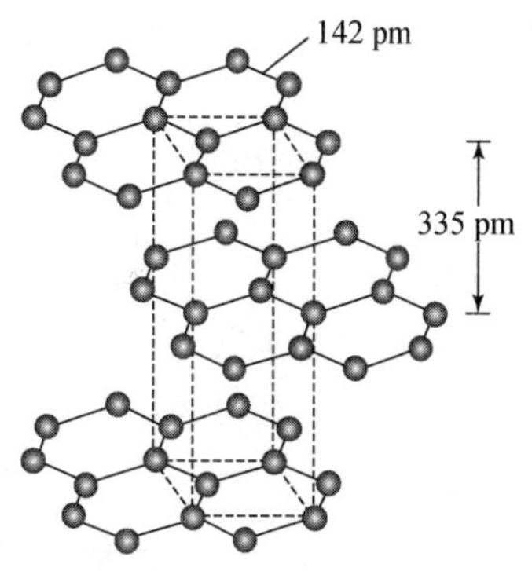

图 10-49　石墨的晶体结构

单质晶体键型的变化是因为各元素原子电子结构的差别，周期表左边元素都是电离能较低的金属，核外电子易失去，失去的电子在金属内部形成金属键，但由左至右，原子半径逐渐减小，电离能逐渐增大，核外电子越来越不易失去，以致过渡到两原子共用电子对形成共价键。化合物键型和晶型的变化，可用离子极化作用来解释。

10.9　离子的极化作用

10.9.1　离子的极化

简单离子的电荷分布可视为球形对称，离子的正、负电荷重心重合，故无偶极作用存在。但在异号电荷电场的作用下，电子云发生变形，偏离了球形对称，产生诱导偶极。

在外电场作用下，离子电子云发生形变产生诱导偶极的现象称为**离子极化**（ionic polarization）。离子对周围离子所施加的电场强度称为**离子极化能力**；离子在外电场作用下电子云变形的能力称为**离子的变形性**。显然，正、负离子都有极化力和变形性，正、负离子相互极化的结果，使正、负离子都产生诱导偶极。但正离子的半径一般比负离子小，电场强度较大，所以在通常条件下正离子表现出较大的极化力，而负离子表现出较大的变形性。有些正离子除有较强的极化力外，还具有较强的变形性，在这种情况下，与一般只考虑正离子对负离子的极化相比，极化作用增强了，增强的极化作用称为附加极化作用。

10.9.2　影响离子极化的因素

1. 影响极化力的因素

离子极化力表示离子对周围异号离子所施加的电场强度，因此，半径越小、正电荷越高的正离子，极化能力越强。但半径和电荷相近时，离子的电子构型则是影响极化力的重要因素，18 电子构型（如 Cu^{+}、Ag^{+}、Zn^{2+}、Cd^{2+}、Hg^{2+} 等）、18+2 电子构型（如 Sn^{2+}、Pb^{2+}、Bi^{3+} 等）、9～17 电子构型（如 Fe^{2+}、Fe^{3+}、Co^{2+}、Ni^{2+}、Cu^{2+} 等）及半径较小的 2 电子构型（如 Li^{+}、Be^{2+} 等）的正离子均比 8 电子构型（如 Na^{+}、K^{+}、Ca^{2+}、Ba^{2+} 等）的正离子的极化力强。

2. 影响变形性的因素

离子半径是影响离子变形性的重要因素之一。离子半径较大，核外电子离原子核较远，在外电场作用下，电子云易发生相对位移而变形。电子构型相同的离子，负离子的半径大于正离子，因此负离子的变形性大于正离子；但离子半径相近，离子的电子构型则是决定变形性大小的主要因素，具有 18、18+2、9～17 电子构型的离子，其变形性大于 8 电子和 2 电子构型的离子。

10.9.3 离子极化作用对键型、晶型及物质性质的影响

离子极化后，电子云较多地分布在正、负离子之间，增加了键的共价成分，随着离子极化程度的增加，由离子键逐渐过渡到共价键。100%的离子键是不存在的，正、负离子间总存在着不同程度的极化作用，一般所说的离子型化合物只是说该化合物离子间极化作用很弱，基本上属于离子键。

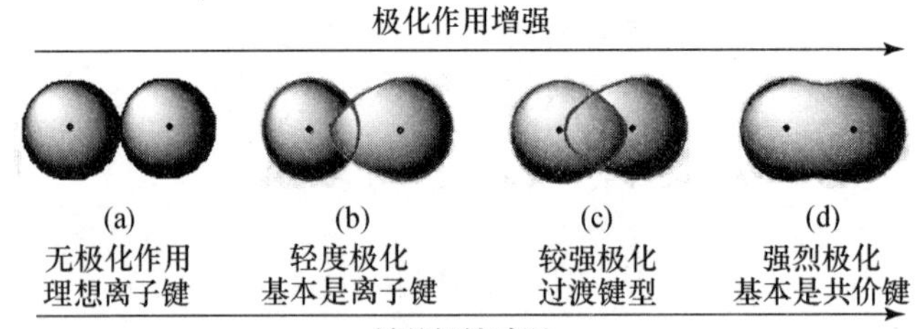

图 10-50 离子极化与键型过渡

表 10-15 中所列各种化合物的正离子，其电子构型相同，由 Na 到 P 正电荷逐渐升高，半径逐渐减小，因此由 Na^+ 到 P^{5+} 极化力逐渐增强，结果导致由离子键过渡到共价键。又如在 $BeCl_2$、$MgCl_2$、$CaCl_2$ 中，虽然正离子的电子构型相同，但 Be^{2+} 的半径最小，极化力强于 Mg^{2+}、Ca^{2+}，故 $BeCl_2$ 中 Be 与 Cl 间的化学键为共价键，$MgCl_2$、$CaCl_2$ 中则为离子键。Cu^+ 与 Na^+ 的离子半径相近、电荷相同，但 Cu^+ 为 18 电子构型，Na^+ 为 8 电子构型，Cu^+ 的极化力比 Na^+ 强得多，同时又有较强的变形性，因此 CuCl 中的键为共价键，而 NaCl 中的键则为离子键。

当由离子键向共价键过渡时，中间经过一系列处于过渡状态的极性共价键，过渡状态的键型具有一定的离子键成分，同时又具有一定的共价键成分，只不过是离子键成分逐渐减小而共价键成分逐渐增大而已。

Ag^+ 是 18 电子构型正离子，具有较强的极化力和变形性，当它与 X^- 离子作用生成 AgX 时，Ag^+ 与 X^- 间的极化作用随 X^- 半径增大而增强，从而使得由 AgF 到 AgI 在键型、晶型、熔点、溶解度等性质上产生很大的差别(表 10-16)。从 AgF 到 AgI，正、负离子间极化作用逐渐增强，共价成分逐渐增加，因此，AgF 是离子键，AgI 是共价键。随着共价成分的增加，溶解度逐渐减小，晶格类型也由 NaCl 型转变为 ZnS 型。

表 10-16 离子极化作用对 AgX 性质的影响

化合物	AgF	AgCl	AgBr	AgI
实测核间距/pm	246	277	289	281
$(r_+ + r_-)$/pm	248	296	311	335
键型	离子键	过渡	过渡	共价键
晶格类型	NaCl 型	NaCl 型	NaCl 型	ZnS 型
熔点/℃	435	455	430	558
溶解度/($mol \cdot dm^{-3}$ H_2O)	14.4	1.0×10^{-5}	7.0×10^{-7}	9.0×10^{-9}

化合物的颜色也与离子的极化作用有关，一般的规律是离子极化作用较强的化合物颜色较深，如 AgI 为黄色，AgBr 为浅黄色，AgCl 则为白色。S^{2-} 的半径比 O^{2-} 大，金属离子与 S^{2-} 的极化作用要强于和 O^{2-} 的极化作用，因此硫化物的颜色通常深于氧化物。另一方面，在负离子相同的情况下，正离子极化力强的化合物颜色较深。如：

K_2O	CaO	Sc_2O_3	TiO_2	V_2O_5	CrO_3	Mn_2O_7
白	白	白	白	橙	暗红	墨绿

8 电子构型的正离子极化力较弱，形成的化合物一般为白色，而 18、18＋2、9～17 电子构型的正离子易形成有色化合物。如 CrO_4^{2-} 为黄色，当与极化力较小的 Ba^{2+} 生成 $BaCrO_4$ 时仍为黄色；当与极化力、变形性都很强的 Ag^+ 作用生成 Ag_2CrO_4 时为砖红色。

除此之外，离子极化作用还可用于解释无机化合物的稳定性、酸碱性、水解性等，在此不一一叙述。需要指出的是，离子极化作用虽可解释一些化合物的性质，但例外的情况也很多。因为影响化合物性质的因素是多方面的，不能企图用一种理论或一个概念去说明一切问题。

通过以上对离子极化作用的讨论我们可以看到，典型的离子键和共价键是两个极端的情况。电负性差别较大的元素以离子键结合，形成典型的离子晶体；电负性相同的元素以共价键结合，形成典型的分子晶体；电负性差别不大的元素形成的化合物多为过渡键型。通常用离子性百分数来表示化合物中的离子键成分。对于 AB 型化合物，A 与 B 间电负性差与单键离子性百分数关系列于表 10-17，并绘于图 10-51 中。

表 10-17　电负性差 $\Delta\chi$ 与单键离子性百分数之间的关系

$\Delta\chi$	离子性/(%)	$\Delta\chi$	离子性/(%)	$\Delta\chi$	离子性/(%)
0.2	1	1.2	30	2.2	70
0.4	4	1.4	39	2.4	76
0.6	9	1.6	47	2.6	82
0.8	15	1.8	55	2.8	86
1.0	22	2.0	63	3.0	89
				3.2	92

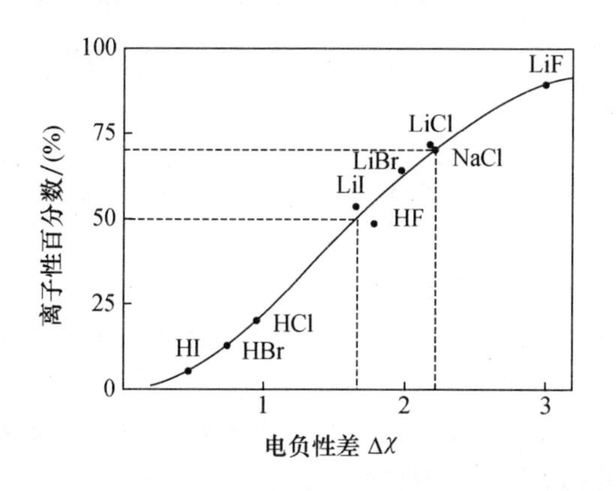

图 10-51　AB 型化合物离子键成分与 $\Delta\chi$ 的关系

由图 10-51 可见，当 $\Delta\chi$ 为 1.7 时，离子性百分数为 50%，即离子性、共价性成分各占 50%。若化合物中两元素电负性差值大于 1.7，可认为该化合物为离子性或接近离子性；反之，若两元素电负性差值小于 1.7，可认为该化合物为共价性或接近共价性。我们知道，NaCl 是典型的离子晶体，因为 Na 与 Cl 电负性差为 2.23，离子性百分数约为 70%。

小　结

本章在原子结构的基础上，讨论了由原子组成分子以至于形成宏观物质这一层次的化学问题，包括化学键理论、离子的极化、分子间作用力和晶体结构的基础知识等。

原子通过化学键的作用组成分子或直接形成宏观物质。通过离子键和金属键分别形成离子化合物和金属单质或合金，这两类物质没有严格的分子概念；而通过共价键组成的共价化合物则具有明确的分子含义，由共价分子组成宏观物质时分子间作用力起到了关键的作用。同时，事物总不是绝对的，由于离子极化作用的存在，键型可由离子键逐渐过渡到共价键，键型的变异导致了晶型的变异，从而使物质的性质发生变化。

离子键和金属键的特征分别是正、负离子的静电作用和自由电子与金属离子的作用，它们都没有方向性，它们的强度分别由晶格能和原子化热来衡量。在离子晶体和金属晶体中，决定其结构的基本要素是离子半径和原子半径。

共价键理论包括经典的 Lewis 学说、价键理论和分子轨道理论。价键理论提出共价键的本质是成键原子间共用电子对，圆满地解释了共价键的方向性和饱和性。杂化轨道理论较成功地解释了分子的空间构型，而价电子对互斥理论能够准确地预测分子的几何构型。分子轨道理论从原子轨道的线性组合出发，着眼于分子的整体性，解释了价键理论所不能说明的单电子键、三电子键、分子的磁性等。价键理论和分子轨道理论在许多方面结论一致，这两种理论互相补充。

分子间作用力包括取向力、诱导力和色散力。取向力和诱导力的产生与分子的极性有关，而分子的极性取决于分子的偶极矩。分子间作用力和氢键虽弱于化学键，但在决定物质的物理性质及生物分子的空间构型方面起着重要的作用。

晶体是固态物质的一种重要存在形式，其宏观特征是晶体内部微观结构的反映。晶胞是晶体结构的基本重复单位，结构基元是重复周期中的具体内容。晶体中质点间作用力不同，决定了晶体的不同类型和不同的性质。

思　考　题

1. 举例说明离子键的形成。以什么来衡量离子键的强弱？晶格能与哪些因素有关？

2. 离子键有何特征？

3. 共价键有何特征？为何具有这些特征？

4. 现代价键理论、分子轨道理论的要点和核心分别是什么？它们之间有什么区别？

5. 按以下几个方面指出 σ 键和 π 键的区别：

(1) 轨道重叠方式； (2) 轨道重叠程度； (3) 成键电子的电子云分布； (4) 键的稳定性。

6. 指出下列分子中存在的 σ 键和 π 键的数目：

C_2H_2，PH_3，CO_2，N_2，SiH_4。

7. 判断下列说法是否正确：

(1) 原子轨道重叠越多，共价键越稳定；

(2) 成键原子的价电子层中若无未成对电子，就不能形成共价键；

(3) 成键原子有几个价轨道，就能形成几个共价键。

8. 什么叫杂化轨道、等性杂化轨道、不等性杂化轨道？轨道杂化时是否一定伴随电子的激发？形成杂化轨道的条件是什么？

9. CH_4、NH_3、H_2O分子的中心原子都采用sp^3杂化轨道成键，为何分子的几何构型不同？

10. 在CH_4、NH_3、H_2O分子中，哪个分子的键角最大？哪个分子的键角最小？为什么？

11. 杂化轨道理论在哪些方面发展了价键理论？

12. 何谓价电子对？判断分子、离子的中心原子价电子对数的原则是什么？

13. 指出下列分子或离子中，中心原子周围的价电子对数、价电子对的空间排布及分子或离子的几何构型。

$$NH_4^+,\ NH_2^-,\ NH_3,\ XeF_2,\ BrF_3,\ I_3^-,\ PCl_5$$

14. 分别用价键理论和分子轨道理论解释H_2、O_2、F_2分子的结构。

15. 分子是否有极性由什么因素决定？分子极性的大小由什么来衡量？下列分子中哪些是极性分子？

$$H_2S,\ CO_2,\ PH_3,\ CCl_4,\ SF_6,\ CHCl_3,\ SnCl_2,\ HgCl_2$$

16. 指出下列各组分子间存在什么类型的分子间作用力。哪组分子间存在氢键？

(1) HF-HF；　(2) N_2-N_2；　(3) HCl-H_2O；　(4) Cl_2-H_2O。

17. 试解释(1) HF,HCl,HBr,HI；(2) CH_4,SiH_4,GeH_4,SnH_4熔沸点的变化规律。

18. 硝基苯($C_6H_5NO_2$)的偶极矩为14×10^{-30} C·m，苯胺($C_6H_5NH_2$)的偶极矩为5.7×10^{-30} C·m，但硝基苯在水中的溶解度比苯胺小得多，何故？

19. 晶体有几种主要类型？以下物质各属于何种晶体？

(1) MgO；　(2) SiO_2；　(3) 石墨；　(4) 冰；

(5) 铜。

20. 比较下列各对离子晶体的晶格能和熔沸点：

(1) NaF、MgO；　(2) CaO、BaO；　(3) NaCl、NaBr；　(4) ScN、TiC。

21. CsCl、NaCl、ZnS都是AB型离子晶体，为何有不同的配位数？

22. 举例说明下列各词的含义：

(1) 离子极化；　(2) 极化力；　(3) 变形性；　(4) 附加极化作用。

23. 下列各种说法中正确的是哪些？

(1) 电荷高的正离子，极化能力强；

(2) 正离子的极化力大于负离子；

(3) 负离子的变形性大于正离子；

(4) 负离子半径大的变形性大；

(5) 具有18、18+2电子构型的离子，其极化力、变形性都较大；

(6) 8电子构型的离子，其极化力、变形性都很小；

(7) 过渡型晶体在水中的溶解度小于离子晶体，而大于分子晶体；

(8) 过渡型晶体的熔点高于分子晶体，而低于离子晶体；

(9) 过渡型晶体中存在着较强的离子极化作用。

习　题

10.1 根据 Born-Haber 循环,计算 KI 的晶格能。已知:

① K 的升华热(S)=89.90 kJ·mol^{-1}; ② K 的电离能(I)=418.0 kJ·mol^{-1};

③ I_2 的升华热(S)=62.90 kJ·mol^{-1}; ④ I_2 的解离能(D)=150.4 kJ·mol^{-1};

⑤ I 的电子亲和能(ΔH)=−295 kJ·mol^{-1}; ⑥ KI 的生成焓($\Delta H_f^\ominus$)=−327 kJ·mol^{-1}。

10.2 已知 NaBr 属 NaCl 型晶体,核间距为 294 pm,应用 Born-Lande 公式计算 NaBr 的晶格能。

10.3 写出下列各组离子的电子结构,并比较其离子半径的大小。

(1) Be^{2+},Al^{3+}; (2) O^{2-},S^{2-}; (3) Fe^{2+},Fe^{3+}; (4) K^+,Ca^{2+},Sc^{3+}。

10.4 写出以下分子或离子的 Lewis 结构,使分(离)子中每个原子的价电子数等于 8。

(1) H_2S; (2) C_2H_4; (3) SO_2; (4) O_2;

(5) HCHO; (6) HClO; (7) CO_2; (8) SO_3;

(9) CN^-; (10) HO_2^-。

10.5 指出以下分子、离子的中心原子所采用的杂化轨道类型及分子的几何构型。

(1) BeH_2; (2) $HgCl_2$; (3) NF_3; (4) BCl_3;

(5) PH_3; (6) CO_3^{2-}; (7) OF_2; (8) $SiCl_4$。

10.6 用价电子对互斥理论预测下列分子、离子的几何构型。

(1) $BeCl_2$; (2) $SnCl_2$; (3) NO_2^-; (4) SO_3^{2-};

(5) PCl_5; (6) SO_4^{2-}; (7) I_3^-; (8) SbF_5^{2-};

(9) AlF_6^{3-}; (10) $SOCl_2$; (11) SF_6; (12) ClO_3^-。

10.7 对于 C_2^+、O_2^- 和 F_2^+:

(1) 画出它们的分子轨道图;

(2) 确定它们的键级,并判断其稳定性;

(3) 确定它们所含的未成对电子数,指出哪些是顺磁性的,哪些是反磁性的。

10.8 比较下列各组化合物中键的极性:

(1) CuO,CuS; (2) H_2O,OF_2; (3) HF,HCl,HBr,HI; (4) $AlCl_3$,$SiCl_4$,PCl_5。

10.9 指出下列分子中存在的 σ 键、π 键和 π_n^m 的数目。

(1) C_2H_4; (2) CCl_4; (3) N_2O; (4) NO_2;

(5) $BeCl_2$; (6) BCl_3。

10.10 比较下列两组分子中键角的大小,并指出判断的依据。

(1) NH_3,PH_3,AsH_3,SbH_3; (2) AsF_3,$AsCl_3$,$AsBr_3$,AsI_3。

10.11 从分子构型说明下列分子中哪些有极性,哪些无极性:

(1) SO_2; (2) SO_3; (3) CS_2; (4) NO_2;

(5) NF_3; (6) $SOCl_2$; (7) $CHCl_3$; (8) $SiCl_4$。

10.12 分析下列分子间存在着哪种作用力(包括氢键):

(1) H_2,H_2; (2) H_2O,H_2O;

(3) O_2,H_2O; (4) HBr,H_2O;

(5) I_2,CCl_4; (6) CH_3COOH,CH_3COOH;

(7)  ，；　　(8) NH_3，H_2O。

10.13　解释以下现象：

(1) 邻羟基苯甲酸的熔(沸)点低于对羟基苯甲酸的熔(沸)点；

(2) NH_3 极易溶于水，而 CH_4 难溶于水。

10.14　比较下列各组中物质的熔、沸点高低，并说明理由。

(1) H_2，CO；　(2) CCl_4，CI_4；　(3) NH_3，PH_3；　(4) CH_4，SiH_4；

(5) Cl_2，ICl。

10.15　以下晶体同属 NaCl 型，核间距相近，试比较它们的熔点及硬度。

MgO，ScN，NaF，TiC

10.16　解释以下现象：

(1) Na 和 Si 都为第三周期元素，但在室温下 NaH 为固体，而 SiH_4 却为气体；

(2) C 和 Si 为同族元素，价电子构型相同，但在常压下 CO_2 是气体，而 SiO_2 是坚硬的固体；

(3) 冰和干冰(CO_2)都是分子晶体，但干冰的熔点却比冰的熔点低得多。

10.17　指出以下物质各属何种晶体类型，并指出各类晶体在熔(沸)点、硬度、导电性及在水中溶解度的不同。

KCl，SiO_2，$H_2O(s)$，$SO_3(s)$，SiC，MgO，Cu，B

10.18　用离子极化观点解释以下现象：

(1) $BeCl_2$ 的熔点低于 $MgCl_2$ 的熔点；

(2) $FeCl_2$ 的熔点高于 $FeCl_3$ 的熔点；

(3) NaCl、$MgCl_2$ 为离子型化合物，$AlCl_3$、$SiCl_4$、PCl_5 为共价型化合物，并依此次序键的共价成分增加；

(4) K_2CrO_4、$BaCrO_4$ 为黄色，Ag_2CrO_4 为砖红色；

(5) CuCl、CuBr、CuI 在水中的溶解度依次减小。

10.19　试按离子极化作用由弱至强的顺序排列下列各组物质：

(1) $MgCl_2$，NaCl，$SiCl_4$；　(2) NaF，CdS，AgCl。

第11章　配位化合物

本章要求

1. 了解并掌握配位化合物的各种异构现象
2. 了解晶体场理论的基本内容并用该理论解释过渡金属配合物的颜色与磁性
3. 了解配位化合物的广泛应用

前面，我们从宏观热力学的角度，学习和讨论了物质之间发生化学反应，从一种物质转化成另一种物质自发进行的条件和反应的限度等问题；也从微观结构的角度，探讨了原子之间通过不同的化学键或相互作用形成具有丰富多样的结构与性质的化合物。比如作为骨骼主要成分的$Ca_3(PO_4)_2$中Ca^{2+}阳离子和PO_4^{3-}阴离子之间通过很强的离子键结合；因为氮分子中两个氮原子间共用3对电子形成3个共价键，所以化学性质非常惰性，使之转化成别的化合物异常困难，因此人工固氮迄今仍然是个难题；金属键是另外一种原子间成键方式，可以构成金属、合金以及金属间化合物。除了以上三种本书前几章介绍过的化学键，还有一种广泛存在于复杂离子或者分子中的特殊类型的化学键，称为配位键。事实上，人类的呼吸作用，就利用了血红蛋白的血红素中Fe离子可以松散结合氧分子，一定条件下又可以释放氧分子的性质。像这样金属与氧分子的灵活可变的相互作用就是**配位键**，由配位键结合形成的化合物称为**配位化合物**。现代配位化学的奠基人是瑞士化学家阿尔弗雷德·维尔纳(Alfred Werner，1866—1919)。由于提出"过渡金属配合物八面体构型"，他于1913年获得诺贝尔化学奖，开创了无机化学研究的新领域。Werner的影响延续至今，甚至2001年，*Inorg. Chem.* 上还发表了一篇研究论文，是关于他1909年结晶得到的一个Co配合物的三维结构的测定。

11.1　配位化合物的基本概念

11.1.1　配位化合物的定义、组成与命名

配位化合物是由中心原子或离子与其周围的中性或阴离子配体通过配位键结合形成的化合物。其组成包括两个部分：**中心原子**(center atom)和**配体**(ligand)。在Werner以前，人们不清楚这两个部分是如何结合的，在空间上又是如何排布的。

下面以由Werner在1893年最早研究并提出正确配位构型的化合物$CoCl_3 \cdot 6NH_3$为例，介绍配合物中的**化合价**(valence)、**配位数**(coordination number)、**几何结构**(geometric structure)等基本概念。

只从 $CoCl_3 \cdot 6NH_3$ 的化学式看，是不能确定 Co 与 Cl，Co 与 NH_3 的键合关系的。在 19 世纪末，要确定 Co 是与 Cl 相连，还是与 NH_3 相连，抑或同时与 Cl 和 NH_3 相连，以及键合后分子的空间构型如何，是非常大的挑战。Werner 通过测量化合物在水溶液中的导电性，用硝酸银沉淀方法分析氯阴离子的键合方式，确定了 3 个 Cl^- 是自由离子，而 Co 与 NH_3 是通过较强的化学键相连，并且大胆设想其结构式为 $[Co(NH_3)_6]Cl_3$，见图 11-1。也就是说，中心 Co^{3+} 离子处在**八面体** 6 个顶点位置的 NH_3 分子的包围中。该化合物中，"中心原子"是 Co^{3+}，"配体"为 NH_3 分子。在 Werner 以前，化学家把一种元素的"价"定义为成键的数目，但是并没有区分键的类型。Werner 考虑，该化合物中 Co 与 Cl 间存在 3 个距离较远的初级价，Co 与 NH_3 间存在 6 个距离较短的次级或较弱的价。Werner 的初级价相当于现在我们常用的"**氧化数**(oxidation state)"，而次级价，就是"**配位数**"。在这个例子中，Co—Cl 键称为离子键，Co 的氧化数为 +3，Cl 的氧化数为 −1；Co—N 键称为"**配位共价键**(coordinate covalent bond)"(又称偶极键，dipolar bonds；简称配位键，coordinate bond)，由可以接受电子对的**路易斯酸**(Lewis acid) Co^{3+} 和提供电子对的**路易斯碱**(Lewis base) NH_3 结合形成。

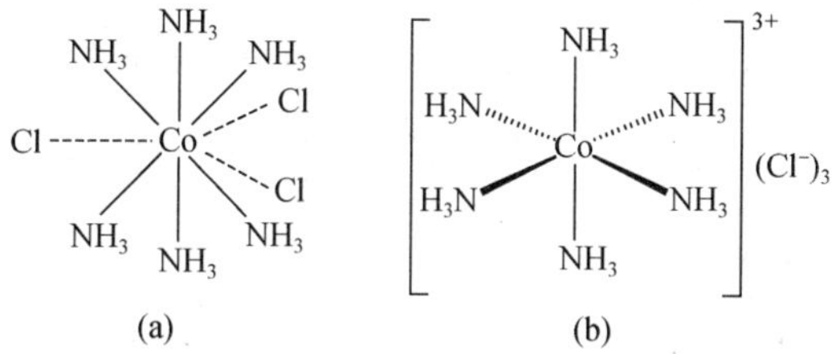

图 11-1 Werner 推测的配合物 $[Co(NH_3)_6]Cl_3$ 的立体结构(a)，与现在的结构表示(b)

在配合物研究中，通常会涉及中心原子、配体、配位数与配位多面体等基本概念，下面分别予以介绍。

1. 中心原子

中心原子，通常是金属原子或离子，特别是过渡金属原子或离子，因为它们可以作为 Lewis 酸提供空轨道，例如 Ti^{3+}、Cr^{3+}、Fe^{3+}、Co^{2+}、Mo^{4+}、W^{4+}、Au^+、Pb^{2+} 等。能否作为中心原子形成配合物，关键取决于中心离子是否提供空轨道与配体形成配位键。例如：

$$H_3B + NH_3 \longrightarrow H_3B—NH_3$$

H_3B 的 B 原子提供空轨道，作为 Lewis 酸可以接受 Lewis 碱配体 NH_3 提供的孤对电子，形成配位化合物。这里，中心原子是 B 原子。再如 $[SiF_6]^{2-}$ 中，Lewis 酸 Si(Ⅳ)和 Lewis 碱 F^- 形成配位共价键，Si 为中心原子。

碱金属和碱土金属原子，其 s 价层失去电子形成离子后，通常是以离子键形成化合物，如上面提到的 $Ca_3(PO_4)_2$。而过渡金属原子，其价层包含 ns、$(n-1)$d、np 九个轨道，以第一过渡系列金属原子为例，电子在价层的占据和排布情况如表 11-1 所示。可以看到，即使是 0 价的中性过渡金属原子，也存在空的价轨道，可以作为中心原子形成配合物。过渡金属离子通常可以有多种不同的氧化数，例如第一过渡系列金属常见的氧化数是 +2 和 +3。对于重过渡金属原子，由于旋轨耦合作用和惰性电子对效应，常倾向于形成更高的氧化数。不同的氧化数，其价层轨道电子的占据不同，空的价轨道数目也不同，因此，可以形成电子构型和几何结构丰富多样的配位化合物（表 11-2）。

表 11-1　可以作为中心原子的第一过渡系列金属原子价电子的分布

元素	部分轨道图 4s	3d	4p	未成对电子数
Sc	[↑↓]	[↑][ ][ ][ ][ ]	[ ][ ][ ]	1
Ti	[↑↓]	[↑][↑][ ][ ][ ]	[ ][ ][ ]	2
V	[↑↓]	[↑][↑][↑][ ][ ]	[ ][ ][ ]	3
Cr	[↑]	[↑][↑][↑][↑][↑]	[ ][ ][ ]	6
Mn	[↑↓]	[↑][↑][↑][↑][↑]	[ ][ ][ ]	5
Fe	[↑↓]	[↑↓][↑][↑][↑][↑]	[ ][ ][ ]	4
Co	[↑↓]	[↑↓][↑↓][↑][↑][↑]	[ ][ ][ ]	3
Ni	[↑↓]	[↑↓][↑↓][↑↓][↑][↑]	[ ][ ][ ]	2
Cu	[↑]	[↑↓][↑↓][↑↓][↑↓][↑↓]	[ ][ ][ ]	1
Zn	[↑↓]	[↑↓][↑↓][↑↓][↑↓][↑↓]	[ ][ ][ ]	0

表 11-2　可以作为中心原子的第一过渡系列金属原子的氧化数与 d 轨道电子分布*

氧化态	3B (3) Sc	4B (4) Ti	5B (5) V	6B (6) Cr	7B (7) Mn	8B (8) Fe	8B (9) Co	8B (10) Ni	1B (11) Cu	2B (12) Zn
0	0 (d^1)	0 (d^2)	0 (d^3)	0 (d^5)	0 (d^5)	0 (d^6)	0 (d^7)	0 (d^8)	0 (d^{10})	0 (d^{10})
+1			+1 (d^3)	+1 (d^5)	+1 (d^5)		+1 (d^7)	+1 (d^8)	+1 (d^{10})	
+2		+2 (d^2)	+2 (d^3)	**+2 (d^4)**	**+2 (d^5)**	**+2 (d^6)**	**+2 (d^7)**	**+2 (d^8)**	**+2 (d^9)**	**+2 (d^{10})**
+3	**+3 (d^0)**	+3 (d^1)	+3 (d^2)	**+3 (d^3)**	+3 (d^4)	**+3 (d^5)**	**+3 (d^6)**	+3 (d^7)	+3 (d^8)	
+4		**+4 (d^0)**	**+4 (d^1)**	+4 (d^2)	**+4 (d^3)**	+4 (d^4)	+4 (d^5)	+4 (d^6)		
+5			**+5 (d^0)**	+5 (d^1)	+5 (d^2)		+5 (d^4)			
+6				**+6 (d^0)**	+6 (d^1)	+6 (d^2)				
+7					**+7 (d^0)**					

*粗体表示的为重要的电子分布。

2. 配体

配体，是具有**孤对电子**（lone pair）的分子或离子，可以作为 Lewis 碱与中心原子形成配位键。配体的选择范围相当广泛，从无机原子、离子、分子到有机分子和离子均可以作为配体参与形成配合物。实际上，中心原子与配体不是孤立存在的，它们总是同时出现、相互依存的。自然界很难找到完全裸露的金属离子，它总是被某种配体所结合。虽然配体的种类和数目繁多，但是不管何种分子或离子，其可以作为配体必须具备一个条件，即该分子或离子必须具有至少一对可以配位的孤对电子。在配体中，直接与中心原子进行配位结合的提供电子对的原子称为**配位原子**（coordination atom）。不同类型的配位原子具有不同的配位能力，其形成配合物的稳定性和性质也常常不同。按照配体可以提供的与中心原子键合的配位原子数目，可以将配体分为单齿

(monodentate)配体、双齿(bidentate)配体和多齿(polydentate)配体。表 11-3 给出了一些常见配体中配位原子的种类和数目,以及每个配位原子上能够提供的孤对电子数目。由于多齿配体可以同时用 2 个或多于 2 个配位原子与中心原子结合,又常被称为螯合剂(chelating agent)。

表 11-3 常见的配体

配体类型	实例			
单齿配体	$H_2\ddot{O}$: 水 $:NH_3$ 氨	$:\ddot{F}:^-$ 氟离子 $:\ddot{Cl}:^-$ 氯离子	$[:C\equiv N:]^-$ 氰根 $[:\ddot{S}=C=\ddot{N}:]^-$ 硫氰酸根(或)	$[:\ddot{O}-H]^-$ 氢氧根 $[:\ddot{O}-\ddot{N}=\ddot{O}:]^-$ 亚硝酸根(或)
双齿配体	H_2C-CH_2 $H_2\ddot{N}$ $\ddot{N}H_2$ 乙二胺 (en)	$[(:\ddot{O})(O)C-C(O)(:\ddot{O})]^{2-}$ 草酸根		
多齿配体	$H_2C-CH_2\ CH_2-CH_2$ $H_2\ddot{N}$ $\ddot{N}H$ $\ddot{N}H_2$ 二乙基三胺	$[:\ddot{O}-P(O)(O)-\ddot{O}-P(O)(O)-\ddot{O}-P(O)(O)-\ddot{O}:]^{5-}$ 三磷酸根	$[(:\ddot{O}-C(O)-CH_2)_2\ddot{N}-CH_2-CH_2-\ddot{N}(CH_2-C(O)-\ddot{O}:)_2]^{4-}$ 乙二胺四乙酸(EDTA) 根	

图 11-2 给出了两个多齿配体分别与金属离子形成螯合物的结构。其中(a)是三磷酸腺苷(adenosine triphosphate, ATP)与 Mg(Ⅱ)离子形成的螯合物,配体中 2 个相邻磷酸根上的 2 个 O 原子双齿螯合 Mg(Ⅱ)离子,形成一个六元螯合环,此外,还有 4 个水分子单齿配位。(b)是 EDTA 作为螯合剂。它可与一些重金属离子如 Hg(Ⅱ)、Pb(Ⅱ)和 Cd(Ⅱ)形成稳定的配合物,从而除去这些有毒离子。从(b)中几何结构上可以看到,一个 EDTA 配体上 2 个 N 原子和 4 个 O 原子同时与中心 Pb(Ⅱ)配位,形成多个五元螯合环。一般地,**齿合度**(denticity)越高,形成的配合物越稳定。螯合环的形成,通常也可以增加配合物的稳定性,而五元螯合环常常是最稳定的结构。

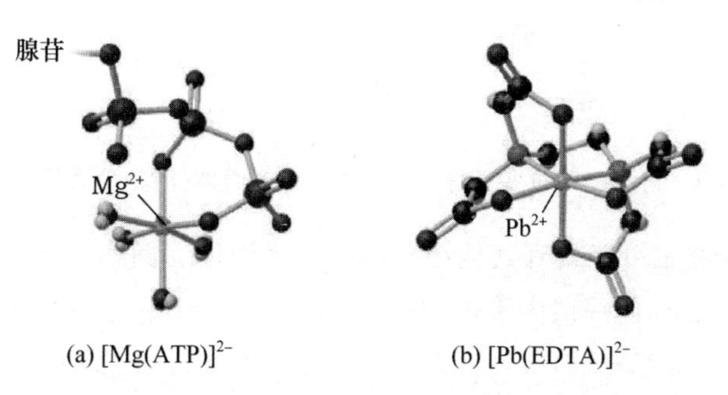

图 11-2 多齿配体与金属离子形成螯合物的实例

如果配体中的一个或多个配位原子,同时与两个或两个以上的金属原子或离子配位,这样的配体称为桥配体(bridging ligand)。比如已知的最早配位化合物,合成于 1706 年的普鲁士蓝(Prussian blue) $Fe_4[Fe(CN)_6]_3$,其配体 CN^- 即作为桥配体连接不同的铁离子:Fe(Ⅱ)-CN-Fe(Ⅲ)。除了开始作为颜料广泛使用,该配合物还可以作为解毒剂用于治疗 Tl 中毒或辐射性 Cs 中毒。近 30 年来研究发现,一些普鲁士蓝的类似物还表现出分子磁体的行为或类分子筛的性质。

除了 Werner 类型的配合物,20 世纪 50 年代开始化学家还发现和发展了一类新的配位化合物:含有金属-碳键的金属有机化合物(organometallic compound)。恩斯特·奥托·菲舍尔(Ernst Otto Fischer)与杰弗里·威尔金森(Geoffrey Wilkinson)一起,因对金属有机化合物的研究获得了1973 年诺贝尔化学奖。金属有机化合物的配体包括:与金属形成 σ 键的配体,如烷基负离子$^{-}CH_3$ 和羰基 CO;与金属形成 π 键的配体,如烯烃 $H_2C=CH_2$ 和环烯烃 $C_5H_5^-$。最早的金属有机配合物蔡斯盐(Zeise's salt)$K[PtCl_3(C_2H_4)]$,及 20 世纪 50 年代合成并表征结构的二茂铁(ferrocene)$Fe(C_5H_5)_2$ 就属于该类配合物。

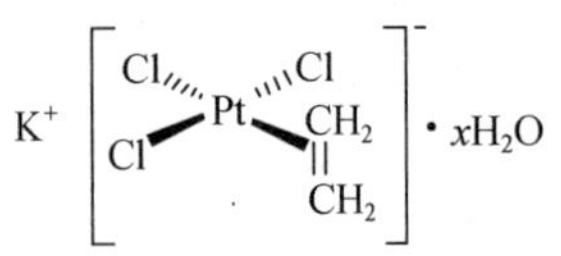

$K^+[PtCl_3(CH_2=CH_2)]^- \cdot xH_2O$

蔡斯盐

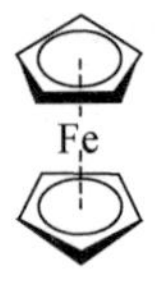

二茂铁

3. 配位数与配位多面体

中心原子和所有配体组成配位层(coordination sphere),中心原子和配位的原子构成第一配位层。前面列举的 Werner 类型金属配合物$[Co(NH_3)_6]Cl_3$、$[Pb(EDTA)]^{2-}$、$Fe_4[Fe(CN)_6]_3$,其第一配位层都包含 6 个配位原子,它们的配位数都是 6。一般地,与中心原子键合的配位原子的数目,称为配位数。从配合物的配位键本质考虑,徐光宪先生给出了配位数更一般的定义:配体在与中心原子形成配合物时,向中心原子提供的电子对的数目。按照这一定义,配合物$[Co(NH_3)_6]Cl_3$中,中心原子 Co 的配位数是 6;二茂铁 $Fe(C_5H_5)_2$ 中,中心原子 Fe 的配位数也是 6。

对于配合物来说,通常把中心原子周围各配位原子或离子的中心连线所构成的几何多面体,称为该中心原子的配位多面体(coordination polyhedron, polygon)。过渡金属配合物最常见的配位数是 6 和 4,其配位多面体分别是八面体(octahedron)和四面体(tetrahedron),见图 11-3。比如,$[Co(NH_3)_6]Cl_3$、$[Pb(EDTA)]^{2-}$ 为八面体配合物,$[Zn(NH_3)_4]^{2+}$、$[FeCl_4]^-$ 为四面体配合物。

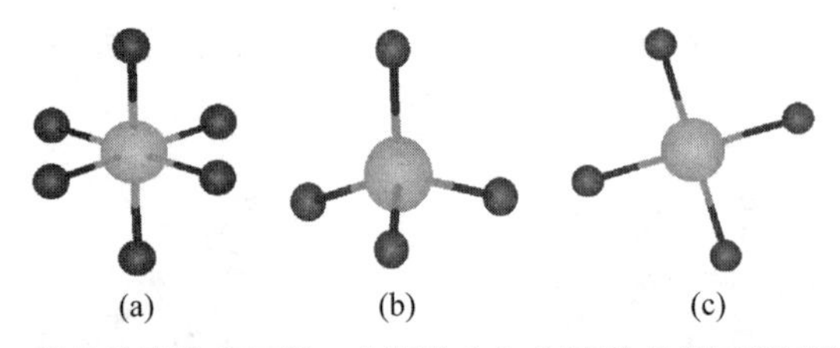

图 11-3 常见的配位多面体:八面体(a)、四面体(b)和平面四边形(c)

配位数为 4 的配合物也可能具有其他结构的配位多面体。例如 d^8 构型过渡金属配合物最常见的配位数也是 4,配位多面体一般为平面四边形(square planar)。顺铂(cisplatin)*cis*-$Pt(NH_3)_2Cl_2$就是代表性结构之一,如图 11-4(a)所示。1978 年底,顺铂被美国 FDA 批准为治疗癌症的化学药物。之后,人们研究和发展了同类的具有平面四边形配位的含铂抗癌药物:卡铂(carboplatin)和草酸铂(oxaliplatin)。

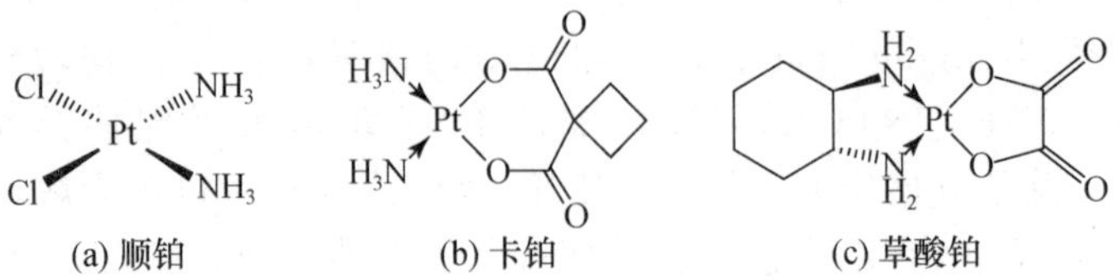

(a) 顺铂 (b) 卡铂 (c) 草酸铂

图 11-4 几种具有平面四边形结构的配合物

中心原子和配体的大小，对配位数也有很大的影响。一般地，半径大的金属原子或离子，和空间结构小的配体，倾向于形成高配位数配合物，如$[Mo(CN)_8]^{4-}$；反之，半径小的金属原子或离子，和空间结构大的配体，则倾向于形成低配位数配合物，如$Pt[P(CMe_3)]_2$。镧系和锕系金属，由于大的离子半径和 Ln-L、An-L 具有更多的离子键性质，倾向于和配体形成高配位数配合物。

4. 配位化合物的命名规则

下面介绍如何书写一个配合物的结构式，以及如何命名一个配合物。

一般地，书写配合物的分子式按照如下规则：① 先写阳离子，然后写阴离子；② 配离子放到方括号中，被称为配合物的内界；③ 总电荷应为零，配离子外电荷相反的部分称为配合物的外界。中心离子、配体、配位键、内界、外界等概念的示意图如图 11-5 所示。一些配合物的化学式可写做$[Cu(NH_3)_4]SO_4$、$K_2[Co(NH_3)_2Cl_4]$、$[Co(NH_3)_4Cl_2]Cl$ 等。

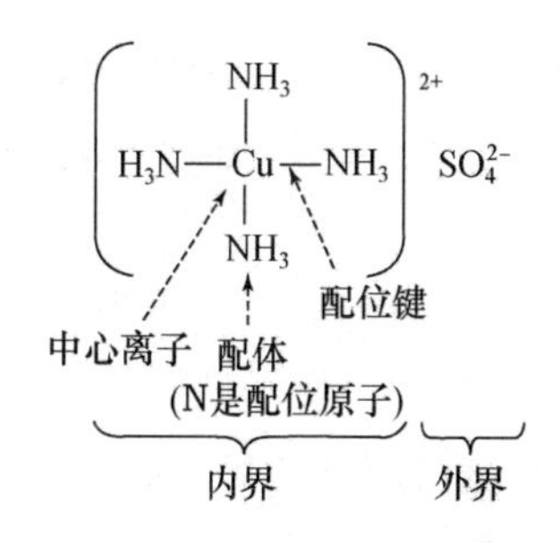

图 11-5　配合物的组成

配合物的中文名一般按照 1980 年中国化学会无机专业委员会制订的原则命名①，例如：

(1) 无机配体在前，有机配体在后。例如：

$(CH_3C_5H_4)Mn(CO)_3$ 命名为"三羰基(2-甲基环戊二烯基)锰"

(2) 先阴离子，后阳离子，再中性分子，金属离子的氧化数在圆括号( )中用Ⅰ、Ⅱ、Ⅲ来注明。例如：

$K[PtCl_3NH_3]$命名为"三氯·氨合铂(Ⅱ)酸钾"

(3) 同类配体按配位原子元素符号的英文字母顺序排列。例如：

$[Co(NH_3)_5H_2O]Cl_3$ 命名为"三氯化五氨·一水合钴(Ⅲ)"

(4) 同类配体用同一配位原子时，将含较少原子数的配体排在前面。例如：

$[Pt(NO_2)(NH_3)(NH_2OH)(py)]Cl$ 命名为"氯化硝基·氨·羟氨·吡啶合铂(Ⅱ)"

(5) 配位原子相同，配体中所含的原子数目也相同时，按结构式中与配位原子相连的原子的元素符号的英文字母顺序排列。例如：

$[Pt(NH_2)(NO_2)(NH_3)_2]$命名为"氨基·硝基·二氨合铂(Ⅱ)"

表 11-4　一些中性配体和配体离子的英文名称与分子式

英文名称	分子式	英文名称	分子式
中性配体		配体离子	
Aqua	H_2O	Fluoro	F^-
Ammine	NH_3	Chloro	Cl^-
Carbonyl	CO	Bromo	Br^-
Nitrosyl	NO	Iodo	I^-
		Hydroxo	OH^-
		Cyano	CN^-

① 英文命名请参考 IUPAC 1970 规则：IUPAC, Nomenclature of Inorganic Chemistry, 2nd ed., Butterworth, "Coordination Compounds", 39-85 (1970).

11.1.2 配位化合物中的异构现象

类似于共价分子，由于中心原子的电子结构因素和配体间的静电排斥作用，配合物中心原子和配体的位置和排布可能有多种不同的形式，可以形成不同的配位多面体。下面以 Werner 研究的几个经典配合物的结构为例（表 11-5），介绍配合物的立体结构和结构的异构。

表 11-5 Werner 研究的几个经典 Co 配合物

传统分子式	Werner 数据*		现代分子式	配离子的电荷
	总离子数	自由Cl^-数		
$CoCl_3\cdot 6NH_3$	4	3	$[Co(NH_3)_6]Cl_3$	+3
$CoCl_3\cdot 5NH_3$	3	2	$[Co(NH_3)_5Cl]Cl_2$	+2
$CoCl_3\cdot 4NH_3$	2	1	$[Co(NH_3)_4Cl_2]Cl$	+1
$CoCl_3\cdot 3NH_3$	0	0	$[Co(NH_3)_3Cl_3]$	−

*每摩尔配合物所含离子的物质的量。

实验发现，配合物 $Co(NH_3)_4Cl_3$ 有绿色和紫色两种形式，两者具有相同的组成。为解释这个现象，Werner 提出，$[Co(NH_3)_4Cl_2]Cl$ 存在两种几何异构体（geometric isomers），Co 原子周围 4 个 NH_3 分子和 2 个 Cl 离子处在八面体的 6 个顶点上，但它们排布的方式有两种：一种是 2 个 Cl^- 处在相对的顶点上，称为反式（*trans-*）；另一种是 2 个 Cl^- 处在相邻的顶点上，称为顺式（*cis-*），见图 11-6。前者是绿色，后者是紫色。

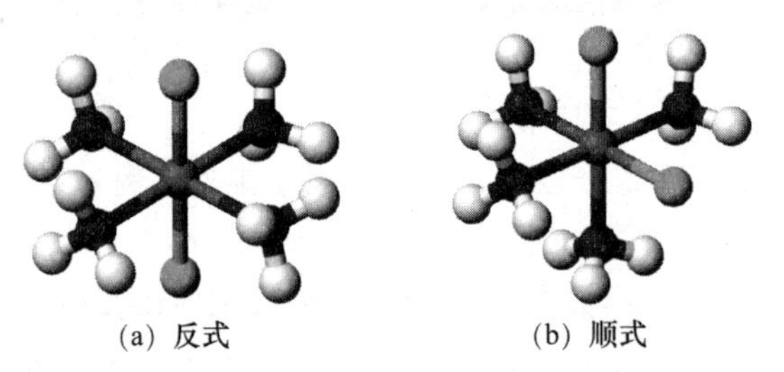

图 11-6 $[Co(NH_3)_4Cl_2]Cl$ 的两种异构体

配合物 $Co(NH_3)_4Cl_3$ 所表现出的具有相同组成但是不同结构的现象，就是配合物的异构现象。所谓异构体（isomers），是指组成相同，但是原子的排列方式不同的化合物，它们常常表现出不同的性质。主要分为结构异构（structural isomerism）和立体异构（stereoisomerism）两大类型，如图 11-7 所示。

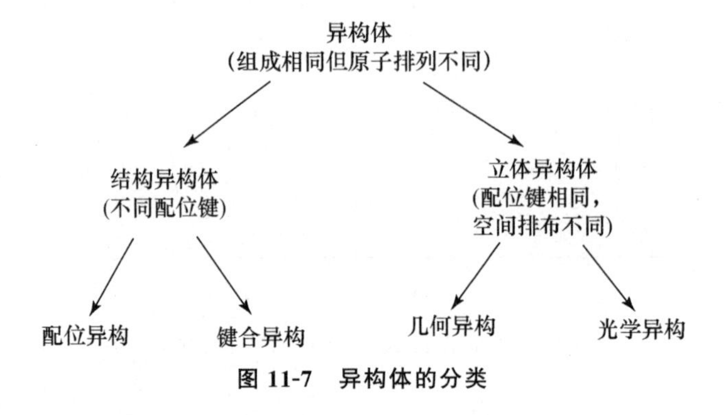

图 11-7 异构体的分类

结构异构是指不同的异构体中，组成相同，但是存在不同配位键的现象。它又可分为两种情况：配位异构(coordination isomerism)，如配合物$[Cr(NH_3)_5SO_4]Br$和$[Cr(NH_3)_5Br]SO_4$，中心原子Cr^{3+}分别与SO_4^{2-}和Br^-两种不同的配体形成不同的配位键；键合异构(linkage isomerism)，如$[Co(NH_3)_4(NO_2)Cl]Cl$和$[Co(NH_3)_4(ONO)Cl]Cl$，尽管两个配合物结构具有相同组成的配阳离子，但是配体与中心原子键合的方式不同，前者形成Co—NO_2配位键，后者形成Co—ONO配位键。

如果组成和形成的配位键均相同，只是配体在空间的排布不同，或者说配位键在空间的分布不同，则被称为**立体异构**。立体异构又包括几何异构(geometric isomerism，*cis-trans* isomerism)和光学异构(optical isomerism)。

配位原子或配位基团相对于中心原子具有不同的空间排布的配合物，称为几何异构体。例如，*cis*-$Pt(NH_3)_2Cl_2$中，两个NH_3配体处在金属离子的邻位，而*trans*-$Pt(NH_3)_2Cl_2$中，两个NH_3配体处在金属离子的对位(图 11-8)。

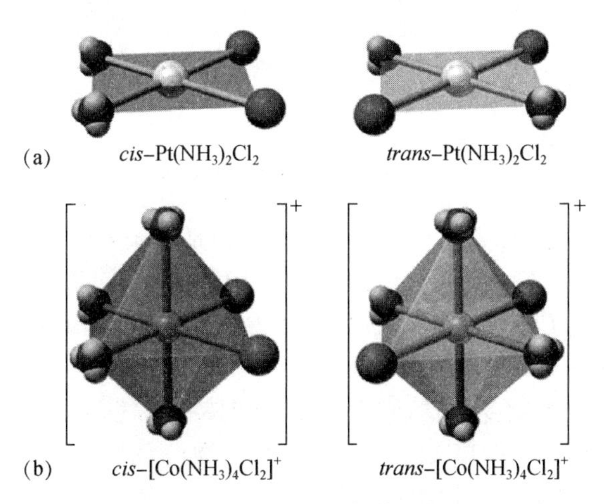

图 11-8　几何异构体的实例

在有些配合物中虽然组成和成键相同，但是由于配体在空间的排布不同而使得异构体之间是左手和右手的关系，即物体与其镜像的关系(图 11-9)，则被称为光学异构体，其特点是两者不能重合。

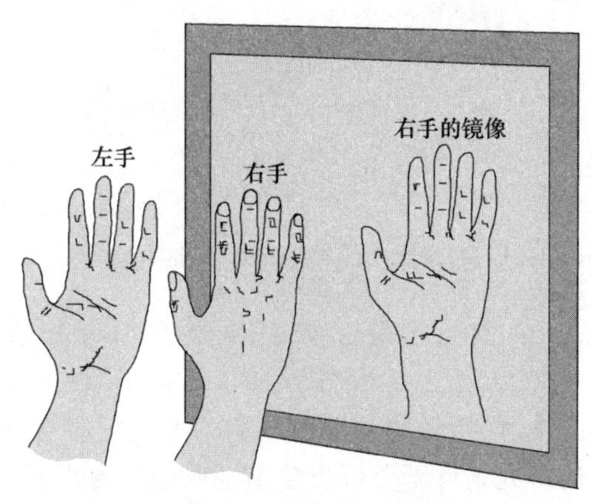

图 11-9　物体与其镜像

以$[Co(en)_2Cl_2]^+$配离子为例，存在顺反几何异构体：*trans*-$[Co(en)_2Cl_2]^+$和*cis*-$[Co(en)_2Cl_2]^+$。对于*trans*-$[Co(en)_2Cl_2]^+$，由图11-10(a)可以看出，它与其镜像是完全相同的，因此没有光学异构体。但是，对于顺式配离子*cis*-$[Co(en)_2Cl_2]^+$，与其镜像不能重合，也就是它和其镜像是两种不同的配离子异构体Ⅰ和异构体Ⅱ，它们互为光学异构体，见图11-10(b)。

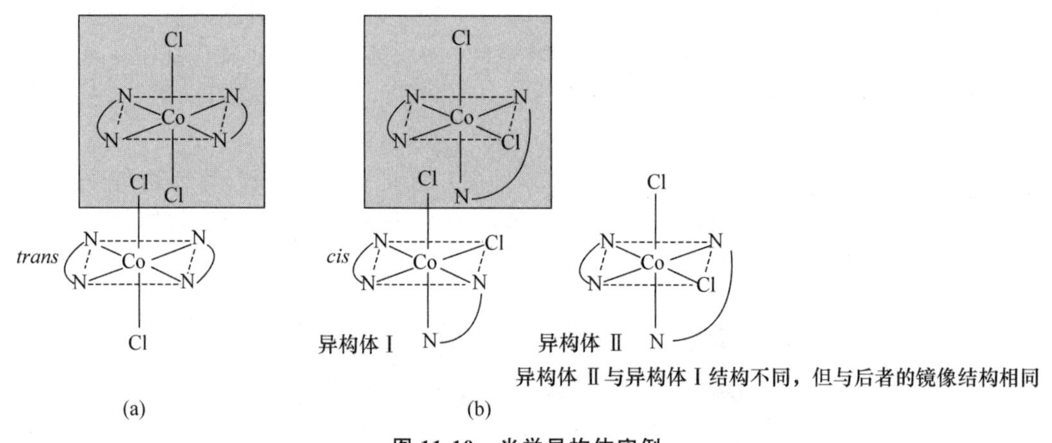

图11-10 光学异构体实例

(a) 反式异构体与其镜像完全一样，它们不互为异构体；(b) 异构体Ⅱ与异构体Ⅰ互为光学异构体

光学异构体，又称对映体(enantiomers)，它们具有很多相同的性质，比如溶解性、熔点、沸点、与非手性试剂的化学反应性等等。之所以称之为光学异构体，是因为互为镜像的它们，与平面偏振光的作用不同，表现出不同的光学性质。具体来说，光学异构体对于平面偏振光的旋转不同，如果其中一个将偏振光左旋θ角度，则其光学异构体将会使偏振光右旋θ角度，因此利用旋光性质可以鉴别光学异构体(图11-11)。还可以利用圆二色光谱(circular dichroism spectra，CD)来研究配合物的手性和光学活性。

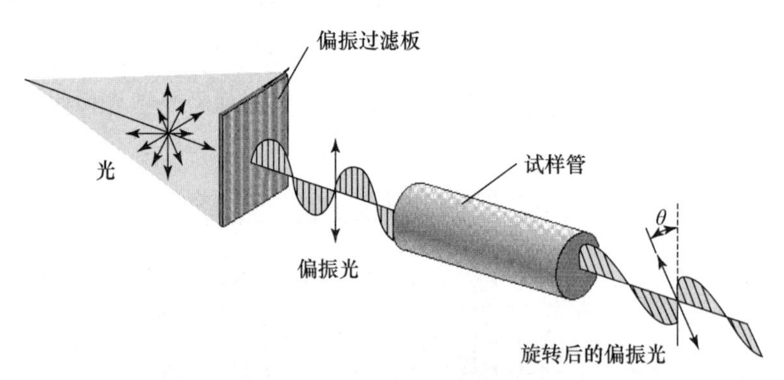

图11-11 利用旋光性质鉴别光学异构体的原理图

第一个不含碳的手性(chiral)化合物是由Werner在1914年报道的，称为hexol，分子式为$\{[Co(OH)_6(Co(NH_3)_4)_3](SO_4)_3\}^{6+}$，结构图示如下，是一个OH桥连的四核配合物。可见，Werner做了很多奠基性的工作，包括异构和手性结构的发现。非常重要的是，他能够在若干间接实验数据基础上，在当时的研究条件下分析想象出金属配合物八面体的立体构型，表现出非凡的化学洞察力。

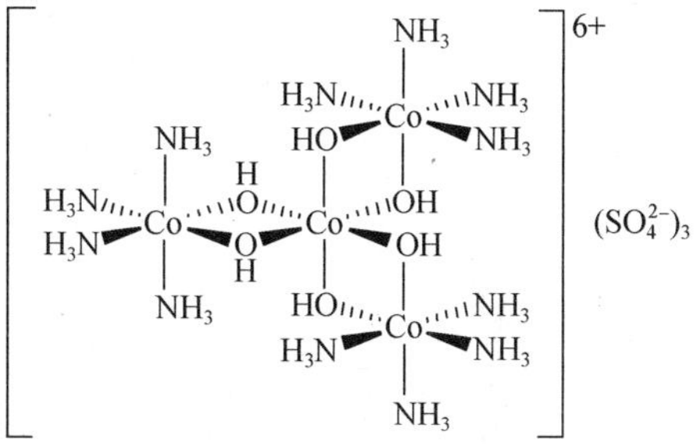

$$\left[\text{Co(NH}_3)_4(\mu\text{-OH})_2\text{Co(OH)}_2(\mu\text{-OH})_2\ldots\right]^{6+}$$

NH$_3$ H$_3$N Co NH$_3$ HO NH$_3$ NH$_3$ H O H$_3$N Co O Co OH H$_3$N O OH H NH$_3$ HO Co NH$_3$ H$_3$N NH$_3$ NH$_3$ 6+ $(SO_4^{2-})_3$

11.2 晶体场理论

前面提到,完全裸露的金属离子,即所谓完全的自由离子(free ion),在自然界中几乎是不存在的。它总是被某种配体所结合,存在于某种环境之中。例如,各种含有金属的岩石和矿物,含金属的生物体等。即使在单质金属中,金属原子的周围也被其他金属原子包围。我们常常会遇到,相同的过渡金属离子,处在不同的配位环境下会呈现不同的颜色和磁性。为什么?这与过渡金属离子的电子结构有关,而其电子结构则常常取决于其所处的配位环境。对于过渡金属离子,在自由离子状态,其 5 个 d 轨道具有相同的能级,称之为五重简并的能级。但是,当过渡金属离子处在配体包围的环境下,其 d 轨道的能级还是相同的吗?如果不同,是怎样分裂的?这种能级分裂受哪些因素的影响?又如何影响配合物的颜色和磁性?为理解配合物的成键特点,在 19 世纪 30 年代,Pauling 发展了配合物的价键理论。它在对化合物的几何结构、过渡金属离子的自旋状态的解释上获得了较大的成功,但在理解配合物的电子光谱、过渡金属离子高低自旋态产生的原因以及一些特定结构配合物的稳定性上存在明显缺陷。要解决这些问题,需要发展新的成键理论或者物理模型。

20 世纪 30 年代,物理学家汉斯·贝特(Hans Bethe)和约翰·哈斯布鲁克·范弗莱克(John Hasbrouck van Vleck)提出了晶体场理论(crystal field theory,CFT),以过渡金属配合物的电子层结构为出发点,很好地解释了配合物的颜色、磁性、立体构型、热力学性质和配合物畸变等主要问题。美中不足的是,晶体场理论不能合理解释配体的光谱化学序列和一些金属有机配合物的形成。因此,作为晶体场理论与分子轨道理论(molecular orbital theory)结合的产物,配位场理论(ligand field theory, LFT)为过渡金属配合物的成键过程提供了新的解释。汉斯·贝特与约翰·范弗莱克也因此分别获得了 1967 和 1977 年的诺贝尔物理学奖。

11.2.1 d 电子能级结构在配体场中的分裂

概括地说,晶体场理论是一个理论模型,它描述由于带负电荷的配体分布产生的静电场对中心金属离子电子轨道的作用。配体的静电场会造成 d 或 f 电子轨道能态简并度的去除,又称能级分裂。

晶体场理论的核心是静电相互作用:一方面,是带正电的中心金属离子,与带负电的配体(负的点电荷)之间正负电荷相互吸引,完全以离子键的方式形成稳定的配合物;另一方面,配体上带负电的孤对电子,与金属 d 轨道上的带负电的电子之间互相排斥,**这种排斥作用,称做晶体场**。由于 5 个 d 电子轨道在空间分布取向的不同(图 11-12),受到晶体场的影响也不尽相同。在自由离子状态，这 5 个 d 轨道具有相同的能级。如果将过渡金属离子置于球形对称的配位负电场中，其 5 个 d 轨道仍然具有相同的能级，但由于球形晶体场对于 d 轨道的排斥作用，使得 5 个 d 轨道的势能同步增加为 E_s。

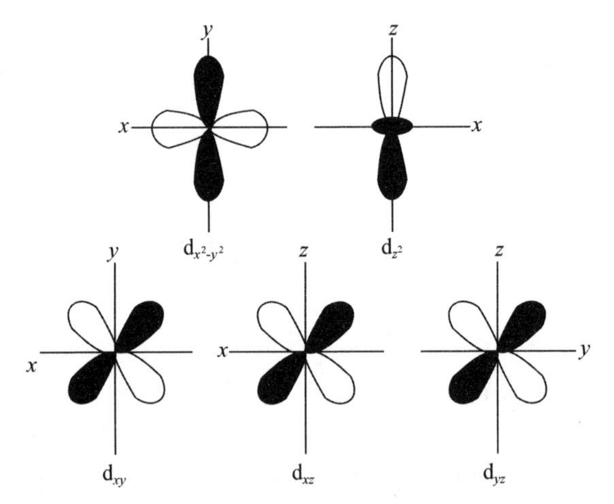

图 11-12　5 个 d 电子轨道的空间分布

如前所述，过渡金属配合物常常采取六配位的八面体构型。在八面体晶体场中，6 个带负电的配体与中心带正电的金属离子发生静电吸引，提供稳定性；同时，6 个配体则沿着三个坐标轴的正、负方向接近中心原子，带负电的配体(或理解为每个配体上带负电的孤对电子)与 d 轨道上的电子相互排斥，使得 d 轨道的势能增加(图 11-13)。

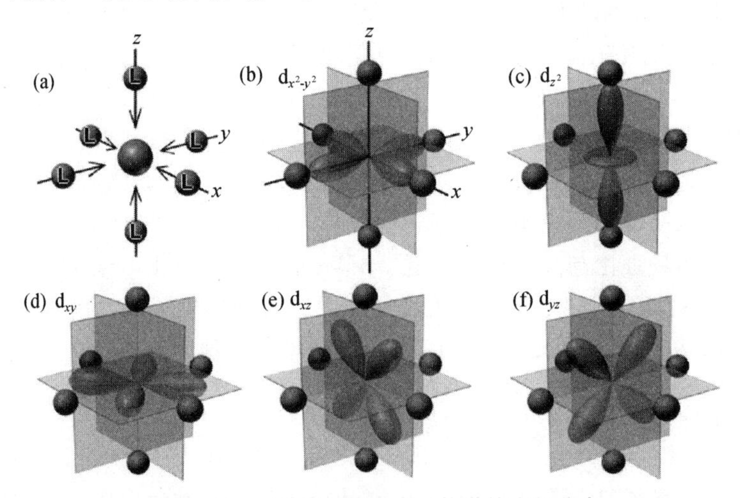

图 11-13　八面体晶体场中 d 轨道的空间分布

同时，八面体晶体场对于 5 个 d 轨道的作用与影响不尽相同。d_{z^2} 和 $d_{x^2-y^2}$ 轨道的电子云极大值方向正好与 $\pm z$ 方向和 $\pm x$、$\pm y$ 方向的配体负电荷迎头相碰，排斥较大，因此能级升高较多，高于 E_s。而 d_{xy}、d_{yz} 和 d_{xz} 轨道的电子云则正好处在 6 个轴向位置的配体之间，排斥较小，因此能级升高较小，低于 E_s。因而 5 个 d 轨道能级在八面体晶体场中分裂为两组：d_{z^2} 和 $d_{x^2-y^2}$ 轨道，能量高于 E_s，记为 e_g 轨道；d_{xy}、d_{yz} 和 d_{xz} 轨道，能量低于 E_s，记为 t_{2g} 轨道(图 11-14)。e_g 和 t_{2g}

是基于群论的对称性符号。两组轨道之间的能级差记为 Δ_o 或 $10Dq$，称为**晶体场分裂能**（crystal-field splitting parameter）。

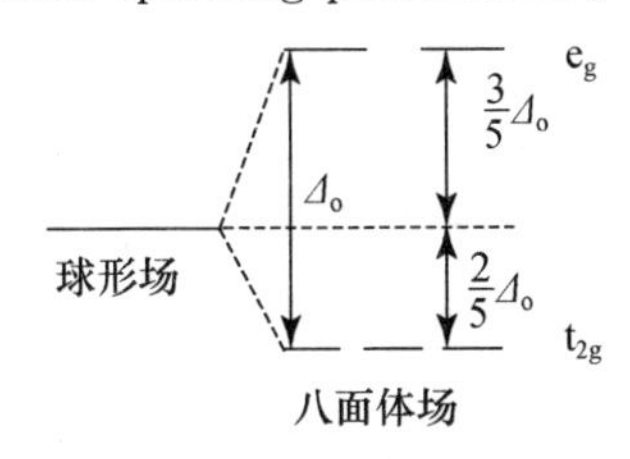

图 11-14　八面体晶体场中 d 轨道的能级分裂

晶体场作用使得 5 个 d 轨道的势能均有增加，虽然晶体场对称性可能有变化，但受到微扰的 d 轨道的平均能量是不变的，等于 E_s 能级。选取 E_s 能级为计算零点，则有：$E(e_g)-E(t_{2g})=10Dq=\Delta_o$ 和 $2E(e_g)+3E(t_{2g})=0$。解联立方程得：$E(e_g)=6Dq=(3/5)\Delta_o=0.6\Delta_o$，$E(t_{2g})=-4Dq=-(2/5)\Delta_o=-0.4\Delta_o$。也就是说，正八面体场中 d 轨道能级分裂的结果是，与 E_s 能级相比，e_g 轨道能量升高 $6Dq(0.6\Delta_o)$，而 t_{2g} 轨道能量则降低了 $4Dq(0.4\Delta_o)$。

类似地，可求出正四面体晶体场中的能级分裂结果：$E(t_{2g})$ 由 d_{xy}、d_{yz} 和 d_{xz} 轨道组成，高于 E_s 能级 $1.78Dq$；$E(e_g)$ 由 d_{z^2} 和 $d_{x^2-y^2}$ 轨道组成，低于 E_s 能级 $2.67Dq$。由于在正四面体晶体场中，配体上电子配位的方向并不直接朝着 d 轨道电子云伸展的方向，一般来说，四面体晶体场分裂能要小于相同的配体八面体晶体场分裂能。平面四边形和其他配位几何构型配合物的 d 电子能级结构的分裂情况也可以用晶体场理论来描述。

晶体场分裂能 Δ 的大小既与配体有关，也与中心原子有关。当配体及其配位构型确定时，Δ 随中心原子改变：同一元素中心原子电荷越大时，Δ 也越大；不同周期的中心原子，Δ 随周期数增大而增大。当中心原子确定时，Δ 随配体的不同而改变，Δ 随配位原子原子半径减小而增大：I < Br < Cl < S < F < O < N < C，配体的分裂能 Δ 大小主要遵循以下的顺序：$I^- < Br^- < S^{2-} < SCN^- < Cl^- < NO_3^- < N_3^- < F^- < OH^- < C_2O_4^{2-} < H_2O < NCS^- < CH_3CN <$ py $< NH_3 <$ en $<$ 2,2′-bipy $<$ phen $< NO_2^- < PPh_3 < CN^- < CO$。

由于 Δ 由实验光谱数据确定，故该顺序也称为**光谱化学序列**（spectrochemical series），用以表示配体场强度顺序。I^-、Br^-、S^{2-} 等配体称为弱场配体，PPh_3、CN^-、CO 等被称为强场配体。值得指出的是，晶体场理论本身并不能合理解释配体场强弱的顺序，该顺序可以用结合了分子轨道理论的配位场理论来阐释。

11.2.2　配合物的颜色

化合物吸收了可见光（400～700 nm）中某些波长的光，另外一些波长的光未被吸收。我们平常所看到物质的颜色，就是被该物质吸收的光颜色的互补色，见表 11-6 和图 11-15。

表 11-6　吸收的光与呈现出的颜色

$\lambda_{吸收}$/nm	吸收光	呈现颜色	$\lambda_{呈现}$/nm
400	紫色	黄绿色	560
450	蓝色	黄色	600
490	蓝绿色	红色	620
570	黄绿色	紫色	410
580	黄色	深蓝色	430
600	橙色	蓝色	450
650	红色	绿色	520

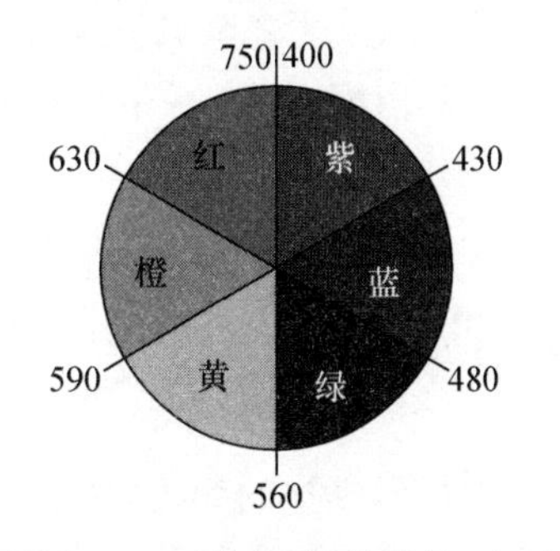

图 11-15　互补色（波长单位：nm）

分子或离子会吸收紫外-可见区域光的条件是，吸收光的能量恰好等于该分子或离子中电子基态到激发态的能量差，即满足 $\Delta E=h\nu$。因此，吸收光谱至少涉及两个不同的电子能态，吸收光的能量使得电子从低能态向高能态发生跃迁。

过渡金属配合物的颜色，大多来源于中心离子的 d-d 电子跃迁。不同的过渡金属配合物显示不同的颜色，这是因为，配合物吸收光的波长或颜色，依赖于中心过渡金属离子 d 电子能级在晶体场中分裂能 Δ 的大小。晶体场分裂能 Δ 越大，配合物吸收光的能量越高，即吸收光的波长越短；晶体场分裂能 Δ 越小，配合物吸收光的能量越低，即吸收光的波长越长。而晶体场分裂能 Δ 的大小取决于金属离子和配体的性质，光谱化学序列就间接给出了晶体场分裂能的大小，由此可以区分强场配体和弱场配体。实际上，**紫外-可见吸收光谱**（UV-Vis），即是用来测定配合物晶体场分裂能大小的一种常用实验方法。

相同的过渡金属离子，当和不同的配体形成配合物时，由于配位场作用的不同，可以显示出不同的颜色。比如 Cr(Ⅲ)与不同的配体可以形成六配位的配合物$[CrF_6]^{3-}$、$[Cr(H_2O)_6]^{3+}$、$[Cr(NH_3)_6]^{3+}$、$[Cr(CN)_6]^{3-}$等，尽管它们都具有八面体的配位环境，但是不同配体形成的晶体场分裂能依次增大，因此，吸收光的能量依次增高，即吸收光的波长依次变短，配合物分别显示出其吸收光的互补颜色，从而呈现不同的颜色（图 11-16）。

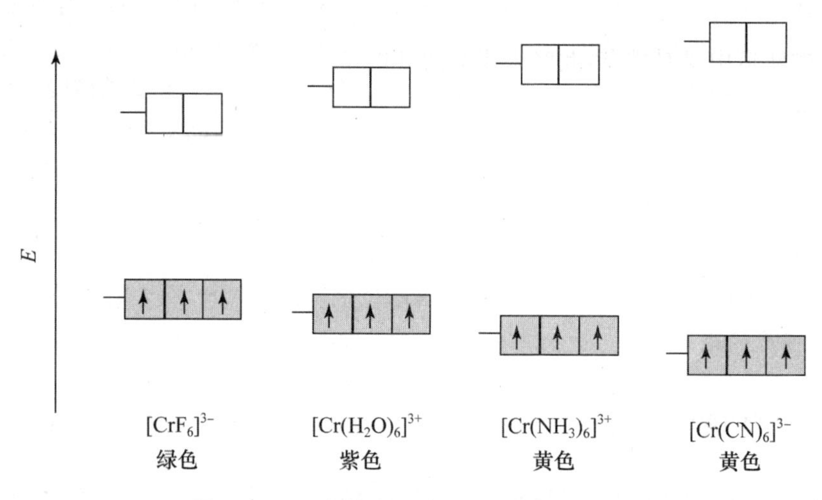

图 11-16 配位场作用对配合物颜色的影响

应当指出的是，过渡金属配合物由 d-d 跃迁产生的颜色，需要 d 轨道的电子是部分填充的。对于 d^0 和 d^{10} 配合物，不存在 d-d 跃迁，因而一般是无色的。但是，如果配合物中存在中心金属到配体的电荷转移（metal-to-ligand charge transfer，MLCT），或者配体到金属的电荷转移（ligand-to-metal charge transfer，LMCT），配合物在紫外-可见区域吸收光，则也会显示颜色。

11.2.3 配合物的磁性

除了常常显示多样的颜色，过渡金属配合物的另一个显著特点是常表现出磁性。物质的磁性来源主要是未成对的电子及其自旋。自旋间无相互作用或者相互作用较弱时，体系常常表现出顺磁性(paramagnetism),而不含未成对电子的配合物则呈抗磁性(diamagnetism)。顺磁物质的磁化率与温度成反比关系,即服从居里定律,

$$\chi_m = C/T$$

其中 C 为居里常数,$C=(1/8)g^2 \cdot S \cdot (S+1)$: g 为朗德因子,自由电子的 g 因子为 2;S 为体系的自旋量子数,由不成对电子数确定,比如 Cu(Ⅱ)含有一个不成对电子,其自旋量子数 $S=1/2$,因此居里常数等于 3/8。

对于过渡金属配合物,d 电子在轨道上的排布方式决定了未成对的 d 电子数目,从而影响到配合物的磁性。因此,d 电子的能级结构(具体指,中心原子 d 轨道在晶体场中如何分裂,以及分裂能的大小),决定了配合物的磁性。

由于涉及电子在轨道中的排布,还需要引入一个概念: **电子成对能 P**。当 d 轨道中已经存在一个电子时,若有第二个电子进入该轨道与其配对排列,则电子成对能 P 定义为第二个电子克服与第一个电子排斥作用所需要的能量。在晶体场作用下,d 轨道能级发生分裂,d 电子的排布要兼顾**能量最低原理**和**洪特规则**(Hund's rule),即在保证总能量最低的情况下尽可能分占不同轨道且自旋平行。因而,d 电子如何排布,最终取决于分裂能 Δ 和电子成对能 P 的相对大小。

根据光谱化学序列,在 CN^- 和 CO 等强场配体作用下,配合物晶体场分裂能 $\Delta > P$,d 电子倾向于在能级低的轨道中成对排布,此时未成对的 d 电子数目少或为零,因此自旋 S 值较小,这种状态称为**低自旋**(low spin)。比如,在强场配体 NO_2^- 的作用下,八面体构型离子$[Fe(NO_2)_6]^{3-}$的 5 个 d 电子将全部处于 t_{2g}轨道中,未成对的电子数为 1,自旋量子数 $S=1/2$,为低自旋态,见图 11-17(a)。与此相对,I^- 与 Br^- 之类的弱场配体导致 $\Delta < P$,d 电子更易排布在能级高的轨道中,此时未成对 d 电子的数目多,因此自旋 S 值较大,这种自旋状态称为**高自旋**(high spin)。例如,在含有弱场配体 Br^- 的八面体构型配离子$[FeBr_6]^{3-}$中,5 个 d 电子中有 3 个处于 t_{2g}轨道,2 个处于 e_g 轨道,形成 5 个单占据轨道,未成对电子数为 5,自旋量子数 $S=5/2$,为高自旋态,见图 11-17(b)。

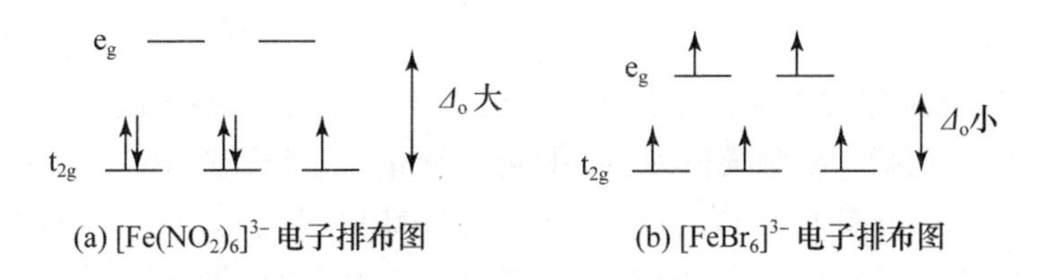

图 11-17　低自旋态(a)与高自旋态(b)的实例

一般地,可以按照以下步骤确定 d 轨道的能级图: 首先,确定中心金属的氧化数,由此确定 d 电子的数目;然后,确定配体形成的晶体场的配位构型,如八面体、四面体或其他构型,属于强场或弱场;最后,把 d 电子按照能量最低原理和洪特规则分布在 d 轨道能级图中。

表 11-7 给出了正八面体配合物中 d 电子排布情况。

表 11-7 正八面体配合物中 d 电子排布

d 电子数	弱场高自旋		未成对电子数	强场低自旋		未成对电子数	强场中降低的轨道能量
	t_{2g}	e_g		t_{2g}	e_g		
1	↑		1	↑		1	0
2	↑ ↑		2	↑ ↑		2	0
3	↑ ↑ ↑		3	↑ ↑ ↑		3	0
4	↑ ↑ ↑	↑	4	↑↓ ↑ ↑		2	Δ
5	↑ ↑ ↑	↑ ↑	5	↑↓ ↑↓ ↑		1	2Δ
6	↑↓ ↑ ↑	↑ ↑	4	↑↓ ↑↓ ↑↓		0	2Δ
7	↑↓ ↑↓ ↑	↑ ↑	3	↑↓ ↑↓ ↑↓	↑	1	Δ
8	↑↓ ↑↓ ↑↓	↑ ↑	2	↑↓ ↑↓ ↑↓	↑ ↑	2	0
9	↑↓ ↑↓ ↑↓	↑↓ ↑	1	↑↓ ↑↓ ↑↓	↑↓ ↑	1	0
10	↑↓ ↑↓ ↑↓	↑↓ ↑↓	0	↑↓ ↑↓ ↑↓	↑↓ ↑↓	0	0

从表中可见，只有 d^4、d^5、d^6 和 d^7 的电子组态才有可能有两种不同的排布，从而存在低自旋和高自旋两种自旋状态。

对正四面体型配合物而言，$\Delta_{四面体}$ 大约只等于 $\frac{4}{9}\Delta_{八面体}$，且成对能 P 变化不大，因此，四面体型配合物都符合洪特规则，为高自旋。

“弱场高自旋，强场低自旋”的结论已得到配合物磁性实验的证实，可用于预测未知配合物的磁性质。实验测量磁化率随温度的变化关系，可以得到顺磁性物质的居里常数 C，从而求算出顺磁配合物的自旋量子数 S，推算出配合物中未成对电子数，并推测其 d 轨道的能级结构和配合物的可能构型。

作为本章的结束，我们从配位化学的观点，来讨论血红蛋白（hemoglobin）或肌红蛋白（myoglobin）可逆结合氧前后，Fe 的氧化态与自旋态的变化。

1962 年，John Kendrew 与 Max Perutz 因分别用 X 射线测定了肌红蛋白和血红蛋白的三维晶体结构而分享了诺贝尔化学奖。肌红蛋白是人类以 X 射线得到三维结构的第一种蛋白。肌红蛋白和血红蛋白都分别包含卟啉铁配合物。人们对于血红蛋白和肌红蛋白结合氧前后的状态进行了大量实验研究，包括：X 射线衍射、紫外-可见光谱、红外光谱、磁性测量和穆斯堡尔谱等等。主要的实验结果包括：几何结构上，结合前 Fe—N 键长 218 pm，Fe 原子处在卟啉环外侧；结合后 Fe—N 键长 201 pm，Fe 原子处在卟啉环的平面上。结合前，化合物是顺磁的，Fe 处在高自旋状态；结合后，化合物是抗磁的，Fe 处在低自旋状态。

一种观点认为，结合前后 Fe 均为 Fe(Ⅱ)，d^6 电子组态；结合前后均近似看成六配位的八面体晶体场（图 11-18）。结合前，在静脉血中，是弱场，d 电子排布为 $t_{2g}^4e_g^2$，$S=2$，因此是高自旋状态，显示顺磁性；同时，由于弱场分裂能较小，化合物吸收波长较长的橘色的光，显示偏蓝的颜色。结合后，在动脉血中，O_2 配体是强场，d 电子排布为 $t_{2g}^6e_g^0$，$S=0$，因此是低自旋状态并显示抗磁性；同时，由于强场分裂能较大，化合物吸收较短波长的绿色光，显示出鲜红色。这种解释虽然可以说明氧合物的抗磁性，但是必要条件是，配位的 O_2 为 $S=0$ 的单重态，而 O_2 的单重态是不稳定的高能激发态。

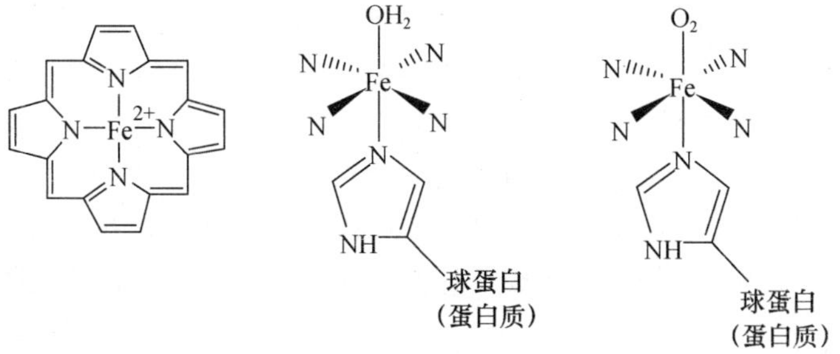

图 11-18　肌红蛋白和血红蛋白结合氧前后性质变化的一种解释

另外一种解释见图 11-19,该模型更精确地描述了氧合前后 Fe 的配位构型。氧合前后均看成是四角锥的晶体场。结合前,Fe 为 Fe(Ⅱ),d^6 电子组态,在四角锥的晶体场下 d 电子的排布见图 11-19(a),$S=2$,因此是高自旋状态,显示顺磁性。而结合 O_2 后,Fe 为 Fe(Ⅲ),d^5 电子组态,在氧合后较强晶体场下,d 电子的排布见图 11-19(b),$S=1/2$,因此是低自旋状态。含有一个未成对电子的低自旋 Fe(Ⅲ)与超氧自由基负离子($\cdot O_2^-$)结合,两个未成对电子之间反铁磁耦合,结果给出氧合物的抗磁性质。近年来,更多直接的实验数据支持这种解释,比如,X 射线光电子能谱(X-ray photoelectron spectroscopy)测量氧合物中 Fe 的氧化态近似为 3.2,O—O 键的红外伸缩振动频率建议其键长更符合超氧键的键级(实验数据约为 1.6,而超氧的键级为 1.5)。因此,氧合物中与实验最吻合的 Fe 的形式氧化态为+3,同时,结合氧的形式氧化态为−1,即为超氧自由基负离子($\cdot O_2^-$)。

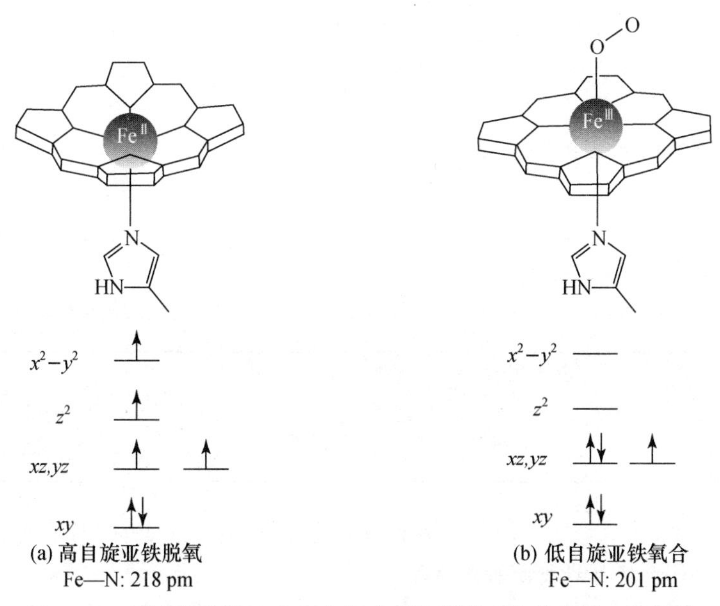

图 11-19　肌红蛋白和血红蛋白结合氧前后性质变化的另一种解释

小　　结

本章从配位化合物的定义、组成、命名和结构等概念和基本内容出发,简单介绍了配位化合物的晶体场理论，用以解释过渡金属离子 d 电子能级在配体场中的能级分裂、配合物的颜色和磁性。

配合物通常由中心离子和配体组成，随着配体数目、键合方式和空间排布的不同，配合物存在结构异构和空间异构形式的异构体。结构异构可分为配位异构和键合异构；空间异构可分为几何异构和光学异构，这些是配位化合物结构上的特别之处。

通常，可以用晶体场理论描述中心金属离子与周围配体之间的相互作用，其核心是静电相互作用。晶体场的对称性和强度的差异，造成了过渡金属配合物具有丰富的光学和磁学性质。

思考题

1. 有何种理论可以处理配位化合物的电子结构，基本要点是什么？

2. 配位化合物为什么一般会有颜色，受什么因素影响？

3. 配位化合物的发光主要有哪几个来源，一般受什么因素影响？

4. 配位化合物为什么可以显示出磁性？磁性化合物和磁体有何区别？

5. 当前，配位化学研究的热点有哪些？试举三个例子。

习题

11.1　$Co(NH_3)_5(SO_4)Br$ 有两种异构体，一种为红色，另一种为紫色。两种异构体都可溶于水并发生部分电离。红色异构体的水溶液在加入 $AgNO_3$ 后生成 AgBr 沉淀，但在加入 $BaCl_2$ 后没有 $BaSO_4$ 沉淀生成。而紫色异构体具有相反的性质。请据此写出两种异构体的结构表达式。

11.2　某一锰的配合物是从溴化钾和草酸根阴离子的水溶液中获得的。经纯化并分析，发现其中含有(质量分数)10.0%锰，28.6%钾，8.8%碳和 29.2%溴。配合物的其他成分是氧。该配合物水溶液的导电性与等摩尔浓度的 $K_4[Fe(CN)_6]$ 相同。写出该配合物的化学式，并用方括号表示配位内界。

11.3　硫酸亚硝酸根五氨合钴(Ⅲ)的化学式是________________；$(NH_4)_3[CrCl_2(SCN)_4]$ 的中文名是________________。

11.4　设 M 为中心金属离子，A、B、C、D 为单齿配体，试画出 $MA_2B_2C_2$、MA_2B_2CD 和 MA_3BCD 的所有几何异构体和光学异构体。

11.5　通过下表数据解释$[Co(NH_3)_6]^{2+}$和$[Co(NH_3)_6]^{3+}$配合物稳定性的区别：

中心离子	电子组态	配　体	Δ_o	P
Co^{3+}	$3d^6$	$6NH_3$	23000	21000
Co^{2+}	$3d^7$	$6NH_3$	10100	22500

11.6　Ni^{2+} 与 CN^- 生成抗磁性的正方形配离子$[Ni(CN)_4]^{2-}$，与 Cl^- 却生成顺磁性的四面体形配离子$[NiCl_4]^{2-}$，请用晶体场理论解释该现象。

11.7　已知 Fe^{3+} 的 d 电子成对能 $P=29930\ cm^{-1}$。实验测得 Fe^{3+} 分别与 F^- 和 CN^- 组成八面体配离子的分裂能为 $\Delta_o(F^-)=13916\ cm^{-1}$，$\Delta_o(CN^-)=34850\ cm^{-1}$。根据晶体场理论解释这两种配合物的稳定性、自旋特征及中心离子 d 电子的排布。

第五单元 元素化学

元素周期表是认识各种元素的基础工具。这一单元的内容是以元素周期表为基础，根据元素原子电子排布的特点，将周期表中的元素分为五个区，即 s 区、ds 区、p 区、d 区和 f 区，分章叙述。

周期表中有一百多种元素，存在于自然界的有 92 种，其中除少数元素以单质存在外，如稀有气体、O_2、N_2、S、C、Au、Pt 系等，其余元素均以化合态存在。化合态中最主要的是氧化物（含氧酸盐）和硫化物两类。如 Li、Be 等第一主族（ⅠA 族）和第二主族（ⅡA 族）元素主要以卤化物、含氧酸盐形态存在，Cr、Mn、W、B、Al、Si、P 以及第三、四、五副族（ⅢB～ⅤB 族）元素主要以氧化物或含氧酸盐形态存在，Mo、Fe、Co、Ni、Cu、Ag、Zn、Cd、Hg、Ga、In、Tl、Pb、Sb、Bi 等主要以硫化物形态存在。

各种元素在地壳（指围绕地球的大气圈、水圈以及地面以下 16 km 内的岩石圈）中的含量或分布是很不均匀的。如 O 和 Si 两种元素的总质量约占地壳的 75%，含量较多的前 12 种元素，O（48.6%）、Si（26.3%）、Al（7.73%）、Fe（4.75%）、Ca（3.45%）、Na（2.74%）、K（2.47%）、Mg（2.00%）、H（0.76%）、Ti（0.42%）、Cl（0.14%）、P（0.11%）的总质量占地壳的 99.5%，其余 80 种元素仅占 0.5%。若按体积计算，氧占地壳的 90%。

在自然界存在的 92 种元素中，有 60 多种在人体中也有存在。而且在地壳中含量多的一些元素，如 C（0.087%）、N（0.030%）、S（0.048%）、O、H、K、Na、Mg、Ca、Fe 及 P，也是人体内含量最多的元素。人体中各种元素的含量不同，生物效应也各不相同。不同元素对人的生命至关重要。根据目前人们对人体中存在元素的认识，可以将这些元素分为必需元素和有毒元素（见下表）。

人体中的元素及在周期表中位置*

周期＼族	ⅠA	ⅡA	ⅤB	ⅥB	ⅦB	ⅧB	ⅠB	ⅡB	ⅢA	ⅣA	ⅤA	ⅥA	ⅦA
1	(H)												
2										(C)	(N)	(O)	[F]
3	(Na)	(Mg)								[Si]	(P)	(S)	(Cl)
4	(K)	(Ca)	[V]	[Cr]	[Mn]	[Fe] [Co] [Ni]	[Cu]	[Zn]				[Se]	[Br]
5				[Mo]				Cd	In	[Sn]	Sb	Te	[I]
6								Hg	Tl	Pb	Bi		

* 圆括号中为人体必需的宏量元素，方括号中为人体必需的微量元素，其余为有毒元素。

必需元素是参与人体各种生理作用的元素，是人体营养不可缺少的成分，若缺少就会出现各种疾病，如缺铁会出现贫血症等。根据必需元素在人体中的含量，可将其分为必需的宏量元素和必需的微量元素。O、C、H、N 四种元素占人体总质量的 96%，Ca、P、K、S、Na、Cl、Mg 七种元素占 3.95%，这 11 种元素占了人体总质量的 99.95%，是人体必需的宏量元素。在生物体内含量不足万分之一的元素称为生物微量元素，现在公认的必需微量元素有 Cr、Mn、Fe、Co、Cu、Zn、Se、I、F 等。Cd、Hg、Pb 为剧毒元素，Be、Ga、In、Tl、Ge、Sn、As、Sb、Bi、Te 等为有毒元素。随着科学研究的深入，人们对于必需元素和有毒元素的界定有所变化。例如，过去曾认为 Se 是有毒元素，而近年来的研究结果表明，Se 具有多种生理功能，是人体必需的微量元素。又如，以前认为 V、Ni、Li、As、Si 等只为一些动物所必需，而现在有些生物无机化学家已经把 V、Ni、Sn、Si、Br 列为人体所必需的微量元素。另外，对于微量元素的有益或有害常常不能划一明确界限，许多元素在人体内的浓度不同则生物效应不同，只有在适当的浓度范围内时是有益的，低于某一浓度会致病，超过某一浓度就是有害的，而且不同的元素具有不同的适宜浓度范围。例如，Se 的浓度为 0.04～0.1 ppm 时对于人和动物都是有益的，浓度过低则会因缺 Se 而引起某些疾病，如表皮角质化症、癌症，浓度大于 4 ppm 是有害的，高达 10 ppm 即可致癌。除了浓度因素外，元素的有益或有害还与其氧化态有关。例如，铬为有益元素是指它的氧化态为＋3 时的情况，当铬的氧化态为＋6 时则是致癌物。又如，Ni^{2+} 可能对心血管有益，而四羰基合镍（镍的氧化态为 0）则是致癌物。

C、H、N、O、P、S 等元素在人体中占有极大的比例(97.25％)，它们构成了人体中几乎所有的有机分子——蛋白质、脂肪、碳水化合物和核酸等。其中 H 和 O 除参与构成有机物外，二者构成的水占人体总质量的 70％，因此，人可以几天不进食，但不能几天不饮水。在人体中微量元素的量虽然很少，但它们对人的生命和健康有着重要的作用。随着人们在生物无机化学、医学、营养学等学科对微量元素的生理功能研究的深入，与生命和健康有关的微量元素的数目在不断增加，微量元素在维持人体健康和预防、战胜疾病方面的作用将会日渐显著。

在本单元，将分区介绍重要元素及其化合物的性质、常见离子的分离和鉴定方法，同时简单介绍一些元素的生理功能。对于与生命相关的元素及其化合物的生物效应等方面的知识将在生物化学课程中详细论述。

第 12 章　s 区与 ds 区元素

本章要求

1. 了解 s 区与 ds 区元素的化学活泼性
2. 掌握 Na、K、Mg、Ca、Ba 的氢氧化物和盐类的性质，了解 Li、Be 的特殊性及对角线规则
3. 掌握 Cu、Ag、Zn、Hg 的氢氧化物、盐类和配合物的性质
4. 掌握 Na^+、K^+、Mg^{2+}、Ca^{2+}、Ba^{2+}、Cu^{2+}、Ag^+、Zn^{2+}、Hg^{2+} 的分离及鉴定方法

s 区元素包括ⅠA 族的锂(Lithium)、钠(Sodium)、钾(Potassium)、铷(Rubidium)、铯(Cesium)和钫(Francium)，和ⅡA 族的铍(Beryllium)、镁(Magnesium)、钙(Calcium)、锶(Strontium)、钡(Barium)和镭(Radium)，其中钫和镭元素为放射性元素。ds 区元素包括ⅠB 族的铜(Copper)、银(Silver)、金(Gold)，和ⅡB 族的锌(Zinc)、镉(Cadmium)、汞(Mercury)。

12.1　s 区元素

在 s 区元素中，ⅠA 族元素的氧化物的水溶液显碱性，所以称为碱金属元素。ⅡA 族元素的氧化物兼有“碱性”和“土性”(难溶于水和难熔融的性质)，因此将ⅡA 族元素称为碱土金属元素。s 区元素的价电子构型为 $ns^{1\sim2}$，次外层的电子构型为 $(n-1)s^2(n-1)p^6$(即 8e 构型)。表 12-1 列出了 s 区元素的某些性质。

表 12-1　s 区元素的某些性质

	锂(Li)	钠(Na)	钾(K)	铷(Rb)	铯(Cs)	铍(Be)	镁(Mg)	钙(Ca)	锶(Sr)	钡(Ba)
原子序数	3	11	19	37	55	4	12	20	38	56
相对原子质量	6.941	22.99	39.10	85.47	132.9	9.012	24.31	40.08	87.62	137.3
价层电子构型	$2s^1$	$3s^1$	$4s^1$	$5s^1$	$6s^1$	$2s^2$	$3s^2$	$4s^2$	$5s^2$	$6s^2$
原子半径/pm	152	186	232	248	265	111.3	160	197	215	217.3
离子半径/pm	76	102	138	152	167	45	72	100	118	135
熔点/℃	180.5	97.8	63.4	39.3	28.4	1287	651	842	757	727
沸点/℃	1341	881	759	691	668	2467	1100	1484	1366	1845
第一电离能/eV	5.392	5.139	4.341	4.177	3.894	9.323	7.646	6.113	5.695	5.212
密度/$(g\cdot cm^{-3})$	0.53	0.97	0.86	1.53	1.87	1.85	1.74	1.55	2.64	3.5
$E^{\ominus}/V^*$	−3.04	−2.71	−2.93	−2.98	−3.03	−1.85	−2.37	−2.87	−2.90	−2.91

* ⅠA，电对为 M^+/M；ⅡA，电对为 M^{2+}/M。

12.1.1　单质的性质

1. 物理性质

从表 12-1 列出的数据可以看出，这些元素的原子半径都比较大，而且，在周期表中与同周期的其他元素相比，核电荷相对较低，因此原子的价层电子易失去，原子间以典型的金属键结合。s 区元素都是具有良好的导电、导热性能的金属。但是，由于这些金属原子的价电子数较少，原子半径又较大，使得 s 区金属密度小、金属键较弱，是熔沸点低、硬度小的轻金属。例如，铯的熔点只有 28.4℃，是仅次于汞的低熔点金属；另外，铯又是最软的金属，锂的密度最小。

ⅡA 族的碱土金属元素有两个价电子，使其金属键比ⅠA 族的碱金属强，因此，与碱金属相比，碱土金属具有较高的熔沸点及较高的硬度和密度。

2. 化学性质

(1) 化学活泼性

s 区金属的标准电极电势 $E^\ominus(M^+/M)$ 及 $E^\ominus(M^{2+}/M)$ (M^+ 与 M^{2+} 分别代表碱金属和碱土金属离子)都较低，其单质都属于活泼金属，具有较强的还原性。比较同族元素的电离能，从上到下逐渐减少，但它们的标准电极电势差别不大，特别是ⅠA 族的碱金属，$E^\ominus(Li^+/Li)$ 最小。这说明，在水溶液中金属的还原性不仅与电离能有关，还与水合能等因素有关。

金属单质 M(或非金属单质)在水溶液中失去电子的过程，实际上包含了几个不同的能量变化。如：

$$M(s) \xrightarrow{H_2O} M^{n+}(aq) + ne \quad \Delta G^\ominus$$

其中包含下面三个能量变化过程：

$$① \ M(s) \longrightarrow M(g) \qquad \Delta G_s^\ominus$$

$$② \ M(g) \longrightarrow M^{n+}(g) + ne \qquad \Delta G_i^\ominus$$

$$③ \ M^{n+}(g) \xrightarrow{H_2O} M^{n+}(aq) \qquad \Delta G_h^\ominus$$

$\Delta G^\ominus$ 的角标 s、i、h 分别代表升华(sublimation)、电离(ionization)和水合(hydration)。上面的总反应包含升华、电离与水合三个过程，所以

$$\Delta G^\ominus = \Delta G_s^\ominus + \Delta G_i^\ominus + \Delta G_h^\ominus$$

对于 Li：$\Delta G_s^\ominus = 128.0\ kJ \cdot mol^{-1}$，$\Delta G_i^\ominus = 520.2\ kJ \cdot mol^{-1}$，$\Delta G_h^\ominus = -510.5\ kJ \cdot mol^{-1}$，则

$$\Delta G^\ominus = [128.0 + 520.2 + (-510.5)]\ kJ \cdot mol^{-1} = 137.7\ kJ \cdot mol^{-1}$$

对于 Cs：$\Delta G_s^\ominus = 51.1\ kJ \cdot mol^{-1}$，$\Delta G_i^\ominus = 375.7\ kJ \cdot mol^{-1}$，$\Delta G_h^\ominus = -282.4\ kJ \cdot mol^{-1}$，则

$$\Delta G^\ominus = [51.1 + 375.7 + (-282.4)]\ kJ \cdot mol^{-1} = 144.4\ kJ \cdot mol^{-1}$$

用同样的处理方法可以计算下面反应的 $\Delta G^\ominus$：

$$\frac{1}{2}H_2(g) + H_2O \longrightarrow H_3O^+ + e$$

① $\frac{1}{2}H_2(g) \longrightarrow H(g)$　　$\Delta G_d^\ominus = 211.7\ kJ \cdot mol^{-1}$(角标 d 代表解离 dissociation)

② $H(g) \longrightarrow H^+(g) + e$　　$\Delta G_i^\ominus = 1312\ kJ \cdot mol^{-1}$

③ $H^+(g) + H_2O \longrightarrow H_3O^+(aq)$　　$\Delta G_h^\ominus = -1091\ kJ \cdot mol^{-1}$

①+②+③得总反应，即总反应的

$$\Delta G^{\ominus}=\Delta G_{\mathrm{d}}^{\ominus}+\Delta G_{\mathrm{i}}^{\ominus}+\Delta G_{\mathrm{h}}^{\ominus}=[211.7+1312+(-1091)]\ \mathrm{kJ\cdot mol^{-1}}=432.7\ \mathrm{kJ\cdot mol^{-1}}$$

将氢电极与金属电极组成电池，电池反应为

$$\mathrm{M+H_3O^+ \xlongequal{} M^+(aq)+\frac{1}{2}H_2(g)+H_2O}$$

当 M 为 Li 时，反应的 $\Delta G^{\ominus}=(137.7-432.7)\ \mathrm{kJ\cdot mol^{-1}}=-295.0\ \mathrm{kJ\cdot mol^{-1}}$。

假设反应的能量全部用于做有用功，据 $\Delta G^{\ominus}=-nFE_{\text{池}}^{\ominus}$ 得

$$E_{\text{池}}^{\ominus}=\frac{-(-295.0\ \mathrm{kJ\cdot mol^{-1}})}{1\times 96.5\ \mathrm{kC\cdot mol^{-1}}}=3.06\ \mathrm{V}$$

当 $E^{\ominus}(\mathrm{H^+/H_2})=0\ \mathrm{V}$ 时，据

$$E_{\text{池}}^{\ominus}=E^{\ominus}(\mathrm{H^+/H_2})-E^{\ominus}(\mathrm{M^+/M})=0-E^{\ominus}(\mathrm{Li^+/Li})=3.06\ \mathrm{V}$$

得到

$$E^{\ominus}(\mathrm{Li^+/Li})=-3.06\ \mathrm{V}$$

当 M 为 Cs 时，得到 $E^{\ominus}(\mathrm{Cs^+/Cs})=-2.99\ \mathrm{V}$。

以上计算结果表明，尽管 Li 的原子半径小，电离能高，但 Li^+ 的水合能也很高，使 $E^{\ominus}(\mathrm{Li^+/Li})$ 与 $E^{\ominus}(\mathrm{Cs^+/Cs})$ 相近。因此，在分析金属的活泼性(在水溶液中的还原能力)时，应同时考虑金属的升华能、电离能和相应离子的水合能的影响。

(2) 重要反应

碱金属、碱土金属都是强还原剂，能与氧、氢、卤素等非金属及水直接反应。

碱金属在空气中燃烧，除金属锂生成正常氧化物外，其余均生成过氧化物，还可进一步生成超氧化物，如：

$$\mathrm{2Li(s)+\frac{1}{2}O_2(g) \xlongequal{\text{燃}} Li_2O(s,\text{白色})}$$

$$\mathrm{2Na(s)+O_2(g) \xlongequal{\text{燃}} Na_2O_2(s,\text{淡黄色})}$$

$$\mathrm{2K(s)+O_2(g) \xlongequal{\text{燃}} K_2O_2(s,\text{白色})}$$

$$\mathrm{K(s)+O_2(g,\text{过量}) \xlongequal{\text{高温}} KO_2(s,\text{橙黄色})}$$

因此，欲制备碱金属(锂除外)的正常氧化物，需用间接方法，如：

$$\mathrm{Na_2O_2(s)+2Na(s) \xlongequal{} 2Na_2O(s)}$$

$$\mathrm{2KNO_3(s)+10K(s) \xlongequal{} 6K_2O(s)+N_2(g)}$$

碱土金属在室温或加热情况下可以与氧直接反应生成正常的氧化物，如 BeO、MgO、BaO 等。在加压及高温条件下，SrO、BaO 可以与 O_2 生成过氧化物 SrO_2、BaO_2。

在高温下，碱金属和碱土金属(除 Be、Mg 外)都能直接与氢反应生成离子型氢化物。这些含有 H^- 离子的氢化物都不稳定，易与水反应生成 H_2，如：

$$\mathrm{NaH(s)+H_2O(l) \xlongequal{} NaOH(s)+H_2(g)}$$

$$\mathrm{CaH_2(s)+2H_2O(l) \xlongequal{} Ca(OH)_2(s)+2H_2(g)}$$

1 kg CaH_2 与水反应生成 1070 $\mathrm{dm^3}$ $H_2(g)$(标准状态)，因此 CaH_2 是常用的制 H_2 试剂，称为“生氢剂”(hydrogenite)。

ⅠA、ⅡA 族金属与卤素反应生成离子型卤化物，但半径较小的 Li^+ 和 Be^{2+} 具有强的极化力，使 Li—X 键和 Be—X 键具有明显的共价性，LiX 与 BeX_2 在水中溶解度小，熔点较低，易升华。

碱金属(Li 除外)与水剧烈反应,同时放出大量热,例如,钠与水反应放出的热能把钠熔化,钾与水反应能燃烧,铷、铯与水反应时爆炸,所以碱金属应在煤油中保存。碱土金属(Be、Mg 除外)能与冷水反应,但不如碱金属那样剧烈。且 Li、Be、Mg 与水反应的程度很小,这是由于它们的氢氧化物水溶性差,且 Li、Be 或 Mg 在水中反应生成的氢氧化物覆盖在金属的表面,阻止反应进行。

另外,s 区元素都能与硫直接反应生成相应的硫化物,Li、Mg 还能直接与 N_2 反应生成相应的氮化物(Li_3N,Mg_3N_2),在此不作详细介绍。

12.1.2 氢氧化物

s 区金属或金属氧化物与水反应均生成相应的氢氧化物,其中 $Be(OH)_2$ 为两性,$Mg(OH)_2$ 为中强碱,其余都是强碱。

金属的氢氧化物和非金属的含氧酸,都可以看做是以此金属或非金属为中心原子的氢氧化物,这些化合物的酸碱性与其"中心离子"的离子势 Φ 密切相关。离子势是指中心离子的电荷数(Z)和离子半径(r)之比值,即 $\Phi=Z/r$。若 Φ 值小,则 M—O(M 代表中心原子)间引力小于 O—H 间引力,MOH 按碱式电离:

$$\text{M—O—H} \longrightarrow M^{+} + OH^{-}$$

若 Φ 值大,则 M—O 间引力大于 O—H 间引力,MOH 按酸式电离:

$$\text{M—O—H} \longrightarrow MO^{-} + H^{+}$$

有人据 s 区金属离子的 Φ 值提出判断氢氧化物酸碱性的经验 $\sqrt{\Phi}$ 值,$\sqrt{\Phi}<0.22$ 时呈碱性,$\sqrt{\Phi}>0.32$ 时呈酸性,$0.22<\sqrt{\Phi}<0.32$ 时为两性。这一规律只适用于 8e 构型的阳离子。对于非 8e 构型的阳离子,其极化力不能忽略,它使 M—O 键的共价成分增加,不宜再用 $\sqrt{\Phi}$ 值判断其氢氧化物的酸碱性。对于 s 区金属离子的 $\sqrt{\Phi}$ 值,除 Be^{2+} 的值(0.25)大于 0.22,Mg^{2+} 的值(0.18)略小于 0.22 外,其余均小于 0.22。

表 12-2 列出了ⅠA 和ⅡA 族金属氢氧化物的溶解度。表中数据说明,碱金属的氢氧化物中只有 LiOH 的溶解度较小,其余的溶解度都很大,尤其是 NaOH,极易吸收空气中的水分(潮解),因此可用做干燥剂。碱土金属氢氧化物的溶解度比碱金属氢氧化物的溶解度小得多,只有 $Ba(OH)_2$ 为易溶的,其余为难溶或微溶。

表 12-2 ⅠA、ⅡA 族金属氢氧化物的溶解度(g/100 g H_2O,室温)

氢氧化物	LiOH	NaOH	KOH	RbOH	CsOH
溶解度	13.0	108.3	112.8	197.6	385.6
氢氧化物	$Be(OH)_2$	$Mg(OH)_2$	$Ca(OH)_2$	$Sr(OH)_2$	$Ba(OH)_2$
溶解度	5.5×10^{-5}	1.9×10^{-3}	0.13	0.89	4.18

12.1.3 盐类

1. 溶解性与水解性

在碱金属和碱土金属的常见盐类中,由于 Li^{+}、Be^{2+}、Mg^{2+} 的半径小,极化力大,使其盐具有共价性,其他金属的盐类主要为离子型化合物。离子型化合物的晶格能、正离子和负离子的水合能以及分子的极性，是影响盐类水溶性的主要因素。

在碱金属的盐类中，多数为易溶盐，只有少数是微溶的，如 LiF、Li_2CO_3、Li_3PO_4、$Na[Sb(OH)_6]$（锑酸钠）、$NaZn(UO_2)_3(Ac)_9$（醋酸铀酰锌钠）、$KHC_4H_4O_6$（酒石酸氢钾）、$KClO_4$（高氯酸钾）、$KB(C_6H_5)_4$（四苯硼酸钾）、K_2PtCl_6（六氯合铂酸钾）、$K_2Na[Co(NO_2)_6]$（六硝基合钴酸钠钾）等。

碱土金属的卤化物、硝酸盐等 AB_2 型的盐，多数易溶于水；对于其 AB 型的盐，由于阴离子和阳离子间极化作用增强，使其多数为难溶盐，如草酸盐、硫酸盐、碳酸盐、铬酸盐等。但是，碱土金属氟化物的溶解度一般较小，这是由于 F^- 的半径很小，使 MF_2 的晶格能很高所致。表 12-3 列出了一些碱土金属难溶盐的溶度积。

表 12-3 一些难溶碱土金属盐的溶度积(25℃)

	Mg	Ca	Sr	Ba
MF_2	5.16×10^{-11}	3.45×10^{-11}	4.33×10^{-9}	1.84×10^{-7}
MCO_3	6.82×10^{-6}	3.36×10^{-9}	5.60×10^{-10}	2.58×10^{-9}
MC_2O_4	8.6×10^{-5}	2.34×10^{-9}	5.6×10^{-8}	1.6×10^{-7}
MSO_4	—	4.93×10^{-5}	3.44×10^{-7}	1.08×10^{-10}
$MCrO_4$	—	7.1×10^{-4}	2.2×10^{-5}	1.17×10^{-10}

在水中不易溶解的碱土金属的难溶盐，有可能溶于酸，特别是与弱酸形成的难溶盐，多数可溶于较强的酸中，如 $CaCO_3$ 溶于 HAc，CaC_2O_4 溶于 HCl 等；而强酸的难溶盐，一般在酸中也难溶解，只有一些 K_{sp} 较大的，如 $CaSO_4$，因为在浓 H_2SO_4 中生成 $Ca(HSO_4)_2$ 而部分溶解。

s 区金属元素的盐类多数不易水解，只有铍、镁和锂的含水盐在加热时水解生成氢氧化物或碱式盐，如：

$$LiCl \cdot H_2O(s) \xlongequal{\triangle} LiOH(s) + HCl(g)$$

$$BeCl_2 \cdot 4H_2O(s) \xlongequal{\triangle} Be(OH)Cl(s) + HCl(g) + 3H_2O(g)$$

$$MgCl_2 \cdot 6H_2O(s) \xlongequal{\triangle} Mg(OH)Cl(s) + HCl(g) + 5H_2O(g)$$

因此，若要制备这些盐类的无水盐，需在 HCl 气氛中加热脱水。

2. 热稳定性

s 区金属的含氧酸盐都有较高的热稳定性，而且碱金属盐的热稳定性高于碱土金属盐。对于阴离子相同的同族金属的盐，随着离子半径的增大，热稳定性增加，如碱土金属碳酸盐的分解温度如下：

MCO_3	$BeCO_3$	$MgCO_3$	$CaCO_3$	$SrCO_3$	$BaCO_3$
分解温度/℃	25	540	900	1290	1360

另外，酸式盐的分解温度一般低于相应的正盐，如 Na_2CO_3 在 851℃时熔化，分解很少，而 $NaHCO_3$ 在 270℃时分解为 Na_2CO_3、CO_2 和 H_2O。

12.1.4 锂、铍的特殊性

与同族的其他元素比较，锂、铍及其化合物的性质明显不同，而与周期表中处于它们右下方的相邻金属，如锂与镁，铍与铝，有很多相似的性质，此规律称为对角线规则。

1. 锂的特殊性

ⅠA族金属中，锂的熔点和硬度最高，导电性最差；在碱金属的氢氧化物(MOH)中，LiOH的热稳定性最低；但氢化物(MH)中LiH的热稳定性最高，900℃不分解，而NaH 350℃开始分解；Li^+的水合能高，使得$E^\ominus(Li^+/Li)$低；Li^+的水合盐多于其他碱金属M^+的水合盐。

锂的特殊性还表现在它的一些反应及其化合物的性质上，与其他碱金属不同，而与镁相似。如Li、Mg在氧气中燃烧都生成普通氧化物，而不像Na和K生成过氧化物(M_2O_2)和超氧化物(MO_2)；Li、Mg都能与N_2直接反应生成氮化物(Li_3N、Mg_3N_2)，而其他碱金属则不能和N_2直接反应。又如Li^+、Mg^{2+}的氟化物、碳酸盐、磷酸盐均为难溶盐，其某些化合物具有共价性，水合氯化物受热易水解，而其他碱金属的相应化合物不表现出上述难溶性、共价性和水解性。

2. 铍的特殊性

在ⅡA族金属的化合物中，铍的化合物分解温度较低，较易水解，某些化合物具有共价性。因此，铍的一些化合物的性质与本族其他金属的相应化合物不同，而与铝的相似。如：铍、铝的氧化物和氢氧化物都为两性；无水$BeCl_2$和$AlCl_3$都是共价化合物，易升华，溶于乙醇、乙醚等有机溶剂。此外，金属铍和铝在冷的浓HNO_3中易钝化的性质也与ⅡA族其他金属完全不同。

Li^+和Be^{2+}的特殊性，与它们比本族其他元素有更强的极化力有关。它们均为半径很小的2e构型，离子势比同族其他元素的高得多，而分别与Mg^{2+}、Al^{3+}的相近。因此，处于对角线位置的两个离子(Li^+和Mg^{2+}，Be^{2+}和Al^{3+})的极化力相近，在阴离子相同的化合物中键型相似，化合物的性质相似。

12.1.5 s区常见阳离子Na^+、K^+、Mg^{2+}、Ca^{2+}、Ba^{2+}及NH_4^+的分离与鉴定

在溶液中，如果有Na^+、K^+、Mg^{2+}、Ca^{2+}、Ba^{2+}、NH_4^+等离子同时存在，应先检出NH_4^+，因为在离子的分离检出中常常加入NH_4^+或$NH_3\cdot H_2O$(含有NH_4^+)。检出方法是：取少量待检试液，加入NaOH并加热，若产生的气体使湿pH试纸变蓝，证实待检溶液中含有NH_4^+。检出NH_4^+后，再用图12-1所示方法进行其他离子的分离检出。

关于以上分离检出的几点说明：

① 第一步分离时加入的NH_4Cl能促进$(NH_4)_2CO_3$水解，减小CO_3^{2-}浓度，使Mg^{2+}不被沉淀为$MgCO_3(s)$而留在溶液中。

$$NH_4^+ + CO_3^{2-} + H_2O \xlongequal{\quad} NH_3\cdot H_2O + HCO_3^-$$

另外，加入$NH_3\cdot H_2O$与NH_4Cl组成缓冲溶液，使Ca^{2+}在弱碱性条件下沉淀完全。

② $(NH_4)_2CO_3$不稳定，在第一步分离中，是用NH_4HCO_3与NH_2COONH_4(氨基甲酸铵)组成的碳铵试剂代替$(NH_4)_2CO_3$。加入$NH_3\cdot H_2O$是为了与碳铵试剂作用生成$(NH_4)_2CO_3$：

$$NH_4HCO_3 + NH_3\cdot H_2O \xlongequal{\quad} (NH_4)_2CO_3 + H_2O$$

微热可以促进下面生成$(NH_4)_2CO_3$的反应：

$$NH_2COONH_4 + H_2O \xlongequal{\triangle} (NH_4)_2CO_3$$

但温度过高会使$(NH_4)_2CO_3$分解。

③ NH_4ClO_4的溶解度较小(0℃时，10.74 g/100 g H_2O)，分离K^+和Na^+时需要用浓的NH_4ClO_4溶液。

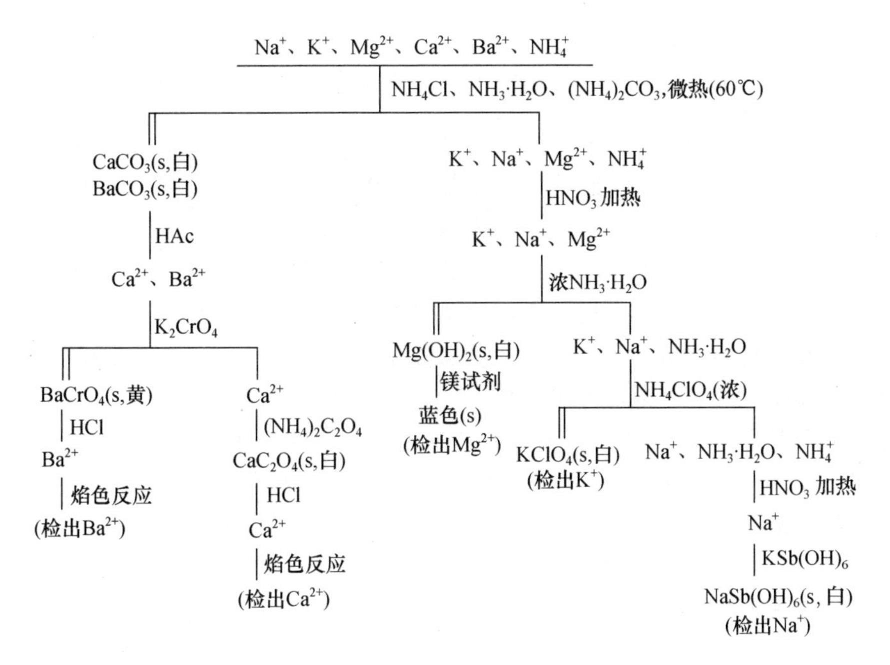

图 12-1　Na^+、K^+、Mg^{2+}、Ca^{2+}、Ba^{2+}、NH_4^+ 的分离检出

④ 可以用 $Na_3[Co(NO_2)_6]$检出 K^+：

$$2K^+ + Na_3[Co(NO_2)_6] \longrightarrow K_2Na[Co(NO_2)_6](s,黄) + 2Na^+$$

Na^+、Mg^{2+}不干扰检出，但 NH_4^+ 干扰，须先加入 HNO_3 并加热，除去 NH_4^+。

$$NH_4NO_3 \xlongequal{\triangle} N_2O(g) + 2H_2O$$

由于 $Na_3[Co(NO_2)_6]$在强碱性介质中可能有 $Co(OH)_2(s)$生成，在强酸性介质中配位体 NO_2^- 会分解，所以检出时应注意调整试液的酸碱性。

NH_4^+ 同样干扰 Na^+的检出，也应在检出前除去。

⑤ 镁试剂为对硝基偶氮间苯二酚，是有机染料，被 $Mg(OH)_2(s)$吸附显天蓝色。NH_4^+ 的存在会增加 $Mg(OH)_2$ 的溶解度，NH_4^+ 浓度大时，甚至不能生成 $Mg(OH)_2(s)$，所以应在加入镁试剂前除去 NH_4^+。K^+ 和 Na^+ 不干扰检出。另外，可以用生成白色 $MgNH_4PO_4(s)$的方法检出 Mg^{2+}：

$$Mg^{2+} + HPO_4^{2-} + NH_3 \cdot H_2O + 5H_2O \longrightarrow NH_4MgPO_4 \cdot 6H_2O(s,白)$$

应在试剂中加入 NH_4Cl 增加 NH_4^+ 浓度，并防止 $Mg(OH)_2(s)$生成。K^+、Na^+、NH_4^+ 不干扰此反应，可在分离前检出。

⑥ 某些金属盐在无色火焰中灼烧呈现特殊颜色，称为焰色反应，如：

金属盐	LiCl	NaCl	KCl	$CaCl_2$	$SrCl_2$	$BaCl_2$
颜色	红	黄	紫	橙红	深红	绿

用焰色反应的颜色鉴定某离子时，易受溶液中杂质离子的干扰，因此，焰色反应只能作为辅助检出的验证反应，不能作为检出反应。

⑦ Mg^{2+}对 Na^+的检出有干扰，应在检出前除去。

12.1.6 氢元素

氢(Hydrogen)是周期表中的第一种元素，核外电子构型为 $1s^1$。关于氢在周期表中的位置曾有几种不同的建议，例如：① H 原子可以失去一个电子形成 H^+，与碱金属相似，因此可以列在ⅠA族；② H 原子也可以得到一个电子形成负氢离子 H^-，与卤素相似，因此也可以列在ⅦA族；③ H 和 C 相似，其价层都是"半充满状态"，因此又可以归入ⅣA族。目前，通用的周期表采用的是第一种方法，将 H 放在第一周期第一列，Li 的上方，划入 s 区元素。

氢是元素周期表中最轻的元素。氢单质是双原子分子(H_2)，无色、无味、无臭、密度最小，在高压低温下可以形成性质与金属相似的固体。

氢元素的化学性质与 H 原子的核外电子排布有关。氢可以形成半径很小(10^{-3} pm)、有很强极化能力的 H^+，可以与其他元素共价结合；它又可以形成半径(154 pm)比 F^- 大的 H^-；由于 H_2 分子和 H 原子都很小，可以填隙形成特殊的金属型氢化物。因此，目前常见的氢的化合物有分子型氢化物、氢的负离子型化合物和金属型氢化物等几种类型。

分子型氢化物是氢的最常见的化合物，如非金属元素的氢化物 HX(X=F、Cl、Br、I)、H_2O、NH_3、PH_3、SiH_4、H_2S、B_2H_6 等，以及 C 和 H 形成的烷烃、烯烃、炔烃、芳香烃及其衍生物等一系列有机化合物。

H_2 与 Li、Na、Mg 等活泼金属反应，可以形成氢的负离子型化合物，如：

$$2Na + H_2 = 2NaH$$

$$Mg + H_2 = MgH_2$$

其中 H 的氧化态为−1，这类氢化物的多数是不稳定的，受热时易分解，是很好的还原剂和制氢试剂。如 LiH 和 $AlCl_3$ 反应可以得到 $LiAlH_4$，NaH 和 B_2H_6 反应生成 $NaBH_4$，其中 $LiAlH_4$ 和 $NaBH_4$ 都是化学中很有用的还原剂。

H_2 可以与一些过渡金属形成具有金属导电性的氢化物，被称为金属型氢化物。H_2 与这些金属作用时，可以形成整比化合物，如 YH_3、LaH_3 等，也可以形成非整比化合物，如 PdH_x($x<1$)等。金属型氢化物中的氢原子可以在金属中快速扩散，因此金属型氢化物是良好的储氢材料，如 $SmCo_5$、$LaNi_5$ 等合金的储氢量可达到$(6\sim7)\times10^{22}$氢原子·cm^{-3}，单位体积中的氢含量超过了液态氢(密度 4.2×10^{22} 氢原子·cm^{-3})。$LaNi_5$ 吸放氢的反应为

$$LaNi_5 + 3H_2 \rightleftharpoons LaNi_5H_6$$

在上述反应中，吸氢时是放热反应，放氢时是吸热反应。因此，在压力稍高而温度较低时，$LaNi_5$ 可以吸收氢形成金属型氢化物 $LaNi_5H_6$；在压力降低或温度升高时，$LaNi_5H_6$ 又会将氢释放出来，从而实现吸氢与放氢的反复过程，为氢燃料的普遍使用提供了可能性。关于金属型氢化物的种类、性质和成键本质还有待进一步的研究。

12.1.7 钾、钠、钙、镁在生物体内的某些功能

在 s 区元素中的 K、Na、Ca、Mg 为生物体所必需的宏量元素。Na^+、K^+ 的主要生理功能是维持体液的解离平衡、酸碱平衡和渗透平衡。由于 K^+ 与 Na^+ 的离子半径及水合能的差异，使得 Na^+ 主要在细胞间质和外液中，

而 K^+ 主要在细胞内液中，血液中 Na^+ 多于 K^+，碳酸和碳酸氢钠是血液中主要的缓冲体系。K^+ 为某些内部酶的辅基，能稳定细胞内部结构，另外，由于 K^+ 的电荷密度较低，使它具有扩散通过疏水溶液的能力。在细胞膜内外，Na^+ 和 K^+ 的浓度梯度是透膜势位差的主要来源，在神经和肌肉细胞中主要负责神经脉冲的传递。生物体内钙的绝大部分存在于骨骼和牙齿中，其余主要存在于细胞外，参与血液凝固、激素释放、神经传导、肌肉收缩和乳汁分泌等生理过程。钙和磷是人体内的无机盐中含量最多的两种元素，而且二者浓度的乘积基本维持恒定。当人的肾功能不健全时，酸性代谢产物(磷酸、硫酸)因排泄障碍而滞留体内，则造成血钙降低、骨质脱钙，即肾性骨质病。Mg^{2+} 在体内是一种内部结构稳定剂和细胞内酶的辅因子。细胞内的核苷酸与 Mg^{2+} 以配合物的形式存在，Mg^{2+} 倾向于与磷酸根结合，所以，镁对 DNA 的复制和蛋白质的合成是必不可少的。Mg^{2+} 可激活多种酶，能催化十多个生物化学反应，并且有相当高的特异性，而且其激活功能往往不能用其他二价离子代替。叶绿素是 Mg^{2+} 作为中心离子的卟啉类配合物，是植物光合作用的催化剂。另外，研究发现，土壤中缺镁会导致食道癌的发病率高。

12.2　ds 区元素

ds 区元素属于过渡元素，包括第一副族(ⅠB 族)和第二副族(ⅡB 族)。与相应的主族元素比较，ⅠB 和ⅠA、ⅡB 和ⅡA，分别具有相同的最外层电子构型，不过，它们的次外层电子构型明显不同。表 12-4 列出了 s 区与 ds 区元素电子构型的异同。

表 12-4　s 区与 ds 区元素电子构型的异同

	s 区元素	ds 区元素
最外层	$ns^{1\sim2}$	$ns^{1\sim2}$
次外层	$(n-1)s^2$　或　$(n-1)s^2(n-1)p^6$	$(n-1)s^2(n-1)p^6(n-1)d^{10}$
价层	$ns^{1\sim2}$	$(n-1)d^{10}ns^{1\sim2}$
离子的电子构型	2e 构型或 8e 构型	18e 构型

元素的电子构型是影响其物理化学性质的重要因素。表 12-5 列出了 ds 区元素的某些性质。

表 12-5　ds 区元素的某些性质

	铜(Cu)	银(Ag)	金(Au)	锌(Zn)	镉(Cd)	汞(Hg)
原子序数	29	47	79	30	48	80
相对原子质量	63.55	107.87	196.97	65.39	112.41	200.59
价层电子构型	$3d^{10}4s^1$	$4d^{10}5s^1$	$5d^{10}6s^1$	$3d^{10}4s^2$	$4d^{10}5s^2$	$5d^{10}6s^2$
原子半径/pm	128	144	144	134	148.9	151
离子半径/pm	73(Cu^{2+})	115(Ag^+)	137(Au^+)	74(Zn^{2+})	95(Cd^{2+})	102(Hg^{2+})
熔点/℃	1085	962	1064	420	321	−38.83
沸点/℃	2562	2162	2856	907	767	357
第一电离能/eV	7.726	7.576	9.226	9.394	8.994	10.438
密度/($g\cdot cm^{-3}$)	8.96	10.50	19.3	7.13	8.65	13.55
$E^\ominus$/V*	0.521	0.800	1.692	−0.762	−0.403	0.851

* ⅠB，电对为 M^+/M；ⅡB，电对为 M^{2+}/M。

12.2.1 单质的性质

1. 物理性质

在常温下，除 Hg 以外的ⅠB 族和ⅡB 族的金属单质均为固体。ⅡB 族金属的熔、沸点低于ⅠB 族金属，汞是所有金属中熔点（−38.83℃）最低的金属，也是唯一一个在室温下以液态形式存在的金属。Hg 的沸点也最低，因此，室温下 Hg 的饱和蒸气压达 14 mg·m^{-3}（20℃），远远超过空气中 Hg 的允许量（0.1 mg·m^{-3}）。为防止汞蒸气对人体的危害，使用汞的时候要特别注意安全。汞单质的另一个特点是：在室温下，汞蒸气中几乎都是 Hg 的单原子分子。所以，除稀有气体以外，汞是在常温下唯一能以稳定的单原子分子形式存在的元素。在 ds 区金属中，纯铜为红色，金为黄色，其余均为银白色。这些金属都是密度大于 5 g·cm^{-3}的重金属，其中金的密度最大，为 19.3 g·cm^{-3}。ds 区金属的硬度（Mohs）都较小（2～3，液态汞除外）。另外，它们都有良好的导电、导热性能，其中铜、银是导电性最好的金属。

2. 化学性质

最外层电子构型相同的ⅠB 与ⅠA 族、ⅡB 与ⅡA 族，分别具有相同的氧化态（+1、+2），但是，副族元素的化学活泼性远比主族元素的差，这是由它们次外层电子构型的差别决定的。ds 区元素次外层为 18e 构型，其有效核电荷高于次外层为 8e 构型的 s 区元素，因此，ds 区元素的原子半径比同周期的 s 区元素的原子半径小很多，因而电离能高，活泼性差，其标准电极电势[$E^{\ominus}(M^{+}/M)$或$E^{\ominus}(M^{2+}/M)$]比 s 区元素的高得多。另外，18e 构型的金属离子具有较强的极化力，因此，ds 区元素的化合物具有较高的共价成分。

在 ds 区中，ⅡB 族的 $E^{\ominus}(M^{2+}/M)$多为负值，比同周期的ⅠB 族的 $E^{\ominus}(M^{+}/M)$低得多，表明ⅡB 族金属更活泼，这主要是ⅡB 族金属的升华热较低所致。下面举例说明 ds 区金属的化学活泼性。

（1）金属与氧的反应

对于ⅠB 族金属，只有 Cu 在潮湿空气中，表面生成绿色的碱式碳酸铜：

$$2Cu + O_2 + H_2O + CO_2 = Cu(OH)_2 \cdot CuCO_3$$

在干燥的空气中，Cu 是稳定的。

对于ⅡB 族金属，在室温下的干燥空气中也是稳定的，但是加热时可以生成氧化物。不过 Hg 的氧化反应很慢，加热至沸点才会发生反应，然而加热到 400℃左右，氧化汞又会分解。另外，Zn 在潮湿的空气中也会生成碱式碳酸锌 $ZnCO_3 \cdot 3Zn(OH)_2$。

（2）金属与酸的反应

ⅠB 族金属不能与稀 HCl 或稀 H_2SO_4 反应，Cu、Ag 能与 HNO_3 或热的浓 H_2SO_4 反应，Au 能溶于王水：

$$Au + 4HCl + HNO_3 = HAuCl_4 + NO + 2H_2O$$

ⅡB 族的 Zn、Cd 能从稀 HCl 或稀 H_2SO_4 中置换出 H_2，Hg 只能与具有氧化性的 HNO_3 或浓 H_2SO_4 反应：

$$3Hg + 8HNO_3 = 3Hg(NO_3)_2 + 2NO + 4H_2O$$

（3）金属与某些非金属元素的反应

Cu、Ag、Zn、Cd 在加热下都能与硫直接反应生成相应的硫化物，Zn 还能与卤素反应生成

ZnX_2(温度高于 ZnX_2 熔点时反应完全),Au 不能与 S 反应,而 Hg 与 S 的反应却很容易。室温下 Hg 与硫磺粉研磨即可生成硫化汞,因此,可用硫磺粉除去实验室中洒落的 Hg,消除 Hg 的污染。

上面的反应情况说明,ds 区元素的化学活泼性从上到下逐渐减弱,从左到右逐渐增强。

12.2.2　重要化合物

在 ds 区元素的化合物中,ⅠB 族元素除可呈现与族数相当的+1 氧化态外,Cu 还有+2、+3(极少,不重要),Au 还有+3 氧化态。这是由于$(n-1)$d 轨道与 ns 轨道能量相近,使 d 轨道也可以参与成键,因此出现了周期表中唯一一族最高氧化态高于元素所在族数的元素。在ⅡB 族元素的化合物中,只有汞可呈现+1、+2 两种氧化态,Zn 和 Cd 都只呈现+2 氧化态。

ⅠB 和ⅡB 族元素的离子,多数为 18e 构型,少数为 17e 或 16e 构型,它们具有较大的极化作用。因而在它们的化合物中,化学键带有部分的共价性,它们的氢氧化物碱性弱,阳离子易水解,易形成配离子。

1. 氧化物与氢氧化物

表 12-6 列出了 ds 区元素氧化物、氢氧化物的某些性质。

表 12-6　ds 区元素氧化物及氢氧化物的某些性质

氧化物	Cu_2O	CuO	Ag_2O	ZnO	CdO	HgO
颜色	红	黑	暗棕	白	棕红	黄或红*
酸碱性	弱碱	两性	碱性	两性	碱性	碱性
氢氧化物	$Cu(OH)_2$	AgOH	$Zn(OH)_2$	$Cd(OH)_2$		
颜色	蓝	白	白	白		
酸碱性	两性	碱性	两性	碱性		
溶度积	2.2×10^{-20}		3×10^{-17}	7.2×10^{-15}		
分解温度/℃	80～90	−45	125	200		

* 黄色 HgO 的颗粒比红色的小。

在表 12-6 中的氧化物中,除 ZnO 外都有较深的颜色,这被认为是离子极化的结果。由无色离子形成的典型离子型化合物,由于不吸收可见光,所以呈无色或白色(如碱金属氧化物)。ds 区元素的阳离子除 Cu^{2+}、Au^{3+} 和 Hg_2^{2+} 外均为 18e 构型,半径又较小,因此与 O^{2-} 之间有较强的极化作用,其化学键具有明显的共价键成分,使电子的能级发生变化,吸收部分可见光即可跃迁,所以氧化物呈现未被吸收的那部分可见光的颜色。氧化物受热,离子极化作用增强,颜色加深,如高温时 ZnO 呈浅黄色,CdO 呈深灰色。

Ag_2O、CuO、HgO 有一定的氧化性,如 Ag_2O 能将 H_2O_2 氧化:

$$Ag_2O + H_2O_2 = 2Ag + H_2O + O_2$$

而且受热时能发生自身氧化还原反应,放出 O_2:

$$4CuO \xlongequal{1000℃} 2Cu_2O + O_2$$

$$2Ag_2O \xlongequal{250℃} 4Ag + O_2$$

$$2HgO \xlongequal{447℃} 2Hg + O_2$$

ZnO 又称锌白，是很好的白色涂料。另外，氧化锌有使伤口愈合的能力，在医治伤口的药膏中常含 ZnO。

表 12-6 中的数据表明，在室温下，只有 $Zn(OH)_2$、$Cu(OH)_2$ 和 $Cd(OH)_2$ 能稳定存在，至今尚未制得 CuOH、$Hg(OH)_2$，温度低于 −39℃时，白色 AgOH 能稳定存在。在室温下 Ag^+、Cu^+、Hg^{2+} 分别与 NaOH 反应，只能得到相应的氧化物沉淀。

$Cd(OH)_2$ 以碱性为主，仅有极微弱的酸性。$Cu(OH)_2$ 的碱性大于酸性，溶度积又较小，只能溶在浓的强碱溶液中，生成暗蓝色$[Cu(OH)_4]^{2-}$。两性氢氧化物在碱中溶解后，生成物的阴离子是以羟基为配体的配合物离子，$Zn(OH)_2$ 与稀碱溶液反应即能生成$[Zn(OH)_4]^{2-}$。两性氢氧化物既能溶于酸，又能溶于碱，表明它们在 H_2O 中有两种电离方式，下面以 $Zn(OH)_2$ 为例，讨论 $Zn(OH)_2$ 的溶解度(*s*)与溶液酸度(pH)的关系。

$$\underset{\text{碱式电离}}{Zn^{2+} + 2OH^-} \rightleftharpoons Zn(OH)_2(+2H_2O) \rightleftharpoons \underset{\text{酸式电离}}{[Zn(OH)_4]^{2-} + 2H^+}$$

在溶液中加酸，平衡向左移动，使 $Zn(OH)_2$ 按碱式电离方式电离，可得到 Zn^{2+} 盐；溶液中加碱，平衡向右移动，使 $Zn(OH)_2$ 按酸式电离方式电离，可得到锌酸盐($[Zn(OH)_4]^{2-}$ 为阴离子的盐)。因此，由不同浓度的 Zn^{2+} 或$[Zn(OH)_4]^{2-}$，生成 $Zn(OH)_2$ 所需 pH 是不同的。将不同离子浓度(溶解度 *s*)对酸度(pH)作图，即得到两性氢氧化物的 *s*-pH 图。

据 $Zn(OH)_2$ 碱式电离的溶度积 $K_{sp}(b)=[Zn^{2+}][OH^-]^2$，则 $[OH^-]=\sqrt{\dfrac{K_{sp}(b)}{[Zn^{2+}]}}$，将 $[OH^-]=\dfrac{K_w}{[H^+]}$代入，并取负对数，得

$$pH = \frac{1}{2}(\lg K_{sp}(b) - \lg[Zn^{2+}]) - \lg K_w \tag{1}$$

据 $Zn(OH)_2$ 酸式电离的溶度积 $K_{sp}(a)=[H^+]^2[Zn(OH)_4^{2-}]$，则 $[H^+]=\sqrt{\dfrac{K_{sp}(a)}{[Zn(OH)_4^{2-}]}}$，取负对数，得

$$pH = \frac{1}{2}(\lg[Zn(OH)_4^{2-}] - \lg K_{sp}(a)) \tag{2}$$

将 Zn^{2+} 和$[Zn(OH)_4]^{2-}$ 的不同浓度分别代入(1)式和(2)式，即可计算出 $Zn(OH)_2$ 沉淀的 pH(表 12-7)。

表 12-7　$[Zn^{2+}]$、$[Zn(OH)_4^{2-}]$与 pH 的关系

$[Zn^{2+}]/(mol \cdot dm^{-3})$	10^{-2}	10^{-3}	10^{-4}	10^{-5}
pH	6.7	7.2	7.7	8.4
$[Zn(OH)_4^{2-}]/(mol \cdot dm^{-3})$	10^{-2}	10^{-3}	10^{-4}	10^{-5}
pH	13.5	13.0	12.5	12.0

用 Zn^{2+} 和$[Zn(OH)_4]^{2-}$ 的不同浓度对 pH 作图，得图 12-2(*c* 代表 Zn^{2+} 或$[Zn(OH)_4]^{2-}$ 的浓度)。

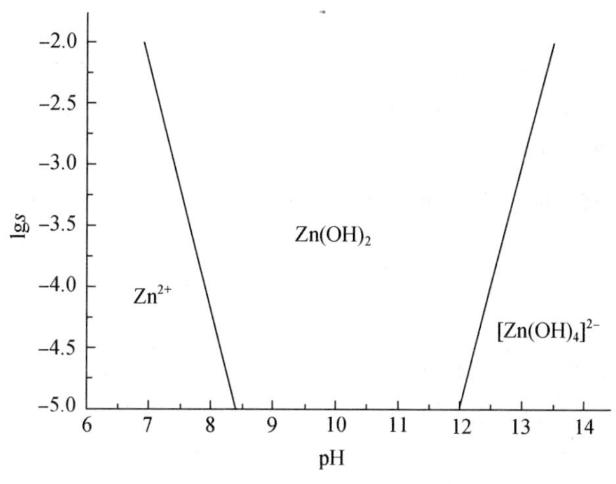

图 12-2　$Zn(OH)_2$ 的 s-pH 图

由图 12-2 可知，当$[Zn^{2+}]=10^{-2}\ mol\cdot dm^{-3}$时，开始生成 $Zn(OH)_2$ 沉淀的 pH 为 6.9，pH=8.4 时 Zn^{2+}被沉淀完全，pH=12.0 时 $Zn(OH)_2$ 开始溶解，当 pH>13.5 时 $Zn(OH)_2$ 全部溶解生成$[Zn(OH)_4]^{2-}$；往$[Zn(OH)_4]^{2-}$溶液中加酸，pH=13.5 时开始生成 $Zn(OH)_2$ 沉淀，pH=12.0 时 $Zn(OH)_2$ 沉淀完全。用同样方法可以得到其他两性氢氧化物的 s-pH 图。

2. 硫化物

ds 区元素的硫化物都是难溶化合物，其中 ZnS、CdS 可溶于强酸：

$$ZnS+2H^+ \longrightarrow Zn^{2+}+H_2S$$

$$CdS+2H^+ \longrightarrow Cd^{2+}+H_2S$$

CuS 和 Ag_2S 的 K_{sp}太小，不能溶于非氧化性强酸，可溶于硝酸，如：

$$3Ag_2S(s)+2NO_3^-+8H^+ \longrightarrow 6Ag^++3S(s)+2NO(g)+4H_2O$$

由于 ZnS 的 K_{sp}不太小，且 $Zn(OH)_2$ 为两性氢氧化物，所以 ZnS 可溶于碱：

$$ZnS+4OH^- \longrightarrow [Zn(OH)_4]^{2-}+S^{2-}$$

在 ds 区元素的硫化物中，HgS 的溶解度是最小的，它在硝酸中不溶，可溶于王水：

$$3HgS(s)+2NO_3^-+12Cl^-+8H^+ \longrightarrow 3[HgCl_4]^{2-}+3S(s)+2NO(g)+4H_2O$$

溶解过程中发生了氧化还原反应和配位反应。另外，HgS 还能溶于 HCl 和 KI 的混合溶液，生成$[HgI_4]^{2-}$配离子：

$$HgS(s)+2H^++4I^- \longrightarrow [HgI_4]^{2-}+H_2S$$

除此之外，HgS 还可以在 Na_2S 或$(NH_4)_2S$ 溶液中溶解，生成硫代汞酸盐：

$$HgS(s)+S^{2-} \longrightarrow HgS_2^{2-}$$

利用不同硫化物之间溶解性的区别，可以分离相应的金属离子。

与氧化物比较，由于 S^{2-} 比 O^{2-} 的半径大，使 S^{2-} 的变形性大于 O^{2-}，S^{2-} 与金属阳离子之间的极化作用更强，因此硫化物的共价成分高于相应的氧化物，导致硫化物的颜色更深，如 ZnS 为白色，CdS 为黄色，自然界存在的 HgS(辰砂)为红色，其余硫化物均为黑色，溶解度更小。另外，由于 H_2S 是比 H_2O 更强的酸，使得硫化物在酸中的溶解性比相应氧化物差，如 CuO 和 HgO 都能溶于盐酸，而 CuS 和 HgS 不能。

3. 其他重要化合物

在 ds 区元素的化合物中，Cu(Ⅱ)、Zn(Ⅱ)和 Cd(Ⅱ)的化合物多为易溶盐，Cu(Ⅰ)、Ag(Ⅰ)、Hg(Ⅱ)、Hg(Ⅰ)的化合物多为难溶盐，下面介绍它们的一些重要化合物。

(1) Cu(Ⅰ)的化合物

Cu(Ⅰ)的重要化合物是它的卤化物 CuX(X=Cl、Br、I)，CuX 都是白色的难溶盐，其溶解度随 Cl、Br、I 顺序减小。

干燥的 CuX 在空气中较稳定，而湿的 CuX 在空气中易发生水解并易被空气中的氧气氧化为 Cu(Ⅱ)：

$$4CuCl + O_2 + 4H_2O = 3CuO \cdot CuCl_2 \cdot 3H_2O + 2HCl$$

$$8CuCl + O_2 = 2Cu_2O + 4Cu^{2+} + 8Cl^-$$

CuX 易和 X^- 形成配离子而溶解，如：

$$CuCl + Cl^- = [CuCl_2]^-$$

只是稳定常数较小($K_{稳}=6.5\times10^{-2}$)，冲稀时，$[CuCl_2]^-$ 又会分解生成白色的 CuCl(s)。

CuI 与 Hg 之间可发生下面的反应：

$$4CuI + Hg = Cu_2HgI_4 + 2Cu$$

据此，可用涂有 CuI 的纸条检测空气中 Hg 的含量。如空气中 Hg 含量超过允许值($0.1\ mg\cdot m^{-3}$)，则在 3 小时内(15℃)，白色的涂有 CuI 的纸条会变为亮黄至暗红色(与 Hg 的含量有关)。可据变色时间判断空气中 Hg 的含量。

(2) Cu(Ⅱ)的化合物

$CuCl_2$ 极易溶于水，其稀溶液为天蓝色。$CuCl_2\cdot 2H_2O$ 呈蓝色，在大约 100℃时失水：

$$CuCl_2 \cdot 2H_2O \xlongequal{约100℃} CuCl_2(棕色) + 2H_2O$$

高温下 $CuCl_2$ 分解：

$$2CuCl_2 \xlongequal{1000℃} 2CuCl + Cl_2(g)$$

Cu(Ⅱ)的易溶盐还有 $CuSO_4\cdot 5H_2O$，俗称胆矾(brochantite)，是工业上最常用和最重要的铜(Ⅱ)盐。在它的水溶液中加一些石灰乳中和其酸性，即为常用的波尔多杀虫液。

用 CuO 或 $Cu(OH)_2$ 与 CH_3COOH 反应可制得 $Cu(Ac)_2\cdot H_2O$：

$$CuO + 2CH_3COOH = Cu(CH_3COO)_2 \cdot H_2O$$

在有空气或 H_2O_2 存在下，用 Cu 与 CH_3COOH 反应则生成蓝绿色碱式醋酸铜。此碱式盐与 As_2O_3 反应生成有剧毒的“巴黎绿”$Cu_3(AsO_3)_2\cdot Cu(Ac)_2$，可用做杀虫剂和杀菌剂。

$$3Cu(Ac)_2 \cdot Cu(OH)_2 + As_2O_3 = Cu_3(AsO_3)_2 \cdot Cu(Ac)_2 + 2Cu(Ac)_2 + 3H_2O$$

CuS(黑色)和 $Cu_2Fe(CN)_6$ 为 Cu(Ⅱ)的难溶化合物，CuS 可用于 Cu^{2+} 与其他离子间的分离，红棕色 $Cu_2Fe(CN)_6$ 沉淀的生成可用于 Cu^{2+} 的鉴定。

(3) 银(Ⅰ)的化合物

银盐中除 $AgNO_3$、AgF 易溶于水外，其余多为难溶盐。

金属银与 HNO_3 反应可制得 $AgNO_3$：

$$Ag + 2HNO_3(浓) = AgNO_3 + NO_2 + H_2O$$

$$3Ag + 4HNO_3(稀) = 3AgNO_3 + NO + 2H_2O$$

HNO_3 越浓，反应速度越快。在 $AgNO_3$ 的生产中，综合考虑反应速度和酸的消耗，通常使用 $V(浓\ HNO_3):V(H_2O)=1:3$ 的 HNO_3 溶液。

纯 $AgNO_3$ 较稳定，但见光分解，微量有机物存在会促进分解，因此 $AgNO_3$(固体或溶液)应避光保存。白色的 Ag_2CO_3 和黄色的 Ag_3PO_4 也见光分解，但分解速度很慢。

在 AgX(X=Cl、Br、I)分子中，由于 Ag^+ 具有较强的极化力和变形性，使 Ag—X 键有明显的共价性，且共价成分随 AgCl、AgBr、AgI 顺序依次增大，因此，AgX 中除 AgF 有较大溶解度外，其余均为难溶化合物，而且其溶解度随共价成分增加而减小。难溶的 AgX 不溶于强酸，但可溶于含配位试剂的溶液中生成相应的配合物(见第 6 章)。

(4) Zn(Ⅱ)的化合物

Zn(Ⅱ)的氯化物 $ZnCl_2 \cdot H_2O$ 易吸水潮解，易溶于水。Zn—Cl 键具有共价性，在稀的 $ZnCl_2$ 溶液($<1\ mol \cdot dm^{-3}$)中，$ZnCl_2$ 完全电离，但在浓溶液中有 $ZnCl_2$、$[ZnCl_3]^-$、$[ZnCl_4]^{2-}$ 存在。$ZnCl_2$ 溶液有明显的酸性，因此可作为焊药除去焊接物表面的金属氧化物。Zn^{2+} 有较强的水解能力，在配制 $ZnCl_2$ 水溶液时，应将 $ZnCl_2$ 溶解在稀 HCl 溶液中，以防止其水解生成难溶的 Zn(OH)Cl。如欲制得无水 $ZnCl_2$，应将含水 $ZnCl_2$ 与 $SOCl_2$(氯化亚砜)一起加热，即

$$ZnCl_2 \cdot H_2O + SOCl_2 \xlongequal{\triangle} ZnCl_2 + 2HCl + SO_2$$

否则将生成碱式盐：

$$ZnCl_2 + H_2O \xlongequal{\quad} Zn(OH)Cl + HCl$$

在医学上，$ZnCl_2$ 被用做防腐剂。

(5) Hg(Ⅰ)的化合物

磁性测定表明，Hg(Ⅰ)化合物是抗磁性物质，即没有未成对电子，说明两个 Hg(Ⅰ)共用一对电子成$[Hg{:}Hg]^{2+}$，可用 Hg_2^{2+} 表示。在 Hg_2^{2+} 中 Hg 以 sp 杂化轨道成键，如 Hg_2Cl_2 为直线形分子 Cl—Hg—Hg—Cl。

氯化亚汞(Hg_2Cl_2)俗称甘汞，难溶于水，可制成甘汞电极，是一种常用的参比电极。Hg_2Cl_2 有甜味，少量无毒，可用做泻药，但它见光分解生成有毒的 $HgCl_2$ 和 Hg，因此应低温避光保存。

Hg(Ⅰ)的易溶盐只有 $Hg_2(NO_3)_2$ 和 $Hg_2(ClO_4)_2$，$Hg_2(NO_3)_2$ 在水中易水解生成 $Hg_2(OH)NO_3$ 沉淀，因此溶解时应加入适量 HNO_3 抑制水解。

(6) Hg(Ⅱ)的化合物

Hg(Ⅱ)的常见易溶盐有 $HgCl_2$ 和 $Hg(NO_3)_2$。

$HgCl_2$ 易溶于水，但溶液的导电能力极低，表明溶液中 $HgCl_2$ 的电离度很小，主要以分子形式存在，只有少量的 $HgCl^+$、Cl^- 和 Hg^{2+} 等离子：

$$HgCl_2 \xlongequal{\quad} HgCl^+ + Cl^- \quad K_1 = 3.3 \times 10^{-7}$$

$$HgCl^+ \xlongequal{\quad} Hg^{2+} + Cl^- \quad K_2 = 1.8 \times 10^{-7}$$

$HgCl_2$ 易溶于有机溶剂，如甲醇、乙醇、丙酮等。HgX_2、CuX_2 和 ZnX_2(X=Cl、Br 和 I)都能在有机溶剂中溶解。

$HgCl_2$ 的熔点低(276℃)，易升华，故俗称升汞。它有剧毒，在外科手术中可用 $HgCl_2$ 的极稀的溶液做消毒剂。

$Hg(NO_3)_2$ 在水中的电离度大于 $HgCl_2$。在 $Hg(NO_3)_2$ 的水溶液中有$[Hg(NO_3)_3]^-$、

$[Hg(NO_3)_4]^{2-}$和$[HgNO_3]^+$存在。$Hg(NO_3)_2$溶于水时会水解生成$Hg_3O_2(NO_3)_2 \cdot H_2O$沉淀,所以,配制$Hg(NO_3)_2$水溶液时需加适量$HNO_3$抑制水解。

4. 配合物

ds区元素可作为配合物的形成体与多种配体形成配合物,表12-8列出了ds区常见配离子以及它们的配位数和几何构型。

表12-8 铜、锌族元素的常见配离子

配位数	空间构型	实 例
2	直线形	$[Cu(NH_3)_2]^+$,$[Ag(NH_3)_2]^+$,$[Ag(S_2O_3)_2]^{3-}$,$[Ag(CN)_2]^-$,$[Ag(SCN)_2]^-$
3	平面三角形	$[Cu(CN)_3]^{2-}$,$[CuCl_3]^{2-}$
4	四面体形	$[Cu(CN)_4]^{3-}$,$[Zn(NH_3)_4]^{2+}$,$[Zn(CN)_4]^{2-}$,$[Zn(en)_2]^{2+}$,$[Cd(NH_3)_4]^{2+}$,$[CuCl_4]^{2-}$,$[HgCl_4]^{2-}$,$[HgI_4]^{2-}$,$[Hg(CN)_4]^{2-}$,$[Hg(SCN)_4]^{2-}$,$[ZnCl_4]^{2-}$
4	平面正方形	$[Cu(NH_3)_4]^{2+}$,$[Cu(H_2O)_4]^{2+}$,$[Cu(CN)_4]^{2-}$
6	八面体形	$[Cd(NH_3)_6]^{2+}$,$[Zn(NH_3)_6]^{2+}$

从表12-8可知,ds区元素的正离子易和H_2O、NH_3、X^-(卤素负离子)、CN^-和SCN^-等配体形成配合物。Cu(Ⅱ)和Au(Ⅲ)的配位数主要是4,Cu(Ⅰ)和Ag(Ⅰ)的配位数为2、4,ⅡB族阳离子的常见配位数为4和6。

(1) Cu(Ⅰ)的配合物

Cu(Ⅰ)的常见配离子有$[Cu(NH_3)_2]^+$、$[CuCl_3]^{2-}$、$[Cu(CN)_4]^{3-}$。无色的$[Cu(NH_3)_2]^+$会很快被空气中的氧氧化为深蓝色的$[Cu(NH_3)_4]^{2+}$。在合成氨工业中,用$[Cu(NH_3)_2]Ac$除去会使催化剂中毒的CO,发生的反应可能是

$$[Cu(NH_3)_2]Ac + CO + NH_3 \xrightleftharpoons[\text{减压加热}]{\text{低温加压}} [Cu(NH_3)_3]Ac \cdot CO$$

$[Cu(CN)_4]^{3-}$是极稳定的配合物,向此配合物溶液中通H_2S无Cu_2S生成。

(2) Cu(Ⅱ)的配合物

Cu^{2+}的常见配离子有$[Cu(H_2O)_4]^{2+}$、$[Cu(NH_3)_4]^{2+}$、$[CuCl_4]^{2-}$、$[Cu(en)_2]^{2+}$(en为乙二胺)和$[Cu(EDTA)]^{2-}$。在浅蓝色的$CuSO_4$溶液中加入固体NaCl,溶液变为绿色至黄绿色,再加入$NH_3 \cdot H_2O$,溶液变为深蓝色。这一变化过程及有关配离子的稳定常数如下:

$$[Cu(H_2O)_4]^{2+} \xrightarrow{NaCl(s)} [CuCl_4]^{2-} \xrightarrow{NH_3 \cdot H_2O} [Cu(NH_3)_4]^{2+}$$

颜色	浅蓝	绿	深蓝
$K_{稳}$		1.1×10^5	1.1×10^{13}

$[Cu(NH_3)_4]^{2+}$的特征蓝色,可用于Cu^{2+}的检出和用比色法测定Cu^{2+}的含量。

(3) Ag(Ⅰ)的配合物

Ag^+的常见配离子有$[Ag(NH_3)_2]^+$、$[Ag(S_2O_3)_2]^{3-}$和$[Ag(CN)_2]^-$。$[Ag(NH_3)_2]^+$具有氧化性,可用于鉴定醛基和化学镀银:

$$2[Ag(NH_3)_2]^+ + C_6H_{12}O_6 + H_2O = 2Ag(s) + C_6H_{12}O_7 + 2NH_3 + 2NH_4^+$$

由于$[Ag(NH_3)_2]^+$在放置过程中会逐渐变成有爆炸性的Ag_2NH和$AgNH_2$,因此,$[Ag(NH_3)_2]^+$溶液不能长时间放置,用毕应及时处理。$[Ag(CN)_2]^-$比$[Ag(NH_3)_2]^+$更稳定,用于镀银可使

镀层更光洁、致密，但镀液中含有剧毒的CN^-和HCN，所以目前用的电镀液是$[Ag(SCN)_2]^-$和KSCN的混合液。

(4) Zn(Ⅱ)的配合物

Zn^{2+}可以形成配位数为4和6的配合物，如$[Zn(NH_3)_4]^{2+}$、$[Zn(NH_3)_6]^{2+}$。$[Zn(NH_3)_6]^{2+}$很不稳定，易解离出NH_3而放出氨气，所以$[Zn(NH_3)_6]^{2+}$只能存在于相应的固态化合物中。Zn^{2+}的常见配离子还有$[ZnCl_4]^{2-}$、$[Zn(OH)_4]^{2-}$等。$Zn(OH)_2(s)$在NaOH中溶解可转化为$[Zn(OH)_4]^{2-}$，在$NH_3 \cdot H_2O$中溶解可转化为$[Zn(NH_3)_4]^{2+}$，但是$Zn(OH)_2(s)$的转化率极低，这是由于其转化反应的平衡常数太小，即

$$Zn(OH)_2 + 4NH_3 \cdot H_2O = [Zn(NH_3)_4]^{2+} + 2OH^- + 4H_2O$$

$$K = K_{sp}(Zn(OH)_2) \cdot K_{稳}(Zn(NH_3)_4^{2+}) = 3\times10^{-17}\times4.1\times10^8 = 1\times10^{-8}$$

如加入NH_4^+，可在中和OH^-的同时提供配体NH_3，使转化率大幅度提高。加NH_4^+后总反应为

$$Zn(OH)_2 + 2NH_3 \cdot H_2O + 2NH_4^+ = [Zn(NH_3)_4]^{2+} + 4H_2O$$

$$K = K_{sp}(Zn(OH)_2) \cdot K_b^2(NH_3 \cdot H_2O) \cdot K_a^4(NH_4^+) \cdot K_{稳}(Zn(NH_3)_4^{2+}) / K_w^4$$

据
$$K_w = K_b(NH_3 \cdot H_2O) \cdot K_a(NH_4^+)$$

得
$$K = K_{sp}(Zn(OH)_2) \cdot K_{稳}(Zn(NH_3)_4^{2+}) / K_b^2(NH_3 \cdot H_2O)$$
$$= 3\times10^{-17}\times4.1\times10^8/(1.8\times10^{-5})^2 = 4\times10^1$$

由以上情况可知，NH_4^+的存在有利于将某金属离子的氢氧化物转化为该金属离子与NH_3的配合物，如$Cu(OH)_2$、$Cd(OH)_2$能在含有NH_4^+的氨水中显著溶解生成氨的配合物。

(5) Hg(Ⅱ)的配合物

Hg(Ⅱ)的常见配离子有$[HgX_4]^{2-}$(X=Cl、Br、I)、$[Hg(CN)_4]^{2-}$、$[Hg(SCN)_4]^{2-}$等。四碘合汞(Ⅱ)酸钾$K_2[HgI_4]$，又称奈斯勒(Nessler)试剂，可在碱性溶液中检验NH_4^+的存在。四硫氰合汞(Ⅱ)酸铵$(NH_4)_2[Hg(SCN)_4]$可用来鉴定Co^{2+}和Zn^{2+}，即

$$Co^{2+} + [Hg(SCN)_4]^{2-} = Co[Hg(SCN)_4](s，蓝色)$$

$$Zn^{2+} + [Hg(SCN)_4]^{2-} = Zn[Hg(SCN)_4](s，白色)$$

12.2.3　铜、汞不同氧化态的稳定性及相互转化

1. Cu(Ⅰ)和Cu(Ⅱ)的稳定性和相互转化

自然界中的含铜矿物，如辉铜矿(Cu_2S)和赤铜矿(Cu_2O)，都是Cu(Ⅰ)的化合物，某些Cu(Ⅱ)的化合物在高温下会转化为Cu(Ⅰ)的化合物，如：

$$\left.\begin{array}{l} 2CuO(s) \\ 2CuS(s) \\ 2CuCl_2(s) \end{array}\right\} \xrightarrow{T>1000℃} \left\{\begin{array}{l} Cu_2O(s) + \frac{1}{2}O_2 \\ Cu_2S(s) + S \\ 2CuCl(s) + Cl_2 \end{array}\right.$$

这些现象说明，在较高温度下或固态化合物中Cu(Ⅰ)是稳定的氧化态。Cu原子的价层电子构型为$3d^{10}4s^1$，$3d^{10}$为全充满稳定状态，因此Cu的第二电离能($1966\ kJ \cdot mol^{-1}$)比第一电离能($745\ kJ \cdot mol^{-1}$)高得多，使Cu(Ⅰ)能稳定存在。但是，在水溶液中，由于

$$Cu^+(g) = Cu^{2+}(g) + e \qquad \Delta H_i^\ominus = 1958\ kJ \cdot mol^{-1}$$

$$Cu^{2+}(g) + xH_2O = [Cu(H_2O)_x]^{2+} \qquad \Delta H_h^\ominus = -2121\ kJ \cdot mol^{-1}$$

即 Cu^{2+} 水合时放出的能量 $\Delta H_h^\ominus$ 大于 Cu^+ 电离时吸收的能量 $\Delta H_i^\ominus$，所以在水溶液中 Cu^{2+}(aq)比 Cu^+(aq)更稳定。从以下铜的元素电势图可以看出 Cu^+ 在水溶液中歧化的倾向性：

$$Cu^{2+} \xrightarrow{0.153\ V} Cu^{+} \xrightarrow{0.521\ V} Cu \qquad (Cu^{2+}/Cu:\ 0.342\ V)$$

Cu^+ 在水溶液中的歧化反应为

$$2Cu^+(aq) = Cu^{2+}(aq) + Cu(s)$$

此反应所对应电池的标准电池电动势为

$$E^\ominus_{池} = E^\ominus_{正} - E^\ominus_{负} = E^\ominus(Cu^+/Cu) - E^\ominus(Cu^{2+}/Cu^+)$$
$$= 0.521 - 0.153 = 0.368(V)$$

由此可以计算反应的平衡常数：

$$\lg K^\ominus = \frac{nE^\ominus_{池}}{0.0592} = \frac{1\times 0.368}{0.0592} = 6.216$$

$$K^\ominus = \frac{[Cu^{2+}]}{[Cu^+]^2} = 1.64\times 10^6$$

$K^\ominus$ 较大，说明上述歧化反应向右进行的倾向性较大。但是，$K^\ominus$ 不是很大，当 Cu^+ 浓度降低时，Cu^+ 歧化反应的平衡向左移动，Cu(Ⅱ)有可能转化为 Cu(Ⅰ)，如在上述反应体系中加入浓 HCl，则有下面反应：

$$Cu + Cu^{2+} + 6Cl^- = 2[CuCl_3]^{2-}$$

$[CuCl_3]^{2-}$ 是较稳定的配合物($K_{稳} = 5\times 10^5$)，使 Cu^+(aq)浓度降低，歧化反应的 $Q > K^\ominus$(Q 是反应未达到平衡时的反应商)，Cu(Ⅱ)自发地转化为 Cu(Ⅰ)。由于 Cu^+ 可以和 I^- 生成难溶的 CuI(s)，和 CN^- 生成稳定的配离子$[Cu(CN)_2]^-$，所以，加入 I^- 或 CN^- 同样可以使 Cu(Ⅱ)转化为 Cu(Ⅰ)：

$$2Cu^{2+}(aq) + 5I^- = 2CuI(s) + I_3^-$$

$$2Cu^{2+}(aq) + 6CN^- = 2[Cu(CN)_2]^- + (CN)_2$$

$(CN)_2$ 称为氰，是与卤素性质类似的拟卤素。

难溶盐或配离子的生成，可以使 Cu^+ 浓度大幅度降低，据 Cu^{2+}/Cu^+ 的 Nernst 方程，$E(Cu^{2+}/Cu^+)$ 将随之升高，即 Cu^{2+} 的氧化能力提高，因此，上述氧化还原反应可以顺利向右进行。

$CuCl_2$ 是易溶盐，而 CuCl 难溶，在还原剂(如 SO_2、$SnCl_2$ 等)存在下，$CuCl_2$ 可转化为 CuCl(s)：

$$2CuCl_2 + SO_2 + 2H_2O = 2CuCl(s) + H_2SO_4 + 2HCl$$

$$CuCl_2 + Cu \xlongequal{\triangle} 2CuCl(s)$$

生成的白色 CuCl(s)将金属 Cu 覆盖，使反应停止。加入浓 HCl 可将 CuCl(s)溶解生成 $H[CuCl_2]$，使反应向右移动，$CuCl_2$ 转化完全：

$$CuCl + HCl \xlongequal{\triangle} H[CuCl_2]$$

在碱性溶液中，Cu^{2+} 能被葡萄糖还原为红棕色的 $Cu_2O(s)$：

$$2Cu^{2+} + 5OH^- + C_6H_{12}O_6 \xlongequal{\triangle} Cu_2O(s) + C_6H_{11}O_7^- + 3H_2O$$

医学上用此反应检查尿中的糖含量，诊断病人是否患有糖尿病。

总之，在水溶液中 Cu^{2+}(aq)比 Cu^+(aq)更稳定，但是 Cu(Ⅰ)在它的难溶化合物或稳定配合物中是稳定的。

2. Hg(Ⅰ)和 Hg(Ⅱ)的稳定性和相互转化

汞的元素电势图如下：

$$Hg^{2+} \xrightarrow{0.920\ V} Hg_2^{2+} \xrightarrow{0.797\ V} Hg$$

$E^{\ominus}(Hg^{2+}/Hg_2^{2+}) > E^{\ominus}(Hg_2^{2+}/Hg)$，因此，在标准状态下下面反应正向自发，即

$$Hg^{2+} + Hg = Hg_2^{2+}$$

用反应的 $E^{\ominus}_{池}$ 可以计算反应的平衡常数 $K^{\ominus}$，即

$$\lg K^{\ominus} = \frac{nE^{\ominus}_{池}}{0.0592} = \frac{1\times(0.920-0.797)}{0.0592} = 2.078, \quad 得\ K^{\ominus} = 120$$

$K^{\ominus}$ 值不算太大，因此，通过改变 Q 值可以比较容易地改变反应的方向。

(1) Hg(Ⅱ)转化为 Hg(Ⅰ)

升汞 $HgCl_2(s)$ 与金属汞一起研磨，可以得到甘汞 $Hg_2Cl_2(s)$：

$$HgCl_2(s) + Hg(l) = Hg_2Cl_2(s)$$

在水溶液中，$Hg(NO_3)_2$ 与 Hg 混合振荡即可得到 $Hg_2(NO_3)_2$，即 $Hg^{2+}(aq)$ 被金属 Hg 还原为 $Hg_2^{2+}(aq)$。

其他一些还原剂，如 $SnCl_2$，也可以将 Hg^{2+} 还原为白色的 $Hg_2Cl_2(s)$，$SnCl_2$ 过量时，还可以进一步将 Hg_2Cl_2 还原为金属 Hg，这是检出水溶液中 Hg^{2+} 的常用方法。

(2) Hg(Ⅰ)转化为 Hg(Ⅱ)

使 Hg(Ⅰ)转化为 Hg(Ⅱ)的常用方法是生成 Hg(Ⅱ)的难溶盐或稳定的配合物。

当阴离子相同的 Hg(Ⅱ)盐的溶解度小于 Hg(Ⅰ)盐的溶解度时，Hg(Ⅰ)的难溶盐可以容易地转化为 Hg(Ⅱ)的难溶盐，如 $NH_3 \cdot H_2O$ 与 Hg_2Cl_2 混合，发生下面反应：

$$Hg_2Cl_2(s) + 2NH_3 \cdot H_2O = Hg_2NH_2Cl(s,黑) + NH_4Cl + 2H_2O$$

$$\underset{(氯化氨基亚汞)}{Hg_2NH_2Cl(s)} = \underset{(氯化氨基汞)}{HgNH_2Cl(s,白)} + Hg(l)$$

向 $Hg_2(NO_3)_2$ 溶液中通 $H_2S(g)$，先生成的 Hg_2S 会立即转化为 HgS：

$$Hg_2^{2+} + H_2S = HgS(s) + Hg + 2H^+$$

利用多重平衡原则，计算上面反应的平衡常数 $K^{\ominus}$：

① $Hg^{2+} + Hg = Hg_2^{2+} \quad K_1^{\ominus} = 120$

② $Hg^{2+} + S^{2-} = HgS \quad K_2^{\ominus} = \dfrac{1}{K_{sp}(HgS)} = 3\times10^{52}$

③ $H_2S = 2H^+ + S^{2-} \quad K_3^{\ominus} = K_{a_1}(H_2S) \cdot K_{a_2}(H_2S) = 1.1\times10^{-20}$

②+③−①得上面总反应，则

$$K^{\ominus} = \frac{K_2^{\ominus} \cdot K_3^{\ominus}}{K_1^{\ominus}} = \frac{3\times10^{52}\times1.1\times10^{-20}}{120} = 3\times10^{30}$$

$K^{\ominus}$ 很大，说明在上面转化反应中，Hg(Ⅰ)几乎全部转化为 Hg(Ⅱ)。

如果在反应 $Hg^{2+} + Hg = Hg_2^{2+}$ 达到平衡后的体系中通入 $H_2S(g)$，由于 $K_{sp}(HgS)(4\times10^{-53}) < K_{sp}(Hg_2S)(1\times10^{-45})$，使得

$$[Hg_2^{2+}] = \frac{K_{sp}(Hg_2S)}{[S^{2-}]} > [Hg^{2+}] = \frac{K_{sp}(HgS)}{[S^{2-}]}$$

即此时反应商 $Q=\frac{[Hg_2^{2+}]}{[Hg^{2+}]}=2.5\times10^7>K^\ominus(120)$，则平衡将向左移动，使 Hg(Ⅰ)转化为 Hg(Ⅱ)。

在 Hg_2^{2+} 的溶液中加入能与 Hg^{2+} 生成稳定配离子的配位试剂，也可以将 Hg(Ⅰ)转化为 Hg(Ⅱ)。常用的配位试剂有 Cl^-、Br^-、I^-、SCN^-、CN^- 等，如下面反应：

$$Hg_2^{2+}+2HCl(\text{适量}) = Hg_2Cl_2(s)+2H^+$$

$$Hg_2Cl_2(s)+2Cl^-(\text{浓 HCl}) = [HgCl_4]^{2-}+Hg$$

上面第二个反应是下面三个反应的总反应：

① $Hg_2Cl_2 = Hg_2^{2+}+2Cl^-$ $K_{sp}(Hg_2Cl_2)=1.43\times10^{-18}$

② $Hg^{2+}+4Cl^- = [HgCl_4]^{2-}$ $K_{稳}(HgCl_4^{2-})=1.2\times10^{15}$

③ $Hg^{2+}+Hg = Hg_2^{2+}$ $K_3^\ominus=120$

总反应的 $K^\ominus=K_{sp}(Hg_2Cl_2)\cdot K_{稳}(HgCl_4^{2-})/K_3^\ominus=1.4\times10^{-5}$

平衡常数 $K^\ominus$ 较小，所以必须加入浓 HCl，才能使 Hg_2^{2+} 转化为 $[HgCl_4]^{2-}$。从上面 $K^\ominus$ 的计算可以看出，加入的配位试剂与 Hg_2^{2+} 生成的盐溶解度越大，与 Hg^{2+} 生成的配离子越稳定，Hg(Ⅰ)向 Hg(Ⅱ)的转化越完全。

用合适的氧化剂，也可以将 Hg(Ⅰ)氧化为 Hg(Ⅱ)，如：

$$Hg_2^{2+}+6NO_3^-+4H^+ = 2Hg(NO_3)_2+2NO_2+2H_2O$$

12.2.4 ds 区常见阳离子的分离与鉴定

如果溶液中同时存在 Cu^{2+}、Ag^+、Zn^{2+}、Hg^{2+} 四种阳离子，可用图 12-3 方法分离并检出。

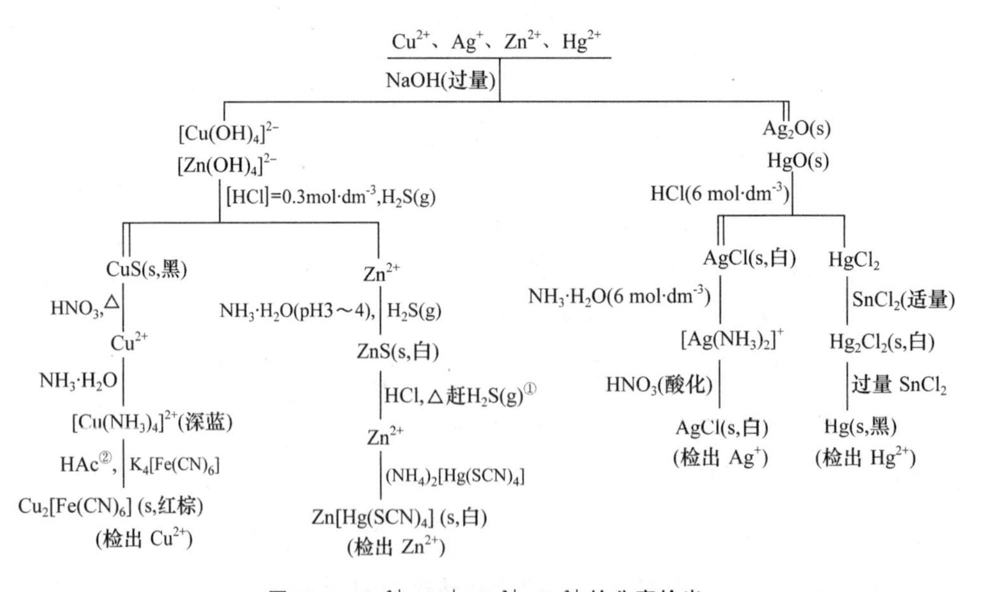

图 12-3 Cu^{2+}、Ag^+、Zn^{2+}、Hg^{2+} 的分离检出

① 加热赶走过量 H_2S，是为了防止生成 HgS 使检出试剂 $[Hg(SCN)_4]^{2-}$ 被破坏；

② 加 HAc 酸化，是为了破坏蓝色的 $[Cu(NH_3)_4]^{2+}$ 配离子，排除其颜色干扰，且有利于生成易辨别的红褐色的 $Cu_2[Fe(CN)_6](s)$

12.2.5 铜、锌在生物体内的某些功能

铜和锌是生命所必需的微量元素。

铜存在于人体中的 12 种酶中，其中胺氧化酶和酪氨酸酶是两种重要的含铜酶。胺氧化酶能催化形成弹性蛋白和骨胶原蛋白，酪氨酸酶能将酪氨酸转化成黑色素和皮肤色素。遗传性的酪氨酸酶缺乏会引起白化症。Cu(Ⅱ)和 Fe(Ⅱ)一样都是在血红蛋白的合成中不可缺少的，否则会使造血机能发生障碍，二者中缺一都会引起贫血。不过当体内有足量的铁和铜，同时又有大量锌存在时也会出现贫血，这是由于在体内存在着一种离子增进另一种离子活性的离子间的激励作用和一种离子抑制另一种离子活性的离子间的拮抗作用，锌对铜的拮抗作用可造成贫血。人体不能储存铜，但可以从膳食中获得所需的微量铜，如茶中含铜，饮茶可获得铜。不过过量的铜会造成铜在肝、肾和脑中的沉积而产生神经症状，导致肝、肾坏死，红细胞破裂，即引起威尔逊氏病。

锌为哺乳动物正常生长和发育所必需的元素。锌在生物体内的生理功能与多种锌酶及锌激活酶的存在有密切关系，现已从生物体内分离出 200 多种锌酶，这些锌酶为生物体内重要代谢物的合成与降解所必需，而且锌酶可以控制生物遗传物质的复制、转录和翻译。生物体内还存在着锌离子激活酶，例如，锌离子能激活肠磷酸酶及肝、肾过氧化氢酶，此为胰岛素的合成所必需的。由于缺锌会影响味觉和食欲，所以，儿童缺锌会使身高、体重受到影响。人体对锌的需求量与体内其他元素的量相关。调查结果表明，心脏病患者体内的锌铜比高于正常人。由动物实验证实，当 Zn∶Cu≈14∶1 时，则会导致动脉粥样硬化，血中胆固醇升高。因为汗液中锌铜比高达 16∶1，所以经常体育锻炼，通过排汗降低体内的锌铜比，可减少患心脏病的可能性。另外，体内锌量过多，不仅会由于拮抗铜、铁的作用引起贫血，还可能造成锌中毒，出现头晕、呕吐、腹泻、出冷汗等症状。因此，应避免用镀锌器具放酸性食物或用锌合金制作儿童玩具。

小　结

金属的电离能、升华热和金属离子的水合能都是影响相应电对电极电势的重要因素。ⅠA 和ⅡA 族金属都是活泼金属。比较 s 区元素与 ds 区元素，由于它们次外层电子构型的差别，ds 区元素的化学活泼性远比 s 区元素的差。

对于 s 区元素，除 $Be(OH)_2$ 为两性，$Mg(OH)_2$ 为中强碱外，其余氢氧化物都是强碱；在碱金属和碱土金属的常见盐类中，由于 Li^+、Be^{2+}、Mg^{2+} 的半径小，极化力大，使其盐具有共价性，其他金属的盐类主要为离子型化合物。对于 ds 区元素，ⅠB 和ⅡB 族元素的离子，多数为 18e 构型，少数为 17e 或 16e 构型，它们具有较大的极化作用，因而在它们的化合物中化学键带有部分的共价性，它们的氢氧化物碱性弱，阳离子易水解，易形成配离子，含氧酸盐的热稳定性差。

利用常见化合物的重要性质，如酸碱性、溶解性、氧化还原性、生成配合物的性质等，可以将有关金属离子进行分离和检出。

思　考　题

1. 现有 7 种白色固体，它们分别是 KOH、$MgCl_2$、Na_2SO_4、NaCl、Na_2CO_3、$BaSO_4$、KNO_3。如何用最简便的方法区别它们？

2. 现有一白色固体混合物，其中可能有 $MgSO_4$、$BaCl_2$、$NaNO_3$、$CaCO_3$，通过下列实验判断哪种一定存在？哪种不可能存在？

(1) 混合物溶于水，得到澄清透明的溶液；

(2) 向溶液中加碱产生白色胶状沉淀。

3. 有一黑色固体化合物 A，经检验有以下现象发生：

① A 不溶于水及 NaOH 溶液，溶于热 HCl 生成绿色溶液 B；

② B 与铜一起煮沸，生成茶色溶液 C；

③ C 用大量水稀释生成白色沉淀 D；

④ D 可溶于氨水，生成无色溶液 E；

⑤ E 在空气中迅速变成蓝色溶液 F；

⑥ 向 F 中加入 KCN，蓝色消失，生成无色溶液 G；

⑦ 向 G 中加入 Zn 粉，生成红棕色固体 H；

⑧ H 可溶于热 HNO_3，生成蓝色溶液 I；

⑨ 向溶液 I 中慢慢加入 NaOH 溶液，则析出蓝色絮状沉淀 J；

⑩ 过滤取出沉淀 J，强热后又生成化合物 A。

说明从 A 到 J 各是什么物质，并写出有关的反应方程式。

4. 在 s 区常见金属离子的分离检出中，NH_4^+ 干扰哪些离子的检出？如何除去 NH_4^+？写出有关的反应方程式。

5. Hg_2Cl_2(是利尿剂)和 $AgNO_3$ 为何应避光保存？

6. 实现下述转化，写出有关的反应方程式：

(1) $Ag^+ \rightarrow Ag_2CrO_4 \rightarrow AgCl \rightarrow Ag_2S_2O_3$

(2) $CuO \rightarrow CuSO_4 \rightarrow Cu_2(OH)_2CO_3 \rightarrow CuCl_2 \rightarrow H[CuCl_2]$

(3) $Zn \rightarrow ZnO \rightarrow Zn(NO_3)_2 \rightarrow [Zn(NH_3)_4](NO_3)_2 \rightarrow ZnS$

(4) $HgCl_2 \rightarrow HgO \rightarrow Hg(NO_3)_2 \rightarrow HgI_2 \rightarrow K_2[HgI_4]$

7. 现有一无色溶液，向其中加入氨水时形成白色沉淀；加入 NaOH 时生成黄色沉淀；加入 KI 时先生成橘红色沉淀，而后溶解；若加入少量汞振荡，可溶解。此无色溶液为何物？写出有关的反应方程式。

8. Li、Na、K、Ca、Mg 在空气中燃烧，各生成什么产物？写出反应方程式。

9. $HgCl_2$ 和 $Hg(NO_3)_2$ 都是易溶于水的汞盐，为何在配制溶液时，前者不需要加 HCl，而后者应加入 HNO_3？

10. 用 $Na_3[Co(NO_2)_6]$鉴定 K^+ 时应在什么介质中进行？为什么？

习　题

12.1 计算说明 0.10 mol $Mg(OH)_2$ 是否能溶于 1.0 dm^3 1.0 $mol \cdot dm^{-3}$ NH_4Cl 溶液中。

12.2 已知：

物　质	$Cu^+(aq)$	$Cu^{2+}(aq)$	$Cu_2O(s)$	$CuO(s)$
$\Delta G^{\ominus}_{f,298}/(kJ \cdot mol^{-1})$	50.0	65.5	−146.0	−129.7

通过计算说明下面两个反应在 298 K、标准状态下自发进行的方向。

(1) $2Cu^+(aq) \longrightarrow Cu^{2+}(aq) + Cu(s)$；

(2) $Cu_2O(s) \longrightarrow CuO(s) + Cu(s)$。

12.3　已知：　$I_2+2e = 2I^-$　　$E^\ominus=0.536\ V$

$Cu^{2+}+e = Cu^+$　　$E^\ominus=0.153\ V$

$K_{sp}(CuI)=1.27\times10^{-12}$，计算：

(1) $Cu^{2+}+I^-+e = CuI$ 的 $E^\ominus$；

(2) $2Cu^{2+}+4I^- = I_2+2CuI$ 在 298 K 时的平衡常数。

12.4　根据下列数据计算 AgI 的 K_{sp}：

物　质	$Ag^+(aq)$	$I^-(aq)$	AgI(s)
$\Delta G^\ominus_{f,298}/(kJ\cdot mol^{-1})$	77.1	−51.6	−66.2

12.5　用反应方程式表示如何溶解下列各沉淀物。

(1) AgBr；　(2) $Cu(OH)_2$；　(3) ZnS；　(4) CuS；　(5) HgS；　(6) HgI_2。

12.6　化合物 A 为一无色晶体。A 溶于水得无色溶液 B，B 可发生如下的化学反应：

① 加 HCl 于 B 中，生成白色沉淀 C，C 可溶于氨水，形成溶液 D；

② 加 K_2CrO_4 于 B 中，生成砖红色沉淀 E；

③ 加 KCN 于 B 中，开始生成沉淀，继续加入 KCN，则沉淀消失，生成溶液 F，在 F 中加入 Na_2S，析出黑色沉淀 G，G 可溶于热的浓 HNO_3 中；

④ 将晶体 A 加热，产生红棕色气体 H 及黑色固体 I，I 不溶于水和稀 HCl，但溶于浓 HNO_3，所得溶液与 B 性质相同。

试说明由 A 到 I 各是什么物质，并写出有关的反应方程式。

12.7　设计实验方案，分离下列各组离子：

(1) Zn^{2+}，Hg^{2+}；　(2) Cu^{2+}，Zn^{2+}，Mg^{2+}；　(3) Ca^{2+}，Ba^{2+}；

(4) Ag^+，Ba^{2+}，Cu^{2+}；　(5) Ag^+，Ca^{2+}，Hg^{2+}；　(6) Zn^{2+}，Cd^{2+}，Hg^{2+}。

12.8　已知

$[AuCl_2]^-+e = Au+2Cl^-$　　$E^\ominus=1.15\ V$

$[AuCl_4]^-+2e = [AuCl_2]^-+2Cl^-$　　$E^\ominus=0.926\ V$

根据有关电对的电极电势，计算 $[AuCl_2]^-$ 和 $[AuCl_4]^-$ 的稳定常数。

12.9　向(1) $[Cu(CN)_4]^{3-}$、(2) $[Ag(CN)_2]^-$ 溶液中分别通 $H_2S(g)$ 至饱和，通过计算判断生成 Cu_2S 和 Ag_2S 沉淀的可能性。

12.10　已知 298 K 时，

$Cu(OH)_2(s)+2OH^- = [Cu(OH)_4]^{2-}$　　$K^\ominus=1.6\times10^{-3}$

$Cu(OH)_2+2e = Cu+2OH^-$　　$E^\ominus=-0.21\ V$

计算：

(1) $Cu(OH)_2$ 的 K_{sp}；

(2) $[Cu(OH)_4]^{2-}$ 的 $K_{稳}$；

(3) 欲使 0.10 mol $Cu(OH)_2$ 溶解，需加 1 dm^3 多大浓度的 NaOH 溶液？

12.11　实验证实，$CaSO_4$ 可以溶解在 1 $mol\cdot dm^{-3}$ 的 HCl 中，而 $BaSO_4$ 不溶。请用反应的平衡常数解释之。

12.12　20℃时汞的蒸气压为 0.173 Pa。求此温度下被汞蒸气所饱和的 1 m^3 空气中含汞的量

（常温下允许含量为 0.1 mg · m^{-3}）。

12.13 计算说明下列两个反应的倾向性：

(1) $2Cu^{+}(aq) = Cu^{2+}(aq) + Cu(s)$

(2) $Hg^{2+}(aq) + Hg(l) = Hg_2^{2+}(aq)$

指出平衡向左移动的条件。

12.14 完成并配平下列反应式：

(1) $CaSO_4 + H_2SO_4$(浓)$\longrightarrow$

(2) $Ca(HCO_3)_2 \xrightarrow{\triangle}$

(3) $AgNO_3 + NaOH \longrightarrow$

(4) $Hg(NO_3)_2 + NaOH \longrightarrow$

(5) $ZnSO_4 + NH_3 \longrightarrow$

(6) $HgCl_2 + NH_3 \longrightarrow$

(7) $Hg(NO_3)_2 + KI$(过量) $\longrightarrow$

(8) $[Ag(S_2O_3)_2]^{3-} + H_2S$(g,至饱和) $\longrightarrow$

12.15 电解食盐水，要求精制食盐水中 NaCl 浓度为 320 g · dm^{-3}，所含杂质 Mg^{2+} 小于 1.00 mg · dm^{-3} 才合格。若已知粗盐中含 NaCl 92.0%，含 Mg^{2+} 0.24%。欲除去 Mg^{2+} 以达到精制的要求，计算每升粗盐水中应加入多少克 NaOH 固体。

第13章　p区元素

本章要求

1. 了解p区元素中常见单质的物理化学性质

2. 掌握p区非金属元素(特别是卤素、氧、硫、氮、磷、碳、硅、硼)及p区金属元素(特别是铝、锡、铅、铋)重要化合物的性质

3. 掌握高低氧化态化合物的氧化还原性、氢氧化物或含氧酸的酸碱性的变化规律

4. 掌握NH_4^+及常见阴离子的鉴定方法，Cl^-、Br^-和I^-的分离方法，S^{2-}、$S_2O_3^{2-}$、SO_3^{2-}和SO_4^{2-}的分离方法，以及Pb^{2+}、Bi^{3+}、Al^{3+}的分离和鉴定方法

元素周期表中ⅢA～ⅧA族31种元素属于p区元素，其中ⅢA族的B(硼)，ⅣA族的C(碳)、Si(硅)，ⅤA族的N(氮)、P(磷)、As(砷)，ⅥA族的O(氧)、S(硫)、Se(硒)、Te(碲)，以及ⅦA族、ⅧA族的元素为p区非金属元素，其余为p区金属元素。

13.1　p区非金属元素

本节重点介绍p区非金属元素中的卤素、氧、硫、氮、磷、碳、硅、硼及其化合物。

13.1.1　卤素及其化合物

卤素是指周期表中ⅦA族的元素，包括氟(Fluorine)、氯(Chlorine)、溴(Bromine)、碘(Iodine)和砹(Astatine)。砹为放射性元素，在本节中不予讨论。因为这些元素易成盐，故称为卤素(halogen)。

1. 卤素的物理化学性质

卤素的某些性质列于表13-1中。

(1) 物理性质

常温下，F_2、Cl_2分别为浅黄色和黄绿色气体，Br_2是红棕色液体，I_2是紫黑色晶体。卤素分子都是非极性分子，依F_2、Cl_2、Br_2、I_2顺序，分子量依次增加，分子间作用力依次增强，熔、沸点依次升高。非极性的卤素单质易溶于非极性或弱极性溶剂(如CCl_4、C_6H_6等)中，在水中溶解度很小(25℃，100g H_2O中可溶解0.030 g I_2)。I_2可溶于KI溶液中：

$$I_2 + I^- \longrightarrow I_3^-$$

形成的I_3^-具有I_2分子的性质，医药中用的碘酒就是I_2和KI的酒精溶液。

碘的同位素^{131}I(半衰期$t_{1/2}=8.141$ d)是医疗上常用的放射性同位素。

表 13-1 卤素的某些性质

	氟(F)	氯(Cl)	溴(Br)	碘(I)	砹(At)
原子序数	9	17	35	53	85
相对原子质量	19.00	35.45	79.90	126.9	(210)
价层电子构型	$2s^2 2p^5$	$3s^2 3p^5$	$4s^2 4p^5$	$5s^2 5p^5$	$6s^2 6p^5$
原子半径(共价)/pm	64	99	114	133	—
离子半径(A^-)/pm	133	181	196	220	227
熔点/℃	−219.6	−101.5	−7.25	113.6	302
沸点/℃	−188.1	−34.04	58.8	185.2	—
溶解度(g/100 g H_2O,20℃)	分解	0.593	3.4	0.029	—
第一电离能/eV	17.423	12.968	11.814	10.451	—
电负性(Pauling)	3.98	3.16	2.96	2.66	2.2
X^- 水合能/($kJ \cdot mol^{-1}$)	−506	−368	−335	−293	—
$E^{\ominus}(X_2/X^-)$/V	2.87	1.36	1.07	0.536	0.2

(2) 化学性质

卤素属于活泼的非金属,其中氟是最活泼的非金属,F_2 能与除 He、Ne、Ar、Kr、O_2、N_2 以外的所有单质化合。可见,F_2 的氧化性最强,Cl_2、Br_2 次之,I_2 最差。例如与水的反应,F_2 遇水立即反应放出氧气:

$$F_2 + H_2O \xlongequal{} \frac{1}{2}O_2 + 2HF$$

Cl_2 在 H_2O 中歧化,在日光下才放出 O_2:

$$Cl_2 + H_2O \xlongequal{} HCl + HClO$$

$$2HClO \xlongequal{光} 2HCl + O_2$$

Br_2 与 H_2O 反应很慢,I_2 几乎不与 H_2O 反应。I_2 只在较强还原剂存在下显示氧化性,即

$$I_2 + H_2S \xlongequal{} S + 2HI$$

$$I_2 + 2S_2O_3^{2-} \xlongequal{} 2I^- + S_4O_6^{2-}$$

下面两个常见的置换反应,也证实了 Cl_2、Br_2、I_2 氧化性的相对高低:

$$Cl_2 + 2Br^- \xlongequal{} 2Cl^- + Br_2$$

$$Br_2 + 2I^- \xlongequal{} 2Br^- + I_2$$

在卤素中,F 的原子半径最小,这不仅使 F_2 具有强的氧化性,而且使得在离子型金属卤化物(如 NaX)中,金属氟化物的晶格能最高,在共价型卤化物(如 HX)中氟化物的键能最大,下面以 NaX、HX 为例说明。NaX 和 HX 的生成反应及其有关的各种能量变化可用 Born-Haber 循环图示出(图 13-1)。

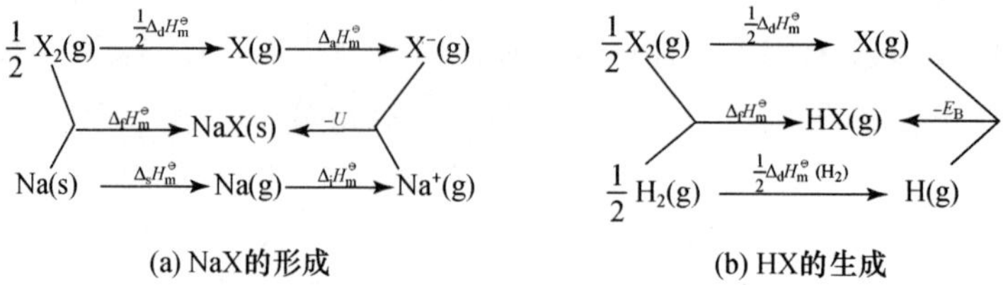

$\frac{1}{2}X_2(g) \xrightarrow{\frac{1}{2}\Delta_d H_m^{\ominus}} X(g) \xrightarrow{\Delta_e H_m^{\ominus}} X^-(g)$;$Na(s) \xrightarrow{\Delta_s H_m^{\ominus}} Na(g) \xrightarrow{\Delta_I H_m^{\ominus}} Na^+(g)$;$\xrightarrow{\Delta_f H_m^{\ominus}} NaX(s) \xleftarrow{-U}$

(a) NaX的形成

$\frac{1}{2}X_2(g) \xrightarrow{\frac{1}{2}\Delta_d H_m^{\ominus}} X(g)$;$\frac{1}{2}H_2(g) \xrightarrow{\frac{1}{2}\Delta_d H_m^{\ominus}(H_2)} H(g)$;$\xrightarrow{\Delta_f H_m^{\ominus}} HX(g) \xleftarrow{-E_B}$

(b) HX的生成

图 13-1 Born-Haber 循环图示例

图13-1中，$\Delta_d H_m^\ominus$、$\Delta_a H_m^\ominus$、$\Delta_s H_m^\ominus$、$\Delta_i H_m^\ominus$ 分别表示标准状态下物质的摩尔解离能（近似等于焓变，下同）、电子亲和能、升华热、电离能，$\Delta_f H_m^\ominus$ 为 NaX 或 HX 的标准生成焓，U 为 NaX 的晶格能，E_B 为 HX 的键能。另外，应该注意到，当 X=I 或 Br 时，X_2 的状态应为 $I_2(s)$ 或 $Br_2(l)$，由此生成 X(g) 的能量变化应为

$$\frac{1}{2}I_2(s) \xrightarrow{\frac{1}{2}\Delta_s H_m^\ominus} \frac{1}{2}I_2(g) \xrightarrow{\frac{1}{2}\Delta_d H_m^\ominus} I(g)$$

$$\frac{1}{2}Br_2(l) \xrightarrow{\frac{1}{2}\Delta_{vap} H_m^\ominus} \frac{1}{2}Br_2(g) \xrightarrow{\frac{1}{2}\Delta_d H_m^\ominus} Br(g)$$ （$\Delta_{vap}H_m^\ominus$ 为摩尔蒸发热）

从上面两个循环，可以得到下面两个与之相应的能量关系式（当 X=I 或 Br 时，关系式中应包括相应的升华热，或摩尔蒸发热）：

$$\Delta_f H_m^\ominus(NaX) = \frac{1}{2}\Delta_d H_m^\ominus + \Delta_s H_m^\ominus + \Delta_a H_m^\ominus + \Delta_i H_m^\ominus + (-U)$$

$$\Delta_f H_m^\ominus(HX) = \frac{1}{2}\Delta_d H_m^\ominus(X_2) + \frac{1}{2}\Delta_d H_m^\ominus(H_2) - E_B$$

用这些关系式可以计算得到 NaX 的晶格能(U)及 HX 的键能(E_B)，见表13-2。

表13-2 X_2 的 $\Delta_d H_m^\ominus$，HX 的 E_B 和 NaX 的 U

X	F	Cl	Br	I
X^- 半径/pm	133	181	196	220
$\Delta_d H_m^\ominus(X_2)/(kJ \cdot mol^{-1})$	156.9	242.58	193.87	152.55
$E_B(HX)/(kJ \cdot mol^{-1})$	567	431	366	299
$U(NaX)/(kJ \cdot mol^{-1})$	916.3	778.2	740.6	690.4

由表13-2中数据可以看出，随着 X^- 半径减小，NaX 的晶格能逐渐增加，HX 的键能也逐渐增大，这说明卤化物中的氟化物是最稳定的。另外，F_2 的解离能（吸热）较低，因此，在相同类型的反应中，F_2 参与反应的倾向性大于其他卤素。

2. 卤化氢和氢卤酸

卤素的氢化物 HF、HCl、HBr、HI 统称卤化氢，它们的水溶液称为氢卤酸。

(1) 卤化氢的制备

实验室制备 HX 的常用方法是复分解法，即用高沸点酸（H_2SO_4、H_3PO_4）与卤化物反应，如

$$CaF_2(萤石) + H_2SO_4(浓) \xlongequal{\triangle} CaSO_4 + 2HF(g)$$

$$NaCl(s) + H_2SO_4(浓) \xlongequal{\triangle} NaHSO_4 + HCl(g)$$

因为 Br^-、I^- 具有较强的还原性，与浓 H_2SO_4 反应时有下面反应发生：

$$KBr + H_2SO_4(浓) \xlongequal{} KHSO_4 + HBr(g)$$

$$H_2SO_4(浓) + 2HBr \xlongequal{} Br_2 + SO_2(g) + 2H_2O$$

$$KI + H_2SO_4(浓) \xlongequal{} KHSO_4 + HI(g)$$

$$H_2SO_4(浓) + 8HI \xlongequal{} 4I_2 + H_2S(g) + 4H_2O$$

因此，用有较强氧化性的浓 H_2SO_4 得不到 HBr、HI，需用非氧化性酸（H_3PO_4）反应制备：

$$KBr(s) + H_3PO_4(浓) \xlongequal{\triangle} KH_2PO_4 + HBr(g)$$

$$KI(s) + H_3PO_4(浓) \xlongequal{\triangle} KH_2PO_4 + HI(g)$$

（2）卤化氢的性质

HX是共价化合物，随着X原子半径的增大，电负性逐渐减小，在HF、HCl、HBr、HI分子中键的极性依次减弱。但是，分子间作用力随着分子体积的增大（色散力增大）而依次增大，使得它们的熔、沸点依次升高。然而，由于F具有高的电负性，使HF分子间存在强的氢键作用力（图13-2），因此，HF的熔、沸点高于其他的HX。表13-3列出了HX的某些性质。

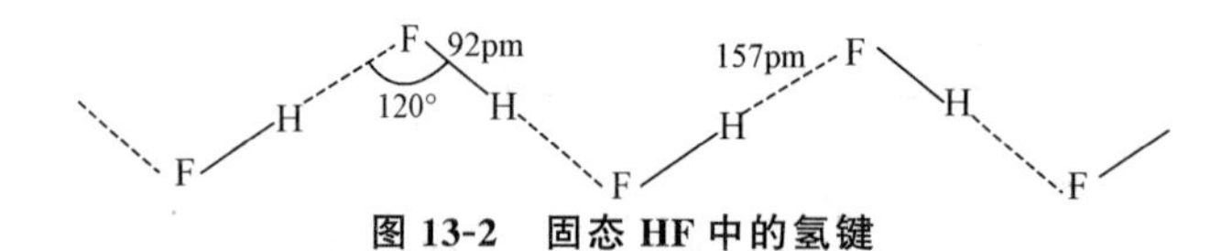

图13-2 固态HF中的氢键

表13-3 卤化氢的某些性质

HX	HF	HCl	HBr	HI
偶极矩/D	1.94	1.08	0.78	0.38
熔点/℃	−83.57	−114.18	−86.87	−50.80
沸点/℃	−19.52	−85.05	−66.71	−35.1
$\Delta_f G_m^\ominus/(kJ \cdot mol^{-1})$	−275.4	−95.3	−53.4	1.7
溶解度/(g/100 g H_2O)	混溶	72.0[20]	193.88[25]	234[10]

注：溶解度数据右上角的数字为温度。

从表13-3中HX的标准生成Gibbs自由能的数据可以看出，HF的$\Delta_f G_m^\ominus$最低，因此，HF最稳定。从HF到HI，稳定性逐渐降低。HI的$\Delta_f G_m^\ominus$为正值，所以HI最不稳定。事实上，HF、HCl在1000℃才稍有分解，而HI在300℃以上即明显分解。

（3）氢卤酸的性质

卤化氢水溶液分别称为氢氟酸、氢氯酸（俗称盐酸）、氢溴酸、氢碘酸，其酸性依次增强，其中盐酸、氢溴酸、氢碘酸都是强酸（$K_a \approx 10^8 \sim 10^{10}$），氢氟酸为弱酸。HF在水溶液中有两个平衡：

$$HF \rightleftharpoons H^+ + F^- \qquad K^\ominus = 6.3 \times 10^{-4}$$

$$HF + F^- \rightleftharpoons HF_2^- \qquad K^\ominus = 5.2$$

当HF浓度增加时平衡右移，HF_2^-浓度增加的同时H^+浓度也随之增大，即氢氟酸“酸性增强”。

氢氟酸的弱酸性与HF分子中H—F间高的键能有密切关系。尽管氢氟酸是弱酸，但它具有强的腐蚀性，能与SiO_2、$CaSiO_3$反应：

$$SiO_2 + 4HF(aq) = SiF_4(g) + 2H_2O(l)$$

$$CaSiO_3 + 6HF(aq) = CaF_2(s) + SiF_4(g) + 3H_2O(l)$$

因此，可用氢氟酸刻蚀玻璃。也正因为此，不能用玻璃瓶存放氢氟酸，而应用塑料容器储存。盐酸是强酸，但不能发生上述反应，这可以由反应的$\Delta_r G_m^\ominus$作出判断。氢氟酸与SiO_2反应的$\Delta_r G_m^\ominus = -3.16\ kJ \cdot mol^{-1}$，可见，只要增加HF的浓度，随着$SiF_4(g)$的逸出（降低产物浓度），可以使$SiO_2$与氢氟酸反应的$\Delta G < 0$而自发向右进行。而盐酸与$SiO_2$的反应

$$SiO_2(s) + 4HCl(aq) = SiCl_4(l) + 2H_2O$$

$\Delta_r G_m^\ominus = 287.1\ \text{kJ} \cdot \text{mol}^{-1} \gg +40\ \text{kJ} \cdot \text{mol}^{-1}$，故反应是非自发的。

氢溴酸和氢碘酸是具有较强还原性的强酸，因此在光照下易被氧化，应存放在棕色瓶中。

X_2 和 HX 都有毒，对呼吸系统有强烈的刺激作用。液态溴和氢氟酸接触到皮肤，会造成严重的难以治愈的烧伤。

3. 卤化物

金属元素及多数非金属元素都能形成卤化物。按照键的类型可以将卤化物分为离子型卤化物和共价型卤化物。另外，卤素离子可以作为配体与许多金属离子配位形成配合物。

(1) 离子型卤化物

ⅠA 和ⅡA 族金属离子中，除 Li^+ 和 Be^{2+} 为 2e 构型外，其余金属离子的价层均为 8e 构型，这些离子的极化力小，与 X^- 形成离子型化合物。一些低价态金属离子，极化力较小的，也与 X^- 形成离子型化合物，如 $FeCl_2$、$LaCl_3$ 等。由于 F^- 半径很小，变形性小，I^- 半径大，变形性大，所以对于同种金属离子的卤化物，在氟化物中极化作用小，多数为离子型，而在碘化物中极化作用大，多数为共价型，如 AlF_3 为离子型的，AlI_3 为共价型的。

固态离子型卤化物属离子晶体，具有离子晶体的特点，例如，有较高的熔、沸点，熔融时导电等。离子晶体的熔、沸点高低及在水中的溶解度与晶格能的大小有关。金属离子相同而 X^- 不同的离子型卤化物，随 X^- 半径增加，晶格能减小，熔、沸点降低，在水中的溶解度增加。如 NaF、NaCl、NaBr、NaI 的熔点依次为 996℃、801℃、755℃、660℃。多数离子型卤化物易溶于水，但是由于氟化物的晶格能高，所以许多离子型氟化物是难溶于水的，如 Mg^{2+}、Ca^{2+}、Sr^{2+}、Ba^{2+}、La^{3+} 的氟化物是难溶的，而其他卤化物是易溶的。常见的易溶氟化物只有 NaF、KF、NH_4F。对于同种阳离子的卤化物，随 F^-、Cl^-、Br^-、I^- 半径依次增大，其卤化物的晶格能依次降低，在水中的溶解度依次增加，例如在 20℃下 KCl、KBr、KI 的溶解度(g/100g H_2O)分别为 34、65、144。

(2) 共价型卤化物

HX 是常见的共价型卤化物。非金属的卤化物和多数高氧化态金属的卤化物为共价型卤化物，如 BCl_3、$AlCl_3$、$FeCl_3$、CCl_4、$SnCl_4$、SiF_4、$SiCl_4$、$TiCl_4$、PCl_5 等。这是高氧化态阳离子的强极化力与 X^- 之间产生强极化作用的结果。

固态共价型卤化物一般为分子晶体，分子间靠 van der Waals 力相互结合，所以熔、沸点较低，如 SiF_4 常温下为气体，CCl_4、$SiCl_4$ 常温下为液体，$AlCl_3$ 是易升华的固体。对于同种元素的卤化物，随 X 半径增大，卤化物分子的变形性增加，分子间色散力增加，其卤化物的熔、沸点升高，如 PX_3 的熔点依次为 −151.3℃(PF_3)、−93.6℃(PCl_3)、−41.5℃(PBr_3)、61℃(PI_3)。

共价型卤化物在水中的溶解度比离子型的小得多，而且随 X 半径增大，离子极化作用增强，共价键成分增加，在水中的溶解度随之降低，如 AgX 的 K_{sp} 分别为 1.77×10^{-10}(AgCl)、5.35×10^{-13}(AgBr)、8.52×10^{-17}(AgI)。

应该指出，卤化物和其他大多数化合物一样，原子间的化学键并非单纯的离子键或单纯的共价键。这里的离子型卤化物是指离子键成分大于 50%，同样将共价键成分大于 50%的称为共价型卤化物。实际上，有不少卤化物，特别是金属离子为 18e、(9～17)e、(18+2)e 构型的，因阳离子的极化力大，分子中存在强极化作用，共价键成分较高，准确区分它们是离子型化合物还是共价型化合物意义不大，因此，有时将这类化合物中的键笼统地称为“过渡型键”，即从典型离子键向典型共价键过渡时的键型。这些化合物的某些性质，如熔、沸点，水溶性，受 X^- 半径的明显影响，如 AgX，由于 F^- 半径比其他 X^- 小得多，Ag—F 键称为离子键，而 Ag—Cl 键、Ag—Br 键称为过渡型键，Ag—I 键称为共价键，所以 AgF 易溶，其他 AgX 难溶。又如 AlX_3 的熔点依次为 1090℃(AlF_3)、192.6℃($AlCl_3$)、97.5℃($AlBr_3$)、191.0℃(AlI_3)，这种不规则的熔点变化情况可能是晶格能和离子极化作用共同影响的结果(AlI_3 分子间作用力大于 $AlBr_3$)。

(3) 配合物

卤素离子能与许多金属离子形成配离子，例如：

$$M^{3+}+6F^- \xlongequal{} [MF_6]^{3-} \qquad (M=Al、Fe)$$

$$M^{3+}+4Cl^- \xlongequal{} [MCl_4]^- \qquad (M=Al、Fe)$$

$$M^{2+}+4Cl^- \xlongequal{} [MCl_4]^{2-} \qquad (M=Cu、Zn、Mn、Pb)$$

一些难溶卤化物能在过量 X^- 存在下或氢卤酸中溶解，如：

$$AgX+(n-1)X^- \xlongequal{} [AgX_n]^{(n-1)-} \qquad (X=Cl、Br、I，n=2、3、4)$$

$$PbCl_2+2Cl^- \xlongequal{} [PbCl_4]^{2-}$$

$$HgI_2+2I^- \xlongequal{} [HgI_4]^{2-}$$

金属 Cu 能在浓 HCl 中置换出 $H_2(g)$，溶度积很小的 HgS 能溶于氢碘酸，都与形成配离子有关：

$$2Cu+6HCl \xlongequal{} 2[CuCl_3]^{2-}+4H^++H_2(g)$$

$$HgS+2H^++4I^- \xlongequal{} [HgI_4]^{2-}+H_2S(g)$$

因此，可以通过形成配离子的方法使某些难溶物溶解，这也是用 X^- 作为沉淀剂沉淀某些金属离子时，X^- 必须适量的重要原因。如用 Cl^- 沉淀 Ag^+，当$[Cl^-]>10^{-3}\,mol\cdot dm^{-3}$时，AgCl 开始转化为$[AgCl_2]^-$、$[AgCl_3]^{2-}$，使 Ag^+ 的沉淀不完全。

(4) 氟化物的特殊性

氟化物有许多不同于其他卤化物的特点：

① 氟化物的稳定性远大于其他卤化物。

② HF 分子间具有强的氢键。在固态、液态及气态(温度不太高时)氟化氢中都有氢键。固态氟化氢中分子间氢键的平均键能为 27.8 $kJ\cdot mol^{-1}$，比冰中氢键键能(18.8 $kJ\cdot mol^{-1}$)高得多，因此，在卤化氢中氟化氢的熔、沸点最高。

③ 氢氟酸是氢卤酸中唯一的弱酸，而且 HF 水溶液中存在 HF_2^- 配离子。

④ F^- 与极化力小、氧化态较高(带有较高的正电荷)的金属离子往往形成晶格能高、熔点高、在水中溶解度小的氟化物，如 MgF_2、CaF_2 等，而阳离子相同的其他卤化物(如 $MgCl_2$、$CaCl_2$ 等)则是熔点较低、可溶于水的化合物。

⑤ F^- 与极化力大的某些金属离子以离子键结合。当金属离子仅带一个正电荷，半径又较大时，可能形成晶格能较低、在水中可溶的化合物，如 AgF；当金属离子带较高正电荷(如 Pb^{2+}、Pt^{2+}、La^{3+})，或仅带一个正电荷但离子半径较小(如 Cu^+ 的半径为 77 pm，Ag^+ 的半径为 115 pm)时，可能形成晶格能较高、在水中难溶的化合物，如 PbF_2、PtF_2、LaF_3、CuF 等。

⑥ F^- 与金属离子形成的配离子，其金属离子的配位数、配离子的稳定性，常与其他卤离子形成的配离子不同。如前面例子中，Al^{3+}、Fe^{3+} 与 X^- 形成的配离子，当 $X^-=F^-$ 时配位数为 6，$X^-=Cl^-$ 时配位数为 4，而且不如 F^- 的配离子稳定；但是$[HgF_4]^{2-}$的稳定性比其他卤离子的$[HgX_4]^-$低得多，这可以用软硬酸碱理论解释(参看严宣申，王长富编著《普通无机化学》第

二版，p. 178～180）。

氟化物的以上特点，与 F^- 的半径比 Cl^- 的小得多（Cl^-、Br^-、I^- 的半径差别不大）有密切关系。

卤化物已经被广泛应用，如 AgBr 作感光剂，AgI 用于人工降雨，SrF_2 牙膏（含 SrF_2 0.1%）能抑制乳酸杆菌生长，全氟烃能溶 O_2 而用做人造血，等等。

4. 卤素的含氧酸及其盐

卤素的含氧酸包括次卤酸、亚卤酸、（正）卤酸和高卤酸，其中卤素的氧化数分别为＋1、＋3、＋5、＋7。表 13-4 列出了已知的卤素含氧酸的化学式。

表 13-4　卤素的含氧酸

	F	Cl	Br	I
次卤酸	HOF	HOCl	HOBr	HOI
亚卤酸	—	$HClO_2$	$HBrO_2$	HIO_2
卤酸	—	$HClO_3$	$HBrO_3$	HIO_3
高卤酸	—	$HClO_4$	$HBrO_4$	H_5IO_6

(1) 次卤酸及其盐

$F_2(g)$在 0℃下通过潮湿的表面时发生歧化，得到 HOF：

$$F_2 + H_2O \xrightarrow{0℃} HOF + HF$$

Cl_2、Br_2、I_2 溶于水时发生歧化反应，分别得到相应的 HOX：

$$X_2 + H_2O = HOX + HX$$

如果在氯水中加入 Ag_2O 中和产物中的 HCl，生成难溶的 AgCl(s)，则可得到较纯的 HOCl 水溶液：

$$2Cl_2 + Ag_2O + H_2O = 2AgCl(s) + 2HOCl$$

次氟酸很不稳定，遇水易分解，因此直到 1971 年才首次得到 HOF。

$$HOF + H_2O = HF + H_2O_2$$

其他的次卤酸也不稳定，光照、加热都会促进 HOX 分解：

$$2HOX \xlongequal{光} 2H^+ + 2X^- + O_2$$

$$3HOX \xlongequal{\triangle} 3H^+ + 2X^- + XO_3^-$$

HOX 都是弱酸，HOCl 的 $K_a = 4.0 \times 10^{-8}$。

X_2 和碱溶液反应可得到次卤酸盐：

$$X_2 + 2OH^- = X^- + OX^- + H_2O$$

OX^- 和 HOX 一样容易分解，只是分解速度比 HOX 稍慢，光照、加酸、加热都会促进分解：

$$2OX^- = 2X^- + O_2$$

$$3OX^- = 2X^- + XO_3^-$$

在次卤酸盐中，次氯酸盐比较稳定，次溴酸盐在低于 0℃时能稳定存在，次碘酸盐在室温下很快歧化分解。

由于 HOX 和 OX^- 都不稳定，所以至今未能制得纯的次卤酸和次卤酸盐。

次卤酸及其盐都具有氧化性，漂白粉 $Ca(OCl)_2$ 就是利用 OCl^- 的氧化性起到漂白作用，空气中的 CO_2 因能促进 OCl^- 的分解而加速漂白作用。

(2) 亚氯酸及其盐

$HClO_2$ 的酸性($K_a=1\times10^{-2}$)比 HOCl 强，不稳定，易发生下面的分解反应：

$$11HClO_2 = 4ClO_2 + 4ClO_3^- + 3Cl^- + 7H^+ + 2H_2O$$

在亚氯酸盐中，$NaClO_2$ 比较重要，它在 150℃以下的中性液中是稳定的，在碱性液中加热时歧化分解：

$$3ClO_2^- = 2ClO_3^- + Cl^-$$

可以用 $NaClO_2$ 漂白高级织物(不会降低织物强度)，也可以用它制备消毒饮用水的 ClO_2。

(3) 卤酸及其盐

利用 X_2 或 OX^- 在碱性介质中的歧化反应可以得到卤酸盐：

$$3X_2 + 6OH^- = 5X^- + XO_3^- + 3H_2O$$

$$3OX^- = 2X^- + XO_3^-$$

表 13-5 列出了上面两个反应的平衡常数。

表 13-5 X_2、OX^- 歧化反应的平衡常数(室温)

X	Cl	Br	I
X_2 的歧化	4×10^{74}	2×10^{37}	1×10^{23}
OX^- 的歧化	3×10^{26}	8×10^{14}	5×10^{23}

为了将产物中的卤酸盐和卤化物分开，可以利用 KXO_3 的溶解度远小于 KX 的性质，将 X_2 在 KOH 溶液中歧化，在低温(0℃)下使 KXO_3 晶体从溶液中析出。I_2 和 OI^- 的歧化反应速率高于 Cl_2 和 OCl^-。

$HClO_3$、$HBrO_3$ 是强酸，HIO_3 是中强酸($K_a=0.16$)。卤酸都不稳定，但它们的盐比较稳定。在酸性介质中卤酸和卤酸盐都是较强的氧化剂。据下面电极反应及其相应的 Nernst 方程式：

$$XO_3^- + 6H^+ + 5e = \frac{1}{2}X_2 + 3H_2O$$

$$E(XO_3^-/X_2) = E^\ominus(XO_3^-/X_2) + \frac{0.0592}{5}\lg\frac{[XO_3^-][H^+]^6}{p^{1/2}(X_2)}$$

可以看出，溶液的 pH 对 XO_3^- 的氧化性影响很大。pH 越低，XO_3^- 氧化性越强，pH 升高时氧化性显著降低。已知 $E^\ominus(ClO_3^-/Cl_2)=1.47V$，若 Cl_2 和 ClO_3^- 都处于标准状态，当$[H^+]=1\times10^{-7}\ mol\cdot dm^{-3}$时，

$$E(ClO_3^-/Cl_2) = 1.47 + \frac{0.0592}{5}\lg(1\times10^{-7})^6 = 0.97(V)$$

当$[H^+]=1\times10^{-14}\ mol\cdot dm^{-3}$时，$[OH^-]=1\ mol\cdot dm^{-3}$(标准状态)，则

$$E(ClO_3^-/Cl_2) = 1.47 + \frac{0.0592}{5}\lg(1\times10^{-14})^6 = 0.48(V)$$

$$= E^\ominus(ClO_3^-/Cl_2)(\text{碱性介质})$$

即电对 ClO_3^-/Cl_2 在碱性介质中的标准电极电势为 0.48 V，$E^\ominus(ClO_3^-/Cl_2)=1.47V$ 是电对 ClO_3^-/Cl_2 在酸性介质中的标准电极电势。

已知 Cl_2 作为氧化剂时的电极反应和标准电极电势为

$$\frac{1}{2}Cl_2 + e \longrightarrow Cl^- \quad E^\ominus(Cl_2/Cl^-) = 1.36\ V$$

此电极反应说明，Cl_2 的氧化性与 pH 无关。对于下面的氧化还原反应(电池反应)：

$$ClO_3^- + 5Cl^- + 6H^+ \longrightarrow 3Cl_2 + 3H_2O$$

若假设 Cl_2、Cl^- 和 ClO_3^- 都处于标准状态，根据反应的 Nernst 方程式

$$E_{池} = E^\ominus_{池} - \frac{0.0592}{5}\lg\frac{p^3(Cl_2)}{[ClO_3^-][Cl^-]^5[H^+]^6}$$

可以计算得到以下结果：当 pH=1.55 时 $E_{池}=0$，反应处于平衡态；当 pH<1.55 时 $E_{池}>0$，反应正向自发，ClO_3^- 可以氧化 Cl^- 生成 Cl_2；当 pH>1.55 时 $E_{池}<0$，反应逆向自发，Cl_2 歧化为 ClO_3^- 和 Cl^-。这些结果表明，pH 的变化对于卤酸盐的氧化性有显著影响，甚至可以改变反应的方向。

卤酸盐的热分解有三种类型：

$$4MXO_3 \longrightarrow 3MXO_4 + MX$$

$$2MXO_3 \longrightarrow 2MX + 3O_2$$

$$4MXO_3 \longrightarrow 2X_2 + 5O_2 + 2M_2O$$

$KBrO_3$ 和 KIO_3 的热分解得不到相应的高卤酸盐，这是由于 $KBrO_4$ 和 KIO_4 的分解温度分别低于 $KBrO_3$ 和 KIO_3 的分解温度。

实际上，卤酸盐的热分解反应很复杂，反应产物常常因为阳离子不同、加热温度改变、是否用催化剂等而变化。例如：

$$4KClO_3 \xlongequal{470℃} 3KClO_4 + KCl$$

$$2KClO_3 \xlongequal{MnO_2} 2KCl + 3O_2 \quad (产物中还有少量的 Cl_2 和 ClO_2)$$

$$8Pb(ClO_3)_2 \longrightarrow 7PbO_2 + PbCl_2 + \frac{11}{2}Cl_2 + 3ClO_2 + 14O_2$$

$$2LiClO_3 \longrightarrow Li_2O + Cl_2 + \frac{5}{2}O_2$$

$$2NH_4ClO_3 \xlongequal{90℃} N_2 + Cl_2 + O_2 + 4H_2O$$

而且，热分解温度及分解产物还常常与阳离子的离子势 Φ 有关，Φ 值大，热分解温度低。如 $KClO_3$ 热分解温度为 470℃，$AgClO_3$ 和 $LiClO_3$ 于 270℃时开始分解。

固体 $KClO_3$ 与易燃的 S、P 等混合，受打击时即爆炸，因此可用于制造火柴、炸药、信号弹等。

$$2KClO_3(s) + 3S(s) \longrightarrow 2KCl(s) + 3SO_2(g)$$

$$5KClO_3(s) + 6P(s) \longrightarrow 5KCl(s) + 3P_2O_5(s)$$

(4) 高卤酸及其盐

$HClO_4$ 和 $HBrO_4$ 都是极强酸，高碘酸(H_5IO_6)是多元弱酸，现已知 $K_{a_1}=5.1\times10^{-4}$，$K_{a_2}=4.9\times10^{-9}$，$K_{a_3}=2.5\times10^{-12}$。$H_5IO_6$ 脱水得偏高碘酸：

$$H_5IO_6 \xlongequal{100℃} HIO_4 + 2H_2O$$

$HClO_4$ 和 $HBrO_4$ 不稳定，受热易分解：

$$4HClO_4 \xlongequal{\triangle} 2Cl_2 + 7O_2 + 2H_2O$$

溶液越浓，越不稳定。目前制得的最浓 $HClO_4$ 溶液的浓度是 70%(市售试剂 $HClO_4$)，最浓 $HBrO_4$ 溶液的浓度是 55%。浓的 $HClO_4$ 溶液(>70%)遇有机物后受撞击即爆炸，所以使用

$HClO_4$ 时应特别小心。撒落的 $HClO_4$ 应及时用湿布擦去。

在酸性介质中,$E^\ominus(XO_4^-/XO_3^-)$和 $E^\ominus(H_5IO_6/HIO_3)$都较高,高卤酸应该具有较强的氧化性,但是,可能是由于反应速率小的原因,$HBrO_4$ 和 $HClO_4$ 不易表现氧化性。只有 H_5IO_6 在酸性介质中可作为强氧化剂,能定量地将 Mn^{2+} 氧化为 MnO_4^-:

$$5H_5IO_6 + 2Mn^{2+} = 2MnO_4^- + 5HIO_3 + 6H^+ + 7H_2O$$

高卤酸盐比高卤酸稳定,目前制得的高碘酸盐有:$Ag_2H_3IO_6$、$Na_3H_2IO_6$ 和 Na_5IO_6。$KClO_4$ 的热分解温度高于 $KClO_3$,因此,曾将用 $KClO_4$ 制成的炸药叫做“安全炸药”。在高氯酸盐和高溴酸盐中,除了钾盐、铷盐和铯盐外,都易溶于水。定性分析中可以用 ClO_4^- 检出 K^+、Rb^+、Cs^+,同样可以用 K^+ 检出 ClO_4^-。

涉及卤素的许多反应是氧化还原反应,利用卤素的元素电势图可以很方便地计算相关电对的电极电势及相关氧化还原反应(电池反应)的电池电动势,进而可以判断反应的自发性。

附 卤素的元素电势图

$E^\ominus(A)/V$

$$ClO_4^- \xrightarrow{1.19} ClO_3^- \xrightarrow{1.21} HClO_2 \xrightarrow{1.65} HOCl \xrightarrow{1.61} Cl_2 \xrightarrow{1.36} Cl^-$$
$$ClO_3^- \xrightarrow{1.47} Cl_2 \qquad ClO_3^- \xrightarrow{1.43} HOCl$$

$$BrO_4^- \xrightarrow{1.85} BrO_3^- \xrightarrow{1.44} HOBr \xrightarrow{1.57} Br_2 \xrightarrow{1.07} Br^-$$
$$BrO_3^- \xrightarrow{1.48} Br_2$$

$$H_5IO_6 \xrightarrow{1.60} HIO_3 \xrightarrow{1.14} HOI \xrightarrow{1.44} I_2 \xrightarrow{0.54} I^-$$
$$HIO_3 \xrightarrow{1.09} I^- \qquad HIO_3 \xrightarrow{1.20} I_2$$

$E^\ominus(B)/V$

$$ClO_4^- \xrightarrow{0.36} ClO_3^- \xrightarrow{0.33} ClO_2^- \xrightarrow{0.66} OCl^- \xrightarrow{0.36} Cl_2 \xrightarrow{1.36} Cl^-$$
$$OCl^- \xrightarrow{0.81} Cl^- \qquad ClO_3^- \xrightarrow{0.47} Cl_2$$

$$BrO_4^- \xrightarrow{1.02} BrO_3^- \xrightarrow{0.54} OBr^- \xrightarrow{0.45} Br_2 \xrightarrow{1.07} Br^-$$
$$OBr^- \xrightarrow{0.761} Br^- \qquad BrO_3^- \xrightarrow{0.52} Br_2$$

$$H_3IO_6^{2-} \xrightarrow{0.7} IO_3^- \xrightarrow{0.15} OI^- \xrightarrow{0.42} I_2 \xrightarrow{0.54} I^-$$
$$OI^- \xrightarrow{0.485} I^- \qquad IO_3^- \xrightarrow{0.20} I_2$$

5. 卤素含氧酸(根)的结构

在 X(=Cl、Br)的含氧酸(根)中,中心原子 X 都是以 sp^3 杂化轨道与 O 成键。X 周围电对的空间构型为四面体型(图 13-3),键对(成键电子对)的空间构型(即以 X 为中心原子构成的离子或分子的空间构型)分别为四面体形(如 $HOXO_3$ 和 XO_4^-)、三角锥形(如 $HOXO_2$ 和 XO_3^-)、弯曲形(如 HOXO 和 XO_2^-)。$HIO_3(HOIO_2)$和 IO_3^- 的空间构型分别与 $HClO_3(HOClO_2)$和 ClO_3^- 的类似。在$(HO)_5IO$(即 H_5IO_6)中,中心原子 I 以 sp^3d^2 杂化轨道与周围的六个 O 成键,形成八面体的空间构型。

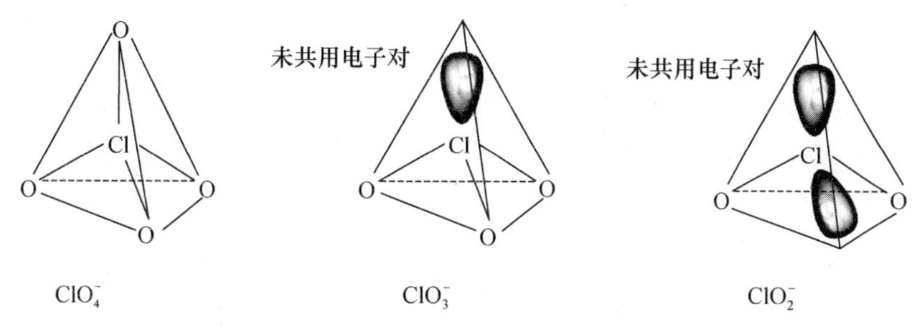

图 13-3　氯的含氧酸(根)的结构

6. Cl^-、Br^-、I^- 的分离与鉴定

如果溶液中同时存在 Cl^-、Br^- 和 I^-，可以用图 13-4 所示的方法进行分离和检出。

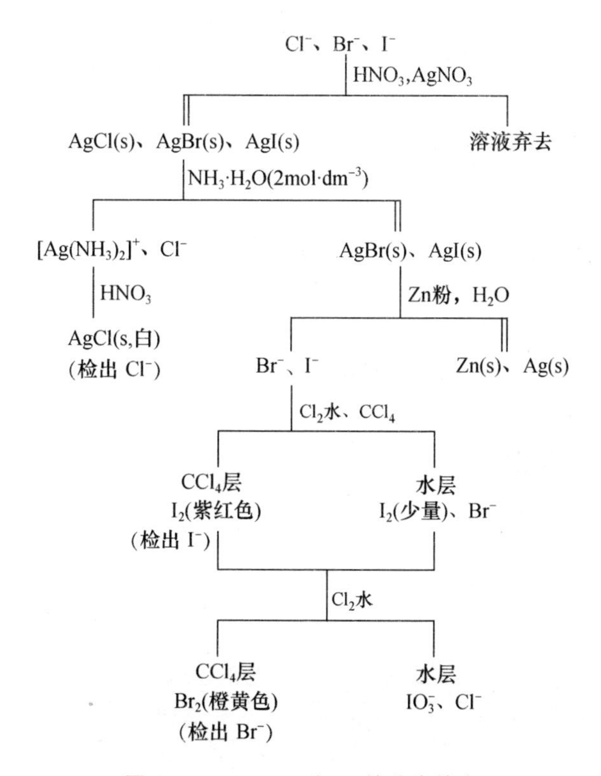

图 13-4　Cl^-、Br^- 和 I^- 的分离检出

关于以上分离检出的几点说明：

① 第一步加入 HNO_3，是为了排除 PO_4^{3-}、CO_3^{2-}、S^{2-}、SO_3^{2-} 和 $S_2O_3^{2-}$ 的干扰。

② 加氨水分离后的溶液中再加 HNO_3 酸化，出现白色沉淀 AgCl(s)，证实 Cl^- 的存在。

③ AgBr(s)与 AgI(s)混合物中加金属 Zn 发生下面反应：

$$2AgBr(\text{或 } AgI) + Zn = Zn^{2+} + 2Br^-(\text{或 } I^-) + 2Ag$$

④ Cl_2(水)氧化 I^-、Br^- 及 I_2 的反应及反应顺序如下：

$$2I^- + Cl_2 = I_2(\text{紫红}) + 2Cl^-$$

$$5Cl_2 + I_2 + 6H_2O = 10HCl + 2HIO_3(\text{无色})$$

$$Cl_2 + 2Br^- \longrightarrow 2Cl^- + Br_2(\text{橙黄色})$$

CCl_4 层先出现紫红色证实了 I^- 的存在，然后 I_2 被 Cl_2 氧化为 IO_3^- 使 CCl_4 层退色，最后 Cl_2 将 Br^- 氧化为 Br_2，CCl_4 层呈橙黄色确定 Br^- 的存在。Cl_2 先氧化 I_2 而不是先氧化 Br^-，是由于 Cl_2 氧化 Br^- 的反应速度较慢。

⑤ 如果用上面方法分离检出 Cl^-、Br^-、I^-，应注意三种离子间的合适比例（摩尔比）为 $n(Cl^-):n(Br^-):n(I^-)=5:10:1$，$I^-$ 的含量太高会影响 Br^- 的检出。

⑥ Cl^-、Br^-、I^- 单独存在时，可以用 $AgNO_3$ 鉴定。加入 $AgNO_3$ 溶液，分别生成白色的 AgCl(s)、乳黄色的 AgBr(s)、黄色的 AgI(s)。

7. 卤素在生物体内的某些功能

卤素中的 Cl 是人体必需的宏量元素，Cl^- 与 K^+、Na^+ 同时参与维持体液的解离平衡、酸碱平衡和渗透平衡。F、Br、I 是人体必需的微量元素。氟是形成强硬骨骼和防龋齿所必需的。在骨骼和牙齿中，氟以 CaF_2 的形式存在。正常人体骨骼中的氟含量为 0.01%～0.03%、牙釉中的氟含量为 0.01%～0.02%，儿童缺氟会患龋齿病，老年人缺氟会使骨骼变脆、易骨折。氟含量过高也会危害健康，如饮水中氟的含量超过 $4\ mg \cdot dm^{-3}$，会使儿童患斑釉病，成年人患腰痛病和骨骼畸形病（氟骨病）。

溴化物（NaBr、KBr）对中枢神经有抑制作用，在医药上用做镇静剂。在动物组织（除甲状腺外）中，溴的含量比碘的含量多 50～100 倍，但对其生物功能的了解尚少。

碘在人体内的含量为 20～25 mg，大部分存在于甲状腺素分子中，每个甲状腺素分子含 3 个碘原子。人体中缺碘，使甲状腺分泌甲状腺素的功能受障碍，则导致甲状腺肿大（地甲病），重病患者的后代可能智力低下、聋哑、身材矮小。结节型甲状腺肿，还可能转变为甲状腺癌，用碘盐（将 KI 或 KIO_3 加入食盐中）和碘油（乙基碘油，可用核桃油与碘合成）可以预防发病。饮水中碘含量以 $10\sim300\ \mu g \cdot dm^{-3}$ 为宜。

13.1.2 氧、硫及其化合物

氧（Oxygen）、硫（Sulfur）属于周期表中 ⅥA 族，该族还包括稀有元素硒（Selenium）、碲（Tellurium）和放射性元素钋（Polonium）。本节主要讨论氧、硫及其重要化合物的性质。表 13-6 列出了氧族元素的某些性质。

表 13-6 氧族元素的某些性质

	氧(O)	硫(S)	硒(Se)	碲(Te)	钋(Po)
原子序数	8	16	34	52	84
相对原子质量	16.00	32.07	78.96	127.6	(209.0)
价层电子构型	$2s^2 2p^4$	$3s^2 3p^4$	$4s^2 4p^4$	$5s^2 5p^4$	$6s^2 6p^4$
原子半径/pm	66	104	117	137	164
离子(A^{2-})半径/pm	140	184	198	221	(230)
熔点/℃	−218	107(γ)	217(灰)	450	254
沸点/℃	−183	445	685(灰)	990	962
第一电子亲和能/eV	1.461	2.077	2.021	1.971	1.9
第一电离能/eV	13.618	10.360	9.752	9.010	8.414
电负性(Pauling)	3.44	2.58	2.55	2.10	2.0

1. O_2 的性质

表 13-6 中示出了 O_2 的某些性质。磁性测定表明，O_2 是顺磁性分子，分子中有两个未成对电子。O_2 是非极性分子，在水中的溶解度较小，1 cm^3 水中只能溶解 0.0308 cm^3 氧气(20℃)。在水中溶解的 O_2 是维持水中生物的生存所必需的。水的污染不仅会危害人类健康，而且由于污染物消耗水中的 O_2，使含 O_2 量降低，直接危害水中动物的生命。O_2 在动物血液中的溶解度也比较小，但由于有携氧物质(人血液中为血红朊)的存在，使 O_2 在血液中的溶解量比在水中的大。哺乳动物血液中 O_2 的含量高于低等动物，分别是 15%～30%和 5%～10%(体积分数)。

O_2 可以作氧化剂，它在酸性介质中的氧化性大于在碱性介质中的氧化性：

$$O_2 + 4H^+ + 4e = 2H_2O \qquad E^\ominus(O_2/H_2O) = 1.229\ V$$

$$O_2 + 2H_2O + 4e = 4OH^- \qquad E^\ominus(O_2/OH^-) = 0.401\ V$$

许多单质或化合物都能与 O_2 发生氧化还原反应，反应产物往往随反应条件(温度、压力、浓度、催化剂等)而变化，如：

$$H_2S + \frac{1}{2}O_2(\text{适量}) = S + H_2O$$

$$H_2S + \frac{3}{2}O_2(\text{过量}) = SO_2 + H_2O$$

$$PbS + 2O_2 \xlongequal{\triangle} PbSO_4$$

如果 PbS 与 O_2 在高温下反应，则由于 $PbSO_4$ 的分解，生成的是 PbO。另外，氨在氧气中燃烧氧化生成氮气，如果同时有催化剂(Pt-Rh)存在，则氨的氧化产物是一氧化氮(见 13.1.3 小节中“氨的性质”部分)。

2. 臭氧

臭氧(O_3)是 O_2 的同素异形体，因具有特殊的刺激性臭味，故称为臭氧。图 13-5 示出了 O_3 的结构。

臭氧分子呈折线形，中心 O 原子以 sp^2 杂化轨道与另外两个 O 原子形成两个 σ 键，另外还有一个离域 π 键 π_3^4。O—O 键长为 127.8 pm，键角为 116.8°。O_3 分子中没有单电子，所以为抗磁性分子。O_3 是单质分子中唯一具有极性的物质，偶极矩 μ=0.58D(Debye)，因此它在水中的溶解度大于 O_2。

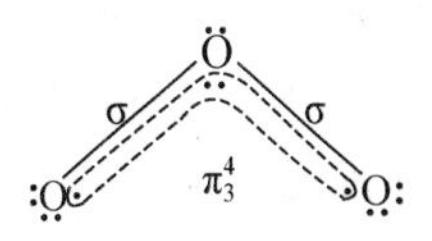

图 13-5　O_3 分子的结构

电器放电、蓄电池充电等都有 O_3 生成。用静放电的方法可以制备臭氧：

$$3O_2 \xlongequal{\text{高频电场}} 2O_3$$

在雷雨天气，空气中 O_2 在雷电的作用下有可能转化为 O_3。

臭氧在常温下为淡蓝色气体，熔点 −193℃，沸点 −112℃。O_3 很不稳定，室温下即慢慢分解为 O_2，升温会加快分解。臭氧具有强氧化性：

$$O_3 + 2H^+ + 2e = O_2 + H_2O \qquad E^\ominus(O_3/O_2) = 2.08\ V$$

$$O_3 + H_2O + 2e = O_2 + 2OH^- \qquad E^\ominus(O_3/O_2) = 1.24\ V$$

因此，臭氧可以用做漂白剂、消毒剂，处理污水。用臭氧处理电镀工业污水时，O_3 与 CN^- 发生下面反应：

$$O_3 + CN^- = OCN^- + O_2$$

$$2OCN^- + 3O_3 + H_2O = 2HCO_3^- + N_2 + 3O_2$$

用臭氧处理污水的效率高，而且不易带来二次污染。然而，由于臭氧的强氧化性，对橡胶和塑料制品有破坏作用。

3. 氧的化合物

除 He、Ne、Ar、Kr 等元素外，氧几乎能和其他所有元素直接或间接反应生成二元或多元化合物。在这些氧的化合物中，氧原子以离子键、共价键或过渡型键与其他原子结合。例如，在碱金属氧化物中，M^+ 离子和 O^{2-} 离子以离子键结合形成 M_2O；许多非金属与氧之间以共价键结合，如 CO、NO_2、SO_2 等；多数原子与氧之间的化学键为过渡型键，即既具有离子键成分又具有共价键成分，如 V_2O_5、CrO_3 等。

在氧的各种化合物中，氧原子显现出数种不同的氧化数，现在已知的有 -2、-1、$-\frac{1}{2}$、$-\frac{1}{3}$、$+2$、$+\frac{1}{2}$ 等。下面分别介绍这六种类型的氧化物。

(1) 氧的氧化数为 -2 的氧化物

通常讲的"氧化物"即是指氧的氧化数为 $-2(O^{2-})$ 的氧化物。单质与 O_2 直接反应，金属氢氧化物脱水，非金属含氧酸及其盐的热分解等反应，都是制得这种类型氧化物的较重要的方法。

$$Mg + \frac{1}{2}O_2 = MgO$$

$$S + O_2 = SO_2$$

$$Mg(OH)_2 \xlongequal{\triangle} MgO + H_2O$$

$$H_2CO_3 = H_2O + CO_2$$

$$CaCO_3 \xlongequal{\triangle} CaO + CO_2$$

氧化物的一个重要性质是酸碱性，它具有周期性变化规律，即：同周期元素最高氧化态的氧化物，从左到右酸性逐渐增强；同族元素相同氧化态的氧化物，从上到下碱性逐渐增强。另外，同一元素的氧化物，元素的氧化态越高，其氧化物的酸性越强，如锰的氧化物的酸性强弱顺序及酸碱性是：

$$\underset{\text{酸性}}{Mn_2O_7} > \underset{\text{酸性}}{MnO_3} > \underset{\text{两性}}{MnO_2} > \underset{\text{碱性}}{MnO}$$

但并不是所有氧化物都显示酸性或碱性，还有一些不显示酸碱性的中性氧化物，如 CO、NO、N_2O、H_2O 等。

(2) 过氧化物

分子中含有 O_2^{2-} 离子(如 K_2O_2)，或在水中能电离出 O_2^{2-} 的化合物称为过氧化物。在过氧化物中氧的氧化数为 -1。

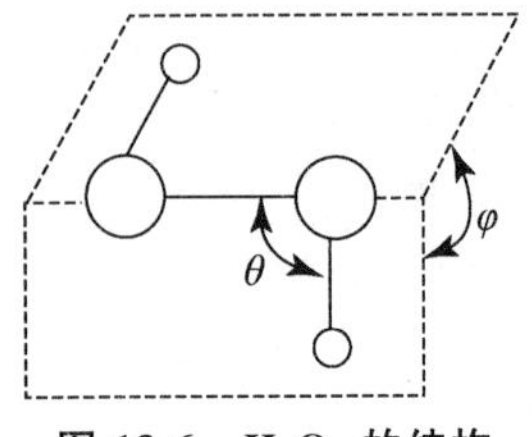

图 13-6 H_2O_2 的结构

最重要的过氧化物是过氧化氢(H_2O_2)，俗称双氧水。消毒用 3% 的 H_2O_2 水溶液称为"十体积水"，是因为 1 体积此溶液中的 H_2O_2 完全分解时释放出 10 体积 $O_2(g)$。

图 13-6 示出 H_2O_2 的结构，其中 O 原子是用两个 sp^3 杂化轨道与相邻的 O 原子和 H 原子形成两个 σ 键，另外两个 sp^3 杂化轨道被两对孤对电子占据。气态 H_2O_2 分子中三个共价键之间的键角 $\theta = 94.8°$，

$\varphi=111.5^\circ$。θ角小于$109^\circ 28'$(正四面体取向时的键角),是两对孤对电子对成键电子对排斥的结果。

H_2O_2分子中有一过氧键—O—O—,由于两个O原子间电子云的相互排斥,使得过氧键的键长(气态分子中为147.5 pm,固态中为145.3 pm)大于两个O原子的共价半径之和(132 pm),因此键能较低($204.2\ kJ\cdot mol^{-1}$)。H_2O_2很不稳定,光照加速分解,加热或在重金属氧化物(如MnO_2)、重金属离子(如Fe^{3+}、Cr^{3+})存在下剧烈分解:

$$H_2O_2 = H_2O + \frac{1}{2}O_2$$

因此,应将H_2O_2溶液避光保存。

H_2O_2的另一个重要性质是它的氧化还原性。下面是H_2O_2在不同介质中的电极反应及其标准电极电势:

酸性介质:$H_2O_2 + 2H^+ + 2e = 2H_2O$　　$E^\ominus(H_2O_2/H_2O)=1.776\ V$

$O_2 + 2H^+ + 2e = H_2O_2$　　$E^\ominus(O_2/H_2O_2)=0.695\ V$

碱性介质:$HO_2^- + H_2O + 2e = 3OH^-$　　$E^\ominus(HO_2^-/OH^-)=0.878\ V$

$O_2 + H_2O + 2e = HO_2^- + OH^-$　　$E^\ominus(O_2/HO_2^-)=-0.076\ V$

由此应注意以下几方面的问题:

① H_2O_2在酸性介质中的氧化性大于它在碱性介质中的氧化性。

② 在H_2O_2参与的反应中,在不同介质中的电极反应及其$E^\ominus$不同,在同一介质中作氧化剂和作还原剂时的电极反应及其$E^\ominus$也是不同的。

③ 由于H_2O_2作氧化剂和作还原剂时的电极电势不同,所以,如果一个电对的电极电势在酸性介质中介于1.776 V和0.695 V之间,当H_2O_2与此电对的氧化型或还原型反应时,它既作氧化剂又作还原剂,即发生所谓的"振荡反应"。例如:

$$IO_3^- + 6H^+ + 5e = \frac{1}{2}I_2 + 3H_2O \qquad E^\ominus(IO_3^-/I_2)=1.195\ V$$

在酸性介质中,H_2O_2与IO_3^-之间发生如下反应:

$$2IO_3^- + 5H_2O_2 + 2H^+ = I_2 + 5O_2 + 6H_2O \quad (H_2O_2\text{作还原剂})$$

$$5H_2O_2 + I_2 = 2IO_3^- + 4H_2O + 2H^+ \quad (H_2O_2\text{作氧化剂})$$

反应会一直进行,直到H_2O_2被消耗完为止。已知

$$MnO_2 + 4H^+ + 2e = Mn^{2+} + 2H_2O \qquad E^\ominus(MnO_2/Mn^{2+})=1.224\ V$$

因此,在酸性介质中H_2O_2与MnO_2同样会发生"振荡反应",即H_2O_2还原MnO_2得到Mn^{2+},H_2O_2又氧化Mn^{2+}得到MnO_2。

④ H_2O_2作氧化剂或还原剂时产生O_2、H_2O或OH^-,不会引入杂质。如:

$$PbS + 4H_2O_2 = PbSO_4 + 4H_2O$$

$$2MnO_4^- + 5H_2O_2 + 6H^+ = 2Mn^{2+} + 5O_2 + 8H_2O$$

$$2MnO_4^- + 3H_2O_2 = 2MnO_2 + 3O_2 + 2OH^- + 2H_2O$$

H_2O_2是二元弱酸:

$$H_2O_2 = H^+ + HO_2^- \qquad K_{a_1}=2.4\times10^{-12}$$

$$HO_2^- = H^+ + O_2^{2-} \qquad K_{a_2}\approx10^{-25}$$

与碱反应生成过氧化物:

$$H_2O_2 + Ba(OH)_2 \longequal BaO_2 + 2H_2O$$

ⅠA、ⅡA 族金属(除 Be 外)都能形成离子型过氧化物。如 K、Na 在空气中燃烧，SrO、BaO 在一定条件下和 O_2 反应，都生成相应的过氧化物。过氧化物不稳定，如 Na_2O_2 与 CO_2 反应释放出 O_2：

$$2Na_2O_2 + 2CO_2 \longequal 2Na_2CO_3 + O_2(g)$$

因此，Na_2O_2 可以作为供氧剂用于潜水作业、战地医院抢救等。过氧化物遇酸、H_2O 也会分解，生成 H_2O_2：

$$Na_2O_2 + 2H_2O \longequal 2NaOH + H_2O_2$$

H_2O_2 是优良的氧化还原剂，它的氧化性被用来漂白毛、丝织物和油画，用做杀菌剂、火箭燃料的氧化剂等。它的还原性被用来除去废气中的 Cl_2：

$$H_2O_2 + Cl_2 \longequal 2Cl^- + O_2 + 2H^+$$

H_2O_2 水溶液会损伤皮肤，使用时应小心。

利用下面的反应可以鉴定 H_2O_2：

$$Cr_2O_7^{2-} + 4H_2O_2 + 2H^+ \longequal 2H_2CrO_6 + 3H_2O$$

过铬酸 H_2CrO_6 不稳定，易分解生成蓝色的过氧化铬 CrO_5，即过氧基配合物 $CrO(O_2)_2$：

$$H_2CrO_6 \longequal CrO_5 + H_2O$$ （CrO_5 的结构为：）

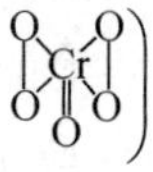

其中的过氧键不稳定，加乙醚可以增加它的稳定性：

$$CrO_5 + (C_2H_5)_2O \longequal (C_2H_5)_2O \cdot CrO_5(\text{蓝色})$$

由于 CrO_5 很不稳定，所以在乙醚中放置也会分解：

$$4CrO_5 + 12H^+ \longequal 4Cr^{3+} + 7O_2 + 6H_2O$$

因此，H_2O_2 与 $Cr_2O_7^{2-}$ 反应的最终产物是 Cr^{3+} 和 O_2。这表明，在酸性介质中 H_2O_2 可以被 $Cr_2O_7^{2-}$ 氧化。

上面用 $Cr_2O_7^{2-}$ 鉴定 H_2O_2 的反应，实际上也是用 H_2O_2 鉴定 $Cr_2O_7^{2-}$ 和 CrO_4^{2-}(在酸性介质中转化为 $Cr_2O_7^{2-}$)的反应。也就是说，在酸性介质中，可以用 $Cr_2O_7^{2-}$ 鉴定 H_2O_2，也可以用 H_2O_2 鉴定 $Cr_2O_7^{2-}$ 和 CrO_4^{2-}。

(3) 超氧化物

在超氧化物分子中含有超氧离子 O_2^-，因此氧的氧化数为 $-\frac{1}{2}$。

在一定条件下，可以得到 Na、K、Rb、Cs、Ca、Sr、Ba 的超氧化物，例如，K、Rb、Cs 在过量 O_2 中燃烧：

$$M + O_2 \xlongequal{\text{燃烧}} MO_2 \qquad (M = K、Rb、Cs)$$

MO_2 不稳定，易与 H_2O 或 CO_2 反应放出 O_2：

$$2MO_2 + 2H_2O \longequal H_2O_2 + O_2(g) + 2MOH$$

$$4MO_2 + 2CO_2 \longequal 2M_2CO_3 + 3O_2(g)$$

因此，MO_2 也被用做供氧剂。在 5.943 m^3 的宇宙飞船中，850 g KO_2 可供一个人呼吸 12 小时，KO_2 的利用率为 99.8%。

(4) 臭氧化物

在臭氧化物分子中含有臭氧离子 O_3^-,所以氧的氧化数为$-\frac{1}{3}$。O_3^- 与 O_3 一样是折线形的,O—O 键长为 119 pm,两个 O—O 键间的夹角为 100°。K、Rb、Cs、Ca、Sr、Ba 都能形成臭氧化物,如:

$$M + O_3 \xrightarrow{NH_3(l)} MO_3 \qquad (M = K、Rb、Cs)$$

$$3MOH + 2O_3 = 2MO_3 + MOH \cdot H_2O + \frac{1}{2}O_2 \qquad (M = K、Rb、Cs)$$

臭氧化物也不稳定,易分解放出 O_2,如:

$$2KO_3 = 2KO_2 + O_2$$

$$4KO_3 + 2H_2O = 4KOH + 5O_2$$

(5) 氧的氧化数为$+\frac{1}{2}$和$+2$的化合物

氧的氧化数为$+\frac{1}{2}$(O_2^+)和$+2$(O^{2+})的化合物很少。在 OF_2 分子中,氧的氧化数为$+2$。

在一定条件下 O_2 与 PtF_6(氧化剂)反应,可以得到深红色的 O_2PtF_6,此分子中含有 O_2^+ 和 PtF_6^- 离子,因此,其中氧的氧化数为$+\frac{1}{2}$。

4. 硫及其化合物

自然界中硫的分布形式很广,主要的存在形式有单质硫、硫化物和硫酸盐,火山附近常有单质硫的矿床。我国有大量硫化物矿和硫酸盐矿。煤和石油中含硫,各种蛋白质中含 0.8%~2.4%化合态的硫。

(1) 单质硫

单质硫(分子式 S_8)有两种同素异形体,黄色的斜方硫和浅黄色的单斜硫,二者间的转变温度是 95.4℃,转变速度较慢。斜方 S 和单斜 S 的熔点(分别是 112.8℃和 119℃)和密度(分别是 2.06 $g \cdot cm^{-3}$和 1.96 $g \cdot cm^{-3}$)很接近。图 13-7 示出 S_8 分子的结构。

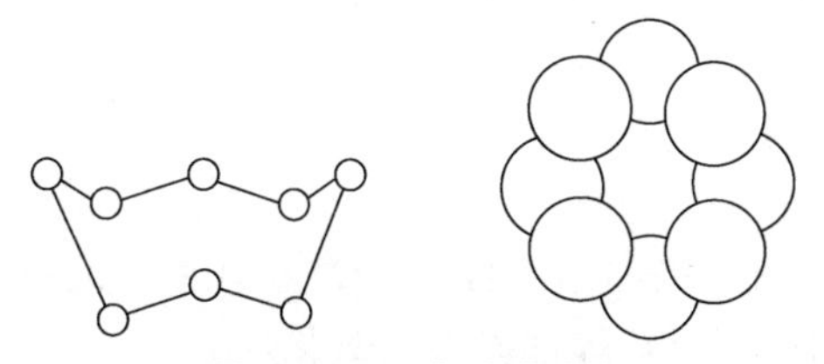

图 13-7 S_8 分子的结构

在 S_8 分子中,每个 S 原子以 sp^3 杂化轨道与相邻两个 S 原子形成两个 σ 键,未成键的两个 sp^3 杂化轨道被两对孤对电子所占据。

固态硫单质为分子晶体,熔、沸点低,不易溶于水,能溶于 CS_2、CCl_4 等非极性溶剂。熔融硫(S_8)加热到 160℃时开环成长链分子,颜色加深,黏度增大,200℃时黏度最大,250℃以上黏度下降,290℃以上有 S_6 生成,444.6℃时沸腾。把约 200℃的熔融硫迅速倒入冷水得弹性硫。气态硫中有 S_8、S_6、S_4 及 S_2,温度越高 S_8 越少,S_2 越多。约在 2000℃,S_2 开始解离为 S。S_2 被迅速冷却到-196℃时得紫色顺磁性固体,说明 S_2 与 O_2 的结构相似。

硫能和多数金属直接化合生成金属硫化物,硫和非金属反应生成共价型的硫化物。如:

$$2Al + 3S = Al_2S_3, \quad Fe + S = FeS, \quad Hg + S = HgS$$

$$S+Cl_2 = SCl_2, \quad H_2+S = H_2S$$

硫在氧化性酸中被氧化，如：

$$S+2HNO_3 = H_2SO_4+2NO(g)$$

$$S+2H_2SO_4(浓) = 3SO_2(g)+2H_2O$$

硫在 NaOH 中歧化：

$$3S+6NaOH \xlongequal{\triangle} 2Na_2S+Na_2SO_3+3H_2O$$

$$4S(过量)+6NaOH \xlongequal{\triangle} 2Na_2S+Na_2S_2O_3+3H_2O$$

硫是重要的工业原料。如在 H_2SO_4 制造、橡胶业、制纸等方面都要用到硫。另外，硫还用于药剂、农药、杀虫剂等的制造。

(2) 硫化氢与氢硫酸

硫化氢(H_2S)是一种无色、有臭鸡蛋气味的有毒气体。用金属硫化物与稀酸反应，可制备 H_2S。如：

$$FeS+H_2SO_4 = H_2S(g)+FeSO_4$$

在实验室常用硫代乙酰胺(CH_3CSNH_2)水溶液加热水解的方法制取少量 $H_2S(g)$：

$$CH_3-C(=S)-NH_2 + 2H_2O \xlongequal{\triangle} CH_3-C(=O)-ONH_4 + H_2S$$

$H_2S(g)$在空气中燃烧呈蓝色火焰：

$$2H_2S+O_2 = 2S+2H_2O$$

$$2H_2S+3O_2 = 2SO_2+2H_2O$$

在常温、常压下，饱和 H_2S 水溶液的浓度为 $0.1\ mol \cdot dm^{-3}$(此值还受溶液酸度的影响，当 $pH<2$ 或 $pH>5$ 时不能用此浓度计算，否则与实验值差别较大)。H_2S 的水溶液叫氢硫酸。氢硫酸为二元弱酸：

$$H_2S = H^+ + HS^- \quad K_{a_1}=8.9\times10^{-8}$$

$$HS^- = H^+ + S^{2-} \quad K_{a_2}=1.2\times10^{-13}$$

氢硫酸具有较强的还原性：

$$S+2H^+ +2e = H_2S \quad E^\ominus(S/H_2S)=0.142\ V$$

因此，Cl_2、Br_2、浓 H_2SO_4 及空气中 O_2 等都能将其氧化：

$$H_2S+H_2SO_4(浓) = SO_2+S+2H_2O$$

$$4Cl_2+H_2S+4H_2O = H_2SO_4+8HCl$$

$$Br_2+H_2S = S+2HBr \quad (与 I_2 有类似反应)$$

因空气中 O_2 能氧化氢硫酸生成 S，所以氢硫酸溶液不能久存，否则溶液会变混失效。

(3) 金属硫化物

金属硫化物与相应氧化物的组成、性质相似，比如它们的酸碱性周期性变化规律与氧化物的完全相同(只是氧化物的碱性强于相应的硫化物)。但是，由于 S^{2-} 半径大于 O^{2-}，使 S^{2-} 的变形性更大，在硫化物中的离子极化作用更强，键的共价成分更高。金属硫化物在水中溶解度小于相应氧化物。碱金属(包括 NH_4^+)的硫化物易溶于水，CaS、SrS、BaS 等硫化物也能溶于水，其余金属的硫化物均是难溶物。

硫化物都具有水解性和还原性。可溶性硫化物的水解度很高，例如 0.10 mol·dm^{-3} Na_2S 溶液的水解度为94%。难溶硫化物的溶解部分也明显水解，Al_2S_3、Cr_2S_3 等在水中不能生成，因为完全水解为金属氢氧化物。金属硫化物都具有还原性，如 Na_2S 或$(NH_4)_2S$ 试剂中常含有多硫化物，就是由于空气中 O_2 将 S^{2-} 氧化的结果。

$$2S^{2-} + O_2 + 2H_2O \longrightarrow 2S + 4OH^-$$

$$S^{2-} + xS \longrightarrow S_{x+1}^{2-}\text{（多硫离子）}$$

因此 Na_2S、$(NH_4)_2S$ 等不宜长期保存，而且在使用前应加酸检验其中是否有多硫化物存在：

$$Na_2S_x + 2H^+ \longrightarrow (x-1)S(s) + H_2S + 2Na^+$$

如果加酸后溶液出现浑浊，说明已经有多硫离子生成。又如，K_{sp} 很小的难溶硫化物 CuS、PbS、Bi_2S_3、Ag_2S 等可溶于具有氧化性的 HNO_3，就是利用了硫化物的还原性。

难溶硫化物有两个很有意义的特点：

① 多数金属的最难溶化合物是它的硫化物，因此，常用生成硫化物的方法除去溶液中的某些金属离子。

② 不同金属硫化物的 K_{sp} 一般相差较大，因此，常用硫化物的分步沉淀法分离金属阳离子。

氢硫酸与金属阳离子生成难溶硫化物的反应为

$$M^{2+} + H_2S \longrightarrow MS(s) + 2H^+$$

反应的平衡常数

$$K^{\ominus} = \frac{K_{a_1}(H_2S) \cdot K_{a_2}(H_2S)}{K_{sp}(MS)}$$

可见，影响反应进行程度（$K^{\ominus}$ 的大小）的重要因素是生成难溶物的 K_{sp}。另外从平衡移动的角度看，H^+ 浓度（溶液酸度）也将影响沉淀的完全度，特别是当 MS 的 K_{sp} 较大时，其影响更明显。因此，当用硫化物的分步沉淀法分离金属阳离子时，若硫化物沉淀的 K_{sp} 较大，需要选用合适的缓冲溶液维持溶液的 pH。如在用 H_2S 沉淀 Zn^{2+} 的反应中，需要加入 NaAc 去中和生成的 H^+，才可以使 Zn^{2+} 沉淀完全。

（4）二氧化硫、亚硫酸及其盐

实验室可用下面反应制取二氧化硫（SO_2）：

$$Na_2SO_3 + H_2SO_4 \longrightarrow Na_2SO_4 + SO_2 + H_2O$$

SO_2 是折线形分子。根据价键理论，SO_2 的中心原子 S 以 sp^2 杂化轨道与两个 O 原子成 σ 键，另一个 sp^2 杂化轨道由一对孤对电子占据，S 价层中的 p_z 轨道与两个 O 原子的 p_z 轨道相互叠加形成了一个离域 π 键 π_3^4（与 O_3 的结构类似）。σ 键的键长为 143.2 pm，键角为 119.5°。

SO_2 中 S 的氧化数为 +4，处于中间氧化态，所以 SO_2 既有氧化性，又有还原性，但以还原性为主：

$$2SO_2 + O_2 \longrightarrow 2SO_3$$

$$SO_2 + Cl_2 \longrightarrow SO_2Cl_2$$

SO_2 遇强还原剂时才显示氧化性。如：

$$SO_2 + 2H_2S \longrightarrow 3S + 2H_2O$$

$$SO_2 + 2CO \xrightarrow{>1000℃} S + 2CO_2$$

常温下，SO_2 为无色、具有刺激性和恶臭的气体。因分子有极性，故易溶于水，其水溶液为亚硫酸溶液。

SO_2 能和某些有色物质形成无色的加合物，所以可被用来漂白纸浆、草编制品等。

亚硫酸（H_2SO_3）是二元弱酸，$K_{a_1}=1.4\times10^{-2}$，$K_{a_2}=6.3\times10^{-8}$。因为 SO_2 与 H_2O 之间的结合力较弱，所以 H_2SO_3 只能存在于水溶液中。

用 SO_2 与碱（氢氧化物或碳酸盐）反应可以制得亚硫酸盐。亚硫酸的碱金属盐和铵盐是易溶盐，其余金属的亚硫酸盐难溶于水或微溶于水，但都能溶于强酸。酸式盐的溶解度大于相应的正盐。

亚硫酸及其盐的氧化还原性与 SO_2 类似，也是以还原性为主，遇强还原剂时才表现氧化性。另外，在酸性介质中的氧化性大于在碱性介质中的氧化性。

$$Cr_2O_7^{2-}+3SO_3^{2-}+8H^+ = 2Cr^{3+}+3SO_4^{2-}+4H_2O$$

$$H_2SO_3+2H_2S = 3S+3H_2O$$

SO_3^{2-} 可以作为配体与 Mn^{2+}、Zn^{2+}、Cd^{2+}、Hg^{2+}、Mg^{2+} 等金属离子（M^{n+}）配位，生成 $[M(SO_3)_2]^{n-4}$ 型配离子。

(5) 三氧化硫、硫酸及其盐

在 450℃以上，用 Pt 或 V_2O_5 作为催化剂，SO_2 和 O_2 反应可以得到三氧化硫（SO_3）。$SO_3(g)$ 中的中心原子 S 以 sp^2 杂化轨道与三个 O 原子结合（σ 键）成平面三角形分子，同时在四个原子之间有一个离域 π 键 π_4^6。41.5℃时，$SO_3(g)$ 冷凝成含 SO_3、$(SO_3)_3$ 及其他型体的无色、低黏度的液体。

SO_3 有氧化性，在高温下能把 HBr 和 P 分别氧化生成 Br_2 和 P_4O_{10}。SO_3 为酸性氧化物，与碱或碱性氧化物反应得相应的盐。SO_3 与 H_2O 结合得硫酸（H_2SO_4），SO_3 溶于 H_2SO_4 得发烟硫酸（$H_2SO_4\cdot xSO_3$）。

纯 H_2SO_4 和市售浓 H_2SO_4（约为 18 mol·dm^{-3}）均为油状液体，浓 H_2SO_4 是常用的高沸点（338℃）酸。硫酸有以下重要性质：

① 高的水合能。H_2SO_4 的水合能远大于其他酸，所以在稀释 H_2SO_4 时，会放出大量热能。因此，在操作时必须是在搅拌下将浓 H_2SO_4 慢慢倒入水中。

② 强的脱水性和吸湿性。浓 H_2SO_4 具有很强的脱水性，它能从碳水化合物（如，蔗糖）中"脱掉"与 H_2O 相当的 H 和 O 而使其炭化。浓 H_2SO_4 的吸湿性，是指它可以吸收空气中的水分，因此它是常用的酸性干燥剂。

③ 强酸性。H_2SO_4 在水中的第一步电离表现为强酸，而第二步电离表现为中强酸。

$$HSO_4^- = H^++SO_4^{2-} \quad K_{a_2}=1.0\times10^{-2}$$

④ 氧化性。H_2SO_4 的浓度不同或还原剂活泼性不同时，其氧化还原反应的产物有以下几种情况：

- 热的浓硫酸是较强的氧化剂，可以和许多金属或非金属反应，自身还原为 SO_2 或 S。

$$2H_2SO_4(浓)+S = 3SO_2+2H_2O$$

$$Zn+2H_2SO_4(浓) = ZnSO_4+SO_2+2H_2O$$

若 Zn 过量，则生成 S。

- 在冷的浓 H_2SO_4 中，Al、Fe、Cr 等金属因生成致密氧化物膜而钝化，因此，可以用铁制容器存放浓硫酸。

● 稀 H_2SO_4 与活泼金属反应时，氧化剂是 H^+，生成 H_2。

● 稀 H_2SO_4 与 Pb 反应时，因生成难溶的 $PbSO_4$ 覆盖在金属 Pb 表面，使反应中断。如果用较浓的硫酸（≥75%），由于生成了较易溶解的 $Pb(HSO_4)_2$，反应能顺利进行。

硫酸的用途广泛，是重要的化工原料。

硫酸与碱反应可以得到硫酸氢盐（酸式盐）或硫酸盐（正盐）。硫酸盐有以下特点：

① 多数硫酸盐含有结晶水。如 $CuSO_4 \cdot 5H_2O$、$CaSO_4 \cdot 2H_2O$、$MSO_4 \cdot 7H_2O$（M＝Mg、Fe、Zn）等。

② 硫酸盐易成复盐。如 $(NH_4)_2SO_4 \cdot MgSO_4 \cdot 6H_2O$、$(NH_4)_2SO_4 \cdot FeSO_4 \cdot 6H_2O$（Mohr 盐）、$K_2SO_4 \cdot Al_2(SO_4)_3 \cdot 24H_2O$（铝明矾）、$K_2SO_4 \cdot Cr_2(SO_4)_3 \cdot 24H_2O$（铬钾矾）等。

③ SO_4^{2-} 也能作为配体与某些金属离子配位，如 $K_3[Ir(SO_4)_3]H_2O$、$[CoSO_4(NH_3)_5]Br$ 等，但它的配位能力不如 SO_3^{2-}。

④ Sr^{2+}、Ba^{2+}、Pb^{2+}、Tl^+ 的硫酸盐难溶于水，Ca^{2+}、Ag^+、Hg_2^{2+} 的硫酸盐微溶于水，其余硫酸盐为易溶盐。含结晶水的硫酸盐一般易溶于水（有个别例外，如 $CaSO_4 \cdot 2H_2O$）。酸式盐的溶解度大于正盐。HSO_4^- 的酸性大于 H_2O，小于 HCl、HNO_3 等强酸，因此，难溶硫酸盐在强酸中的溶解度大于在水中的溶解度。假设 MSO_4 是难溶盐，它的酸溶反应及其平衡常数表达式如下：

$$MSO_4 + H^+ \Longrightarrow M^{2+} + HSO_4^- \qquad K^{\ominus} = \frac{K_{sp}(MSO_4)}{K_a(HSO_4^-)}$$

从 $K^{\ominus}$ 的表达式可以看出，MSO_4 的溶解程度除与 $K_a(HSO_4^-)$、H^+ 浓度等有关外，$K_{sp}(MSO_4)$ 的大小是决定性因素。这与难溶弱酸盐在相对强酸中的溶解反应情况类似。实际上，K_{sp} 较大的 $CaSO_4$、$SrSO_4$ 在强酸中的溶解度是比较大的。设在 2.0 $mol \cdot dm^{-3}$ 的强酸溶液中，$CaSO_4$ 的溶解度为 x $mol \cdot dm^{-3}$，则

$$\begin{array}{lcccc} CaSO_4 + & H^+ \Longrightarrow & Ca^{2+} + & HSO_4^- & K^{\ominus} = 4.9 \times 10^{-3} \\ & 2.0 - x & x & x & \end{array}$$

$$\frac{x^2}{2.0 - x} = 4.9 \times 10^{-3} \qquad 解得\ x = 9.6 \times 10^{-2}$$

说明在 1 dm^3 2.0 $mol \cdot dm^{-3}$ 的强酸中可溶解 9.6×10^{-2} mol $CaSO_4(s)$。

⑤ 在 SO_4^{2-} 中的 S 原子用 sp^3 杂化轨道与周围四个 O 原子结合（σ 键）成正四面体形的空间结构。

（6）硫代硫酸及其盐

至今尚未制得纯的硫代硫酸（$H_2S_2O_3$）。硫代硫酸的一个重要的盐是硫代硫酸钠（$Na_2S_2O_3 \cdot 5H_2O$），俗称大苏打或海波。用下面反应可以制得硫代硫酸钠：

$$Na_2SO_3 + S \Longrightarrow Na_2S_2O_3$$

硫代硫酸钠的主要性质有：

① 遇酸分解：

$$S_2O_3^{2-} + 2H^+ \Longrightarrow SO_2(g) + S(s) + H_2O$$

此反应用于 $S_2O_3^{2-}$ 的鉴定。如果加酸时溶液变混浊，同时有使湿的 pH 试纸变红的气体产生，说明溶液中有 $S_2O_3^{2-}$ 存在。

② 还原性。$S_2O_3^{2-}$ 可以被 I_2 氧化生成连四硫酸根（$S_4O_6^{2-}$）：

$$2S_2O_3^{2-}+I_2 = S_4O_6^{2-}+2I^-$$

此反应是定量进行的，所以可以用 $Na_2S_2O_3$ 定量测定 I_2。纺织工业上用 $Na_2S_2O_3$ 除去过量的漂白剂 Cl_2，就是利用了 $S_2O_3^{2-}$ 的还原性：

$$S_2O_3^{2-}+4Cl_2+5H_2O = 2HSO_4^-+8H^++8Cl^-$$

如果 Cl_2 的相对量较少，与 $S_2O_3^{2-}$ 反应的产物有所不同：

$$S_2O_3^{2-}+Cl_2+H_2O = SO_4^{2-}+S+2H^++2Cl^-$$

空气中的氧也能将 $S_2O_3^{2-}$ 氧化，有 S(s)生成，因此，久置的 $Na_2S_2O_3$ 溶液会变浑浊。

③ 配位性。$S_2O_3^{2-}$ 可以作为单齿配体或双齿配体，与 Ag^+、Cd^{2+} 等离子配位形成配离子。

M←S—S(O)(O)—O　　　　M(←S)(←O)S(O)(O)

如：

$$AgBr+2S_2O_3^{2-} = Ag(S_2O_3)_2^{3-}+Br^-$$

此反应是 $Na_2S_2O_3$ 溶液作为定影液除去未感光的 AgBr 时所发生的反应。如果将 $Na_2S_2O_3$ 溶液滴入 $AgNO_3$ 溶液(保持 $AgNO_3$ 过量)，则发生下面反应：

$$2Ag^++S_2O_3^{2-} = Ag_2S_2O_3(s,白)$$

$$Ag_2S_2O_3(s,白)+H_2O = Ag_2S(s,黑)+H_2SO_4$$

第二个反应的速率很快，白色的 $Ag_2S_2O_3$ 迅速分解，出现白→棕→黑的颜色变化。因此，可利用此反应检出 $S_2O_3^{2-}$ 或 Ag^+。

$S_2O_3^{2-}$ 的空间构型是与 SO_4^{2-} 相似的四面体形。在 $S_2O_3^{2-}$ 中，中心原子 S 周围有三个 O 原子和一个 S 原子，按照氧化数的计算方法，S 的氧化数为+2。

(7) 过硫酸及其盐

如果将过氧化氢分子 H—O—O—H 中的一个或两个 H 用磺基—SO_3H 取代，则得到 HO—O—SO_3H 或 HSO_3—O—O—SO_3H，前者叫过一硫酸，后者叫过二硫酸。所以可以认为，$H_2S_2O_8$ 是 H_2O_2 的衍生物，其中 S 的氧化数为+7。

$H_2S_2O_8$ 是无色晶体，熔点 60℃(分解)。分子中有一个过氧键，很不稳定，有极强的氧化性，能使纸、石蜡炭化，与苯、酚等有机物混合即爆炸。电解 HSO_4^- 可得到过二硫酸盐。常用的过二硫酸盐是$(NH_4)_2S_2O_8$ 和 $K_2S_2O_8$。水溶液中的 $S_2O_8^{2-}$ 不稳定：

$$S_2O_8^{2-}+H_2O = 2HSO_4^-+\frac{1}{2}O_2$$

所以，常用的是过二硫酸盐的固体。在酸性介质中，$S_2O_8^{2-}$ 先分解成过一硫酸 H_2SO_5，然后进一步分解生成 H_2SO_4 和 H_2O_2，可以据此制取 H_2O_2。

过二硫酸盐是强氧化剂，$E^\ominus(S_2O_8^{2-}/SO_4^{2-})=2.01$ V，在酸性介质中能将 Mn^{2+}、Cr^{3+} 氧化到最高氧化态，因反应速率较慢，需要用 $AgNO_3$ 作催化剂，并加热。

$$2Mn^{2+}+5S_2O_8^{2-}+8H_2O = 2MnO_4^-+10SO_4^{2-}+16H^+$$

$$2Cr^{3+}+3S_2O_8^{2-}+7H_2O = Cr_2O_7^{2-}+6SO_4^{2-}+14H^+$$

(8) 焦硫酸及其盐

两分子 H_2SO_4 脱去一分子 H_2O，即得焦硫酸($H_2S_2O_7$)：

$$HSO_3—OH+HO—SO_3H = H_2S_2O_7+H_2O$$

至今尚未制得纯的焦硫酸。用 $KHSO_4$ 脱水得焦硫酸钾 $K_2S_2O_7$：

$$2KHSO_4(s) \xlongequal{\triangle} K_2S_2O_7(s) + H_2O(g)$$

焦硫酸盐在水中水解，所以无法配制焦硫酸盐的溶液：

$$S_2O_7^{2-} + H_2O \xlongequal{} 2HSO_4^-$$

$H_2S_2O_7$ 和 $K_2S_2O_7$ 的组成相当于 $H_2SO_4 \cdot SO_3$ 和 $K_2SO_4 \cdot SO_3$，因此，可认为它们分子中有比 H_2SO_4、K_2SO_4 更多的酸性氧化物。焦硫酸盐可和碱性氧化物反应，生成硫酸盐，如：

$$3K_2S_2O_7 + Fe_2O_3 \xlongequal{\triangle} Fe_2(SO_4)_3 + 3K_2SO_4$$

因此，在分析化学中用焦硫酸盐作熔矿剂。

5. S^{2-}、$S_2O_3^{2-}$、SO_3^{2-}、SO_4^{2-} 的分离与鉴定

当 S^{2-}、$S_2O_3^{2-}$、SO_3^{2-} 共存时，S^{2-} 干扰 $S_2O_3^{2-}$、SO_3^{2-} 的检出，$S_2O_3^{2-}$ 干扰 SO_3^{2-} 的检出，因此，应先分离后检出。由于 SO_3^{2-} 易被空气中的氧氧化，所以常有 SO_4^{2-} 混在上述试液中，影响 SO_3^{2-} 的检出（消耗检出试剂），应事先除去。图 13-8 示出分离检出方法。

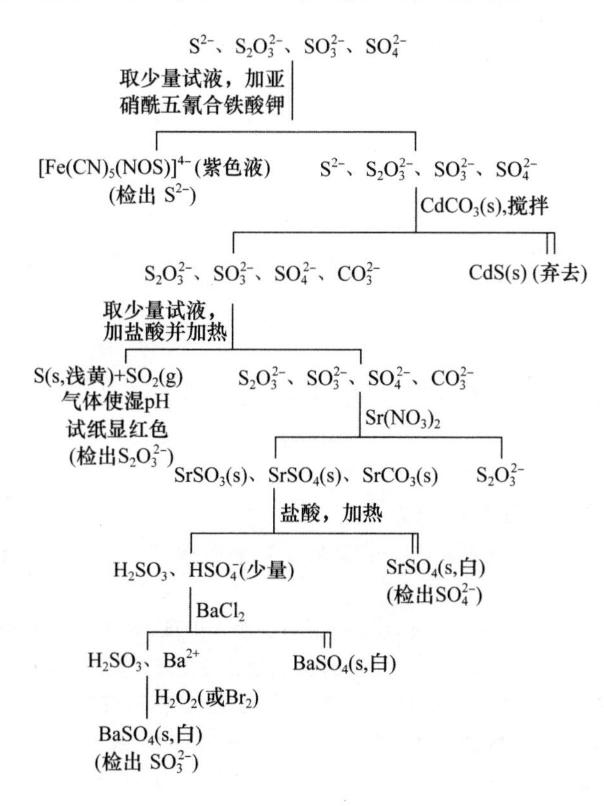

图 13-8　S^{2-}、$S_2O_3^{2-}$、SO_3^{2-}、SO_4^{2-} 的分离检出

关于以上分离检出的说明：

① S^{2-}、$S_2O_3^{2-}$、SO_3^{2-} 之间的干扰：

$$2S^{2-} + SO_3^{2-} + 6H^+ \xlongequal{} 3S(s) + 3H_2O$$

S^{2-} 消耗 SO_3^{2-}，可能造成 SO_3^{2-} 的漏检。若 SO_3^{2-} 过量，则有

$$2S^{2-} + 2SO_3^{2-} + 8H^+ \xlongequal{} 3S(s) + SO_2 + 4H_2O$$

产物中的S(s)和SO_2(g)与检出$S_2O_3^{2-}$时的产物相同，因而干扰$S_2O_3^{2-}$的检出；另外，S^{2-}还会与检出$S_2O_3^{2-}$时产生的SO_2反应而影响检出现象。在含有$S_2O_3^{2-}$或SO_3^{2-}的溶液中加酸酸化时都产生SO_2(g)，加H_2O_2(或溴水)和$BaCl_2$时都产生白色沉淀，因此，$S_2O_3^{2-}$干扰SO_3^{2-}的检出。

② S^{2-}的检出反应：

$$S^{2-}+[Fe(CN)_5NO]^{2-} = [Fe(CN)_5(NOS)]^{4-}\text{(紫色)}$$

据

$$S^{2-}+2H^+ = H_2S(g)$$

$$H_2S(g)+Pb(Ac)_2 = 2HAc+PbS(s,\text{黑})$$

用湿的$Pb(Ac)_2$试纸检出酸化试液时产生的H_2S(g)，如试纸变黑，可确定试液中含S^{2-}。

③

$$CdCO_3(s)+S^{2-} = CdS(s)+CO_3^{2-}$$

由于$K_{sp}(CdS) \ll K_{sp}(CdCO_3)$，所以转化反应很完全。

④ 除用酸化试液的方法外，还可以用加适量(大于$S_2O_3^{2-}$的量)$AgNO_3$的方法(见13.1.2小节中“硫代硫酸及其盐”部分)检出$S_2O_3^{2-}$。

⑤ 检出SO_3^{2-}时，由于可能有SO_4^{2-}消耗Ba^{2+}，所以在加H_2O_2(或Br_2)之前，需加足量$BaCl_2$，以免有SO_4^{2-}影响SO_3^{2-}的检出。检出反应为

$$SO_3^{2-}+Ba^{2+}+H_2O_2 = BaSO_4(s,\text{白})+H_2O$$

附 硫的元素电势图

$E^{\ominus}(A)/V$

$$S_2O_8^{2-} \xrightarrow{2.01} SO_4^{2-} \xrightarrow{0.172} H_2SO_3 \xrightarrow{0.40} S_2O_3^{2-} \xrightarrow{0.50} S \xrightarrow{0.142} H_2S$$

(H_2SO_3 — S: 0.449)

$E^{\ominus}(B)/V$

$$S_2O_8^{2-} \xrightarrow{2.01} SO_4^{2-} \xrightarrow{-0.93} SO_3^{2-} \xrightarrow{-0.571} S_2O_3^{2-} \xrightarrow{-0.61} S \xrightarrow{-0.476} S^{2-}$$

(SO_3^{2-} — S: −0.59)

6. 氧、硫和硒在生物体内的某些功能

ⅥA族中的氧和硫是人体必需的宏量元素，它们是蛋白质、脂肪、碳水化合物、核苷酸等的重要组成元素。硒(Se)是人体必需的微量元素。

硒在人体中的适宜浓度为0.1～4 mg·kg^{-1}，浓度过高会使人中毒(对神经系统、胃肠、肝、肾等有损害)，大于10 mg·kg^{-1}可以致癌。如果人体中缺硒，会引起冠心病、动脉硬化及高血压等心血管疾病，还可能导致“克山病”(在黑龙江省克山县发现此病)，其症状为气短、头晕、恶心、手足冰凉等，可以用亚硒酸钠或硒盐治疗、控制此病。科学研究发现，人体内含硒的谷胱甘肽过氧化物酶能将有害的H_2O_2或ROOH还原为H_2O或ROH，从而避免过氧化物或含氧自由基对机体的损伤。化学致癌剂是“母体”化合物，真正活泼的致癌剂是化学致癌剂在体内形成的过氧化物和活性自由基。由于含硒的谷胱甘肽过氧化物酶能捕获或清除这些化学致癌剂，这可能是硒可以抑制癌症的重要原因之一。硒还可能与艾滋病有关系，有人测定了艾滋病患者血浆中硒和含硒的谷胱甘肽过氧化物酶的活性，发现艾滋病病人血浆中的硒含量明显低于健康人。另外，硒可以抵消镉的不利生理效应，如抵消镉对心脏的影响。硒还是多种重金属(如汞、甲基汞)的特殊解毒剂，它可以降低重金属化疗药物(如抗癌药物顺铂)的毒副作用。

13.1.3 氮、磷及其化合物

氮(Nitrogen)、磷(Phosphorus)属于周期表中ⅤA族元素，该族还包括砷(Arsenic)、锑(Antimony)和铋(Bismuth)，其中氮、磷为非金属，铋是金属，砷和锑属于半金属。表13-7列出了ⅤA族元素的某些性质。

表13-7 氮族元素的某些性质

	氮(N)	磷(P)	砷(As)	锑(Sb)	铋(Bi)
原子序数	7	15	33	51	83
相对原子质量	14.01	30.97	74.92	121.8	209.0
价层电子构型	$2s^2 2p^3$	$3s^2 3p^3$	$4s^2 4p^3$	$5s^2 5p^3$	$6s^2 6p^3$
原子半径/pm	70	110	121	145	155
离子半径/pm	—	44(P^{3+})	58(As^{3+})	76(Sb^{3+})	103(Bi^{3+})
熔点/℃	−210.01	44.15(白)	817(三相点)	630.7	271.5
沸点/℃	−195.79	280.3(白)	615(升华)	1587	1564
第一电离能/eV	14.534	10.487	9.789	8.608	7.286
第一电子亲和能/eV	—	0.747	0.814	1.046	0.942
电负性(Pauling)	3.04	2.19	2.18	2.05	1.9

本节重点介绍氮、磷及其化合物。

1. 单质氮

空气中的氮气约占空气体积的78%。工业上用液态空气分馏制取 N_2。N_2 微溶于水，0℃ 1 mL水仅能溶解0.023 mL的 $N_2(g)$。

在 N_2 分子中的两个N原子间有一个σ键和两个π键，总键能高达941.7 kJ·mol^{-1}，而且断开第一个π键需要523.3 kJ·mol^{-1}的能量，因此，N_2 有极高的化学稳定性，只能与少数金属如Li、Mg、Ca、Sr、Ba、Ti等直接化合生成相应金属的氮化物。所以，$N_2(g)$ 可以作为化学反应等的保护气氛。另外，液氮可以作制冷剂。

N_2 和CO、CN^- 互为等电子体，结构相同(等电子原理：是指重原子(除H、He、Li外)数相同、电子数相同的物质，其重原子构型往往相同。有关详细介绍请参见严宣申，王长富编著《普通无机化学》第二版，p.91)。

2. 氨

常温下，氨是有臭味的无色气体。因 NH_3 分子间有氢键，所以其熔点(−77.74℃)和沸点(−33.42℃)都高于与氮同族的磷的氢化物膦(PH_3)。液氨的气化热较高，可用做制冷剂。

氨有以下几方面的性质：

① 液氨是具有强极性的非水溶剂(介电常数为26.7)，能溶解许多无机盐，如在25℃、加压下，100 g液氨能溶解206.8 g AgI。

② 碱金属能在液氨中溶解，其溶液的导电能力和金属相近。碱金属液氨溶液的颜色随浓度变化，稀溶液为蓝色，浓溶液为青铜色，与碱金属的种类无关，这是由于溶液中生成了氨合电子，

溶液显示电子氨合物的颜色。

$$M+nNH_3 = M^+ + e(NH_3)_n^-$$

溶液经放置后颜色退去，生成碱金属的氨基化物和 H_2：

$$2M+2NH_3 = 2MNH_2+H_2$$

如果将已退色的金属钠的液氨溶液蒸干，得白色的氨基钠（$NaNH_2$）。

③ 氨的加合反应：NH_3 分子中有一孤电子对，是 Lewis 碱，能与 Lewis 酸加合，如：

$$Ag^+ +2NH_3 = [Ag(NH_3)_2]^+$$

$$BF_3+NH_3 = F_3BNH_3$$

$$H^+ +NH_3 = NH_4^+$$

NH_3 极易溶于水，并与水加合生成水合物 $NH_3 \cdot H_2O$。NH_3 与 H_2O 间有氢键。$NH_3 \cdot H_2O$ 是弱碱，$K_b=1.8\times10^{-5}$。$NH_3 \cdot H_2O$ 受热分解放出 $NH_3(g)$，可用于检出溶液中的 NH_4^+。市售浓氨水中 NH_3 的浓度约为 30%。

④ 氨可以被 O_2、X_2 等氧化剂氧化，如：

$$4NH_3(g)+3O_2(g) = 2N_2(g)+6H_2O(g) \qquad \Delta_r H_m^\ominus=-1267\ kJ\cdot mol^{-1}$$

$$4NH_3(g)+5O_2(g) \xlongequal{Pt\text{-}Rh} 4NO(g)+6H_2O(g) \qquad \Delta_r H_m^\ominus=-902.0\ kJ\cdot mol^{-1}$$

$$3X_2+8NH_3 = N_2+6NH_4X \qquad (X=Cl、Br)$$

高温下，NH_3 是强还原剂，能还原某些金属氧化物、氯化物等，如：

$$3CuO+2NH_3 = 3Cu+N_2+3H_2O$$

$$6CuCl_2+2NH_3 = 6CuCl+N_2+6HCl$$

⑤ NH_3 分子中的三个 H 原子可以被某些原子或原子团取代。取代一个，生成氨基化物，如 $NaNH_2$；取代两个，生成亚氨化物，如亚氨基化钙 CaNH；或取代三个，生成氮化物，如 Mg_3N_2。

$COCl_2$（光气）和 NH_3 反应生成 $CO(NH_2)_2$（尿素）：

$$COCl_2+4NH_3 = CO(NH_2)_2+2NH_4Cl$$

$HgCl_2$ 和 $NH_3 \cdot H_2O$ 反应，生成白色难溶的氨基氯化汞 $HgNH_2Cl$：

$$HgCl_2+NH_3\cdot H_2O = HgNH_2Cl(s,白)+HCl+H_2O$$

这类反应是有 NH_3 参与的复分解反应，称为氨解。

许多重金属的氨基化物、亚氨化物及氮化物易爆炸，所以，在制取或使用这些化合物时必须特别小心。如$[Ag(NH_3)_2]^+$放置会转化成有爆炸性的 Ag_2NH 和 Ag_3N，因此，应及时处理掉暂时不用的$[Ag(NH_3)_2]^+$溶液。

如果 NH_3 中一个 H 被—NH_2 取代，得联氨（$H_2N—NH_2$），又称肼：

$$2NH_3+OCl^- = N_2H_4+Cl^-+H_2O$$

N_2H_4 是一种无色油状液体，能与水无限混溶。N_2H_4 可以作为配位试剂与许多金属离子配位。联氨具有强的还原性，与 H_2O_2 反应放出大量的热，因此可用做火箭燃料：

$$N_2H_4(l)+2H_2O_2(l) = N_2(g)+4H_2O(g) \qquad \Delta_r H_m=-642.2\ kJ\cdot mol^{-1}$$

当 NH_3 中一个 H 被—OH 取代得羟氨（NH_2OH）。也可以把 NH_2OH 看成是 H_2O_2 中一个—OH 被—NH_2 取代的产物。羟氨的性质介于 N_2H_4 和 H_2O_2 之间，兼有氧化性和还原性，常用做还原剂。

3. 铵盐

铵盐有以下三个特点：

① 多数易溶于水。NH_4^+ 半径与 K^+、Rb^+ 相近，所以它们的盐的溶解度相近，能沉淀 K^+ 的试剂往往也能沉淀 NH_4^+。如 NH_4^+ 也能与 $Na_3[Co(NO_2)_6]$ 反应生成黄色沉淀 $(NH_4)_2Na[Co(NO_2)_6]$，因此 NH_4^+ 干扰 K^+ 的检出。NH_4MgPO_4 为白色的难溶盐，可用于 Mg^{2+} 的检出。

② 受热易分解。当阴离子相同时，铵盐的热稳定性低于金属离子的盐。这是由于铵盐的热分解是质子转移，如：

$$NH_4Cl(s) \xlongequal{\triangle} NH_3(g) + HCl(g)$$

H^+ 从 NH_4^+ 中转移出，并与 Cl^- 结合生成了 HCl。由此反应机理，铵盐中阴离子与 H^+ 的亲和倾向（碱性）越强，H^+ 越易转移，铵盐热分解温度越低。如，下列铵盐的热分解温度：

$$(NH_4)_3PO_4 < (NH_4)_2HPO_4 < NH_4H_2PO_4$$

NH_3 在高温时有还原性，如果铵盐中的阴离子所对应的酸有氧化性，则在热分解时同时发生氧化还原反应，如：

$$NH_4NO_2 \xlongequal{\triangle} N_2 + 2H_2O$$

$$(NH_4)_2Cr_2O_7 \xlongequal{\triangle} Cr_2O_3 + N_2 + 4H_2O$$

③ 铵盐都易水解。铵盐是弱碱盐，因此，在水中都有不同程度的水解。阴离子为弱酸的酸根时，水解程度大。

4. 氮的氧化物

氮和氧可生成多种氧化物，如 N_2O、NO、N_2O_3、NO_2、N_2O_5。表13-8列出了它们的某些性质。

表13-8 氮氧化物的某些性质

化学式	N_2O	NO	N_2O_3	$N_2O_4(NO_2)$	N_2O_5
状态	无色气体	气态和固态无色，液态蓝色	浅蓝色液体，蓝色固态	无色（红棕色）气体	无色固体
熔点/℃	−90.8	−163.6	−100.7	−9.3	30
沸点/℃	−88.5	−151.8	2	21.15	47.0

N_2O 是有甜味的气体，俗称笑气，吸入少量有麻醉作用。易溶于水。

NO 是具有单电子的分子，有加合性。在常温下，NO 分子间缔合生成 N_2O_2：

$$2NO \xlongequal{} N_2O_2$$

固态 NO 中也有缔合分子（见右图）。

N------O
‖　　　‖ 112 pm
O------N
240 pm

NO 可作为配体形成配合物，$Na_2[Fe(CN)_5NO]$ 是检出 S^{2-} 的试剂（见13.1.2小节）。

N_2O_3 是亚硝酸的酸酐，极不稳定，常温常压下即分解：

$$N_2O_3 \xlongequal{} NO + NO_2$$

NO_2 也是具有单电子的分子，易聚合成无色的 N_2O_4。在低于21.15℃时完全转化为液态 N_2O_4。随着温度升高，N_2O_4 解离，体系中 NO_2 的相对量逐渐增加。大约150℃时 N_2O_4 完全解离为 NO_2。NO_2 溶于水，生成硝酸和 NO：

$$3NO_2 + H_2O = 2HNO_3 + NO$$

NO_2 是有氧化性、有毒的气体。

N_2O_5 是硝酸的酸酐，溶于水生成硝酸。N_2O_5 极不稳定，易爆炸性分解，而且具有强氧化性。固体 N_2O_5 由 $NO_2^+NO_3^-$ 构成，NO_2^+ 是硝酰，它与 CO_2、N_2O、OCN^-、N_3^- 互为等电子体，都是直线构型。

工业废气中含有各种氮的氧化物（以 NO_x 表示，主要是 NO 和 NO_2），燃料燃烧、汽车尾气中也都有 NO_x 生成。化学烟雾的形成与 NO_x 有关。可以用下面反应使废气中的 NO_x 转化为无毒的 N_2：

$$NO_x + NH_3 \longrightarrow N_2 + H_2O$$

5. 亚硝酸及其盐

将等物质的量的 NO_2 和 NO 溶于冰水，可得到亚硝酸 HNO_2：

$$NO + NO_2 + H_2O = 2HNO_2$$

HNO_2 为中强酸，不稳定，放置时逐渐分解，目前尚未制得纯的 HNO_2。

$$3HNO_2 = HNO_3 + 2NO + H_2O$$

将 NO_2 和 NO 溶于碱，可得亚硝酸盐：

$$NO + NO_2 + 2OH^- = 2NO_2^- + H_2O$$

亚硝酸盐比亚硝酸稳定得多，其中碱金属和碱土金属的亚硝酸盐比重金属的稳定。重金属的亚硝酸盐微溶于水，NH_4^+ 盐和碱金属、碱土金属的盐都是易溶盐。

HNO_2 和它的盐都兼有氧化性和还原性，但以氧化性为主，如 NO_2^- 在酸性介质中能将 I^- 定量氧化为 I_2，用于测定 NO_2^- 的含量。

$$2NO_2^- + 2I^- + 4H^+ = 2NO + I_2 + 2H_2O$$

遇强氧化剂，如 MnO_4^-、OCl^-，则显示还原性：

$$2MnO_4^- + 5NO_2^- + 6H^+ = 2Mn^{2+} + 5NO_3^- + 3H_2O$$

NO_2^- 可作为配体与许多金属离子，如 Co^{2+}、Fe^{2+}、Cr^{3+}、Cu^{2+}、Pt^{2+} 等，配位形成配离子。如 $Na_3[Co(NO_2)_6]$是检出 K^+ 的试剂。

NO_2^- 与 O_3 互为等电子体，结构相似。

NO_2^- 有毒，能致癌。

6. 硝酸及其盐

在实验室可用下面反应制备 HNO_3：

$$NaNO_3 + H_2SO_4(浓) = NaHSO_4 + HNO_3$$

市售 HNO_3 的浓度为 68%，15 mol·dm^{-3}。HNO_3 见光受热都易分解，所以，应将浓 HNO_3 保存在阴凉处。

$$4HNO_3 = 4NO_2 + O_2 + 2H_2O$$

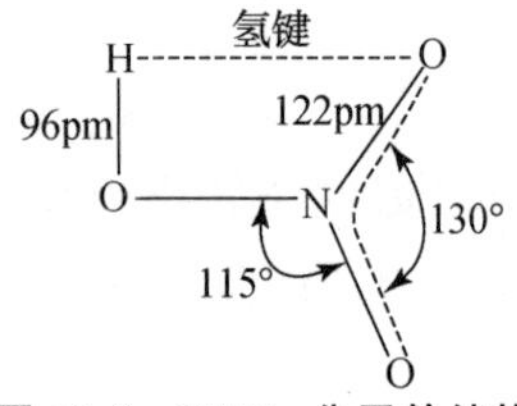

图 13-9 HNO_3 分子的结构

气态 HNO_3 的结构见图 13-9。HNO_3 分子为平面结构。其中 N 原子以 sp^2 杂化轨道与三个 O 原子成三个 σ 键，另外，N 原子与两个非羟基氧原子间有一个 π_3^4 离域 π 键，H 原子与一个非羟基氧原子间形成分子内氢键。分子内氢键的形成降低了形成分子间氢键的可能性，因此，HNO_3 的熔、沸点较低（分别为 −40.1℃ 和 80℃）。

浓 HNO_3 具有强氧化性，能把C、S氧化：

$$4HNO_3+3C = 3CO_2+4NO+2H_2O$$

$$6HNO_3+S = H_2SO_4+6NO_2+2H_2O$$

除Au、Pt、Ta、Rh、Ir等不活泼金属外，硝酸能与所有金属反应，金属被氧化后的产物与金属的活泼性有关：

① Fe、Cr、Al在冷、浓 HNO_3 中，其金属表面因形成一层不溶于冷、浓 HNO_3 的保护膜而被钝化，阻断与 HNO_3 的进一步反应。

② Sn、As、Sb、Mo、W等与浓 HNO_3 反应生成含水氧化物或含氧酸，如β-锡酸 $SnO_2 \cdot xH_2O$、砷酸 H_3AsO_4 等。

③ 其余金属与 HNO_3 反应都生成可溶性硝酸盐，如 $Cu(NO_3)_2$。

HNO_3 氧化金属后的还原产物包括 NO_2、NO、HNO_2、N_2O、N_2、NH_4^+、NH_3、H_2 中的一种或数种，而具体的还原产物是什么或以哪一种为主，与 HNO_3 的浓度、金属的活泼性、溶液的酸碱性有关。HNO_3 浓度为12～16 $mol \cdot dm^{-3}$ 时，产物以 NO_2 为主；浓度为6～8 $mol \cdot dm^{-3}$ 时以NO为主；浓度约为2 $mol \cdot dm^{-3}$ 时，以 N_2O 为主；浓度小于2 $mol \cdot dm^{-3}$ 的 HNO_3 与活泼金属（如Zn）反应时，其还原产物主要为 NH_4^+ 和 N_2；稀 HNO_3 和活泼金属反应，还可能生成 H_2 和金属的硝酸盐；在碱性介质中，HNO_3 转化为 NO_3^-，氧化能力降低，可以与两性金属反应，被还原为 NH_3，如：

$$NO_3^-+4Zn+7OH^-+6H_2O = NH_3+4[Zn(OH)_4]^{2-}$$

$$3NO_3^-+8Al+5OH^-+18H_2O = 3NH_3+8[Al(OH)_4]^-$$

如果要溶解浓 HNO_3 不能溶解的不活泼金属，常用含有浓 HNO_3 的混合酸，如王水（浓 HNO_3 与浓HCl按体积比1∶3混合）可溶解Au、Pt等金属。

$$Au+HNO_3+4HCl = HAuCl_4+NO+2H_2O$$

用浓 HNO_3 与HF的混合酸，可以溶解王水不能溶解的铌(Nb)和钽(Ta)：

$$Nb+5HNO_3+7HF = H_2NbF_7+5NO_2+5H_2O$$

上述混合酸之所以能溶解不活泼金属，是由于它们兼有 HNO_3 的强氧化性和 Cl^-（或 F^-）的配位性。

用 HNO_3 与金属氧化物、氢氧化物、碳酸盐反应，都能得到硝酸盐。硝酸盐都是易溶盐。NO_3^- 的氧化性，受溶液酸碱性的影响，在酸性介质中的氧化性明显大于在碱性介质中的氧化性（见氮的元素电势图）。

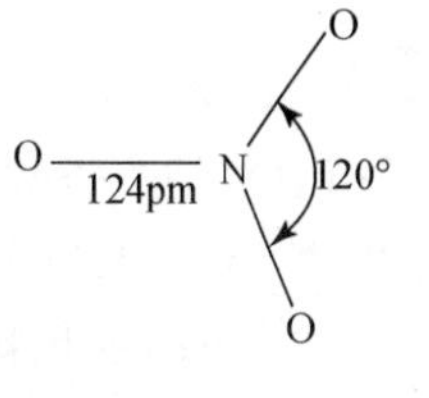

NO_3^- 的结构见图13-10。NO_3^- 呈平面三角形结构，中心原子N以 sp^2 杂化轨道与三个O原子形成三个σ键。另外，在N原子与三个O原子之间还有一个离域π键 π_4^6 存在。因此，NO_3^- 中N与O间键长为124 pm，介于N—O单键键长(136 pm)与N═O双键键长(118 pm)之间。

O
O 124pm N 120°
O

图13-10 NO_3^- 的结构

附 氮的元素电势图

$E^\ominus(A)/V$

$$NO_3^- \xrightarrow{0.803} NO_2 \xrightarrow{1.07} HNO_2 \xrightarrow{0.983} NO \xrightarrow{1.59} N_2O \xrightarrow{1.77} N_2 \xrightarrow{-1.87} NH_2OH \xrightarrow{1.35} NH_4^+$$

（NO_3^- —0.957— NO；NO_3^- —0.934— HNO_2；HNO_2 —1.29— N_2O）

$E^{\ominus}(B)/V$

$$NO_3^- \xrightarrow{-0.85} NO_2 \xrightarrow{0.87} NO_2^- \xrightarrow{-0.46} NO \xrightarrow{0.76} N_2O \xrightarrow{0.94} N_2 \xrightarrow{-3.04} NH_2OH \xrightarrow{0.42} NH_3$$

（$NO_3^- \to NO_2^-$：0.01；$NO_2^- \to N_2O$：0.15）

7. 单质磷及其氧化物、氢化物

(1) 单质磷

磷的同素异形体有三种：白磷、红磷和黑磷。将磷的蒸气迅速冷却即得白磷，因带黄色，又称黄磷。白磷属于分子晶体，分子式为 P_4，四个 P 原子构成正四面体的空间构型(图 13-11)。P_4 是非极性分子，能溶于 CS_2、C_6H_6 等非极性溶剂中。因其燃点(34℃)低，在空气中能自燃，所以应将白磷保存在水中。在光和 X 射线照射下，可将白磷转化为红磷。红磷比白磷稳定，燃点高，室温下不易和 O_2 反应，也不溶于有机溶剂。在 220℃和 1.216×10^9 Pa 的压力下，白磷转化为黑磷。黑磷的结构与石墨相似，不溶于有机溶剂。

白磷有剧毒，对人的致死量为 0.1 g。接触了白磷的皮肤，可涂 0.2 mol · dm^{-3} 的 $CuSO_4$ 溶液；如误服了白磷，可以饮含 0.25g $CuSO_4$ 的溶液解毒。

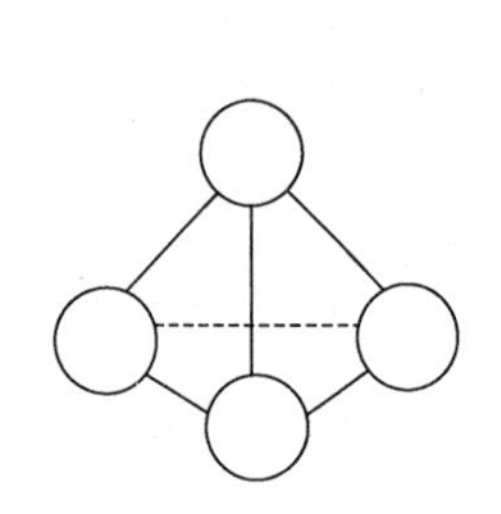

图 13-11　白磷(P_4)的结构

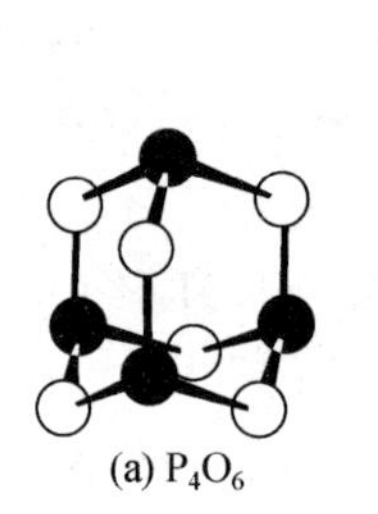

(a) P_4O_6

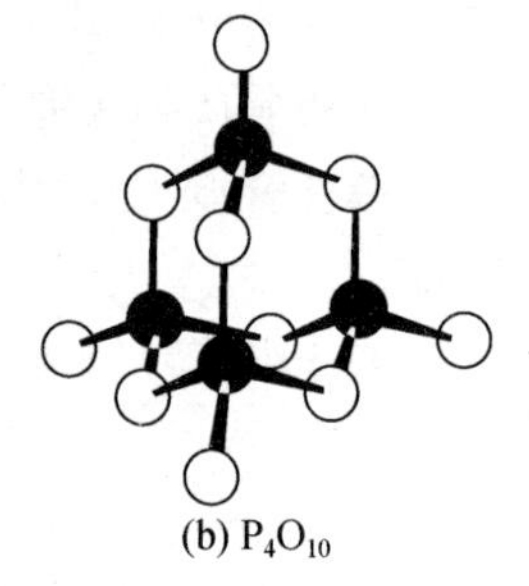

(b) P_4O_{10}

图 13-12　P_4O_6 和 P_4O_{10} 的结构

(2) 磷的氧化物

白磷在空气中燃烧生成 P_4O_6，O_2 充分时生成 P_4O_{10}。图 13-12 示出 P_4O_6 和 P_4O_{10} 的结构。

P_4O_{10} 和 H_2O 有极强的亲和力，因此是最强的化学干燥剂。水不足时，P_4O_{10} 与 H_2O 作用生成偏磷酸 HPO_3；水过量时，生成磷酸 H_3PO_4：

$$P_4O_{10} + 2H_2O = 4HPO_3$$

$$P_4O_{10} + 6H_2O = 4H_3PO_4$$

P_4O_6 是亚磷酸的酸酐，P_4O_6 溶于冷水的最终产物是亚磷酸 H_3PO_3。在热水中因 H_3PO_3 歧化生成 PH_3、P、H_3PO_4 等，而得不到 H_3PO_3。

(3) 磷的氢化物

常见的磷的氢化物(磷化氢)有 PH_3(膦)和 P_2H_4(双膦)。

白磷在碱中歧化生成膦和次磷酸盐：

$$P_4 + 3NaOH + 3H_2O = PH_3 + 3NaH_2PO_2$$

PH_3 的燃点为 39℃，在空气中易自燃：

$$PH_3 + 2O_2 = H_3PO_4$$

PH_3 溶于水，其溶解度小于 NH_3。PH_3 的碱性远小于 NH_3，但还原性大于 NH_3，所以可用做还原剂。

PH_3 的空间构型与 NH_3 的相似，为三角锥形，键角为 93.6°，小于 NH_3 中的键角(107.3°)。PH_3 有剧毒，可以用活性炭吸附或用氧化剂(如 $K_2Cr_2O_7$)氧化 PH_3，消除空气中的 PH_3。

8. 磷的含氧酸及其盐

(1)磷的含氧酸

表 13-9 中列出磷的五个主要含氧酸。

表 13-9　磷的含氧酸

名　称	次磷酸	亚磷酸	磷酸	偏磷酸	焦磷酸
化学式	H_3PO_2	H_3PO_3	H_3PO_4	HPO_3	$H_4P_2O_7$
P 的氧化数	+1	+3	+5	+5	+5
K_{a_1}	1.0×10^{-2}	1.0×10^{-2}	6.9×10^{-3}	1×10^{-1}	0.12
结构式	H　O ＼ // P / ＼ H—O　H	H　O ＼ // P / ＼ H—O　O—H	H—O　O ＼ // P / ＼ H—O　O—H	O // O═P ＼ O—H	O　O ‖　‖ HO—P—O—P—OH |　| OH　OH

H_3PO_2、H_3PO_3 与多数含氧酸的结构式不同，分子中有直接与中心原子 P 相连的 H 原子，因此，H_3PO_2、H_3PO_3 和 H_3PO_4 的分子中都只有一个非羟基氧，三者的酸性相近，都属于中强酸(见 13.1.5 小节)。HPO_3 相当于 H_3PO_4 脱掉一分子 H_2O，$H_4P_2O_7$ 相当于两个 H_3PO_4 分子缩合脱掉一分子 H_2O。与 H_3PO_4 相比，HPO_3、$H_4P_2O_7$ 中有更多的非羟基氧，因此，酸性比 H_3PO_4 强。通常氧化态相同的某一元素的含氧酸，偏酸、焦酸的酸性强于正酸。

H_3PO_2、H_3PO_3 分别为一元酸和二元酸，它们的中心原子 P 处于较低氧化态，都是强还原剂。H_3PO_4 为三元酸，用下面反应可得到纯的 H_3PO_4 溶液：

$$3P_4+20HNO_3(\text{浓})+8H_2O = 12H_3PO_4+20NO$$

市售试剂 H_3PO_4 溶液的浓度为 85%，15 mol·dm^{-3}。H_3PO_4 为高沸点酸。尽管在 H_3PO_4 分子中的 P 处于最高氧化态，但 H_3PO_4 的氧化性极弱。

(2) 磷酸盐

H_3PO_4 与碱反应，通过控制溶液的 pH，可得到磷酸二氢盐、磷酸一氢盐和磷酸盐。据 H_3PO_4 三步电离的反应方程式及其对应的 K_a 的表达式，可得

$$pH=pK_{a_1}+\lg\frac{[H_2PO_4^-]}{[H_3PO_4]}\qquad pK_{a_1}=2.16$$

$$pH=pK_{a_2}+\lg\frac{[HPO_4^{2-}]}{[H_2PO_4^-]}\qquad pK_{a_2}=7.21$$

$$pH=pK_{a_3}+\lg\frac{[PO_4^{3-}]}{[HPO_4^{2-}]}\qquad pK_{a_3}=12.32$$

当 $pH<pK_{a_1}$ 时，溶液中以 H_3PO_4 为主；当 $pK_{a_1}<pH<pK_{a_2}$ 时，溶液中以 $H_2PO_4^-$ 为主；当 $pK_{a_2}<pH<pK_{a_3}$，溶液中以 HPO_4^{2-} 为主；当 $pH>pK_{a_3}$ 时，溶液中以 PO_4^{3-} 为主。例如，用 NaOH 与 H_3PO_4 反应，控制 $pH=\frac{1}{2}(pK_{a_1}+pK_{a_2})=4.69$，可得 NaH_2PO_4；控制 $pH=\frac{1}{2}(pK_{a_2}+pK_{a_3})=9.77$，可得 Na_2HPO_4；在 $pH>pK_{a_3}=13$ 时，得正盐 Na_3PO_4。

HPO_4^{2-}、$H_2PO_4^-$ 属于两性离子，在水中有两种电离方式，如：

$$H_2PO_4^- + H_2O \rightleftharpoons H_3PO_4 + OH^- \quad K_{b_3}(PO_4^{3-})$$

$$H_2PO_4^- \rightleftharpoons H^+ + HPO_4^{2-} \quad K_{a_2}(H_3PO_4)$$

由于 $K_{b_3}(PO_4^{3-}) = \dfrac{K_w}{K_{a_1}(H_3PO_4)} = 1.4\times10^{-12}$， $K_{a_2}(H_3PO_4) = 6.2\times10^{-8}$

即 $H_2PO_4^-$ 的 $K_a > K_b$，所以 NaH_2PO_4 的水溶液显酸性。

对于 HPO_4^{2-}： $K_a = K_{a_3}(H_3PO_4) = 4.8\times10^{-13}$

$$K_b = K_{b_2}(PO_4^{3-}) = \frac{K_w}{K_{a_2}(H_3PO_4)} = 1.6\times10^{-7}$$

即 HPO_4^{2-} 的 $K_b > K_a$，所以 Na_2HPO_4 的水溶液显碱性。

对于同种金属离子的三种不同类型的磷酸盐，其水溶性有所不同，$H_2PO_4^-$ 的盐溶解度最大，PO_4^{3-} 的最小。在磷酸一氢盐和磷酸盐中，只有碱金属(Li 除外)的盐和铵盐易溶，其余均难溶。而 $H_2PO_4^-$ 的盐，多数都是易溶的。因此，在含有 PO_4^{3-}、HPO_4^{2-} 或 $H_2PO_4^-$ 的溶液中加入 $AgNO_3$ 溶液，得到的都是 Ag_3PO_4 的黄色沉淀，如：

$$HPO_4^{2-} + 3Ag^+ \rightleftharpoons Ag_3PO_4(s,黄) + H^+$$

$$H_2PO_4^- + 3Ag^+ \rightleftharpoons Ag_3PO_4(s,黄) + 2H^+$$

在上面的反应中有 H^+ 生成，使溶液的 pH 降低。

H_3PO_4-$H_2PO_4^-$、$H_2PO_4^-$-HPO_4^{2-}、HPO_4^{2-}-PO_4^{3-} 等共轭酸碱对可作为缓冲对配制缓冲溶液。

磷矿粉的主要成分是 $Ca_5F(PO_4)_3$，将其用酸或高温水蒸气脱氟，即得到磷肥，如：

$$Ca_5F(PO_4)_3 + H_2O(g) \xlongequal{1400℃} HF(g) + Ca_5(OH)(PO_4)_3(脱氟磷肥)$$

$Ca_3(PO_4)_2$ 是自然界中含磷矿物磷灰石的主要成分，它在水中的溶解度很小，不能直接作为肥料使用。因此，将其和 H_2SO_4 反应生成 $Ca(H_2PO_4)_2$ 和 $CaSO_4\cdot2H_2O$ 的混合物，即为过磷酸钙肥料：

$$Ca_3(PO_4)_2 + 2H_2SO_4 + 4H_2O \rightleftharpoons Ca(H_2PO_4)_2 + 2CaSO_4\cdot2H_2O$$

(3) 偏磷酸盐、焦磷酸盐和聚磷酸盐

酸式磷酸盐的固体受热脱水，即生成偏磷酸盐、焦磷酸盐或聚磷酸盐，如：

$$2NaH_2PO_4 \xlongequal{169℃} Na_2H_2P_2O_7 + H_2O$$

$$Na_2H_2P_2O_7 \xlongequal{240℃} 2NaPO_3(偏磷酸钠) + H_2O$$

$$2Na_2HPO_4 \xlongequal{\triangle} Na_4P_2O_7(焦磷酸钠) + H_2O$$

$$2Na_2HPO_4 + NaH_2PO_4 \xlongequal{\triangle} Na_5P_3O_{10}(三聚磷酸钠,链状) + 2H_2O$$

$$3NaH_2PO_4 \xlongequal{\triangle} Na_3P_3O_9(三聚磷酸钠,环状) + 3H_2O$$

各种磷酸盐的结构单元都是[PO_4]四面体，相互间以角氧相连成链状或环状(图 13-13)。上述环状三聚磷酸钠可写成$(NaPO_3)_3$，称为环三聚偏磷酸钠，将其加热到 550℃，可得$(NaPO_3)_n$(n=30～90)。

偏、焦、聚磷酸盐中的酸根阴离子能与 Ca^{2+}、Mg^{2+} 等许多金属离子配位，生成可溶于水的配合物，因此这些盐被用做软水剂，软化锅炉用水或除去水垢。洗涤剂中常加入 $Na_5P_3O_{10}$ 作软水剂，但磷酸盐在废水中的积累会造成环境污染。

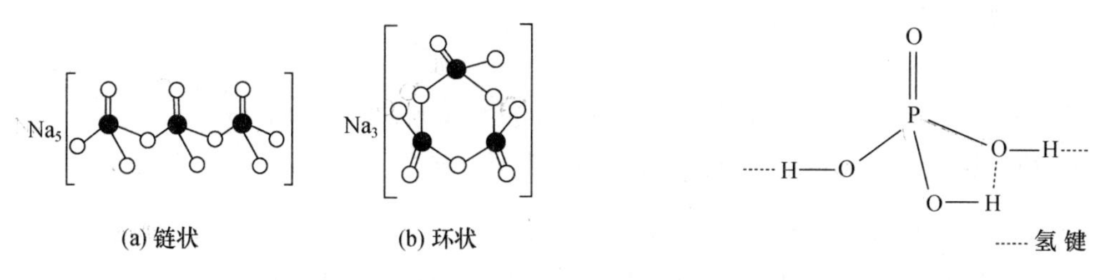

图 13-13　三聚磷酸钠的结构

图 13-14　H_3PO_4 的结构

9. H_3PO_4 和 PO_4^{3-} 的结构

在 H_3PO_4 和 PO_4^{3-} 中，中心原子 P 都以 sp^3 杂化轨道与周围四个 O 原子形成四个 σ 键，呈四面体的空间构型，见图 13-14。

在 PO_4^{3-} 中，P—O 键长为 154 pm，介于单键键长(171 pm)和双键键长(150 pm)之间。一种观点认为，在 P 原子与四个 O 原子间除有四个 σ 键外，还有两个大的离域 π 键 π_5^8，其中一个是由 P 原子的 $d_{x^2-y^2}$ 轨道与四个 O 原子的 p_y 轨道相互重叠而形成，另一个是由 P 原子的 d_{z^2} 轨道与四个 O 原子的 p_z 轨道相互重叠而形成。ClO_4^-、SO_4^{2-}、SiO_4^{2-}、SiF_4 和 PO_4^{3-} 互为等电子体，结构相同。

10. NH_4^+、NO_3^-、NO_2^-、PO_4^{3-} 的鉴定反应

(1) NH_4^+ 的鉴定反应

可以用下面两种方法鉴定 NH_4^+。

①试液中加碱(如 NaOH)，然后加热：

$$NH_4^+ + OH^- \xlongequal{\triangle} NH_3(g) + H_2O$$

用湿 pH 试纸检验生成的气体，如试纸变蓝，证实气体中有 NH_3，即试液中有 NH_4^+。这是检出 NH_4^+ 的常用方法。

② 用 Nessler 试剂(K_2HgI_4 的 KOH 溶液)检验。试剂和 NH_4^+ 的相对量不同时，生成的沉淀及其颜色有所不同：

$$2HgI_4^{2-} + NH_3 + 3OH^- = \left[O \begin{smallmatrix} \diagup Hg \diagdown \\ \diagdown Hg \diagup \end{smallmatrix} NH_2 \right] I(s,\text{褐}) + 7I^- + 2H_2O$$

$$2HgI_4^{2-} + NH_3 + 2OH^- = \left[\begin{matrix} HO{-}Hg \\ I{-}Hg \end{matrix} \rangle NH_2 \right] I(s,\text{深褐}) + 6I^- + H_2O$$

$$2HgI_4^{2-} + NH_3 + OH^- = \left[\begin{matrix} I{-}Hg \\ I{-}Hg \end{matrix} \rangle NH_2 \right] I(s,\text{红棕}) + 5I^- + H_2O$$

若试液中含有 Fe^{3+}、Co^{2+}、Ni^{2+}、Cr^{3+}、Ag^{+} 等离子，将干扰 NH_4^+ 的检出。因为它们能与 OH^- 生成有色的氢氧化物或氧化物沉淀。

（2）NO_3^- 的鉴定反应

常用下面两个反应检出 NO_3^-：

① $$NO_3^- + Zn + 2HAc = NO_2^- + Zn^{2+} + 2Ac^- + H_2O$$

检验生成的 NO_2^-，因此需事先用尿素排除 NO_2^- 的干扰：

$$2NO_2^- + CO(NH_2)_2 + 2H^+ \xlongequal{\triangle} CO_2(g) + 2N_2(g) + 3H_2O$$

② $$3NO_3^- + 8Al + 5OH^- + 18H_2O = 3NH_3(g) + 8[Al(OH)_4]^-$$

用湿的 pH 试纸检验生成的 $NH_3(g)$。

（3）NO_2^- 的鉴定反应

① $$2NO_2^- + 2I^- + 4HAc = 2NO + I_2 + 4Ac^- + 2H_2O$$

用 CCl_4 萃取生成的 I_2，CCl_4 层显紫色，证实有 NO_2^- 存在。在同样的条件下 NO_3^- 不能氧化 I^-，因此不干扰 NO_2^- 的检出。

② 在试液中加 HAc、对氨基苯磺酸和 α-萘胺，发生下面反应：

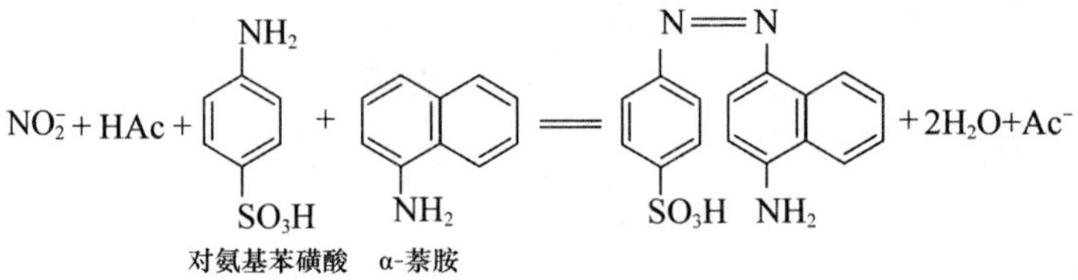

NO_2^- + HAc + （对氨基苯磺酸，NH_2、SO_3H）+（α-萘胺，NH_2）═（SO_3H 苯基—N═N—萘基 NH_2）+ $2H_2O$ + Ac^-

对氨基苯磺酸　α-萘胺

溶液显粉红色，证实有 NO_2^- 存在。若 NO_2^- 浓度大，则生成褐色沉淀。

③ $$5NO_2^- + 2MnO_4^- + 6H^+ = 2Mn^{2+} + 5NO_3^- + 3H_2O$$

MnO_4^- 的紫色退去，证实有 NO_2^-。其他还原性阴离子干扰检出。

（4）PO_4^{3-} 的检出反应

① $$PO_4^{3-} + 3Ag^+ = Ag_3PO_4(\text{s，黄色})$$

黄色 Ag_3PO_4 沉淀溶于硝酸，而另外两个黄色沉淀 AgBr（浅黄）和 AgI（黄）不溶于硝酸。

② 用过量饱和钼酸铵溶液和浓 HNO_3 检出：

$$PO_4^{3-} + 3NH_4^+ + 12MoO_4^{2-} + 24H^+ \xlongequal{\triangle} (NH_4)_3PO_4 \cdot 12MoO_3 \cdot 6H_2O(\text{晶状，黄色}) + 6H_2O$$

AsO_4^{3-} 有类似反应，可以用 H_2S 除去 AsO_4^{3-} 的干扰：

$$2AsO_4^{3-} + 5H_2S + 6H^+ = As_2S_3(s) + 2S(s) + 8H_2O$$

另外，黄色的晶状产物钼磷酸铵溶于碱、氨水、醋酸铵或草酸铵溶液，而组成、颜色和外形都和钼磷酸铵相似的钼砷酸铵只能溶于碱或氨水，不溶于醋酸铵或草酸铵溶液。由此可以区别 PO_4^{3-} 和 AsO_4^{3-}。

③ PO_4^{3-} 与适量 $NH_3 \cdot H_2O$ 和 $MgCl_2$ 生成白色磷酸镁铵沉淀：

$$PO_4^{3-} + NH_4^+ + Mg^{2+} = NH_4MgPO_4(\text{s，白})$$

AsO_4^{3-} 干扰反应，可用②中方法除去 AsO_4^{3-}。

另外，还可以用 $FeSO_4$ 检出 NO_3^- 或 NO_2^-：在待检溶液中加入 $FeSO_4$ 溶液，然后沿试管壁慢慢加入浓 H_2SO_4(检验 NO_3^- 或 NO_2^-)或 HAc(检验 NO_2^-)。在酸与试液的交界处出现棕色环，表示有 NO_3^-(或 NO_2^-)存在：

$$3Fe^{2+} + NO_3^- + 4H^+ = 3Fe^{3+} + NO + 2H_2O$$

$$Fe^{2+} + NO_2^- + 2H^+ = Fe^{3+} + NO + H_2O$$

$$Fe^{2+} + NO + SO_4^{2-} = Fe(NO)SO_4\text{(棕色)}$$

11. 氮、磷在生物体内的某些功能

氮、磷是构成动植物组织必需的宏量元素。

蛋白质是生物体内各种组织的基本组成部分，氨基酸是蛋白质的基本单元，而氮则是生物体内各种氨基酸的重要组成元素。不同食物的氨基酸尽管组成不同，但都必定含有 C、H、O、N 四种元素。用 NO 作为配体的配合物，$Na_2[Fe(CN)_5NO]$可用于治疗高血压症。

磷是生物体中不可缺少的元素。生物体含有的核酸 DNA 和 RNA 携带着遗传密码，是细胞中最重要的一类物质。磷酸、五元糖(戊糖)和含氮碱基是组成核酸的三个基本结构单元。磷酸分子和脂类形成的化合物叫磷脂，分为甘油磷脂和鞘磷脂两类。脑、肌肉和神经中都含有磷脂，主要参与细胞膜系统组成，从大豆中提取的卵磷脂有防止血管硬化的作用。生物体中的三磷酸腺苷(ATP)是生化反应中的高能分子，为生物体中的吸热反应提供能量。另外，动物骨骼和牙齿的主要成分是磷酸盐。

13.1.4　碳、硅、硼及其化合物

碳(Carbon)、硅(Silicon)属于周期表中ⅣA 族元素，另外，该族还包括三种金属元素：锗(Germanium)、锡(Tin)和铅(Lead)。硼族(ⅢA 族)元素包括硼(Boron)和金属元素铝(Aluminium)、镓(Gallium)、铟(Indium)和铊(Thallium)。表 13-10 和表 13-11 分别列出了ⅣA 族和ⅢA 族元素的某些性质。

表 13-10　碳族元素的某些性质

	碳(C)	硅(Si)	锗(Ge)	锡(Sn)	铅(Pb)
原子序数	6	14	32	50	82
相对原子质量	12.01	28.09	72.64	118.7	207.2
价层电子构型	$2s^2 2p^2$	$3s^2 3p^2$	$4s^2 4p^2$	$5s^2 5p^2$	$6s^2 6p^2$
原子半径/pm	77.2	118	122	151	175
离子半径(M^{4+})/pm	16	40	53	69	78
熔点/℃	3642(升华)	1412	937.3	231.9	327.4
沸点/℃	4492(三相点)	3265	2830	2602	1749
第一电离能/eV	11.260	8.152	7.899	7.344	7.417
第一电子亲和能/eV	1.262	1.390	1.233	1.112	0.364
电负性	2.55	1.90	2.01	1.96	1.8

表 13-11 硼族元素的某些性质

	硼(B)	铝(Al)	镓(Ga)	铟(In)	铊(Tl)
原子序数	5	13	31	49	81
相对原子质量	10.81	26.98	69.72	114.8	204.4
价层电子构型	$2s^2 2p^1$	$3s^2 3p^1$	$4s^2 4p^1$	$5s^2 5p^1$	$6s^2 6p^1$
原子半径/pm	86	143.1	135	167	175.9
离子半径(M^{3+})/pm	27	54	62	80	89
熔点/℃	2076	660.3	29.76	156.6	303.5
沸点/℃	3864	2518	2203	2072	1457
第一电离能/eV	8.298	5.986	5.999	5.786	6.108
第一电子亲和能/eV	0.280	0.433	0.43	0.3	0.2
电负性	2.04	1.61	1.81	1.78	1.8

本节重点介绍碳、硅、硼及其化合物。

1. 单质碳

碳元素在自然界的分布很广，是构成生物有机体的基本元素。以单质形式存在的有金刚石和石墨；以化合态形式存在的有石油、碳酸盐等。大气、海洋和地壳中都含有大量化合态的碳。

碳有三种同位素^{12}C、^{13}C、^{14}C，天然碳化合物中的碳主要为^{12}C。

^{14}C是放射性同位素，半衰期为5720年。^{14}C通过参与自然界碳循环进入生物体内，活着的生物体内^{14}C含量维持不变，生物体“死”后，包括碳循环的新陈代谢停止，生物体内只发生^{14}C的蜕变。在考古学和地球化学的研究中，就是利用测定某些“已死”生物体中^{14}C的含量，来推算这些生物生存的年代。

碳的同素异形体有无定形碳、石墨、金刚石，和包括C_{60}、C_{70}、C_{84}等碳的原子簇的富勒烯(fullerenes)等。

金刚石属原子晶体，其中每个C原子都以sp^3杂化轨道与相邻的四个碳原子以共价键结合，形成共价大分子。金刚石有最高的硬度，通常以金刚石硬度为10作基准，测量各物质的硬度。石墨也属于原子晶体，但是，其中的每个C原子以sp^2杂化轨道与相邻的三个C原子以共价键结合成层状结构，同层各C原子的p_z轨道相互重叠形成π_n^n离域π键，层间靠van der Waals引力结合。因此，石墨有好的导电性能；石墨的片层结构易产生相对滑动，可作为抗摩擦的润滑材料。

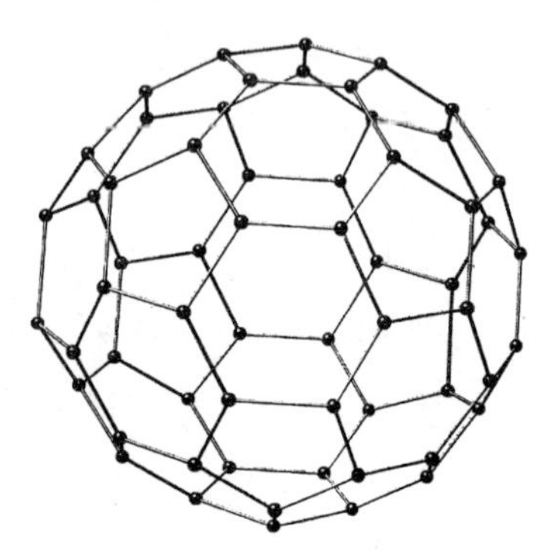

图 13-15 球烯 C_{60}的结构

1985年，克若特(Kroto)和斯曼力(Smalley)等人发现了C_{60}。在C_{60}分子中，每个C原子参与形成两个六元环和一个五元环，60个C原子组成12个五元环和20个六元环。相邻的两个C—C键(σ键)之间的键角∠CCC为116°，每个C周围的三个σ键的键角之和为348°(小于360°)，因此，60个C原子组成的五元环和六元环构成了一个酷似足球的球面，故C_{60}又称足球烯(图13-15)。C_{60}中的C原子以$sp^{2.28}$(介于sp^3与sp^2之间)杂化轨道与相邻三个C原子形成三个σ键，C价层的剩余p轨道(与球面垂直)相互重叠形成离域π键，其中有s轨道成分(8.8%)和p轨道成分(91.2%)，大π键上的电子云分布在球面的内部和外部。

发现 C_{60} 后，又相继发现了 C_{70}、C_{84} 等一系列碳的原子簇形分子，这些分子的外形都呈现封闭的圆球形或椭球形，因此统称为球烯。

2. 碳的氧化物

碳的氧化物有 CO 和 CO_2。

(1) CO

碳在不足量的氧气中燃烧生成 CO，CO 为无色、无味的有毒气体。实验室用甲酸分解制备少量 CO，用浓 H_2SO_4 作脱水剂。

$$HCOOH \xrightarrow[\triangle]{H_2SO_4} CO(g)+H_2O$$

CO 具有还原性，如：

$$Fe_2O_3(s)+3CO(g) = 2Fe(s)+3CO_2(g)$$

$$PdCl_2+CO+H_2O = Pd(s,黑)+CO_2+2HCl$$

可以利用这个生成黑色沉淀 Pd 的反应检出 CO 的存在。

CO 具有配位性。在 CO 分子中的 C 原子上有一对电子，因此，CO 分子可以作为配体与金属原子配位形成羰基配合物，如：

$$Fe(s)+5CO(g) = Fe(CO)_5(l)\text{(五羰基合铁)}$$

煤气的主要成分是 CO，它与人体中输送 O_2 的血红蛋白的结合能力远大于 O_2。因此，当人吸入 CO 后，CO 与血红蛋白的结合破坏了血红蛋白的输 O_2 功能而引起中毒。空气中 CO 含量达 0.1%(体积分数)时即会引起中毒。

用含碳化合物作燃料燃烧时，废气中常含 CO 而造成大气污染，可在 Pt 或稀土氧化物的催化剂作用下使 CO 与 O_2 反应生成 CO_2，除去空气中的 CO。

CO 和 N_2、CN^- 等互为等电子体，C 与 O 间有一个 σ 键和两个 π 键。

(2) CO_2

木材、煤、石油、天然气等燃料燃烧的废气中含有 CO_2；某些发酵过程也生成 CO_2；人呼出的气体中约含 4%的 CO_2。大气中 CO_2 的体积分数为 0.035%。

CO_2 溶于水，室温下饱和 CO_2 溶液的浓度为 0.03～0.04 $mol \cdot dm^{-3}$。随着温度升高，CO_2 从水中逸出，溶解度减小，因此，常用煮沸的方法除去水中的 CO_2。

在 5.3×10^5 Pa、−56.6℃时，CO_2 凝为干冰；常压下，−78.5℃时干冰升华。CO_2 的临界温度为 31℃，钢瓶中的 CO_2 呈液态。

CO_2 不助燃，可用于制造干冰灭火器，但不能扑灭燃着的 Mg。因为 Mg 能在 CO_2 中燃烧：

$$CO_2(g)+2Mg(s) = 2MgO(s)+C(s)$$

CO_2 是酸性氧化物，与碱性物反应生成碳酸盐，如：

$$CO_2+M(OH)_2 = MCO_3(s)+H_2O \quad (M=Ca、Ba 等)$$

由于 $Ba(OH)_2$ 的溶解度较大，碱性较强，所以可用它吸收(除去)气体中的 CO_2，或者鉴定 CO_2 的存在。为了检出溶液中的 CO_3^{2-}，可以用 $Ba(OH)_2$ 溶液吸收酸化试液时释放出的气体。若 $Ba(OH)_2$ 溶液中出现白色浑浊($BaCO_3$ 沉淀)，表明试液中可能有 CO_3^{2-}。

CO_2 与 N_2O 等互为等电子体。CO_2 中的 C 原子用 sp 杂化轨道与两个 O 原子形成两个 σ 键，另外，在三个原子间还存在两个 π_3^4 离域 π 键(如右图)。因此，

π_3^4
:O—C—O:
π_3^4

CO_2 为直线形非极性分子。

3. 碳酸及其盐

人们常把 CO_2 的水溶液叫碳酸，但至今尚未制得纯碳酸。溶在水中的 CO_2，只有极少部分成为 H_2CO_3，大部分以 CO_2 的水合物形式存在。在 CO_2 水溶液中有以下三个平衡：

① $CO_2 + H_2O \rightleftharpoons H_2CO_3 \qquad K = 1.8\times10^{-3}$

② $H_2CO_3 \rightleftharpoons H^+ + HCO_3^- \qquad K_{a_1}(H_2CO_3) = 2.5\times10^{-4}$

③ $HCO_3^- \rightleftharpoons H^+ + CO_3^{2-} \qquad K_{a_2}(H_2CO_3) = 4.7\times10^{-11}$

①式+②式，得

$$CO_2 + H_2O \rightleftharpoons H^+ + HCO_3^- \qquad K_a = K\times K_{a_1}(H_2CO_3) = 4.5\times10^{-7}$$

此 K_a 值即是常用数据表中给出的 H_2CO_3 的第一步电离常数值。这实际上是认为溶解在水中的 CO_2 全部转化为 H_2CO_3，所谓 H_2CO_3 是弱酸，就是据这个平衡的 K_a 而言。而 H_2CO_3 真正的 $K_{a_1}(H_2CO_3)$ 的值，应该是与②式对应的电离常数值，所以，H_2CO_3 属中强酸（见 13.1.5 小节）。

H_2CO_3 是二元酸，与碱反应可以生成酸式盐或正盐。正盐中除碱金属（不包括 Li^+）、铵及铊（Tl^+）盐易溶外，都难溶于水。许多金属的酸式碳酸盐的溶解度较其正盐的溶解度大，如 $Ca(HCO_3)_2$ 和 $Ba(HCO_3)_2$ 的溶解度分别大于 $CaCO_3$ 和 $BaCO_3$ 的溶解度，但易溶的 Na_2CO_3、K_2CO_3 的溶解度大于相应的酸式盐。

$NaHCO_3$（俗称小苏打）溶液的 pH≈8.3，显碱性，这是由于 HCO_3^- 的 $K_b > K_a$。

CO_3^{2-} 与金属盐溶液反应，可能生成正盐、碱式盐或氢氧化物。当金属碳酸盐的溶解度小于相应的氢氧化物时，则生成正盐，如与 Ca^{2+}、Sr^{2+}、Ba^{2+} 等的反应。CO_3^{2-} 与 Fe^{3+}、Al^{3+}、Cr^{3+} 反应生成溶解度很小的氢氧化物。如果正盐与氢氧化物的溶解度相近，生成物是碱式盐，如 Cu^{2+}、Mg^{2+}、Zn^{2+}、Co^{2+}、Ni^{2+} 等与 CO_3^{2-} 的反应。通过计算可以判断产物的类型。如 0.20 mol·dm^{-3} Na_2CO_3 溶液与 0.20 mol·dm^{-3} $CaCl_2$ 溶液等体积混合，已知 0.1 mol·dm^{-3} Na_2CO_3 溶液中 OH^- 浓度为 4.6×10^{-3} mol·dm^{-3}，则

$$Q = [Ca^{2+}][CO_3^{2-}] = 0.10\times0.10 = 1.0\times10^{-2} > K_{sp}(CaCO_3)$$

$$Q = [Ca^{2+}][OH^-]^2 = 0.10\times(4.6\times10^{-3})^2 = 2.1\times10^{-6} < K_{sp}(Ca(OH)_2)$$

因此，反应的结果是产生 $CaCO_3$ 沉淀。如果将 Ca^{2+} 换成 Mg^{2+}，则

$$Q = [Mg^{2+}][CO_3^{2-}] = 0.10\times0.10 = 1.0\times10^{-2} > K_{sp}(MgCO_3)$$

$$Q = [Mg^{2+}][OH^-]^2 = 0.10\times(4.6\times10^{-3})^2 = 2.1\times10^{-6} > K_{sp}(Mg(OH)_2)$$

可见，既可生成 $MgCO_3(s)$，又可生成 $Mg(OH)_2(s)$，所以其产物是 $Mg_2(OH)_2CO_3(s)$（碱式碳酸镁）。若用 $NaHCO_3$ 代替 Na_2CO_3，由于 OH^- 浓度降低，使生成正盐的可能性增加，如在以上条件下产物是 $MgCO_3$ 而不是 $Mg_2(OH)_2CO_3$。

CO_3^{2-} 是平面三角形结构。CO_3^{2-} 中的 C 以 sp^2 杂化轨道与周围的三个 O 原子形成三个 σ 键。另外，与三角平面垂直的来自四个原子的相互平行的 p 轨道相互重叠形成了离域 π 键 π_4^6（6 个电子中有 2 个电子是 −2 价 CO_3^{2-} 离子中的外来电子）。CO_3^{2-}、NO_3^-、BO_3^{3-} 及 BF_3 互为等电子体，结构相同。

4. 硅、二氧化硅、硅的含氧酸及其盐

硅元素是以 SiO_2、硅酸盐的形式广泛存在于自然界。

(1) 单质硅

用 SiH_4(甲硅烷)热分解得多晶硅:

$$SiH_4(g) \xlongequal{\triangle} Si(s) + 2H_2(g)$$

晶体 Si 的结构同金刚石,由于 Si—Si 键长大于 C—C 键,所以,Si—Si 键的键能较 C—C 键低。

Si 很稳定,与 O_2、H_2O 发生微弱反应,可能是由于颗粒表面有难溶的 SiO_2 生成。常温下不能与 N_2、S、P、Cl_2 等反应,只有在较高温度下才与之反应生成相应的化合物。硅也不和除 $HNO_3 + HF$(混合酸)以外的其他酸发生明显反应,但在热浓碱中能迅速反应:

$$Si + 2OH^- + H_2O = SiO_3^{2-} + 2H_2(g)$$

Si 能把太阳能转化为电能。掺杂后的 Si 用做半导体材料。超纯单晶硅是电脑芯片基质材料。

(2) 二氧化硅

SiO_2 是石英、砂子的主要成分。

SiO_2 属原子晶体。晶体中的每个 Si 原子处在由周围四个 O 原子构成的四面体的中心。Si 以 sp^3 杂化轨道与四个 O 形成四个 σ 键。每个 O 原子连接着两个 Si 原子,因此,在由 Si、O 组成的巨型共价大分子中,Si 与 O 的比例是 $1:\left(4\times\frac{1}{2}\right)=1:2$,故化学式为 SiO_2。

SiO_2 具有原子晶体的性质,它硬度大,熔点高,不溶于水,例如,石英的溶解度为 $7\times10^{-5}\ mol\cdot dm^{-3}$,无定形 SiO_2 的溶解度是 $2\times10^{-3}\ mol\cdot dm^{-3}$。$SiO_2$ 的化学性质也很稳定,在王水中难溶,但能与 HF 反应:

$$SiO_2(s) + 4HF(g) = SiF_4(g) + 2H_2O(g)$$

SiO_2 是酸性氧化物,和碱或碱性氧化物反应生成硅酸盐:

$$SiO_2(s) + 2OH^- = SiO_3^{2-} + H_2O$$

$$SiO_2(s) + Na_2CO_3(s) \xlongequal{熔} Na_2SiO_3(s) + CO_2(g)$$

$$SiO_2(s) + NiO(s) \xlongequal{600\sim900℃} NiSiO_3(s)$$

(3) 硅酸及其盐

按照含氧酸的命名方法,H_4SiO_4 称为正硅酸,H_2SiO_3 称为偏硅酸,但通常人们以 H_2SiO_3 表示硅酸。

在 0℃,$SiCl_4$ 在 pH=2~3 的水溶液中水解,得 H_4SiO_4:

$$SiCl_4 + 4H_2O = H_4SiO_4 + 4HCl$$

H_4SiO_4 和丙酮混合得 H_2SiO_3。

单个 H_4SiO_4 分子是可以溶于水的,但是硅酸很容易聚合成多硅酸(用 $xSiO_2\cdot yH_2O$ 表示)。多硅酸不溶于水,在溶液中呈胶状,称为硅酸凝胶,将其在 60~70℃烘干,300℃活化,即得白色透明具有多孔性的硅胶。多孔的硅胶有较大的比表面积,因此有很好的吸水性,可作吸附剂、干燥剂。

H_2SiO_3 是二元弱酸,$K_{a_1}=1\times10^{-10}$,$K_{a_2}=1\times10^{-12}$。

H_2SiO_3 与碱反应生成硅酸盐。常见的可溶性硅酸盐有 Na_2SiO_3(水溶液俗称水玻璃)和

K_2SiO_3。硅酸盐溶液中酸根的存在形式受 pH 的影响，pH≈14 时以 SiO_3^{2-} 的形式存在；pH 降低，SiO_3^{2-} 水解并缩合，pH 在 10.9～13.5 时，主要以 $Si_2O_5^{2-}$ 的形式存在；pH<10.9 时缩合成较大离子，如 pH 再降低，则析出硅酸凝胶，pH=5.8 时，胶凝速率最快。在可溶性硅酸盐溶液中加 H^+、CO_2 或 NH_4^+，都会生成 H_2SiO_3：

$$SiO_3^{2-} + 2H^+ = H_2SiO_3$$

$$SiO_3^{2-} + 2CO_2 + 2H_2O = H_2SiO_3 + 2HCO_3^-$$

$$SiO_3^{2-} + 2NH_4^+ = H_2SiO_3 + 2NH_3$$

进一步酸化，则生成硅酸凝胶。

硅酸盐种类繁多，但基本上都是由 $[SiO_4]$ 四面体以角氧相连而成，在每个 $[SiO_4]$ 中 Si 和 O 的原子数比为 1∶4，化学式为 SiO_4^{4-}；若每个 $[SiO_4]$ 各提供两个角氧和两个相邻的 $[SiO_4]$ 相连，则成链状或环状结构，Si 和 O 的原子数比为 1∶(2+2×0.5)，化学式为 $[SiO_3]_n^{2n-}$；如每个 $[SiO_4]$ 分别用三个角氧和三个相邻的 $[SiO_4]$ 连接，则形成层状结构，例如云母，Si 与 O 的原子数比为 1∶(1+3×0.5)，化学式为 $[Si_2O_5]_n^{2n-}$；若每个 $[SiO_4]$ 以四个角氧与四个相邻的 $[SiO_4]$ 相连，形成的是骨架状结构，例如石英，化学式为 SiO_2（图 13-16）。

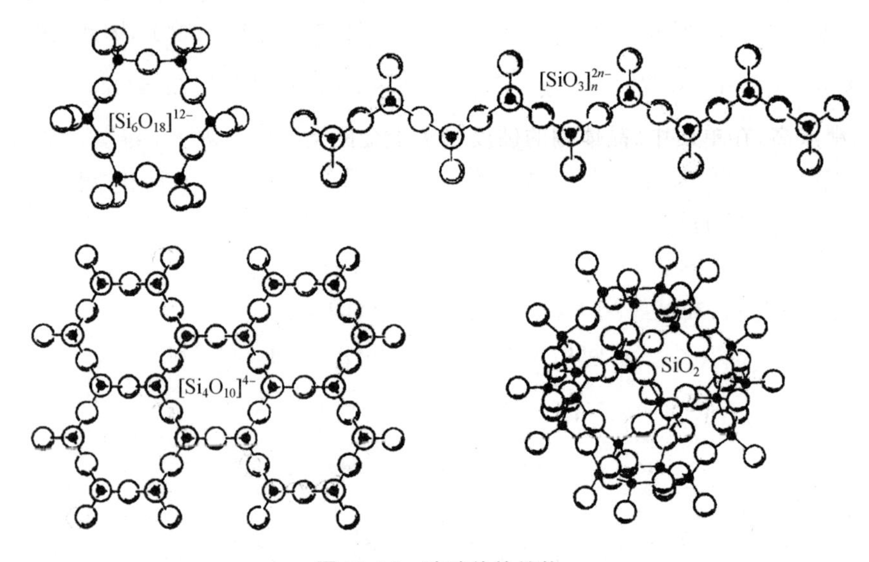

图 13-16 硅酸盐的结构

天然沸石是铝原子取代部分硅原子的铝硅酸盐，组成为 $NaCa_{0.5}(Al_2Si_5O_{14})\cdot 10H_2O$，它多孔，比表面大，脱水后用做干燥气体或有机溶剂的干燥剂。人工合成的铝硅酸盐称为分子筛，有较强的机械强度和热稳定性，可作催化剂，也可用于干燥气体、溶剂等。

硅和碳同族，都能形成四价化合物，但其性质明显不同。如 CO_2 是气体，SiO_2 是固体；CH_4 稳定，SiH_4 不稳定；H_2CO_3 存在于水溶液中，H_2SiO_3 不溶于水；CCl_4 不水解，$SiCl_4$ 容易水解等。

硅是人体必需元素，它对于胶原蛋白和骨组织的合成、对上皮组织和结缔组织的生理功能及血管壁的渗透性和弹性等都有着重要影响。

长期吸入 SiO_2 粉尘会造成称为"硅肺"的疾病，导致肺功能不同程度的损害，严重者死亡率很高。

5. 硼、氧化硼、硼酸和硼砂

地壳中的硼主要以含氧化合物的形式存在。

(1) 单质硼

硼单质有无定形体和晶体(原子晶体)两种类型。α-菱形晶体硼的结构单元是由十二个 B 原子组成的二十面体,其中每个 B 原子和相邻的五个 B 原子相连(图 13-17)。单质 B 的分子式写做 B_{12}。

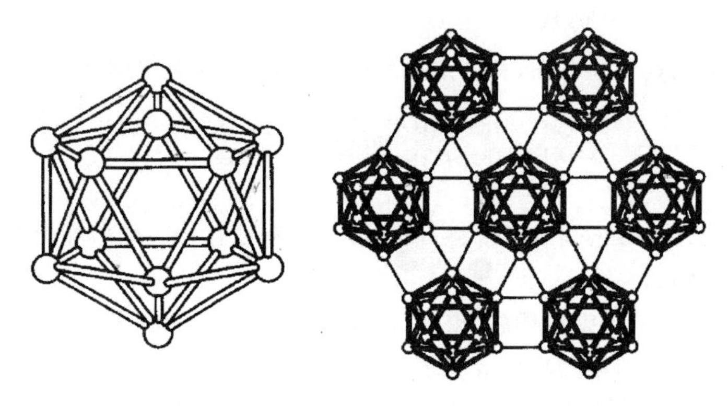

图 13-17　B 单质的结构(正二十面体和密堆积层)

硼的熔、沸点高,在单质中,晶体硼的硬度仅次于金刚石。常温下 B 和 F_2 反应,加热下 B 和 Cl_2、Br_2、I_2 反应生成 BX_3(X=F、Cl、Br、I)。除 H_2、Te 及稀有气体外,B 能和所有非金属反应,也能和许多金属生成硼化物 MB_6(M=Ca、Sr、Ba、La)。

硼能与有氧化性的酸反应。例如,在加热下,HNO_3 能把 B(1∶1)氧化生成 H_3BO_3:

$$B + HNO_3 + H_2O \xlongequal{\triangle} H_3BO_3 + NO(g)$$

B 还能从 Cu、Sn、Pb、Bi、Fe、Co 的氧化物中夺取氧,使金属还原为单质。

(2) 氧化硼、硼酸和硼砂

B 在空气中加热或 H_3BO_3 脱水,都可以得到 B_2O_3。B_2O_3 为白色固体,常见的有无定形 B_2O_3 和晶体 B_2O_3。B_2O_3 是酸性氧化物,在熔融状态下能和许多金属氧化物生成玻璃状硼酸盐。B_2O_3 是 H_3BO_3 的酸酐,极易吸水生成 H_3BO_3 晶体。常见的硼酸有(正)硼酸 H_3BO_3、偏硼酸 HBO_2 和四硼酸 $H_2B_4O_7$。H_3BO_3 受热脱水生成 HBO_2,继续脱水转化成无定形 B_2O_3。

用硼酸盐和强酸反应生成 H_3BO_3。在 H_3BO_3 分子中,B 以 sp^2 杂化轨道与周围三个 O 原子形成三个 σ 键,成平面三角形结构。每个硼酸分子又与周围三个 H_3BO_3 分子以氢键相连接,因此形成了六角片状的白色硼酸晶体,如图 13-18 所示。键角∠OBO=120°,B—O 键长为 136 pm,层间距为 318 pm。

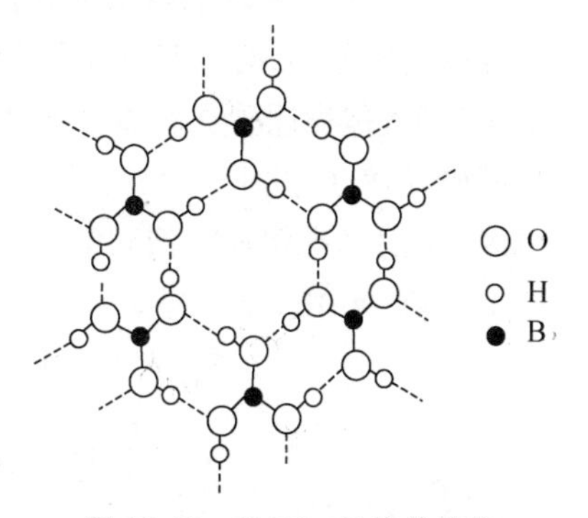

图 13-18　H_3BO_3 晶体的结构

H_3BO_3 的性质有以下三方面:

① H_3BO_3 易溶于水,也易溶于 CH_3OH、C_2H_5OH 等带—OH 基的有机溶剂。

② H_3BO_3 是一元弱酸。H_3BO_3 中 B 的价轨道数为 4，大于其价电子数 3，是缺电子化合物，因此，是典型的 Lewis 酸。所以，它在水中的电离方式为

$$H_3BO_3 + H_2O \longrightarrow B(OH)_4^- + H^+ \quad K_a = 5.4 \times 10^{-10}$$

③ H_3BO_3 和多元醇结合，酸性增强。如 H_3BO_3 与丙三醇（即甘油）的反应：

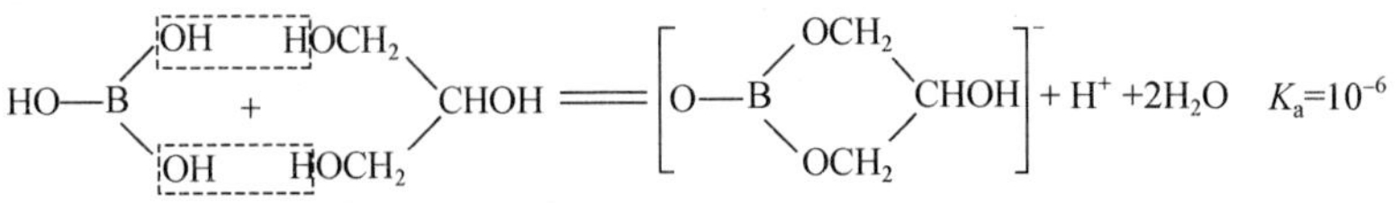

$$HO{-}B(OH)_2 + HOCH_2{-}CHOH{-}CH_2OH \longrightarrow \left[O{-}B\begin{matrix}OCH_2\\OCH_2\end{matrix}CHOH\right]^- + H^+ + 2H_2O \quad K_a = 10^{-6}$$

硼酸和一元醇反应生成具有挥发性、易燃的硼酸酯，如 $B(OCH_3)_3$ 的沸点为 68.5℃。

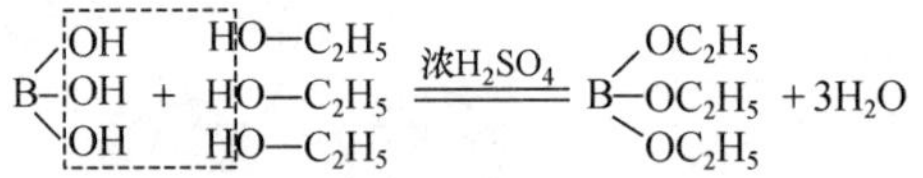

$$B(OH)_3 + 3HO{-}C_2H_5 \xrightarrow{浓H_2SO_4} B(OC_2H_5)_3 + 3H_2O$$

浓 H_2SO_4 是作为吸水剂，防止硼酸酯水解，使反应平衡向右移动。硼酸酯燃烧呈绿色火焰，可用此特性鉴定硼的化合物。

将 H_3BO_3 加热脱水缩合得四硼酸 $H_2B_4O_7$，它的酸性比 H_3BO_3 强，$K_{a_1} = 1.5 \times 10^{-7}$。

硼酸盐中只有碱金属的硼酸盐易溶于水，其他硼酸盐都难溶。

硼砂（四硼酸钠）是最常见的四硼酸盐，分子式为 $Na_2B_4O_5(OH)_4 \cdot 8H_2O$ 或 $Na_2B_4O_5(OH)_4 \cdot 3H_2O$。$[B_4O_5(OH)_4]^{2-}$ 的结构见图 13-19，其中三配位的 B 以 sp^2 杂化轨道成键，与三个 O 原子成平面三角形构型；四配位的 B 以 sp^3 杂化轨道成键，与四个 O 原子成四面体构型。

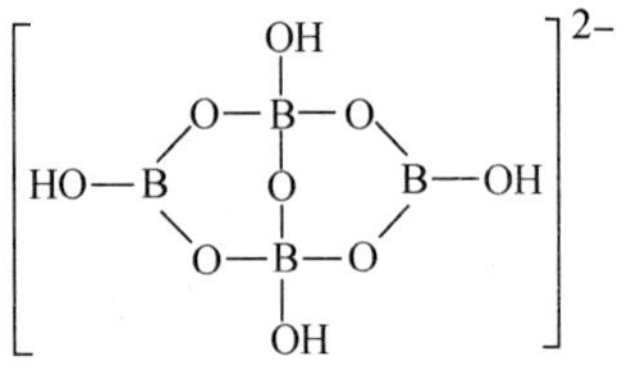

图 13-19 $[B_4O_5(OH)_4]^{2-}$ 的结构

含水的四硼酸钠在 350～400℃脱水得 $Na_2B_4O_7$，可以把 $Na_2B_4O_7$ 表示为 $2NaBO_2 \cdot B_2O_3$。因 B_2O_3 有酸性，能和许多金属氧化物反应生成 $M(BO_2)_n$，如：

$$Na_2B_4O_7 + NiO \longrightarrow 2NaBO_2 \cdot Ni(BO_2)_2\text{(绿色)}$$

金属离子不同，可能呈现不同的颜色，如 M 为 Co 时呈蓝宝石色，因此，可以用此反应鉴定一些金属离子，称为硼砂珠实验。焊接时用硼砂除去金属表面的氧化物。

硼砂易溶于水，且随温度升高溶解度明显增大，因此，可用重结晶法提纯。纯硼砂溶液是 pH=9.27 的标准缓冲溶液，其 pH 随温度的变化很小。这是由于$[B_4O_5(OH)_4]^{2-}$水解生成等摩尔的 H_3BO_3 和 $B(OH)_4^-$：

$$[B_4O_5(OH)_4]^{2-} + 5H_2O \longrightarrow 2H_3BO_3 + 2B(OH)_4^-$$

$$pH = pK_a + \lg\frac{[B(OH)_4^-]}{[H_3BO_3]} = pK_a = 9.27$$

热浓的硼砂溶液和过量 HCl 反应，冷却后析出硼酸 H_3BO_3：

$$Na_2B_4O_7+2HCl+5H_2O \xlongequal{} 2NaCl+4H_3BO_3$$

硼酸、硼砂中的B是植物生长不可缺少的微量元素。施用硼肥可使豆科作物、油菜籽增产，使柑橘提高结果率，使甜菜提高含糖量。

13.1.5 p区非金属元素及其化合物的某些性质

1. 单质

多数固态非金属单质属于分子晶体，因此，在p区非金属单质中，除晶体硅、金刚石和单质硼的熔、沸点较高外，其余均较低，很多单质在常温下为气体。稀有气体中的He，熔点为-269℃，沸点为-253℃，是所有单质中最低的。

F_2、Cl_2、Br_2、O_2(O_3)都有强氧化性。F_2、Cl_2、Br_2均能在水或碱中发生氧化还原反应，如：

$$2F_2+2H_2O \xlongequal{} 4HF+O_2$$

$$Cl_2+2NaOH \xlongequal{} NaCl+NaClO+H_2O$$

硫、磷、碳、硅、硼等不仅能与金属反应表现出氧化性，还能与非金属反应表现出还原性。硫、磷、碳、硼等能被浓H_2SO_4或浓HNO_3氧化成相应的含氧酸。

2. 氢化物

氢化物的稳定性、还原性和酸碱性都有周期性变化规律。同族元素氢化物从上到下还原性增强，稳定性减弱，酸性增强。同周期元素的氢化物从左到右还原性减弱，稳定性增强，酸性增强。例如与O_2的反应：

$$4NH_3(g)+5O_2(g) \xlongequal{Pt} 4NO(g)+6H_2O(g) \qquad \Delta_r H_m^\ominus=-902.0\ kJ\cdot mol^{-1}$$

$$CH_4(g)+2O_2(g) \xlongequal{} CO_2(g)+2H_2O(g) \qquad \Delta_r H_m^\ominus=-802.5\ kJ\cdot mol^{-1}$$

$$B_2H_6(g)+3O_2(g) \xlongequal{} B_2O_3(s)+3H_2O(g) \qquad \Delta_r H_m^\ominus=-2035.3\ kJ\cdot mol^{-1}$$

从反应条件和反应的热效应可以看出，B_2H_6是最不稳定的。另外，B_2H_6极易水解并放出大量热：

$$B_2H_6+6H_2O \xlongequal{} 2H_3BO_3+6H_2$$

除HF、H_2O和HCl外，其他的氢化物都可用做还原剂。

氢化物中，除H_2O外，都有一定的毒性。B_2H_6有剧毒，空气中最高允许浓度是10^{-5}%，低于剧毒的HCN在空气中的允许浓度(10^{-3}%)。

3. 含氧酸的酸性和氧化性

在含氧酸分子中，与中心原子结合的氧原子有两种情况，只与中心原子结合的称为非羟基氧，与中心原子结合又与H原子结合的称为羟基氧。中心原子与非羟基氧之间的键长介于单键键长与双键键长之间，因此认为，在中心原子与非羟基氧之间除有一个σ键外，还有一个由中心原子的价层d_{xy}轨道与O原子的价层p_y轨道相互重叠形成的d-pπ键。氧原子的电负性比中心原子的大，因此，随着非羟基氧原子数的增加，非羟基氧原子对中心原子电子云的吸引增强，使中心原子的电正性增强，对羟基氧原子电子云的吸引增强，O—H键削弱，更易电离出H^+。用$RO_n(OH)_m$表示含氧酸，表13-12示出含氧酸的酸性与n(非羟基氧原子数)的关系。

表 13-12 含氧酸的酸性与非羟基氧数目 *n* 的关系

n	酸性(K_a 值)	实例
0	$10^{-8} \sim 10^{-11}$	Cl(OH) $K_a = 4.0 \times 10^{-8}$，B(OH)$_3$ $K_a = 5.4 \times 10^{-10}$
1	$10^{-2} \sim 10^{-4}$	ClO(OH) $K_a = 1 \times 10^{-2}$，H_2SO_3 $K_{a_1} = 1.4 \times 10^{-2}$
2	$> 10^{-1}$	ClO$_2$(OH) $K_a \approx 10^3$，H_2SO_4 $K_{a_1} \approx 10^3$
3	$> 10^3$	ClO$_3$(OH) $K_a \approx 10^9$，$HMnO_4$ K_a 很大

含氧酸的酸性也有一定的周期性变化规律。同周期元素的含氧酸从左到右酸性增强，同族元素含氧酸的酸性从上到下有逐渐减小的趋势，如 HNO_3 的酸性强于 H_3PO_4，H_2CO_3 的酸性强于 H_2SiO_3，H_3BO_3 是弱酸，$Al(OH)_3$ 是两性氢氧化物等。但第四周期元素的含氧酸的酸性与第三周期的相近，如 H_3PO_4 和 H_3AsO_4，H_2SO_4 和 H_2SeO_4，$HClO_4$ 和 $HBrO_4$ 的酸性相似，而第四周期 $Ga(OH)_3$ 的酸性比 $Al(OH)_3$ 的还强一些。

含氧酸的氧化性有以下特征：第二周期含氧酸的氧化性强于第三周期，如 HNO_3 的氧化性比 H_3PO_4 的强；第四周期含氧酸的氧化性强于第三周期，如 H_3AsO_4 的氧化性比 H_3PO_4 的强，$HBrO_4$ 的氧化能力比 $HClO_4$ 的强。另外，比较第五和第六周期元素的高氧化态化合物的氧化性，可以发现，第六周期的氧化性更强，如 $NaBiO_3$ 和 PbO_2 的氧化能力分别强于 $NaSb(OH)_6$ 和 SnO_2。

同族元素(高价态)的含氧酸的酸性和氧化性随元素原子量的增加，不是"逐渐"增加或减少，而是呈现"曲折"变化，第二、四、六周期元素表现"特殊"。人们将这种现象称为"第二周期性"或"次级周期性"，这可能与原子核外电子构型、杂化轨道、键能等有关。ⅠA(碱金属)族和ⅡA(碱土金属)族不存在第二周期性。

4. 含氧酸及其盐的热稳定性

在含氧酸根相同的情况下，含氧酸及其盐的热稳定性有如下几条规律：

① 含氧酸的热稳定性低于其盐的热稳定性。

② 酸式盐的热稳定性低于正盐(金属阳离子相同)。如 $NaHCO_3$ 的分解温度比 Na_2CO_3 低。

③ 铵盐的分解温度低于金属的含氧酸盐。

④ 同种金属离子的含氧酸盐，阳离子带电荷越高，其热分解温度越低。

⑤ 不同金属离子的含氧酸盐，阳离子的离子势($\Phi = Z/r$，Z 为正电荷数，r 为离子半径)越高，热分解温度越低。当离子势相近时，阳离子价电子构型为 8e 构型的比非 8e 构型的热分解温度高。

$O^{-2}—C^{+4}(—O^{-2})—O^{-2}$

以上这些规律可以用含氧酸及其盐中阳离子对阴离子的反极化作用解释。下面以碳酸及其盐为例说明。CO_3^{2-} 的结构见左图(原子右上角的数字代表在 CO_3^{2-} 中各原子的氧化态)。

C^{4+} 对它周围的 O^{2-} 有一定的极化作用，而 H_2CO_3 或酸式碳酸盐中的 H^+，或碳酸盐中的金属阳离子 M^{n+}，对 O^{2-} 也有一定的极化作用，在这里被称为反极化作用，这种反极化作用削弱 C—O 键。因此，与 CO_3^{2-} 对应的阳离子的极化力越强，反极化作用越强，C—O 键越容易断裂，化合物的热分解温度越低。H^+ 半径最小，反极化作用最强，所以含氧酸、铵盐和酸式盐的热分解温度较低，M^{n+} 的极化力越大，其含氧酸盐的热分解温度越低。

不同类型含氧酸盐热分解产物的情况如下：

(1) 卤酸盐

热分解产物与是否用催化剂、卤化物与氧化物的相对稳定性有关。

① 有无催化剂的影响

$$4MXO_3 \xlongequal{\triangle} 3MXO_4 + MX, \quad 如\ 4KClO_3 \xlongequal{470℃} 3KClO_4 + KCl$$

$$2MXO_3 \xlongequal{催化剂} 2MX + 3O_2, \quad 如\ 2KClO_3 \xlongequal{MnO_2} 2KCl + 3O_2$$

② 在相同条件下，若金属氧化物比相应卤化物更稳定，则热分解产物为金属氧化物：

$$M(XO_3)_n \xlongequal{\triangle} \frac{n}{2}X_2 + \frac{5n}{4}O_2 + \frac{1}{2}M_2O_n, \quad 如\ 2Cu(ClO_3)_2 \xlongequal{\triangle} 2Cl_2 + 5O_2 + 2CuO$$

若金属卤化物更稳定，则热分解产物为卤化物，如上面 $KClO_3$ 在 MnO_2 存在下的热分解。

$KBrO_4$ 和 K_5IO_6 的分解温度分别低于 $KBrO_3$ 和 KIO_3，因此 $KBrO_3$、KIO_3 热分解得不到相应的高卤酸盐。

(2) 硝酸盐

硝酸盐的热分解产物与相应金属的活泼性有关：

① 金属活泼性位于 Mg 前面的，其硝酸盐的热分解产物为亚硝酸盐和 O_2，如：

$$2NaNO_3 \xlongequal{\triangle} 2NaNO_2 + O_2$$

② 活泼性位于 Mg 和 Cu 之间的金属，其硝酸盐的热分解产物为金属氧化物、NO_2 和 O_2，如：

$$2Cu(NO_3)_2 \xlongequal{\triangle} 2CuO + 4NO_2 + O_2$$

$$2Pb(NO_3)_2 \xlongequal{\triangle} 2PbO + 4NO_2 + O_2$$

③ 位于 Cu 后面活泼性差的金属，其硝酸盐热分解产物为金属单质、NO_2 和 O_2。如：

$$2AgNO_3 \xlongequal{\triangle} 2Ag + 2NO_2 + O_2$$

但也有例外情况。如 $LiNO_3$ 的热分解产物不是 $LiNO_2$，而是 Li_2O。低价态金属阳离子的硝酸盐，热分解后可能变为高价态金属的化合物，如 $Sn(NO_3)_2$ 和 $Fe(NO_3)_2$ 热分解后的产物分别为 SnO_2 和 Fe_2O_3，而不是 SnO 和 FeO。

(3) 硫酸盐

硫酸盐的热分解产物为金属氧化物和硫的氧化物。温度较低时生成 SO_3，温度高于 60℃时 SO_3 明显分解为 SO_2 和 O_2。低价态金属阳离子的硫酸盐，在热分解中，其阳离子往往被 SO_3 氧化为高价态。如：

$$2FeSO_4 \xlongequal{\triangle} Fe_2O_3 + SO_3 + SO_2$$

13.1.6 11 种常见阴离子的鉴定

阴离子的种类很多，本小节主要介绍常见的 11 种阴离子的鉴定。除了 S^{2-}、$S_2O_3^{2-}$、SO_3^{2-} 及 Cl^-、Br^-、I^- 两组离子需要做适当分离然后分别检出外，其余离子均可利用其特效反应直接检出。对于阴离子的检出，一般是利用它们生成沉淀的性质、氧化还原性质、与酸反应的性质等对试液进行初检，排除一些不存在的离子(称“消除反应”)，然后再对可能存在的离子进行逐一鉴定。可以利用下面的反应和有关性质对阴离子进行初步检验：

(1) 与酸的反应

在试液中加入稀盐酸或稀硫酸，然后加热，若有气泡产生，试液中可能含有 CO_3^{2-}、S^{2-}、$S_2O_3^{2-}$、SO_3^{2-}、NO_2^-。根据产生气体的性质，可以初步判断试液中可能含有的阴离子。

① 无色无味，能使 $Ba(OH)_2$ 溶液变浑浊($BaCO_3$)的气体，可能是试液中有 CO_3^{2-} 分解产生的 CO_2。

② 有刺激性气味，能使蓝色的 I_2-淀粉溶液退色($I_2 \rightarrow I^-$)的气体，可能是试液中有 $S_2O_3^{2-}$ 或(和)SO_3^{2-} 分解产生的 SO_2。

③ 臭鸡蛋味，能使湿润的 $Pb(Ac)_2$ 试纸变黑(PbS)的气体，可能是试液中有 S^{2-} 与酸生成的 H_2S。

④ 红棕色，能使湿润的 KI-淀粉试纸变蓝($I^- \rightarrow I_2$)的气体，可能是试液中有 NO_2^- 分解产生的 NO_2。

用上述方法判断时需注意试液的浓度，如果试液比较稀，可能观察不到气泡的产生。

(2) 与 $BaCl_2$ 溶液的反应

在中性或弱碱性溶液中，加入 $BaCl_2$ 溶液，若有白色沉淀生成，则溶液中可能有 CO_3^{2-}、SO_4^{2-}、SO_3^{2-}、PO_4^{3-}、$S_2O_3^{2-}$(当浓度大于 $0.04\ mol \cdot dm^{-3}$时)。若无白色沉淀生成，则溶液不可能有 CO_3^{2-}、SO_4^{2-}、SO_3^{2-}、PO_4^{3-}，不能确定 $S_2O_3^{2-}$ 是否存在。$BaSO_4(s)$不溶于酸，$BaCO_3(s)$、$BaSO_3(s)$和 $Ba_3(PO_4)_2(s)$可溶于盐酸和硝酸，$BaS_2O_3(s)$溶于盐酸，有浅黄色 S 沉淀生成。

(3) 与($AgNO_3 + HNO_3$)溶液的反应

在试液中加入 $AgNO_3$ 溶液，然后用 HNO_3 酸化，出现黑色沉淀表示试液中有 S^{2-}(Ag_2S，可溶于热的 HNO_3 溶液)；有白色沉淀生成表示有 Cl^-($AgCl$，可溶于较浓的氨水)；生成黄色沉淀表示有 Br^-(乳黄色的 AgBr 可溶于 $Na_2S_2O_3$ 溶液)或(和)I^-(黄色的 AgI 可溶于 KCN 溶液)；若生成沉淀的颜色迅速变化，由白色变为橙色，又变为褐色，最后变为黑色，表示试液中有 $S_2O_3^{2-}$ 存在(白色的 $Ag_2S_2O_3 \rightarrow$黑色的 Ag_2S)。若无沉淀生成，则上述离子均不存在。

(4) 还原性阴离子的检验

S^{2-}、$S_2O_3^{2-}$、SO_3^{2-} 是具有较强还原性的阴离子，能使蓝色的 I_2-淀粉溶液退色($I_2 \rightarrow I^-$)，可以由此判断这些阴离子是否存在。Br^-、I^- 和 NO_2^- 是还原性较弱的阴离子，可以被强氧化剂氧化。在 H_2SO_4 酸化的试液中加一滴 $KMnO_4$，若紫红色退去($MnO_4^- \rightarrow Mn^{2+}$)，则 S^{2-}、$S_2O_3^{2-}$、SO_3^{2-}、Br^-、I^- 和 NO_2^- 都可能存在。如果试液不能使蓝色的 I_2-淀粉溶液退色，只能使 $KMnO_4$ 溶液退色，表明试液中只有还原性较弱的阴离子 Br^-、I^- 或(和)NO_2^-。

(5) 氧化性阴离子的检验

在酸性(H_2SO_4)溶液中，NO_2^- 可以氧化 I^- 生成 I_2(同时有 NO 气体生成)，I_2 溶解在 CCl_4 层显紫色，其余阴离子均无此反应。因此，可以用此反应判断 NO_2^- 是否存在。

另外，根据某些阴离子在酸性溶液中分解(如 CO_3^{2-}、$S_2O_3^{2-}$、SO_3^{2-}、NO_2^-)或生成气体(如 S^{2-})从溶液中逸出的性质，用 pH 试纸检验试液的酸碱性。如果试液呈较强的酸性，则这些离子不存在或存在量很少。

表 13-13 汇总了阴离子的初检实验。

表 13-13 阴离子的初步检验

阴离子 \ 试剂	稀 H_2SO_4 或稀 HCl	$BaCl_2$	HNO_3+AgNO_3	H_2SO_4+KI	$H_2SO_4+I_2$	$H_2SO_4+KMnO_4$
SO_4^{2-}		+				
SO_3^{2-}	+	+			+	+
$S_2O_3^{2-}$	+	(+)	+		+	+
CO_3^{2-}	+	+				
PO_4^{3-}		+				
Cl^-			+			(+)
Br^-			+			+
I^-			+			+
S^{2-}	+		+		+	+
NO_2^-	+			+		+
NO_3^-				+		

"+"表示离子与该试剂有正反应,"(+)"表示浓度大时有反应。

在上述阴离子的初步检验中没有涉及 NO_3^-,在进行个别离子鉴定时应特别注意。关于 11 种阴离子的鉴定方法和鉴定反应,请参阅有关章节。

13.2 p 区金属元素

p 区金属元素包括ⅢA 族的 Al、Ga、In、Tl,ⅣA 族的 Ge、Sn、Pb,ⅤA 族的 Sb、Bi 和ⅥA 族的 Po。Po 是放射性元素,Ga、In、Tl、Ge 是稀散元素。

本节重点介绍 Al、Sn、Pb、Sb、Bi 的重要化合物。

13.2.1 金属的活泼性

p 区金属能在空气或水中稳定存在,是由于在金属表面生成了一层保护膜。有的保护膜是氧化物或氢氧化物,如 Al_2O_3、$Al(OH)_3$;有的是难溶盐,如 $Pb_2(OH)_2CO_3$。p 区金属中的多数能与稀酸反应,但有一些只能与氧化性酸反应,如 Sb 和 Bi。另有一些金属,如 Pb、Al,在冷浓的 HNO_3 或 H_2SO_4 中呈钝态,因此可用做耐酸材料。

Al 和其他一些活泼的两性金属,如 Sn、Pb、Ga 等,能溶于强碱。Al 和强碱的反应为

$$2Al+2OH^-+6H_2O \longrightarrow 2[Al(OH)_4]^-+3H_2(g)$$

金属铝是 p 区金属中最活泼的,是强还原剂,能从某些金属氧化物中置换出金属,这种制取金属的方法称为铝热法。

$$2Al(s)+Cr_2O_3(s) \longrightarrow Al_2O_3(s)+2Cr(s) \quad \Delta_r H_m^\ominus=-536.0\ kJ\cdot mol^{-1}$$

13.2.2 氧化物及氢氧化物

1. 氧化物

Al_2O_3 是由 $Al(OH)_3$ 脱水制得，如在 400～500℃时脱水得 γ-Al_2O_3 和 β-Al_2O_3。γ-Al_2O_3 称为活性氧化铝，被用做吸附剂和催化剂载体，它能溶于酸，也能溶于碱。当加热温度为 900℃时，则转变为在酸碱中都不易溶的 α-Al_2O_3。α-Al_2O_3 熔点高、硬度大，俗称刚玉，可用做磨料或制成刚玉坩埚。

SnO 和 SnO_2 都是两性氧化物，但高温灼烧过的 SnO_2 不再能与酸碱反应（高温灼烧过的金属氧化物不易与酸或碱反应是较为普遍的现象），但它能与熔融碱反应生成锡酸盐。在无氧条件下加热 SnO，发生歧化反应，生成 Sn 和 SnO_2。

Pb 的氧化物有 PbO、PbO_2 和 Pb_3O_4。PbO 有红色和黄色两种晶体，红色 PbO 在 488℃转化为黄色 PbO。PbO_2 是褐色固体，在酸性介质中是强氧化剂，如：

$$PbO_2 + 4HCl = PbCl_2 + Cl_2 + 2H_2O$$

$$5PbO_2 + 2Mn^{2+} + 4H^+ = 2MnO_4^- + 5Pb^{2+} + 2H_2O$$

PbO_2 是铅蓄电池的正极材料，负极材料是 Pb，电池中的反应为：

负极：$PbSO_4(s) + 2e = Pb + SO_4^{2-}$　　$E^\ominus(PbSO_4/Pb) = -0.36V$

正极：$PbO_2(s) + SO_4^{2-} + 4H^+ + 2e = PbSO_4(s) + 2H_2O$　　$E^\ominus(PbO_2/PbSO_4) = 1.69\ V$

电池反应：$PbO_2(s) + Pb + 2H_2SO_4 \xlongequal{放电} 2PbSO_4(s) + 2H_2O$　　$E^\ominus_{池} = 2.05\ V$

PbO_2 和熔融碱作用生成铅酸盐（如 $Na_2[Pb(OH)_6]$）。Pb_3O_4 俗称红铅（铅丹），是铅酸亚铅 $Pb_2[PbO_4]$，它和 HNO_3 作用生成 $Pb(NO_3)_2$ 和 PbO_2。

在室温下，低价态 As 和 Sb 的氧化物是与 P_4O_6 相似的双分子，As_4O_6 和 Sb_4O_6。在 180℃并有微量水存在时，As_4O_6 解离为 As_2O_3。Sb_4O_6 在 600℃时解离为 Sb_2O_3。砷和锑的氧化物都是两性氧化物，它们的高价态氧化物（As_2O_5，Sb_2O_5）的酸性强于相应低价态氧化物（As_4O_6，Sb_4O_6）的酸性。砷的氧化物以酸性为主，锑的氧化物以碱性为主。Bi_2O_3 是碱性氧化物。Bi_2O_5 是否存在至今尚无定论，但通 Cl_2 气到含有 Bi_2O_3 的 NaOH 溶液中可以得到 Bi(Ⅴ)的化合物 $NaBiO_3$：

$$Bi_2O_3(s) + 2Cl_2(g) + 6NaOH(aq) = 2NaBiO_3(s) + 4NaCl(aq) + 3H_2O(l)$$

2. 氢氧化物

p 区金属的氢氧化物（或氧化物的水合物）多数具有两性。$Al(OH)_3$ 是白色的以碱性为主的氢氧化物：

$$Al(OH)_3(s) = Al^{3+}(aq) + 3OH^-(aq) \qquad K_{sp(b)} = 1.3\times10^{-33}$$

$$Al(OH)_3(s) + H_2O(l) = H^+(aq) + [Al(OH)_4]^-(aq) \qquad K_{sp(a)} = 2\times10^{-11}$$

$Sn(OH)_2$ 和 $Sn(OH)_4$ 都是两性氢氧化物，前者以碱性为主，后者以酸性为主。由于制备方法不同，可以得到 α-锡酸或 β-锡酸，它们都是含水二氧化锡 $SnO_2 \cdot xH_2O$，只是含水量、颗粒大小、表面性质等不同。α-锡酸和酸、碱都能作用，而 β-锡酸只能与碱反应，不溶于酸。

白色的 $Bi(OH)_3$ 是碱性氢氧化物，$Sb(OH)_3$ 是以碱性为主的两性物。将二者溶于酸，分别生成 Bi(Ⅲ)盐和 Sb(Ⅲ)盐；当溶液 pH 升高到一定的值时，得到相应的碱式盐沉淀，

$MONO_3$(s)或 MOCl(s)(M=Bi、Sb)。

H_3AsO_3 是以酸性为主的两性物($K_a=5.1\times10^{-10}$,$K_b\approx10^{-14}$)。H_3AsO_4 是三元酸,其 K_a 值与 H_3PO_4 的相近。锑酸 $HSb(OH)_6$ 中的 Sb 原子被 6 个羟基配位,它和锡酸 $H_2Sn(OH)_6$ 互为等电子体。$HSb(OH)_6$ 只存在于稀溶液中。

$Pb(OH)_2$ 是以碱性为主的两性物,能形成 Pb^{2+} 和 $Pb(OH)_3^-$。PbO_2 和熔融碱作用生成铅酸盐,如:

$$PbO_2+6KOH = K_2[Pb(OH)_6]+2K_2O$$

高价态金属的氧化物及其水合物的酸性一般比相应低价态金属的氧化物及其水合物的酸性强。

13.2.3 盐

1. 铝盐和铝酸盐

$Al(OH)_3$ 在碱中溶解得铝酸盐,如 $NaAl(OH)_4$。因为 $Al(OH)_3$ 的碱性大于酸性,铝酸(H_3AlO_3)的酸性很弱,所以$[Al(OH)_4]^-$ 的水解能力大于 Al^{3+}。加热$[Al(OH)_4]^-$ 溶液,即会析出 $Al(OH)_3$ 沉淀:

$$[Al(OH)_4]^- \xlongequal{\triangle} Al(OH)_3(s)+OH^-$$

因此,铝酸盐溶液显碱性。

$Al(OH)_3$ 溶于酸成铝盐,强酸和某些羧酸的铝盐都易溶于水。在铝盐溶液中,Al^{3+} 以水合离子$[Al(H_2O)_6]^{3+}$ 形式存在。$[Al(H_2O)_6]^{3+}$ 易水解,它的强酸盐溶液显酸性:

$$[Al(H_2O)_6]^{3+} = [Al(H_2O)_5(OH)]^{2+}+H^+ \quad K_a=1\times10^{-5}$$

铝盐水解可生成碱式盐或 $Al(OH)_3$(s),升高温度或 pH,水解程度增加,pH>3 时$[Al(H_2O)_6]^{3+}$ 明显水解。如在溶液中加入碱、$NH_3\cdot H_2O$、CO_3^{2-} 等则促进水解,最后生成 $Al(OH)_3$ 沉淀。配制铝盐溶液时,应将其溶解在含相应酸的水溶液中,防止水解出 $Al(OH)_3$(s)。弱酸盐的水解更明显,$Al(Ac)_3$ 被用做媒染剂,就是利用 $Al(Ac)_3$ 水解生成的 $Al(OH)_3$ 能使染料吸附在织物上。$KAl(SO_4)_2\cdot 24H_2O$(明矾)作净水剂也是利用其水解产生的 $Al(OH)_3$ 胶体的吸附作用。易溶铝盐常含有结晶水,含结晶水的铝盐加热脱水时,会因 Al(Ⅲ)的水解生成碱式盐或 Al_2O_3,如:

$$Al(ClO_4)_3\cdot 15H_2O \xlongequal{178℃} Al(OH)(ClO_4)_2+H^++ClO_4^-+14H_2O$$

因此,脱水制备无水铝盐时,应在酸性气氛(如 HCl 气)中进行。

$AlCl_3$ 是易溶盐。固态 $AlCl_3$ 为离子型化合物,而液态和气态 $AlCl_3$ 为共价型化合物。气态三氯化铝为二聚分子 Al_2Cl_6(图 13-20),高温下解离为单分子 $AlCl_3$。

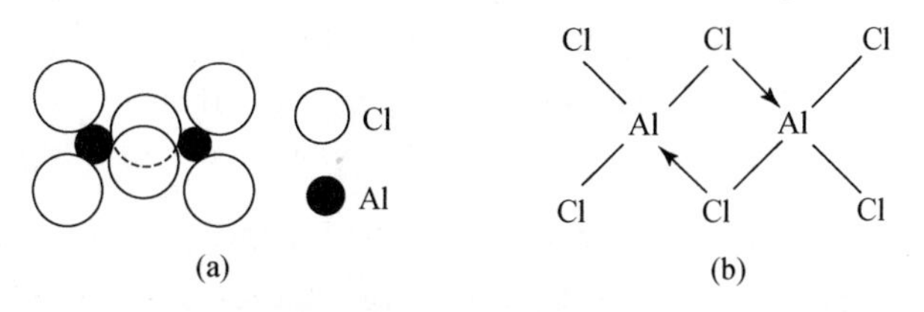

图 13-20 Al_2Cl_6 的结构

在 Al_2Cl_6 分子中，六个 Cl 原子不在同一平面上（图 13-20(a)）。$AlCl_3$ 为缺电子化合物，是典型的 Lewis 酸，易接受外来电子对。正是由于这个原因，使它可以 Al_2Cl_6 双分子形式存在，图 13-20(b)示出 Al 和 Cl 间的结合方式。

Al^{3+} 能和许多配体结合形成配离子，如$[AlCl_6]^{3-}$、$[AlF_6]^{3-}$、$[Al(H_2O)_6]^{3+}$、$[Al(OH)_4]^-$、$[Al(OH)_6]^{3-}$等。Al^{3+} 能和多元弱酸的酸根形成稳定的配离子：

$$Al^{3+} + 3C_2O_4^{2-} \longrightarrow [Al(C_2O_4)_3]^{3-} \quad K_{稳} = 2\times10^{16}$$

$Al_2(SO_4)_3 \cdot 18H_2O$ 可溶于水。在灭火器的内筒中装有 $Al_2(SO_4)_3$ 的饱和溶液，外筒中装有 $NaHCO_3$ 溶液，使用时内外筒中的溶液混合并反应生成 CO_2 和 $Al(OH)_3(s)$，因此，称为泡沫灭火器。

$$Al^{3+} + 3HCO_3^- \longrightarrow Al(OH)_3(s) + 3CO_2(g)$$

20 世纪 70 年代人们研究发现，许多脑病（如早衰、老年痴呆）与铝离子进入人体有关，在早衰者的脑神经元中铝的含量比健康人的高 4 倍以上。经检测得知，在铝壶中煮的水含铝 216 $\mu g \cdot dm^{-3}$，用铁壶时水中含铝 25～29 $\mu g \cdot dm^{-3}$。

2. 锡盐和锡酸盐

锡盐和锡酸盐的水解性质与铝的相似。

$Sn(OH)_2$ 在过量碱中生成亚锡酸盐$[Sn(OH)_3]^-$。$[Sn(OH)_3]^-$不稳定，在浓强碱中易歧化：

$$2[Sn(OH)_3]^- \longrightarrow [Sn(OH)_6]^{2-} + Sn(s,黑)$$

所以，使用$[Sn(OH)_3]^-$时，应该现用现配。$[Sn(OH)_3]^-$是很强的还原剂，被用于 Bi^{3+} 的检出：

$$3[Sn(OH)_3]^- + 2Bi^{3+} + 9OH^- \longrightarrow 2Bi(s,黑) + 3[Sn(OH)_6]^{2-}$$

如“立即”出现黑色沉淀，说明溶液中有 Bi^{3+}，缓慢生成的黑色沉淀，是$[Sn(OH)_3]^-$的歧化产物 Sn。

用 SnO_2 或 $SnO_2 \cdot xH_2O$ 与碱反应能得到锡酸盐，现已制得的有 $MSn(OH)_6$（M＝Ca、Sr）和 $M_2Sn(OH)_6$（M＝Na、K）。

暗棕色 SnS 不溶于水，能溶于中等浓度 HCl 和多硫化铵：

$$SnS + 2H^+ + 3Cl^- \longrightarrow [SnCl_3]^- + H_2S(g)$$

$$SnS + S_2^{2-} \longrightarrow SnS_3^{2-}$$

在后一反应中 SnS 被氧化为硫代锡酸盐。

$H_2S(g)$通入 Sn(Ⅳ)盐溶液得 SnS_2(s，黄)，可以用下面方法将 SnS_2 溶解：

$$SnS_2 + 4H^+ + 6Cl^- \xlongequal{\triangle} [SnCl_6]^{2-} + 2H_2S(g)$$

$$SnS_2 + S^{2-} \longrightarrow SnS_3^{2-}$$

$$3SnS_2 + 6OH^- \longrightarrow 2SnS_3^{2-} + [Sn(OH)_6]^{2-}$$

$SnCl_2$ 在水中水解生成难溶的碱式盐 Sn(OH)Cl（碱式氯化亚锡）。$SnCl_2$ 是强还原剂：

$$2Fe^{3+} + Sn^{2+} \longrightarrow 2Fe^{2+} + Sn^{4+}$$

$$2Hg^{2+} + Sn^{2+} + 2Cl^- \longrightarrow Hg_2Cl_2(s,白) + Sn^{4+}$$

$$Hg_2Cl_2(s,白) + Sn^{2+} \longrightarrow 2Hg(s,黑) + Sn^{4+} + 2Cl^-$$

后两个反应被用来检出溶液中的 Hg^{2+}。空气中的 O_2 也能将 Sn^{2+} 氧化为 Sn^{4+}，所以在配制 $SnCl_2$ 溶液时，不仅要在稀 HCl 溶液中溶解 $SnCl_2(s)$（防止水解），而且要在配好的溶液中加入适量锡粒，以保持溶液中以 Sn^{2+} 为主：

$$2Sn^{2+} + O_2 + 4H^+ = 2Sn^{4+} + 2H_2O$$

$$Sn^{4+} + Sn = 2Sn^{2+}$$

$SnCl_4$ 在常温下为淡黄色液体，极易水解，在空气中"冒烟"（HCl 气）。$SnCl_4 \cdot 5H_2O$ 是在常温下稳定的白色、不透明、易潮解的固体。

有机锡化合物对神经系统有剧烈的毒性，食用镀锡罐头盒装的食品也会引起锡中毒，因此，曾把 Sn 列为有毒元素。但动物实验表明，锡有促进生长的效应，说明少量锡对哺乳动物有益。1970 年锡被确定为人体必需的微量元素。

3. 铅盐和铅酸盐

绝大多数的铅盐是难溶的。重要的易溶盐有 $Pb(NO_3)_2$ 和 $Pb(Ac)_2$，后者有甜味，叫铅糖（有毒）。$Pb(HSO_4)_2$ 的溶解度也较大。

黑色 PbS 可溶于 HNO_3 或 2.5 $mol \cdot dm^{-3}$ 以上中等浓度的 HCl：

$$PbS(s) + 2H^+ + 4Cl^- = [PbCl_4]^{2-} + H_2S(g)$$

$$3PbS(s) + 2NO_3^- + 8H^+ = 3Pb^{2+} + 3S(s) + 2NO(g) + 4H_2O$$

PbS 和 SnS 的 K_{sp} 接近，但是 PbS 不与 S_2^{2-} 反应，可用此性质区别和分离 Pb^{2+} 和 Sn^{2+}。

白色 $PbCl_2(s)$ 能溶于热水，可用于与 AgCl(s，白)的分离。$PbCl_2(s)$ 在中等浓度 HCl、饱和 NH_4Ac（或 NaAc）或 NaOH 溶液中溶解，是由于生成了相应的配离子 $[PbCl_4]^{2-}$、$[Pb(Ac)_3]^-$ 或 $[Pb(OH)_3]^-$（亦可称为铅酸根）。

白色 $PbSO_4$ 在浓 H_2SO_4、3 $mol \cdot dm^{-3}$ 的 HNO_3 及饱和 NH_4Ac 溶液中的溶解反应如下：

$$PbSO_4(s) + H_2SO_4 = Pb(HSO_4)_2$$

$$PbSO_4(s) + HNO_3 = HSO_4^- + [Pb(NO_3)]^+$$

$$PbSO_4(s) + 3Ac^- = [Pb(Ac)_3]^- + SO_4^{2-}$$

$PbSO_4$ 同样能在 NaOH 溶液中溶解生成 $[Pb(OH)_3]^-$。

黄色的 $PbCrO_4$ 能在强酸 HNO_3 和 HCl 中溶解，也能溶于 NaOH：

$$2PbCrO_4 + 2H^+ = Cr_2O_7^{2-} + 2Pb^{2+} + H_2O$$

$$PbCrO_4 + 3OH^- = [Pb(OH)_3]^- + CrO_4^{2-}$$

黄色的 $BaCrO_4(s)$ 只溶于强酸，不溶于 NaOH，另一黄色的 $SrCrO_4(s)$ 在弱酸 HAc 中也能溶解，但它和 $BaCrO_4$ 一样不溶于 NaOH 溶液。利用生成黄色铬酸盐沉淀的方法可以检出 Pb^{2+}、Ba^{2+}、Sr^{2+} 和 CrO_4^{2-}，利用三种黄色铬酸盐溶解性的不同，可以区别 Pb^{2+}、Ba^{2+} 和 Sr^{2+}。

由于 $Pb(OH)_2$ 的两性，使得不少铅的难溶盐能在 NaOH 溶液中溶解生成铅酸钠 $NaPb(OH)_3$。

铅是剧毒元素，铅中毒使卟啉代谢功能紊乱，造成血红素合成障碍，而引起贫血症。汽车尾气中的四乙基铅污染环境，应使用无铅汽油。

4. 锑和铋的盐

Bi_2S_3 和 CuS 一样只溶于氧化性强酸。Sb_2S_3 与 SnS 类似，不溶于水，能溶于多硫化铵

$[(NH_4)_2S_x]$溶液中：

$$Sb_2S_3 + 2S_2^{2-} + S^{2-} \longrightarrow 2SbS_4^{3-}$$

反应中 Sb_2S_3 被氧化生成硫代锑酸盐。As_2S_3 有类似的性质。

锑和铋的氯化物和硝酸盐都是易溶盐，但它们在水中都易水解：

$$MCl_3(s) + H_2O(l) \longrightarrow MOCl(s) + 2HCl(aq) \quad (M=Bi、Sb)$$

$$M(NO_3)_3(s) + H_2O(l) \longrightarrow MONO_3(s) + 2HNO_3(aq) \quad (M=Bi、Sb)$$

所以配制它们的溶液时，必须将其溶在相应的稀酸溶液中。

锑酸钾溶于水，而锑酸钠的溶解度很小，所以可以用锑酸钾检出溶液中的 Na^+：

$$Na^+ + KSb(OH)_6 \longrightarrow NaSb(OH)_6(s,白) + K^+$$

$NaBiO_3$ 是强氧化剂，可用于 Mn^{2+} 的检出：

$$5NaBiO_3 + 2Mn^{2+} + 14H^+ \longrightarrow 2MnO_4^- + 5Bi^{3+} + 5Na^+ + 7H_2O$$

溶液从无色变为紫红色，即证实 Mn^{2+} 存在。

5. 盐的水解

许多阳离子(包括非 p 区金属的阳离子)和阴离子(包括 p 区中大部分元素的有关阴离子)在水中水解，但不同的盐水解程度和水解产物不同。现以氯化物的水解为例，水解产物有以下几种类型：

① 氢氧化物(s)。如 $FeCl_3$、$AlCl_3$、$CrCl_3$、LiCl 等的水解：

$$AlCl_3 + 3H_2O \longrightarrow Al(OH)_3(s) + 3HCl$$

② 碱式盐(s)。如 $MgCl_2$、$ZnCl_2$、$SnCl_2$、$CuCl_2$、$BeCl_2$ 等的水解：

$$ZnCl_2 + H_2O \longrightarrow Zn(OH)Cl(s) + HCl$$

③ 氯氧化物(s)。如 $SbCl_3$、$BiCl_3$ 等的水解：

$$BiCl_3 + H_2O \longrightarrow BiOCl(s) + 2HCl$$

④ 两种酸。如 PCl_5、BCl_3、$AsCl_5$、$AsCl_3$ 等的水解：

$$BCl_3 + 3H_2O \longrightarrow H_3BO_3 + 3HCl$$

$AsCl_3$ 水解生成的 H_3AsO_3 是以酸性为主的两性物。

⑤ 氧化物。如 $SiCl_4$、$TiCl_4$、SCl_4 等的水解：

$$SiCl_4 + 2H_2O \longrightarrow SiO_2 + 4HCl$$

对于以上氯化物或具有相同阳离子的其他易溶盐，在加水溶解时需要加酸，加热脱水时需要在酸性气氛中抑制水解。

一些两性氢氧化物与强碱反应生成的盐，如 $NaSn(OH)_3$、$NaAl(OH)_4$、$NaCr(OH)_4$ 等，水解生成两种碱，在水中溶解时须加碱抑制水解：

$$[Cr(OH)_4]^- \xrightarrow{\triangle} Cr(OH)_3(s) + OH^-$$

应该指出，上述的水解产物是水解反应的最终产物，也是主要产物。由于水解过程多是分步进行的，如 Al^{3+} 水解实际是多元弱酸的电离，而且水解程度与浓度、温度等条件有关，所以，水解产物一般是比较复杂的。

13.2.4　Bi(Ⅴ)、Pb(Ⅳ)的氧化性与 Sb(Ⅲ)、Sn(Ⅱ)的还原性

附　Sb、Bi、Sn、Pb 的元素电势图

$E^{\ominus}(A)/V$

$$Sb_2O_5^{2+} \xrightarrow{0.58} SbO^+ \xrightarrow{0.21} Sb$$

$$Bi_2O_4 \xrightarrow{1.59} BiO^+ \xrightarrow{0.32} Bi$$

$$Sn^{4+} \xrightarrow{0.151} Sn^{2+} \xrightarrow{-0.14} Sn$$

$$PbO_2 \xrightarrow{1.455} Pb^{2+} \xrightarrow{-0.126} Pb$$

$$PbO_2 \xrightarrow{1.691} PbSO_4 \xrightarrow{-0.359} Pb$$

$E^{\ominus}(B)/V$

$$SbO_3^- \xrightarrow{-0.59} SbO_2^- \xrightarrow{-0.66} Sb$$

$$BiO_2 \xrightarrow{0.55} Bi_2O_3 \xrightarrow{-0.46} Bi$$

$$[Sn(OH)_6]^{2-} \xrightarrow{-0.93} [Sn(OH)_3]^- \xrightarrow{-0.91} Sn$$

$$PbO_2 \xrightarrow{0.25} PbO \xrightarrow{-0.58} Pb$$

从上面的元素电势图，比较同族元素中不同元素高价态时的氧化性和低价态时的还原性。无论在酸性介质还是碱性介质中，Bi(Ⅴ)、Pb(Ⅳ)的氧化性远大于 Sb(Ⅴ)、Sn(Ⅳ)，而 Sb(Ⅲ)、Sn(Ⅱ)的还原性比 Bi(Ⅲ)、Pb(Ⅱ)的强得多。前面已经指出，$NaBiO_3$ 和 PbO_2 是强氧化剂，Sn^{2+}、$[Sn(OH)_3]^-$ 是常用的还原剂。总之，位于第六周期的 Tl、Pb、Bi 的较低氧化态比其相应的最高氧化态稳定得多，而位于第五周期的 In、Sn、Sb 的高氧化态是比较稳定的。第六周期元素的这种性质和 $6s^2$ 电子的稳定性(称惰性电子对)有关。80 号元素 Hg 的内层 4f、5d 轨道都已全充满，所以它的 $6s^2$ 电子非常稳定，电离能与稀有气体 Rn 的相近，因此，Hg 后面第六周期元素的 $6s^2$ 电子对也较稳定，使它们的最高氧化态的氧化能力较强。

13.2.5　Pb^{2+}、Bi^{3+}、Al^{3+} 的分离与鉴定

当溶液中含有 Pb^{2+}、Bi^{3+}、Al^{3+} 离子时，可用图 13-21 所示的方法将它们分离并检出。

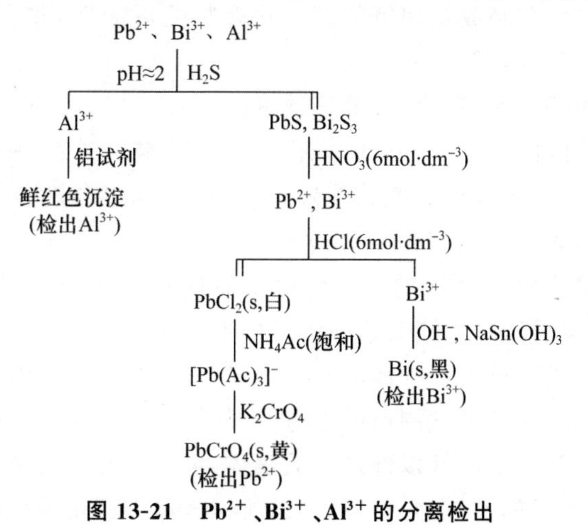

图 13-21　Pb^{2+}、Bi^{3+}、Al^{3+} 的分离检出

13.3 稀有气体

稀有气体是位于周期表最右侧的一列元素，属于第 18 列，0 族，包括氦（Helium，He）、氖（Neon，Ne）、氩（Argon，Ar）、氪（Krypton，Kr）、氙（Xenon，Xe）、氡（Radon，Rn），其中氡为放射性元素。它们依次排在第一周期到第六周期。位于第二、三、四、五、六周期的五种元素的价电子构型为 ns^2np^6，属于稳定的 8e 构型；位于第一周期的 He 的价电子构型为 $1s^2$，它的价轨道已经全充满，也是稳定的电子构型，其稳定性与其他五种稀有气体元素相似。稀有气体单质都是由单个原子构成的分子组成的，固态时都是分子晶体。

空气中约含 0.94％（体积分数）稀有气体，其中绝大部分是氩。稀有气体都是无色、无臭、无味的气体，微溶于水，溶解度随相对分子质量的增加而增大。稀有气体的熔点和沸点都很低，随着相对原子质量的增加，熔点和沸点增大。它们在低温时都可以液化。由于稀有气体原子具有稳定的价电子构型，使它们的第一电离能较高，分别高于同周期的其他元素，在一般条件下不容易得到或失去电子而形成化学键，表现出化学性质很不活泼，不仅很难与其他元素化合，而且自身也是以单原子分子的形式存在，原子之间仅存在着微弱的 van der Waals 力（主要是色散力）。由于它们在通常条件下不与其他元素作用，长期以来被认为是化学性质极不活泼、不能形成化合物的惰性元素，被称为“惰性气体”（inert gas）。相对原子质量较大、电子数较多的惰性气体原子，其最外层的电子离原子核较远，所受的束缚相对较弱，有可能与具有强吸电子能力的原子发生化学反应。1962 年，英国化学家巴利特（N. Bartlett）在实验室制得了稳定的橙黄色固体 $XePtF_6$，这是人类获得的第一个惰性气体的化合物，不久又合成了 $XeRuF_6$ 和 $XeRhF_6$。至今，已制得几百种惰性气体元素的化合物，并测定了它们的结构，其中氙的化合物最多，如 XeF_2、XeF_4、XeF_6、$XeCl_2$、$XeCl_4$、$XeBr_2$、XeO_3、XeO_4、$XeOF_4$、$Xe_2O_2F_2$ 以及含氧酸盐（$HXeO_4^-$、XeO_6^{4-}、XeO_3F^-）等等，同时已制得氪和氡的化合物，如 KrF_2、RnF_2、RnF_6 等，另外，据 2000 年 *Nature* 杂志的报道，芬兰赫尔辛基大学的科学家首次合成了惰性气体元素氩的稳定化合物，分子式为 HArF。原子越小，电子所受约束越强，元素的“惰性”也越强，因此，在六种惰性气体元素中，合成相对原子质量较小的氦和氖的化合物更加困难，至今尚未制得这两种元素的稳定化合物。不过，有些学者从理论上认为，有制成氦和氖的某些化合物的可能性，并设想了一些合成途径。于是，将惰性气体改名为稀有气体了。

惰性气体可广泛应用于工业、医疗、光学等领域。

利用稀有气体极不活泼的化学性质，可以用做保护气体。例如，制造半导体晶体管的过程中，常用氩气作保护气体。原子能反应堆的核燃料钚，在空气里会迅速氧化，需要在氩气保护下进行机械加工。电灯泡里充氩气可以减少钨丝的气化和防止钨丝氧化，延长灯泡的使用寿命。世界上第一盏霓虹灯是填充氖气制成的。氖灯射出的红光，在空气里透射力很强，可以穿过浓雾。因此，氖灯常用在机场、港口、水陆交通线的灯标上。

利用稀有气体可以制成多种混合气体激光器。氦-氖激光器就是其中之一。氦-氖激光器可应用于测量和通信。用氦气代替氮气制造的人造空气，供探海潜水员呼吸，可以避免氮气引起的“气塞症”（减压症）。氦气是除了氢气以外最轻的气体，可以代替氢气装在飞艇或气球里，不会着火，也不会发生爆炸。液态氦的沸点为－269℃，是所有气体中最难液化的，利用液态氦可以获得接近热力学零度(−273.15℃)的超低温。

氩气经高能的宇宙射线照射后会发生电离。利用这个原理,可以在人造地球卫星里设置充有氩气的计数器。氪能吸收X射线,可用做X射线工作环境中的遮光材料。氙气高压灯具有高度的紫外光辐射,可用于医疗技术方面。氙能溶于细胞质的油脂里,引起细胞的麻醉和膨胀,从而使神经末梢作用暂时停止。人们曾试用80%氙气和20%氧气组成的混合气体作为无副作用的麻醉剂。氙气也可应用于现代核能反应堆。氪、氙的同位素还被用来测量脑血流量等。

氡可用做气体示踪剂,用于检测管道泄漏和研究气体运动。将氡和铍粉密封在管子内,氡衰变时放出的α粒子与铍原子核进行核反应,产生的中子可用做实验室的中子源。

值得注意的是,氡是自然界唯一的天然放射性气体,氡在作用于人体的同时会很快衰变成人体能吸收的氡子体,进入人体的呼吸系统造成辐射损伤,诱发肺癌。一般在劣质装修材料中的钍杂质会衰变释放氡气体,从而对人体造成伤害。

13.4 p区元素与环境污染

环境污染已给人类造成了许多危害,了解环境污染的现状和研究探索防治环境污染的方法已成为科学家们关注的研究课题。

p区元素及其化合物中有不少物质与造成环境污染有关。如NO、CO_2、SO_2 等是导致臭氧层破坏、酸雨等环境问题的主要因素。

1. 大气污染与温室效应

CO_2、H_2O、CH_4、N_2O、O_3、氟氯烃等能吸收地表红外辐射,被称为温室气体,其中氟氯烃对地表气温变暖影响最大。温室气体的积累,不仅污染大气,而且使地表温度明显升高、气候变暖,称为温室效应。严重的温室效应会导致极冰融化、洪水泛滥。

2. 酸雨

正常雨水中含 CO_2,因此其pH为5.6。pH<5.6的降水称为酸雨。酸雨中酸性化合物大部分是 H_2SO_4、H_2SO_3、HNO_3、HNO_2 和少量有机酸,因此,大气中硫和氮的氧化物是衍生成酸雨的主要物质。空气中悬浮的微粒常含有镁、铁等金属的盐,而且是凝结水的质点,如 SO_2 溶于含有镁、铁等金属盐的水滴时,在金属盐催化下很快被水滴中 O_2 氧化为 H_2SO_4:

$$2SO_2 + 2H_2O + O_2 \xlongequal{\text{催化剂}} 2H_2SO_4$$

另外,SO_2 受紫外光激发活化后,在空气中发生光化学反应:

$$SO_2 + O_2 \longrightarrow SO_3 + O$$

SO_3 溶于水即生成 H_2SO_4,它是酸雨的主要酸性成分。

含硫煤燃烧产生 SO_2,工业和车辆发动机中会放出氮氧化物,这些气体污染大气,造成酸雨。

硫是植物的必需元素,但空气中 SO_2 过多,特别是当它转化为硫酸烟雾后,会影响植物的光合作用,甚至导致植物枯死。酸雨腐蚀建筑物、工业设备等,降低它们的使用寿命。酸雨会降低土壤肥力,影响水中生物的生长,对人体健康也有严重危害。

3. 水的污染

含有有毒物质的废水,如大量的工业废水未经处理排入江河湖海,造成了水的污染。p区金属(包括 As、Sb 等半金属)和 Cd、Hg、Cr(Ⅵ)等元素及其化合物都是有毒物质,含这些有毒物质的工业废水进入水系会给人类健康带来威胁。饮用被污染的水或食用污染水中的鱼、虾等都会中毒。例如,1953 年,日本一家工厂将含汞废水排入水俣湾,水俣镇的居民因食用此水中的鱼虾而中毒,中毒者手脚麻木,听觉失灵,运动失调,严重者疯癫至死。

含磷废水,如含有洗衣粉中的多磷酸盐的水,会造成藻类疯长,而藻类死亡腐烂分解时会大量消耗水中的氧,致使鱼虾类死亡。

小 结

p 区元素包括金属元素和非金属元素。对于 p 区非金属元素,氢化物的酸性和稳定性、含氧酸的酸性都具有周期性变化规律。含氧酸有氧化性酸和非氧化性酸,含氧酸的酸性和氧化性是常用的重要性质。氧化性酸的盐不一定显示氧化性。氧化性酸及其盐的氧化性与溶液的浓度和酸度密切相关。与其他卤素比较,氟及其化合物的性质表现出明显的特殊性。对于 p 区金属元素,氧化物和氢氧化物的大部分是两性物,它们与酸或碱反应生成的盐都易水解。p 区金属元素在化合物中可以呈现两种氧化态,高价态金属的氧化物及氢氧化物(或水合物)的酸性一般比相应低价态金属的氧化物及氢氧化物(或水合物)的酸性强。比较同族 p 区金属元素的高低价态的氧化还原性,对于高价态的 p 区金属元素,处于第六周期的有更高的氧化性;在低价态的 p 区金属元素中,处于第五周期的还原性更强。

含硫阴离子和卤素离子(X^-)的分离、常见阴离子的鉴定反应、金属离子的分离和检出等,均涉及相关化合物的重要性质。这些性质包括:化合物的酸碱性、热稳定性、难溶性、氧化还原性、生成配合物的性质等等。

思 考 题

1. 溴能从 NaI 中取代出碘,而 I_2 又能从 $KBrO_3$ 中取代出溴。这是否矛盾,为什么?

2. 解释下列现象:

(1) 卤素单质的熔、沸点从 F_2 到 I_2 依次升高;

(2) 碘不溶于水,而溶于 KI 溶液;

(3) 卤素中 F_2 最活泼;

(4) HClO、$HClO_2$、$HClO_3$、$HClO_4$ 酸性依次增强;

(5) 漂白粉具有漂白和消毒作用;

(6) 含氧酸的氧化性比其盐强。

3. O_3 在结构、性质上有何特点?哪些物质会破坏臭氧层?

4. H_2S、Na_2S、Na_2SO_3 溶液为何不能长期放置?

5. 往某溶液中加酸得乳白色 S 和 SO_2(g),溶液中可能含有何种含硫化合物?

6. 向 $AgNO_3$ 溶液中加入少量 $Na_2S_2O_3$,开始生成白色沉淀,然后颜色逐渐变深,最后转化为黑色沉淀。写出反应方程式。

7. 亚硝酸能否与 I^-、Fe^{2+}、SO_3^{2-}、MnO_4^- 发生反应?写出有关反应方程式。

8. 为什么在 $H_2PO_4^-$、HPO_4^{2-} 溶液中加入 $AgNO_3$,均生成黄色 Ag_3PO_4 沉淀?生成沉淀后溶液

的 pH 发生什么变化？

9. 用反应方程式表示下列各实验事实：

(1) 用浓氨水检查氯气管道是否漏气；

(2) 在 NH_4^+ 溶液中加碱检验 NH_4^+；

(3) 浓 HNO_3 略带黄色，且需存放在阴凉处。

10. H_3BO_3 是几元酸？为何是 Lewis 酸？它在结构性质上有何特点？

11. 硼砂水溶液为何可作为标准缓冲溶液？pH 为多少？写出硼砂在水中溶解的反应方程式。

12. 能否用加热 $AlCl_3 \cdot 6H_2O$ 脱水的方法制备无水 $AlCl_3$？

13. 解释以下现象：

(1) 铝比铜活泼，但浓、冷 HNO_3 能溶解 Cu 而不能溶解铝；

(2) 铝不能从水中置换出 H_2，而能从 NaOH 中置换出 H_2；

(3) $AlCl_3$(s)遇潮湿空气冒白烟。

14. 比较下列物质的性质：

(1) 酸性：H_3BO_3 与 HBO_2；

(2) 氧化性：SnO_2 与 PbO_2；Bi_2O_5 与 Sb_2O_5；

(3) 热稳定性：$CaCO_3$，$SrCO_3$，$BaCO_3$；

(4) 水中溶解性：CaF_2 与 BaF_2；AgF 与 AgCl。

15. 如何配制 $SnCl_2$、$Bi(NO_3)_3$ 溶液？为何 $SnCl_2$ 溶液在空气中放置会有 Sn^{4+} 生成？如何防止？

16. Pb(Ⅱ)难溶盐分别溶于何种试剂？PbS、CuS、HgS 各溶于何种酸？写出有关反应方程式。

17. S^{2-} 对 SO_3^{2-}、$S_2O_3^{2-}$ 的检出有何影响？为何用 $CdCO_3$ 除 S^{2-}，而不用 $CdSO_4$？

18. 试解释为什么 Pb(Ⅳ)、Bi(Ⅴ)有较强的氧化性，与它们处于同一族的 Sn(Ⅱ)和 Sb(Ⅲ)有较强的还原性。

习　　题

13.1 完成并配平下列反应方程式：

(1) $AgNO_3 + NaOH \longrightarrow$

(2) $Hg(NO_3)_2 + NaOH \longrightarrow$

(3) $ZnSO_4 + NH_3 \longrightarrow$

(4) $HgCl_2 + NH_3 \longrightarrow$

(5) $Hg(NO_3)_3 + KI(过量) \longrightarrow$

(6) $KMnO_4 + HCl(浓) \longrightarrow$

(7) $NaBr + H_2SO_4(浓) \longrightarrow$

(8) $CaF_2 + H_2SO_4(浓) \longrightarrow$

(9) $KBr + KBrO_3 + H_2SO_4 \longrightarrow$

(10) $NaI + H_3PO_4(浓) \xrightarrow{\triangle}$

(11) $NaI + MnO_2 + H_2SO_4 \longrightarrow I_2 + MnSO_4 + NaHSO_4 + H_2O$

(12) $NaClO + MnSO_4 + NaOH \longrightarrow$

13.2 现有 6 种未知物，可能是 NH_4Cl(s)、KCl(s)、KBr(s)、KI(s)、$CaCO_3$(s)、$BaSO_4$(s)，设计方案将 6 种化合物分别检出。

13.3 用电极电势解释：在实验室用 MnO_2 制备少量 Cl_2 时，为什么需要用浓 HCl。

13.4 完成并配平下列各反应方程式：

(1) $H_2O_2 + MnO_4^- + H^+ \longrightarrow$

(2) $H_2O_2 + I^- + H^+ \longrightarrow$

(3) $BaO_2 + H_2SO_4 \longrightarrow$

(4) $H_2O_2 \xrightarrow{MnO_2}$

(5) $H_2O_2 + Cr_2O_7^{2-} + H^+ \longrightarrow$

13.5 区别下列各对物质或离子：

(1) SO_4^{2-}，SO_3^{2-}；

(2) SO_3^{2-}，$S_2O_3^{2-}$；

(3) H_2S(g)，SO_2(g)；

(4) $SO_2(g)$,$SO_3(g)$。

13.6 写出配平的反应方程式,表示下列各组物质间的反应:

(1) H_2O_2 和 PbS; (2) H_2S 和 $KMnO_4$(酸性介质);

(3) $Na_2S_2O_3$ 和 I_2; (4) $(NH_4)_2S_2O_8$ 和 $MnSO_4$(酸性介质);

(5) $KMnO_4$ 和 Na_2SO_3(碱性介质); (6) AgBr 和 $Na_2S_2O_3$;

(7) $K_2Cr_2O_7$ 和 Na_2SO_3(酸性介质); (8) HgS 和王水。

13.7 完成并配平下列反应方程式:

(1) $NaNO_2 + I^- + H^+ \longrightarrow$ (2) $(NH_4)_2Cr_2O_7 \xrightarrow{\triangle}$ (3) $Ca_3(PO_4)_2 + H_2SO_4 \longrightarrow$

(4) $PCl_5 + H_2O \longrightarrow$ (5) HNO_3(浓)$+ C \longrightarrow$ (6) $Au + HNO_3 + HCl \longrightarrow$

13.8 NO 是制 HNO_3 的重要原料,工业上采用氨催化氧化法制取:

$$4NH_3 + 5O_2 \xlongequal{Pt} 4NO + 6H_2O(g)$$

计算该反应的 $\Delta G^\ominus$,并说明为什么不采用 N_2 和 O_2 直接化合法。

13.9 计算当 pH 分别为 4、8、12 时,CO_2 饱和溶液中 H_2CO_3、HCO_3^- 及 CO_3^{2-} 所占百分数,并用计算结果说明:

(1) 除去溶液中的 CO_2 必须酸化溶液;

(2) 以碳酸盐形式沉淀 Ca^{2+}、Sr^{2+}、Ba^{2+} 时,必须在碱性溶液中。

13.10 完成并配平下列反应方程式:

(1) $Na_2CO_3 + Al_2(SO_4)_3 + H_2O \longrightarrow$ (2) $Na_2CO_3 + CuSO_4 + H_2O \longrightarrow$

(3) $MgCO_3 \xrightarrow{\triangle}$ (4) $SiO_2 + Na_2CO_3 \xrightarrow{\triangle}$

13.11 已知 $Al(OH)_3 \rightleftharpoons Al^{3+} + 3OH^-$ $K_{sp(b)} = 1.3\times10^{-33}$

$Al(OH)_3 + H_2O \rightleftharpoons Al(OH)_4^- + H^+$ $K_{sp(a)} = 2\times10^{-11}$

计算:

(1) Al^{3+} 完全沉淀为 $Al(OH)_3$ 时溶液的 pH;

(2) 10 mmol $Al(OH)_3$ 用 20 cm^3 NaOH 溶解时溶液的 pH。

13.12 用反应方程式表示下列物质在溶液中发生的变化:

(1) $SnCl_2$ 与 $HgCl_2$; (2) $SnCl_2$ 中加入过量的 NaOH,然后加入 Bi^{3+};

(3) PbS 与 H_2O_2; (4) PbO_2 与浓 HCl; (5) $NaBiO_3$ 与 $MnSO_4$。

13.13 如何区分下列各对物质:

(1) Bi_2S_3,HgS; (2) $PbSO_4$,$BaSO_4$; (3) $BaCrO_4$,$SrCrO_4$;

(4) ZnS,PbS; (5) $PbCrO_4$,Ag_2CrO_4; (6) AgI,Ag_3PO_4。

13.14 已知 $E^\ominus(H_3AsO_4/HAsO_2) = 0.56$ V,$E^\ominus(I_2/I^-) = 0.54$ V。

(1) 写出 H_3AsO_4 与 I^- 发生氧化还原反应的方程式,并计算反应的平衡常数;

(2) 当$[H^+] = 4.0$ mol·dm^{-3}, $[H^+] = 1.0\times10^{-7}$ mol·dm^{-3},其他物质均处于标态时,反应是否正向自发?

13.15 分离并鉴定下列各组离子:

(1) Cu^{2+},Ag^+,Pb^{2+}; (2) Ag^+,Hg^{2+},Bi^{3+},Zn^{2+}; (3) Zn^{2+},Al^{3+};

(4) Ca^{2+},Ba^{2+},Mg^{2+}; (5) NH_4^+,K^+; (6) Cu^{2+},Pb^{2+},Bi^{3+}。

13.16 根据 Sn(Ⅱ)、Sn(Ⅳ)在碱性介质中有关的 $E^\ominus$ 值,计算:

(1) $Sn(OH)_6^{2-}+4e = Sn+6OH^-$ 的 $E^\ominus$ 值；

(2) $Sn(OH)_3^-$ 歧化反应的平衡常数。

13.17 查阅有关数据，计算说明 PbS 能否溶于 $1.0\ mol \cdot dm^{-3}$ 的 HNO_3 中。

13.18 现有 A、B 两种白色固体，均可溶于水得澄清溶液 C 和 D，在 C 中加 NaCl 溶液得白色沉淀 E，E 不溶于硝酸，溶于 $NH_3 \cdot H_2O$ 得溶液 F，在 D 中加六硝基合钴(Ⅲ)酸钠出现黄色沉淀 G，将 C 和 D 混合，立即出现黄色沉淀 H。A、B、E、F、G、H 各是何种化合物？写出有关的反应方程式。

13.19 已知 $ClO_3^-+6H^++5e = \frac{1}{2}Cl_2+3H_2O$　$E^\ominus(A)=1.47\ V$，计算以下反应的 $E^\ominus(B)$：

$$ClO_3^-+3H_2O+5e = \frac{1}{2}Cl_2+6OH^-$$

13.20 $1.0\ cm^3$ $0.30\ mol \cdot dm^{-3}$ HCl 溶液中含 Cd^{2+} $1.0\times10^{-4}\ mol$，在室温下通 H_2S 至饱和，计算溶液中残留 Cd^{2+} 的浓度。Cd^{2+} 是否已经沉淀完全？

13.21 用反应方程式表示硼酸或硼砂在下列情况下发生的变化：

(1) 硼酸溶于水；　(2) 硼砂溶于水；

(3) 硼酸的鉴定反应；　(4) 用硼砂珠实验鉴定金属钴和镍的氧化物。

13.22 根据下列实验现象，写出相应的反应方程式：

(1) 固体 Na_2CO_3 与 Al_2O_3 混合后熔融，熔块用水浸取产生白色沉淀；

(2) Al 和热 NaOH 反应有气体产生；

(3) $NaAl(OH)_4$ 溶液与 NH_4Cl 反应有 NH_3 气体和乳白色胶状沉淀生成；

(4) $Al_2(SO_4)_3$ 溶液和 $NaHCO_3$ 溶液可作为泡沫灭火器的原料。

13.23 写出以下反应的反应方程式，计算反应的平衡常数：

(1) Sn 与 HCl 溶液反应；　(2) Sn 与 $Cl_2(g)$ 反应；

(3) Bi 与 $Cl_2(g)$ 反应；　(4) 在 Pb^{2+} 的溶液中加入 Sn。

13.24 分别选用一种试剂区别下面两组离子中的离子：

(1) Ag^+，Al^{3+}，Bi^{3+}，Hg^{2+}；　(2) Cl^-，HPO_4^{2-}，$S_2O_3^{2-}$，NO_3^-。

13.25 查找有关数据，计算说明下面反应在 298 K、标准状态下能否正向自发进行。

(1) $Cl_2(g)+O_2(g) \longrightarrow Cl_2O(g)$

(2) $Ag(s)+I_2(g) \longrightarrow AgI(s)$

(3) $SF_6(g)+H_2O(l) \longrightarrow HF(aq)+H^+(aq)+HSO_4^-(aq)$

13.26 分别向①Cl^-、Br^- 和②Cl^-、CrO_4^{2-} 两组离子的溶液(离子浓度均为 $0.10\ mol \cdot dm^{-3}$)中滴加 $AgNO_3$ 溶液，通过计算说明：哪一种离子先沉淀；第二种离子沉淀时，第一种离子是否已经沉淀完全；计算结果说明什么。

第14章 过渡元素

本章要求

1. 了解d区元素的电子构型的特点及其与元素性质的关系
2. 了解d区元素中常见单质的物理化学性质
3. 掌握第一过渡元素(特别是Cr、Mn、Fe、Co、Ni)的氢氧化物、盐类和配合物的性质及其在离子的分离检出中的应用
4. 掌握常见阳离子的分离鉴定方法

过渡元素包括周期表中的ⅢB～ⅧB族元素，除ⅢB族中的镧系和锕系元素(称f区元素)外，其余称d区元素。其中第四周期的过渡元素又称为第一过渡系元素，包括钪(Scandium)、钛(Titanium)、钒(Vanadium)、铬(Chromium)、锰(Manganese)、铁(Iron)、钴(Cobalt)和镍(Nickel)；第五、六周期的过渡元素，分别称为第二、第三过渡系元素。本章在介绍过渡元素通性的基础上，重点介绍第一过渡系中的铬、锰、铁、钴、镍及其化合物。表14-1示出第一过渡系元素的某些基本性质。

表14-1 第一过渡系元素的某些性质

	钪(Sc)	钛(Ti)	钒(V)	铬(Cr)	锰(Mn)	铁(Fe)	钴(Co)	镍(Ni)
原子序数	21	22	23	24	25	26	27	28
相对原子质量	44.96	47.87	50.94	52.00	54.94	55.85	58.93	58.69
价层电子构型	$3d^14s^2$	$3d^24s^2$	$3d^34s^2$	$3d^54s^1$	$3d^54s^2$	$3d^64s^2$	$3d^74s^2$	$3d^84s^2$
原子半径/pm	162	147	134	128	127	126	125	124
离子半径/pm	75(Sc^{3+})	67(Ti^{3+})	64(V^{3+})	62(Cr^{3+})	67(Mn^{2+})	61(Fe^{2+})	65(Co^{2+})	69(Ni^{2+})
熔点/℃	1541	1668	1917	1907	1244	1535	1494	1453
沸点/℃	2836	3287	3421	2679	2095	2861	2927	2884
第一电离能/($kJ\cdot mol^{-1}$)	633	658	650	653	717	759	758	737
第二电离能/($kJ\cdot mol^{-1}$)	1235	1310	1414	1496	1509	1561	1646	1753
密度/($g\cdot cm^{-3}$)	2.99	4.54	5.96	7.19	7.20	7.86	8.90	8.90
$E^\ominus(M^{2+}/M)/V$	—	−1.63	−1.175	−0.91	−1.185	−0.447	−0.28	−0.257
$E^\ominus(M^{3+}/M)/V$	−2.077	−1.37	−0.868	−0.744	0.276	−0.037	0.453	—

14.1 过渡元素通性

过渡元素原子半径的周期性变化规律与主族元素有所不同。同周期元素，随着d轨道上电子的增加，吸引 ns 轨道上电子的有效核电荷增加，半径逐渐减小，但减小幅度较小。由于"镧系收缩"的影响，在d区元素中，同族元素从上到下半径有所增加，但有的变化很小。在第六周期，从57到71号元素（镧系元素），共增加了14个电子，全部填入到4f轨道（$4f^{0\sim14}$）。有效核电荷的显著增加引起的"镧系收缩"影响到镧系后面元素的原子半径，使这些元素与同族的第五周期的相应元素的原子半径相近。如Mo和W，Nb和Ta，Zr和Hf的半径相近、性质相似。

1. 物理性质

除Sc、Ti、Y外，过渡元素的密度都大于5 $g \cdot cm^{-3}$，属于重金属，其中密度最大的是Os(22.59 $g \cdot cm^{-3}$)。同族元素自上而下密度逐渐增大。

过渡金属的熔、沸点都较高。同周期中ⅥB族金属的熔点最高（铬与钒的熔点接近）。同族中第六周期金属的熔、沸点最高，第二过渡系金属的熔、沸点高于第一过渡系，其中ⅢB族金属的熔点变化不同于其他各族。过渡金属中W的熔、沸点最高。

过渡金属升华热的变化规律与熔、沸点的变化规律类似。W的升华热最高。金属中Hg的升华热(60.8 $kJ \cdot mol^{-1}$)最小，因此Hg是最易蒸发的金属。

过渡金属的硬度大，Cr是最硬的金属，Mohr硬度为9，仅次于金刚石和单质硼。

2. 化学性质

过渡元素电离能的变化规律与原子半径的变化规律有关。同周期从左到右，第一、第二电离能之和(I_1+I_2)逐渐增大，其增大的幅度不大。同族元素的电离能变化没有明显的规律。

第一过渡系元素多数是活泼金属，能从酸（稀HCl或稀 H_2SO_4）中置换出 H_2。由于第二、第三过渡系元素具有较大的电离能和较高的升华热，使其金属单质不活泼，难和非氧化性酸反应。有些金属，如Nb、Ta，甚至不与浓 HNO_3、浓 H_2SO_4 等氧化性酸作用，Ta在王水中也不反应。但是它们能溶于 HNO_3 和HF的混合酸中，因为在混合酸中可以生成稳定的配离子 $[NbF_7]^{2-}$、$[TaF_7]^{2-}$：

$$M + 5HNO_3 + 7HF \xlongequal{} H_2MF_7 + 5NO_2 + 5H_2O \quad (M = Nb、Ta)$$

ⅢB族的Y、La和镧系元素金属的活泼性与第一过渡系的相似。

由于过渡元素的 ns 轨道上电子和 $(n-1)$d轨道上电子都可以参与成键，这使它们在化合物中的氧化态有以下几个特点：

① 同一元素可以呈现多种氧化态，相邻氧化态之间的差值为1或2。

② 大部分元素的最高氧化态与所在族数相同，只有少数镧系元素和除Ru和Os以外的ⅧB族元素例外。

③ 第一过渡系元素的最高氧化态一般不稳定（Sc、Ti、V除外），而第二、第三过渡系元素的最高氧化态比较稳定。如Cr、Mo、W在氧气中燃烧分别生成 Cr_2O_3、MoO_3、WO_3。

④ 金属的最高氧化态一般出现在氧化物、含氧酸或氟化物中，如 WF_6、$Cr_2O_7^{2-}$、MnO_4^-、Re_2O_7、ReF_7 等；最低氧化态主要出现在配合物中，如 $Mn(CO)_6^-$ 等。

过渡金属离子易形成配合物。低价态金属离子在水溶液中一般以水合离子形式存在，如

$[Cr(H_2O)_6]^{3+}$、$[Fe(H_2O)_6]^{3+}$等。NH_3、CN^-、SCN^-等配体可取代H_2O生成各种稳定的配合物。

14.2 d区元素

d区元素的价层电子构型为$(n-1)d^{1\sim10}ns^{0\sim2}$，除Pd的$(n-1)$d轨道为全充满($4d^{10}$)外，其余d区元素的$(n-1)$d轨道都处于未充满状态。本节简单介绍钛、钒、钼、钨等元素，重点介绍铬、锰、铁、钴、镍及其化合物。

14.2.1 钛和钒

1. 钛

钛元素(Titanium，Ti)位于周期表中ⅣB族，属于同一族的还有锆(Zirconium，Zr)和铪(Hafnium，Hf)。ⅣB族元素是稀有元素，价电子构型为$(n-1)d^2ns^2$，稳定的氧化态为+4。

金属钛的用途广泛，它是航空、宇航、舰船、军械和电力工业等部门不可缺少的重要材料，在石油、化工、机械仪表等部门用它制造防腐设备和部件，医疗上用钛制作人造骨骼。

二氧化钛(TiO_2)是钛的一种重要化合物。天然TiO_2是金红石。纯净的TiO_2俗称钛白，冷时为白色，热时呈浅黄色。钛白是极好的白色涂料，它折射率高，着色力强，遮盖力大，化学性能稳定。其他白色涂料，如锌白ZnO和铅白$2PbCO_3\cdot Pb(OH)_2$等，不具有钛白的这些优良性能。

重要的钛的卤化物有$TiCl_3$、$TiCl_4$和TiI_4。$TiCl_4$在通常状况下为无色液体(熔点−25℃，沸点136.4℃)，有刺鼻气味，在潮湿空气中发烟，在水中强烈水解，生成偏钛酸H_2TiO_3：

$$TiCl_4+3H_2O = H_2TiO_3+4HCl$$

$TiCl_4$是制备金属钛和其他钛的卤化物的原料。$TiCl_3$是紫色晶体，其水溶液可用做还原剂。Ti^{3+}比Sn^{2+}有更强的还原性。应将$TiCl_3$的酸性溶液用乙醚或苯覆盖，储于棕色瓶内，延缓空气中的氧将其氧化。TiI_4是暗棕色晶体，加热下分解生成Ti和I_2。

2. 钒

钒(Vanadium，V)属于周期表中ⅤB族元素，该族元素还包括位于第五周期的铌(Niobium，Nb)和位于第六周期的钽(Tantalum，Ta)。ⅤB族元素属于稀有元素，价电子构型分别为$3d^34s^2$(V)、$4d^45s^1$(Nb)、$5d^36s^2$(Ta)，最高氧化态为+5。

钒在其化合物中可能呈现的氧化态有+2、+3、+4和+5四种。在溶液中，氧化态为+2和+3的钒以水合离子形式存在，$[V(H_2O)_6]^{2+}$为紫色，$[V(H_2O)_6]^{3+}$为绿色。V^{4+}和V^{5+}在溶液中水解形成钒氧离子：

$$V^{4+}+H_2O = VO^{2+}(\text{蓝色})+2H^+$$
$$V^{5+}+2H_2O = VO_2^+(\text{浅黄色})+4H^+$$

钒的最稳定氧化态是+5，常见的化合物有V_2O_5(橙黄色)和NH_4VO_3(偏钒酸铵)。V_2O_5是一种较好的催化剂，在接触法制H_2SO_4工业中，用V_2O_5作催化剂将SO_2氧化为SO_3。用NH_4VO_3加热分解可以得到V_2O_5：

$$2NH_4VO_3 \xlongequal{600℃} 2NH_3+V_2O_5+H_2O$$

V_2O_5是以酸性为主的两性氧化物，溶于强碱生成钒酸盐：

$$V_2O_5 + 6NaOH \xlongequal{} 2Na_3VO_4 + 3H_2O$$

溶于强酸生成含钒氧离子的盐：

$$V_2O_5 + H_2SO_4 \xlongequal{} (VO_2)_2SO_4 + H_2O$$

V_2O_5 有一定的氧化性，与浓 HCl 反应可以得到 V(Ⅳ)盐和 Cl_2：

$$V_2O_5 + 6HCl(浓) \xlongequal{} 2VOCl_2 + Cl_2 + 3H_2O$$

在 $VOCl_2$ 分子中含有钒氧离子 VO^{2+}。

14.2.2 铬及其化合物

铬(Chromium，Cr)和钼(Molybdenum，Mo)、钨(Tungsten，W)同属ⅥB族元素，它们的价层电子构型分别为 $3d^54s^1$(Cr)、$4d^55s^1$(Mo)和 $5d^46s^2$(W)，最高氧化态为+6。

1. 铬的不同氧化态的稳定性

附 铬的元素电势图

$E^{\ominus}(A)/V$

$$Cr_2O_7^{2-} \xrightarrow{1.232} Cr^{3+} \xrightarrow{-0.41} Cr^{2+} \xrightarrow{-0.91} Cr$$

$E^{\ominus}(B)/V$

$$CrO_4^{2-} \xrightarrow{-0.13} Cr(OH)_4^- \xrightarrow{-1.1} Cr(OH)_2 \xrightarrow{-1.4} Cr$$

从上面不同电对的 $E^{\ominus}$ 可以看出，无论在酸性还是碱性介质中，Cr 和 Cr(Ⅱ)都具有较强的还原性。Cr 属活泼金属，能溶于稀 HCl、H_2SO_4，生成 Cr^{2+} 的蓝色溶液，但其中的 Cr^{2+} 很容易被空气中氧氧化为 Cr^{3+}。

$$Cr + 2HCl \xlongequal{} CrCl_2 + H_2(g)$$

$$4CrCl_2 + 4HCl + O_2 \xlongequal{} 4CrCl_3 + 2H_2O$$

在酸性介质中 $Cr_2O_7^{2-}$ 有强的氧化性，Cr^{3+} 还原性很弱，因此 Cr(Ⅲ)比 Cr(Ⅵ)稳定。在碱性介质中 $Cr(OH)_4^-$ 有较强的还原性，而 CrO_4^{2-} 的氧化性很弱，所以 Cr(Ⅵ)比 Cr(Ⅲ)更稳定。

2. Cr(Ⅲ)的化合物

(1) Cr_2O_3 和 $Cr(OH)_3$

Cr_2O_3 和 $Cr(OH)_3$ 都是难溶于水的以碱性为主的两性物，高温灼烧过的 Cr_2O_3 难溶于酸。

$$Cr_2O_3 + 6HCl \xlongequal{} 2CrCl_3 + 3H_2O$$

$$Cr_2O_3 + 2NaOH + 3H_2O \xlongequal{} 2NaCr(OH)_4$$

$$Cr^{3+} + H_2O \xrightarrow{OH^-} \underset{绿色}{Cr(OH)_3(s)} \xrightarrow{OH^-} \underset{亮绿色}{Cr(OH)_4^-}$$

$Cr(OH)_4^-$ 很容易水解，所以它只存在于强碱性介质中。

$$Cr(OH)_4^- \xlongequal{\triangle} Cr(OH)_3(s,绿色) + OH^-$$

$Cr(OH)_3$ 的两性和 $Cr(OH)_4^-$ 的水解性，可用于鉴定 Cr^{3+}。

空气中 O_2、H_2O_2 等氧化剂可以将 $Cr(OH)_4^-$ 氧化为 CrO_4^{2-}，使溶液呈黄色。

(2) 铬盐与 Cr(Ⅲ)的配合物

常见的 Cr(Ⅲ)盐有 $CrCl_3 \cdot 6H_2O$、$Cr_2(SO_4)_3 \cdot 18H_2O$ 和 $KCr(SO_4)_2 \cdot 12H_2O$(铬钾矾)。

在这些盐的晶体中和它们的水溶液中，都有$[Cr(H_2O)_6]^{3+}$水合离子存在。$[Cr(H_2O)_6]^{3+}$呈紫色，为八面体结构，配位 H_2O 可以被其他配体取代，如：

$$\underset{\text{紫色}}{[Cr(H_2O)_6]^{3+}} \xrightarrow{NH_3,NH_4^+} \underset{\text{浅红色}}{[Cr(NH_3)_3(H_2O)_3]^{3+}} \xrightarrow{NH_3,NH_4^+} \underset{\text{黄色}}{[Cr(NH_3)_6]^{3+}}$$

可用晶体场理论解释配合物颜色变化。Cr^{3+} 的 3d 轨道上三个电子处于能量较低的 t_{2g}轨道，配体 NH_3 的场强比 H_2O 的高，因此配位的 NH_3 分子越多，d 轨道分裂能 Δ_o 越大。t_{2g}上 d 电子跃迁时需吸收紫色光等能量高、波长短的光，配离子呈现吸收光的互补色，即黄色或红色。

$CrCl_3 \cdot 6H_2O$ 也是配合物，在不同的制备条件下可以得到组成相同、颜色不同、性质不同的三种晶体：$[Cr(H_2O)_4Cl_2]Cl \cdot 2H_2O$（暗绿）、$[Cr(H_2O)_6]Cl_3$（紫色）、$[Cr(H_2O)_5Cl]Cl_2 \cdot H_2O$（浅绿），三者互为水合异构体。

3. Cr(Ⅵ)的化合物

(1) CrO_3 和铬酸

浓 H_2SO_4 与浓 $K_2Cr_2O_7$ 溶液作用，析出橙红色 CrO_3 晶体：

$$K_2Cr_2O_7 + H_2SO_4 = K_2SO_4 + 2CrO_3 + H_2O$$

CrO_3 具有强氧化性，是铬酸(H_2CrO_4)的酸酐。CrO_3 和 H_2O 以不同的比例反应，可以生成 H_2CrO_4、$H_2Cr_2O_7$（重铬酸）、$H_2Cr_3O_{10}$（三铬酸，由三个 H_2CrO_4 脱掉两分子 H_2O 缩合得到）……。

H_2CrO_4 是较强酸，只存在于水溶液中。

(2) CrO_4^{2-} 与 $Cr_2O_7^{2-}$ 间的相互转化

在铬酸溶液中有以下平衡：

① $H_2CrO_4 = HCrO_4^- + H^+ \quad K_{a_1} = 0.18$

② $HCrO_4^- = CrO_4^{2-} + H^+ \quad K_{a_2} = 3.2 \times 10^{-7}$

③ $2HCrO_4^- = Cr_2O_7^{2-} + H_2O \quad K_3 = 43$

据多重平衡原则，③－2×②得

$$2CrO_4^{2-} + 2H^+ = Cr_2O_7^{2-} + H_2O \quad K = K_3/(K_{a_2})^2 = 4.2 \times 10^{14}$$

上面的平衡反映出 CrO_4^{2-} 与 $Cr_2O_7^{2-}$ 的相对量和溶液 H^+ 浓度之间的关系：

$$[Cr_2O_7^{2-}]/[CrO_4^{2-}]^2 = 4.2 \times 10^{14}[H^+]^2$$

在酸性溶液中，若$[H^+] = 10^{-2}\ mol \cdot dm^{-3}$，$[Cr_2O_7^{2-}] = 0.01\ mol \cdot dm^{-3}$，则$[CrO_4^{2-}] = 10^{-6}\ mol \cdot dm^{-3}$，此时溶液中以 $Cr_2O_7^{2-}$ 为主，溶液显橙色；在碱性溶液中，若$[H^+] = 10^{-10}\ mol \cdot dm^{-3}$，$[CrO_4^{2-}] = 0.01\ mol \cdot dm^{-3}$，则$[Cr_2O_7^{2-}] = 10^{-10}\ mol \cdot dm^{-3}$，此时溶液中以 CrO_4^{2-} 为主，溶液显黄色。因此，在 K_2CrO_4 溶液中加酸酸化时溶液由黄色变为橙色，在橙色 $K_2Cr_2O_7$ 溶液中加 OH^-，溶液变为黄色。

(3) 铬酸盐与重铬酸盐

重铬酸盐都是易溶盐，而在铬酸盐中只有碱金属、铵和镁的铬酸盐是易溶的。常见的难溶铬酸盐有 Ag_2CrO_4（砖红色）、$PbCrO_4$（黄色）、$BaCrO_4$（黄色）和 $SrCrO_4$（黄色）。从以上 $Cr_2O_7^{2-}$ 和 CrO_4^{2-} 之间的转化关系可知，在 $Cr_2O_7^{2-}$ 溶液中有一定量的 CrO_4^{2-} 存在，所以，若向 $Cr_2O_7^{2-}$ 溶液中加入某些阳离子，可能生成难溶的铬酸盐，如：

$$2Ba^{2+} + Cr_2O_7^{2-} + H_2O \xlongequal{} 2BaCrO_4(s) + 2H^+ \quad K = 1.7 \times 10^5$$

若把 Ba^{2+} 换成 Pb^{2+} 或 Ag^+，也生成相应的铬酸盐沉淀，但若加入 Sr^{2+} 则没有 $SrCrO_4$ 沉淀生成。这是由于 Ba^{2+}、Pb^{2+}、Ag^+ 的铬酸盐的 K_{sp} 很小，使相应反应的平衡常数相当大，而 $SrCrO_4$ 的 $K_{sp}(2.2\times10^{-5})$ 较大。下面反应

$$2Sr^{2+} + Cr_2O_7^{2-} + H_2O \xlongequal{} 2SrCrO_4 + 2H^+$$

$$K = \frac{1}{[K_{sp}(SrCrO_4)]^2 \times 4.2 \times 10^{14}} = 4.9 \times 10^{-6}$$

K 太小，所以没有 $SrCrO_4(s)$ 生成。只有当 Sr^{2+} 与 CrO_4^{2-} 反应时，才能生成 $SrCrO_4(s)$。

$BaCrO_4$、$PbCrO_4$、Ag_2CrO_4、$SrCrO_4$ 都能溶于强酸，其溶解反应是上述沉淀反应的逆反应。由溶解反应的平衡常数可知，$SrCrO_4$ 可溶于 HAc 溶液，而溶度积较小的 $BaCrO_4$、$PbCrO_4$ 和 Ag_2CrO_4 不能在醋酸溶液中溶解。

生成铬酸盐沉淀的反应可以用来检出 Ba^{2+}、Pb^{2+}、Ag^+、CrO_4^{2-} 或 $Cr_2O_7^{2-}$。

4. Cr(Ⅵ)的氧化性

在酸性介质中，$Cr_2O_7^{2-}$ 表现出强氧化性：

$$Cr_2O_7^{2-} + 14H^+ + 6e \xlongequal{} 2Cr^{3+} + 7H_2O \quad E^\ominus(Cr_2O_7^{2-}/Cr^{3+}) = 1.232\ V$$

$$E(Cr_2O_7^{2-}/Cr^{3+}) = E^\ominus(Cr_2O_7^{2-}/Cr^{3+}) + \frac{0.0592}{6}\lg\frac{[Cr_2O_7^{2-}]\cdot[H^+]^{14}}{[Cr^{3+}]^2}$$

H^+ 浓度越高，$Cr_2O_7^{2-}$ 的氧化性越强。因此，酸性介质中的 $Cr_2O_7^{2-}$ 可以氧化 H_2O_2、Fe^{2+}、I^- 等许多还原剂，如：

$$Cr_2O_7^{2-} + 6Fe^{2+} + 14H^+ \xlongequal{} 2Cr^{3+} + 6Fe^{3+} + 7H_2O$$

$$Cr_2O_7^{2-} + 6I^- + 14H^+ \xlongequal{} 2Cr^{3+} + 3I_2 + 7H_2O$$

上述反应用于定量测定铁和碘的含量。

在碱性介质中：

$$CrO_4^{2-} + 4H_2O + 3e \xlongequal{} Cr(OH)_4^- + 4OH^- \quad E^\ominus(CrO_4^{2-}/Cr(OH)_4^-) = -0.13\ V$$

CrO_4^{2-} 的氧化性很弱，$Cr(OH)_4^-$ 有较强的还原性，可以被 H_2O_2、Br_2、Cl_2、NaClO 等氧化为 CrO_4^{2-}。因此，欲利用 Cr(Ⅵ)的氧化性时，其溶液应为强酸性。若用生成黄色铬酸盐沉淀的方法检出 Cr^{3+}，应在强碱性介质中将其氧化为 CrO_4^{2-}。

5. Cr(Ⅲ)、Cr(Ⅵ)的鉴定反应

可以利用下面反应鉴定 Cr^{3+}：

$$Cr^{3+} + 3OH^- \xlongequal{} Cr(OH)_3(s,\text{灰绿色})$$

$$Cr(OH)_3 + OH^- \xlongequal{} Cr(OH)_4^-(\text{绿色})$$

$$Cr(OH)_4^- \xlongequal{\triangle} Cr(OH)_3(s,\text{灰绿色}) + OH^-$$

$$Cr(OH)_4^- \xrightarrow{H_2O_2} CrO_4^{2-}(\text{黄色}) \xrightarrow{Pb^{2+}} PbCrO_4(s,\text{黄色})$$

在弱碱性介质中，用 Pb^{2+}、Ba^{2+} 或 Ag^+ 检出 CrO_4^{2-}；在酸性介质中，加 H_2O_2 检出 $Cr_2O_7^{2-}$ 或 CrO_4^{2-}。

$$Cr_2O_7^{2-} + 4H_2O_2 + 2H^+ \xlongequal{} 2CrO_5 + 5H_2O$$

$$CrO_5 + (C_2H_5)_2O(\text{乙醚}) \xlongequal{} CrO_5\cdot(C_2H_5)_2O \quad (\text{乙醚层呈蓝色})$$

14.2.3 钼和钨

在钼和钨的化合物中，Mo 和 W 可以呈现+2、+3、+4、+5、+6 五种氧化态，其中+6 氧化态最稳定。

钼和钨的氧化物 MoO_3（白）、WO_3（黄）难溶于水，但能在氨水或强碱溶液中溶解生成相应的盐：

$$MoO_3 + 2NH_3 \cdot H_2O \xlongequal{\triangle} (NH_4)_2MoO_4(s) + H_2O$$

用硝酸与钼酸铵反应，得黄色的钼酸：

$$(NH_4)_2MoO_4 + 2HNO_3 + H_2O \xlongequal{} H_2MoO_4 \cdot H_2O(s,黄) + 2NH_4NO_3$$

将 $H_2MoO_4 \cdot H_2O$ 在 60℃下加热脱水，得白色的 H_2MoO_4。硝酸与热的钨酸钠溶液反应，得黄色的钨酸晶体：

$$Na_2WO_4 + 2HNO_3 \xlongequal{} H_2WO_4(s,黄) + 2NaNO_3$$

从冷溶液中析出的钨酸是白色胶状的钨酸 $H_2WO_4 \cdot xH_2O$。

钼、钨以及其他一些元素，不仅能形成简单的含氧酸，而且简单的含氧酸分子还能在一定条件下缩水形成同多酸（同种含氧酸分子间脱水）或杂多酸（不同的含氧酸分子间脱水）。由两个或多个同种简单含氧酸分子相互结合成大分子，同时脱去水的过程叫缩合。三分子钼酸失去两分子水，缩合成三钼酸 $H_2Mo_3O_{10}$，其解析式为 $3MoO_3 \cdot H_2O$。常见的钼、钨同多酸有：

七钼酸	$H_6Mo_7O_{24}$	$(7MoO_3 \cdot 3H_2O)$
八钼酸	$H_4Mo_8O_{26}$	$(8MoO_3 \cdot 2H_2O)$
十二钼酸	$H_{10}Mo_{12}O_{41}$	$(12MoO_3 \cdot 5H_2O)$
八钨酸	$H_4W_8O_{26}$	$(8WO_3 \cdot 2H_2O)$
十二钨酸	$H_{10}W_{12}O_{41}$	$(12WO_3 \cdot 5H_2O)$

同多酸中的 H^+ 被金属离子取代，则形成同多酸盐。常见的有七钼酸铵 $(NH_4)_6Mo_7O_{24} \cdot 4H_2O$ 和七钨酸铵 $(NH_4)_6W_7O_{24} \cdot 6H_2O$，俗称仲钼酸铵和仲钨酸铵。

除 Mo 和 W 外，B、Si、P、V、Cr 等也能形成同多酸，$H_2Cr_2O_7$ 就是最简单的同多酸。

两种不同的简单含氧酸分子间缩水形成杂多酸。Mo、W、Si、P 最易形成杂多酸。如十二钼磷杂多酸 $H_3[P(Mo_3O_{10})_4]$（或 $H_3PO_4 \cdot 12MoO_3$），可认为是由 1 分子 H_3PO_4 和 12 分子 H_2MoO_4 缩水而成的。杂多酸是一类特殊的配合物，如在十二钼磷杂多酸分子中，P 是配合物的中心原子，多钼酸根 $Mo_3O_{10}^{2-}$ 为配体。在十二钨硅杂多酸 $H_4[Si(W_3O_{10})_4]$（或 $H_4SiO_4 \cdot 12WO_3$）中，Si 是配合物的中心原子，多钨酸根 $W_3O_{10}^{2-}$ 为配体。杂多酸是固体酸。

分析化学中用生成钼磷酸铵 $(NH_4)_3PO_4 \cdot 12MoO_3$ 黄色沉淀的反应鉴定 PO_4^{3-}：

$$H_3PO_4 + 12(NH_4)_2MoO_4 + 21HNO_3 \xlongequal{\triangle} (NH_4)_3PO_4 \cdot 12MoO_3(s,黄) + 21NH_4NO_3 + 12H_2O$$

钼磷杂多酸与 $SnCl_2$ 或 Zn 等还原剂反应，部分 Mo(Ⅵ)被还原为 Mo(Ⅴ)，生成具有特征蓝色的化合物"钼磷蓝"，它的可能组成是 $H_3PO_4 \cdot 10MoO_3 \cdot Mo_2O_5$。常用生成"钼磷蓝"的比色法测定土壤、农作物中的含磷量。

钼和钨主要用于冶炼特种合金钢，还用于制造电灯丝和其他无线电器材。

14.2.4 锰及其化合物

锰(Manganese,Mn)、锝(Technetium,Tc)和铼(Rhenium,Re)同属ⅦB族,它们的价层电子构型为$(n-1)d^5ns^2$,最高氧化态为+7。

1. 锰的不同氧化态的稳定性

附 锰的元素电势图

$E^\ominus(A)/V$

$$MnO_4^- \xrightarrow{0.558} MnO_4^{2-} \xrightarrow{2.240} MnO_2 \xrightarrow{0.908} Mn^{3+} \xrightarrow{1.54} Mn^{2+} \xrightarrow{-1.185} Mn$$

(MnO_4^-—MnO_2: 1.679; MnO_2—Mn^{2+}: 1.224; MnO_4^-—Mn^{2+}: 1.507)

$E^\ominus(B)/V$

$$MnO_4^- \xrightarrow{0.585} MnO_4^{2-} \xrightarrow{0.60} MnO_2 \xrightarrow{-0.2} Mn(OH)_3 \xrightarrow{0.1} Mn(OH)_2 \xrightarrow{-1.56} Mn$$

(MnO_4^-—MnO_2: 0.595; MnO_2—$Mn(OH)_2$: −0.05)

从上面元素电势图可以看出,金属Mn在酸性和碱性介质中的还原性都很强,说明Mn属于活泼金属。Mn(Ⅱ)在酸性介质中很稳定,只有很强的氧化剂才能将其氧化,而在碱性介质中,$Mn(OH)_2$很不稳定,空气中O_2即可将其氧化。Mn(Ⅲ)和Mn(Ⅵ)都不稳定,易歧化,在酸性介质中比在碱性介质中更易歧化。MnO_4^-在酸性介质中的氧化性大于在碱性介质中的氧化性,或者说它在碱性介质中更稳定。在锰的各种氧化态的化合物中,MnO_2是最稳定的。

2. Mn(Ⅱ)的化合物

(1) 氢氧化物

Mn^{2+}与NaOH或$NH_3 \cdot H_2O$反应,均可得到碱性的、近白色的$Mn(OH)_2(s)$。由于$Mn(OH)_2$的K_{sp}较大,和$Mg(OH)_2$一样可溶于较浓的NH_4Cl溶液中,因此,用$NH_3 \cdot H_2O$沉淀Mn^{2+}的反应不够完全。

$$Mn^{2+} + 2NH_3 \cdot H_2O = Mn(OH)_2(s) + 2NH_4^+$$

$$K = \frac{[K_b(NH_3 \cdot H_2O)]^2}{K_{sp}(Mn(OH)_2)} = \frac{(1.8 \times 10^{-5})^2}{1.9 \times 10^{-13}} = 1.7 \times 10^3$$

K值不是很大,增加NH_4^+浓度可以使平衡向左移动,甚至将$Mn(OH)_2(s)$溶解。

$Mn(OH)_2$极易被氧化,水中溶解的O_2也可以将其氧化。在水质分析中,就是利用此性质测定水中溶解氧的量,主要反应有

$$2Mn(OH)_2 + O_2 = 2MnO(OH)_2(s,褐色)$$

$$MnO(OH)_2 + 2I^- + 4H^+ = Mn^{2+} + I_2 + 3H_2O$$

$$2Na_2S_2O_3 + I_2 = 2NaI + Na_2S_4O_6$$

(2) Mn(Ⅱ)盐和Mn(Ⅱ)的配合物

在常见的Mn(Ⅱ)盐中,除硫化物、草酸盐、碳酸盐和磷酸盐外,都是易溶盐。

在酸性介质中,Mn^{2+}可以被强氧化剂,如$(NH_4)_2S_2O_8$、$NaBiO_3$、H_5IO_6等氧化为MnO_4^-:

$$2Mn^{2+} + 5S_2O_8^{2-} + 8H_2O \xrightarrow{AgNO_3,\triangle} 2MnO_4^- + 10SO_4^{2-} + 16H^+$$

$$2Mn^{2+} + 5NaBiO_3 + 14H^+ \xrightarrow{\triangle} 2MnO_4^- + 5Bi^{3+} + 5Na^+ + 7H_2O$$

可以将以上反应用于 Mn^{2+} 的鉴定。如果反应物中 Mn^{2+} 浓度较大，未反应的 Mn^{2+} 可以被已经生成的 MnO_4^- 氧化，有棕色沉淀出现：

$$2MnO_4^- + 3Mn^{2+} + 2H_2O = 5MnO_2(s, \text{棕色}) + 4H^+$$

Mn^{2+} 可以与 SCN^-、CN^- 形成配离子 $[Mn(SCN)_6]^{4-}$、$[Mn(CN)_6]^{4-}$。在人体内的 Mn^{2+} 倾向于和羧基—COOH、PO_4^{3-} 等配体键合。

3. Mn(Ⅲ)的化合物

Mn^{3+} 极易歧化：

$$2Mn^{3+} + 2H_2O = MnO_2 + Mn^{2+} + 4H^+$$

但它的一些配离子，如 $[Mn(PO_4)_2]^{3-}$ 和 $[Mn(CN)_6]^{3-}$ 比较稳定。人体内存在于线粒体的输锰蛋白中的 Mn(Ⅲ)是相当稳定的。Mn^{3+} 在酸性溶液中是强氧化剂，氧化能力与 MnO_4^- 相当。

4. Mn(Ⅳ)的化合物

MnO_2 是最重要的 Mn(Ⅳ)的化合物。在酸性介质中，MnO_2 有中等强度的氧化性，和浓 H_2SO_4 作用生成氧气，和浓 HCl 作用生成 Cl_2：

$$2MnO_2 + 2H_2SO_4 = 2MnSO_4 + O_2 + 2H_2O$$

$$MnO_2 + 4HCl = MnCl_2 + Cl_2 + 2H_2O$$

MnO_2 不溶于稀酸，但在 H_2O_2 存在时可以溶解：

$$MnO_2 + H_2O_2 + 2H^+ = Mn^{2+} + O_2 + 2H_2O$$

在强碱性溶液中，MnO_2 有中等强度的还原性，可以被空气中的 O_2 氧化生成 MnO_4^{2-}。

简单的 Mn(Ⅳ)盐在水溶液中极不稳定，极易水解：

$$Mn^{4+} + 3H_2O = MnO(OH)_2(s) + 4H^+$$

在浓强酸中有较强的氧化性，或与 H_2O 反应生成氧气，或与浓 HCl 反应生成氯气，且 Mn(Ⅳ)还原为 Mn(Ⅱ)。

在锌锰干电池中，锌为负极，被 MnO_2 包围的石墨为正极，$ZnCl_2$、NH_4Cl 和淀粉糊作电解质，电极反应和电池反应为：

负极： $Zn + 2NH_4Cl = Zn(NH_3)_2Cl_2 + 2H^+ + 2e$

正极： $2MnO_2 + 2H^+ + 2e = 2MnOOH$

电池反应： $Zn + 2NH_4Cl + 2MnO_2 = Zn(NH_3)_2Cl_2 + 2MnOOH$

此外，MnO_2 还可以作催化剂，例如，它能催化 $KClO_3$、H_2O_2 分解。

5. Mn(Ⅵ)的化合物

最重要的 Mn(Ⅵ)的化合物是锰酸钾 K_2MnO_4。在熔融强碱中，MnO_2 可以被空气中 O_2 或其他氧化剂氧化生成 MnO_4^{2-}：

$$2MnO_2(s) + 4KOH(s) + O_2(g) \xlongequal{\triangle} 2K_2MnO_4(s) + 2H_2O(g)$$

$$3MnO_2(s) + 6KOH(s) + KClO_3(s) \xlongequal{\triangle} 3K_2MnO_4(s) + KCl(s) + 3H_2O(g)$$

K_2MnO_4 是深绿色晶体，强碱性溶液中呈绿色溶液。MnO_4^{2-} 不稳定，在中性、酸性及弱碱性溶液中都会歧化：

$$3K_2MnO_4 + 2H_2O = 2KMnO_4 + MnO_2(s) + 4KOH$$

将 CO_2(g)通入碱性 K_2MnO_4 溶液，由于碱度降低，MnO_4^{2-} 也会歧化：

$$3K_2MnO_4 + 2CO_2 \longrightarrow 2KMnO_4 + MnO_2(s) + 2K_2CO_3$$

在酸性介质中 MnO_4^{2-} 立即歧化：

$$3MnO_4^{2-} + 4H^+ \longrightarrow 2MnO_4^- + MnO_2 + 2H_2O$$

固体 K_2MnO_4 在 220℃以上时分解：

$$2K_2MnO_4 \xrightarrow{\triangle} 2K_2MnO_3 + O_2(g)$$

锰酸盐是制备高锰酸盐的中间体，工业上用电解 K_2MnO_4 溶液的方法制 $KMnO_4$。

阳极反应： $2MnO_4^{2-} \longrightarrow 2MnO_4^- + 2e$

阴极反应： $2H_2O + 2e \longrightarrow H_2 + 2OH^-$

6. Mn(Ⅶ)的化合物

最重要的 Mn(Ⅶ)的化合物是高锰酸钾 $KMnO_4$（$NaMnO_4$ 易潮解）。$KMnO_4$ 为深紫色晶体，是常用的强氧化剂。酸度不同时，MnO_4^- 的还原产物分别为 Mn^{2+}、MnO_2 和 MnO_4^{2-}。

酸性： $2MnO_4^- + 5SO_3^{2-} + 6H^+ \longrightarrow 2Mn^{2+} + 5SO_4^{2-} + 3H_2O$

近中性： $2MnO_4^- + 3SO_3^{2-} + H_2O \longrightarrow 2MnO_2 + 3SO_4^{2-} + 2OH^-$

碱性： $2MnO_4^- + SO_3^{2-} + 2OH^- \longrightarrow 2MnO_4^{2-} + SO_4^{2-} + H_2O$

固体 $KMnO_4$ 与有机物能发生剧烈的氧化还原反应，如 $KMnO_4(s)$与甘油激烈反应甚至燃烧：

$$14KMnO_4(s) + 4C_3H_5(OH)_3(l) \longrightarrow 7K_2CO_3(s) + 7Mn_2O_3(s) + 5CO_2(g) + 16H_2O(g)$$

$KMnO_4$ 不稳定，在光、热、酸或碱性条件下都会分解：

$$2KMnO_4(s) \xrightarrow{200℃} K_2MnO_4(s) + MnO_2(s) + O_2(g)$$

$$4MnO_4^- + 4H^+ \longrightarrow 4MnO_2 + 3O_2 + 2H_2O$$

$$4MnO_4^- + 4OH^- \longrightarrow 4MnO_4^{2-} + O_2 + 2H_2O$$

$KMnO_4$ 在冷的浓 H_2SO_4 作用下生成 Mn_2O_7（油状，绿褐色）：

$$2KMnO_4 + H_2SO_4 \longrightarrow Mn_2O_7 + K_2SO_4 + H_2O$$

Mn_2O_7 遇有机物即燃烧，受热则爆炸分解。

MnO_2 催化 $KMnO_4$ 分解，因此配制好的 $KMnO_4$ 溶液应该及时滤去分解产物 MnO_2，另外应该避光保存。

在分析化学中，利用 $KMnO_4$ 的氧化性，在酸性介质中定量测定 Fe^{2+}、$C_2O_4^{2-}$、NO_2^-、SO_3^{2-}、H_2O_2 等还原性物质的含量。$KMnO_4$ 俗称“灰锰氧”，其溶液有杀菌作用，可作消毒剂。

14.2.5 铁、钴、镍及其化合物

ⅧB 族共有九种元素，第四周期的铁(Iron，Fe)、钴(Cobalt，Co)和镍(Nickel，Ni)，称为铁系元素；第五周期的钌(Rubhenium，Ru)、铑(Rhodium，Rh)、钯(Palladium，Pd)；第六周期的锇(Osmium，Os)、铱(Iridium，Ir)、铂(Platinum，Pt)，称为铂系元素。这里主要介绍 Fe、Co、Ni 及其化合物。

1. 不同氧化态的稳定性

附 Fe、Co、Ni 的元素电势图

$E^{\ominus}(A)/V$

$$FeO_4^{2-} \xrightarrow{2.20} Fe^{3+} \xrightarrow{0.771} Fe^{2+} \xrightarrow{-0.447} Fe$$

$$CoO_2 \xrightarrow{1.42} Co^{3+} \xrightarrow{1.92} Co^{2+} \xrightarrow{-0.28} Co$$

$$NiO_2 \xrightarrow{1.28} Ni^{3+} \xrightarrow{2.08} Ni^{2+} \xrightarrow{-0.257} Ni \quad (NiO_2 \xrightarrow{1.678} Ni^{2+})$$

$E^{\ominus}(B)/V$

$$FeO_4^{2-} \xrightarrow{0.72} Fe(OH)_3 \xrightarrow{-0.56} Fe(OH)_2 \xrightarrow{-0.88} Fe$$

$$Co(OH)_3 \xrightarrow{0.17} Co(OH)_2 \xrightarrow{-0.73} Co$$

$$NiO_2 \xrightarrow{0.50} Ni(OH)_3 \xrightarrow{0.48} Ni(OH)_2 \xrightarrow{-0.72} Ni$$

在 Fe、Co、Ni 的元素电势图中，右侧电对的 $E^{\ominus}$ 皆为负值，表明在酸性和碱性介质中，Fe、Co、Ni 都是活泼金属，它们能在 HCl 和稀 H_2SO_4 中置换出 H_2。M(Ⅱ)(M=Fe、Co、Ni)在酸性介质中比在碱性介质中稳定(还原性差)，这与 Cr(Ⅲ)和 Mn(Ⅱ)是相同的。高氧化态的铁、钴、镍，在酸性介质中都有较强的氧化性。由于 Fe 的价层电子构型为 $3d^6 4s^2$，失去三个电子后，价层电子构型成为半充满稳定结构 $3d^5$，所以 Fe(Ⅱ)的还原性明显高于 Co(Ⅱ)和 Ni(Ⅱ)的还原性。因此，Fe 的稳定氧化态为 Fe(Ⅲ)，Co 和 Ni 的稳定氧化态为 Co(Ⅱ)和 Ni(Ⅱ)。

2. Fe、Co、Ni 的氢氧化物

分别向 Fe^{2+}、Co^{2+}、Ni^{2+} 的溶液中加碱，则生成相应的 $M(OH)_2$ 沉淀，三种氢氧化物在空气中的稳定性不同：

Fe^{2+}		$Fe(OH)_2$(s，白色)		$Fe(OH)_3$(s，棕红色)(迅速反应)
Co^{2+}	$\xrightarrow{OH^-}$	$Co(OH)_2$(s，粉红色)①	$\xrightarrow{空气中 O_2}$	$Co(OH)_3$(s，棕色)(慢慢反应)
Ni^{2+}		$Ni(OH)_2$(s，绿色)		$Ni(OH)_2$(s，绿色)(没有变化)

(①将 OH^- 滴入 Co^{2+} 溶液，开始生成不稳定的蓝色 $Co(OH)_2$(s)，放置或加热，沉淀转变为粉红色。)

这些氢氧化物在空气中的稳定性与其 $E^{\ominus}(M(OH)_3/M(OH)_2)$(M=Fe、Co、Ni)的相对大小有关。

$$E^{\ominus}(Fe(OH)_3/Fe(OH)_2) < E^{\ominus}(Co(OH)_3/Co(OH)_2) < E^{\ominus}(Ni(OH)_3/Ni(OH)_2)$$

$E^{\ominus}(Ni(OH)_3/Ni(OH)_2) > E^{\ominus}(O_2/OH^-)$，因此，空气中的氧气难以将 $Ni(OH)_2$ 氧化。$Fe(OH)_2$ 在空气中最不稳定。$Ni(OH)_2$ 可以被 NaClO 等稍强的氧化剂氧化：

$$2Ni(OH)_2 + NaClO + H_2O \longrightarrow 2Ni(OH)_3 + NaCl$$

$M(OH)_2$(M=Fe、Co、Ni)具有碱性，溶于强酸，不溶于碱。

$M(OH)_3$(M=Co、Ni)也是碱性氢氧化物，与酸反应时，由于生成的 Co^{3+}、Ni^{3+} 的强氧化性能氧化 H_2O 或 Cl^-，最终得到 Co^{2+} 或 Ni^{2+}，如：

$$4Co(OH)_3 + 4H_2SO_4 \longrightarrow 4Co^{2+} + 4SO_4^{2-} + O_2 + 10H_2O$$

$$2Co(OH)_3 + 6HCl \longrightarrow 2Co^{2+} + 4Cl^- + Cl_2 + 6H_2O$$

$Fe(OH)_3$ 是以碱性为主的两性氢氧化物，新制备的 $Fe(OH)_3$ 能溶于强碱。$Fe(OH)_3$ 溶于 HCl 或 H_2SO_4 时 Fe^{3+} 不被还原。

3. 铁的化合物

(1) Fe-H_2O 体系的电势-pH 图

电势-pH(E-pH)图是用来描述一种元素的各种氧化态在水体系中的稳定性及其与溶液 pH

的关系。除代表沉淀溶解平衡的线(如图 14-1 中的⑥和⑦两条线)外,其余的每一条线分别代表一个电对的 E 与 pH 的关系。

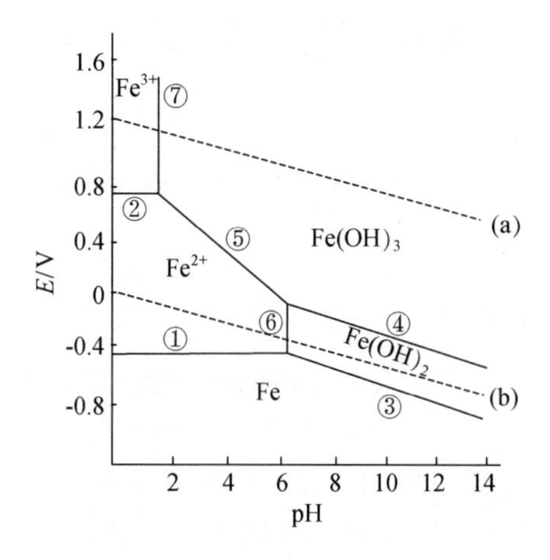

图 14-1　Fe-H_2O 体系的 E-pH 图

图 14-1 中各条线的含义如下(设 Fe^{2+} 和 Fe^{3+} 的起始浓度都是 0.010 mol · dm^{-3},$p_{H_2}=p_{O_2}=1$ bar):

(a) $O_2(g)+4H^++4e \longequal 2H_2O$

$$E(O_2/H_2O)=E^\ominus(O_2/H_2O)+\frac{0.059}{4}\lg[H^+]^4=1.23-0.059\text{pH}$$

(b) $2H^++2e \longequal H_2(g)$

$$E(H^+/H_2)=E^\ominus(H^+/H_2)+\frac{0.059}{2}\lg[H^+]^2=-0.059\text{pH}$$

① $Fe^{2+}+2e \longequal Fe$

$$E(Fe^{2+}/Fe)=E^\ominus(Fe^{2+}/Fe)+\frac{0.059}{2}\lg[Fe^{2+}]=-0.447-0.059=-0.506(\text{V})$$

② $Fe^{3+}+e \longequal Fe^{2+}$

$$E(Fe^{3+}/Fe^{2+})=E^\ominus(Fe^{3+}/Fe^{2+})+\frac{0.059}{1}\lg\frac{[Fe^{3+}]}{[Fe^{2+}]}=0.771(\text{V})$$

③ $Fe(OH)_2+2e \longequal Fe+2OH^-$

$$E(Fe(OH)_2/Fe)=E^\ominus(Fe(OH)_2/Fe)+\frac{0.059}{2}\lg\frac{1}{[OH^-]^2}$$

$$=-0.88+\frac{0.059}{2}\lg\frac{1}{[OH^-]^2}=-0.05-0.059\text{pH}$$

④ $Fe(OH)_3+e \longequal Fe(OH)_2+OH^-$

$$E(Fe(OH)_3/Fe(OH)_2)=E^\ominus(Fe(OH)_3/Fe(OH)_2)+\frac{0.059}{1}\lg\frac{1}{[OH^-]}$$

$$=-0.56+\frac{0.059}{1}\lg\frac{1}{[OH^-]}=0.27-0.059\text{pH}$$

⑤ $Fe(OH)_3+3H^++e \longequal Fe^{2+}+3H_2O$

$$E(\mathrm{Fe(OH)_3/Fe^{2+}})=E^{\ominus}(\mathrm{Fe(OH)_3/Fe^{2+}})+\frac{0.059}{1}\lg\frac{[\mathrm{H^+}]^3}{[\mathrm{Fe^{2+}}]}$$

$$=1.06+\frac{0.059}{1}\lg\frac{[\mathrm{H^+}]^3}{0.01}=1.18-0.18\mathrm{pH}$$

⑥ $Fe(OH)_2 = Fe^{2+} + 2OH^-$

$$\mathrm{pH}=\frac{1}{2}(\lg K_{sp}(\mathrm{Fe(OH)_2})-\lg[\mathrm{Fe^{2+}}])-\lg K_w=6.84$$

⑦ $Fe(OH)_3 = Fe^{3+} + 3OH^-$

$$\mathrm{pH}=\frac{1}{3}(\lg K_{sp}(\mathrm{Fe(OH)_3})-\lg[\mathrm{Fe^{3+}}])-\lg K_w=1.82$$

从 E-pH 图可以判断某种氧化态在水溶液中的稳定性(与 H_2O 反应的可能性)。如果电对的 E 处在(a)线的上方,说明其高氧化态可以将 H_2O 氧化放出 O_2;如果电对的 E 低于(b)线,则其还原态可以将 H_2O 中的 H^+ 还原放出 H_2;若电对的 E 处在(a)线与(b)线之间,则此电对的高低氧化态都不会与 H_2O 反应,但它的低氧化态可以被空气中的(或溶在 H_2O 中的)O_2 氧化为相应的高氧化态。因此,(a)线以上和(b)线以下称为水的不稳定区,(a)线与(b)线之间称为 H_2O 的稳定区。

(2) Fe(Ⅱ)的化合物

在 Fe-H_2O 体系的 E-pH 图中,E(Fe(Ⅱ)/Fe)-pH 线在(b)线以下,所以 Fe 在水溶液中可以置换出 H_2,自身被氧化为 Fe^{2+} 或 $Fe(OH)_2$(s)(pH>7 时)。金属 Fe 在潮湿的空气中被腐蚀生锈就是这个原因。E(Fe(Ⅲ)/Fe(Ⅱ))-pH 线在(a)线和(b)线之间,而且当 pH>2.2 时,随 pH 升高与(a)线的距离增加。因此,Fe(Ⅱ)是常用的还原剂,它在碱性介质中的还原性大于在酸性介质中的还原性。若 Fe^{2+} 浓度为 10^{-2} mol·dm^{-3},在 pH>7.5 时,生成的白色 $Fe(OH)_2$(s)迅速被空气中 O_2 氧化为暗绿色,最后变为红棕色 $Fe(OH)_3$(s)。在酸性介质中,Fe^{2+} 也会被空气中 O_2 慢慢氧化为 Fe^{3+}。为了保持 Fe^{2+} 的状态,应将 Fe(Ⅱ)盐溶解在相应的稀酸中,而且应加入少量金属铁,用 Fe 还原被空气氧化生成的 Fe^{3+}。

$$4Fe^{2+}+O_2+4H^+ = 4Fe^{3+}+2H_2O$$

$$2Fe^{3+}+Fe = 3Fe^{2+}$$

重要的Fe(Ⅱ)盐有 $FeSO_4\cdot 7H_2O$(俗称绿矾或黑矾)和复盐硫酸亚铁铵 $(NH_4)_2SO_4\cdot FeSO_4\cdot 6H_2O$,因其中含有 $[Fe(H_2O)_6]^{2+}$ 配离子而显浅绿色。Fe(Ⅱ)的重要配合物还有 $[Fe(CN)_6]^{4-}$、$[Fe(en)_3]^{2+}$(en 为乙二胺的缩写)等。$K_4[Fe(CN)_6]\cdot 3H_2O$ 是黄色晶体,俗称黄血盐,与 Fe^{3+} 生成蓝色沉淀(俗称普鲁士蓝),因此 $K_4[Fe(CN)_6]\cdot 3H_2O$ 可用于鉴定 Fe^{3+}:

$$Fe^{3+}+K^++[Fe(CN)_6]^{4-} = KFe[Fe(CN)_6](\text{s,蓝色})$$

$[Fe(CN)_6]^{4-}$ 还能和 Cu^{2+} 等金属离子生成难溶物,如 $Cu_2[Fe(CN)_6]$(红棕色)、$Cd_2[Fe(CN)_6]$(白色)、$Co_2[Fe(CN)_6]$(绿色)、$Mn_2[Fe(CN)_6]$(白色)、$Ni_2[Fe(CN)_6]$(绿色)、$Pb_2[Fe(CN)_6]$(白色)、$Zn_2[Fe(CN)_6]$(白色)等,可用于这些金属离子的检出。Fe^{2+} 与邻菲啰啉(Phen)、联吡啶(dipy)形成稳定的红色配合物 $[Fe(Phen)_3]^{2+}$、$[Fe(dipy)_3]^{2+}$,Fe^{3+} 与邻菲啰啉和联吡啶没有明显的反应,因此,可用此区别 Fe^{2+} 与 Fe^{3+},并可检出 Fe^{2+}。

Fe(Ⅱ)的碳酸盐、草酸盐、硫化物等都是难溶盐。与 Ag_2S、Bi_2S_3 等硫化物不同,FeS 能在 HCl 中溶解,可用于与 Ag^+、Bi^{3+} 等的分离。

(3) Fe(Ⅲ)的化合物

Fe(Ⅲ)在酸性介质中有中等强度的氧化性,如:

$$2Fe^{3+} + Sn^{2+} = 2Fe^{2+} + Sn^{4+}$$

$$2Fe^{3+} + 2I^{-} = 2Fe^{2+} + I_2$$

$$2Fe^{3+} + H_2S = 2Fe^{2+} + S(s) + 2H^{+}$$

若 Fe^{3+} 浓度为 0.01 mol·dm^{-3},当 pH>2.2 时,生成 $Fe(OH)_3$(s),氧化能力极大地降低(参见图 14-1)。

Fe^{3+} 易水解,如果 Fe^{3+} 浓度为 1 mol·dm^{-3},pH≈1 时即开始水解。随 pH 升高,水解度增大,在水解过程中同时发生多种缩合反应:

$$[Fe(H_2O)_6]^{3+} + H_2O = [Fe(H_2O)_5(OH)]^{2+} + H_3O^{+}$$

$$[Fe(H_2O)_5(OH)]^{2+} + H_2O = [Fe(H_2O)_4(OH)_2]^{+} + H_3O^{+}$$

$$[Fe(H_2O)_5(OH)]^{2+} + [Fe(H_2O)_6]^{3+} = [(H_2O)_5Fe-\overset{\displaystyle H}{O}-Fe(H_2O)_5]^{5+} + H_2O$$

$$2[Fe(H_2O)_5(OH)]^{2+} = [(H_2O)_4Fe\begin{matrix} \overset{H}{O} \\ \underset{H}{O} \end{matrix}Fe(H_2O)_4]^{4+} + 2H_2O$$

随溶液酸度的降低,缩合度增大,最后生成胶状沉淀 $Fe_2O_3 \cdot xH_2O$,一般用 $Fe(OH)_3$ 表示。

Fe^{3+} 易形成配合物。水溶液中的 Fe^{3+} 以 $[Fe(H_2O)_6]^{3+}$(浅紫色)形式存在;加入 F^-、CN^- 等配体时,随配体浓度的增大,H_2O 被逐步取代。Fe^{3+} 的常见配离子有 $[Fe(CN)_6]^{3-}$(棕黄色)、$[Fe(C_2O_4)_3]^{3-}$(黄色)、$[FeCl_n(H_2O)_{6-n}]^{3-n}$(黄色)、$[FeF_n(H_2O)_{6-n}]^{3-n}$(无色)、$[Fe(NCS)_n(H_2O)_{6-n}]^{3-n}$(血红色)等($n$=1~6)。$K_3[Fe(CN)_6]$是红色晶体,俗称赤血盐,与 Fe^{2+} 生成难溶的滕氏蓝,因而可用于 Fe^{2+} 的鉴定。

$$Fe^{2+} + K^{+} + [Fe(CN)_6]^{3-} = KFe[Fe(CN)_6](s,蓝色)$$

结构分析证明,普鲁氏蓝和滕氏蓝是同一化合物,如图 14-2 所示。在结构中,配体 CN^- 的 N 原子与 Fe(Ⅲ)配位,C 原子与 Fe(Ⅱ)配位,这与"硬亲硬,软亲软"的理论(软硬酸碱理论)相符。

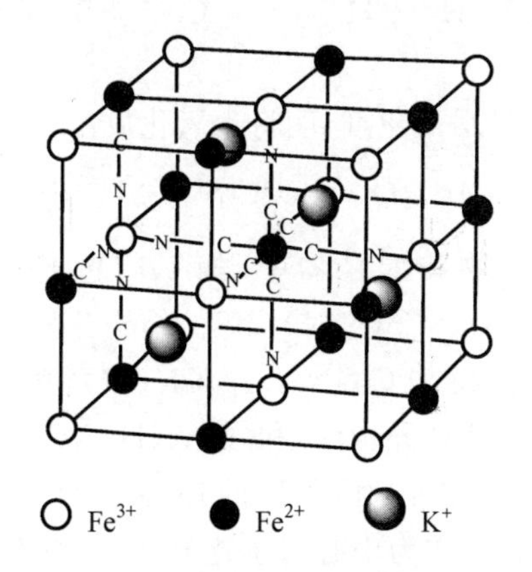

图 14-2 $KFe[Fe(CN)_6]$的结构

Fe^{3+}与SCN^-形成血红色的配离子,用于Fe^{3+}的鉴定。Fe^{3+}与F^-形成无色的稳定配合物,在分析中用F^-掩蔽Fe^{3+}。如在Fe^{3+}和Co^{2+}同时存在下用SCN^-检验Co^{2+}时,因红色的$[Fe(NCS)]^{2+}$掩盖蓝色的$[Co(NCS)_4]^{2-}$而难以确证Co^{2+}的存在,若加入NH_4F,即可消除Fe^{3+}的干扰。常用的Fe(Ⅲ)的化合物有$FeCl_3 \cdot 6H_2O$(橘黄色)和铁铵矾$NH_4Fe(SO_4)_2 \cdot 12H_2O$(浅紫色)。

4. 钴的化合物

(1) Co(Ⅱ)的化合物

Co^{2+}在酸性介质中很稳定。Co(Ⅱ)的常见化合物是$CoCl_2 \cdot 6H_2O$,其颜色与含结晶水的数目有关:

$$\underset{\text{粉红色}}{CoCl_2 \cdot 6H_2O} \xrightarrow{52.3℃} \underset{\text{紫红色}}{CoCl_2 \cdot 2H_2O} \xrightarrow{90℃} \underset{\text{蓝紫色}}{CoCl_2 \cdot H_2O} \xrightarrow{120℃} \underset{\text{蓝色}}{CoCl_2}$$

含少量$CoCl_2$的变色硅胶是实验室常用干燥剂。干燥的变色硅胶呈蓝色,吸潮后颜色经蓝紫、紫红最后变为粉红色。此时应将硅胶在120℃下脱水至蓝色,恢复其吸水能力,重新使用。

Co^{2+}可以形成四配位(四面体形)和六配位(八面体形)配离子,在水溶液中Co^{2+}是以粉红色$[Co(H_2O)_6]^{2+}$形式存在。常见的Co(Ⅱ)的配离子还有$[Co(CN)_6]^{4-}$(无色)、$[Co(NCS)_4]^{2-}$(蓝色)、$[Co(NH_3)_6]^{2+}$(黄褐色)、$[CoCl_4]^{2-}$(蓝色)等。除$[Co(H_2O)_6]^{2+}$外,Co(Ⅱ)的配合物都不够稳定,易被氧化为Co(Ⅲ)的相应配合物:

$$[Co(H_2O)_6]^{3+} + e = [Co(H_2O)_6]^{2+} \quad E^\ominus(Co(H_2O)_6^{3+}/Co(H_2O)_6^{2+}) = 1.92\ V$$

$$[Co(NH_3)_6]^{3+} + e = [Co(NH_3)_6]^{2+} \quad E^\ominus(Co(NH_3)_6^{3+}/Co(NH_3)_6^{2+}) = 0.108\ V$$

$$[Co(CN)_6]^{3-} + e = [Co(CN)_6]^{4-} \quad E^\ominus(Co(CN)_6^{3-}/Co(CN)_6^{4-}) = -0.8\ V$$

可见,空气中的O_2可以将$[Co(NH_3)_6]^{2+}$和$[Co(CN)_6]^{4-}$氧化。

Co^{2+}与$(NH_4)_2S$溶液反应生成黑色的CoS(s)。CoS(s)是Co(Ⅱ)的常见难溶盐,新生成的CoS是α-CoS,能在稀的强酸溶液中溶解;放置后,α-CoS很快转变为溶解度更小的β-CoS,它只能溶于有氧化性的强酸或有H_2O_2存在的非氧化性强酸溶液中:

$$3CoS(\beta) + 8H^+ + 2NO_3^- = 3Co^{2+} + 3S(s) + 2NO + 4H_2O$$

$$CoS(\beta) + 2H^+ + H_2O_2 = Co^{2+} + S(s) + 2H_2O$$

(2) Co(Ⅲ)的化合物

Co^{3+}在水溶液中很不稳定,是强氧化剂,能将水氧化放出$O_2(g)$:

$$2Co^{3+} + H_2O = 2Co^{2+} + 2H^+ + \frac{1}{2}O_2$$

因此,Co(Ⅲ)只存在于固态化合物和配合物中,如Co_2O_3、$Co(OH)_3$、$Co_2(SO_4)_3 \cdot 18H_2O$、$[Co(NH_3)_6]Cl_3$、$K_3[Co(CN)_6]$、$Na_3[Co(NO_2)_6]$等。结构分析表明,$Co^{3+}$与$NH_3$、$Cl^-$之间可形成四种组成相同、结构不同的配合物:$[Co(NH_3)_6]Cl_3$(橙黄色)、$[Co(NH_3)_5Cl]Cl_2$(紫红色)、$[Co(NH_3)_4Cl_2]Cl$(紫色,有顺、反两种异构体)和$[Co(NH_3)_3Cl_3]$(绿色)。

Co(Ⅲ)配合物的稳定性和Co(Ⅱ)配合物的还原性可以用晶体场理论说明。Co^{3+}比Co^{2+}带有更多的正电荷,因此,Co^{3+}作为中心离子比Co^{2+}作为中心离子的晶体场分裂能高。如$[Co(NH_3)_6]^{3+}$,Co^{3+}处在八面体场中,它的d^6的六个电子呈低自旋,全部分布在能量较低的t_{2g}"轨道"上。而在$[Co(NH_3)_6]^{2+}$中,Co^{2+}的d^7的七个电子呈高自旋,有两个电子分布在能量较高

的 e_g"轨道"上。在$[Co(CN)_6]^{4-}$中,CN^-是强场配体,晶体场分裂能高于$[Co(NH_3)_6]^{2+}$,d^7 的电子呈低自旋,但仍有一电子处在能量较高的 e_g"轨道"上,因此,Co(Ⅱ)配合物的中心离子易"丢掉"能量较高的一个电子。

$Na_3[Co(NO_2)_6]$是定性分析中鉴定 K^+ 的试剂:

$$2K^+ + Na^+ + [Co(NO_2)_6]^{3-} \xlongequal{} K_2Na[Co(NO_2)_6](s,黄色)$$

5. 镍的化合物

Ni^{2+} 与 Fe^{2+}、Co^{2+} 半径相近,易形成同晶化合物,如 $MSO_4 \cdot 7H_2O$ 和$(NH_4)_2SO_4 \cdot MSO_4 \cdot 6H_2O$ (M=Fe、Co、Ni),这些化合物呈现$[M(H_2O)_6]^{2+}$的特征颜色。Ni(Ⅱ)的常见化合物还有 $NiCl_2 \cdot 6H_2O$、$Ni(NO_3)_2 \cdot 6H_2O$,因含有$[Ni(H_2O)_6]^{2+}$而显浅绿色。

在 Ni^{2+} 溶液中加入 Na_2CO_3 溶液,生成浅绿色的碱式盐——碱式碳酸镍晶体:

$$2Ni^{2+} + 2CO_3^{2-} + H_2O \xlongequal{} Ni_2(OH)_2CO_3 + CO_2$$

加入 Na_3PO_4 溶液,生成绿色的 $Ni_3(PO_4)_2$ 晶体。

若向 Ni^{2+} 溶液中加入$(NH_4)_2S$,生成黑色的 α-NiS(s),放置或加热即转化为 β-NiS(s)及 γ-NiS(s)。α-NiS(s)可溶于稀的强酸,而 β-NiS(s)及 γ-NiS(s)仅能溶于具氧化性的 HNO_3。

Ni(Ⅱ)易形成配合物,常见配离子有$[Ni(NH_3)_6]^{2+}$、$[Ni(CN)_4]^{2-}$、$[Ni(C_2O_4)_3]^{4-}$,其中六配位的为八面体构型,四配位的$[Ni(CN)_4]^{2-}$为平面正方形,呈反磁性。水溶液中 Ni^{2+} 以$[Ni(H_2O)_6]^{2+}$形式存在,当加入配体 $NH_3 \cdot H_2O$,NH_3 取代 H_2O,形成紫色的$[Ni(NH_3)_6]^{2+}$:

$$Ni^{2+} + 2NH_3 \cdot H_2O \xlongequal{} Ni(OH)_2(s,绿) + 2NH_4^+$$

$$Ni(OH)_2 + 6NH_3 \cdot H_2O \xlongequal{} [Ni(NH_3)_6]^{2+} + 2OH^- + 6H_2O$$

Ni^{2+} 在氨性溶液中与镍试剂(丁二酮肟)生成鲜红色的螯合物沉淀,此反应用于 Ni^{2+} 的鉴定:

$$Ni^{2+} + 2H_3C-\underset{\underset{HO}{|}{N}}{\overset{}{\underset{\|}{C}}}-\underset{\underset{OH}{|}{N}}{\overset{}{\underset{\|}{C}}}-CH_3 + 2NH_3 \cdot H_2O \xlongequal{} [Ni(C(CH_3)=N-O\cdots H-O-N=C(CH_3))_2] + 2NH_4^+ + 2H_2O$$

14.2.6 Fe^{3+}、Cr^{3+}、Al^{3+}、Mn^{2+}、Zn^{2+}等离子的性质比较与分离鉴定

d 区的 Fe^{3+}、Fe^{2+}、Cr^{3+}、Mn^{2+}、Co^{2+}、Ni^{2+} 与 p 区的 Al^{3+}、ds 区的 Zn^{2+} 比较,它们的化合物具有类似的性质。本节简单介绍这些离子在酸碱介质中性质的异同及分离鉴定方法。

① Fe^{3+}、Fe^{2+}、Cr^{3+}、Al^{3+}、Mn^{2+}、Co^{2+}、Ni^{2+} 和 Zn^{2+} 的氢氧化物都是碱性弱的难溶物,它们的盐都易水解,因此,它们的盐溶于水或脱水时应加相应的酸抑制水解。Al^{3+}、Cr^{3+} 具有高电荷,在水中强烈水解,因此它们的弱酸盐难以在水中存在。

② $Fe(OH)_3$、$Al(OH)_3$、$Cr(OH)_3$ 为两性氢氧化物。$Fe(OH)_3$ 只有极弱的酸性,$Al(OH)_3$、$Cr(OH)_3$ 以碱性为主,在强碱溶液中溶解生成易水解的 $Al(OH)_4^-$ ($[Al(OH)_4]^-$)和 $Cr(OH)_4^-$ ($[Cr(OH)_4]^-$),其中 $Cr(OH)_4^-$ 比 $Al(OH)_4^-$ 更易水解,加热时立即析出 $Cr(OH)_3(s)$,可用于 Cr^{3+} 与 Al^{3+} 的分离。$Zn(OH)_2$ 与 $Al(OH)_3$ 的性质相似。

③ 在碱性介质中，低价态的 Cr(Ⅲ)、Fe(Ⅱ)、Mn(Ⅱ)、Co(Ⅱ)都具有较强的还原性，如 $Cr(OH)_3$、$Fe(OH)_2$、$Mn(OH)_2$ 和 $Co(OH)_2$ 可以被 H_2O_2 或空气中的 O_2 氧化为 CrO_4^{2-}、$Fe(OH)_3$、$MnO(OH)_2$(或 MnO_2)和 $Co(OH)_3$。但在酸性介质中，高价态的 Cr(Ⅵ)、Fe(Ⅲ)、Mn(Ⅳ)、Co(Ⅲ)都具有较强的氧化性，如 $Cr_2O_7^{2-}$、Fe^{3+}、MnO_2、Co^{3+} 都能氧化 H_2O_2，生成低价态的 Cr^{3+}、Fe^{2+}、Mn^{2+}、Co^{2+}。

图 14-3 是 Fe^{3+}、Fe^{2+}、Cr^{3+}、Al^{3+}、Mn^{2+}、Co^{2+}、Ni^{2+}、Zn^{2+} 的一种分离检出方法。

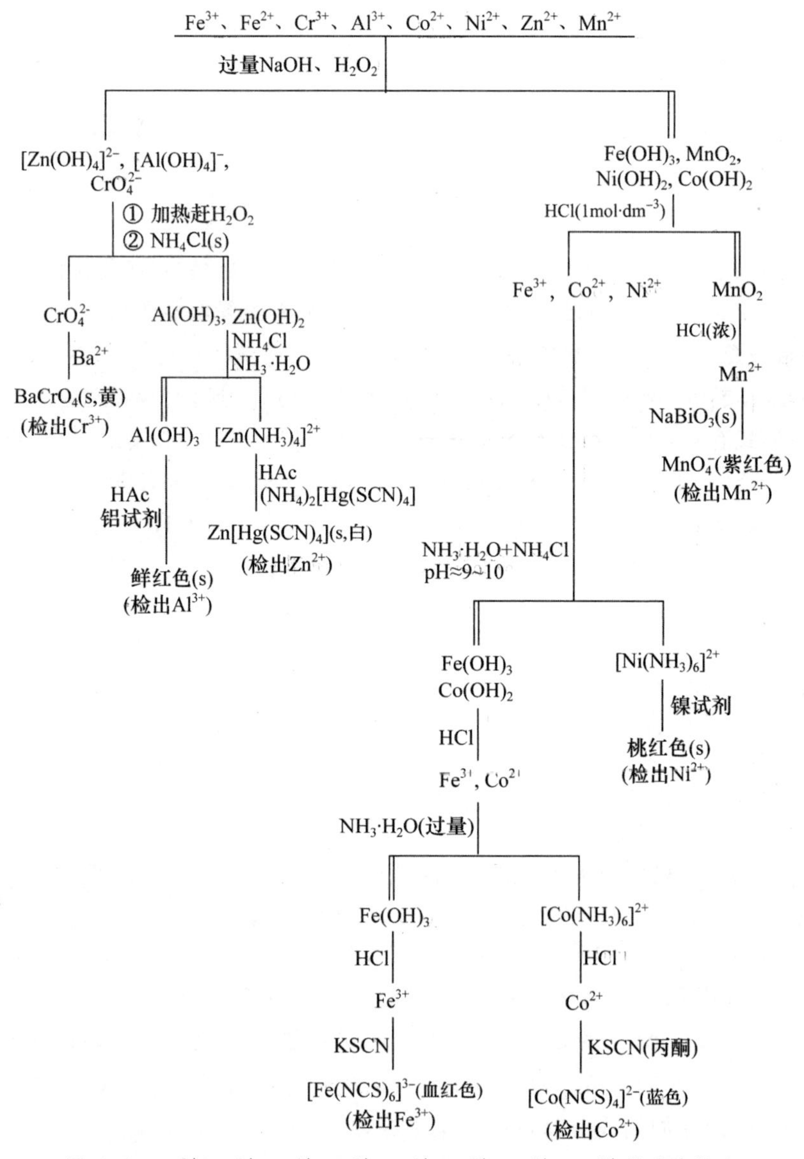

图 14-3 Fe^{3+}、Fe^{2+}、Cr^{3+}、Al^{3+}、Co^{2+}、Ni^{2+}、Zn^{2+}、Mn^{2+} 的分离检出

关于以上分离检出的几点说明：

① 分离中，Fe^{2+} 会变为 Fe(Ⅲ)，所以应在分离前取少量试样鉴定 Fe^{2+}。可用赤血盐(生成蓝色沉淀)、邻菲啰啉或联吡啶(生成红色配合物)作检验 Fe^{2+} 的试剂。

② 在含有$[Al(OH)_4]^-$、$[Zn(OH)_4]^{2-}$和CrO_4^{2-}的试液中加NH_4Cl酸化前，应先赶走H_2O_2，否则酸化后CrO_4^{2-}转化为$Cr_2O_7^{2-}$，且$Cr_2O_7^{2-}$氧化H_2O_2后还原为Cr^{3+}，影响其鉴定。

③ $NH_3\cdot H_2O+NH_4Cl$的作用是维持溶液的pH和NH_3的浓度，在Co^{2+}和Ni^{2+}的分离中，使Ni^{2+}生成比$[Co(NH_3)_6]^{2+}$更稳定的$[Ni(NH_3)_6]^{2+}$，Co^{2+}生成$Co(OH)_2(s)$。

④ 配离子$[Co(NCS)_4]^{2-}$在丙酮中更稳定，呈现更明显的蓝色。还可用下法鉴定Co^{2+}：

- 在中性或弱酸性溶液中：

$$Co^{2+}+(NH_4)_2[Hg(SCN)_4] = Co[Hg(SCN)_4](s,\text{蓝色})+2NH_4^+$$

- 在含Co^{2+}溶液中加入HAc、KNO_2溶液和少量KCl(s)：

$$Co^{2+}+3K^++7NO_2^-+2HAc \xlongequal{\text{微热}} K_3[Co(NO_2)_6](s,\text{黄})+NO+2Ac^-+H_2O$$

14.2.7 常见阳离子的分离与鉴定

常见阳离子是指K^+、Na^+、NH_4^+、Mg^{2+}、Ca^{2+}、Ba^{2+}、Al^{3+}、Pb^{2+}、Bi^{3+}、Cu^{2+}、Ag^+、Zn^{2+}、Hg^{2+}、Cr^{3+}、Mn^{2+}、Fe^{2+}、Fe^{3+}、Co^{2+}、Ni^{2+}等19种离子。在一个溶液中，常常含有一些作为杂质离子存在的常见离子。为了避免杂质离子的干扰，需要对溶液中的离子进行鉴定和分离。确定物质或试样的化学成分(元素、化合物、原子团)称为定性分析，测定有关成分的含量称为定量分析。本小节主要介绍常见阳离子的分离与鉴定。

1. 阳离子间分离常用的化合物性质

① 氢氧化物或盐的溶解性。系统分析中的组试剂就是某些离子的沉淀剂，使一些离子进入沉淀，其他离子留在溶液中。如Pb^{2+}与Ag^+的分离，它们的氯化物都是难溶盐，但是$PbCl_2$能溶于热水，AgCl不能。又如Pb^{2+}与Bi^{3+}和Cu^{2+}之间的分离，可以利用它们的硫酸盐溶解性的差异，$PbSO_4$是难溶盐，$CuSO_4$和$Bi_2(SO_4)_3$都是易溶盐。

② 氢氧化物的两性。如Fe^{3+}与Al^{3+}的分离，加过量NaOH后，Fe^{3+}生成$Fe(OH)_3(s)$而与溶液中的$[Al(OH)_4]^-$分开。

③ 氧化还原性。如Fe^{3+}与Mn^{2+}的分离，首先在碱性介质中用H_2O_2氧化Mn(Ⅱ)生成$MnO(OH)_2(s)(MnO_2)$，然后控制HCl浓度分离Fe(Ⅲ)和Mn(Ⅳ)(见14.2.6小节)。又如在前一小节中介绍的Cr^{3+}与其他金属离子的分离，利用Cr(Ⅲ)在碱性介质中的还原性，H_2O_2可以将其氧化为CrO_4^{2-}。再如HgS与CuS、PbS和Bi_2S_3之间的分离，CuS、PbS和Bi_2S_3可以溶解在有氧化性的HNO_3溶液中(硫化物被HNO_3氧化，有S生成)，溶解度很小的HgS不溶于HNO_3。

④ 生成配合物的性质。如Fe^{3+}或Al^{3+}与Zn^{2+}之间的分离、Bi^{3+}与Cu^{2+}之间的分离。加入过量$NH_3\cdot H_2O$，Zn^{2+}生成$[Zn(NH_3)_4]^{2+}$而与$Fe(OH)_3(s)$或$Al(OH)_3(s)$分开，Cu^{2+}生成$[Cu(NH_3)_4]^{2+}$而与$Bi(OH)_3(s)$分开。又如Cl^-、Br^-、I^-的分离，加入$AgNO_3$，得到AgCl(s)、AgBr(s)和AgI(s)，用较浓的$NH_3\cdot H_2O$使AgCl溶解，再加入$Na_2S_2O_3$溶液使AgBr溶解，从而将三者分离。

2. 常见阳离子与常用试剂的反应

表14-2列出了除K^+、Na^+、NH_4^+以外的16种阳离子与常见试剂HCl、$HCl+H_2S$、$(NH_4)_2S$、$(NH_4)_2CO_3$、NaOH、$NH_3\cdot H_2O$、H_2SO_4的反应。

表 14-2 16 种阳离子与常用试剂的反应

试剂 \ 离子		Ag^+	Pb^{2+}	Bi^{3+}	Cu^{2+}	Hg^{2+}	Al^{3+}	Cr^{3+}	Fe^{3+}
HCl		$AgCl(s)$ (白)	$PbCl_2(s)$ (白)						
$HCl(0.3\ mol \cdot dm^{-3})$ $+H_2S$①		$Ag_2S(s)$ (黑)	$PbS(s)$ (黑)	$Bi_2S_3(s)$ (黑)	$CuS(s)$ (黑)	$HgS(s)$ (黑)			
$(NH_4)_2S$		$Ag_2S(s)$ (黑)	$PbS(s)$ (黑)	$Bi_2S_3(s)$ (黑)	$CuS(s)$ (黑)	$HgS(s)$② (黑)	$Al(OH)_3(s)$ (白)	$Cr(OH)_3(s)$ (灰绿)	$FeS(s)$(黑)③ $+S(s)$(淡黄)
$(NH_4)_2CO_3$		$Ag_2CO_3(s)$ (白)	碱式盐(s) (白)	碱式盐(s) (白)	碱式盐(s) (浅蓝)	碱式盐(s) (白)	$Al(OH)_3(s)$ (白)	$Cr(OH)_3(s)$ (灰绿)	$Fe(OH)_3(s)$ (红棕)
NaOH	适量	$Ag_2O(s)$ (褐)	$Pb(OH)_2(s)$ (白)	$Bi(OH)_3(s)$ (白)	$Cu(OH)_2(s)$ (浅蓝)	$HgO(s)$ (黄)	$Al(OH)_3(s)$ (白)	$Cr(OH)_3(s)$ (灰绿)	$Fe(OH)_3(s)$ (红棕)
	过量	不溶	$[Pb(OH)_3]^-$	不溶	$[Cu(OH)_4]^{2-}$	不溶	$[Al(OH)_4]^-$	$[Cr(OH)_4]^-$	不溶
$NH_3 \cdot H_2O$	适量	$Ag_2O(s)$ (褐)	$Pb(OH)_2(s)$ (白)	$Bi(OH)_3(s)$ (白)	$Cu(OH)_2(s)$ (浅蓝)	$HgNH_2Cl(s)$ (白)	$Al(OH)_3(s)$ (白)	$Cr(OH)_3(s)$ (灰绿)	$Fe(OH)_3(s)$ (红棕)
	过量	$[Ag(NH_3)_2]^+$	不溶	不溶	$[Cu(NH_3)_4]^{2+}$	不溶	不溶	溶解	不溶
H_2SO_4		$Ag_2SO_4(s)$ (白)	$PbSO_4(s)$ (白)						

试剂 \ 离子		Fe^{2+}	Co^{2+}	Ni^{2+}	Zn^{2+}	Mn^{2+}	Ba^{2+}	Ca^{2+}	Mg^{2+}
$(NH_4)_2S$		$FeS(s)$ (黑)	$CoS(s)$ (黑)	$NiS(s)$ (黑)	$ZnS(s)$ (白)	$MnS(s)$ (肉色)			
$(NH_4)_2CO_3$		碱式盐(s) (绿渐变褐)	碱式盐(s) (蓝紫)	碱式盐(s) (浅绿)	碱式盐(s) (白)	$MnCO_3(s)$ (白)	$BaCO_3(s)$ (白)	$CaCO_3(s)$ (白)	$MgCO_3(s)$④ (白)
NaOH	适量	$Fe(OH)_2(s)$ (白变绿变棕)	碱式盐(s) (蓝)	碱式盐(s) (浅绿)	$Zn(OH)_2(s)$ (白)	$Mn(OH)_2(s)$ (肉色变棕褐)		$Ca(OH)_2(s)$ (白,少量)	$Mg(OH)_2(s)$ (白)
	过量	不溶	$Co(OH)_2(s)$ (粉红)	$Ni(OH)_2(s)$ (绿)	$[Zn(OH)_4]^{2-}$	不溶		不溶	不溶
$NH_3 \cdot H_2O$	适量	$Fe(OH)_2(s)$ (白变绿变棕)	碱式盐(s) (蓝)	碱式盐(s) (浅绿)	$Zn(OH)_2(s)$ (白)	$Mn(OH)_2(s)$ (肉色变棕褐)			$Mg(OH)_2(s)$⑤ (白)
	过量	不溶	$[Co(NH_3)_6]^{2+}$ $\longrightarrow$ $[Co(NH_3)_6]^{3+}$	$[Ni(NH_3)_6]^{2+}$	$[Zn(NH_3)_4]^{2+}$	不溶			不溶
H_2SO_4							$BaSO_4$ (白)	$CaSO_4$⑥ (白)	

对表 14-2 的说明如下：

① 实验室常用硫代乙酰胺溶液代替 H_2S 水溶液，硫代乙酰胺在水溶液中水解放出 H_2S。(见 13.1.2 小节中"硫代乙酰胺的水解反应")

② HgS 能在过量 $(NH_4)_2S$ 中溶解生成 HgS_2^{2-}。

③ 把 $(NH_4)_2S$ 溶液滴入 Fe^{3+} 溶液，发生氧化还原反应生成 Fe^{2+} 和 S，继续加 $(NH_4)_2S$，则与 Fe^{2+} 生成 FeS(s)。

④ $MgCO_3$ 的溶解度较大，加入 $(NH_4)_2CO_3$ 不能将 Mg^{2+} 沉淀完全。有足量的 NH_4^+ 存在时，不能析出 $MgCO_3$ 沉淀。可以利用此性质将 Mg^{2+} 与 Ca^{2+}、Ba^{2+} 分离(图 14-4)。

⑤ $Mg(OH)_2$ 的溶解度较大，$NH_3 \cdot H_2O$ 浓度不够大时不能生成沉淀。溶液中有 NH_4^+ 存

在时，Mg^{2+}不能沉淀或沉淀不完全。

⑥ $CaSO_4$ 的溶解度较大，只有 Ca^{2+} 浓度足够大时才会析出沉淀。当有大量 NH_4^+ 存在时，会生成$(NH_4)_2[Ca(SO_4)_2]$，更不易析出 $CaSO_4(s)$。

3. 常见阳离子的系统分析

离子的系统分析是指按一定的先后顺序，用几种试剂（组试剂）将离子分成若干组，然后再用适当的方法分离鉴定各组中的离子。本小节简单介绍常见阳离子的硫化氢系统分析。

硫化氢系统分析是以 H_2S、HCl、$(NH_4)_2S$、$(NH_4)_2CO_3$ 为组试剂，利用氯化物、硫化物、碳酸盐溶解度的不同作为分组的基础。图14-4列出了具体的分组方法。

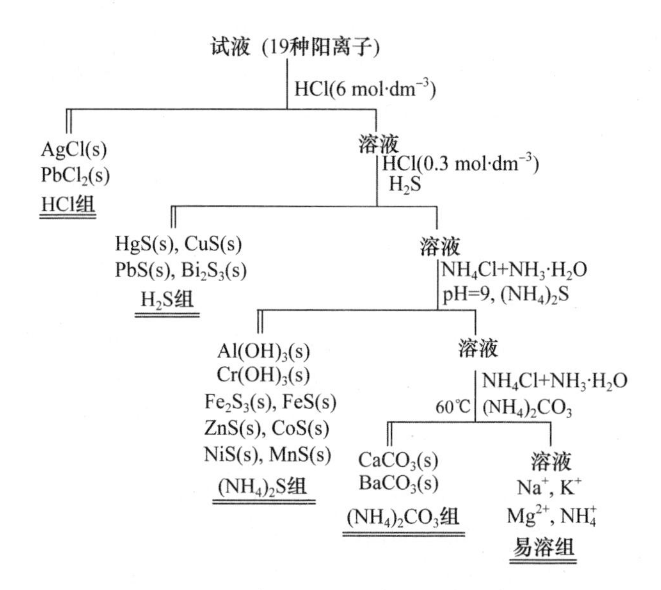

图 14-4 阳离子 H_2S 系统分析分组方法

按照图14-4的方法，将除了 NH_4^+ 之外的18种阳离子分离为五组，关于各组阳离子的分离和鉴定方法，可以参考本书有关章节。

在19种阳离子的分离鉴定中，应注意以下几个问题：

① 分离过程中加入了 NH_4^+，Fe^{3+} 会还原为 Fe^{2+}，所以分离前应检出 NH_4^+，鉴别 Fe^{3+} 和 Fe^{2+}。

② Hg_2^{2+} 也能与 HCl 反应生成 Hg_2Cl_2(s，白)。$PbCl_2$ 的溶解度较大，Pb^{2+}浓度小时得不到 $PbCl_2(s)$，因此，如加 HCl 后没有白色沉淀出现，说明没有 Ag^+，但不能说明没有 Pb^{2+}，应在 H_2S 组进一步检出 Pb^{2+}。另外，HCl 浓度大时因生成配合物使 $PbCl_2$ 和 AgCl 的溶解度增加，因此需注意加入 HCl 的量。

③ 在 HgS 与 CuS、PbS 和 Bi_2S_3 之间的分离中，需要加入过量 HNO_3 溶解 CuS、PbS 和 Bi_2S_3，溶液中存在过量 HNO_3，会影响 $PbSO_4(s)$的生成，从而影响 Pb^{2+} 与 Cu^{2+}、Bi^{3+} 的分离：

$$PbSO_4(s) + H^+ \Longrightarrow Pb^{2+} + HSO_4^-$$

$$PbSO_4(s) + NO_3^- \Longrightarrow [PbNO_3]^+ + SO_4^{2-}$$

加入浓 H_2SO_4 加热可除去 HNO_3，因 HNO_3 分解温度低于 H_2SO_4，所以加热至冒 SO_3 白烟时，

HNO_3 已基本除尽。

$$4HNO_3 \xlongequal{84℃} 4NO_2(g) + O_2(g) + 2H_2O$$

$$H_2SO_4 \xlongequal{250℃} SO_3(g) + H_2O(g)$$

14.2.8 生物体内钒等 d 区元素的某些功能

钒(Ⅴ)存在于动植物和人体的蛋白中。钒能降低血清中的胆固醇。在海鞘类动物的血液中运载氧的是钒血红素，使血液呈绿色。

铬(Cr)是人体必需的微量元素，球蛋白的正常代谢需要 Cr(Ⅲ)与 β-球蛋白的结合。在糖和脂肪的代谢中，Cr(Ⅲ)协助胰岛素起作用。如缺乏 Cr(Ⅲ)的协助，胰岛素的功效降低，有可能导致糖尿病。在核酸中，可能存在着 Cr(Ⅲ)与磷酸根的配合物。缺 Cr(Ⅲ)易诱发动脉粥样硬化和心肌梗塞。Cr(Ⅵ)对人体有害，它损伤肝肾，还可能引起贫血、肾炎、消化道等内科疾病，甚至诱发癌症。

钼(Mo)存在于黄嘌呤氧化酶等与染色体有关的金属酶中，影响体内的嘌呤代谢。在醛脱氢酶中的钼参与醛类代谢。钼还是植物固氮酶具有活性所不可缺少的组分。

锰(Mn)在人体中以 Mn(Ⅱ)和 Mn(Ⅲ)的氧化态存在，例如在输锰蛋白质中有 Mn(Ⅲ)。精氨酸酶和丙醇酸羧化酶是含锰的金属酶，柠檬酸脱氢酶等是锰离子激活酶。Mn(Ⅱ)还参与软骨和骨骼形成所需的糖蛋白的合成。缺锰可影响骨骼的正常生长和发育，对糖代谢和类脂化合物代谢有一定影响，并将影响体内多种维生素的合成和功能，降低人的抗疾病能力。动脉硬化、食道癌可能与缺锰有关。锰对植物的光合和呼吸作用有重要影响。过量锰的摄入对人体有害，它将导致血氧下降，引起组织缺氧，还将影响体内胰岛素和糖代谢，可能使肾上腺等器官受到损害。

铁(Fe)在人体内的含量接近宏量元素，其 60%～70%存在于红细胞的血红蛋白内。具有输 O_2 功能的血红蛋白中的铁是 Fe(Ⅱ)，它结合 O_2，但不会被氧化。能催化 H_2O_2 歧化分解的过氧化氢酶和催化还原性底物(如维生素 C)还原 H_2O_2 的过氧化物酶都是由 Fe(Ⅲ)参与构成的，这里的 Fe(Ⅲ)难被还原。人从食物中吸收的铁主要储存在肝、脾、骨髓组织中，可补充血液中所需要的铁，如果缺铁，会引起缺铁性贫血。可适当补充 Fe(Ⅱ)盐(如 $FeSO_4$)，并同时服用维生素 C，使食物中 Fe(Ⅲ)还原为 Fe(Ⅱ)以利于吸收。铁是植物制造叶绿素的催化剂。

钴(Co)是维生素 B_{12} 的必需成分。B_{12} 是唯一一个含金属的维生素，也是人体中唯一的含钴化合物。B_{12} 在体内参与许多生物化学反应，如核酸的合成、血红蛋白的合成等，在氨基酸的新陈代谢过程等反应中都涉及 B_{12} 和它的衍生物。这些反应中常涉及 Co(Ⅲ)到 Co(Ⅱ)和 Co(Ⅰ)的转变。人体需要的 B_{12} 完全靠从食物中摄取，在动物的肝、肾和肉类中含较多的 B_{12}。B_{12} 缺乏会引起贫血，头昏，食欲不振，舌、口和咽部炎症，及骨髓退行性病变等。

镍(Ni)是人体必需的微量元素，在人体内缺乏会影响对铁的吸收，导致血红蛋白水准及红细胞数量下降。Ni^{2+} 和 Mn^{2+}、Co^{2+} 都能激活肽酶。

14.3 稀土和镧系元素

周期表中原子序数为 57～71 的 15 种元素，包括镧(Lanthanum)、铈(Cerium)、镨(Praseodymium)、钕(Neodymium)、钷(Promethium)、钐(Samarium)、铕(Europium)、钆(Gadolinium)、铽(Terbium)、镝(Dysprosium)、钬(Holmium)、铒(Erbium)、铥(Thulium)、镱(Ytterbium)、镥(Lutetium)，称为镧系元素(Lanthanoid)，用 Ln 表示。它们属于 f 区元素，价层电子构型为 $4f^{0\sim14}5d^{0\sim1}6s^2$。镧系元素和ⅢB 族的钪(Scandium)、钇(Yttrium)一起，统称为稀土元素(rare earth elements)，用 RE 表示。

1. 稀土元素的原子半径、氧化态及离子颜色

表 14-3 列出了稀土元素的某些性质。

表 14-3　稀土元素的某些性质

元　素	原子半径/pm	价电子构型	氧化态	离子(RE^{3+})半径/pm	电极电势 $E^{\ominus}(RE^{3+}/RE)/V$	溶液中离子颜色
镧 La	183	$4f^0 5d^1 6s^2$	+3	116	−2.379	无
铈 Ce	181.8	$4f^1 5d^1 6s^2$	+3(+4)	114	−2.336	无
镨 Pr	182.4	$4f^3 6s^2$	+3(+4)	113	−2.353	绿
钕 Nd	181.4	$4f^4 6s^2$	+3	111	−2.323	粉红
钷 Pm	183.4	$4f^5 6s^2$	+3	109	−2.30	紫
钐 Sm	180.4	$4f^6 6s^2$	(+2)+3	108	−2.304	浅黄
铕 Eu	208.4	$4f^7 6s^2$	(+2)+3	107	−1.991	浅紫
钆 Gd	180.4	$4f^7 5d^1 6s^2$	+3	105	−2.279	无
铽 Tb	177.3	$4f^9 6s^2$	+3(+4)	104	−2.28	浅紫
镝 Dy	178.1	$4f^{10} 6s^2$	+3(+4)	103	−2.295	浅黄绿
钬 Ho	176.2	$4f^{11} 6s^2$	+3	102	−2.33	黄褐
铒 Er	176.1	$4f^{12} 6s^2$	+3	100	−2.331	粉红
铥 Tm	175.9	$4f^{13} 6s^2$	(+2)+3	99.4	−2.319	浅绿
镱 Yb	193.3	$4f^{14} 6s^2$	(+2)+3	98.5	−2.19	无
镥 Lu	173.8	$4f^{14} 5d^1 6s^2$	+3	97.7	−2.28	无
钪 Sc	162	$3d^1 4s^2$	+3	87.0	−2.077	无
钇 Y	180	$4d^1 5s^2$	+3	102	−2.372	无

(1) 镧系收缩

镧系元素的原子半径随原子序数的增大逐渐缩小，称之为镧系收缩。镧系收缩的产生，是由于 4f 电子对 6s 电子屏蔽较完全(屏蔽常数 $\sigma=0.99$)，随原子序数增大，电子填充到 4f 轨道上，使原子核对 6s 电子的吸引仅略有增强，故原子半径逐渐减小，但减小的幅度较小。如从 La 到 Lu 原子序数增大 15，半径收缩仅 15 pm，平均每增加一个核电荷只收缩 1 pm，而第四周期从 Sc 到 Ni，每增加一个核电荷平均收缩 5 pm。Eu($4f^7$)和 Yb($4f^{14}$)的半径明显大于其相邻元素，这与它们的 4f 轨道的半充满和全充满有关，f^7 和 f^{14} 电子构型的屏蔽效应比 f 轨道为非半充满和非全充满的大。镧系收缩影响到镧系后面自 72 号元素开始的第六周期元素的原子半径，它们和第五周期同族元素的原子半径接近或相同，如ⅣB 族的 Hf 和 Zr，ⅤB 族的 Ta 和 Nb，ⅥB 族的 W 和 Mo，半径相同，化学性质相近。

Ln^{3+} 的半径随原子序数的增大依次减小，其间没有反常现象。

(2) 氧化态和离子颜色

稀土元素最稳定的氧化态为+3，只有少数镧系元素可以呈现+2 和+4 氧化态。+2 和+4 氧化态的出现与 4f 轨道倾向于保持全空、半充满、全充满有关。电子构型分别为 $4f^0$ 和 $4f^7$ 的 Ce^{4+} 和 Tb^{4+} 比电子构型分别为 $4f^1$ 和 $4f^8$ 的 Pr^{4+} 和 Dy^{4+} 稳定，电子构型分别为 $4f^7$ 和 $4f^{14}$ 的

Eu^{2+}和Yb^{2+}比电子构型分别为$4f^6$和$4f^{13}$的Sm^{2+}和Tm^{2+}稳定。氧化态为+4的离子有较强的氧化性，氧化态为+2的离子有较强的还原性，如

$$Ce^{4+} + e \longrightarrow Ce^{3+} \quad E^{\ominus}(Ce^{4+}/Ce^{3+}) = 1.72\ V$$

$$Eu^{3+} + e \longrightarrow Eu^{2+} \quad E^{\ominus}(Eu^{3+}/Eu^{2+}) = -0.36\ V$$

当4f轨道处于半充满或非全充满时，4f电子易吸收可见光产生f-f跃迁，因此，多数的RE^{3+}有颜色。

2. 稀土元素及其化合物的某些性质

稀土元素的半径相近，因此性质相似，难以分离。目前，利用溶剂萃取法收到了较好的分离效果。

稀土元素单质都是活泼金属，其金属活泼性比铝强，和碱土金属相近。它们可以在酸中溶解形成RE^{3+}。

RE^{3+}与OH^-生成难溶的$RE(OH)_3$沉淀，它们是碱性氢氧化物，其碱性随离子半径的减小逐渐减弱。

稀土元素的氯化物、硝酸盐、硫酸盐是易溶盐，常温下RE^{3+}的水解能力不强，但$pH>4$时即水解生成氢氧化物。稀土元素的草酸盐、碳酸盐、磷酸盐、铬酸盐和氟化物都是难溶盐，它们能溶于强酸或热浓的强酸。

RE^{3+}易形成配合物。它们能和多种羧酸(如氨基酸、胺羧酸等)及其他多种配体形成稳定性不同的配合物。在配合物中，RE^{3+}的配位数多数为8或9。RE^{3+}与EDTA(乙二胺四乙酸)形成稳定的1∶1型配合物，其配位反应用于测定溶液中RE^{3+}的含量(维持pH 4～6，用二甲酚橙作指示剂)。

稀土已被广泛应用于工业、农业、医学等各个领域。例如，固体激光光源中的多数都含有稀土元素；Sm_2Co_{17}是高磁性材料；$LaNi_5$是极好的储氢材料；用某些稀土的硝酸盐拌种，可使粮食增产10%～20%，使白菜增产29%；含微量稀土元素的肥料也能促使多种作物增产。稀土是植物光合作用的催化剂，而且有促进谷物灌浆的作用。

小　结

周期表中的d区元素和f区元素统称为过渡元素，它们的价层包括ns层和$(n-1)$d层，对于f区元素还同时包括$(n-2)$f层。因此，这些元素中有不少元素的化合物可以呈现两种以上的氧化态，其中高氧化态一般具有较强的氧化性，低氧化态一般具有明显的还原性，如$KMnO_4$、$K_2Cr_2O_7$等是常见的强氧化剂，Fe、Fe^{2+}等是重要的还原剂。多数化合物的氧化还原性与介质的酸度有关。在过渡元素中的铬、锰、铁、钴、镍是常见的重要元素，这些元素及其化合物的一些性质，例如，氧化还原性，氢氧化物的酸碱性及溶解性，盐的溶解性、水解性和热稳定性，金属离子生成配合物的性质等等，都是非常有用的重要性质。

思 考 题

1. 完成下列转变：

$$Cr_2O_3 \rightleftharpoons K_2CrO_4 \rightleftharpoons K_2Cr_2O_7 \rightleftharpoons CrCl_3 \rightleftharpoons Cr(OH)_3 \rightleftharpoons Cr(OH)_4^-$$

2. 在酸性溶液中用 SO_3^{2-} 还原 MnO_4^-，产物是什么？为什么得不到 MnO_2 或 Mn^{3+}？

3. 在用 HNO_3 酸化的 $MnCl_2$ 溶液中加入 $NaBiO_3$，溶液出现紫红色后又消失，并有棕色沉淀出现。写出有关的反应方程式。

4. 在室温或加热情况下为什么不能将浓 H_2SO_4 和 $KMnO_4$ 固体混合？

5. M(金属) $\xrightarrow{HCl}$ MCl_2 $\xrightarrow{NaOH}$ A $\xrightarrow{O_2}$ 红棕色沉淀 B $\xrightarrow{\triangle}$ 红棕色粉末 C。B $\xrightarrow{稀\ HCl}$ D $\xrightarrow{KI}$ I_2。写出 M、A～D 的化学式及有关反应方程式。

6. 分别写出(1) 7 种金属离子与过量氨水反应生成相应配合物的反应方程式；(2) 6 种金属离子与过量 NaOH 溶液反应生成相应盐的反应方程式。

7. 向 $FeCl_3$、$AlCl_3$、$CrCl_3$ 溶液中加 Na_2S，各得到什么产物？为什么？

8. 试用晶体场理论解释 Co(Ⅲ)配合物比 Co(Ⅱ)配合物稳定。

9. 举例说明 Fe^{3+}、Cr^{3+}、Al^{3+} 性质的异同及其在分离检出中的应用。

10. 举例说明 Cr(Ⅲ)和 Cr(Ⅵ)的化合物在酸碱介质中的存在状态及其氧化还原性。

习　题

14.1 加热 $Cr_2(SO_4)_3$ 和 $NaCr(OH)_4$ 都可析出 $Cr(OH)_3$ 沉淀，写出有关的化学反应方程式。

14.2 实现下面转化，写出配平的化学反应方程式：

(1) $Cr(OH)_4^- \longrightarrow CrO_4^{2-}$　(2) $Cr_2O_7^{2-} \longrightarrow CrO_4^{2-}$　(3) $(NH_4)_2Cr_2O_7 \longrightarrow Cr_2O_3$

(4) $Cr(OH)_4^- \longrightarrow Cr_2O_7^{2-}$　(5) $Mn^{2+} \longrightarrow MnO_4^-$　(6) $Mn^{2+} \longrightarrow MnO_2$

(7) $KMnO_4(s) \longrightarrow K_2MnO_4(s)$　(8) $MnO_4^- \longrightarrow Mn^{2+}$

14.3 完成并配平下列反应方程式：

(1) $Mn(OH)_2 + O_2 \longrightarrow$　(2) $MnO_2 + HCl(浓) \longrightarrow$　(3) $MnO_2 + H^+ + H_2O_2 \longrightarrow$

14.4 用反应方程式表示 Mn^{3+}、MnO_4^{2-} 在溶液中发生的歧化反应。

14.5 $Fe(OH)_2$、$Co(OH)_2$、$Ni(OH)_2$ 在空气中放置，颜色如何变化？写出有关反应方程式。

14.6 根据铁的 E-pH 图回答：

(1) HCl 和过量 Fe 作用得到的是 $FeCl_3$ 还是 $FeCl_2$？

(2) Fe 在水中为何会被腐蚀？

(3) 配制 Fe^{2+} 溶液时为何常加入金属 Fe？

14.7 在 $FeCl_3$ 溶液中加入 $(NH)_4SCN$ 显红色；加入固体 NaF 后红色退去；加入固体 $Na_2C_2O_4$，溶液变为黄绿色。用反应方程式表明上述变化。

14.8 完成以下反应：

(1) $Co(OH)_3 + HCl \longrightarrow$　(2) $Co(OH)_2 + H_2O_2 \longrightarrow$　(3) $Co(NH_3)_6^{2+} + O_2 \longrightarrow$

(4) $CoS + HNO_3 \longrightarrow$　(5) $NiS(\alpha) + HCl \longrightarrow$

(6) $Co^{2+} + NH_3 \cdot H_2O(过量) \longrightarrow$　(7) $Ni^{2+} + NH_3 \cdot H_2O(过量) \longrightarrow$

14.9 分离并鉴定以下各组离子：

(1) Fe^{3+}，Cr^{3+}，Al^{3+}；　(2) Fe^{3+}，Co^{2+}，Pb^{2+}；　(3) Fe^{3+}，Mn^{2+}，Zn^{2+}；

(4) Bi^{3+}，Cr^{3+}，Cu^{2+}；　(5) Ni^{2+}，Hg^{2+}，Ag^+；　(6) CrO_4^{2-}，SO_4^{2-}。

14.10 向浓度为 $0.10\ mol \cdot dm^{-3}$ $SnCl_2$ 溶液中逐滴加入 Na_2S 溶液，通过计算说明先生成 SnS 沉淀，还是先生成 $Sn(OH)_2$ 沉淀。

14.11 在已酸化的Fe^{2+}溶液中，加入橘红色溶液A，反应后得一绿色溶液B。向B中加入过量NaOH溶液，得一红棕色沉淀C和绿色溶液D。向D中加H_2O_2溶液，生成黄色溶液E。向E中加$Pb(NO_3)_2$溶液，生成黄色沉淀F。向F中加入HNO_3，沉淀溶解，得到橘红色溶液A。写出上述转化过程的反应方程式。

14.12 查阅有关电对的电极电势及其他所需热力学数据，计算：

(1) $MnO_2(s)+4H^+ +e \longrightarrow Mn^{3+} +2H_2O$ 的$E^\ominus$；

(2) $2Mn^{3+} +2H_2O \longrightarrow MnO_2(s)+Mn^{2+} +4H^+$ 的$K^\ominus$；

(3) $Mn(OH)_2$的K_{sp}。[已知$E^\ominus(MnO_2/Mn(OH)_2)=-0.05$ V。]

14.13 下列物质能否溶于所加试剂中：

(1) $Mg(OH)_2$在NH_4Cl溶液中；
(2) $Fe(OH)_3$在NH_4Cl溶液中；
(3) ZnS在HCl溶液中；
(4) CuS在HCl溶液中；
(5) HgS在Na_2S溶液中；
(6) Bi_2S_3在HNO_3溶液中；
(7) $CaCO_3$在HAc溶液中；
(8) CaC_2O_4在HAc溶液中；
(9) AgCl在$NH_3 \cdot H_2O$溶液中；
(10) AgBr在$NH_3 \cdot H_2O$溶液中；
(11) AgBr在$Na_2S_2O_3$溶液中；
(12) AgI在KCN溶液中。

14.14 设计方案分离并检出下列各组离子：

(1) NH_4^+，Ba^{2+}，Al^{3+}，Cu^{2+}；
(2) K^+，Zn^{2+}，Cr^{3+}，Al^{3+}；
(3) Pb^{2+}，Cu^{2+}，Fe^{3+}，Mn^{2+}；
(4) NH_4^+，Na^+，Ca^{2+}，Hg^{2+}；
(5) Mg^{2+}，Ag^+，Co^{2+}，Pb^{2+}；
(6) Fe^{3+}，Al^{3+}，Cr^{3+}，Zn^{2+}；
(7) Fe^{3+}，Co^{2+}，Ni^{2+}，Mn^{2+}；
(8) Ag^+，Cu^{2+}，Zn^{2+}，K^+。

14.15 某阴离子未知溶液，初步检验结果如下：① 试液酸化时无气体产生；② 酸性溶液中加$BaCl_2$溶液无沉淀出现；③ 与KI无反应；④ 硝酸溶液中加$AgNO_3$生成黄色沉淀；⑤ 酸性溶液中滴加的$KMnO_4$紫红色退去，⑥ 加入的I_2-淀粉溶液不退色。

根据上述实验现象推测哪些离子可能存在，并说明理由。

14.16 写出能将Mn(Ⅱ)氧化为Mn(Ⅶ)的三个反应方程式。如果检出液中Mn^{2+}的浓度较大，会有什么现象出现？写出有关的反应方程式。

14.17 试用六种试剂，将下列六种固体从混合物中逐一溶解，每种试剂只能溶解一种固体，并指出溶解次序。

KNO_3， AgCl， $BaCO_3$， CuS， $PbSO_4$， HgS

14.18 现有四瓶失落标签的试剂，它们分别是Na_2SO_4、Na_2SO_3、$Na_2S_2O_3$、Na_2S，试用一种试剂鉴别它们，并写出相应的反应方程式。

14.19 有四种酸性的未知溶液，分析报告给出以下六种可能的结果。指出哪些结果合理，哪些结果不合理，并说明理由。

① Fe^{3+}，Na^+，SO_4^{2-}，NO_3^-；
② K^+，I^-，SO_4^{2-}，$S_2O_3^{2-}$；
③ Na^+，Zn^{2+}，SO_4^{2-}，NO_3^-，Cl^-；
④ Ba^{2+}，Al^{3+}，Cu^{2+}，NO_3^-，Cl^-；
⑤ Pb^{2+}，Na^+，I^-，NO_2^-，NO_3^-；
⑥ Ni^{2+}，Co^{2+}，Cl^-，S^{2-}。

14.20 已知配合物$[Co(NH_3)_6]^{2+}$不稳定，易被空气中的O_2氧化为$[Co(NH_3)_6]^{3+}$。写出氧化反应的反应方程式，并计算反应的平衡常数。

第15章 放射化学

本章要求

1. 掌握原子核的放射性衰变和人工核反应的基本原理
2. 了解核能利用的基本原理
3. 了解放射性在生命科学中的主要应用

在前面各章内容中，主要涉及的是原子间原子核外价电子的转移和重排所引起的化学变化原理及其规律，而在相应的过程中，原子核的性质是不发生变化的，可以认为是无结构的实体。但1896年，Becquerel发现硫酸铀酰钾复盐 $K_2UO_2(SO_4)_2$ 能够发射射线使照相底版感光，并且在其他铀化合物中也观察到这个现象，而与化合物的组成无关。这些发现表明，这种性质是铀元素本身的性质，而与相对化学组成无关。后续的一系列发现说明，很多重元素都有类似发射出射线的性质，后来称之为放射性。1903年Becquerel和Curie共同因放射性现象获得了诺贝尔物理学奖。这些发现也颠覆了当时原子不能再分的认识，并由此创立了放射化学学科。放射化学(radiochemistry)，是近代化学的一个分支，最早由英国的卡梅伦(A. Cameron)于1910年引入，是研究放射性元素及其衰变产物的化学性质的一门科学。经历了百年的发展，其研究领域以及范围已经非常广泛，主要包括放射性元素化学(chemistry of radioelements)、放射分析化学(radioanalytical chemistry)、环境放射化学(environmental radiochemistry)、核化学(nuclear chemistry)、核药物化学(nuclear pharmaceutical chemistry)、同位素生产及标记物化学(chemistry of isotope production and labeled compounds)等。随着社会政治和经济的发展，放射化学的研究重心也在逐渐发生变化。在放射化学建立初期，研究主要集中在放射性相关的基本原理、辐射效应、放射性示踪设备和放射性元素的分离与提纯上。20世纪40～60年代，核武器的制造和核能发电的需要，使放射化学研究主要集中在生产和处理核燃料上。随着对放射性认识的深入和放射化学研究的广泛开展，在20世纪60年代后，放射性示踪技术和核技术的应用日益广泛，特别是与生命科学、环境科学的结合为放射化学的研究带来了新的动力。基于此，本章主要分以下三部分内容：

首先，介绍放射性相关的基本概念，包括原子核结构涉及的核素、核自旋与磁矩、质量亏损与结合能、放射性衰变的类型、放射性衰变的统计规律、人工核反应、人工放射性等概念。

其次，介绍核能与核能利用中涉及的一些基本问题，如核裂变、核聚变、核武器简介、核电站简介与核燃料化学等。

最后，介绍放射化学与生命科学交叉研究的一些研究成果，如中子活化分析、放射免疫分析、加速器质谱在生物医学研究中的应用、同步辐射X射线荧光分析等。

希望通过本章的介绍，使读者对当前放射化学和核化学有基本的认识和了解。

15.1 原子核的组成——质子和中子

在讨论物质的微观结构时，必须限定所涉及的结构层次。例如在讨论分子结构时，原子可以认为是不可分割的。在讨论原子结构的时候，在通常低能量范围内，原子核可以看成是由质子(proton)和中子(neutron)两种基本粒子组成。但如果到了高能物理的研究范畴，就必须考虑其他层次的基本粒子，甚至深入到夸克的层次，否则无法对实验事实作出合理的解释。

质子就是氢原子核，带有和电子电量绝对值相同的正电荷，中子则不带电荷。因此，质子之间需要强相互作用才能靠近，并与中子一道共同构成原子核，这种强相互作用称为核力。在质子-质子、质子-中子、中子-中子之间均存在强度相同的强相互作用，即核力。中子虽然不带电荷，但在自由状态下是不稳定的，会自发衰变成质子。质子数和中子数相同的同一类原子称为**核素**(nuclide)，通常用化学符号$^{A}_{Z}X$表示。其中 A 为质量数(mass number)，是质子数和中子数的代数和；Z 为原子序数，等于原子中的质子数。质子数相同而质量数不同的核素统称为同位素(isotope)，属于同一种元素，在元素周期表中处于同一位置。例如，H 元素的同位素$^{1}_{1}H$(氕)、$^{2}_{1}H$(氘)、$^{3}_{1}H$(氚)，U 元素的同位素$^{233}_{92}U$、$^{235}_{92}U$、$^{238}_{92}U$等。类似于激发态分子，原子核也可能处在不同的能量状态而具有不同的寿命，不同的是寿命的概念在核化学中有着更普遍的意义。同种原子核在不同的能量状态且寿命可以用仪器测量的两个或多个核素称为同质异能素(isomer)，例如$^{99m}_{43}Tc$和$^{99}_{43}Tc$，m 表示激发态。

除质量、电荷等基本属性外，类似于电子，质子和中子都具有自旋量子数为 1/2 的核自旋。原子核内各个核子自旋角动量的矢量和 $\boldsymbol{P}_I$ 又称为核自旋，其中 I 为核自旋角动量量子数。$\boldsymbol{P}_I$ 的大小为

$$|\boldsymbol{P}_I| = \sqrt{I(I+1)}\hbar$$

$\boldsymbol{P}_I$ 在空间 z 方向的分量为

$$P_{I,z} = m_I\hbar$$

其中 m_I 为磁量子数，可取 $I, I-1, \cdots, -(I-1), -I$，共 $2I+1$ 个值。因此，$\boldsymbol{P}_I$ 在空间 z 方向投影的最大值为 $I\hbar$。

因为原子核是一个带正电的系统，所以核自旋的运动会产生磁矩。同电子自旋运动产生的原子磁矩类似，相应原子**核磁矩** μ_I(nuclear magnetic moment)为

$$\mu_I = \frac{g_I \mu_N P_I}{\hbar}$$

其中 μ_N 为核磁矩单位，称为**核磁子**(nuclear magneton)，其大小为

$$\mu_N = \frac{e\hbar}{2m_p} = 5.050783 \times 10^{-27}\ \mathrm{A \cdot m^2}$$

而相应电子磁矩的单位玻尔磁子为

$$\mu_B = \frac{e\hbar}{2m_e} = 9.2740095 \times 10^{-24}\ \mathrm{A \cdot m^2}$$

由于质子质量是电子质量的 1836 倍，核磁矩比电子磁矩小 3 个数量级。g_I 是原子核的 g 因子，当 $g_I>0$ 时，表示核磁矩与核自旋方向相同；$g_I<0$ 时，表示核磁矩与核自旋方向相反。

类似于对原子磁矩的影响，外磁场也会对核磁矩产生作用，从而造成原本简并的核自旋态能级发生分裂。当使用电磁波照射样品时，如果电磁波脉冲的能量与磁场造成的核自旋能级差相匹配时，就产生了核磁共振现象(nuclear magnetic resonance, NMR)。由于原子中同时有电子磁矩的存在，会对外磁场对核磁矩的影响产生屏蔽效应，而电子磁矩又跟分子的电子结构息息相关，所以核磁共振谱可以间接地考察分子的电子结构信息，是当前化学和生物科学研究中的重要测量手段，可以用于研究分子结构测定、元素定量分析、表面化学、生物膜和脂质的多形性、生物体中水的作用、蛋白质的结构测定等。当然，只有核自旋量子数不为零的原子核才会有核磁共振信号，例如^{1}H 谱是最常用 NMR 谱，而^{12}C 由于核自旋为零，没有核磁共振信号。常说的碳谱是^{13}C 核磁共振谱，因为^{13}C 与^{1}H 的核自旋量子数相同，都为 1/2。质子、中子和电子的主要性质见表 15-1。

表 15-1 质子、中子和电子等基本粒子的基本性质

性 质	质 子	中 子	电 子
质量 m/a.u.	1.007276	1.008665	0.54858×10^{-3}
电荷 q/C	1.6022×10^{-19}	0	-1.6022×10^{-19}
自旋 I	1/2	1/2	1/2
磁矩 μ_N	2.7928	−1.9130	1938.28
半径 r/m	0.83×10^{-15}	0.76×10^{-15}	2.8179×10^{-15}
寿命 τ	稳定	14.79 min	稳定

可见，原子核直径很小，其尺度在 $10^{-15}\sim10^{-14}$ m 之间，与氢原子的原子半径 0.529×10^{-10} m 相比，其体积仅占原子体积的几千亿分之一。但原子核集中了 99.96%以上原子的质量，所以，原子核具有极高的密度，约在 10^{17} kg · m^{3} 量级。这些质量集中在质子和中子上，它们共同称为**核子**(nucleon)。由上文可见，虽然中子没有电荷，但具有负的磁矩，说明中子也是有结构的。类似的质子的 g 因子 $g_I=5.596$，而不是同电子一样的 2.00，说明质子也是有结构的。

那么，原子核中的质子和中子是如何构成原子核并在核中运动的？也就是原子核的结构如何？这是一个物理学家长期研究但尚未彻底解决的问题。现在通常用壳层模型、液滴模型或集体运动模型解释原子核的结构。前面章节涉及的是分子中原子的得失和重构的问题，通常所对应的能量变化在 10^{0} eV 量级，也就是通常化学变化的能量范畴。而从原子核中分离一个质子或中子需要的能量在 10^{6} eV 量级，属于原子核物理研究的范畴，已超出本书的介绍范围，所以在本书中不作讨论，更多的细节请参见《核化学与放射化学》(王祥云，刘元方，北京大学出版社，2007)。

15.2 放射性与人工核反应

如前节所述，核子之间是通过核力束缚在一起构成原子核的。核力是一种短程的强相互作用，可以比静电力大 2 个数量级甚至更多，其作用机制非常复杂，有效力程约为 10^{-15} m 量级。当核子间距离大于$(0.8\sim2.0)\times10^{-15}$ m 时，核力表现为强吸引力；当距离大于 10×10^{-15} m 时，核力完全消失；当距离小于 0.8×10^{-15} m 时，核力表现为强排斥力。当原子核中的质子数和中子数增多，核力不足以束缚核子构成稳定的结构时，原子就表现出放射性，放射出粒子以降低能量稳定原子核。这种不稳定的原子核自发放射出射线变成另一种原子核的过程，就称为**核衰变**(nuclear decay)或**放射性衰变**(radioactive decay)。相应的自发放射出粒子或电磁辐射，或自发裂变的性质称为**放射性**(radioactivity)。具有放射性的核素称为**放射性核素**(radio nuclide)；相反，不具有放射性的核素称为**稳定核素**(stable nuclide)。放射性是放射化学的基本研究内容和特征，下面将介绍放射性的主要类型。

15.2.1 放射性衰变的类型

常见的放射性衰变有 α 衰变、β 衰变、γ 衰变和自发裂变。本小节只介绍前三种类型，自发裂变请见 15.3 节。

1. α 衰变

α 衰变是指放射性核素自发的放射出 α 粒子的衰变。可以用如下通式表示：

$$^{A}_{Z}X \longrightarrow {}^{A-4}_{Z-2}X + \alpha + Q_\alpha$$

衰变前的原子核称为母体，衰变生成的原子核称为子体，衰变放出的能量 Q_α 称为衰变能。根据能量守恒原理和 Einstein 质能方程，原子核$^{A}_{Z}X$ 的质量要大于原子核$^{A-4}_{Z-2}X$ 与 α 粒子的质量和，才能使衰变能 $Q_\alpha>0$ 而使放射性衰变自发进行，即满足条件：

$$M(^{A}_{Z}X) > M(^{A-4}_{Z-2}X) + M(^{4}_{2}He)$$

此时的衰变能 Q_α 的值等于

$$Q_\alpha = [M(^{A}_{Z}X) - M(^{A-4}_{Z-2}X) - M(^{4}_{2}He)]c^2$$

其中 c 为真空中光速。例如，^{210}Po 发生 α 衰变生成^{206}Pb 的过程可以如下衰变方程式表示：

$$^{210}_{84}Po \longrightarrow {}^{206}_{82}Pb + {}^{4}_{2}He + Q_\alpha$$

此过程的衰变能为

$$\begin{aligned} Q_\alpha &= [M(^{210}_{84}Po) - M(^{206}_{82}Pb) - M(^{4}_{2}He)]c^2 \\ &= (209.982848 - 205.974440 - 4.00260) \\ &\quad \times 1.66053886 \times 10^{-27} \times (2.99792458 \times 10^{8})^2 \\ &= 0.8668 \times 10^{-12}(\mathrm{J}) \\ &= 0.8668 \times 10^{-12} \times 6.24150948 \times 10^{12} = 5.41(\mathrm{MeV}) \end{aligned}$$

衰变能以动能的形式在子核与 α 粒子之间分配。根据动量守恒定律可知，两者的动能之比约等于两者质量数之反比 $E_{Po} : E_\alpha = 4 : 206 = 1 : 52.5$，所以 α 衰变的衰变能主要被 α 粒子带走。在本例中衰变能高达 5.41 MeV，远高于一般化学键能(1～10 eV)的水平。所以，α 粒子会引起很大的化学效应。

2. β 衰变

β 衰变只发生核电荷的改变而质量数不发生变化，是原子核内核子之间相互转化的过程。最常见的 β^- 衰变可以用如下通式表示：

$$^{A}_{Z}X \longrightarrow {}_{Z+1}^{A}X + \beta^- + \bar{\nu} + Q_{\beta^-}$$

其中 β^- 是负电子；$\bar{\nu}$ 是反中微子，其静止质量为零；Q_{β^-} 为 β^- 衰变的衰变能。β^- 衰变实际是丰中

子核素中一个中子转变成一个质子的过程,可以表示为

$$n \longrightarrow p + \beta^- + \bar{\nu}$$

在衰变过程中,母核放出一个电子,生成的子核与母核质量数相同但核电荷数增加 1,例如:

$$^{210}_{83}Bi \longrightarrow {}^{210}_{84}Po + \beta^- + \bar{\nu} + Q_{\beta^-}$$

实际上,除了 β^- 衰变,β 衰变还包括释放出正电子的 β^+ 衰变和轨道电子俘获两种形式。感兴趣的读者请查阅相关文献。

3. γ 衰变

γ 衰变是指处在激发态的原子核通过放射出 γ 射线跃迁到低能态或基态的过程,也称为 γ 跃迁。其通式可以写为

$$^{Am}_{Z}X \longrightarrow {}^{A}_{Z}X + \gamma + Q_\gamma$$

在跃迁过程中,核素的电荷和质量数均没有发生变化,只是所处能态不同。其发射的 γ 射线和 X 射线类似,也是电磁波,只是来自原子核内,且通常能量更高。X 射线对应原子的电子从外层向内层空穴跃迁时释放的能量,而 γ 射线来自于同一原子核不同能态之间的跃迁,例如:

$$^{113m}_{49}In \longrightarrow {}^{113}_{49}In + \gamma + Q_\gamma$$

因为 γ 光子的静止质量为零,所以

$$Q_\gamma = [M(^{113m}_{49}In) - M(^{113}_{49}X)]c^2 = 0.3917\ MeV$$

15.2.2　放射性衰变的速率

经大量的实验观察发现,放射性核素的衰变并不是某一瞬间同时完成的,而是有先有后、独立发生的,总的趋势是放射性原子核的数目随时间逐渐较少。早在放射性发现初期,Rutherford 就发现,放射性的氯化镭($RaCl_2$)衰变时,生成氡(Rn)的量随时间的变化符合指数衰减规律,对应的核衰变方程式为

$$^{226}_{88}Ra \longrightarrow {}^{222}_{86}Rn + {}^{4}_{2}He$$

也就是,在 t 时刻氡的数量 N 与衰变时间可以写成指数函数的形式:

$$N(t) = N_0 e^{-\lambda t}$$

式中,N_0 表示 $t=0$ 时初始氡的量,λ 为衰变常数。此时把氡的数量的对数对衰变时间作图,可得到一条直线,对应直线方程如下:

$$\ln N(t) = \ln N_0 - \lambda t$$

根据本书前面有关化学反应速率的描述可知,如果把氡的数量看做即时浓度,该方程与一级反应的速率方程式是一致的,衰变常数即衰变反应的速率常数。相应的,有关一级反应的一般结论都可以应用到核衰变过程中。例如,核衰变的**半衰期**(half-life)和其他一级反应的半衰期是一致的,是指单一的放射性核素在衰变过程中,放射性核的数目减少到原数目一半所需的时间,即

$$\ln \frac{N_0}{2} = \ln N_0 - \lambda t_{1/2}$$

可解得

$$t_{1/2}=\frac{\ln 2}{\lambda}\approx\frac{0.693}{\lambda}$$

实验测量表明，不同核素的半衰期差别很大，目前测得最长的半衰期长达 10^{15} a 量级，最短的半衰期只有 10^{-11} s 量级。除半衰期外，有时候也用**平均寿命** τ 度量放射性原子核的平均存在时间：

$$\tau=\frac{1}{\lambda}$$

由 $N(t)=N_0e^{-\lambda t}$ 可知，平均寿命是放射性核素的数目减少到 N_0/e 所需的时间。同时，通过 $t_{1/2}=\ln 2/\lambda$ 可知，平均寿命和半衰期有如下的关系：$t_{1/2}=\tau\ln 2$。所以，衰变常数、半衰期和平均寿命都是核素的特征物理常数，都可以用来表征核素的衰变速率。

为更方便地计量放射性衰变的速率，需要引入**放射性活度**(radioactivity)的概念，通常用 A 表示，是指一定量的放射性核素在一个很短的时间间隔内发生衰变的原子核数目除以时间间隔，也就是衰变的即时速率，通常称为**衰变率**(decay rate)。和化学反应速率类似：

$$A=-\frac{dN}{dt}=\lambda N$$

代入放射性衰变的指数关系式可得

$$\ln A=\ln A_0-\lambda t$$

因此，只要知道初始的放射性活度，从数据手册中查出衰变常数 λ(或半衰期、平均寿命)，就可以求出任意时刻体系的放射性活度。

放射性活度的国际单位为贝可勒尔(Becquerel)，简称贝可(Bq)。1 Bq 就表示在 1 秒钟内发生了一次衰变，即

$$1\ \text{Bq}=1\ \text{次衰变/秒}=1\ \text{s}^{-1}$$

考虑每摩尔物质的数量，Bq 是个很小的单位，通常使用 kBq、MBq 等单位。由于历史的原因，放射性活度最早使用 1 g ^{226}Ra 的活度为单位，称为居里(Curie)，记为 Ci，并且有

$$1\ \text{Ci}=3.7\times10^{10}\ \text{Bq}=37\ \text{GBq}$$

15.2.3 天然放射系

经过长期的核物理和放射化学研究发现，在自然界中原子序数大于 83(铋)的元素都是放射性元素，而这些放射性核素并不是孤立的，具有多代母子体连续衰变的特性。也就是说，一个具有长半衰期的放射性核素如 ^{238}U，可以经过 8 次 α 衰变和 6 次 β^- 衰变，最终生成稳定的铅同位素 ^{206}Pb，这中间就衰变生成了多种新的放射性核素如 ^{230}Th、^{226}Ra、^{222}Rn 等，见图 15-1(a)。像这样以一个长寿命的天然放射性核素为母体，经过多代子体的递次衰变，直至生成稳定核素为止的一系列放射性核素称为放射系。目前为止，科学家们在自然界中发现三个放射系，即以 ^{238}U 为母体的铀镭系、以 ^{232}Th 为母体的钍系和以 ^{235}U 为母体的铀锕系(或称锕铀系)，如图 15-1 所示。简单计算母体和各代子体的质量数可知，^{232}Th 和各代子体的质量数都是 4 的整数倍，所以钍系又称 $4n$ 系；相应的，^{238}U 和各代子体的质量数等于 4 的整数倍加 2，所以铀镭系又称为 $4n+2$ 系；铀锕系又称为 $4n+3$ 系。

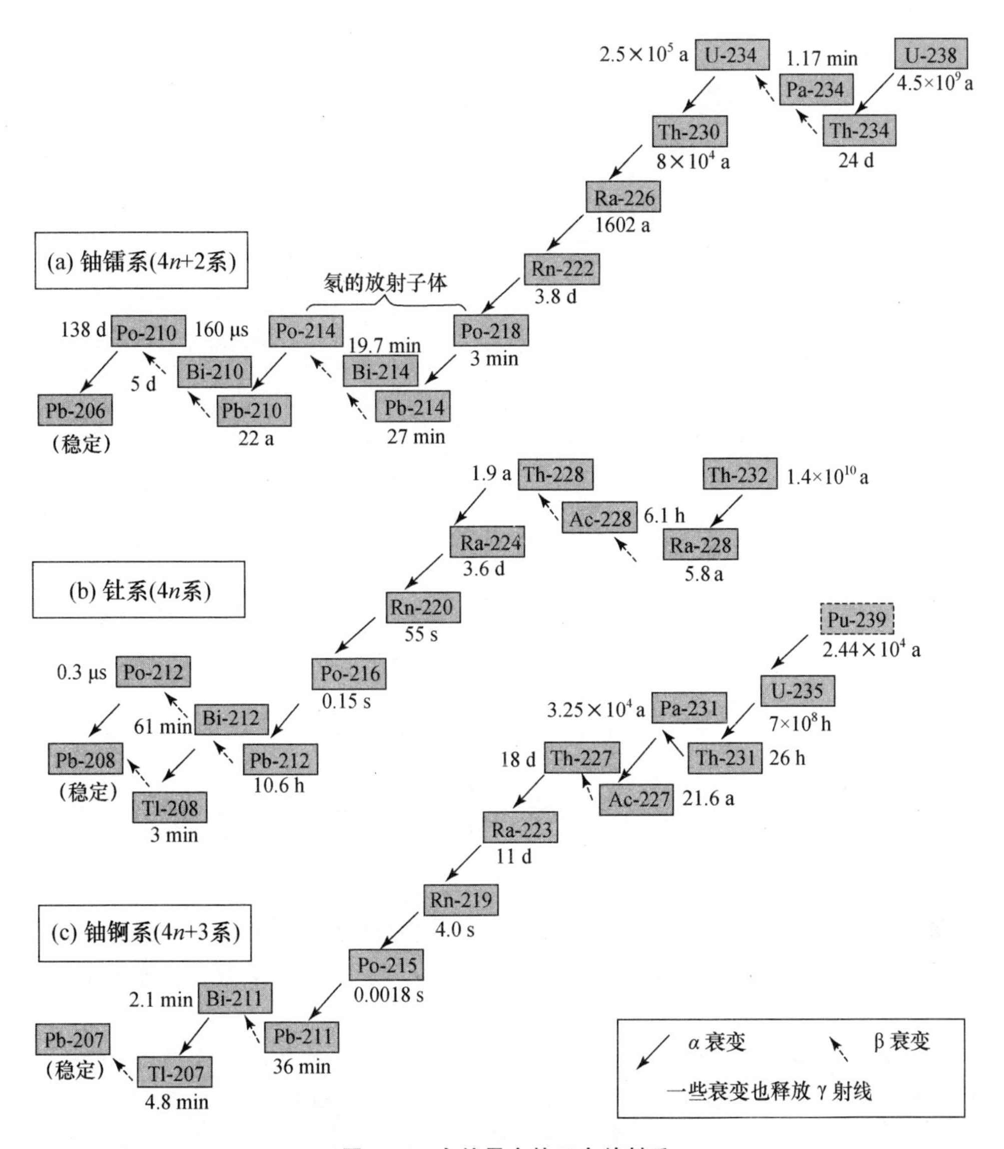

图 15-1　自然界中的三个放射系

观察上面的三个天然放射系示意图可以发现，母体放射性核素的寿命都比各代子体长得多；经过多次 α 衰变和 β^- 衰变后都得到稳定的铅同位素；放射系中都生成$_{86}$Rn 核素。

由于母体核素的寿命远长于各代子体的寿命，即母体的半衰期远大于各代子体的半衰期，所以三个天然放射系都处在长期平衡状态中。对于衰变链 A→B→C→D→⋯，设相应的衰变常数为 λ_1、λ_2、λ_3、λ_4、⋯，在 $t=0$ 时只有母体存在，即

$$N_1(0)=N_0$$

$$N_2(0)=N_3(0)=N_4(0)=\cdots=0$$

此时，衰变链中各子核在任意时刻 t 的量可以用以下微分方程描述：

$$-\frac{\mathrm{d}N_1(t)}{\mathrm{d}t}=\lambda_1 N_1(t)$$

$$\frac{dN_2(t)}{dt}=\lambda_1 N_1(t)-\lambda_2 N_2(t)$$

$$\frac{dN_3(t)}{dt}=\lambda_2 N_2(t)-\lambda_3 N_3(t)$$

$$\cdots\cdots$$

满足前述初值条件的解为

$$N_n(t)=N_0(C_1 e^{-\lambda_1 t}+C_2 e^{-\lambda_2 t}+C_3 e^{-\lambda_3 t}+\cdots+C_n e^{-\lambda_n t})$$

其中

$$C_1=\frac{\lambda_1\lambda_2\cdots\lambda_{n-1}}{(\lambda_2-\lambda_1)(\lambda_3-\lambda_1)\cdots(\lambda_n-\lambda_1)}$$

$$C_2=\frac{\lambda_1\lambda_2\cdots\lambda_{n-1}}{(\lambda_1-\lambda_2)(\lambda_3-\lambda_2)\cdots(\lambda_n-\lambda_2)}$$

$$\cdots\cdots$$

$$C_n=\frac{\lambda_1\lambda_2\cdots\lambda_{n-1}}{(\lambda_1-\lambda_n)(\lambda_2-\lambda_n)\cdots(\lambda_{n-1}-\lambda_n)}$$

对于天然放射系中母体半衰期远大于子体半衰期的体系，在通常的测量时间内，观察不到母体放射性活度的变化，母体与子体已经达到了长期平衡。此时有 $\lambda_1 \ll \lambda_2$，$e^{-\lambda_2 t}\rightarrow 0$，化简上面的表达式可得

$$\frac{N_2(t)}{N_1(t)}=\frac{\lambda_1}{\lambda_2}=\frac{(t_{1/2})_2}{(t_{1/2})_1}$$

由于三个天然放射系中母体的半衰期都远大于各个子体的半衰期，所以对于放射系中所有核素均有

$$\lambda_1 N_1=\lambda_2 N_2=\lambda_3 N_3=\cdots=\lambda_i N_i=\cdots$$

【例 15-1】 1902 年，居里夫妇从 8 吨(t)的提取铀后的沥青铀矿渣中经过两年多的艰辛劳动，提炼出了 120 mg 纯氯化镭，并初测原子量为 225±1，现在标准值为 226.0254。假设废矿渣中铀的比例是 1%，试计算矿渣中含有多少 ^{226}Ra。

解 由于在铀镭系中 ^{238}U 的半衰期($t_{1/2}=4.5\times10^9$ a)要远大于 ^{226}Ra 的半衰期($t_{1/2}=1602$ a)，所以在矿石中母子体已经达到长期平衡，所以有

$$\lambda_U \times N_U=\lambda_{Ra}\times N_{Ra}$$

将 $t_{1/2}=\frac{\ln 2}{\lambda}$ 带入上式有

$$\frac{m(^{226}Ra)/M(^{226}Ra)}{m(^{238}U)/M(^{238}U)}=\frac{\lambda(^{238}U)}{\lambda(^{226}Ra)}=\frac{t_{1/2}(^{226}Ra)}{t_{1/2}(^{238}U)},\quad 即 \frac{m(^{226}Ra)}{m(^{238}U)}=\frac{t_{1/2}(^{226}Ra)M(^{226}Ra)}{t_{1/2}(^{238}U)M(^{238}U)}$$

将题中数据带入上式可得

$$\frac{m(^{226}Ra)}{8000\times1\%}=\frac{1602\times226}{4.5\times10^9\times238}$$

解得

$$m(^{226}Ra)=2.7\times10^{-5}\ kg=27\ mg$$

15.2.4 人工核反应与人工放射性

除了自然界的天然放射性元素外，科学家们还发现可以通过原子核与原子核之间，或者原

子核与其他粒子，如质子、中子、电子、γ 光子等发生相互作用，而发生各种变化产生新的原子核，这些变化被称为核反应。并通过对超铀元素的研究，找到了第四个放射性系列，即镎系，其母体为^{237}Np(半衰期为 2.14×10^6 a)，如图 15-2 所示。

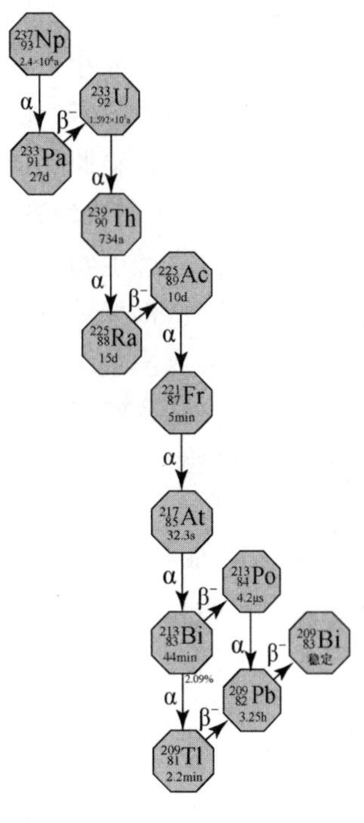

图 15-2　镎系($4n+1$ 系)

简单计算^{237}Np及其各代子体的质量数可知，其各个质量数均可以表示成 $4n+1$ 的形式，所以也称为 $4n+1$ 系。镎系与具有天然放射性的 $4n$、$4n+2$、$4n+3$ 系一起，共同构成了完整的放射性系列。

用人工方法制得的放射性核素(元素)称为人造(工)放射性核素(元素)，相应的放射性称为人工放射性。要获得人工放射性元素，通常可以利用高能原子核或其他粒子轰击其他原子核靶发生反应，其反应通式可以写为

$$^{A_1}_{Z_1}X+^{A_2}_{Z_2}a \longrightarrow ^{A_3}_{Z_3}Y+^{A_4}_{Z_4}b$$

其中，$^{A_1}_{Z_1}X$ 为靶核，$^{A_2}_{Z_2}a$ 为入射粒子，$^{A_3}_{Z_3}Y$ 为产物核，$^{A_4}_{Z_4}b$ 为出射粒子。通常可以简写成$^{A_1}X(a,b)^{A_3}Y$，称之为(a,b)反应。例如，第一个人工核反应是 Rutherford 在 1919 年研究^{214}Po时发现的。^{214}Po衰变时放出的高能 α 粒子会轰击环境中氮原子核生成质子，该反应可以简写成$^{14}N(\alpha,p)^{17}O$，具体核反应方程式为

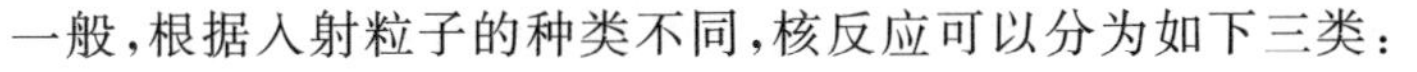

$$^{14}_{7}N+^{4}_{2}He(\alpha) \longrightarrow ^{17}_{8}O+^{1}_{1}H(p)$$

一般，根据入射粒子的种类不同，核反应可以分为如下三类：

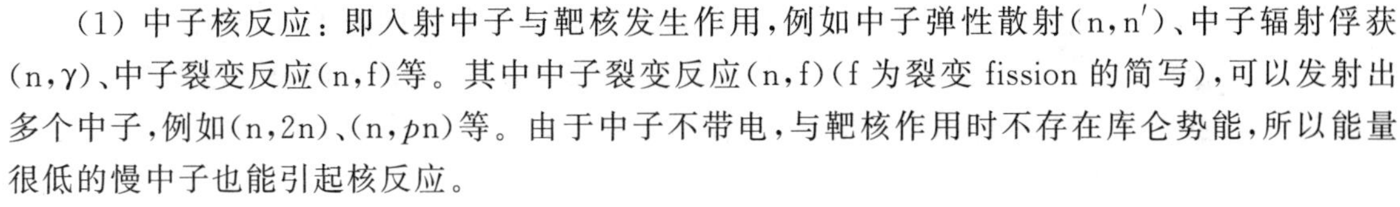

(1) 中子核反应：即入射中子与靶核发生作用，例如中子弹性散射(n,n′)、中子辐射俘获(n,γ)、中子裂变反应(n,f)等。其中中子裂变反应(n,f)(f 为裂变 fission 的简写)，可以发射出多个中子，例如(n,2n)、(n,pn)等。由于中子不带电，与靶核作用时不存在库仑势能，所以能量很低的慢中子也能引起核反应。

(2) 带电粒子核反应：由带电粒子引起的核反应，如质子引起的(p,γ)、(p,n)、(p,α)等核反应；由氘核引起的(d,p)、(d,n)、(d,α)、(d,f)等核反应；由 α 粒子引起的(α,p)、(α,n)、(α,2n)等核反应。除了简单粒子外，重原子核也可以引发核反应，如(^{12}C,4n)、(^{58}Fe,n)等。

(3) 光核反应：即 γ 光子引起的核反应，如(γ,n)、(γ,p)、(γ,α)、(γ,f)等。

人工核反应的重要用途之一就是人工制造各种元素的放射性核素和制备自然界没有的新元素。所谓“新核素”，是指人们在实验室采用人工方法产生或发现的以前尚未观察到的原子核。新核素的合成和相关研究，不仅对人类认识物质结构具有重要意义，而且为了解天体的演化、探索自然的奥秘提供了重要手段。根据现有的核物理理论，人类可能观测到的核素预期为 6000 余种，而自然界存在的稳定核素有 255 种，原初放射性核素(地球形成时已存在)33 种，宇生放射性核素(由宇宙射线引起的核反应生成，如^{7}Be、^{14}C、^{36}Cl 等)以及上述放射性核素的放射性子体，其余的都需人工合成。例如，科学家们在 1934—1937 年使用 Ra-Be 中子源，在短短三年间就制备了几十种元素的 200 多种人工放射性核素。至 1999 年，人工放射性核素已经多达 3400 余种。其中，中国科学家在该领域也做出了卓越的贡献。例如，中国科学院近代物理研究所的科学家先后合成和鉴别了^{175}Er、^{185}Hf、^{121}Ce、^{202}Pt、^{208}Hg、^{237}Th 等不同核区的 20 多种新核素。利用人工核

反应合成的核素的量也同样惊人。例如,当前用来作为核武器的主要原料^{239}Pu,是自然界没有的核素,需要人工核反应合成。1942 年,Segre 和 Seaborg 等第一次制备了 2.27μg 的钚,随着核工业的发展,到 1996 年工业钚的保有量约 1100 吨,年增长 60～70 吨。

如果将放射性元素(如^{60}Co)产生的 γ 射线或者电子加速器产生的电子束照射在物质上,则会将能量传递给被辐照物质,产生电离和激发,释放出轨道电子,形成自由基。通过控制辐射条件,可以使被辐照物质的物理性能或化学组成发生变化而产生可能具有人类需要的性质的新物质,或使生物体(微生物等)受到不可恢复的损失和破坏,达到人类所需要的目标。这就是辐射加工技术的原理。例如,工业上通过辐照,使高分子材料之间的长线性大分子之间通过一定形式的化学键连接形成网状结构,促使高分子之间的束缚力大大增强,进而增强材料的热稳定性、阻燃性、化学稳定性、耐滴流性、强度和耐应力开裂等。辐照的方式可以有 X 射线、高速电子流等多种形式,多应用在建筑布线、汽车用线、耐热电子线材和军工领域等。辐照技术也可以使用在食品工业中。例如利用放射性元素的辐射杀菌的技术,杀菌效果很好,并且对于食品来说是物理冷加工过程,低能耗,不需添加化学药物,不存在药物残留问题,能保持食品原有的色、香、味,是一种非常重要的食品杀菌和保鲜技术。联合国和中国都颁布了相应的辐照食品安全标准,只要在一定辐照量以内,辐照都是一种安全的食品杀菌和保鲜方法。辐照技术还可以应用在突变育种、材料改性、航空航天、地质勘探、石油化工等众多领域,已经发展成为年产值百亿以上的大产业。

15.3 核裂变、核聚变与核能利用

如上节所述,当用中子、质子等带电粒子、γ 光子轰击某些重原子核时,会发生(n,f)、(p,f)、(γ,f)等核裂变反应。这里的核裂变(nuclear fission),是指一个较重的原子核分裂成两个(极少情况下三个)较轻原子核的变化。将通过外界条件激发(如俘获中子)产生的裂变称为诱发裂变;有些重原子核在没有外界条件激发下也会发生裂变,称为自发裂变。例如,^{235}U 俘获中子发生核裂变的反应之一为

$$^{235}_{92}U + ^{1}_{0}n \longrightarrow ^{144}_{56}Ba + ^{89}_{36}Kr + 3^{1}_{0}n$$

那么,重原子核为什么会发生裂变?这与原子核的质量亏损与结合能有关。

15.3.1 质量亏损和结合能

通常,原子核的质量 $m(Z,A)$等于原子的质量 $M(Z,A)$减去核外电子的质量,即

$$m(Z,A)=M(Z,A)-Zm_e$$

例如,对于氢原子核来说,氢原子核,即质子的质量为

$$\begin{aligned} m(1,1) &= M(1,1) - m_e \\ &= 1.6735328 \times 10^{-24} - 9.109383 \times 10^{-28} \\ &= 1.676218 \times 10^{-24}\,(g) \end{aligned}$$

如果考虑质能关系,氢原子核和电子的结合能是 13.6 eV,折合质量为 2.4244×10^{-32} g,所以忽略结合能对原子核质量计算带来的误差是很小的。通常认为,原子核的质量就是原子质量和电子质量之差。

由于原子核反应前后的核外电子总数不变，因此，反应前后原子核质量差就等于反应前后的原子质量差。实际上，核素表中列入的核素质量是指其原子质量，而非原子核质量。计算 β^+ 衰变能时因核电荷减少 1，需要减去 1 个电子和 1 个正电子的静能量，即扣除 2 个电子的静质量能(1.022 MeV)。

由于原子核的质量很小，会给相关的计算带来不便，所以在原子核物理中，通常使用**原子质量单位**(atomic mass unit)作为质量单位，记为 u，并规定 1 u 等于 ^{12}C 原子质量的 1/12，即

$$1\ \mathrm{u}=\frac{1}{12}\times\frac{12.000000}{N_A}=\frac{1.000000}{6.0221415\times10^{23}}=1.66053886\times10^{-24}(\mathrm{g})$$

对于上面提到的 ^{235}U 俘获中子发生核裂变反应：

$$^{235}_{92}\mathrm{U}+{}^{1}_{0}\mathrm{n}\longrightarrow{}^{144}_{56}\mathrm{Ba}+{}^{89}_{36}\mathrm{Kr}+3{}^{1}_{0}\mathrm{n}$$

反应前后的质量变化可以通过简单的计算得到，反应前后质量变化为

$$\begin{aligned}&m({}^{144}_{56}\mathrm{Ba})+m({}^{89}_{36}\mathrm{Kr})+3\,m({}^{1}_{0}\mathrm{n})-[m({}^{235}_{92}\mathrm{U})+m({}^{1}_{0}\mathrm{n})]\\&=143.9229405+88.9176325+3\times1.008665-(235.043924+1.008665)\\&=-0.186021(\mathrm{u})\end{aligned}$$

对于该核反应来说，在反应前后体系的总质量减少了 0.186021 u，也就是说，单从原子核质量来看，反应前后质量并不守恒。但如果考虑 Einstein 质能方程，反应减少的质量转换成了能量释放出来。对于该反应来说，反应释放的能量为

$$\begin{aligned}E&=mc^2=0.186021\ \mathrm{u}\times931.494043\ \mathrm{MeV/u}=173.277453\ \mathrm{MeV}\\&=(173.277453\times1.60217653\times10^{-13})\ \mathrm{J}=2.7762\times10^{-11}\ \mathrm{J}\end{aligned}$$

由于生成的裂变产物核处于激发态，以 γ 射线、β 粒子和中微子带走的能量未计算在内，实际释放的能量约为 200 MeV。

也就是说，每发生一原子反应，体系可以释放出 2.7762×10^{-11} J 的能量。如果是 1 g 的 ^{235}U 发生该发生，则可以释放出的能量为

$$\begin{aligned}&\frac{m}{M}\times N_A\times2.7762\times10^{-11}\\&=\left(\frac{1}{235.043924}\times6.0221415\times10^{23}\times2.7762\times10^{-11}\right)\mathrm{J}\\&=7.1130\times10^{10}\ \mathrm{J}\end{aligned}$$

按照 1 吨黄色炸药(2,4,6-trinitromethylbenzene，TNT)当量计算，1 吨 TNT 可释放出 4.184×10^9 J 的能量，则 1 g ^{235}U 发生该种类型的核裂变释放出的能量相当于 17 吨 TNT 爆炸释放出的能量。如此巨大的能量也是裂变核武器和核裂变核电站得以利用的基础。

上面的计算是以原子核之间的质量差为基础的，实际上，单就每个原子核来讲，其质量与核内质子与中子的质量之和也不相等。例如，氘核 ^2H 是由 1 个质子和 1 个中子组成，但氘核与 1 个质子和 1 个中子的质量和并不相等，两者之间的质量差为

$$\begin{aligned}\Delta&=Zm_p+(A-Z)m_n-m(Z,A)\\&=m_p+m_n-m(1,2)\\&=1.007825+1.008665-2.0140=0.002490(\mathrm{u})\end{aligned}$$

一般的，组成原子核的 Z 个质子与 $A-Z$ 个中子的质量和与原子核的质量 $m(Z,A)$ 之差称为质量

亏损，用 $\Delta m(Z,A)$表示，即

$$\Delta m(Z,A) = Zm_p + (A-Z)m_n - m(Z,A)$$

每个原子核都有正的质量亏损，所以在质子和中子形成原子核的时候需要释放出巨大的能量，使体系总的能量降低，从而形成稳定的原子核。原子核内质子与中子之间以核力的形式束缚在一起，共同构成稳定的原子核。通常，可以定义由 Z 个质子和 $A-Z$ 个中子结合成质量数为 A 的原子核时所释放出的能量，为该原子核的结合能，即

$$Z{}_1^1\mathrm{p} + (A-Z){}_0^1\mathrm{n} \longrightarrow {}_Z^A\mathrm{X} + B(Z,A)$$

相应的，结合能除以原子核的质量数，就是该原子核的平均结合能，也就是核子结合成原子核时，平均每个核子所释放出的能量。其定义式为

$$\varepsilon = \frac{B(Z,A)}{A}$$

根据 Einstein 质能方程，结合能可以通过质量亏损来计算，例如^{2}H 的平均结合能为

$$\varepsilon = \frac{B(1,2)}{2} = \frac{\Delta m(Z,A)c^2}{2} = \frac{0.002490 \times 931.5}{2} = 1.160(\mathrm{MeV})$$

计算中，质量用原子单位，能量用 MeV 作单位：

$$1\ \mathrm{u} = \frac{1.66053886 \times 10^{-27}\ \mathrm{kg} \times (2.99792458 \times 10^{8}\ \mathrm{m \cdot s})^2}{1.60217653 \times 10^{-13}\ \mathrm{J}} = 931.494047\ \mathrm{MeV}$$

同样的，经计算，^{4}He 的平均结合能 $\varepsilon(^4\mathrm{He}) = 7.074$ MeV。结合能越大，表示核子在结合成原子核时放出的能量越大，生成的核越稳定，核子在核内结合得越紧密。因此，可以用平均结合能的大小反映原子核的稳定性。相应的，用原子核的平均结合能对核素的质量数作图，可以得到平均结合能曲线，如图 15-3 所示。

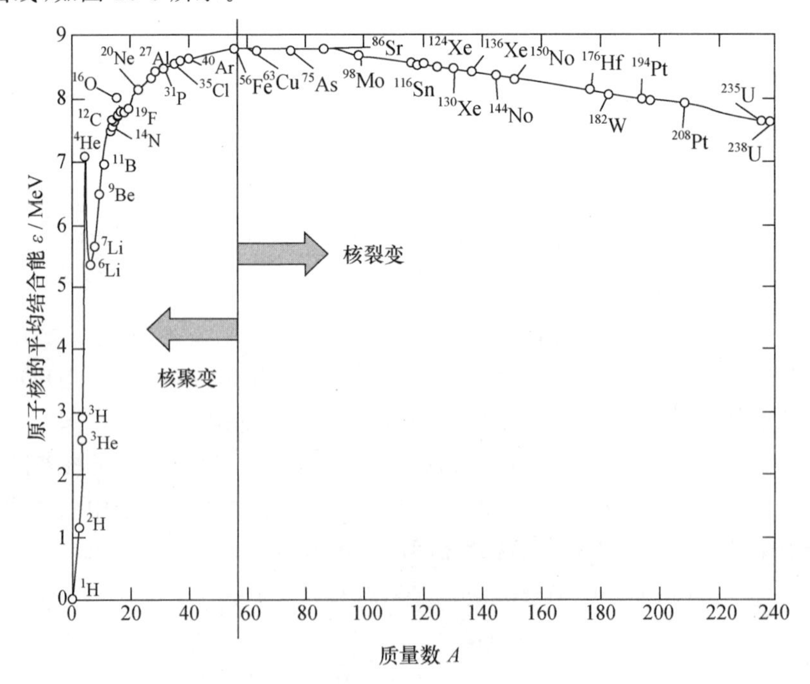

图 15-3 平均结合能曲线

观察平均结合能曲线，可得到以下结论：

(1) 平均结合能在 $A=56$ 附近达到最大值，也就是 $^{56}_{26}Fe$ 的结合能最大，即它是最稳定的元素。$^{56}_{26}Fe$ 处在核聚变和核裂变的分界线上，既不会发生核聚变，也不会发生核裂变。在 $A<56$ 的区域，平均结合能近似单调地增大，因此在此区域，两个较轻的核可以发生核聚变释放能量，如：

$$^{2}_{1}H+^{3}_{1}H \longrightarrow ^{4}_{2}He+^{1}_{0}n$$

且当 A 较小时释放出的能量更大，也就是 H 的同位素核聚变释放的能量更大，从能量角度更适合用于核聚变。相反的，在 $A>56$ 的区域，平均结合能几乎单调地减小，也就是说，该区域的核素可能发生核裂变释放出能量，如：

$$^{235}_{92}U+^{1}_{0}n \longrightarrow ^{93}_{37}Rb+^{141}_{55}Cs+2^{1}_{0}n$$

并且 A 越大，核素的平均结合能越小，尤其是 $A>200$ 以后的核素。所以，从能量角度讲，重核更适于用做核裂变释放能量。

(2) 在 $A<25$ 的轻核区域，平均结合能有明显的转折。当 $A=4(^{4}He)$、$12(^{12}C)$、$16(^{16}O)$、$20(^{20}Ne)$ 时，ε 比相邻的核素大，表明稳定性上 A(偶)-Z(偶)核>A(奇)-Z(偶)核>A(奇)-Z(奇)核，也说明原子核中质子与质子之间、中子与中子之间有配对的趋势。

(3) 除了很轻和很重的原子核，核素的平均结合能都在 8 MeV 附近。说明原子核内核子之间的相互作用具有饱和性，否则 ε 应该正比于 A。同时，核物质的密度近似为一个常数，说明核物质近乎不可压缩。这两种性质与液体相似，所以，核物理学家提出了核结构的液滴模型(liquid drop model)，认为可以将原子核看成由核子组成的核液滴。虽然该模型看似简单，却较好地解释了核裂变现象，在原子核结构理论发展中起到了重要的作用。

15.3.2　核裂变与核能利用

作为 20 世纪科学史上的重大发现之一，核裂变导致了原子能的大规模军事与和平应用，并对人类社会生产生活和历史进程产生了深刻的影响。本小节将简单介绍核裂变在核武器和核能发电方面的应用。

如本节开始所述，裂变可分为自发裂变和诱发裂变，其裂变过程是极其复杂的反应，是激发态的原子核经过剧烈变化重新组合变成两个(极少数情况下三个)核的过程。科学家对核裂变进行了大量的实验和理论研究，但仍有很多问题尚未解决。下面用液滴模型对裂变作个简单的解释。

根据液滴模型，核素的结合能 B 包括体积能 B_V、表面能 B_S 和库仑能 B_E。其中体积能与核液滴的体积 V 成正比，V 又与原子核的质量数 A 成正比，所以有

$$B_V=a_V A$$

其中 a_V 是常数。

对于处于核液滴表面的核子，由于只受到液滴内部核子的作用，结合比较松散，所以这种表面效应对结合能的贡献是负的。液滴的表面积等于 $4\pi R^2$，与 $A^{2/3}$ 成正比，同时表面能与表面积成正比，有

$$B_S=-a_S A^{2/3}$$

其中 a_S 是常数。

除了体积能和表面能，原子核内质子与质子之间还存在库仑斥力。根据电学原理，均匀带电球体的静电能与所带电荷的平方成正比，与球的半径成反比，且库仑斥力的存在会使结合能减小，所以有

$$B_E = -a_E Z^2 A^{-1/3}$$

其中 a_E 是常数。

从前面的平均结合能曲线可以看到，稳定核素的质子数和中子数是相等的。当质子数和中子数不等时，原子核的结合能会下降，所以在液滴模型中引入一项对称能校正，表达式为

$$B_A = -a_A\left(\frac{A}{2} - Z\right)^2 A^{-1}$$

其中 a_A 是常数。对称能校正表明，当 $Z \neq N$ 时，总结合能下降。

此外，如前所述，原子核中质子-质子、中子-中子有配对的趋势。当质子数和中子数都是偶数时，结合能最大。所以液滴模型中加入了对能校正，用于描述质子-质子、中子-中子配对时额外增加的结合能，具体表达式为

$$B_P = \delta a_P A^{-1/2}$$

式中 a_P 为常数。δ 定义为，对于偶-偶核，$\delta=1$；对于奇 A 核，$\delta=0$；对于奇-奇核，$\delta=-1$。

综上，原子核总的结合能可以表示为

$$B(Z,A) = a_V A - a_S A^{2/3} - a_E Z^2 A^{-1/3} - a_A\left(\frac{A}{2} - Z\right)^2 A^{-1} + \delta a_P A^{-1/2}$$

该半经验公式称为魏茨泽克(Weizsacker)公式，可以半定量地描述原子核的结合能 $B(Z,A)$。式中的各常数 a 可以通过稳定原子核的结合能数据拟合。例如其中一套拟合参数为

$a_V = 15.67$　$a_S = 17.23$　$a_E = 0.72$　$a_A = 23.29$　$a_P = 12$　(单位均为 MeV)

1939 年，Meitner 和 Frisch 用液滴模型对原子核的裂变过程给予了理论解释。对于一个球形原子核，其结合能可由上面介绍的体积能、表面能、库仑能、对称能和对能等五部分表示。当原子核发生形变时，库仑能会随着形变增大而减小，表面能会随着形变增大而增加。由于原子核被假定是不可压缩的带电液滴，形变时体积能、对称能和对能是可以认为近似不变的。所以，当原子核形变较小，表面能的增加大于库仑能对总结合能的减少效应时，原子核是稳定的；当原子核形变较大，表面能的增加不足以抵消库仑能的减小，形变会进一步增大，导致原子核的分裂。类似于分子的化学反应，在裂变的临界点，表面能和库仑能相等，此时原子核体系总能量与基态能量之差，称为裂变势垒。

通常，对于多数核素来说，裂变势垒是比较大的。例如 ^{232}Th 的裂变势垒为 6.0 MeV，^{235}U 和 ^{238}U 的为 5.8 MeV，^{172}La 的为 28.7 MeV。因此，虽然理论上 $A>90$ 的核素裂变时就有能量释放，但由于需要克服较高的裂变势垒，自发裂变只能靠隧道效应发生，从而使自发裂变概率很小而观察不到。但锕系元素后部的核素，其自发裂变的分支比大大提高，例如常见的自发裂变中子源 ^{252}Cf，α 衰变和自发裂变的分支比为 32∶1；对于 ^{254}Cf，分支比高达 1∶330。$Z>100$ 的超重元素自发裂变半衰期越来越短，甚至成为合成超重元素的主要障碍。例如，自发裂变的半衰期从 ^{238}U 的 1.0×10^{16} a 缩小到 ^{258}Fm 的 3.8×10^{-4} s。

对于裂变势垒较大的核素，要发生核裂变，就需要注入能量以克服裂变势垒。由于 α 粒子等带电粒子与重原子核之间的库仑排斥能很大，所以通常用中子诱发裂变。对于一些不太稳定的

中子数为奇数的核素，即使吸收热中子(在室温298 K下与环境达成热平衡的中子，其平均动能为0.025 eV)，也能使生成的复合原子核的激发能超过裂变势垒而导致裂变，例如^{233}U、^{235}U、^{239}Pu、^{241}Pu等，这些核素被称为核燃料，可用于核反应堆的燃料。中子数为偶数的核素则通常需要能量高一些的快中子轰击原子核，使其生成能量高于裂变势垒的激发态，然后裂变生成质量数小的原子核。生成的裂片在巨大的库仑斥力下分开并继续高速运动，入射到介质中后俘获电子，损失能量；生成的裂变产物中子过剩，激发能仍然很高，还要经历递次β^-衰变才能到达稳定核。

当用慢中子轰击^{235}U裂变可能发生以下的核反应：

$$^{235}_{92}U+^{1}_{0}n \longrightarrow ^{144}_{56}Ba+^{89}_{36}Kr+3^{1}_{0}n$$

$$^{235}_{92}U+^{1}_{0}n \longrightarrow ^{140}_{54}Xe+^{94}_{38}Sr+2^{1}_{0}n$$

$$^{235}_{92}U+^{1}_{0}n \longrightarrow ^{137}_{52}Te+^{96}_{40}Kr+3^{1}_{0}n$$

$$^{235}_{92}U+^{1}_{0}n \longrightarrow ^{133}_{51}Sb+^{99}_{41}Nb+4^{1}_{0}n$$

各个裂变反应中，在核裂变放出巨大能量(参见15.3.1小节例15-1)的同时，每个反应放出2～4个中子，这些中子又可以去轰击其他的^{235}U核诱发新的裂变，导致放出更多的能量并产生更多的中子，这样就形成一连串的裂变反应。如果裂变和释放中子的过程持续进行下去，就会有大量的^{235}U在很短时间内迅速裂变，同时释放出大量的核能，这种过程被称为链式反应。链式反应的过程示意图见图15-4。中子从释放到引发裂变的时间间隔很短(热中子反应堆中约10^{-4} s，快中子反应堆中约10^{-7} s，原子弹中$<10^{-8}$ s)，如果让这种链式反应不加控制地进行，就会因在短时间内释放出巨大能量而爆炸，这就是制造原子弹的原理。

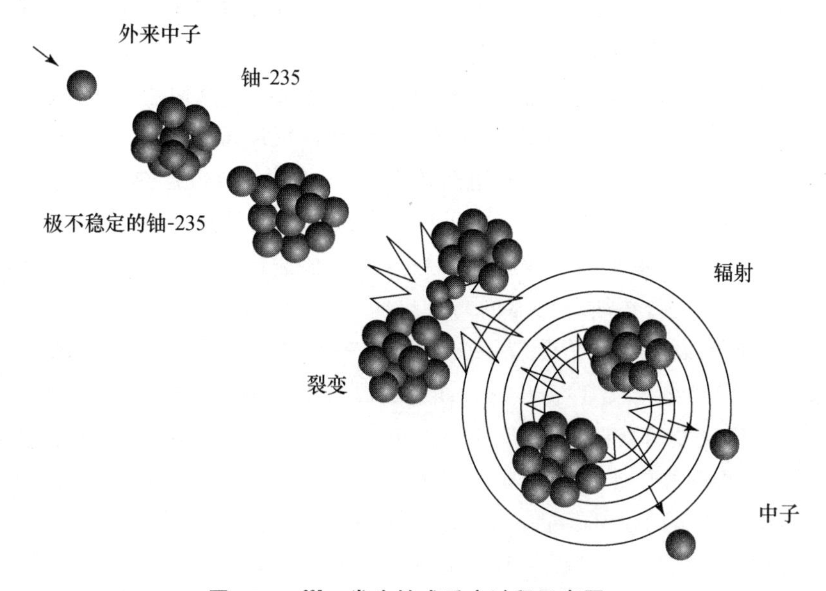

图15-4 ^{235}U发生链式反应过程示意图

如前所述，由于裂变势垒的存在，只有部分核素可以作为核燃料被热中子引发核裂变，所以通常原子弹只用^{235}U或者^{239}Pu作燃料，分别称为铀弹和钚弹。由于单个原子核释放出的能量很小(10^{-11} J量级)，且生成中子可能逸出燃料而不能再引发新的核反应，所以要保持链式反应持续进行制作原子弹，从原理上应该需要一定体积和质量的核燃料聚集在一起。相应的，能够维持链式反应进行的铀块的最小体积称为**临界体积**，具有临界体积的质量称为**临界质量**。小于临界体积的铀块不会发生链式反应而爆炸，所以通常铀块都被制成小块彼此分开，保证每一块都小于临界质量，总体上也不超临界。当把一系列的铀块堆在一起超过临界质量时就发生爆炸。在需要的时候引爆起爆装置，使普通火药爆炸压缩核燃料，从而使核燃料块聚集到一起发生爆炸。为减少中子的逸出，通常在弹体外部加上中子反射层。图 15-5 为据此原理的原子弹构造示意图。

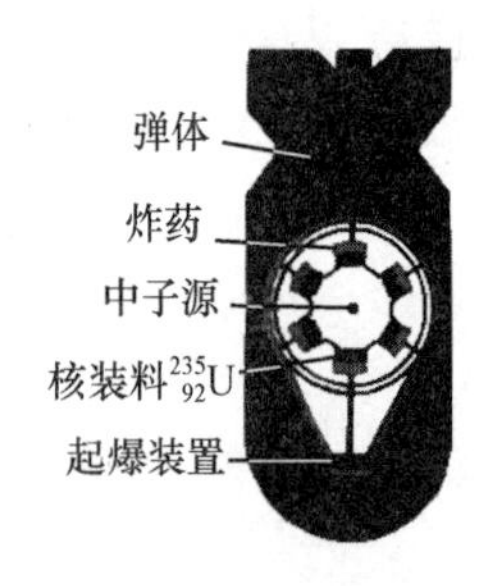

图 15-5　原子弹构造示意图

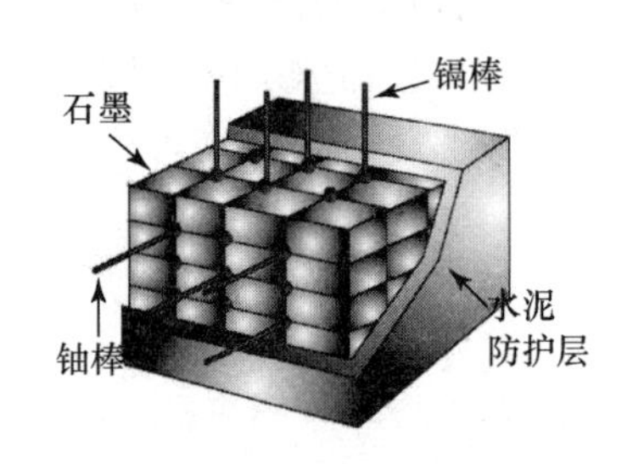

图 15-6　热中子石墨反应堆结构示意图

核武器爆炸，不仅释放的能量巨大，而且核反应过程非常迅速，爆炸在 μs 级的时间内即可完成。因此，在核武器爆炸周围不大的范围内形成极高的温度，加热并压缩周围空气使之急速膨胀，产生远高于普通火药爆炸的高压冲击波。在近地和空中的核爆炸，还会在周围空气中形成火球，发出很强的光辐射。核反应还会产生各种射线和放射性物质碎片；同时向外辐射的强脉冲射线与周围物质相互作用，产生电磁脉冲。这些不同于化学炸药爆炸的特征，使核武器具备特有的强冲击波、光辐射、早期核辐射、放射性沾染和核电磁脉冲等杀伤破坏作用。核武器的出现，对现代战争的战略战术产生了重大影响。

如果能有效地控制链式反应，使之在一定的时间和空间内持续地进行，就可以获得连续稳定的大尺度能量输出，可以作为动力、发电等用途，这就是核反应堆的原理。链式反应产生的巨大能量，通常以热能的形式表现出来。一般用循环水（或其他物质）带走热量避免反应堆因过热烧毁。因此，核反应堆最基本的组成是裂变原子核＋热载体。但是高速中子会大量飞散，不能保证链式反应持续进行，这就需要使中子减速以增加与原子核碰撞的机会。由于铀及裂变产物都有强放射性，会对人造成伤害，必须有可靠的防护措施。综上，核反应堆的合理结构为：核燃料＋慢化剂＋热载体＋控制设施＋防护装置。图 15-6 是一个热中子石墨反应堆的结构示意图。铀棒主要由低浓缩铀（^{235}U 的丰度 3%～5%。注：以石墨作慢化剂，可以用天然铀作燃料，但体积十分庞大）构成，是反应堆的燃料，链式反应借此进行。为了控制反应速度，体系中同时插入一些由金属铪、铟、银、镉等强吸中子材料做成的控制棒。通过调整控制棒在核反应堆里的高度，可以实现对系统中热中子数量的控制。插入得越深，控制棒吸收掉的中子越多；拔出得越高，产生的中子越多，从而控制了核裂变的进程。石墨基质也有吸收中子的功能，同时系统中会引入重水循环带走热量。由于裂变产生大量的强放射性物质，所以，外层用水泥保护层屏蔽强烈的辐射和多余的热量。实际工作中，为安全起见，核反应堆处在多重保护壳之内。但由于石墨的安全性欠佳（例如切尔诺贝利事件石墨起火，酿成大灾难），现多用重水作为中子的慢化剂，俗称重水堆（heavy water reactor）。例如，秦山核电站三期就采用了 CANDU 型重水堆。

核反应堆是优秀的功能装置，有很多种用途。目前应用最多的是发电，即建造核电站。如果导出的热量用来使水变成水蒸气，推动汽轮机发电，核反应堆就成为发电装置的一部分，通常称为核岛。核电站中蒸汽发电的部分，称为常规岛，其工作原理示意图见图15-7。自从1954年世界上第一座5 MW核电站在苏联投入运行以来，截至2009年7月底统计资料，世界上已有运行核电机组441座，核发电占世界总发电的16%。世界核电主要分布在北美、欧洲、日本和韩国。其中前3名为美国运行机组104台，法国59台，日本55台。中国目前共有浙江秦山一期、二期、三期核电站，广东大亚湾核电站，广东岭澳一期核电站，江苏田湾一期核电站共6座核电站，11台核电机组，总装机容量达9000 MW。

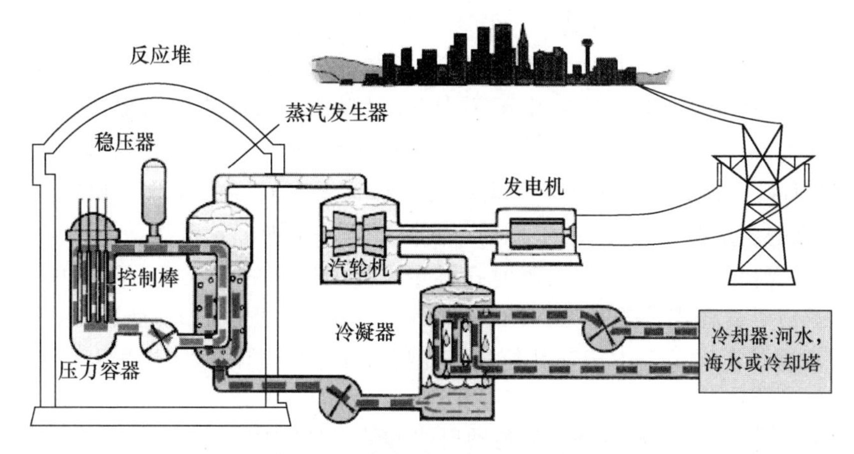

图15-7 核电站工作原理示意图

除发电外，在其他方面核反应堆也有广泛的应用，如核能供热、核动力等。

核能供热是20世纪80年代才发展起来的一项新技术，这是一种经济、安全、清洁的热源，因而在世界上受到广泛重视。在能源结构上，用于低温(如供暖等)的热源占总热耗量的一半左右，这部分热多由直接燃煤取得，因而给环境造成严重污染。在我国能源结构中，近70%的能量是以热能形式消耗的，而其中约60%是120℃以下的低温热能。所以，发展核反应堆低温供热，对缓解供应和运输紧张、净化环境、减少污染等方面都有十分重要的意义。核供热是一种前途远大的核能利用方式。核供热不仅可用于居民冬季采暖，也可用于工业供热。特别是高温气冷堆可以提供高温热源，能用于煤的气化、炼铁等耗热巨大的行业。核能既然可以用来供热，也一定可以用来制冷，清华大学在5 MW的低温供热堆上已经进行过成功的试验。

核能也是一种具有独特优越性的动力。因为它不需要空气助燃，可作为地下、水中和太空缺乏空气环境下的特殊动力；又由于它少耗料、高能量，也可作为一种一次装料后可以长时间供能的特殊动力。例如，它可作为火箭、宇宙飞船、人造卫星、潜艇、航空母舰等的特殊动力。将来核动力可能会用于星际航行。核动力推进，目前主要用于核潜艇、核航空母舰和核破冰船。由于核能的能量密度大，只需要少量核燃料就能运行很长时间，这在军事上有很大优越性。尤其是核裂变能的产生不需要氧气，故核潜艇可在水下长时间航行。正因为核动力推进有如此大的优越性，故几十年来全世界已制造的用于舰船推进的核反应堆数目达数百座，超过了核电站中的反应堆数目。现在核航空母舰、核驱逐舰、核巡洋舰与核潜艇一起，已形成了一支强大的海上核力量。

核反应堆的另外一大用途是利用链式裂变反应中放出的大量中子。这方面的用途是非常多的，这里仅举少量几个例子。

(1) 生产核素。许多稳定元素的原子核如果再吸收一个中子，就会变成一种放射性同位素。

因此，反应堆可用来大量生产各种放射性同位素。放射性同位素在工业、农业、医学上有着非常广泛的用途，在 15.4 节将介绍在生命科学中的应用。

(2) 先进材料生产。现代工业、医学和科研中经常使用带有极微小孔洞的薄膜，用来过滤、去除溶液中的极细小的杂质或细菌之类。在反应堆中用中子轰击薄膜材料可以生成极微小的孔洞，达到上述薄膜生产技术要求。利用反应堆中的中子还可以生产优质半导体材料。我们知道在单晶硅中必须掺入少量其他材料，才能变成半导体，例如掺入磷元素。一般是采用扩散方法，在炉子里让磷蒸气通过硅片表面渗进去。但这样做效果不是太理想，硅中磷的浓度不均匀，表面浓度高、里面浓度低。现在可采用中子掺杂技术：把单晶硅放在反应堆里受中子辐照，硅俘获一个中子后，经衰变后就变成了磷。由于中子不带电，很容易进入硅片的内部，故这种办法生产的硅半导体性质优良。

(3) 用于生命科学领域。因为许多癌组织对于硼元素有较多的吸收，而且硼又有很强的吸收中子能力，硼被癌组织吸收后，经中子照射，硼会变成锂并放出 α 射线。α 射线可以有效杀死癌细胞，治疗效果要比从外部用 γ 射线照射好得多。反应堆里的中子还可用于中子照相或者说中子成像。中子易于被轻物质散射，故中子照相用于检查轻物质(例如炸药、毒品等)的效果远好于 X 光或超声成像检测。关于中子和其他放射性物质在生命科学中的应用见 15.4 节的介绍。

15.3.3 核聚变与核能利用

正如图 15-3 平均结合能曲线所示，在原子核质量数很小时，如氕、氘、氚等，平均结合能曲线变化陡峭。这说明当这些轻原子核发生核聚变生成较重的原子核时，将放出巨大的能量，并且能量变化幅度要超过核裂变产生的能量。例如 ^{2}H、^{3}H、^{3}He 等发生核聚变时有

$$^{2}H + ^{2}H \longrightarrow ^{3}He + ^{1}_{0}n \qquad \Delta H = -3.25\ MeV$$

$$^{2}H + ^{2}H \longrightarrow ^{3}H + ^{1}_{1}p \qquad \Delta H = -4.00\ MeV$$

$$^{2}H + ^{3}H \longrightarrow ^{4}He + ^{1}_{0}n \qquad \Delta H = -17.6\ MeV$$

$$^{2}H + ^{3}He \longrightarrow ^{4}He + ^{1}_{1}p \qquad \Delta H = -18.3\ MeV$$

平均每个 ^{2}H 原子核可以放出 7.2 MeV 的能量，也就是每个核子 3.6 MeV，相当于 ^{235}U 裂变时平均每个核子放出能量的 4 倍。所以从核反应原理上讲，核聚变是可以成为巨大能量来源。

如果从燃料角度看，地球上蕴藏的丰富的 ^{2}H。据测算，每升海水中含有 0.03 g 氘，地球上海水总量约 1.35×10^{18} 吨，所以地球上仅在海水中就有约 40 万亿吨氘。虽然自然界中不存在氚，但可以通过中子和锂的核反应 $^{6}Li(n,\alpha)^{3}H$、$^{7}Li(n,\alpha n')^{3}H$ 生产，而海水中也含有大量锂。1 dm^3 海水中所含的氘，经过核聚变可提供相当于 300 dm^3 汽油燃烧后释放出的能量。而地球上核燃料铀的含量要低得多，地球上蕴藏的核聚变能约为蕴藏的可进行核裂变元素所能释出的全部核裂变能的 1000 万倍，可供人类使用上百亿年，可以说是取之不竭的能源。

太阳等恒星的确是通过核聚变产生了巨大的能量。其中太阳以光和热辐射的形式间接地将聚变能提供给地球，相应的核聚变反应主要是

$$4\,^{1}H \longrightarrow ^{4}He + 2\beta^{+} \qquad \Delta H = -26.7\ MeV$$

平均每个核子释放出约 6.7 MeV 的能量，相当于 0.71%的初始质量转化成了能量。太阳上能够发生该反应，主要因为高达 1.5×10^{7} 的内部温度以及极高的压力。

在地球上时情况极为不同。当两个轻原子核互相靠近时，受到很大的库仑势垒的阻挡，例如^{2}H-^{2}H 发生聚变需要克服的库仑势能高达 0.5 MeV，而室温下热中子的平均动能只有 0.025 eV，同时，环境压力很小，势垒穿透的概率几乎为零，所以核聚变无法自发发生。

因此，如果要克服库仑势垒发生核聚变，可以采用以下两种办法：第一种方法是用粒子加速器把参与聚变的原子核之一加速去轰击另外一个原子核。这种方法实现简单，但无法实现能量的增益。第二种方法是将反应物加热到极高的温度(如 10^{8} K)，为原子核提供足够高的动能，然后依靠核聚变反应放出的热量保持聚变继续进行并输出能源。如果把 0.1 MeV 作为^{2}H 核的平均动能，则需要 $T \approx 10^{9}$ K 的高温才能发生聚变反应。考虑^{2}H 的能量分布满足麦克斯韦分布，所以当^{2}H 的温度为 10^{8} K 时，麦克斯韦分布高能部分的^{2}H 核就可能具有 0.1 MeV 的能量。如果能产生 10^{8} K 的高温，^{2}H 的核聚变反应就可能发生，所以这种条件下的聚变反应也叫热核反应。

比较容易想到的获得这样高温的直接办法是原子弹爆炸产生的高温，所以科学家们制造了氢弹，利用原子弹作为引爆装置产生高温，诱发^{2}H 和^{3}H 聚变生成氦，在短时间内释放出巨大的能量。但如果作为有效的能源利用，需要热核反应可以在合适的强度平稳、可控地进行。而要把核燃料加热到 10^{8} K 的温度，此时^{2}H、^{3}H 等原子已经完全电离成带正电的原子核和电子，核燃料已经完全进入等离子体状态。所谓等离子体，是指气体大量电离后形成的有正离子和等量电子并存的集合体。而在 10^{4} K 以上，气体已经不能用任何材料所构成的容器约束。为防止高温的等离子体逃逸或飞散，具有闭合磁力线的磁场构造的"磁笼"是很好的选择。引发核聚变需要的高温通常可以通过强激光照射得到。

目前，托卡马克装置是可行性较大的可控核聚变反应装置。它的英文名字 Tokamak 来源于俄文 тороидальная камера с магнитными катушками(带励磁线圈的环形盒)，是一种利用磁约束来实现受控核聚变的环形容器。最初是由位于苏联莫斯科的库尔恰托夫研究所的阿齐莫维齐等人在 20 世纪 50 年代发明的，其结构示意图如图 15-8 所示。在托卡马克装置的中央是一个环形的真空室，外面缠绕着线圈。所以，在通电时托卡马克的内部会产生巨大轴向磁场，带电粒子沿磁力线方向自由运动，而在垂直与磁场的方向做回旋运动，将其中的等离子体加热到很高的温度，以达到核聚变的目的。

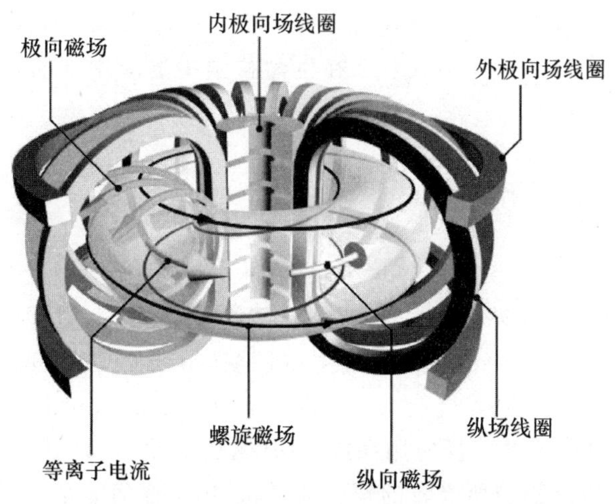

图 15-8 托卡马克装置示意图

大量的实验表明，托卡马克具有光明的前景，在这类装置上已经可以达到等离子体温度4.4亿摄氏度，脉冲聚变输出功率超过16 MW，输出功率与输入功率之比已超过1.25。自1985年起，美、苏首脑提出了设计和建造国际热核聚变实验堆(International Thermonuclear Experimental Reactor，ITER)计划。现在由欧盟、中国、韩国、俄罗斯、日本、印度和美国共同承担建造基于托卡马克的核聚变实验堆，旨在借助氢同位素在高温下发生核聚变来获取丰富的能源，以永久解决人类面临的能源问题。该计划与国际空间站、欧洲加速器、人类基因组计划一样，是目前全球规模最大、影响最深远的国际科研合作项目之一。

15.4　放射化学与生命科学

除了超铀元素化学、裂变产物化学、核废料和放射性废物后处理化学，当前，与生命科学或者生物医学的结合是放射化学发展的重要动力和趋势，并且已经得到了非常广泛的应用。已经衍生出核医学、核药物化学等交叉学科。核医学是指把放射性同位素、由加速器产生的射线束及放射性同位素产生的核辐射应用于医学上的基础研究、临床诊断和治疗上。由于放射化学普遍使用放射性测量工具，其高灵敏度使得放射性示踪等技术可以实时判断放射性元素的存在甚至含量。在某些条件下，甚至可以检测几个甚至单个原子的存在，为人体内或者体外器官中痕量活性物质的检测提供了极大的方便，例如放射免疫分析技术(radioimmunoassay，RIA)可以用于检测体内微量的甲胎蛋白、糖蛋白抗原、铁蛋白等的浓度。由于高能的放射性物质或者辐射可以引起细胞死亡或者突变等生物效应，所以可以用于癌症等疾病的治疗，例如很多癌症晚期的放化治疗。又如，利用$Na^{131}I$放出的短程β射线杀伤周围的细胞，可治疗甲状腺亢进。由于放射性核素探测的高灵敏度和穿透性，放射性(核素)标记化合物被广泛用于医学成像。通过这些放射性药物将合适的放射性核素(^{99m}Tc、^{111}In、^{123}I、^{18}F、^{11}C等)注射入体内，利用γ射线照相、单光子发射计算机断层成像仪(SPECT)或正电子发射断层成像仪(PET)等，对人体的心脏、肾脏、骨骼、脑组织等进行形貌、功能甚至分子水平的成像。其灵敏度比CT及MRI高得多，但空间分辨率稍逊于后二者。目前许多生产厂家将SPECT/CT、SPECT/MRI、PET/CT、PET/MRI复合起来，通过图像融合技术，获得灵敏度高、空间分辨率好的图像。本节将对放射免疫分析、放射性药物和放射医学成像作简单介绍。在介绍放射性在生命科学中的应用之前，先简单介绍放射性的生物效应。

15.4.1　放射性的生物效应

电离辐射的照射可以引起各种生物效应，导致人体组织和器官受到损害。为定量描述不同种类、能量的辐射产生的生物效应大小和对健康危害的关系，国际辐射单位与度量委员会(International Commission on Radiation Units and Measurements，ICRU)严格定义了有关的辐射量和单位，并被国际放射防护委员会(International Commission on Radiological Protection，ICRP)所采纳和推荐。这些量被广泛应用在放射医学、放射化学、放射生物学、辐射防护等领域。

吸收剂量是单位质量的物质所吸收的辐射能量，适用于任何能量、任何种类的电离辐射及任意受照射物质。吸收剂量D严格地由下式定义：

$$D = \frac{\mathrm{d}\bar{\varepsilon}}{\mathrm{d}m}$$

其中 $\mathrm{d}\bar{\varepsilon}$ 是电离辐射某一体积元物质吸收的平均能量，单位为焦耳(J)；$\mathrm{d}m$ 是该体积元内物质的质量，单位千克(kg)。所以，吸收剂量的单位为 $\mathrm{J \cdot kg^{-1}}$，单位的专门名称为戈瑞(Gray，可缩写为 Gy)，$1\ \mathrm{Gy} = 1\ \mathrm{J \cdot kg^{-1}}$。如果把吸收剂量对时间求导，则表征了单位时间内吸收剂量的增量或者吸收辐射能量的速度，称为吸收剂量率，用 $\dot{D}$ 表示，单位为 $\mathrm{J \cdot kg^{-1} \cdot s^{-1}}$，定义式为

$$\dot{D} = \frac{\mathrm{d}D}{\mathrm{d}t}$$

实践证明，辐射引起生物效应的发生率，不仅与吸收剂量有关，还跟辐射本身的种类和能量有关。不同种类的射线和物质作用的方式和引起的效果是不同的。对于 α 粒子和重离子束等重带电粒子，可以通过电离(ionization)、激发(excitation)、散射(scattering)、韧致辐射(bremsstrahlung)、吸收(absorption)等五种方式与物质发生相互作用。其中电离可以使物质的原子被分离成自由电子和一个正离子，且脱离出的自由电子通常具有较高的动能，可能会引起其他原子或分子的次级电离。当入射粒子的能量不足以使物质价层电子脱离原子的束缚而成为自由电子时，有可能使电子从能量较低的轨道跃迁到较高的轨道，这就是原子或分子的激发。处于激发态的原子或分子是不稳定的，通常会自发地跃迁回基态，其中多余的能量将以可见光或紫外光的形式释放出来。这两种形式都会引起较大的生物效应，对于 α 粒子和重离子束等重带电粒子，其与物质相互作用时能量损失的形式主要是电离激发，在物质中的路径近乎直线，比质量小很多的 β 电子会引起更大的生物效应。

与带电粒子不同，中子本身不带电，在通过物质时主要是与原子核发生作用，作用形式主要包括弹性散射(elastic scattering)、非弹性散射(inelastic scattering)和中子俘获(neutron capture)。同时，与物质相互作用时可能产生次级电离粒子，而使物质电离。其中弹性散射是中子损失能量的主要方式，原子核从中子动能中得到部分能量形成反冲核。如果是非弹性散射，则中子与原子核作用形成激发态的复合核并释放出 γ 射线而回到基态。中子俘获则会生成一定量的感生放射性核素。

γ 射线主要通过光电效应(photoelectric effect)、康普顿效应(Compton effect)和产生电子对(electron pair production)与物质发生相互作用。这些效应都可能产生能量甚高的电子，这些电子可使介质分子电离和激发，从而对生物体造成损害。

凡能导致物质电离的粒子束或光子均称为电离辐射(ionizing radiation)。α 射线、β 射线、带电粒子束、中子及 γ 与 X 射线都属于电离辐射，以与在不加热情况下不能使物质电离的可见光、红外光、微波及无线电波相区别，后者统称为非电离辐射。

各种电离辐射都会对生物体产生或多或少的影响，对于不同的辐射，由于射线的特性与物质相互作用的不同，会对生物体产生不同的效应。对 γ 射线、中子、X 射线等穿透力强的射线，(体)外照射(external irradiation)可以对机体造成损伤。α 粒子、β 粒子以及低能带电粒子容易被空气、衣服、皮肤及浅表组织吸收，外照射并不重要，但一旦进入机体，则产生内照射而杀伤细胞。内照射(internal irradiation)的作用主要发生在放射性物质沉积在特定部位的组织器官，在体内产生辐射效应，但其效应可波及全身。内照射的效应以射程短、电离强的 α、β 射线作用为主。

人体各器官对于射线的敏感性是不同的。一般来说，性腺对射线最敏感，红骨髓、结肠、肺及

胃次之，皮肤、四肢最不敏感。

对于不同的照射剂量，所引起的生物效应是不同的。当效应的严重程度与照射剂量的大小有关，严重程度取决于细胞群中受损细胞的数量或百分率，并存在阈剂量时，此种效应被称为确定性效应(deterministic effect)，一般发生在短时间内接受了比较高的剂量。确定性效应可使受照射组织或者器官出现临床上可检出的症状，例如白细胞减少、白内障、皮肤红斑、脱毛、智力迟钝等。当效应的发生率具有一定的随机性，与照射剂量的大小有关，并且不存在阈剂量时，这种效应称为随机性效应(stochastic effect)，常见于偶发的和经常性的小剂量照射。这种效应常引起癌变和遗传疾病。

除了辐射的类型、时间、剂量等因素外，生物体的种系差异、性别差异、年龄、生理状况、健康状态等都对辐射效应产生各种各样的影响。

为了统一和估算辐照效应，根据放射生物学的资料、外部辐射场的类型或体内沉积的放射性核素发射辐射的类型和品质，确定了一个**辐射权重因子** W_R，从而定义器官或者组织中的当量剂量 $H_{T,R}$，其定义式为

$$H_{T,R} = W_R \cdot D_{T,R}$$

式中 $D_{T,R}$ 为辐射 R 在器官或组织 T 中产生的平均吸收剂量，W_R 为辐射 R 的辐射权重因子。因权重因子量纲为 1，所以当量剂量和吸收剂量单位相同，均为 $J \cdot kg^{-1}$。但为与吸收剂量单位 Gy 区分，当量剂量单位的专门名称为希沃特(Sievert)，简写为 Sv(按此音译，也曾被我国台湾地区简称为西弗)。通常 γ 射线和 β 射线的辐射权重因子 W_R 为 1，动能不同的慢中子到快中子的 W_R 在 5～20 间变化，带电的重粒子如 α 粒子、重核离子束的 W_R 为 20。对于不同辐照敏感度发生确定性效应的辐照当量剂量阈值如表 15-2 所示。

表 15-2 成人骨髓、眼晶体、睾丸和卵巢的确定性效应阈值估计值

组织与影响		单次照射阈值/Sv	多次照射累积剂量阈值/Sv
皮肤	红斑	5～8	
	暂时性脱发	3～5	
	永久性脱发	7	
骨髓	血细胞暂时性减少	0.5	
	致死性再生不良	1.5	
	引起 50%概率死亡	2～3	
睾丸	精子减少	0.15	
	永久性不育	3.5	
卵巢	永久性不育	2.5～6.0	6.0
眼晶体	混浊	0.5～2.0	5.0
	视力障碍	5.0	>8.0

考虑到不同器官和组织对辐射的不同敏感性，全身的有效剂量 E 等于各器官的当量剂量的加权和：

$$E = \sum_{T} W_T \cdot H_T$$

其中 W_T 为权重因子。有效剂量的单位也是 Sv。

实际上，人类平时就受到天然本底的辐射，例如由宇宙射线等造成的天然外照射和由天然铀、钍、氡等造成的内照射，但照射当量剂量在0.2～10 mSv·a^{-1}之间，不足以对人造成明显的生物效应。即使是X射线或者CT检查，对人的影响也是微乎其微的，其辐照当量剂量在0.14～8.6 mSv/次的水平。一般，通过控制受辐照时间、增大与辐射源的距离、进行有效屏蔽，都可以减少外辐照的影响；对于内辐照来讲，则需要通过各种措施防止放射物通过呼吸道、食道进入体内，并减少与辐照物质的接触。一般的，对于辐射防护，需要遵循以下三个基本原则：

(1) 辐射实践正当化：是指在施行伴有辐射照射的任何实践之前要经过充分论证，权衡利弊。当该项辐射相关实践活动所带来的社会、个人总利益大于为其所付出的代价(防护费用、健康损害的代价等)的时候，才认为该项实践是正当的。所以，辐射实践正当化又称为合理化判断。需要指出的是，个人或人群组与社会获得的净利益可能在程度上是不一致的，应该以社会总利益为准。

(2) 辐射防护与安全最优化：一旦确定了辐射相关项目的执行，就需要考虑如何利用辐射防护的相关知识，在考虑社会和经济因素情况下，把对个人和公众的辐射危害合理地降到尽量低的水平(as low as reasonably achievable，ALARA，合理可能尽量低)。在追求辐射安全最优化时，可能因为源的事故或者其他偶发性事件(如设备故障和操作错误)所引起的潜在照射也要考虑在内。

(3) 剂量限值和潜在照射危险限值：在实施上述两个原则时，都要考虑对个人可能接受的辐射剂量进行限制，以保证辐射实践既满足正当的社会、个人利益，又做到了防护最优化。除我国辐射保护标准中的特殊情况外，获准进行辐射实践的个人所受的总有效剂量和相关器官与组织所受到的总剂量当量不能超过表15-3中规定的相应剂量限值，但不应将该剂量限值应用于获准实践的医疗照射。

表15-3　职业性人员和公众的辐射剂量限值

应　用	职业性人员	公　众
连续5年的有效剂量/(mSv·a^{-1})	20	1
连续5年的当量剂量/mSv		
眼晶体	150	15
皮肤	500	50
手足	500	

引自：李德平，潘自强，主编．辐射防护手册．第一、二、五分册．北京：原子能出版社，1987、1988、1991．

15.4.2　放射免疫分析

放射免疫分析是众多核分析技术中的一种。核分析技术是以粒子与物质相互作用、核反应、核谱学和核装置为基础组成的综合分析技术。主要包括活化分析、中子散射和中子衍射、同位素示踪技术、加速器质谱分析、基于同步辐射衍生的X射线荧光分析、X射线吸收精细结构谱等一系列方法。具有高灵敏度、高准确度、高分辨率、非破坏性、多元素测定能力、特异性等多种有利的特征，是现代分析化学强有力的工具。其中放射性免疫分析技术是一种将放射性检测的高灵敏度与抗体抗原结合反应的惊人的特异性结合在一起的微量分析法。最早由 R. Yalow 和 S. Berson 在 1960 年提出，具有灵敏、特异、简便易行、用样量小（通常可以检测到 $10^{-9} \sim 10^{-12}$ g 的水平）的特点，特别适用于微量蛋白质、激素和多肽的定量测定。它是现代医学基础研究和临床诊断的重要方法之一。1977 年 R. Yalow 因此获得了诺贝尔生理学与医学奖。

放射性免疫分析发是基于同位素稀释法原理，通过定量标记抗原 Ag^* 来测定未知抗原 Ag 量的方法。同位素稀释法（isotope dilution analysis，IDA）的原理是将放射性示踪剂与待测物均匀混合，根据混合前后放射性比活度的变化来计算待测物质的量。例如，设 A_0 是引入的标记化合物活度，m_0 是标记化合物的质量，m_x 是样品中待测物的质量，S_0 为标记物的比活度，S_x 是稀释后化合物的比活度，则有

$$S_0=\frac{A_0}{m_0},\quad S_x=\frac{A_0}{m_0+m_x}$$

即

$$m_x=m_0\left(\frac{S_0}{S_x}-1\right)$$

这就是同位素稀释法基本的表达式。其中 S_0、m_0 可以在实验之前测定，从混合均匀的稀释体系中取出一部分纯净化合物并测定 S_x，即可求出待测物的质量。如果是测量痕量物质，需要使用亚化学剂量同位素稀释法，这也是放射性免疫分析中应用的方法，此时比活度需要用放射性活度来代替。

抗原（antigen，Ag）是一类能刺激机体免疫系统使之产生特异性免疫应答，并能与相应免疫应答产物抗体（antibody，Ab）或抗原受体在体内外发生特异性结合的物质。抗体是相应的能与抗原有特异性结合作用的免疫球蛋白。因为放射性标记物不改变分子的化学性质，所以标记抗原 Ag^* 与非标记抗原 Ag 具有相同的免疫活性，与抗体 Ab 具有相同的亲和力。标记与非标记抗原与抗体会发生竞争性的免疫反应（图 15-9）。

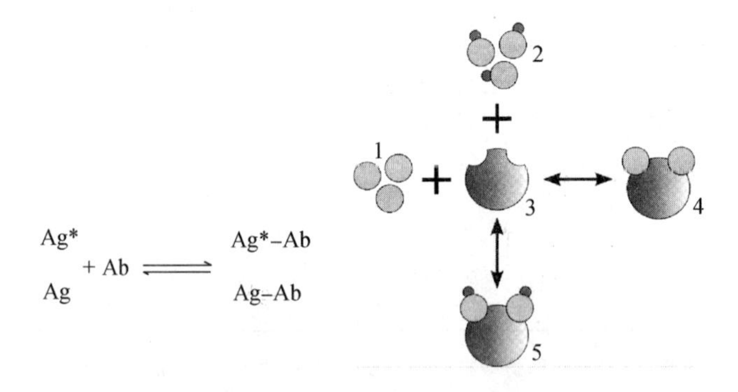

图 15-9　标记与非标记抗原与抗体的竞争性免疫反应

1：待测抗原；2：标记抗原；3：特异性抗体；4：待测抗原-抗体复合物；5：标记抗原-抗体复合物

设检测初始只有标记抗原与抗体结合，即只有 Ag^*-Ab 存在。当加入非标记抗原 Ag 时，Ag-Ab 的形成会与 Ag^*-Ab 的形成构成竞争抑制反应，从而 Ag^*-Ab 的量与外加未标记抗原的量存在一定的函数关系，因此就可以测出外加非标记抗原的量。具体做法是：在一个系统如药盒中加入已知数量的 Ag^* 和 Ab，且 Ab 的结合容量小于 Ag^*。当加入待测的未标记 Ag 时，Ag-Ab 的量开始增加，Ag^*-Ab 开始减少。达到平衡后将标记的 Ag^*-Ab 与 Ag^*（混入的未结合的 Ag 不会影响测试结果）分离，分别测量其放射性活度，并计算两者的比值结合比率 B 或结合率。对

照结合比率和未标记抗原的标准曲线(标准竞争抑制曲线),即可查出被测物 Ag 的相对浓度。

根据上面对 RIA 的描述可知,分析中需要四种试剂,包括标记抗原、标准物抗原、抗体和用于分离抗原和抗原-抗体复合物的试剂。这四种试剂的纯度、抗体的亲和力与特异性、抗原-抗体复合物和游离抗原的分离效果都会影响分析的灵敏度和准确性。由于采用的是放射性活度测量作为标准,所以标记用放射性核素的选择非常重要。一般可以使用^{125}I、^{131}I、^{3}H、^{14}C、^{75}Se、^{57}Co 等作为标记核素。其中^{3}H 常用于有机化合物的标记,但^{3}H 放射的是软 β 射线,需要用液体闪烁计数器测量,因此不易普及。^{125}I、^{131}I 具有高度的化学活性,多肽、蛋白质与小分子半抗原均可进行碘标记,对于不含碘的蛋白可以很容易地用置换法取代酪氨酸苯环上的氢原子而得以标记。且两者均释放出 γ 射线,可用井型闪烁探测器方便地测量,易于普及推广,在实际应用中也最为常见。

放射免疫分析法的应用非常广泛。在内分泌学中,可以用来测定胰岛素、心钠素、甲状旁腺激素、生长激素、血管紧张素Ⅰ、血管紧张素Ⅱ、催化素、黄体化激素、促卵泡成熟激素、前列腺素等,从而鉴别、诊断、研究激素的生理和药理作用,研究激素和受体结合的机理;在传染病学方面,广泛用于乙型、丙型肝炎抗原的分类测定;在临床免疫学上,用于测定免疫球蛋白 G、免疫球蛋白 E、抗脱氧核糖核酸抗体、β2-微球蛋白、甲状腺球蛋白抗体、类风湿因子等;在肿瘤学方面,用于测定癌胚抗原、人表皮生长因子、血纤维蛋白溶酶原、降钙素、叶酸、维生素 B_{12} 以及血纤维蛋白原和血纤维蛋白降解产物;在药理学方面,可以测定吗啡、冰毒、氯霉素、苯妥英钠、庆大霉素、地高辛、茶碱等,是检测药物中毒和药物代谢的一个比较迅速和简便的方法。

由于要使用放射性核素和相关检测方法,科学家发展了一些放射免疫分析的替代技术。例如,以发光剂为示踪物信号的化学发光免疫分析(chemiluminescence immunoassay,CLIA)和以酵素呈色反应为示踪信号的酶联免疫分析(enzyme-linked immunoassay,ELISA),感兴趣的读者可阅读相关文献。

15.4.3　肿瘤放射性治疗

高能放射性辐射或核素具有强大的生物效应。用电离辐射进行大剂量辐照,可以造成生物细胞的死亡、组织或器官的损坏,所以辐射可作为杀灭肿瘤细胞的一种有效手段。通过射线与肿瘤细胞间能量传递和相互作用,引起肿瘤细胞结构和细胞活性的改变。当细胞吸收任何形式的辐射能量后,射线都可能直接与细胞内的结构发生作用,直接或间接地损伤细胞 DNA,导致细胞死亡。其中,直接损伤主要由射线直接作用于 DNA,引起 DNA 分子出现断裂、交联;间接损伤主要是辐射作用于人体组织间液,使之发生电离产生自由基,这些自由基再和生物大分子发生作用,形成不可逆损伤,间接导致细胞死亡。在实际治疗中,这两种效应具有同等的重要性。目前,大约 60%～70%的肿瘤患者在病程的不同时期因不同的目的需要接受放射治疗。(注:通常所谓的"放射治疗"(简称放疗)英文为 radiation therapy 或 radiotherapy,即辐射治疗。)

一般,肿瘤的放射性治疗可以分为体外照射、体内照射和内用同位素三种方法。体外照射多采用 X 射线治疗机和各类加速器产生的不同能量的 X 射线直接照射肿瘤部位,在杀死肿瘤细胞的同时,正常细胞也被大量损坏,所以放射性辐射治疗通常具有很大的副作用。如果通过有效的药物输送系统(drug delivery vehicle)把放射性核素送到肿瘤组织,则可在有效地杀死肿瘤细胞的同时，尽量减少对正常细胞的伤害。所以，药物输送系统是亲肿瘤或者肿瘤导向的。输送的放射性核素可以放射出能量适中的 α、β 离子或者俄歇电子。

例如，甲状腺可以选择性地吸收无机碘，所以，用 $Na^{131}I$ 治疗甲状腺相关疾病已有多年历史。^{131}I 发射的 608 keV 的 β 射线在组织中射程较短，可以有效地杀伤摄入 ^{131}I 核素附近的细胞，而对周边的组织伤害较小，同时 ^{131}I 在甲状腺内的有效半衰期为 4～6 天，可停留较长时间。甲亢是一种常见的甲状腺疾病，是指由甲状腺本身或甲状腺之外的多种原因引起的甲状腺激素激增，进入血液循环后作用于全身器官和组织，造成机体的兴奋性增高和代谢亢进。甲亢时，由于摄碘 ^{131}I 功能亢进，对射线的敏感性增高，因此给予治疗剂量的 ^{131}I 后，甲状腺组织受到 ^{131}I 衰变过程中释放的 β 射线集中、有效的照射而被抑制和破坏，从而减少甲状腺激素的合成，使亢进的功能恢复正常而达到治疗目的。功能自主性甲状腺腺瘤是另外一种常使用放射性 ^{131}I 治疗的甲状腺疾病。功能自主性甲状腺腺瘤患者的甲状腺内所形成的结节或腺瘤功能不再受下丘脑和垂体的调节，使血液中甲状腺激素水平升高，反馈地抑制促甲状腺激素（thyroid stimulating hormone，TSH）产生，从而引起结节外正常甲状腺组织功能受抑，当结节的功能亢进到一定程度，临床可出现甲状腺功能亢进的表现。服用治疗量 ^{131}I 后，结节外周围正常甲状腺组织因功能受抑制而很少吸收聚集 ^{131}I，放射性的 ^{131}I 主要集中在腺瘤内，使其受到集中的 β 射线照射而遭破坏，以达到治疗的目的。

另外，由于 P 元素可以参与核蛋白、核苷酸、磷脂代谢、DNA 和 RNA 的合成等过程而进入细胞，同时 PO_4^{3-} 可以在骨内富集，所以 ^{32}P 作为一个 β 射线发射核素，常以 $Na_3{}^{32}PO_4$、$Na_2H^{32}PO_4$、$NaH_2{}^{32}PO_4$ 的形式用于红细胞增多症、原发性血小板增多症的治疗，以及癌症晚期和骨癌患者的镇痛。

另一种比较直接的做法和放射免疫分析类似，通过用放射性核素标记的单克隆抗体与肿瘤抗原的特异性结合作用，高度靶向地使放射性抗体与肿瘤部位结合，可以造成肿瘤部分有高度的放射性核素富集，从而达到对肿瘤杀伤而对正常组织损伤小的治疗目的，该方法称为放射免疫治疗（radioimmunotherapy，RIT）。例如，免疫调节药托西莫单抗（tositumomab and ^{131}I-tositumomab）由单克隆抗体托西莫单抗和 ^{131}I 放射性标记的托西莫单抗组成。其中，托西莫单抗是抗 CD20 的鼠 $IgG_{2a}\gamma$ 的单克隆抗体。CD20 抗原是人类 B 淋巴细胞表面特有的标识，它高表达于所有正常 B 细胞和多数恶性 B 细胞表面，不会发生明显的内化和脱落，是治疗非霍奇金淋巴瘤（non-Hodgkin's lymphoma，NHL）理想的靶抗原。托西莫单抗的识别位点在 CD20 抗原的细胞外结构域之内，结合后不会从细胞表面脱落，也不会抑制抗体。结合后 ^{131}I 的辐射作用可以促进肿瘤细胞的死亡。

由于当前使用的单克隆抗体主要是鼠源抗体，对人体为异质蛋白，人体会产生免疫反应而被快速从体内清除，所以制备人源抗体在 RIT 中非常重要。如果没有合适的单克隆抗体，但是肿瘤细胞的表面具有特异的受体或者非特异但密度远高于正常细胞的受体，则可以把治疗用放射性核素标记于该种受体的配体上，通过配体受体间的专一性作用，选择性地将放射性核素输送到肿瘤组织。放射性标记的活性肽是该类研究中极有前途的选择。

目前我国已开展得比较成熟的放射性核素治疗主要在甲状腺疾病、骨病、神经内分泌肿瘤、皮肤病等方面，其中包括甲状腺癌、嗜铬细胞瘤、晚期肺癌以及肿瘤骨转移等肿瘤的治疗。感兴趣的读者可阅读《放射性核素治疗学》（潘中允主编，人民卫生出版社，2006）。

15.4.4 放射性医学成像

核医学成像是以放射性核素(药物)在体内的分布作为成像依据,来反映人体代谢、组织功能和结构形态。需要满足以下条件:首先,具有能够选择性聚集在特定脏器、组织和病变的放射性核素或放射性标记药物,使该脏器、组织或病变与临近组织之间达到一定的放射性浓度差;其次,利用核医学显像装置探测到这种放射性浓度差。根据所探测的放射线和探测设备的不同,形成多种核医学成像设备。把探测到的放射性信号通过光电转换等方式转换和计算后,就得到探测部位的空间分布信息,再根据需要使用合适的影像设备以一定的方式将它们显示成像,就得到了脏器、组织或病变的影像。沿着类似思路,1948年Ansell和Rotblat研制出了逐点扫描的核医学成像装置,并用于甲状腺的测量。美国的Anger在1958年发明了伽玛照相机,并于20世纪60年代应用到临床医学,推动了核医学成像技术的迅速发展。Anger设计的伽玛照相机使用了多平行孔型准直器、碘化钠晶体、一个有多个光电倍增管紧密排列的管阵和基于阻抗加权电路的坐标计算器。人体接受某种放射性药物后,脏器中的放射性核素发出的γ射线通过准直器射入NaI晶体产生荧光,光电倍增管输出电脉冲的幅度与接受到的闪烁光强度成正比。对应于每个入射的γ光子,光电倍增管分别输出位置信号和能量信号。位置和能量信号经过计算机处理,得到脏器中γ射线源的空间位置和明暗信息,从而在图像显示上呈现脏器投影面的图像。虽然经过多年的发展,但现代的γ照相机依然按照此工作原理设计。

由于γ照相机拍摄的是同位素示踪药物在人体内的不同分布密度情况,所以,可以观察到骨骼、脏器、肿瘤等的静态和动态变化。但γ照相机只能得到二维平面信息,不同区域的图像是不同纵深信息的叠加,所以观察部位的影像可能比较模糊,不能精确定位。如果将γ照相机围绕病人做360°旋转,采集多帧图像,再使用滤波反投影算法、迭代法等算法借助计算机技术进行图像重建,就可以得到探测部位的三维图像,这就是SPECT(单电子发射断层成像)的设计原理。通常,SPECT的空间分辨率不高,约为8~15 mm,可以通过提高探测器的灵敏度和增加探头的数量,或者与X射线计算机断层成像(X-ray computerized tomography,X-CT)结合提高成像精度。

正电子发射计算机断层扫描(positron emission computerized tomography,PET),是基于类似工作原理设计的具有更高空间分辨率的核医学成像设备。与SPECT不同的是,PET使用的放射性药物是可以发射正电子的核素。正电子在人体中很短的路程内(数mm量级)即和周围的负电子发生湮灭而产生一对γ光子,这两个γ光子的运动方向相反,能量均为0.511 MeV,因此,用两个位置相对的探测器就能探测出发射点的一个坐标。如果将多个(10^3~10^4个)探测器按环形、多环形甚至全方位放置,即可确定脏器内放射点的空间坐标,经过合适的数据处理和图像重建后即可获得人体的脏器成像。但由于放射性衰变的统计性质、仪器的电子学噪音和天然辐射本底的影响,实际需要收集到足够多的数据才能获得精确图像。一般,临床用PET的空间分辨率可以达到3~4 mm,专门设计用于动物实验的Micro PET可以达到1 mm的分辨率。同时,PET采用了一些有特殊物理和生化特性的同位素,如^{11}C、^{13}N、^{15}O、^{18}F等,其释放的正电子可以与体内代谢产物结合,与生命过程更密切相关,可以达到研究人体病理和生化过程的目的,是一种“活体生化成像”,对更早期灵敏诊断和指导治疗有更大帮助。

无论是SPECT、PET,还是其他核医学成像设备,最关键的问题都是把何种核素、以合适的形式注射入人体内，并在需要显像的部位以一定的浓度富集。通常用于 SPECT 的核素主要有^{67}Ga(半衰期 78.2h)、^{99m}Tc(半衰期 6.008 h)、^{111}In(半衰期 67.3 h)、^{123}I(半衰期 13.27 h)、^{201}Tl(半衰期 72.9 h)。其中，^{99m}Tc 核素为主要成分的放射性药物占 80%以上。对于 PET 成像，使用的是可以发射正电子的核素，如^{11}C(半衰期 20.4 min)、^{13}N(半衰期 9.965 min)、^{15}O(半衰期 2.03 min)、^{62}Cu(半衰期 9.67 min)等，其中^{11}C 标记的药物分子与相应稳定分子的物理、化学及生物化学性质几乎没有差别，并且可以用甲基化试剂$^{11}CH_3I$ 等比较方便地标记，是 PET 的常用核素。

由于各种脏器吸收化学分子特异性的不同，核药物化学家和核医学临床医生发现了一批性能优良的放射性药物用于核医学显像，目前，几乎所有的器官都有合适的显像剂可用。例如，对于老年痴呆症(又称阿尔兹海默症，Alzheimer's disease，AD)的显像诊断，SPECT 可以使用乙酰胆碱受体显像剂。乙酰胆碱是兴奋性递质，AD 患者基底前脑的乙酰胆碱能神经元大量丧失，在皮层及海马内也减少，胆碱乙酰转移酶活性降低，从而引起了 AD 患者的记忆和认知障碍。毒蕈碱胆碱能受体(muscarinic cholinergic receptor, mAChR)是 A 乙酰胆碱受体的一种，是 AD 症的代表性 SPECT 显像剂之一，其结构如图 15-10(a)所示。

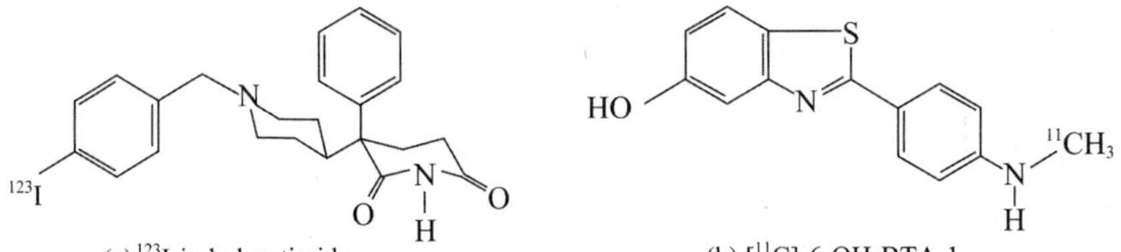

(a) ^{123}I-iododexetimide　　(b) [^{11}C]-6-OH-BTA-1

图 15-10　用于 AD 症的 SPECT 和 PET 显像剂

对 AD 症的研究还发现，在患者脑部存在大量的老年斑(senile plaque)和神经原纤维缠结。老年斑由 β-淀粉样蛋白(β-amyloid tangle，Aβ)组成，因此通过对 Aβ 斑块进行体外显像就可以诊断 AD 症。美国的 W. Klunk 等从众多的硫黄素 T 衍生物中筛选出一种 6-OH-BTA-1 的化合物，用^{11}C 标记后可用于 PET 对 AD 病的体外显像诊断，其结构如图 15-10(b)所示。

有关众多的心血管显像剂、脑显像剂、肝胆显像剂、肾显像剂、肿瘤显像剂等放射性药物的使用和作用机理，有兴趣的读者可阅读《分子影像与单分子检测》(唐孝威，等编著，化学工业出版社，2004)。

小　　结

从原子核的基本组成出发，本章介绍了放射性衰变、人工核反应和物质的放射性在生命科学领域应用的基本知识。常见的放射性衰变有 α 衰变、β 衰变、γ 衰变和自发裂变。通过书写核反应，利用质能方程，可以计算出核反应过程中的能量变化。利用核裂变和核聚变，可以获取巨大的能量，并被利用到核能工业中。利用放射性的生物效应，放射性核素被广泛应用于肿瘤的放射性治疗；利用放射性核素检测的高灵敏度、穿透性，放射性物质被广泛应用于放射性示踪、痕量物质检测和医学成像等领域中。

思 考 题

1. 质子和中子组成原子核时，为什么存在正的能量亏损？

2. 核子平均结合能曲线在实际的核能利用中有何应用？

3. 放射性活度的含义和测量方法？

4. 天然放射系在地质年代测定、考古等学科中的应用有哪些？

5. 不同种类的辐射造成生物效应不同的原因是什么？有何应用？

习 题

15.1 配平下列核反应方程式：

(1) ${}^{14}_{7}N+{}^{1}_{0}n \longrightarrow (\quad)+{}^{1}_{2}H$

(2) ${}^{227}_{89}Ac \longrightarrow {}^{4}_{2}He+(\quad)$

(3) ${}^{113m}_{89}In \longrightarrow (\quad)+\gamma$

(4) $(\quad)+{}^{1}_{1}H \longrightarrow 2{}^{4}_{2}He$

(5) ${}^{96}_{42}Mo+{}^{4}_{2}He \longrightarrow {}^{100}_{42}Tc+(\quad)$

(6) ${}^{210}_{82}Pb \longrightarrow {}^{0}_{1}e+(\quad)$

(7) ${}^{56}_{26}Fe+{}^{2}_{1}H \longrightarrow (\quad)+2{}^{1}_{0}H$

(8) ${}^{27}_{13}Al+(\quad) \longrightarrow {}^{25}_{18}Mg+{}^{3}_{1}H$

(9) ${}^{238}_{92}U+{}^{4}_{2}He \longrightarrow (\quad)+{}^{1}_{0}n$

(10) ${}^{235}_{92}U+{}^{1}_{0}n \longrightarrow (\quad)+{}^{89}_{36}Kr+3{}^{1}_{0}n$

15.2 地质样品年代的确定：

$${}^{87}Rb\text{-}{}^{87}Sr \text{ 法：} {}^{87}Rb \xrightarrow{\beta^-} {}^{87}Sr \quad (\text{半衰期为 } 4.8\times10^{10}\,a)$$

测定样品中${}^{87}Rb$的含量和稳定${}^{87}Sr$的含量，即可计算出矿石存在的可能地质年代。现有0.196% ${}^{87}Rb$的一个矿物，经测定${}^{87}Sr$盈余为0.004%，求该矿石距今有多久。

15.3 目前，天然存在的U矿中，摩尔比率${}^{238}U : {}^{235}U=138:1$。已知${}^{238}U$的衰变常数为$1.54\times10^{-10}\,a^{-1}$，${}^{235}U$的衰变常数为$9.76\times10^{-10}\,a^{-1}$。问：

(1) 在10亿年($1\times10^{9}\,a$)以前，${}^{238}U$与${}^{235}U$的比率是多少？

(2) 10亿年来有多少分数的${}^{238}U$和${}^{235}U$残存至今？

15.4 从1 t含40% U_3O_8的沥青铀矿中能分离多少克镭${}^{226}Ra$？多少Bq？${}^{238}U$的半衰期为$4.468\times10^{9}\,a$，${}^{226}Ra$的半衰期为1602 a。${}^{238}U$的丰度为99.72%。

15.5 今分析某混合物中的青霉素含量。为此在该混合物中加入10.0 mg放射性比活度为0.375 $\mu Ci\cdot mg^{-1}$的标记青霉素。经分离得到0.35 mg纯青霉素晶体，测得起放射性比活度降为0.035 $\mu Ci\cdot mg^{-1}$。试问该混合物中含多少毫克青霉素？

附　　录

A.1　常见化学键键焓*(298.15 K,100 kPa)

键焓/(kJ·mol^{-1})		H	F	Cl	Br	I	O	S	N	P	C	Si
单键	H	436										
	F	567	159									
	Cl	431	256	243								
	Br	366	280	218	193							
	I	299	271	211	179	151						
	O	463	184	205	—	201	138					
	S	339	340	272	214	—	—	264				
	N	391	272	201	243	201	201	247	159			
	P	318	490	318	272	214	352	230	300	214		
	C	413	486	327	276	239	343	289	293	264	344	
	Si	323	540	360	289	214	368	226	—	214	281	197
双键	$C=C$	614		$C=N$	615		$C=O$	799		$N=O$	607	
	$O=O$	495		$N=N$	418		$S=O$	523		$S=S$	418	
叁键	$C\equiv C$	839		$N\equiv N$	941		$C\equiv N$	891		$C\equiv O$	1072	

引自 Theodore L. Brown, H. Eugene LeMay, Jr. and Bruce E. Bursten, *Chemistry — The Central Science* (8th ed.). Beijing: Pearson Education North Asia Limited and China Machine Press, 2003.

* 键焓的有效数字：对于双原子分子(如 H_2、HF 等)，键焓值较精确，有效数字一般大于 3 位；而对于多原子分子，键焓值是平均值，有效数字往往小于 3 位，且不同文献有差别。

A.2　常见物质的 $\Delta_f H_m^\ominus$，$\Delta_f G_m^\ominus$ 和 $S_m^\ominus$（298.15 K，100 kPa）

物　质	$\Delta_f H_m^\ominus$ / $kJ \cdot mol^{-1}$	$\Delta_f G_m^\ominus$ / $kJ \cdot mol^{-1}$	$S_m^\ominus$ / $J \cdot K^{-1} \cdot mol^{-1}$
Ag(s)	0	0	42.6
Ag^+(aq)	105.6	77.1	72.7
$Ag(NH_3)_2^+$(aq)*	−111.29	−17.24	245.2
AgCl(s)	−127.0	−109.8	96.3
Ag_2CrO_4(s)	−731.7	−641.8	217.6
AgBr(s)	−100.4	−96.9	107.1
AgI(s)	−61.8	−66.2	115.5
$AgNO_3$(s)	−124.4	−33.4	140.9
Ag_2O(s)	−31.1	−11.2	121.3
Ag_2S(s)	−32.6	−40.7	144.0
Ag_2CO_3(s)	−505.8	−436.8	167.4
Ag_2SO_4(s)	−715.9	−618.4	200.4
AgF(s)	−204.6	−184.93	83.7
Al(s)	0	0	28.3
Al^{3+}(aq)	−531.0	−485.0	−321.7
$AlCl_3$(s)	−704.2	−628.8	109.3
AlF_3(s)	−1510.4	−1431.1	66.5
Al_2O_3(s,α)	−1675.7	−1582.3	50.9
Al_2S_3(s)	−724.0	—	116.9
$Al_2(SO_4)_3$(s)*	−3435	−3507	239.3
Au(s)	0	0	47.4
$AuCl_4^-$(aq)*	−322.2	−237.32	266.9
B(s)	0	0	5.9
B_2O_3(s)	−1273.5	−1194.3	54.0
B_2H_6(g)	36.4	86.7	232.1
Ba(s)	0	0	62.5
Ba^{2+}(aq)	−537.6	−560.8	9.6
$BaCl_2$(s)	−855.0	−806.7	123.7
$BaCO_3$(s)	−1213.0	−1134.4	112.1
$BaSO_4$(s)	−1473.2	−1362.2	132.2
Br_2(l)	0	0	152.2
Br_2(g)	30.9	3.1	245.5
Br^-(aq)	−121.6	−104.0	82.4
C(金刚石)	1.9	2.9	2.4
C(石墨)	0	0	5.7
C_{60}(s)	2327.0	2302.0	426.0
Ca(s)	0	0	41.6
Ca^{2+}(aq)	−542.8	−533.6	−53.1

续表

物 质	$\frac{\Delta_f H_m^\ominus}{kJ \cdot mol^{-1}}$	$\frac{\Delta_f G_m^\ominus}{kJ \cdot mol^{-1}}$	$\frac{S_m^\ominus}{J \cdot K^{-1} \cdot mol^{-1}}$
$CaCO_3$(s,方解石)	−1207.6	−1129.1	91.7
CaO(s)	−634.9	−603.3	38.1
$Ca(OH)_2$(s)	−985.2	−897.5	83.4
CCl_4(l)	−128.2	−65.27	216.4
CH_4(g)	−74.6	−50.5	186.3
C_2H_2(g)	227.4	209.9	200.9
C_2H_4(g)	52.4	68.4	219.3
C_2H_6(g)	−84.0	−32.0	229.2
C_6H_6(g)	82.9	129.7	269.2
C_6H_6(l)	49.1	124.5	173.4
$C_6H_5CH_3$(l)	12.4	—	—
$C_6H_5CH_3$(g)	50.5	—	—
C_2H_5OH(l)	−277.6	−174.8	160.7
CH_3COOH(l)	−484.3	−389.9(−396.6)	159.8
CH_3COO^-(aq)	−486.0	−369.3(−369.4)	86.6
CO(g)	−110.5	−137.2	197.7
CO_2(g)	−393.5	−394.4	213.8
CO_3^{2-}(aq)	−667.1	−527.8	−56.9
Cl_2(g)	0	0	223.1
Cl^-(aq)	−167.2	−131.2	56.5
Cl_2O(g)	80.3	97.9	266.2
ClO_3^-(aq)	−104.0	−8.0	162.3
Cr_2O_3(s)	−1139.7	−1058.1	81.2
CrO_4^{2-}(aq)	−881.2	−727.8	50.2
$Cr_2O_7^{2-}$(aq)	−1490.3	−1301.1	261.9
Cu(s)	0	0	33.2
Cu^+(aq)	71.7	50.0	40.6
Cu^{2+}(aq)	64.8	65.5	−99.6
$Cu(NH_4)_4^{2+}$(aq)*	−348.5	−111.3	273.6
Cu_2O(s)	−168.6	−146.0	93.1
CuO(s)	−157.3	−129.7	42.6
CuS(s)*	−53.1	−53.7	66.5
$CuSO_4$(s)	−771.4	−662.2	109.2
$CuSO_4 \cdot 5H_2O$(s)*	−2279.65	−1880.04	300.4
F_2(g)	0	0	202.8
F^-(aq)	−332.6	−278.8	−13.8
Fe(s)	0	0	27.3
Fe^{2+}(aq)	−89.1	−78.9	−137.7

续表

物　质	$\Delta_f H_m^\ominus$ / $kJ \cdot mol^{-1}$	$\Delta_f G_m^\ominus$ / $kJ \cdot mol^{-1}$	$S_m^\ominus$ / $J \cdot K^{-1} \cdot mol^{-1}$
Fe^{3+}(aq)	−48.5	−4.7	−315.9
Fe_2O_3(s,赤铁矿)	−824.2	−742.2	87.4
Fe_3O_4(s,磁铁矿)	−1118.4	−1015.4	146.4
FeS_2(s,黄铁矿)	−178.2	−166.9	52.9
H_2(g)	0	0	130.7
H^+(aq)	0	0	0
H_3O^+(aq)	−285.8	−237.1	70.0
H_2O(l)	−285.8	−237.1	70.0
H_2O(g)	−241.8	−228.6	188.8
H_2O_2(l)	−187.8	−120.4	109.6
HBr(g)	−36.3	−53.4	198.7
HBr(aq)*	−121.55	−103.97	82.4
HCl(aq)*	−167.15	−131.25	56.5
HCl(g)	−92.3	−95.3	186.9
HF(aq)*	−320.08	−296.86	88.7
HF(g)	−273.3	−275.4	173.8
HI(g)	26.5	1.7	206.6
HNO_3(l)	−174.1	−80.7	155.6
H_2S(g)	−20.6	−33.4	205.8
HS^-(aq)	−17.6	12.1	62.8
H_2S(aq)*	−38.6	−27.87	126.5
H_2CO_3(aq)	−699.65	−623.16	187.4
HCO_3^-(aq)	−692.0	−586.8	91.2
H_2SO_4(l)	−814.0	−690.0	156.9
HSO_4^-(aq)	−887.3	−755.9	131.8
Hg(g)	61.4	31.8	175.0
Hg(l)	0	0	75.9
HgO(s,红)	−90.8	−58.5	70.3
$HgCl_2$(s)	−224.3	−178.6	146.0
HgS(s,红)	−58.2	−50.6	82.4
Hg_2Cl_2(s)	−265.4	−210.7	191.6
I_2(s)	0	0	116.1
I_2(g)	62.4	19.3	260.7
I^-(aq)	−55.2	−51.6	111.3
K^+(aq)	−252.4	−283.3	102.5
KCl(s)	−436.5	−408.5	82.6
KI(s)	−327.9	−324.9	106.3
KOH(s)	−424.6	−379.4	81.2

续表

物质	$\frac{\Delta_f H_m^\ominus}{kJ \cdot mol^{-1}}$	$\frac{\Delta_f G_m^\ominus}{kJ \cdot mol^{-1}}$	$\frac{S_m^\ominus}{J \cdot K^{-1} \cdot mol^{-1}}$
$KClO_3(s)$	−397.7	−296.3	143.1
$KMnO_4(s)$	−837.2	−737.6	171.7
$KNO_3(s)$	−494.6	−394.9	133.1
$MgCl_2(s)$	−641.3	−591.8	89.6
$MgO(s)$	−601.6	−569.3	27.0
$Mg(OH)_2(s)$	−924.5	−833.5	63.2
$MgCO_3(s)$	−1095.8	−1012.1	65.7
$Mn^{2+}(aq)$	−220.8	−228.1	−73.6
$MnO_2(s)$	−520.0	−465.1	53.1
$MnO_4^-(aq)$	−541.4	−447.2	191.2
$MnCl_2(s)$	−481.3	−440.5	118.2
$Na^+(aq)$	−240.1	−261.9	59.0
$NaCl(s)$	−411.2	−384.1	72.1
$Na_2CO_3(s)$	−1130.7	−1044.4	135.0
$NaI(s)$	−287.8	−286.1	98.5
$NaOH(s)$	−425.8	−379.7	64.4
$NH_3(g)$	−45.9	−16.4	192.8
$NO_3^-(aq)$	−207.4	−111.3	146.4
$NH_4Cl(s)$	−314.4	−202.9	94.6
$NH_4HCO_3(s)$	−849.4	−665.9	120.9
$NH_4NO_3(s)$	−365.5	−183.9	151.1
$NH_4^+(aq)$	−132.5	−79.3	113.4
$N_2(g)$	0	0	191.6
$NO(g)$	91.3	87.6	210.8
$NO_2(g)$	33.2	51.3	240.1
$N_2O(g)$	81.6	103.7	220.0
$N_2O_4(g)$	11.1	99.8	304.4
$O_2(g)$	0	0	205.2
$O_3(g)$	142.7	163.2	238.9
$OH^-(aq)$	−230.0	−157.2	−10.8
P(s,白)	0	0	41.1
P(s,红)	−17.6	−12.1	22.8
P(s,黑)	−39.3	—	—

续表

物　质	$\Delta_f H_m^\ominus$ / kJ·mol⁻¹	$\Delta_f G_m^\ominus$ / kJ·mol⁻¹	$S_m^\ominus$ / J·K⁻¹·mol⁻¹
PCl_3(g)	−287.0	−267.8	311.8
Pb^{2+}(aq)	−1.7	−24.4	10.5
$PbCl_2$(s)	−359.4	−314.1	136.0
PbO_2(s)	−277.4	−217.3	68.6
$PbCO_3$(s)	−699.1	−625.5	131.0
PbS(s)	−100.4	−98.7	91.2
$PbSO_4$(s)	−920.0	−813.0	148.5
S(s,正交)	0	0	32.1
S^{2-}(aq)	33.1	85.8	−14.6
SF_6(g)	−1220.5	−1116.5	291.5
SO_2(g)	−296.8	−300.1	248.2
SO_3(g)	−395.7	−371.1	256.8
SO_4^{2-}(aq)	−909.3	−744.5	20.1
Si(s)	0	0	18.8
SiO_2(s,石英)	−910.7	−856.3	41.5
$SiCl_4$(l)*	−686.93	−620.0	239.7
SiF_4(g)*	−1615.0	−1572.7	282.76
Sn(s,白)	0	0	51.2
Sn(s,灰)	−2.1	0.1	44.1
$SnCl_2$(s)	−325.1	—	—
$SnCl_4$(l)	−511.3	−440.1	258.6
SnO(s)	−280.7	−251.9	57.2
SnO_2(s)	−577.6	−515.8	49.0
TiO_2(s,金红石)	−944.0	−888.8	50.6
Zn(s)	0	0	41.6
Zn^{2+}(aq)	−153.9	−147.1	−112.1
$ZnCl_2$(s)	−415.1	−369.4	111.5
ZnO(s)	−350.5	−320.5	43.7
$ZnCO_3$(s)	−812.8	−731.5	82.4
ZnS(s,闪锌矿)	−206.0	−201.3	57.7
$ZnSO_4$(s)	−982.8	−871.5	110.5

摘自 CRC Handbook of Chemistry and Physics, 90ed. (CD-ROM Version 2010),5-4～42,5-66～67.

* 摘自 Lange's Handbook of Chemistry, 16 ed. (2005), 1.237～1.279.

B.1　弱酸弱碱的电离常数

弱　酸	温度/℃	级　数	电离常数	pK_a
H_3BO_3	20	1	5.4×10^{-10}	9.27
CH_3COOH	25		1.75×10^{-5}	4.756
HF	25		6.3×10^{-4}	3.20
HCN	25		6.2×10^{-10}	9.21
HNO_2	25		5.6×10^{-4}	3.25
HClO	25		4.0×10^{-8}	7.40
HBrO	25		2.8×10^{-9}	8.55
HCOOH	25		1.8×10^{-4}	3.75
H_2CO_3	25	1	4.5×10^{-7}	6.35
	25	2	4.7×10^{-11}	10.33
H_2S	25	1	8.9×10^{-8}	7.05
	25	2	1.2×10^{-13}[a],(1×10^{-19})	12.92[a],(19)
H_2SO_3	25	1	1.4×10^{-2}	1.85
	25	2	6.3×10^{-8}	7.2
H_2SO_4	25	2	1.0×10^{-2}	1.99
$H_2C_2O_4$	25	1	5.6×10^{-2}	1.25
	25	2	1.5×10^{-4}	3.81
H_2CrO_4	25	1	1.8×10^{-1}	0.74
	25	2	3.2×10^{-7}	6.49
H_3PO_4	25	1	6.9×10^{-3}	2.16
	25	2	6.2×10^{-8}	7.21
	25	3	4.8×10^{-13}	12.32
H_3AsO_4	25	1	5.5×10^{-3}	2.26
	25	2	1.7×10^{-7}	6.76
	25	3	5.1×10^{-12}	11.29
H_3AsO_3	25	1	5.1×10^{-10}	9.29
NH_4^+	25		5.6×10^{-10}	9.25
Fe^{3+}[a]	25	1	6.0×10^{-3}	2.22
Al^{3+}	25	1	1×10^{-5}	5.0
Ca^{2+}	25	1	3×10^{-13}	12.6
弱　碱	**温度/℃**	**级　数**	**电离常数**	**pK_b**
$NH_3\cdot H_2O$	25		1.8×10^{-5}	4.75
$Ca(OH)_2$[b]	25	1	3.7×10^{-3}	2.43
	25	2	4.0×10^{-2}	1.40
$Pb(OH)_2$[b]	25	1	9.5×10^{-4}	3.02
AgOH[b]	25		1.1×10^{-4}	3.96
$Zn(OH)_2$[b]	25	1	9.5×10^{-4}	3.02

摘自 CRC Handbook of Chemistry and Physics，90ed.（CD-ROM Version 2010），8-40～51.

[a]摘自 Lange's Handbook of Chemistry，16 ed.（2005），1.330.

[b]摘自：实用化学手册，北京：科学出版社，2001，p. 475。

B.2　常用缓冲溶液的 pH 范围[a]

缓冲溶液	共轭酸碱对	pK_a	pH 范围
醋酸-醋酸钠 (HAc-NaAc)	HAc-Ac	4.76	3.7～5.6
甲酸盐-盐酸 ($HCOO^-$-HCl)	$HCOOH$-$HCOO^-$	3.75	2.8～4.6
甘氨酸-盐酸 (NH_2CH_2COOH-HCl)	$H_3N^+CH_2COOH$-$H_3N^+CH_2COO^-$	2.35	1.0～3.7
甘氨酸-氢氧化钠 (NH_2CH_2COOH-NaOH)	NH_2CH_2COOH-$NH_2CH_2COO^-$	9.78	8.2～10.1
琥珀酸盐-琥珀酸 ($^-OOC(CH_2)_2COO^-$-$HOOC(CH_2)_2COOH$)	$HOOC(CH_2)_2COOH$- $HOOC(CH_2)_2COO^-$-$^-OOC(CH_2)_2COO^-$	4.21 5.64	4.8～6.3
苯乙酸盐-盐酸 ($C_6H_5CH_2COO^-$-HCl)	$C_6H_5CH_2COOH$-$C_6H_5CH_2COO^-$	4.31	3.5～5.0
邻苯二甲酸氢钾-盐酸 ($C_6H_4(COO)_2HK$-HCl)	$C_6H_4(COOH)_2$-$C_6H_4(COO)_2HK$	2.943	1.94～3.94
邻苯二甲酸氢钾-氢氧化钠 ($C_6H_4(COO)_2HK$-NaOH)	$C_6H_4(COO)_2HK$-$C_6H_4(COO)_2^{2-}$	5.432	4.43～6.43
氯化铵-氨水 (NH_4Cl-$NH_3 \cdot H_2O$)	NH_4^+-NH_3	9.25	8.3～9.2
碳酸-碳酸氢钠 (H_2CO_3-$NaHCO_3$)	H_2CO_3-HCO_3^-	6.35	5.35～7.35
碳酸氢钠-碳酸钠 ($NaHCO_3$-Na_2CO_3)	HCO_3^--CO_3^{2-}	10.3	9.2～11.0
磷酸二氢钾-硼砂 (KH_2PO_4-$Na_2B_4O_7$)	$H_2PO_4^-$-HPO_4^{2-} H_3BO_3-$B(OH)_4^-$	7.2 9.27	5.8～9.2
磷酸二氢钾-磷酸一氢钠 (KH_2PO_4-Na_2HPO_4)	$H_2PO_4^-$-HPO_4^{2-}	7.2	6.1～7.5
磷酸一氢钠-氢氧化钠 (Na_2HPO_4-NaOH)	HPO_4^{2-}-PO_4^{3-}	12.32	11.0～12.0
硼砂-盐酸 ($Na_2B_4O_7$-HCl)	H_3BO_3-$B(OH)_4^-$	9.27	7.6～8.9
柠檬酸盐[b]-盐酸 ($HCit^{2-}$-HCl)	H_3Cit-H_2Cit^- H_2Cit^--$HCit^{2-}$	3.13 4.76	1.3～4.7
硼砂-氢氧化钠 ($Na_2B_4O_7$-NaOH)			9.4～11.1

[a]摘自 Lange's Handbook of Chemistry，16 ed.（2005），1308.

[b]柠檬酸(citric acid)的结构式：$HOC(CH_2COOH)_2COOH$，通常以 H_3Cit 来表示。

C.1 常见难溶电解质的 K_{sp}(298.15 K)

难溶电解质	K_{sp}	难溶电解质	K_{sp}
$AgCl$	1.77×10^{-10}	CuS*	6.3×10^{-36}
$AgBr$	5.35×10^{-13}	$Fe(OH)_2$	4.87×10^{-17}
AgI	8.52×10^{-17}	$Fe(OH)_3$	2.79×10^{-39}
Ag_2CO_3	8.46×10^{-12}	FeS*	6.3×10^{-18}
Ag_2SO_4	1.20×10^{-5}	$Hg_2(OH)_2$*	2.0×10^{-24}
Ag_2CrO_4	1.12×10^{-12}	$Hg(OH)_2$*	3.2×10^{-26}
Ag_2S*	6.3×10^{-50}	Hg_2Cl_2	1.43×10^{-18}
$AgSCN$	1.03×10^{-12}	Hg_2Br_2	6.40×10^{-23}
$AgCN$	5.97×10^{-17}	Hg_2I_2	5.2×10^{-29}
$AgAc$	1.94×10^{-3}	HgI_2	2.9×10^{-29}
Ag_3PO_4	8.89×10^{-17}	Hg_2SO_4	6.5×10^{-7}
$Al(OH)_3$*	1.3×10^{-33}	HgS(黑)*	1.6×10^{-52}
$BaCO_3$	2.58×10^{-9}	HgS(红)*	4×10^{-53}
$BaCrO_4$	1.17×10^{-10}	Li_2CO_3	8.15×10^{-4}
$Ba(NO_3)_2$	4.64×10^{-3}	$MgNH_4PO_4$*	2.5×10^{-13}
BaC_2O_4*	1.6×10^{-7}	$Mg(OH)_2$	5.61×10^{-12}
$BaSO_4$	1.08×10^{-10}	$MgCO_3$	6.82×10^{-6}
BaF_2	1.84×10^{-7}	$MnCO_3$	2.24×10^{-11}
$Be(OH)_2$	6.92×10^{-22}	$Mn(OH)_2$*	1.9×10^{-13}
$CaCO_3$	3.36×10^{-9}	MnS*	2.5×10^{-13}
$CaC_2O_4\cdot H_2O$	2.32×10^{-9}	$Ni(OH)_2$	5.48×10^{-16}
$CaSO_4$	4.93×10^{-5}	$NiS(\alpha)$*	3.2×10^{-19}
$Ca_3(PO_4)_2$	2.07×10^{-33}	$NiS(\beta)$*	1.0×10^{-24}
$CaHPO_4$*	1.0×10^{-7}	$NiS(\gamma)$*	2.0×10^{-26}
CaF_2	3.45×10^{-11}	$Pb(OH)_2$	5.48×10^{-16}
$Ca(OH)_2$	5.02×10^{-6}	$PbCl_2$	1.70×10^{-5}
CdS*	8.0×10^{-27}	PbI_2	9.8×10^{-9}
$CdCO_3$	1.0×10^{-12}	PbS*	8.0×10^{-28}
$Cd(OH)_2$	7.2×10^{-15}	$PbCO_3$	7.40×10^{-14}
$Co(OH)_2$	5.92×10^{-15}	$PbSO_4$	2.53×10^{-8}
CoS*	4.0×10^{-21}	$PbCrO_4$*	2.8×10^{-13}
$Cr(OH)_3$*	6.3×10^{-31}	$Sn(OH)_2$	5.45×10^{-27}
$CuCl$	1.72×10^{-7}	SnS*	1.0×10^{-25}
$CuBr$	6.27×10^{-9}	$SrCO_3$	5.60×10^{-10}
CuI	1.27×10^{-12}	$SrSO_4$	3.44×10^{-7}
$CuCN$	3.47×10^{-20}	$SrCrO_4$	2.2×10^{-5}
$CuSCN$	1.77×10^{-13}	$Zn(OH)_2$	3×10^{-17}
$Cu(OH)_2$*	2.2×10^{-20}	$ZnS(\alpha)$*	1.6×10^{-24}
Cu_2S*	2.5×10^{-48}	$ZnS(\beta)$*	2.5×10^{-22}

摘自 CRC Handbook of Chemistry and Physics，90ed.（CD-ROM Version 2010），8-127～129.

* 摘自 Lange's Handbook of Chemistry，16 ed.（2005），1.331～1.342.

C.2　一些配离子的稳定常数 $K_{稳}$

配离子	$K_{稳}$	配离子	$K_{稳}$	配离子	$K_{稳}$
$[Ag(CN)_2]^-$	5.6×10^{18}	$[Cr(OH)_4]^-$	8×10^{29}	$[HgI_4]^{2-}$	6.8×10^{29}
$[Ag(EDTA)]^{3-}$	2.1×10^{7}	$[CuCl_3]^{2-}$	5×10^{5}	$[Hg(ox)_2]^{2-}$	9.5×10^{6}
$[Ag(en)_2]^+$	5.0×10^{7}	$[CuCl_4]^{2-}$	4.17×10^{5}	$[Hg(SCN)_4]^{2-}$	7.8×10^{21}
$[Ag(NH_3)_2]^+$	1.6×10^{7}	$[Cu(CN)_4]^{3-}$	2.0×10^{30}	$[Ni(CN)_4]^{2-}$	2×10^{31}
$[Ag(SCN)_4]^{3-}$	1.2×10^{10}	$[Cu(EDTA)]^{2-}$	5×10^{18}	$[Ni(EDTA)]^{2-}$	3.6×10^{18}
$[Ag(S_2O_3)_2]^{3-}$	1.7×10^{13}	$[Cu(en)]^{2+}$	1.06×10^{11}	$[Ni(en)_3]^{2+}$	2.1×10^{18}
$[Al(EDTA)]^-$	1.3×10^{16}	$[Cu(en)_2]^{2+}$	1×10^{20}	$[Ni(NH_3)_6]^{2+}$	5.5×10^{8}
$[Al(OH)_4]^-$	1.1×10^{33}	$[Cu(NH_3)_2]^{2+}$	6.48×10^{7}	$[Ni(ox)_3]^{4-}$	3×10^{8}
$[Al(ox)_4]^{3-}$	2×10^{16}	$[Cu(NH_3)_4]^{2+}$	1.1×10^{13}	$[PbCl_3]^-$	2.4×10^{1}
$[CdCl_4]^{2-}$	6.3×10^{2}	$[Cu(ox)_2]^{2-}$	3×10^{8}	$[Pb(EDTA)]^{2-}$	2×10^{18}
$[Cd(CN)_4]^{2-}$	6.0×10^{18}	$[Fe(CN)_6]^{4-}$	10^{37}	$[PbI_4]^{2-}$	3.0×10^{4}
$[Cd(en)_3]^{2+}$	1.2×10^{12}	$[Fe(EDTA)]^{2-}$	2.1×10^{14}	$[Pb(OH)_3]^-$	3.8×10^{14}
$[Cd(NH_3)_4]^{2+}$	1.3×10^{7}	$[Fe(en)_3]^{2+}$	5.0×10^{9}	$[Pb(ox)_2]^{2-}$	3.5×10^{6}
$[Co(EDTA)]^{2-}$	2.0×10^{16}	$[Fe(ox)_3]^{4-}$	1.7×10^{8}	$[Pb(S_2O_3)_3]^{4-}$	2.2×10^{6}
$[Co(en)_3]^{2+}$	8.7×10^{13}	$[Fe(CN)_6]^{3-}$	10^{42}	$[PtCl_4]^{2-}$	1×10^{16}
$[Co(NH_3)_6]^{2+}$	1.3×10^{5}	$[Fe(EDTA)]^-$	1.7×10^{24}	$[Pt(NH_3)_6]^{2+}$	2×10^{35}
$[Co(ox)_3]^{4-}$	5×10^{9}	$[FeF_6]^{3-}$	1.0×10^{16}	$[Zn(CN)_4]^{2+}$	1×10^{18}
$[Co(SCN)_4]^{2-}$	1.0×10^{3}	$[Fe(ox)_3]^{3-}$	2×10^{20}	$[Zn(EDTA)]^{2-}$	3×10^{16}
$[Co(EDTA)]^-$	10^{36}	$[Fe(SCN)]^{2+}$	8.9×10^{2}	$[Zn(en)_3]^{2+}$	1.3×10^{14}
$[Co(en)_3]^{3+}$	4.9×10^{48}	$[HgCl_4]^{2-}$	1.2×10^{15}	$[Zn(NH_3)_4]^{2+}$	4.1×10^{8}
$[Co(NH_3)_6]^{3+}$	4.5×10^{33}	$[Hg(CN)_4]^{2-}$	3×10^{41}	$[Zn(OH)_4]^{2-}$	4.6×10^{17}
$[Co(ox)_3]^{3-}$	10^{20}	$[Hg(EDTA)]^{2-}$	6.3×10^{21}	$[Zn(ox)_3]^{4-}$	1.4×10^{8}
$[Cr(EDTA)]^-$	10^{23}	$[Hg(en)_2]^{2+}$	2×10^{23}		

表中配体是指：Cl^-，CN^-，I^-，NH_3，OH^-，SCN^-，$S_2O_3^{2-}$；bidentate；ethylenediamine (en)，oxalate ion (ox)；tetradentate；ethylenediaminetetraacetato ion，$EDTA^{4-}$.

引自 Ralph H. Petrucci，William S. Harwood，F. Geoffrey Herring and Jefry D. Madura. *General Chemistry：Principles and Modern Applications*. 9th ed. Pearson Prentice Hall，New Jersey，2007，A27.

D.1 酸性溶液中的标准电极电势 $E^\ominus$(298.15 K)

元 素	电极反应(氧化型$+ne \rightleftharpoons$还原型)	$E^\ominus$/V
Ag	$AgI+e \rightleftharpoons Ag+I^-$	−0.15224
	$AgBr+e \rightleftharpoons Ag+Br^-$	0.07133
	$AgCl+e \rightleftharpoons Ag+Cl^-$	0.22233
	$Ag_2CrO_4+2e \rightleftharpoons 2Ag+CrO_4^{2-}$	0.4470
	$Ag^++e \rightleftharpoons Ag$	0.7996
	$Ag^{2+}+e \rightleftharpoons Ag^+$	1.980
Al	$Al^{3+}+3e \rightleftharpoons Al$	−1.662
As	$H_3AsO_4+2H^++2e \rightleftharpoons HAsO_2+2H_2O$	0.560
Au	$Au^{3+}+2e \rightleftharpoons Au^+$	1.401
	$AuCl_4^-+3e \rightleftharpoons Au+4Cl^-$	1.002
	$Au^{3+}+3e \rightleftharpoons Au$	1.498
Ba	$Ba^{2+}+2e \rightleftharpoons Ba$	−2.912
Bi	$Bi^{3+}+3e \rightleftharpoons Bi$	0.308
	$BiO^++2H^++3e \rightleftharpoons Bi+Cl^-+H_2O$	0.320
	$BiOCl+2H^++3e \rightleftharpoons Bi+Cl^-+H_2O$	0.1583
Br	$Br_2(l)+2e \rightleftharpoons 2Br^-$	1.066
	$BrO_3^-+6H^++6e \rightleftharpoons Br^-+3H_2O$	1.423
	$BrO_3^-+6H^++5e \rightleftharpoons \frac{1}{2}Br_2+3H_2O$	1.482
C	$2CO_2+2H^++2e \rightleftharpoons H_2C_2O_4$	−0.481
Ca	$Ca^{2+}+2e \rightleftharpoons Ca$	−2.868
Cd	$Cd^{2+}+2e \rightleftharpoons Cd$	−0.4030
Cl	$ClO_4^-+2H^++2e \rightleftharpoons ClO_3^-+H_2O$	1.189
	$Cl_2(g)+2e \rightleftharpoons 2Cl^-$	1.35827
	$ClO_3^-+6H^++6e \rightleftharpoons Cl^-+3H_2O$	1.451
	$ClO_3^-+6H^++5e \rightleftharpoons \frac{1}{2}Cl_2+3H_2O$	1.47
	$ClO^-+2H^++2e \rightleftharpoons Cl^-+H_2O$	1.482
	$ClO^-+2H^++e \rightleftharpoons \frac{1}{2}Cl_2+H_2O$	1.611
	$(CN)_2+2e \rightleftharpoons 2CN^-$	0.373
Co	$Co^{2+}+2e \rightleftharpoons Co$	−0.28
	$Co^{3+}+e \rightleftharpoons Co^{2+}$	1.92
Cr	$Cr^{3+}+3e \rightleftharpoons Cr$	−0.744
	$Cr^{3+}+e \rightleftharpoons Cr^{2+}$	−0.407
	$Cr_2O_7^{2-}+14H^++6e \rightleftharpoons 2Cr^{3+}+7H_2O$	1.232
Cu	$Cu^{2+}+e \rightleftharpoons Cu^+$	0.153
	$Cu^{2+}+2e \rightleftharpoons Cu$	0.3419
	$Cu^++e \rightleftharpoons Cu$	0.521
	$Cu^{2+}+2CN^-+e \rightleftharpoons Cu(CN)_2^-$	1.103
F	$F_2+2e \rightleftharpoons 2F^-$	2.866
	$F_2+2H^++2e \rightleftharpoons 2HF$	3.053
Fe	$Fe^{2+}+2e \rightleftharpoons Fe$	−0.447
	$Fe^{3+}+3e \rightleftharpoons Fe$	−0.037
	$[Fe(CN)_6]^{3-}+e \rightleftharpoons [Fe(CN)_6]^{4-}$	0.358
	$Fe^{3+}+e \rightleftharpoons Fe^{2+}$	0.771
	$FeO_4^{2-}+8H^++3e \rightleftharpoons Fe^{3+}+4H_2O$	2.20

续表

元　素	电极反应(氧化型$+ne \rightleftharpoons$还原型)	$E^\ominus$/V
H	$2H^+ + 2e \rightleftharpoons H_2$	0.00000
	$H_2 + 2e \rightleftharpoons 2H^-$	−2.23
Hg	$Hg_2Cl_2 + 2e \rightleftharpoons 2Hg + 2Cl^-$	0.26808
	$Hg_2^{2+} + 2e \rightleftharpoons 2Hg$	0.7973
	$Hg^{2+} + 2e \rightleftharpoons Hg$	0.851
	$2Hg^{2+} + 2e \rightleftharpoons Hg_2^{2+}$	0.920
I	$I_2 + 2e \rightleftharpoons 2I^-$	0.5355
	$I_3^- + 2e \rightleftharpoons 3I^-$	0.536
	$IO_3^- + 6H^+ + 6e \rightleftharpoons I^- + 3H_2O$	1.085
	$2IO_3^- + 12H^+ + 10e \rightleftharpoons I_2 + 6H_2O$	1.195
	$2IO^- + 4H^+ + 2e \rightleftharpoons I_2 + 2H_2O$	1.439
K	$K^+ + e \rightleftharpoons K$	−2.931
Li	$Li^+ + e \rightleftharpoons Li$	−3.0401
Mg	$Mg^{2+} + 2e \rightleftharpoons Mg$	−2.372
Mn	$Mn^{2+} + 2e \rightleftharpoons Mn$	−1.185
	$MnO_4^- + e \rightleftharpoons MnO_4^{2-}$	0.558
	$MnO_2 + 4H^+ + 2e \rightleftharpoons Mn^{2+} + 2H_2O$	1.224
	$MnO_4^- + 8H^+ + 5e \rightleftharpoons Mn^{2+} + 4H_2O$	1.507
	$MnO_4^- + 4H^+ + 3e \rightleftharpoons MnO_2 + 2H_2O$	1.679
N	$NO_3^- + 3H^+ + 2e \rightleftharpoons HNO_2 + H_2O$	0.934
	$NO_3^- + 4H^+ + 3e \rightleftharpoons NO + 2H_2O$	0.957
	$HNO_2 + H^+ + e \rightleftharpoons NO + H_2O$	0.983
Na	$Na^+ + e \rightleftharpoons Na$	−2.71
Ni	$Ni^{2+} + 2e \rightleftharpoons Ni$	−0.257
	$NiO_2 + 4H^+ + 2e \rightleftharpoons Ni^{2+} + 2H_2O$	1.678
O	$O_2 + 2H^+ + 2e \rightleftharpoons H_2O_2$	0.695
	$H_2O_2 + 2H^+ + 2e \rightleftharpoons 2H_2O$	1.776
	$O_2 + 4H^+ + 4e \rightleftharpoons 2H_2O$	1.229
	$O_3 + 2H^+ + 2e \rightleftharpoons O_2 + H_2O$	2.076
Pb	$PbI_2 + 2e \rightleftharpoons Pb + 2I^-$	−0.365
	$PbSO_4 + 2e \rightleftharpoons Pb + SO_4^{2-}$	−0.3588
	$PbCl_2 + 2e \rightleftharpoons Pb + 2Cl^-$	−0.2675
	$Pb^{2+} + 2e \rightleftharpoons Pb$	−0.1262
	$PbO_2 + 4H^+ + 2e \rightleftharpoons Pb^{2+} + 2H_2O$	1.455
	$PbO_2 + SO_4^{2-} + 4H^+ + 2e \rightleftharpoons PbSO_4 + 2H_2O$	1.6913
S	$S + 2H^+ + 2e \rightleftharpoons H_2S(aq)$	0.142
	$SO_4^{2-} + 4H^+ + 2e \rightleftharpoons H_2SO_3 + H_2O$	0.172
	$H_2SO_3 + 4H^+ + 4e \rightleftharpoons S + 3H_2O$	0.449
	$S_2O_8^{2-} + 2e \rightleftharpoons 2SO_4^{2-}$	2.010
	$S_4O_6^{2-} + 2e \rightleftharpoons 2S_2O_3^{2-}$	0.08
Sn	$Sn^{2+} + 2e \rightleftharpoons Sn$	−0.1375
	$Sn^{4+} + 2e \rightleftharpoons Sn^{2+}$	0.151
Zn	$Zn^{2+} + 2e \rightleftharpoons Zn$	−0.7618

D.2 碱性溶液中的标准电极电势 $E^\ominus$(298.15 K)

元 素	电极反应(氧化型+ne ⇌ 还原型)	$E^\ominus$/V
Ag	$Ag_2S+2e \rightleftharpoons 2Ag+S^{2-}$	−0.691
	$Ag_2O+H_2O+2e \rightleftharpoons 2Ag+2OH^-$	0.342
Al	$Al(OH)_4^- +3e \rightleftharpoons Al+4OH^-$	−2.328
As	$AsO_4^{3-} +2H_2O+2e \rightleftharpoons AsO_2^- +4OH^-$	−0.71
Bi	$Bi_2O_3 +3H_2O+6e \rightleftharpoons 2Bi+6OH^-$	−0.46
Br	$BrO_3^- +3H_2O+6e \rightleftharpoons Br^- +6OH^-$	0.61
	$BrO^- +H_2O+2e \rightleftharpoons Br^- +2OH^-$	0.761
Cl	$ClO_4^- +H_2O+2e \rightleftharpoons ClO_3^- +2OH^-$	0.36
	$ClO^- +H_2O+2e \rightleftharpoons Cl^- +2OH^-$	0.841
Co	$Co(OH)_2 +2e \rightleftharpoons Co+2OH^-$	−0.73
	$[Co(NH_3)_6]^{3+} +e \rightleftharpoons [Co(NH_3)_6]^{2+}$	0.108
	$Co(OH)_3 +e \rightleftharpoons Co(OH)_2 +OH^-$	0.17
Cr	$CrO_4^{2-} +4H_2O+3e \rightleftharpoons Cr(OH)_3 +5OH^-$	−0.13
Cu	$Cu_2O+H_2O+2e \rightleftharpoons 2Cu+2OH^-$	−0.360
Fe	$Fe(OH)_3 +e \rightleftharpoons Fe(OH)_2 +OH^-$	−0.56
H	$2H_2O+2e \rightleftharpoons H_2 +2OH^-$	−0.8277
I	$IO_3^- +3H_2O+6e \rightleftharpoons I^- +6OH^-$	0.257
	$IO^- +H_2O+2e \rightleftharpoons I^- +2OH^-$	0.485
Mn	$MnO_4^- +2H_2O+3e \rightleftharpoons MnO_2 +4OH^-$	0.595
	$MnO_4^{2-} +2H_2O+2e \rightleftharpoons MnO_2 +4OH^-$	0.60
N	$NO_3^- +H_2O+2e \rightleftharpoons NO_2^- +2OH^-$	0.01
Ni	$Ni(OH)_2 +2e \rightleftharpoons Ni+2OH^-$	−0.72
O	$O_2 +H_2O+2e \rightleftharpoons HO_2^- +OH^-$	−0.076
	$HO_2^- +H_2O+2e \rightleftharpoons 3OH^-$	0.878
	$O_2 +2H_2O+4e \rightleftharpoons 4OH^-$	0.401
	$O_3 +H_2O+2e \rightleftharpoons O_2 +2OH^-$	1.24
S	$S+2e \rightleftharpoons S^{2-}$	−0.47627
	$SO_4^{2-} +H_2O+2e \rightleftharpoons SO_3^{2-} +2OH^-$	−0.93
	$S_2O_6^{2-} +2e \rightleftharpoons 2S_2O_3^{2-}$	0.08
	$SO_3^{2-} +3H_2O+4e \rightleftharpoons S+6OH^-$	−0.59
Sn	$Sn(OH)_6^{2-} +2e \rightleftharpoons HSnO_2^- +3OH^- +H_2O$	−0.93
	$HSnO_2^- +H_2O+2e \rightleftharpoons Sn+3OH^-$	−0.909

摘自 CRC Handbook of Chemistry and Physics 90 ed.(CD-ROM Version 2010),8-20～8-29。

E.1　元素的原子半径（pm）

周期＼族	I A	II A	III B	IVB	V B	VIB	VIIB	VIII			I B	II B	IIIA	IVA	V A	VIA	VIIA	VIIIA
1	H 30*																	He 140**
2	Li 152	Be 111.3											B 86 88*	C 77.2*	N 70*	O 66*	F 64*	Ne 154**
3	Na 186	Mg 160											Al 143.1 126*	Si 118	P 108 110*	S 106 104*	Cl 99*	Ar 188**
4	K 232	Ca 197	Sc 162	Ti 147	V 134	Cr 128	Mn 127	Fe 126	Co 125	Ni 124	Cu 128	Zn 134	Ga 135	Ge 128 122*	As 124.8 121*	Se 116 117*	Br 114*	Kr 202**
5	Rb 248	Sr 215	Y 180	Zr 160	Nb 146	Mo 139	Tc 136	Ru 134	Rh 134	Pd 137	Ag 144	Cd 148.9	In 167	Sn 151	Sb 145	Te 142 137*	I 133*	Xe 216**
6	Cs 265	Ba 217.3	La 183	Hf 159	Ta 146	W 139	Re 137	Os 135	Ir 135.5	Pt 138.5	Au 144	Hg 151	Tl 175.9	Pb 175	Bi 154.7	Po 164	At	Rn
7	Fr 270	Ra (220)	Ac 187.8	Rf	Db	Sg	Bh	Hs	Mt	Ds	Rg	Cn	Nh	Fl	Mc	Lv	Ts	Og

镧系	La 183	Ce 181.8	Pr 182.4	Nd 181.4	Pm 183.4	Sm 180.4	Eu 208.4	Gd 180.4	Tb 177.3	Dy 178.1	Ho 176.2	Er 176.1	Tm 175.9	Yb 193.3	Lu 173.8
锕系	Ac 187.8	Th 179	Pa 163	U 156	Np 155	Pu 159	Am 173	Cm 174	Bk	Cf 186	Es 186	Fm	Md	No	Lr

数据录自 Lang’s Handbook of Chemistry,16 ed. (2005), 1.151~4.156　金属半径配位数为 12；当配位数为8、6、4时，半径值要分别乘0.97、0.96 和0.88；

*数据录自 Lang’s Handbook of Chemistry,16 ed. (2005), 1.158；原子共价半径，配位数 4；

**范氏半径为 Bondi 数据。

E.2 元素的第一电离能（eV）

族 周期	ⅠA																	ⅧA
1	H 13.5984	ⅡA											ⅢA	ⅣA	ⅤA	ⅥA	ⅦA	He 24.5874
2	Li 5.3917	Be 9.3227											B 8.2980	C 11.2603	N 14.5341	O 13.6181	F 17.4228	Ne 21.5645
3	Na 5.1391	Mg 7.6462	ⅢB	ⅣB	ⅤB	ⅥB	ⅦB	Ⅷ			ⅠB	ⅡB	Al 5.9858	Si 8.1517	P 10.4867	S 10.3600	Cl 12.9676	Ar 15.7596
4	K 4.3407	Ca 6.1132	Sc 6.5615	Ti 6.8281	V 6.7465	Cr 6.7665	Mn 7.4340	Fe 7.9024	Co 7.8810	Ni 7.6398	Cu 7.7264	Zn 9.3942	Ga 5.9993	Ge 9.8994	As 9.7886	Se 9.7524	Br 11.8138	Kr 13.9996
5	Rb 4.1771	Sr 5.5649	Y 6.2173	Zr 6.6339	Nb 6.7589	Mo 7.0824	Tc 7.28	Ru 7.3605	Rh 7.4589	Pd 8.3369	Ag 8.5762	Cd 8.9938	In 5.7864	Sn 7.3439	Sb 8.6084	Te 9.0096	I 10.4513	Xe 12.1298
6	Cs 3.8939	Ba 5.2117	La 5.5769	Hf 6.8251	Ta 7.5496	W 7.8640	Re 7.8355	Os 8.4382	Ir 8.9670	Pt 8.9588	Au	Hg 10.4375	Tl 6.1082	Pb 7.4166	Bi 7.2885	Po 8.414	At	Rn 10.7485
7	Fr 4.0727	Ra 5.2784	Ac 5.17	Rf 6.0	Db	Sg	Bh	Hs	Mt	Ds	Rg	Cn	Nh	Fl	Mc	Lv	Ts	Og

镧系	La 5.5769	Ce 5.5387	Pr 5.473	Nd 5.5250	Pm 5.582	Sm 5.6437	Eu 5.6704	Gd 6.1498	Tb 5.8638	Dy 5.9389	Ho 6.0215	Er 6.1077	Tm 6.1843	Yb 6.2542	Lu 5.4259
锕系	Ac 5.17	Th 6.0367	Pa 5.89	U 6.1941	Np 6.2657	Pu 6.0260	Am 5.9768	Cm 5.9914	Bk 6.1979	Cf 6.2817	Es 6.42	Fm 6.50	Md 6.58	No 6.65	Lr 4.9

数据录自:CRC Handbook of Chemistry and Physics,90 ed(CD-ROM Version 2010),10-206～10-211。

E.3　元素的第一电子亲和能（eV）

族 周期	ⅠA	ⅡA	ⅢB	ⅣB	ⅤB	ⅥB	ⅦB	Ⅷ			ⅠB	ⅡB	ⅢA	ⅣA	ⅤA	ⅥA	ⅦA	ⅧA
1	H 0.7542																	He 不确定
2	Li 0.6180	Be 不确定											B 0.2797	C 1.2621	N 不确定	O 1.4611	F 3.4012	Ne 不确定
3	Na 0.5479	Mg 不确定											Al 0.4328	Si 1.3895	P 0.7465	S 2.0771	Cl 3.6127	Ar 不确定
4	K 0.5015	Ca 0.02455	Sc 0.188	Ti 0.079	V 0.525	Cr 0.666	Mn 不确定	Fe 0.151	Co 0.662	Ni 1.156	Cu 1.235	Zn 不确定	Ga 0.43	Ge 1.2327	As 0.814	Se 2.0207	Br 3.3636	Kr 不确定
5	Rb 0.4859	Sr 0.048	Y 0.307	Zr 0.426	Nb 0.893	Mo 0.748	Tc 0.55	Ru 1.05	Rh 1.137	Pd 0.562	Ag 1.302	Cd 不确定	In 0.3	Sn 1.1121	Sb 1.046	Te 1.9708	I 3.0590	Xe 不确定
6	Cs 0.4716	Ba 0.14462	La 0.47	Hf >>0	Ta 0.322	W 0.815	Re 0.15	Os 1.1	Ir 1.5638	Pt 2.128	Au 2.3086	Hg 不确定	Tl 0.2	Pb 0.364	Bi 0.9423	Po 1.9	At 2.8	Rn 不确定
7	Fr 0.46	Ra	Ac 0.35	Rf	Db	Sg	Bh	Hs	Mt	Ds	Rg	Cn	Nh	Fl	Mc	Lv	Ts	Og 0.056

镧系	La 0.47	Ce 0.955	Pr 0.962	Nd	Pm	Sm	Eu 0.864	Gd	Tb	Dy	Ho	Er	Tm 1.029	Yb −0.02	Lu 0.34
锕系	Ac 0.35	Th	Pa	U	Np	Pu	Am	Cm	Bk	Cf	Es	Fm	Md	No	Lr

数据录自:CRC Handbook of Chemistry and Physics,90 ed.(CD-ROM Version 2010),10-156～10-157。

E.4 元素的电负性(Pauling)

族 / 周期	ⅠA	ⅡA	ⅢB	ⅣB	ⅤB	ⅥB	ⅦB	Ⅷ			ⅠB	ⅡB	ⅢA	ⅣA	ⅤA	ⅥA	ⅦA	ⅧA
1	H 2.20																	He
2	Li 0.98	Be 1.57											B 2.04	C 2.55	N 3.04	O 3.44	F 3.98	Ne
3	Na 0.93	Mg 1.31											Al 1.61	Si 1.90	P 2.19	S 2.58	Cl 3.16	Ar
4	K 0.82	Ca 1.00	Sc 1.36	Ti 1.54	V 1.63	Cr 1.66	Mn 1.55	Fe 1.83	Co 1.88	Ni 1.91	Cu 1.90	Zn 1.65	Ga 1.81	Ge 2.01	As 2.18	Se 2.55	Br 2.96	Kr
5	Rb 0.82	Sr 0.95	Y 1.22	Zr 1.33	Nb 1.60	Mo 2.16	Tc 2.10	Ru 2.20	Rh 2.28	Pd 2.20	Ag 1.93	Cd 1.69	In 1.78	Sn 1.96	Sb 2.05	Te 2.10	I 2.66	Xe 2.60
6	Cs 0.79	Ba 0.89	La 1.10	Hf 1.3	Ta 1.5	W 1.7	Re 1.9	Os 2.2	Ir 2.2	Pt 2.2	Au 2.4	Hg 1.9	Tl 1.8	Pb 1.8	Bi 1.9	Po 2.0	At 2.2	Rn
7	Fr 0.7	Ra 0.9	Ac 1.1	Rf	Db	Sg	Bh	Hs	Mt	Ds	Rg	Cn	Nh	Fl	Mc	Lv	Ts	Og

镧系	La 1.10	Ce 1.12	Pr 1.13	Nd 1.14	Pm	Sm 1.17	Eu	Gd 1.20	Tb	Dy 1.22	Ho 1.23	Er 1.24	Tm 1.25	Yb	Lu 1.0
锕系	Ac 1.1	Th 1.3	Pa 1.5	U 1.7	Np 1.3	Pu 1.3	Am	Cm	Bk	Cf	Es	Fm	Md	No	Lr

数据录自:CRC Handbook of Chemistry and Physics,90 ed. (CD-ROM Version 2010),9-77。

F　离子半径

离　子	配位数	r/pm	离　子	配位数	r/pm	离　子	配位数	r/pm
F^-	6	133	Be^{2+}	4	27		6	65
Cl^-	6	181		6	45		8	90
Br^-	6	196	Mg^{2+}	4	57	Ni^{2+}	4(sq)	49
I^-	6	220		6	72		6	69
OH^-	4	135		8	89	Ti^{2+}	6	86
	6	137	Ca^{2+}	6	100	Al^{3+}	4	39
O^{2-}	2	121		8	112		5	48
	6	140		10	123		6	54
	8	142		12	134	Sc^{3+}	6	75
S^{2-}	6	184	Sr^{2+}	6	118		8	87
Se^{2-}	6	198		8	126	Y^{3+}	6	90
Te^{2-}	6	221		10	136		8	102
Li^+	4	59		12	144		9	108
	6	76	Ba^{2+}	6	135	Ga^{3+}	4	47
	8	92		8	142		6	62
Na^+	4	99		12	161	In^{3+}	4	62
	6	102	Ra^{2+}	8	148		6	80
	8	118		12	170	Tl^{3+}	4	75
	9	124	Cu^{2+}	4(sq)	57		6	89
	12	139		6	73		8	98
K^+	4	137	Zn^{2+}	4	60	Sb^{3+}	4(py)	76
	6	138		6	74		6	76
	8	151		8	90	Bi^{3+}	5	96
	12	164	Cd^{2+}	4	78		6	103
Rb^+	6	152		6	95		8	117
	8	161		8	110	Ti^{3+}	6	67
	10	166		12	131	Cr^{3+}	6	62
	12	172	Hg^{2+}	2	69	Fe^{3+}	4	49
Cs^+	6	167		4	96		6	55
	8	174		6	102		8	78
	10	181		8	114	Au^{3+}	4(sq)	64
	12	188	Pb^{2+}	6	119		6	85
Cu^+	2	46		8	129	Sn^{4+}	4	55
	4	60		10	140		6	69
	6	77		12	149		8	81
Ag^+	4	100	Mn^{2+}	4	66	Pb^{4+}	4	65
	6	115		6	83		6	78
	8	128		8	96		8	94
Au^+	6	137	Fe^{2+}	4	63	Ti^{4+}	4	42
Tl^+	6	150		6	61		6	61
	8	159		8	92		8	74
	12	170	Co^{2+}	4	56	Ce^{4+}	6	87

数据录自：CRC Handbook of Chemistry and Physics 90 ed.（CD-ROM Version 2010），12-11～12-12；(sq)：平面四方配位；(py)：锥体配位。

G 不同晶体场下 d 轨道能级分裂图

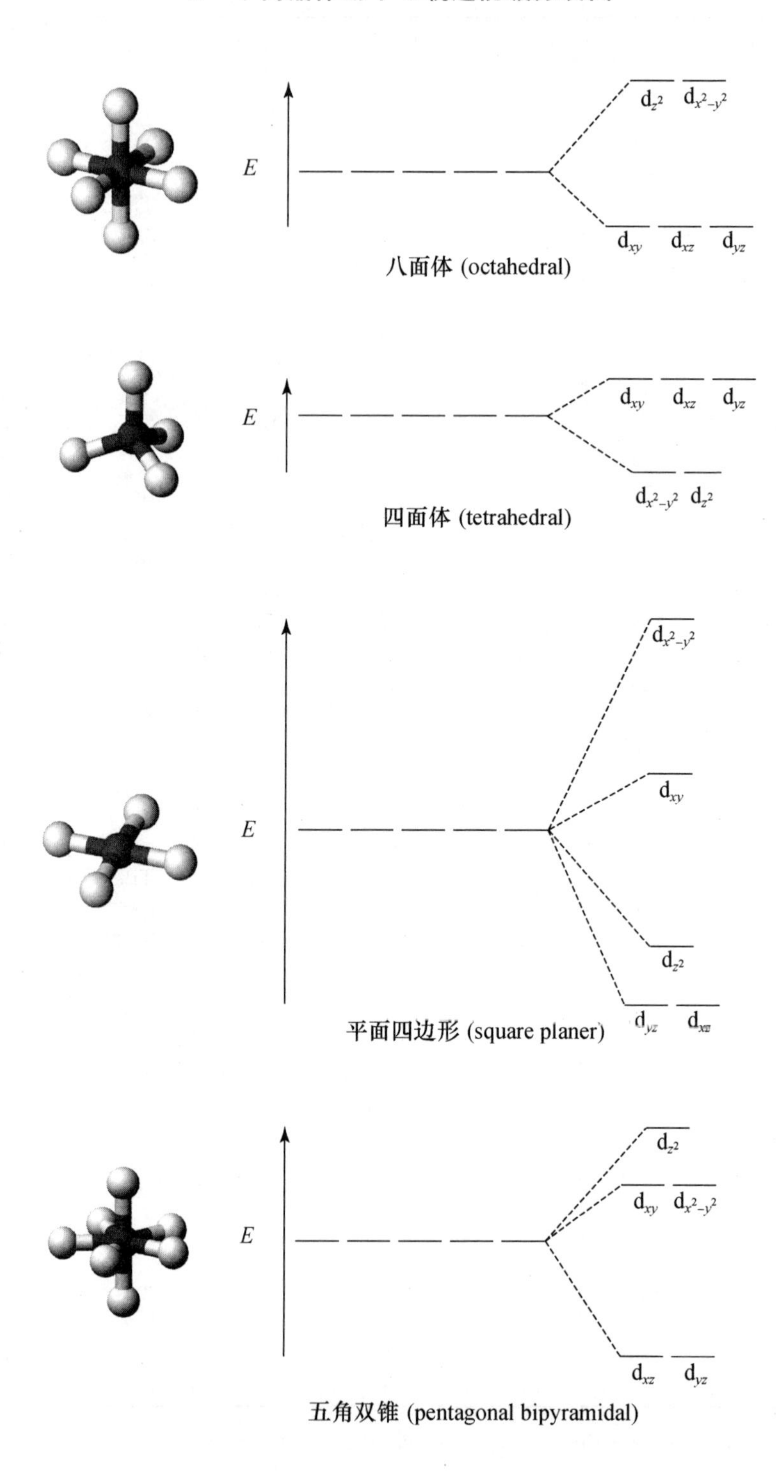

八面体 (octahedral)

四面体 (tetrahedral)

平面四边形 (square planer)

五角双锥 (pentagonal bipyramidal)

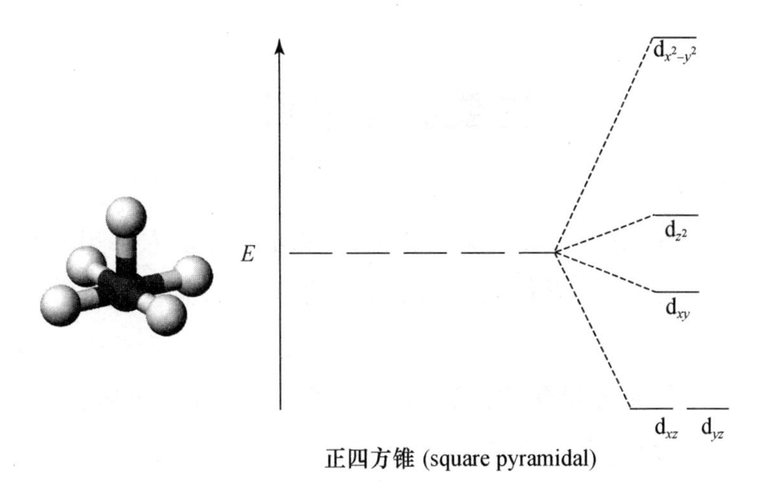

正四方锥 (square pyramidal)

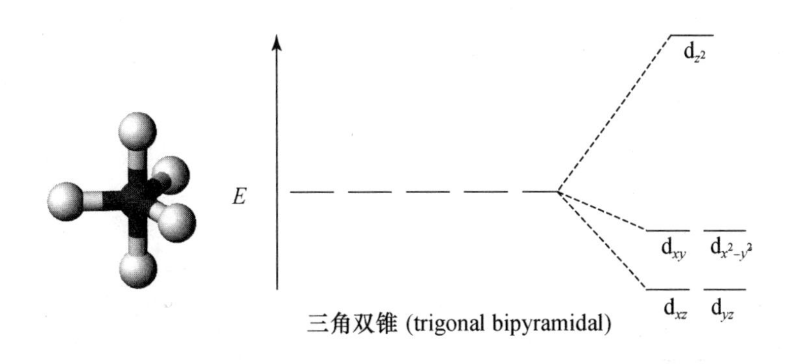

三角双锥 (trigonal bipyramidal)

主要参考书目

[1] 华彤文，陈景祖，等．普通化学原理．第 3 版．北京：北京大学出版社，2005

[2] 孙淑声，王连波，赵钰琳，李俊然．无机化学(生物类)．第二版．北京：北京大学出版社，1999

[3] 严宣申，王长富．普通无机化学．第二版．北京：北京大学出版社，1999

[4]《大学基础化学》编写组．大学基础化学．北京：高等教育出版社，2003

[5] 傅鹰．大学普通化学．北京：人民教育出版社，1979—1982